KB266135

정보처리기사/정보통신기사/정보보안기사 대비

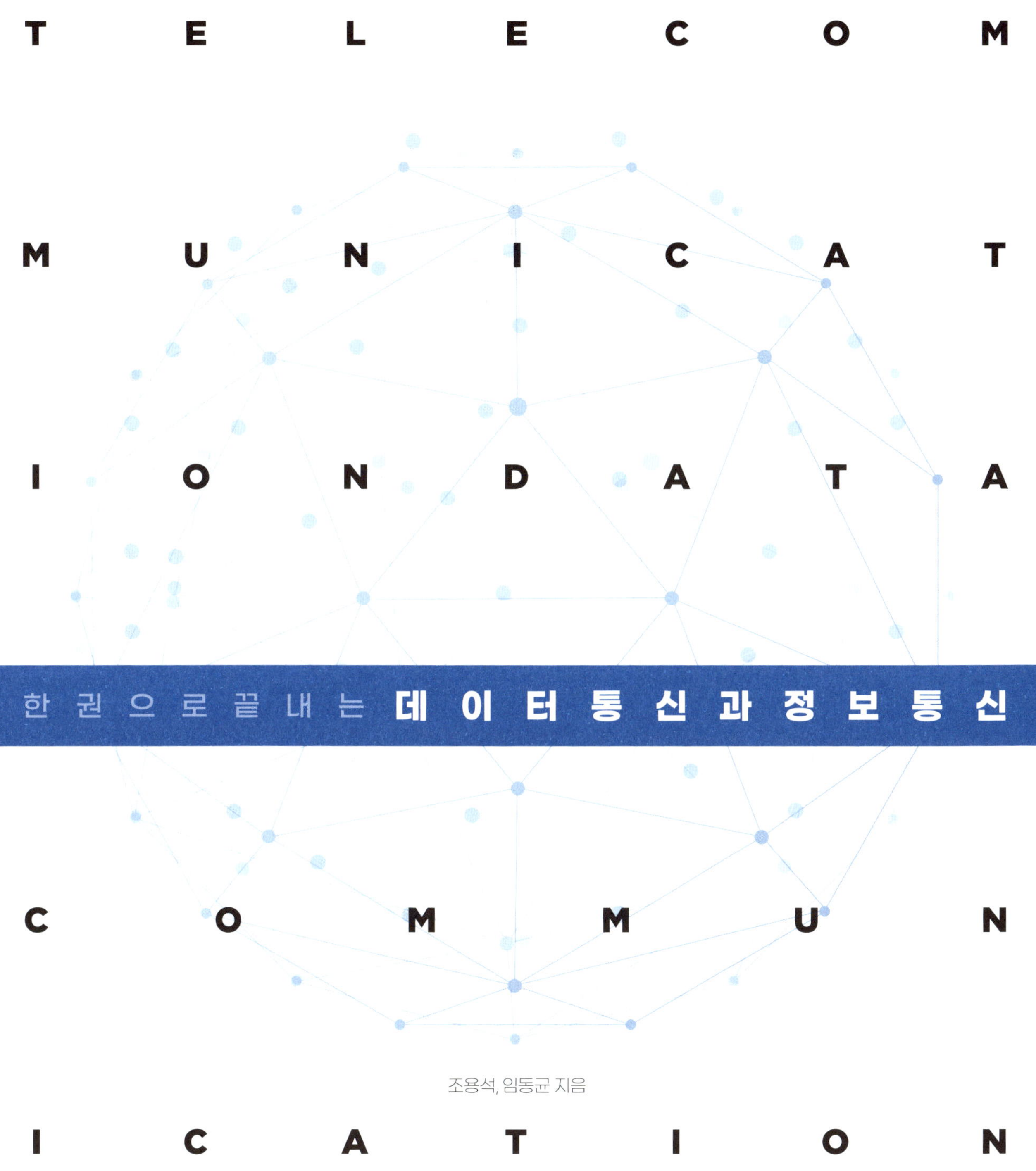

한 권 으 로 끝 내 는 데이터통신과정보통신

조용석, 임동균 지음

와이즈로

저자 소개

조용석 (曺容碩)

1979~1986 한양대학교 전자통신공학과 학사
1986~1988 한양대학교 전자통신공학과 석사
1988~1998 한양대학교 전자통신공학과 박사
1989~1996 한국전기통신공사(현 KT) 연구개발단 전임연구원
1996~2000 유원대학교 정보통신보안학과 교수
2001~현재 유원대학교 미래자동차학과 석좌교수
<연구분야> 유한체연산, 오류정정부호, 암호시스템
E-mail : yscho@yd.ac.kr

임동균 (林東均)

1981~1985 한양대학교 전자통신공학과 학사
1985~1987 한양대학교 전자통신공학과 석사
1992~2001 한양대학교 전자통신공학과 박사
1990~2003 충청대학 컴퓨터학부 부교수
2003~현재 한양사이버대학교 컴퓨터공학부 교수
<연구분야> 컴퓨터공학, 자동제어
E-mail : eiger07@hycu.ac.kr

한권으로 끝내는
데이터통신과 정보통신

초판 1쇄 2025년 12월 25일

지은이 조용석, 임동균
펴낸이 조석희
펴낸곳 와이즈로

등   록 2019년 10월 11일
주   소 서울특별시 금천구 디지털로9길 32
전   화 02-2106-8876
메   일 thyme95@wisero.co.kr

ISBN 979-11-985212-2-4(93560)

이 책은 저작권법에 따라 보호받는 저작물이므로 무단전재와 무단복제를 금하며,
이 책 내용의 전부 또는 일부를 이용하려면 저작권자와 출판사의 농의를 받아야 합니다.

책값은 뒤표지에 있습니다. 잘못된 책은 구입처에서 교환해 드립니다.

　21세기를 지탱하게 될 두 가지 큰 기술은 말할 것도 없이 정보통신 기술과 컴퓨터 기술이다. 그리고 이 두 가지 기술이 결합된 분야가 바로 정보통신 네트워크 분야이다. 초창기 데이터통신과 컴퓨터 네트워크 기술은 소수의 전문 기술자들의 몫이었으나 오늘날과 같은 정보화 및 지식기반 사회에서는 모든 사람들이 상식처럼 갖추고 있어야 할 필수적인 요소가 되었다.

　이러한 추세에 따라 데이터통신과 컴퓨터 네트워크 기술을 요구하는 전문 직종의 수가 급속하게 늘어나고 있으며, 관련 기술을 습득하려는 학생들도 많아지고 있다. 따라서 데이터통신과 컴퓨터 네트워크 분야에 입문하려는 학생들과 이 분야에 관심이 있는 일반 독자들에게 정보통신에 대한 전체적인 내용을 쉽게 파악하고 정리할 수 있는 교재의 필요성을 절감하고, 지난 수년간 대학에서 강의한 내용을 정리하고 보충하여 한 권의 책으로 출간하게 되었다.

　이 책은 데이터통신의 기본 개념을 소개하고, 컴퓨터 네트워크의 기본 구조인 OSI 참조 모델을 기반으로 근거리통신망(LAN), 광역통신망(WAN), 인터넷과 TCP/IP 그리고 이동통신에 이르기까지 정보통신 분야에 관한 광범위한 내용을 가능한 쉽게 설명하려고 노력하였으며, 정보통신 서비스의 국내외 현황과 정보통신의 표준화 동향에 대하여도 소개하였다.

　또한 국가 공인 자격인 정보처리기사, 정보통신기사, 정보보안기사에서 최근 10년간 출제된 약 1,100여 문제를 각 부분 별로 분류하여 기출문제로 수록하였다. 기출문제의 풀이에 필요한 모든 내용들을 본문에서 가급적 쉽게 설명하였으므로 기사 시험을 대비한 수험서로써도 사용할 수 있을 것으로 생각된다.

　이 책은 데이터통신과 컴퓨터 네트워크에 관한 기초 지식과 개념을 정립하고자 하는 대학의, 정보통신, 컴퓨터, 전자, 전산 관련 학과에서 학부 교재로 활용될 수 있을 뿐만 아니라, 정보통신 관련 산업에 종사하는 초급 기술자에게도 참고서로도 도움이 될 것이다.

　독자들이 쉽게 이해할 수 있도록 최대한 노력하였으나 미흡한 내용이 많으리라 생각된다. 독자들의 많은 충고와 조언을 토대로 이를 수정 · 보완하여 독자에게 유익한 책자가 되도록 노력하고자 한다. 저자들의 전자우편 주소로 많은 의견을 보내주실 것을 부탁드린다.

2025년 12월

조 용 석 (yscho@yd.ac.kr)
임 동 균 (eiger07@hycu.ac.kr)

목차

정보처리기사 | 정보통신기사 | 정보보안기사 대비

한권으로 끝내는
데이터통신과 정보통신

목차

- 데이터 통신과 정보 통신에 대하여 설명할 수 있다.
- 데이터 전송계에 대하여 설명할 수 있다.
- LAN과 WAN의 차이점에 대하여 설명할 수 있다.
- 프로토콜에 대하여 설명할 수 있다.

한권으로 끝내는 데이터통신과 정보통신

1

데이터 통신과
정보 통신의 개요

'통신'이란 한자로 '통할 通'에 '믿을 信'을 쓴다. 따라서 단순한 뜻풀이로서는 '믿음을 통한다.' 정도가 될 것이다. 영어로는 'Communication'이다. 이것의 원래 의미는 의사소통 또는 의사 교환이 더 적절한 것 같다. 이와 같이 통신의 본래 의미는 사람과 사람 사이의 의사소통이다.

우리가 일상적으로 사용하는 통신이라는 용어는 공학적인 측면에서 이야기하는 경우가 많다. 이 경우의 통신은 '전기통신'을 줄여서 말하는 것이다. 전기통신이란 용어는 영어의 'Telecommunication'을 번역한 것이다. 'tele-'라는 접두사는 멀다는 뜻의 거리 개념을 내포하고 있으므로 이는 '원격통신'으로 번역하는 것이 원래 의미에는 더 맞을 것 같다.

'Telecommunication'을 전기통신으로 번역한 것은 현대의 통신시스템이 전기적인 수단, 즉 전자기파(Electromagnetic wave)를 사용하여 원격지와 정보를 주고받고 있기 때문이다. 광통신에서의 빛도 주파수가 매우 높은 전자기파의 일종이다. 따라서 전자기파 이외의 매체를 통신에 사용한다면 전기통신이란 용어는 바뀌어야 할 것이다.

이와 같이 우리가 논의하게 될 통신은 사람과 사람 사이에 거리가 존재하는 경우이다. 이 거리를 여러 가지 기술로 보완하고자 하는 것이 전기통신이라고 할 수 있다. 따라서 전기통신의 궁극적인 목표는 멀리 떨어져 있는 사람들끼리도 마치 한 자리에 만나서 대화하는 것 같은 환경을 제공하는 것으로 요약할 수 있다.

데이터 통신(Data communication)은 정보를 저장하고 가공할 수 있는 컴퓨터가 사람 간의 통신에 개입함으로써 사람과 기계(컴퓨터) 또는 기계와 기계 간에 시간차를 두고 통신하는 축적 통신, 즉 비실시간 통신이라고 할 수 있다. 또한 정보 통신(Information & Communication)이라는 용어는 데이터 통신과 전기통신이 결합하면서 기존의 음성(Voice)뿐만 아니라, 데이터(Data), 화상(Image), 영상(Video) 등과 같은 멀티미디어 정보를 송수신하게 되면서부터 사용된 것이다.

1.1.1 통신의 역사

(1) 전기통신 이전의 역사

인간은 모여 살면서 여러 가지 이유로 인하여 서로 간에 의사소통(Communication)의 필요를 느끼게 되었을 것이다. 처음에는 소리로, 몸짓으로, 또는 표정으로 의사를 전달하였을 것이다. 그러다가 자연발생적으로 말(언어)이 생겨나게 되었다. 말은 매우 효율적인 의사소통의 도구(Tool)로, 지금까지도 사람들 사이의 의사 교환에 중심이 되는 도구로 사용되고 있다.

말의 발명으로 사람들은 상당히 효율적으로 정보(Information)를 교환할 수 있게 되었다. 그러나 이 말이라는 도구는 시간적, 공간적인 취약점을 가지고 있다. 말은 시간이 지나면 없어져 버릴 뿐만 아니라, 들을 수 있는 거리에도 한계가 있다. 즉 말로써는 직접 만나지 않으면 의사소통할 수가 없는 것이다. 물론 사람과 사람의 의사소통에 있어서 가장 바람직한 방법은 직접 만나서 이야기하는 것이다. 그러나 여러 가지 사정으로 직접 만나는 것이 불가능한 경우가 많다.

인간의 활동 영역이 넓어짐에 따라 멀리 떨어져 있는 사람과 서로 정보를 교환하여야 할 필요가 증대되었다. 따라서 인간은 원격통신을 위한 여러 가지 방법들을 고안해 내기 시작한다. 인간이 낼 수 있는 말보다도 좀 더 멀리 갈 수 있는 소리, 즉 북소리나 피리 소리 등을 사용하기도 하였고, 불이나 연기 등을 사용하기도 하였다.

불이나 연기 등을 사용한 대표적인 통신시스템이 바로 봉화이다. 봉화는 고대로부터 세계 각지에서 통신 수단으로 널리 사용되었으며 우리나라에서도 삼국사기와 삼국유사에 그 기록이 남아있다.

이 봉화 통신을 좀 더 개선한 것으로, 1793년 프랑스에서 개발된 세마포르(Semaphore)가 있다. 이것은 (그림 1-1)과같이 높은 탑 위에 형태를 바꿀 수 있게 되어 있는 커다란 가름대를 붙이고 망원경으로 그 모양을 보고 정해놓은 정보를 주고받을 수 있게 한 것이다. 이것은 오늘날 철도 신호기에 그 흔적이 남아있다. 프랑스는 이 시스템을 이용하여 1794년 프랑스 혁명 전쟁 등에서 승전보를 전했다고 한다. 이 세마포르는 이웃의 다른 나라에도 보급되었고 1800년에는 미국에서도 이 시스템을 운용하였다고 한다.

소리를 이용한 통신이나 봉화나 세마포르 등과 같이 빛을 이용한 통신은 말이 가지는 공간적인 제약을 어느 정도나마 해소했지만, 보낼 수 있는 정보의 양이 매우 제한되어 있었다.

그림 1-1 세마포르(Semaphore)

통신의 역사에서 말의 발명 다음으로 획기적인 사건이 바로 글(문자)의 발명이다. 글의 발명으로 사람들은 자기의 뜻이나 감정, 사상, 지식 등의 정보를 기록할 수 있게 되었다. 나무판이나 종이 등에 글로 써서 직접 만날 수 없는 사람에게 전달하거나, 또는 시간적인 제약으로 만날 수 없는, 예를 들면 후세대 사람들에게 정보를 전달할 수 있게 된 것이다. 이것은 말이 가지고 있는 시간적, 공간적 제약을 어느 정도 극복한 것임을 의미한다.

글의 발명으로 정보를 편지 등으로 저장하여 인간보다 빠른 운송 매체, 즉 비둘기나 말 등을 이용하여 서로 정보를 교환할 수 있게 되었다. 하지만 여전히 공간을 이동하는 데에 긴 시간이 걸렸다.

(2) 전기통신의 시작

전기는 기원전 6세기 초 그리스의 탈레스(Thales)가 호박(琥珀)을 모피에 문질러서 정전기가 발생하는 현상으로부터 처음 발견하였다고 한다. 호박을 그리스어로 'Elektron'이라 하며 여기에서 영어의 전기(Electricity)란 단어가 유래되었다.

이 전기를 통신에 이용한 것은 1837년 모오스(Samuel F. B. Morse)가 개발한 전신기(Telegraph)가 그 효시이다. 전기는 빛과 같은 속도인 1초에 3×10^8m를 이동한다. 따라서 전기를 통신의 전달 수단으로 사용함으로써 공간상의 제약을 벗어날 수 있게 되었다.

전신기에 의한 최초의 통신은 1844년 워싱턴과 볼티모어 사이에서 이루어졌다. 전신에서 사용한 모오스 부호(Morse code)는 (그림 1-2)와같이 점(dot), 선(dash), 문자공간(letter space), 단어공간(word space)의 4개의 심볼을 이용하여 자주 나오는 문자에는 짧은 열을 할당하고 자주 나오지 않는 문자에는 긴 열을 할당하는 가변길이 2진 부호이다. 따라서 디지털 통신의 시초라고 할 수 있다.

전신기는 이 모오스 부호를 송신기의 키를 이용하여 전류를 단속시켜서 전선에 흘려보낸다. 수신자는 전류의 변화에 따라 수신기의 철편이 흡인될 때 나오는 음을 구분함으로써 문자를 수신하게 된다. 이와 같이 전신기는 모오스 부호를 외우고 그것을 소리로 구별할 수 있는 매우 숙련된 사람에 의해서만 통신이 가능하였다.

이것을 개량한 것이 인쇄전신기(Teletypewriter)이다. 인쇄전신기는 전신기 대신에 타자기를 전선으로 연결한 것으로 송신 측 타자기의 키를 치면 해당 문자가 전기 신호로 바뀌어서 송신되고 수신 측 타자기에서는 그 문자가 자동으로 인쇄되는 것이다.

이 인쇄전신기에 사용된 부호가 1875년 보도우(Emile Baudot)가 개발한 보도우 부호(Baudot code)이다. 이것은 타자기에 적합한 고정길이의 2진 부호로 'mark'와 'space'를 사용하여 각 문자를 5비트로 표시한 것이다. 이 인쇄전신기를 교환기(Exchange)에 연결하여 사용한 것이 가입전신이라고 부르는 텔렉스(Telex : Teletypewriter+Exchange)이다.

A	·—	N	—·
B	—···	O	———
C	—·—·	P	·——·
D	—··	Q	——·—
E	·	R	·—·
F	··—·	S	···
G	——·	T	—
H	····	U	··—
I	··	V	···—
J	·———	W	·——
K	—·—	X	—··—
L	·—··	Y	—·——
M	——	Z	——··

1	·————
2	··———
3	···——
4	····—
5	·····
6	—····
7	——···
8	———··
9	————·
0	—————

(a) Letters　　　　　　(b) Numbers

Period (.)	·—·—·—	Wait sign (AS)	·—···
Comma (,)	——··——	Double dash (break)	—···—
Interrogation (?)	··——··	Error sign	········
Quotation Mark (")	·—··—·	Franction bar (/)	—··—·
Colon (:)	———···	End of message (AR)	·—·—·
Semicolon (;)	—·—·—·	End of transmission (SK)	···—·—
Parenthesis( )	—·——·—		

(c) Punctuation and Special Characters

그림 1-2　모오스 부호(Morse code)

전기통신은 동선(copper wire)이나 광섬유(optical fiber)와 같은 유도 매체(guided medium)를 사용하는 유선통신과 전파와 같은 비유도 매체(unguided medium)를 사용하는 무선통신(wireless or radio communication)으로 나눌 수 있다.

1864년 맥스웰(James Clerk Maxwell)은 빛의 전자장 이론을 확립하였으며 무선파(radio wave)의 존재를 예측하였다. 무선파의 존재는 1887년 헤르츠(Heinrich Hertz)에 의해 실험으로 증명되었다. 또 1894년에 로지(Oliver Lodge)는 150야드 정도의 비교적 짧은 거리에서 무선통신이 가능함을 실험으로 증명하였다.

무선통신의 시초는 1897년 마르코니(Guglielmo Marconi)의 무선 전신(wireless telegraph)의 개발로 볼 수 있다. 마르코니는 1901년 12월 2일 1,700마일 떨어진 대서양 건너편의 영국 콘월(Cornwall)에서 발신한 무선 신호를 뉴펀들랜드(Newfoundland)의 시그널 힐(Signal Hill)에서 수신하는 실험에 성공하였다. 이후 무선 통신의 범위는 엄청나게 넓어지게 되었으며 이 무선 전신은 무전기 등이 발명되기 전까지 선박 등의 이동체에서 널리 사용되었다.

1876년 미국의 음성학자인 벨(Alexander Graham Bell)은 음성을 직접 전류로 바꾸어 보내고 수신 측에서 다시 음성으로 재생해 내는 전화(Telephone)를 발명하였다. 벨이 발명한 전화기의 송화기는 전자석에 얇은 철판을 입힌 것으로, 음압에 의하여 철판이 진동하면 자기장이 변화하기 때문에 전자석의 코일에 전류의 변화가 발생하는 원리를 이용한 것이다. 이 송화기의 감도를 향상한 것이 1877년 에디슨(Thomas Edison)이 발명한 '탄소형 송화기'이다. 수화기의 원리는 스피커와 같은데, 코일을 감은 영구자석에 진동판을 붙인 것으로 전류에 의해 자석의 세기가 변화하면 진동판이 진동하여 음으로 재생되는 것이다.

기존의 전신기가 전기를 전달 매체로 하여 문자를 송수신한 것과는 달리 이 전화기는 사람 사이의 의사소통에 있어서 매우 자연스러운 도구인 말을 그대로 송수신할 수 있다. 또 전신기와 같이 모오스 부호나 키를 조작하는 등의 통신 방법을 따로 배우거나 익힐 필요가 없다. 따라서 전화의 발명 이후 전기통신은 전화의 확대 및 보급에 주력하게 된다.

급속도로 증가해 가는 전화기들을 서로 연결하기 위하여 전송로를 전부 독립적으로 설치하는 것은 비경제적이며 또 거의 불가능하다. 이를 해결하고자 하는 것이 교환기(Exchange or Switch)이다. 초기의 교환기는 교환원이 두 가입자를 연결해 주는 수동교환 방식이었다. 최초의 자동교환기는 1897년 스트로저(A. B. Strowger)가 개발한 기계식 교환기이다.

전화와 교환기가 개발된 다음 전기통신은 이 전화를 중심으로 하는 대규모 유선망으로 발전하게 된다. 이와 같은 전화 교환망을 공중 전화 교환망(PSTN : Public Switched Telephone Network)이라고 한다.

1.1.2 컴퓨터의 등장

(1) 컴퓨터의 발전

컴퓨터(Computer)는 '계산하는 기계'라는 뜻이다. 따라서 최초의 컴퓨터는 주판(Abacus)이라고 할 수 있다. 지금 우리가 일반적으로 말하는 컴퓨터는 전자식 디지털 컴퓨터를 뜻하고 있다. 또한 지금의 컴퓨터는 단순히 계산만 하는 기계가 아니라 '데이터를 처리하는 장치'의 의미가 더 강하다. 그래서 EDPS(Electronic Data Processing System)라는 용어가 사용되기도 하였다.

전자식 컴퓨터가 나오기 이전에는 기계식으로 계산하는 기계식 컴퓨터들이 고안되었다. 대표적인 것이 1642년 프랑스의 철학자이며 과학자인 파스칼(Blaise Pascal)이 개발한 기계식 계산기다. 세무 감독원이었던 아버지를 위하여 개발했다는 이 계산기는 (그림 1-3)과같이 톱니를 이용한 것으로, 덧셈과 뺄셈을 할 수 있었다고 한다.

그림 1-3 파스칼의 기계식 계산기

이러한 기계식 계산기는 1671년 독일의 철학자이며 수학자인 라이프니츠(Gottfried Leibniz)에 의하여 덧셈, 뺄셈은 물론 곱셈과 나눗셈까지도 할 수 있게 개량되었다. 이것은 파스칼의 계산기에 두 개의 원형 판을 추가하여 반복적인 방법으로 곱셈과 나눗셈을 수행하도록 한 것이다.

1822년 영국의 배비지(Charles Babbage)는 모든 계산과정을 자동으로 수행하는 차분기관(Difference engine)을 개발하였으며, 1834년에는 프로그램이 가능한 범용(general purpose) 계산기인 해석기관(Analytical engine)을 개발하였다. 이 해석기관의 설계에 사용된 개념들은 근본적으로 현대의 컴퓨터들에서 사용되는 설계 개념과 동일한 것이다. 해석기관은 오늘날 컴퓨터의 주요 요소인 기억장치(memory), 중앙처리장치(CPU:Central Processing Unit), 입출력 장치(I/O device)를 모두 포함하고 있었으며 프로그램 언어도 사용하였다.

1944년 미국 하버드 대학의 에이컨(H. Aiken)은 계전기(relay)를 사용한 전기 기계식 계산기인 'Mark-I'을 개발하였다. IBM의 지원으로 5년간의 작업 끝에 완성한 길이 15m, 높이 2.4m의 이 계산기는 전기를 동력으로 사용하여 기계식 원리로 펀칭 카드를 사용해 작업을 수행하는 것으로 기계적 계산기의 원리를 극도로 발전시킨 것이었다.

최초의 전자식 계산기는 1946년 펜실베이니아 대학의 에커트(J.P.Eckert)와 모클리(J.W.Mauchly)가 개발한 ENIAC(Electronic Numerical Integrator and Calculator)이다. 이것은 미 국방성이 탄도 계산용으로 제작을 의뢰한 것이었다. ENIAC은 (그림 1-4)와같이 18,800개의 진공관과 1,500개의 릴레이를 사용하였고 무게가 30t에다가 소비전력만도 150kW에 달하는 거대한 기계였다. 이것은 배비지의 해석기관이나 에이컨의 'Mark-I'과같이 계산에 필요한 일련의 명령을 하나하나 축차적으로 외부에서 넣어 줌으로써 계산을 진행하는 축차 제어 방식이었다.

1949년 영국의 케임브리지 대학의 윌키스(Wilkes)가 만든 EDSAC(Electronic Delay Storage Automatic Computer)은 최초로 프로그램 내장(stored-program) 방식을 사용한 컴퓨터이다. 프로그램 내장 방식이란 계산에 필요한 데이터뿐만 아니라 명령, 즉 프로그램도 컴퓨터 내의 동일 기억장치에 저장하는 방식이다.

프로그램 내장 방식과 10진법 대신 2진법을 사용하는 컴퓨터 방식은 폰 노이만(J. Von Neuman)이 제안한 것으로 노이만은 이들을 기초로 EDVAC(Electronic Discrete Variable Automatic Calculator)을 개발하였다. 지금 우리가 사용하고 있는 컴퓨터도 기본적으로 이와 동일한 조직과 기능을 가지고 있으며, 따라서 이러한 컴퓨터를 폰 노이만식 컴퓨터라고 한다.

그림 1-4 | 최초의 전자식 컴퓨터 ENIAC

초기에 개발된 전자식 컴퓨터들은 구성 논리소자로서 진공관을 사용하였다. 이후 트랜지스터가 발명되고 IC(Integrated Circuit), LSI(Large Scale Integration), VLSI(Very Large Scale Integration) 등이 개발되면서 이들이 컴퓨터의 논리소자로 사용되었다.

따라서 컴퓨터는 사용된 소자에 의해서 〈표 1-1〉과같이 진공관을 사용한 제1세대, TR(Transistor)을 사용한 제2세대, IC를 사용한 제3세대, LSI 및 VLSI를 사용하는 제4세대 등으로 구분하고 있다. 지금 우리가 사용하고 있는 컴퓨터는 제4세대 컴퓨터로 볼 수 있다.

제5세대 컴퓨터의 개념은 1980년대 초 일본에서 나온 것으로 학습 능력을 갖는 컴퓨터로 정의된다. 즉 제5세대 컴퓨터는 사용되는 소자에 의해서 구분되는 것이 아니라, 소프트웨어적인 측면에서 구별되는 개념이다. 따라서 진정한 의미의 제5세대 컴퓨터는 아직 개발되지 못했으며, 이를 개발하려는 노력이 계속되고 있다. 그 대표적인 것이 비노이만형 컴퓨터(non-von neuman computer)와 인공지능(AI : Artificial Intelligence)이다.

표 1-1 컴퓨터의 세대별 분류

구분	제1세대	제2세대	제3세대	제4세대
연대	1945~1955	1955~1964	1964~1970	1971~현재
구성 소자	진공관	트랜지스터	IC	LSI, VLSI
계산속도	10^{-3}초	10^{-6}초	10^{-9}초	10^{-12}초
기억장치	자기드럼	자기코어 자기디스크 자기테이프	반도체 메모리 자기디스크	반도체 메모리 자기디스크
특징	- 하드웨어 개발에 주력 - 저급언어 사용 - 수치계산 및 통계 처리	- 소프트웨어 개발에 주력 - 고급언어 개발 - 다중 프로그래밍 방식 - 온라인 실시간 처리	- 소형, 저전력, 대용량 - 운영체제 확립 - 시분할 방식 - 경영정보 시스템	- 초소형, 저렴화 - DBMS - PC 보급 - 컴퓨터 네트워크
대표기종	UNIVAC- I IBM 701	IBM 7094	IBM 360 PDP-8	IBM 370

앞에서도 언급한 바와 같이 현재의 컴퓨터는 폰 노이만 방식으로 명령코드(op code)와 데이터가 형식상 구별되지 않는다. 예를 들어 Z80 프로세서의 경우 누산기(Accumulator)에 96이라는 값을 더하라는 명령어는 '96, 96'이다. 따라서 명령코드도 '96'이고 명령의 대상인 데이터(operand)도 '96'이어서 형식상으로는 둘 사이가 구별되지 않고, 다만 기계 사이클(machine cycle)에 의해서만 구별된다. 따라서 병렬 처리(parallel processing)가 불가능하다. 병렬 처리를 위해서는 명령코드와 데이터를 형식상으로 구별하는 방식이 필요하며 이러한 방식의 컴퓨터를 비노이만형 컴퓨터라 한다.

학습 능력이란 획득한 데이터들을 기반으로 새로운 사실을 추론할 수 있는 능력을 말한다. 컴퓨터가 이 학습 능력을 갖는 방법을 연구하는 분야가 바로 인공지능이다. 인공지능은 문자, 음성, 패턴(pattern) 등의 인식(recognition), 전문가 시스템(expert system), 자연언어(natural language)처리 등의 분야로 발전하고 있다.

최근 미래의 컴퓨터로 주목받고 있는 것이 양자 컴퓨터(Quantum Computer)이다. 양자 컴퓨터는 양자역학을 이용해 자료를 처리하는 컴퓨터다. 전통적인 컴퓨터가 '0' 또는 '1'로 구성된 이분법으로 연산한다면, 양자 컴퓨터는 두 가지가 중첩될 수 있는 '큐비트(Qubit : Quantum Bit)'라는 양자적 상태의 조합으로 연산을 처리한다. 이 때문에 양자 컴퓨터는 대규모 계산과 특정 문제 해결 능력에 있어 한계를 보이는 오늘날의 슈퍼컴퓨터를 압도할 것으로 예상된다. 양자 컴퓨터의 발전은 암호학, 약물 개발, 기후 모델링 등 다양한 분야에 혁명적인 변화를 불러올 것으로 기대된다.

(2) PC의 발전

개인이 한 대의 컴퓨터를 독점적으로 사용하는 '개인용 컴퓨터(PC : Personal Computer)'는 1977년 스티브 잡스(Steve Jobs)와 스티브 위즈니악(Steve Wozniak)이 만든 Apple II (그림 1-5)를 그 효시로 보고 있다. 그 이전까지만 해도 컴퓨터는 은행이나 정부 기관, 대학 등과 같은 데에서 여러 사람이 공동으로 사용하는 크고 값비싼 기계로 인식되어 있었다.

그림 1-5 최초의 PC Apple II

이러한 PC의 개념이 실현될 수 있었던 것은 마이크로프로세서(microprocessor)가 개발되었기 때문이다. 마이크로프로세서란 CPU의 모든 요소가 한 개의 집적회로 칩(chip) 안에 들어 있는 것이다. 이 마이크로프로세서가 CPU인 컴퓨터를 마이크로컴퓨터라고 부른다. 현재 우리가 사용하는 PC와 워크스테이션(Workstation)이 대표적인 마이크로컴퓨터이다. 이보다 성능과 용량 면에서 더 큰 컴퓨터를 미니컴퓨터(Minicomputer), 메인프레임(Mainframe), 슈퍼컴퓨터(Supercomputer) 등으로 분류하고 있다.

최초의 마이크로프로세서는 1971년 인텔(Intel)사가 만든 '4004'이다. '4004'는 일본의 탁상용 계산기(Calculator) 제조업체의 의뢰로 만든 것으로 4비트의 수를 더할 수 있었고, 곱셈은 반복 덧셈을 이용해서만 할 수 있었다. '4004'는 오늘날의 기준으로는 매우 원시적인 것이었지만, 마이크로프로세서 발전의 시작점으로 기록된다.

마이크로프로세서의 발전은 프로세서가 한 번에 처리할 수 있는 비트 수를 늘리는 방향으로 발전되어 왔다. 최초의 8비트 마이크로프로세서는 1972년 인텔사가 만든 '8008'이었다. '4004'와 '8008'이 특수목적용(special purpose)인 것에 반해 1974년에 개발된 'Intel 8080'은 최초의 범용 마이크로프로세서이었다. 8비트 마이크로프로세서로는 인텔사의 '8080' 외에 자일로그(Zilog)사의 Z80, 모토로라(Motorola)사의 '6800', '6502' 등이 대표적인 것들이다. 최초의 PC라고 할 수 있는 Apple II에는 모토로라사의 '6502'가 사용되었다.

1981년 IBM(International Business Machine)사는 16비트 PC인 'IBM-XT'를 발표하였다. 여기에는 인텔사의 16비트 마이크로프로세서인 '8086'이 사용되었으며 운영체제(OS : Operating System)로 빌 게이츠(Bill Gates)의 마이크로소프트(Microsoft)사가 만든 'MS-DOS(Microsoft Disk Operating System)'가 탑재되었다. 1984년에는 인텔사의 '80286'을 장착한 'IBM AT'가 개발되었고 이 AT의 구조는 지금의 PC에서도 사용되고 있다. 계속해서 인텔사는 32비트 마이크로프로세서인 '80386', '80486' 그리고 'Pentium'을 개발하였고 IBM PC에 차례로 장착되고 있다.

8비트 PC 시장을 석권했던 애플사는 16비트 PC 시장을 IBM사에 넘겨주고 절치부심 끝에 1984년 16비트 PC인 '매킨토시(Macintosh)'를 발표하였다. 이 매킨토시는 모토로라사의 16비트 마이크로프로세서인 '68000'을 사용하였다. 여기에서 처음 사용된 GUI(Graphical User Interface)는 기존의 CUI(Character User Interface)를 제치고 사용자 인터페이스의 표준으로 자리 잡았다.

PC에 사용되는 OS의 역사는 곧 마이크로소프트사의 역사라고 해도 과언이 아닐 정도이다. MS-DOS를 시작으로 'Windows 3.0', 'Windows NT', 'Windows 98', 'Windows XP', 'Windows Vista', 'Windows 7', 'Windows 8', 'Windows 10' 등 근 30년간을 독주하고 있다. 한때 IBM사에서 OS/2(Operating System/2)를 개발하여 마이크로소프트사를 견제하려 하였지만 역부족이었다. 워크스테이션급 이상의 컴퓨터에서는 벨연구소에서 개발한 유닉스(UNIX)가 사실상의 표준이 되면서 이 유닉스를 PC에서도 사용할 수 있게 만든 리눅스(LINUX)가 개발되었다.

PC는 탁상용(Desktop)에서 시작해서 무릎 위에 올려놓고 쓸 수 있는 랩톱(Laptop), 공책 크기만 한 노트북(Notebook), 손바닥 위에 놓고 쓰는 팜탑(Palmtop), 한 손으로 들고 다닐 수 있는 HPC(Handheld PC), 옷과 같이 착용하고 다닐 수 있는 웨어러블(Wearable) PC, 터치스크린을 사용한 태블릿(Tablet) PC 등 휴대와 이동이 가능한 쪽으로 부피와 무게가 점점 줄어들고 있다.

이상과 같이 컴퓨터는 ENIAC 같은 거대한 기계에서, 나 혼자 사용할 수 있는 '나만의 컴퓨터'인 PC로, 그리고 '가지고 다니는 컴퓨터'인 스마트폰으로 발전하였다. 앞으로 컴퓨터는 자율주행 자동차, UAM(Urban Air Mobility) 등의 발전으로 바퀴 달린 컴퓨터, 즉 '타고 다니는 컴퓨터'의 시대가 될 것이다.

1.1.3 데이터 통신이란?

초기의 전기통신인 전신과 전화는 주로 멀리 떨어져 있는 사람과 사람 사이의 의사소통을 위한 것이었다. 그러나 컴퓨터가 등장함으로써 통신의 양상은 약간 변화를 불러오게 된다. 즉 음성 위주의 실시간 통신에서 데이터 위주의 비실시간 통신으로 바뀌는 것이다.

전신과 전화는 사람과 사람이 기계(전신기 또는 전화기)를 이용하여 실시간으로 통신하는 데 비해서 데이터 통신은 정보를 저장하고 가공할 수 있는 컴퓨터가 사람 간의 통신에 개입함으로써 사람과 기계(컴퓨터) 또는 기계와 기계 간에 시간차를 두고 통신하는 축적 통신, 즉 비실시간 통신이라고 할 수 있다.

최초의 데이터 통신 시스템은 1958년 개발된 미 공군의 반자동 방공시스템인 SAGE(Semi-Automatic Ground Environment)이다. 이 시스템은 미국의 방공 체제를 강화하기 위한 것으로, (그림 1-6)과같이 관제 센터의 컴퓨터와 미국 전역을 관할하는 대공 레이더망을 유무선 통신회선으로 연결하여 항공기나 유도탄의 침입에 즉각 대처할 수 있게 한 것이다.

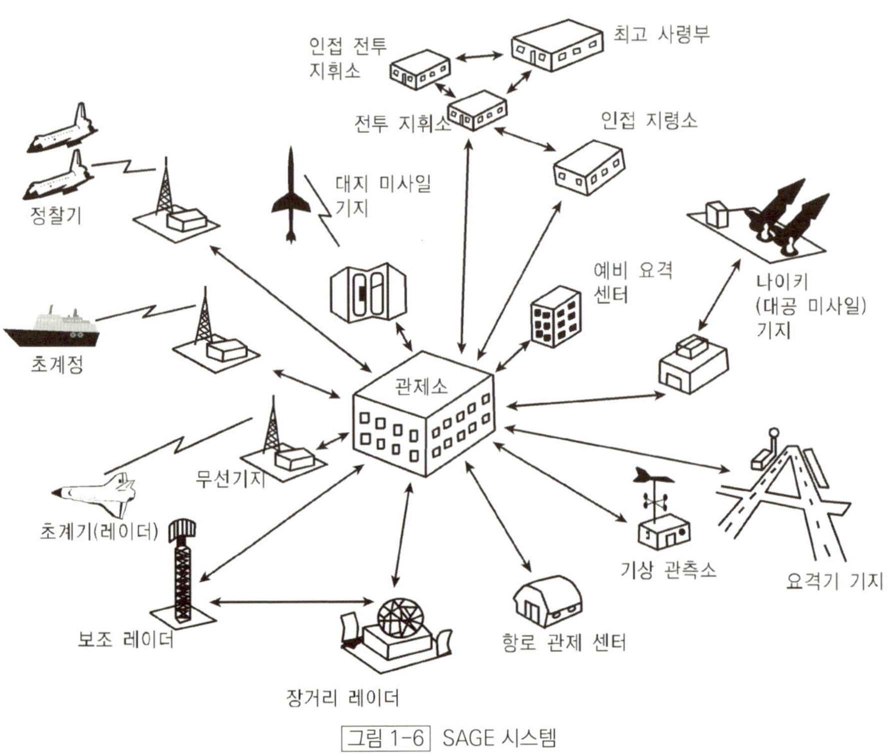

그림 1-6 SAGE 시스템

SAGE 시스템의 개발을 통한 기술의 축적은 그 후 기업경영 분야에 활용되어 상업적인 데이터 통신 시스템의 개발로 이어지게 된다. 1961년 미국 항공회사인 아메리칸 항공(American Airline)사는 비행기 좌석의 예약 및 회계업무의 계산 등을 종합적으로 처리하는 SABRE(Semi-Automatic Business Research Environment)라는 시스템을 개발하였다. 이것은 뉴욕의 컴퓨터 센터와 미국 전역에 산재되어 있는 영업창구 및 공항을 통신회선으로 연결하여 비행기 좌석을 예약하는 시스템이었다.

이와 같은 새로운 응용 분야는 컴퓨터 자체에도 영향을 주어 중앙 컴퓨터를 불특정 다수의 사용자가 마치 혼자 독점적으로 사용하는 것 같은 느낌을 주면서도 모두 공동으로 이용할 수 있는 시분할 시스템(TSS : Time Sharing System)의 개발을 촉진하는 계기가 되었다.

온라인 시스템의 이용이 널리 보급되는 것과 함께 컴퓨터의 소형화 및 고성능화 그리고 PC의 보급에 따라 데이터통신의 이용 목적은 단순한 시분할 공동 이용보다도 통신 기능을 보다 중요시하는 형태로 바뀌게 되었다. 그 이유는 단말 장치의 분산, 자원의 공동 이용, 사용자 상호 간의 통신을 위하여 컴퓨터 간의 접속이 절실히 요구되었으며, 또 통신회선의 효율적 이용에 의한 회선 비용의 절감이 필요했기 때문이다.

또한 컴퓨터와 단말 장치 사이의 통신뿐만 아니라, 다수의 컴퓨터 상호 간의 통신이 가능한 형태가 필요하게 되었는데, 이 경우에는 컴퓨터 사이의 데이터 전송의 고속성과 인터페이스의 정교한 결합을 보장하여야 한다. 따라서 통신망에 있어서 종래의 전화망과는 전혀 다른 고도의 통신망 기능이 새로이 요구되기에 이르렀다.

이 같은 요구에 따라 1968년 미 국방성의 고등연구계획국(ARPA : Advanced Research Project Agency)은 'ARPANET'이라는 새로운 컴퓨터 네트워크의 실험을 시작하게 된다. 여기에서 컴퓨터 상호 간의 통신에 적합한 패킷 교환(Packet switching) 방식을 최초로 사용하였다. 또한 1971년 미국의 하와이 대학에서는 최초의 무선 패킷교환망 'ALOHA(Additive Links Online Hawaii Area)'를 개발하였다.

이 ARPANET은 1971년부터 미 국방성을 중심으로 미국 전체의 대학과 연구기관이 다수의 컴퓨터와 단말 장치를 디지털 회선으로 접속하여 각 단말 장치에서 임의의 컴퓨터를 원격 접속할 수 있는 실용적인 시스템으로 발달하였으며, 컴퓨터 네트워크 시대의 개막에 크게 공헌하였다. 이러한 패킷 데이터 교환망을 공중데이터교환망(PSDN : Public Switched Data Network)이라고 한다. 이 ARPANET이 지금 우리가 사용하는 Internet의 모체이다.

앞에서도 살펴보았듯이 초창기에 컴퓨터가 다루었던 정보는 주로 문자나 숫자이었다. 따라서 초기의 데이터 통신은 이러한 문자나 숫자를 디지털 형태, 즉 '0과 1'의 2진 부호(binary code)로 변환한 정보를 주고받는 통신이었다. 그러나 컴퓨터가 문자나 숫자뿐만 아니라 음성, 화상, 동영상 등의 멀티미디어 정보를 처리할 수 있게 됨에 따라 데이터통신의 의미도 문자나 숫자뿐만이 아닌, 디지털화된 모든 정보를 주고받는 넓은 의미로 확대된다.

〈표 1-2〉에 주요 데이터 통신시스템의 발달 과정을 정리하였다.

표 1-2 데이터 통신 시스템의 발달 과정

시기	주요 기술	비 고
1837년	전신기(telegraph)	- Samuel Morse가 전신기를 개발 - 최초의 전기통신
1876년	전화(telephone)	- Alexander Graham Bell이 전화 발명
1895년	무선 전신	- Gugliemo Marconi가 무선전신기 발명
1958년	SAGE	- 미 공군이 개발한 반자동 방공시스템 - 최초의 데이터 통신 시스템
1960년	SABRE	- American Airline 항공사에서 도입한 항공기 좌석 예약 시스템 - 최초의 상업용 데이터 통신 시스템
1964년	CTSS (Compatible Time Sharing System)	- MIT에서 개발한 최초의 시분할 시스템 - 대학 내 대형 컴퓨터의 공동 이용 목적
1969년	ARPANET	- 미 국방성이 설치한 최초의 패킷교환망 - 인터넷의 효시
1971년	ALOHA	- 미 하와이 대학에서 개발한 최초의 무선 패킷교환망
1974년	SNA (System Network Architecture)	- IBM사가 개발한 컴퓨터 간 접속 표준

1.1.4 정보 통신의 현재와 미래

지금까지 살펴본 바와 같이 종래의 전기통신은 전보 등을 전신으로, 사람의 말은 전화로, 컴퓨터 데이터는 데이터 통신으로 각각 서비스가 되고 있었다. 그러나 집적회로 기술과 디지털 통신 기술의 발달 그리고 컴퓨터의 고도화에 따라 화상, 영상 등의 시각 정보가 기존의 데이터 및 음성 정보와 함께 동시에 처리되고 송수신되는 멀티미디어의 시대가 도래하였다.

예를 들어 영상회의 시스템에서는 참석자의 영상 및 음성 또는 자료나 도면과 같은 정지화상 등의 정보를 혼합해서 통신회선을 통하여 상대방과 주고받는다. 또 회의에 필요한 통계 정보 등을 컴퓨터에서 꺼내 화면에 비추는 등 여러 가지 미디어를 컴퓨터로 처리하여 송수신한다.

이와 같이 정보를 주고받는 전기통신과 정보를 처리하고 저장하는 컴퓨터의 통합화가 급속히 이루어지게 되었다. 즉 정보와 통신의 두 개념을 결합하여 상호 융합된 의미로 취급해야 할 필요성이 부각 되었다. 이러한 배경으로 기존의 전기통신이라는 용어 대신 정보 통신이라는 새로운 용어를 사용하게 된 것이다.

즉 정보 통신이란 기존의 전기통신에 컴퓨터가 결합해 음성뿐만 아니라 문자, 화상, 영상 등의 정보를 처리하여 주고받는 것이라고 할 수 있다. 정보 통신에 직접 대응하는 영어 단어는 없다. 일반적으로 정보 통신은 정보와 통신, 즉 'Information & communication'으로 쓰고 있다. 기존의 전기통신과 데이터통신에서 정보 통신으로 진화하는 과정을 (그림 1-7)에 나타내었다.

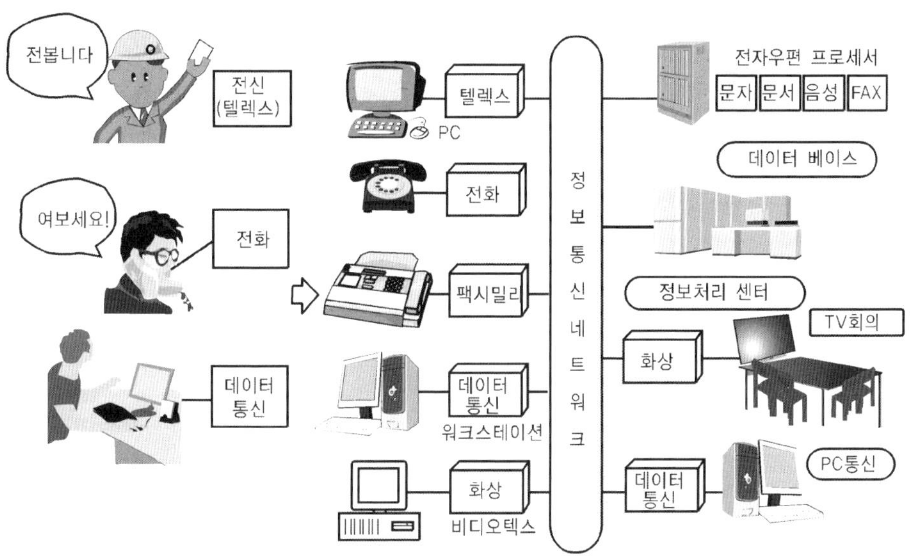

그림 1-7   전기통신과 데이터 통신에서 정보 통신으로

앞에서 살펴본 바와 같이 인간은 시간적, 공간적 제약에서 벗어나 서로 간에 원활하게 의사 교환을 할 수 있는 방법을 끊임없이 모색해 왔다. 그 산물이 바로 지금의 정보 통신이라고 할 수 있다.

사람 간의 통신에 있어서 첫 획기적인 사건은 말(언어)의 발명이었다. 말과 같이 자신이 느끼는 감정이나 가지고 있는 지식, 사상 등과 같은 '정보(Information)'를 소리로, 몸짓으로, 표정으로 그리고 말로 표현하는 것들을 '정보 표현 기술'이라고 할 수 있다.

앞에서도 언급하였듯이 말은 사람들 간의 의사소통에 있어서 매우 효율적인 도구이지만 시간적, 공간적인 취약점을 가지고 있다. 이러한 불편을 어느 정도나마 해소시켜 준 것이 바로 글(문자)의 발명이었다. 글의 발명은 말의 발명과 같이 정보 표현 기술로 볼 수도 있다. 그러나 다른 의미에서 보면 말이 가지고 있는 시간적인 제약을 극복한 '정보 저장 기술'이라고 할 수 있다.

글의 발명으로 정보를 편지 등에 저장하여 말이나 비둘기 등과 같은 운송 매체를 이용하여 서로 교환할 수는 있었지만, 여전히 공간을 이동하는 데에 긴 시간이 걸렸다. 좀 더 빠른 방법으로 불이나 연기 등을 사용하기도 하였지만, 이러한 방법은 보낼 수 있는 정보의 양이 제한되어 있었다. 이러한 제약을 극복할 수 있었던 것이 바로 전기를 운송 매체로 사용한 전기통신의 개발이었다. 이와 같이 정보를 전달하는 데에 있어서 공간적인 제약을 극복하고자 하는 것을 '정보 전달 기술'이라고 할 수 있다.

정보 통신은 위와 같은 '정보 표현 기술', '정보 저장 기술', '정보 전달 기술'의 종합체이며, 인간의 감정, 사상, 지식 등의 정보를 서로 교환하는 데에 있어서 시간적, 공간적인 제약을 극복하고자 하는 모든 기술의 종합체로 정의할 수 있다.

이러한 정보통신 기술의 현주소를 극명하게 보여주는 것이 바로 인터넷이다. 인터넷은 초기 컴퓨터 파일들을 주고받는 데에서 시작하여, VoIP(Voice over IP)가 전화 서비스를 대체하기 시작하였으며, IPTV가 텔레비전으로 대표되는 방송 서비스까지 그 영역을 넓히고 있다.

이상에서 살펴본 바와 같이 지금까지의 정보 통신은 인간의 청각을 사용하는 단계에서 청각과 시각을 동시에 사용하는 방향으로 발전해 왔다. 그러면 앞으로는 어떻게 발전되어 갈 것인가?

무릇 기술(Technology)이라고 하는 것은 인간의 활동을 지원하고 보완하기 위하여 개발되고 발전되어 왔다. 그리고 정보 통신은 인간의 활동 중에서 의사 교환 활동을 지원하고 보완하기 위한 기술이다. 이러한 관점에서 볼 때 정보 통신은 인간 사이의 의사 교환 활동에 있어서 여러 가지 제약 사항을 극복하여 보다 나은 의사소통을 지원하는 방향으로 발전해 나갈 것이다.

앞에서 살펴본 바와 같이 지금의 정보 통신은 인간의 청각을 사용하는 단계에서 청각과 시각을 동시에 사용하는 방향으로 발전해 왔다. 따라서 사용되는 통신 매체의 관점에서 보면, 앞으로의 전기통신은 촉각, 후각, 미각 등을 추가하여 인간의 5감을 모두 사용하는 쪽으로 발전해 나갈 수도 있다.

정보 통신에서 촉각, 후각, 미각 등을 사용하게 될 것이라는 말은 다소 허황되게 들릴 수도 있다. 그러나 전화와 TV가 없던 시절에 '멀리 떨어져 있는 사람들의 목소리를 듣고, 그 모습을 볼 수 있을지도 모른다.'라는 이야기가 얼마나 황당하게 들렸겠는가를 생각해 보라. 이제 전화나 TV는 더 이상 상상 속의 이야기가 아니고 바로 현실이다.

청각 정보를 정보 통신에 사용할 수 있었던 것은 마이크와 스피커라는 입출력 기기가 개발되었기 때문이다. 또한 시각 정보를 사용할 수 있었던 것은 카메라와 디스플레이의 개발 때문이다. 그렇다면 촉각, 후각, 미각을 입출력할 수 있는 기기만 개발된다면 인간의 5감을 모두 사용하는 통신도 그리 어려운 이야기가 아닐 수도 있다. 예를 들어, 전화기의 한 부분에 촉감 입출력 기기를 장착하여 상대방과 악수할 수도 있고, 후각 입출력 기기가 있다면 상대방의 체취도 느낄 수 있을 것이다.

정보 통신의 궁극적인 목표는 멀리 떨어져 있는 사람들끼리도 마치 한 자리에 만나서 대화하는 것 같은 환경을 제공하는 것이다. 한 걸음 더 나가면 직접 만나서 이야기하는 것보다 더 편리한 환경을 제공하는 것일 것이다. 그러므로 미래의 정보 통신은 이러한 목표를 달성하는 방향으로 발전하게 될 것이다.

직접 만나서 이야기하는 것과 같은 환경을 제공할 수 있는 기술로 생각해 볼 수 있는 것이 가상공간(Cyber space)이다. 공간적으로 멀리 떨어져 있는 두 사람 사이에 가상공간을 설정하고 인간의 5감을 모두 동원하여 서로 정보를 주고받을 수 있다면 굳이 시간과 비용을 들여서 만날 필요가 있을까?

여기에다가 대용량의 정보를 축적하고 있는 강력한 컴퓨터들을 마치 자기 앞에 있는 것처럼 접속할 수 있다면 특정한 물리적 공간에서 직접 만나서 통신하는 것보다 더 편리한 통신 환경을 제공할 수도 있을 것이다.

1.2.1 데이터 통신 시스템의 구성 요소

데이터 통신 시스템은 컴퓨터와 원거리에 있는 터미널 또는 다른 컴퓨터를 통신회선으로 결합하여 정보를 처리하는 시스템을 의미한다. 예를 들면 전송 설비, 전송 설비와 결합해 있는 교환기기, 데이터 단말 장치, 데이터 회선 종단 장치 및 통신규약의 집합 등과 같은 지리적으로 원거리에 분산된 복수의 최종 사용자 간의 정보 전달에 참여하는 모든 기능 단위 또는 논리 단위 및 물리 단위가 포함된다. 기본적으로 데이터 통신 시스템은 (그림 1-8)과같이 다음과 같은 5가지 요소로 구성된다.

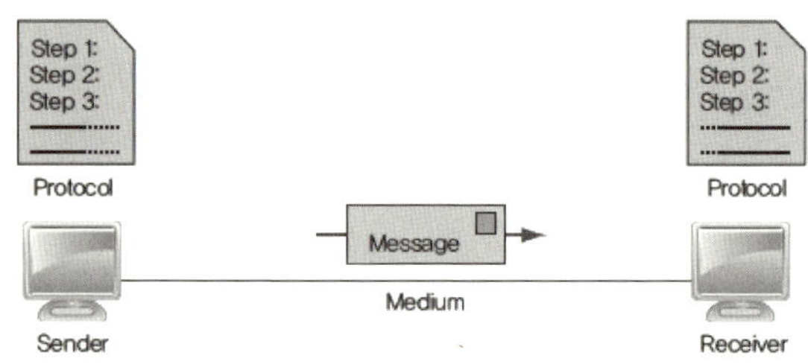

그림 1-8 데이터 통신 시스템의 구성 요소

- 메시지(message) : 통신의 목적이 되는 정보로서, 통신 수단에 의한 전달에 적합한 언어나 부호로 작성된 단위 정보 또는 전송되는 데이터를 말한다.
- 송신기(sender) : 메시지의 생성과 송신을 담당하는 장치를 말하며, 전송하는 데이터를 전송매체에 적합한 형태로 변환하는 기능을 수행한다. 일반적으로 컴퓨터가 송신기로 사용된다.
- 수신기(receiver) : 전송매체를 통해 전송된 메시지를 수신하는 장치를 말하며, 메시지를 수신기가 이해할 수 있는 형태로 변환하는 기능을 수행한다. 송신기와 마찬가지로 주로 컴퓨터가 사용된다.
- 전송매체(medium) : 메시지가 송신기로부터 수신기에까지 이동하는 물리적인 경로이다. 전송매체로는 무선 매체와 TP(Twisted Pair), 동축 케이블(coaxial cable), 광케이블(optical fiber) 등과 같은 유선 매체가 있다.
- 프로토콜(protocol) : 데이터 통신을 제어하는 약속 또는 규칙들의 집합을 말한다. 프로토콜은 통신하고 있는 장치들 사이의 상호 합의를 나타낸다.

1.2.2 데이터 전송계와 데이터 처리계

데이터 통신 시스템은 (그림 1-9)와 같이 크게 데이터 처리를 담당하는 데이터 처리계와 데이터 전송을 담당하는 데이터 전송계로 구분할 수 있다.

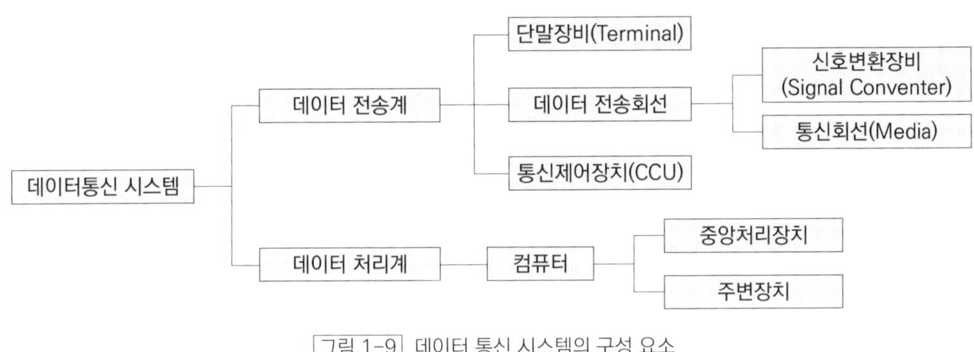

그림 1-9 데이터 통신 시스템의 구성 요소

데이터 처리계는 데이터 전송계를 통해 입력되는 데이터를 처리하며 일반적으로 컴퓨터 시스템을 지칭한다. 데이터 처리 방식으로는 일괄 처리(batch processing) 방식, 온라인 실시간 처리(on-line realtime processing) 방식, 그리고 분산 처리(distributed processing) 방식 등이 있다.

일괄 처리 방식은 효율성을 최대한 높이기 위하여 일정 시간 또는 일정량의 데이터를 모아서 한 번에 처리하는 방식으로 결과를 반환하는 시간은 늦지만, 단위 시간당 처리하는 작업 수가 많으므로 트랜잭션 당 처리 비용이 적다. 온라인 실시간 처리 방식은 데이터 발생 즉시 또는 데이터 처리 요구가 있는 즉시 처리하여 그 결과를 산출하는 방식으로 처리 시간이 단축되고 처리 비용이 절감된다. 분산 처리 방식은 지리적으로 분산된 여러 대의 컴퓨터(프로세서)를 통신회선으로 연결하여 논리적으로 하나의 시스템을 사용하는 것처럼 운영하는 방식으로 시스템의 구축과 운영이 복잡한 반면, 신뢰성이 높고 확장이 용이하다.

데이터 전송계는 단말 장치와 데이터 전송 회선, 통신제어장치(CCU)로 구분할 수 있다. 데이터 전송계의 구성도는 (그림 1-10)과 같다.

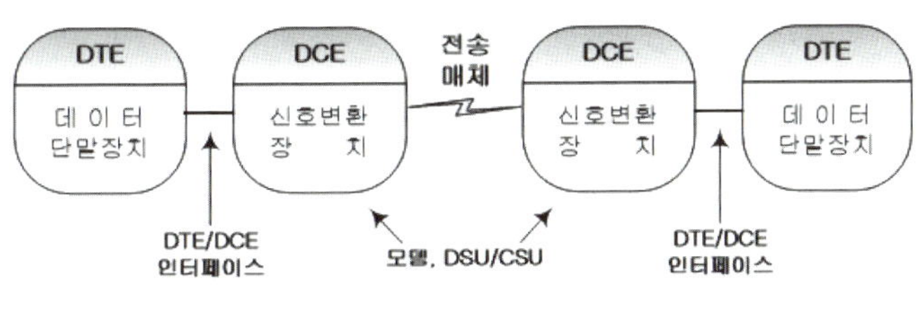

그림 1-10 데이터 전송계의 구성도

(1) 단말 장치

단말 장치는 논리적으로 'DTE(Data Terminal Equipment)'라고 하며, 데이터 통신 시스템과 외부 사용자의 접속점에 위치하여 최종적으로 데이터를 입출력하는 장치이다. 단말 장치의 주요 기능은 다음과 같다.

- 입출력 기능 : 입력된 데이터를 컴퓨터가 처리할 수 있는 2진 신호의 형태로 변환하는 입력 기능과 처리된 데이터를 사용자가 인식할 수 있는 문자, 숫자, 화상의 형태로 변환하는 출력 기능을 수행한다.
- 전송 제어 기능 : 입출력 제어 기능, 회선 제어 기능(송수신 제어, 오류 제어), 회선 접속 기능을 수행한다.
- 기억 기능 : 입력된 데이터를, 통신회선을 통해 전송하기 전에 잠시 보관하는 기능, 그리고 출력된 데이터를 표시장치에 표시하기 전에 잠시 보관하는 기능을 수행한다.

단말 장치는 (그림 1-11)과같이 입출력 장치와 전송 제어 장치(TCU : Transmission Control Unit)로 구성된다. 전송 제어 장치는 데이터 전송 시에 발생하는 오류를 검출 혹은 정정하는 장치로 회선 접속부, 회선 제어부, 입출력 제어부로 구성된다. 회선 접속부는 단말 장치와 전송 회선을 연결하는 기능을 하며, 회선 제어부는 회선 접속부를 통해 송신된 데이터의 조립 및 분해, 오류 검출 등 전송 제어를 담당하고, 입출력 제어부는 입출력 장치에 대한 직접적인 제어 및 상태를 감시한다.

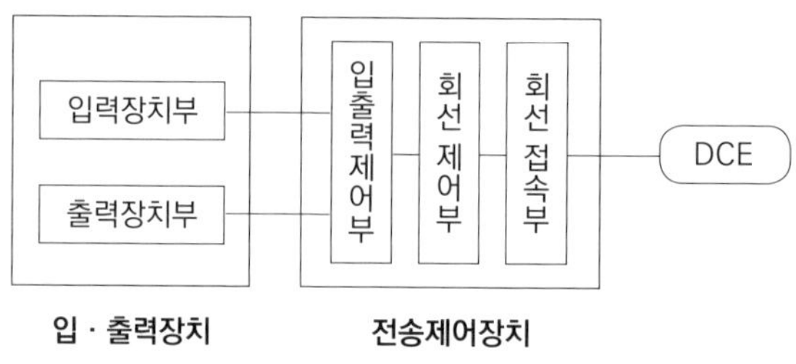

그림 1-11 단말 장치의 구성도

단말 장치는 CPU와 기억장치가 없이 입출력 장치로만 구성되어 단독으로는 작업을 처리할 수 없는 더미(dummy) 단말과 CPU와 기억장치를 가지고 있어서 단독으로 작업을 처리할 수 있는 지능형(intelligent) 단말로 구분할 수 있다.

(2) 신호 변환 장치

데이터 통신 시스템에서 원격지와 정보를 주고받기 위해서는 생성된 정보를 멀리 보내는 데 적합한 신호로 변환하여야 한다. 송신자의 정보가 먼저 신호 변환 장치를 통해 전기적 신호로 변환되고, 이 신호는 전송매체를 통해 수신자의 신호 변환 장치를 거치면서 원래의 정보로 변환된다.

이러한 신호 변환 장치를 논리적으로 데이터 회선 종단 장치, 즉 DCE(Data Circuit-terminating Equipment)라고 한다. DCE는 컴퓨터나 단말 장치의 데이터를, 통신회선을 통하여 전송하기에 적합한 신호로 변경하거나, 통신회선으로부터 수신되는 신호를 컴퓨터나 단말 장치에 적합한 데이터로 변경하는 신호 변환 기능을 수행한다. 데이터를 아날로그 회선으로 전송하기 위한 'MODEM(Modulator and Demodulator)'과 디지털 회선으로 전송하기 위한 'DSU/CSU(Digital Service Unit/Channel Service Unit)' 등이 대표적인 예이다.

- 모뎀(Modem) : 모뎀은 단말 장치에서 발생한 디지털 정보를 전화망과 같은 아날로그 통신망으로 전송하기 위하여 사용하는 신호 변환 장치(DCE)이다. 모뎀은 (그림 1-12)와같이 컴퓨터로부터 발생한 디지털 데이터인 0과 1을 특정 주파수를 갖는 정현파인 아날로그 신호로 변환(변조 : modulation)하거나 통신회선으로부터 수신한 아날로그 신호를 통신 제어 장치나 컴퓨터로 전송하기 위해 이를 다시 '0과 1'로 변환(복조 : demodulation)한다.

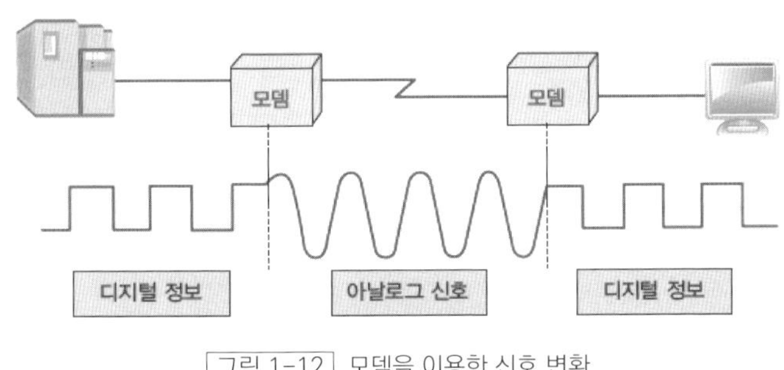

그림 1-12 모뎀을 이용한 신호 변환

- DSU/CSU(Digital Service Unit/Channel Service Unit) : DSU는 디지털망에서 사용하는 회선 종단 장치(DCE)로 아날로그 망에서 사용하는 모뎀과 같은 역할을 한다. 모뎀은 통신 선로에 정보를 전달할 때 아날로그 방식을 사용하는 전화망을 이용하기 때문에, 컴퓨터 내부에서 처리되는 '0'과 '1'의 디지털 정보를 아날로그 신호로 바꾸어 전송하지만, DSU는 디지털망을 사용하기 때문에 신호의 형식을 바꿀 필요는 없고 단지 원거리로 전송할 수 있도록, 여기에 더 적합한 디지털 신호로 변환한다. 예를 들면, (그림 1-13)과같이 단극성(unipolar)의 디지털 신호를 양극성(bipolar)의 디지털 신호로 변환하여 전송하고, 수신 측에서는 반대의 과정을 거쳐 디지털 데이터를 재생한다.

CSU는 T1 및 E1과 같은 트렁크 라인을 그대로 수용할 수 있는 장비로 각각의 트렁크를 받아서 속도에 맞게 나누어 분할하여 쓸 수 있는 장비이다. T1 라인은 24채널이 가능하고 E1 라인은 30채널을 수용할 수 있으며 둘 다

CSU의 옵션에 따라서 전송 속도가 결정된다. DSU와 통합되어 DSU/CSU로 제작되어 나오기도 한다.

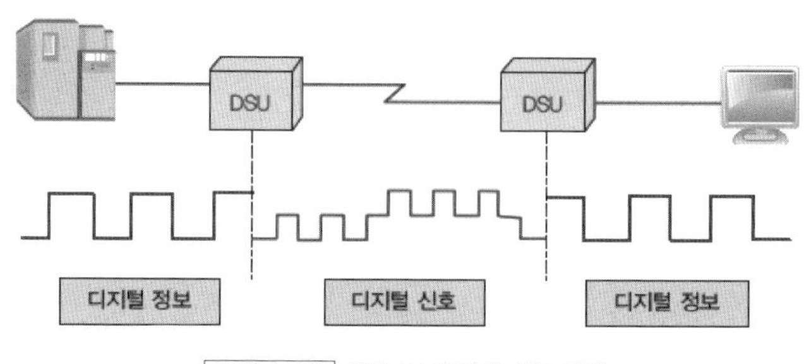

그림 1-13 DSU를 이용한 신호 변환

(3) 통신제어 장치

통신제어장치(CCU:Communication Control Unit)는 데이터 전송 장치와 주 컴퓨터 사이에 위치하여, 주 컴퓨터가 데이터 처리에 전념할 수 있도록 주 컴퓨터를 대신하여 데이터 전송에 관한 전반적인 제어 기능을 수행한다. 주요 기능으로는 통신의 시작과 종료 제어, 송신권 제어, 교환, 분기, 동기 제어, 오류 제어, 흐름 제어, 응답 제어, 제어 정보의 식별, 기밀 보호, 관리 기능 등이다.

통신제어장치는 처리 형태에 따라 다음과 같이 분류할 수 있다.

- CCU(Communication Control Unit) : 전송 문자의 조립과 분해 기능, 즉 통신 회선을 통하여 직렬로 수신되는 데이터를 컴퓨터가 처리하기에 적합하도록 병렬로 변환하는 작업을 수행한다.
- CCP(Communication Control Processor) : CCU에 소형 CPU와 메모리를 부착하여 보다 고도의 제어 기능을 수행하도록 한 것으로 전송 제어의 정확성과 신뢰성 및 회선의 효율을 높이고 문자는 물론 메시지의 조립과 분해 기능을 수행한다.
- FEP(Front End Processor) : 주 컴퓨터와 단말기 사이에 고속통신 회선으로 연결되어 있으며, 통신회선 및 단말기 제어, 메시지의 조립과 분해, 전송 메시지 검사 등을 수행하여 주 컴퓨터의 부담을 경감시킨다.

(4) 통신 소프트웨어

통신 소프트웨어는 데이터 전송 회선과 통신 제어장치를 이용하여 컴퓨터와 단말 장치 사이에서 정보를 송수신하기 위한 프로그램을 말한다. 통신 소프트웨어는 사용자의 요구에 따라 다양하게 구성할 수 있다. 일부는 시스템 소프트웨어에, 일부는 응용 소프트웨어에 속할 수도 있다. 인터넷과 접속하기 위한 웹 브라우저가 대표적인 통신 소프트웨어이다.

통신 소프트웨어의 세 가지 기본 구성 요소는 데이터 송수신, 통신 하드웨어 제어, 이용자 인터페이스 제어이다.

- 데이터 송수신 기능 : 컴퓨터와 단말 장치 간에 데이터 전송을 수행하는 기능이다.
- 통신 하드웨어 제어 기능 : 통신 하드웨어(통신 제어장치와 단말 장치의 전송 제어부)와의 제어신호 및 데이터 송수신을 행하는 기능으로 드라이버 프로그램으로 구현된다.
- 이용자 인터페이스 제어 기능 : 단말 장치의 이용자(사람 또는 입출력 프로그램)가 통신할 수 있도록 기본 명령을 준비하여 세부적인 구조를 몰라도 쉽게 통신 프로그램을 작동할 수 있도록 하는 기능이다.

1.3.1 네트워크의 필요성 및 정의

단말기 간 또는 컴퓨터 간 상호 통신을 하기 위해서는 통신 선로가 필요하게 된다. 마치 자동차가 목적지까지 도달하기 위하여 도로가 필요한 것과 마찬가지 이유일 것이다. 만약 통신을 위하여 1:1로 통신 선로를 구성한다면 어떻게 될 것인가?

(그림 1-14)와 같이 3대의 서버와 3대의 클라이언트가 하나의 클라이언트 입장에서 어떤 서버와도 통신이 가능하게 하기 위하여 선로를 구성한다면, 1개의 클라이언트 입장에서 3개의 선로가 필요하게 된다. 또한 서버와 클라이언트가 대등한 입장에서 모든 경우의 통신 선로를 구성하려면 '$n(n-1)/2$개' 만큼의 선로가 필요하게 될 것이다.

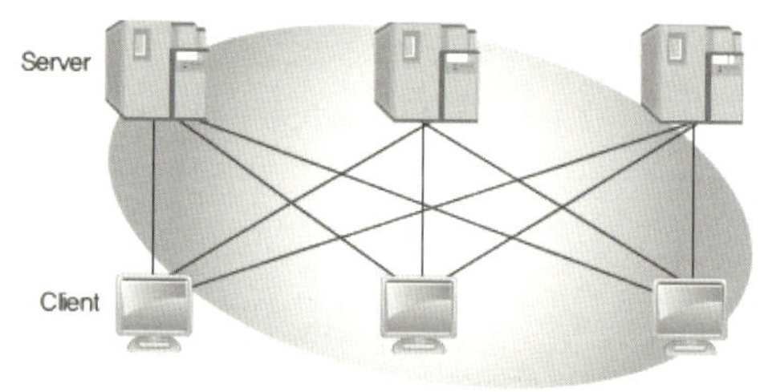

그림 1-14 네트워크의 필요성

단말의 수가 몇 개 안 되면 모르지만 수백, 수천의 단말기들을 연결하려 한다면 과연 물리적으로 가능한 일일 것인가? 전화 가입자가 2,000만 명이라고 할 때, 이 많은 전화 가입자를 1:1로 연결하려면 1개의 전화기에 2,000만 회선을 연결해야 할 것이다. 이것은 현실적으로 불가능한 일이다.

따라서 1개의 회선만을 가지고 원하는 상대방과 통신할 수 있는 방법이 필요하게 된다. 결론적으로 단말기 측에서 1개의 선로만으로 망 가입자 중 누구든 선택해서 통신할 수 있도록 해 주는 것이 바로 네트워크이다.

다수의 단말기가 네트워크를 공유해서 통신이 가능한 원리는 마치 고속도로를 이용하는 것과 유사하다. 고속도로의 자동차들은 최종 목적지가 서로 상이하지만, 고속도로를 같이 이용하기 때문이다. 따라서 여기서 중요한 개념은 "상호 통신을 하기 위해서는 네트워크가 반드시 있어야 한다."라는 사실을 먼저 인식할 필요가 있다.

컴퓨터 네트워크의 정의는 '여러 대의 컴퓨터나 터미널이 하나 이상의 공유된 전송로에 의해 상호 연결된 망'이라고 정의할 수 있다. 또한 다수의 컴퓨터가 망의 자원을 효율적으로 공유하기 위한 메커니즘이 필요하게 된다. 이러한 메커니즘을 소위 '통신 프로토콜'이라고 한다.

지역적으로 분산된 지역 네트워크(근거리 네트워크)들을 상호 연동하는 통신 장비(일반적으로 라우터)에 의해 통합하는, 즉 망과 망을 상호 연동하는 기술을 '인터네트워킹(internetworking)'이라고 한다. 전 세계에 산재해 있는 네트워크를 인터네트워킹한 것이 바로 인터넷이라고 볼 수 있다.

네트워크는 교환기, 중계기 그리고 이들을 상호 연결하는 통신 선로로 구성된다. 교환기는 네트워크의 선로를 다수의 가입자가 공유함에 따라 목적지가 서로 다른 가입자의 데이터를 네트워크 주소에 따라 교환하여 주는 장치이다. 마치 고속도로의 인터체인지에 해당된다. 경부 고속도로인 경우, 부산을 가는 사람만 이 도로를 이용하는 것이 아니고, 광주나 대전으로 가는 사람도 이 도로를 같이 이용하게 된다. 즉 최종 목적지가 다르더라도 선로를 공동으로 이용함으로써 네트워크의 전송 효율을 극대화할 수 있게 된다.

전송 선로의 길이가 길어지면 그에 따라 신호의 감쇄 및 왜곡이 발생한다. 따라서 선로의 길이가 길어지면 신호를 적당하게 유지할 필요가 있다. 여기서 감쇄라고 하는 것은 신호의 크기가 작아지는 것이고, 왜곡이라는 것은 신호가 전송로 상의 잡음으로 인하여 변질되는 것을 말한다. 따라서 중계기란 장치를 이용하여 신호의 감쇄와 왜곡을 적절하게 보상 시켜줄 필요가 있다. 마치 우리가 고속도로를 이용할 때, 휴게소에 들러서 휴식을 취하며 자동차에 기름을 보충하는 것과 비슷하다고 할 수 있다. 그리고 중계기라는 장치는 단독으로 네트워크 내에 존재할 수도 있으나, 일반적으로 교환기 내에 기능이 포함되어 있다.

전송 선로는 교환기와 중계기를 상호 연결하는 것이다. 이 전송 선로는 대부분 다중화되어 있다. 여기서 다중화라는 의미는 1개의 물리적인 전송 선로에 논리적으로 여러 개의 채널(channel)로 구성되어 동시에 여러 가입자의 정보를 한꺼번에 전송할 수 있도록 하는 기술이다. 마치 고속도로에 차선이 여러 개가 있어 동시에 자동차가 각각 다른 차선으로 달릴 수 있는 것과 같은 원리이다. 일반적으로 컴퓨터 통신에서 사용하는 다중화 기술은 여러 개의 주파수의 신호를 1개의 선로에 다중화시키는 방법이 있는데 이것은 CATV에 여러 개의 채널의 유선(cable) 방송을 제공하는 것과 유사하다. 또한 시분할 다중화 방식이 있는데 이는 시간상으로 분할한 시간 틈새(time slot)를 순차적으로 할당하여 다중화시키는 방법이다.

따라서 정리하면 네트워크는 교환기와 중계기들이 2개 이상의 선로에 연결된 모습을 가지고 있고 선로는 다중화되어 있으며 교환기는 다중화된 선로의 논리 선로 간에 교환 기능을 제공한다. 또한 선로가 길어지면서 생기는 전송로 상의 잡음, 신호의 감쇄를 보상하기 위해 중계기가 필요하게 된다. 이러한 장치들의 적절한 조합에 의해 하나의 단위 네트워크가 구성되며 이런 단위 네트워크들은 인터네트워킹에 의해 상호 연결된다.

1.3.2 네트워크의 분류

네트워크를 거리에 의해 분류하면 보통 10km 이내에 구축되는 근거리 통신망 LAN(Local Area Network)과 약 100km의 반경에 구축되는 도시 내 통신망 MAN(Metropolitan Area Network) 그리고 그 이상의 거리를 두고 구축하는 원거리 통신망인 WAN(Wide Area Network)으로 구분할 수 있다. MAN은 하나의 도시 지역을 연결하는 LAN의 확장된 형태이다. 그러나 최근 이 경계가 모호해지고 있어서 MAN이라는 용어도 잘 사용되지 않고 있다.

또한 LAN보다 작은 영역으로 한 사람의 작업 공간을 중심으로 장치들을 서로 연결하는 PAN(Personal Area Network)이 있다. PAN은 보통 10m 내외의 거리를 커버한다. PAN보다 더 작은 영역으로 사람의 인체 주위 및 내부를 연결하는 BAN(Body Area Network)도 있다. BAN은 임플란트 기기나 의료기기 등의 원격 제어와 같은 의료 분야에 주로 응용된다.

(1) 근거리 통신망

근거리 통신망(LAN)은 사무실, 건물, 학교 등에 있는 장치들을 연결하기 위한 네트워크이다. LAN은 PC나 워크스테이션 간의 자원공유를 목적으로 설계되었다. 공유되는 자원은 프린터와 같은 하드웨어와 응용 프로그램과 같은 소프트웨어, 그리고 데이터가 될 수 있다. 많은 업무 환경에서 볼 수 있는 LAN의 공통적인 예는 워크스테이션이나 PC와 같이 동일 업무에 관련된 컴퓨터를 서로 연결한 것이다. LAN은 일반적으로 하나의 회사 내에 또는 하나의 건물 내에 구축되는 사설 네트워크이다. 따라서 네트워크의 변경 및 유지보수가 용이한 특성이 있다.

LAN의 교환 방식은 전통적으로 다중 접속(Multiple Access) 방식을 사용하였지만, 최근에는 LAN Switch를 채택하는 구조를 많이 사용하고 있다. 또한 LAN은 근거리에 구축되어 특성이 좋은 케이블을 사용하여 전송 속도를 고속화할 수 있는 특성이 있다. LAN은 초기에 토큰 버스(Token Bus), 토큰링(Token Ring), FDDI 등 다양한 방식들이 사용됐으나, 현재는 이더넷(Ethernet)이 가장 많이 사용되고 있다.

(2) 광역 통신망

광역 통신망(WAN)은 국가, 대륙 또는 전 세계를 포괄하는 넓은 영역에 데이터, 음성, 영상 등의 정보를 전송한다. LAN은 사설망(private network)으로 개인이나 기업이 구매, 설치, 운영하는 네트워크인 데 비해, WAN은 공중망(public network)으로 통신 사업자의 장비와 선로를 임대하여 사용하는 것이 일반적이다.

WAN은 보통 10km 이상을 관할하는 네트워크로서 많은 호스트(Host)들이 다양한 망에 연동되는 아주 복잡한 구조로 되어 있다. 따라서 전체적으로 성능을 높이는 것이 구조적으로 어렵다. 그러므로 일반적으로 LAN에 비해서 저속이다. 그리고 망의 소유자는 다수의 회사가 공동으로 사용하는 경우가 많다. WAN은 교환되는 데이터의 단위에 따라 패킷을 단위로 교환하는 'X.25', 프레임을 단위로 교환하는 '프레임 릴레이(Frame Relay)', 셀(cell)을 단위로 교환하는 'ATM(Asynchronous Transfer Mode)'으로 발전됐다. 〈표 1-3〉에 거리에 따른 네트워크의 분류를 정리하였다.

표 1-3 거리에 따른 네트워크의 분류

항목	LAN	MAN	WAN
거리 제한	있음(10km 이내)	있음(100km 이내)	없음(10km 이상)
망 구성	단순한 구조		복잡한 구조
망 소유	Private	Private / Public	Public
전송률	고속 (10~1000Mbps)	고속 (100Mbs)	저속 (~1Mbps)
교환 방식	Multiple Access	Multiple Access	Switching (Packet, Frame, Cell)
BER (Bit Error Rate)	10^{-8}		$10^{-3} \sim 10^{-5}$
유지보수 비용	저가		고가
예	Ethernet	DQDB	X.25, Frame Relay

프로토콜은 원래 외교상의 언어로서 국가와 국가 간의 교류를 원활하게 하려고 외교에 관한 의례나 국가 간에 약속을 정한 의정서이다. 이것을 통신에 적용한 것이 통신 프로토콜(Communication Protocol)이다. 즉 통신 프로토콜은 어떤 시스템이 다른 시스템과 통신을 원활하게 수행하도록 해 주는 통신규약(rule)이라고 말할 수 있다.

전화의 경우를 생각해 보자. 전화를 이용하여 통신을 하는 경우에도 프로토콜, 즉 통신규약이 존재한다. 우리는 전화의 벨이 울리면 전화기를 들고 "여보세요."라고 말하여 전화를 받아야 한다고 알고 있다. 즉 전화벨이 울리면 전화를 '받는다'라고 약속이 되어 있는 것이다. 전화를 걸기 위해서는 전화기를 들고 "뚜우~"하는 발신음을 들은 다음 다이얼 하여야 한다는 것을 알고 있다. 발신음이 들리지 않으면 무엇인가가 잘못되었고, 다이얼을 해봐야 의미가 없다는 것을 미리 약속으로 알고 있다. 또한 다이얼 한 후 "뚜뚜뚜"하는 통화 중 신호가 들리면 전화를 끊고 잠시 후에 다시 걸어야 한다는 사실을 알고 있다. 이러한 약속들이 전화의 프로토콜이다.

그러나 전화 통화에서는 프로토콜이라는 용어를 사용하지 않는다. 왜냐하면 이 절차들을 사람이 실행하기 때문이다. 프로토콜이라는 용어는 컴퓨터, 즉 기계가 이러한 절차들을 수행할 때 사용하는 용어이다. 컴퓨터의 경우에는 인간의 경우처럼 융통성이 없으므로, 미리 규칙을 정해놓고 이 규칙을 따르지 않으면 통신이 불가능하다. 따라서 컴퓨터가 관여하는 통신에서는 규칙, 즉 프로토콜의 확립이 필수적이다.

컴퓨터 네트워크에서 통신은 서로 다른 시스템에 있는 개체(entity) 간에 일어난다. 정보를 송신하거나 수신할 수 있는 모든 것이 개체이다. 개체의 예로는 응용 프로그램, 파일 전송 패키지, 브라우저, 데이터베이스 관리 시스템, 전자우편 소프트웨어 등이 있다. 시스템은 1개 이상의 개체를 포함하고 있는 물리적인 객체(object)를 말한다. 시스템의 예로는 컴퓨터와 단말기를 들 수 있다.

그러나 두 개체가 무작정 비트 스트림을 보내고 나서 상대방이 알아듣기만을 기대할 수는 없다. 통신이 가능하기 위해서는 개체들이 프로토콜을 합의하여야 한다. 프로토콜은 통신을 통제하는 규칙들을 모아놓은 것으로 '무엇을 통신할 것인가?', '어떻게 통신할 것인가?' 그리고 '언제 통신할 것인가?' 등을 정한다.

1.4.1 프로토콜의 주요 요소

프로토콜의 3가지 요소는 구문(syntax), 의미(semantics), 타이밍(timing)이다.

- 구문(syntax) : 구문은 데이터의 구조나 형식을 가리키는 것으로, 데이터가 어떤 순서로 표현되는지를 의미한다. 예를 들어 간단한 프로토콜에서 데이터의 처음 8비트는 송신기의 주소이고, 다음 8비트는 수신기의 주소이며 나머지는 메시지 자체를 의미한다고 약속하는 것이 구문이다.

- 의미(semantics) : 의미는 비트들의 각 부분의 뜻을 가리킨다. 특정 패턴은 어떻게 해석되며, 그 해석에 따라 어떤 동작을 취할 것인가에 해당한다. 예를 들면 주소를 보고 '채택할 경로를 구별할 수 있는가?' 또는 '메시지의 최종 목적지를 구별할 수 있는가?' 하는 것 등이 의미이다.

- 타이밍(timing) : 타이밍은 '언제 데이터를 전송할 것인가?'와 '어느 정도의 속도로 전송할 것인가?'의 두 가지 특성을 가리킨다. 예를 들면, 송신기가 100Mbps의 속도로 데이터를 전송하는 데 비해 수신기가 단지 1Mbps의 속도로 데이터를 처리한다면 수신기가 감당할 수 없을 정도로 데이터가 전송되어 대부분의 데이터는 유실될 것이다.

1.4.2 프로토콜의 주요 기능

컴퓨터와 컴퓨터가 서로 연결되어 데이터를 주고받는 네트워킹에서 중요한 요소는 정확성, 효율성, 안전성, 편의성이다. 네트워크 프로토콜은 이 4가지 요소를 모두 만족시켜야 하는데, 이를 위해서는 여러 가지 다양한 기능을 수행해야 한다.

우선 정확한 데이터 전송을 위해 데이터 동기화(Synchronization), 오류 제어(Error Control), 흐름 제어(Flow Control) 등을 보장해야 한다. 그리고 효율적인 전송을 위해 데이터 압축(Data Compression)과 다중화 등의 기법을 사용하며, 안전하게 데이터를 전송하기 위하여 암호화 기법을 사용하기도 한다.

네트워크 프로토콜이 수행하는 주요 기능에 대해 알아보자. 다음에 설명하는 기능들을 모든 프로토콜이 지원하는 것은 아니다. 앞서 설명한 것처럼 다양한 네트워크 프로토콜이 각각 이들 기능의 일부분을 지원하여 전체적인 네트워킹이 이뤄진다.

- 단편화(Fragmentation)와 재조립(Reassembly) : 송신 측에서 전송할 데이터를 전송에 알맞은 크기의 작은 블록으로 자르는 작업을 단편화라고 하고, 수신 측에서 단편화된 블록을 원래의 데이터로 다시 조립하는 것을 재조립이라고 한다. 지체 현상을 줄이기 위해서는 패킷의 크기는 되도록 짧게 만드는 것이 유리하다. 패킷의 길이가 길어질수록 내부 기억 장치의 단편화 현상으로 인해 자원의 낭비가 발생한다. 또한 긴 패킷은 수신 지점에 도착할 때 오류 발생 가능성이 높아지고, 따라서 재전송할 확률도 높아진다. 하지만 패킷의 길이가 너무 짧으면 고정된 패킷 크기와 버퍼 제어 정보로 인해 기억장치의 효율이 떨어질 수 있다.

- 캡슐화(Encapsulation) : 캡슐화는 단편화된 데이터에 송수신지의 주소, 오류 검출 부호, 프로토콜 기능을 구현하기 위한 프로토콜 제어 정보 등의 정보를 부가하는 것으로, 보통 헤더(header)와 트레일러(trailer)를 덧붙인다.

- 흐름 제어(Flow control) : 흐름 제어는 수신 측에서 데이터가 흘러넘치지 않도록 수신 측의 처리 능력에 따

라 송신 측에서 송신하는 데이터의 양을 조절하는 기능이다. 이 기능은 데이터 전송 속도를 최적의 상태로 조절함으로써 수신 측의 버퍼 메모리가 흘러넘쳐서 데이터가 손실되는 것을 방지하기 위한 것이다. 주로 송신 측의 데이터 전송 속도가 수신 측보다 빠를 경우에 사용된다.

- 오류 제어(Error control) : 오류 제어는 전송 도중에 발생하는 오류를 검출하고 정정하여 데이터나 제어 정보의 파손에 대비하는 기능이다. 통신 회로의 잡음, 노드의 기억장치에서 접속 장치로 전달되는 과정 그리고 하드웨어의 고장 및 눈에 띄지 않는 소프트웨어의 문제 등에 의해 통신이 실패하는 경우가 있다. 이를 해결하는 데 필요한 기능이 오류 제어이다. 오류 제어를 위한 방법으로는 패리티(parity) 비트를 데이터에 삽입하는 방법과 CRC(Cyclic Redundancy Check), 검사합(checksum) 기법 등이 주로 사용된다.
- 동기화(Synchronization) : 동기화는 송수신 측이 같은 상태를 유지하도록 타이밍을 맞추는 기능이다.
- 순서 제어(Sequencing) : 순서 제어는 전송되는 블록에 전송 순서를 부여하는 기능으로 송신 데이터들의 차례를 지정하여 흐름 제어 및 오류 제어를 쉽게 하도록 하기 위한 기능이다.
- 주소지정(Addressing) : 주소지정은 데이터가 목적지까지 정확하게 전송될 수 있도록 목적지의 이름, 주소, 경로를 부여하는 기능이다. 수신 주소는 데이터의 경로를 결정하고 데이터를 전달하기 위한 정보를 제공하며, 발신 주소는 수신 측이 데이터 전송의 원점을 식별할 수 있게 한다. 논리적 주소를 사용하면 송신 측은 수신 측의 실제 주소를 알 필요가 없으며, 통신 요소(entity)들을 주소의 변경 없이 재배치할 수 있다.
- 다중화(Multiplexing) : 다중화는 하나의 통신회선을 여러 가입자가 동시에 이용할 수 있도록 하는 기능이다.
- 경로지정(Routing) : 경로지정은 출발지에서 목적지까지의 최적의 경로를 설정하는 기능이다.
- 우선권(Priority) : 네트워크에서 프레임이 지연되지 않고 전달되기 위해서는 우선권이라는 개념이 필요하다. 재전송되는 데이터는 이전 전송 때보다 우선권이 높게 부여돼야만 계속 재전송되는 것을 방지할 수 있다.
- 선점(Preemption) : 다른 데이터와는 상관없이 최우선으로 처리를 요할 때 사용하는 방법으로, 우선권과는 관계없이 제일 먼저 처리할 수 있도록 만들어준다.
- 부가서비스 : 서비스 등급, 보안 등이다.

SUMMARY

- 데이터 통신이란 전송매체를 통해 데이터를 한 지점에서 다른 지점으로 전송하는 것이다.

- 데이터 통신 시스템의 구성 요소는 메시지, 송신자, 수신자, 매체, 프로토콜이다.

- 데이터 통신 시스템은 데이터 처리를 담당하는 데이터 처리계와 데이터 전송을 담당하는 데이터 전송계로 구분할 수 있다.

- 네트워크는 정보 장치를 서로 연결하여 자원을 공유하고자 하는 것이며, 하나의 작업을 여러 대의 컴퓨터가 분담하는 분산 처리에 이용된다.

- 네트워크는 근거리 통신망(LAN), 도시 통신망(MAN), 광역 통신망(WAN)으로 분류할 수 있다.

- LAN은 건물, 공장, 학교 또는 가까운 건물 사이의 데이터 통신 시스템으로 개인이나 회사가 직접 설치하고 유지보수를 하는 사설망이다.

- WAN은 도시나 나라 또는 전 세계를 연결하는 데이터 통신 시스템으로, 일반적으로 통신 사업자의 망을 빌려서 사용하는 공중망이다.

- 프로토콜은 데이터 통신을 통제하는 규칙들의 집합으로, 프로토콜의 주요 요소는 구문, 의미, 타이밍이다.

1.1 데이터 통신과 정보 통신

[1-1] 최초의 라디오 패킷(radio packet) 통신 방식을 적용한 컴퓨터 네트워크 시스템은?

〈정보처리기사 2019/3, 2016/8〉

① DECNET　　　　② ALOHA
③ SNA　　　　　　④ KMA

[1-2] 시분할(Time-sharing) 시스템의 설명으로 가장 거리가 먼 것은?　〈정보처리산업기사 2016/5〉

① 실시간(real-time) 응답이 주로 요구된다.
② 컴퓨터와 이용자가 서로 대화형으로 정보를 교환한다.
③ 컴퓨터 파일 자원의 공동 이용이 불가능하다.
④ 다수의 단말기가 1대의 컴퓨터를 공동으로 사용한다.

[1-3] 정보 통신 시스템의 기능에 해당하지 <u>않는</u> 것은?

〈정보처리산업기사 2016/5〉

① 거리와 시간의 극복
② 대용량 파일의 공동 이용
③ 정보 전송의 비 신뢰성
④ 대형 컴퓨터의 공동 이용

[1-4] 정보 통신 시스템의 특징으로 틀린 것은?

〈정보처리산업기사 2015/3〉

① 거리와 시간의 극복
② 대형 컴퓨터의 공동 사용
③ 광대역 전송에만 사용
④ 대용량 파일의 공동 이용

1.2 데이터 통신 시스템의 기본 구성

[1-5] 가입자선에 위치하고 단말기와 디지털 네트워크 사이의 인터페이스를 제공하며, 유니폴라 신호를 바이폴라 신호로 변환시키는 것은?　〈정보통신기사 2023/6, 2021/3〉

① DSU(Digital Service Unit)
② 변복조기(MODEM)
③ CSU(Channel Service Unit)
④ 다중화기

[1-6] 정보 단말기의 전송제어장치에서 단말기와 데이터 전송 회선을 물리적으로 연결해 주는 부분은?

〈정보통신기사 2023/3, 2020/9〉

① 회선 접속부　　　② 회선 제어부
③ 입출력 제어부　　④ 변복 조부

[1-7] 다음 중 CSU(Channel Service Unit)의 기능으로 옳은 것은?　〈정보통신기사 2023/3, 2020/5〉

① 광역 통신망으로부터 신호를 받거나 전송하며, 장치 양측으로부터의 전기적인 간섭을 막는 장벽을 제공한다.
② CSU는 오직 독립적인 제품으로 만들어져야 한다.
③ CSU는 디지털 데이터 프레임들을 보낼 수 있도록 적절한 프레임으로 변환하는 소프트웨어 장치이다.
④ CSU는 아날로그 신호를 전송로에 적합하도록 변환한다.

정답 1-1 ②　1-2 ③　1-3 ③　1-4 ③　1-5 ①　1-6 ①　1-7 ①

[1-8] 정보통신시스템의 분류에서 데이터 전송 시스템에 포함되지 <u>않는</u> 것은?

〈정보통신산업기사 2023/3, 2018/4, 2017/3,
정보통신기사 2021/6, 2019/3, 2017/3,
정보처리산업기사 2016/3, 2015/8〉

① 데이터 단말 장치　　② 통신제어장치
③ 데이터 전송 회선　　④ 중앙처리장치

[1-9] 다음 중 아날로그 신호를 디지털 신호로 전환하고, 디지털 신호를 아날로그 신호로 전환해 주는 장치는 어느 것인가?　〈정보통신기사 2022/10〉

① 마우스(Mouse)　　② 전자 태그(RFID)
③ 스캐너(Scanner)　　④ 모뎀(Modem)

[1-10] 다음 중 DSU(Digital Service Unit)의 특징으로 <u>틀린</u> 것은?　〈정보통신기사 2022/10, 2020/9〉

① 디지털 정보를 디지털 신호로 변환한다.
② 디지털 정보를 장거리 전송하기 위해 사용한다.
③ 양극성 신호를 단극성 신호로 변환하여 전송한다.
④ 디지털 네트워크에서 사용하는 회선종단장치이다.

[1-11] 정보통신시스템의 통신회선 종단에 위치한 신호 변환장치 중에서 디지털 전송로인 경우 송신 측에서 단극성 신호를 쌍극성 신호로 변환하는 장치는?

〈정보통신기사 2022/6, 2020/5,
정보통신산업기사 2022/3, 2019/6, 2017/9, 2016/10〉

① CODEC　　　　② DSU
③ CSU　　　　　④ CPU

[1-12] 다음 중 단말기기의 전송 제어 기능이 <u>아닌</u> 것은?　〈정보통신산업기사 2022/6, 2021/3〉

① 회선 접속 제어 기능
② 입출력 제어 기능
③ 신호 변환 제어 기능
④ 회선 제어 기능

[1-13] 정보 단말기의 기능 중 사람이 식별 가능한 데이터를 통신 장비가 처리 가능한 2진 신호로 변환하거나 그 역(逆)을 행하는 기능은?　〈정보통신산업기사 2022/6, 2019/6〉

① 신호 변환 기능　　② 입·출력 기능
③ 송·수신 제어 기능　④ 에러 제어 기능

[1-14] 다음 중 DSU(Digital Service Unit)의 기능으로 옳은 것은?　〈정보통신기사 2021/10, 2020/6, 2016/3,
정보처리산업기사 2016/8〉

① 디지털 데이터를 디지털 신호로 변환
② 아날로그 데이터를 디지털 신호로 변환
③ 디지털 신호를 아날로그 데이터로 변환
④ 아날로그 신호를 디지털 데이터로 변환

[1-15] 다음 중 데이터 전송계에서 데이터의 입·출력 기능을 담당하는 장치는 어느 것인가?

〈정보통신산업기사 2021/10〉

① DTE　　② DCE　　③ CCU　　④ TSS

[1-16] 정보 단말기 중 회선 접속부의 기능이 <u>아닌</u> 것은?　〈정보통신산업기사 2021/10, 2018/4〉

① 병렬 Data를 직렬로 변환 기능
② 2진 비트열로 변환 기능
③ 직렬 Data를 병렬로 변환 기능
④ 전송 제어문자나 부호의 식별 기능

정답 1-8 ④　1-9 ④　1-10 ③　1-11 ②　1-12 ③　1-13 ②　1-14 ①　1-15 ①　1-16 ④

[1-17] 다음 중 정보통신시스템의 구성 분류에서 데이터 처리계(정보처리 시스템)에 해당되지 <u>않는</u> 것은?

〈정보통신산업기사 2021/10, 2017/9, 정보통신기사 2021/6〉

① 중앙처리장치　　　② 변복 조장치
③ 기억장치　　　　　④ 입출력 장치

[1-18] 다음 중 데이터 회선종단장치와 관련이 <u>없는</u> 것은?

〈정보처리산업기사 2021/5, 2016/3〉

① DCE　　② DTE　　③ MODEM　　④ DSU

[1-19] 정보통신시스템은 크게 데이터 전송계와 데이터 처리계로 분리할 수 있다. 다음 중 데이터 전송계가 <u>아닌</u> 것은?

〈정보통신기사 2021/3, 2017/5〉

① 단말 장치　　　　② 통신 소프트웨어
③ 데이터 전송 회선　④ 통신 제어장치

[1-20] 다음 중 단말기기의 기능이 <u>아닌</u> 것은?

〈정보통신산업기사 2021/3〉

① 신호 변환 기능　　② 전송 제어 기능
③ 입력 기능　　　　④ 출력 기능

[1-21] 데이터 단말기의 입·출력 기능으로 <u>틀린</u> 것은?

〈정보통신산업기사 2021/3〉

① 전송 제어 절차에 따라 정확하게 데이터를 송·수신하기 위한 기능
② 입력 데이터를 컴퓨터가 처리할 수 있는 형태로 변환하는 기능
③ 컴퓨터가 처리한 데이터를 인간이나 사물이 인식할 수 있는 형태로 변환하는 기능
④ 문자, 숫자, 도형 등을 컴퓨터로 처리 가능한 직류 2진 신호로 변환하는 기능

[1-22] 다음 중 데이터 전송계에서 신호 변환 외에 전송 신호의 동기 제어 송수신 확인, 전송 조작 절차의 제어 등을 담당하는 역할을 하는 장치는?

〈정보통신기사 2020/6, 2018/6〉

① DCE　　② DTE　　③ DDU　　④ DID

[1-23] 전송 제어 장치(TCU)의 구성 요소 중 회선 접속부를 통해 들어온 데이터를 직렬과 병렬 신호로 변환하는 것은?

〈정보통신산업기사 2020/6, 2015/3〉

① 신호 변환부　　　② 직·병렬 신호부
③ 회선 제어부　　　④ 입·출력 장치부

[1-24] 단말기의 구성 중 전송 제어 장치(TCU)의 구성 요소가 <u>아닌</u> 것은?

〈정보통신산업기사 2020/6, 2020/3, 2017/6, 2016/3, 정보통신기사 2017/3〉

① 회선 접속부　　　② 입출력 제어부
③ 회선 제어부　　　④ 신호 변환부

[1-25] 다음 중 정보 단말기의 기능이 <u>아닌</u> 것은?

〈정보통신산업기사 2020/6.〉

① 송·수신 제어 기능　② 출력 변환 기능
③ 에러 제어 기능　　　④ 다중화 기능

[1-26] DSU(Digital Service Unit)가 필요한 데이터 전송 방식의 특징과 가장 거리가 <u>먼</u> 것은?

〈정보통신산업기사 2020/6, 2017/3〉

① 전송하고자 하는 비트열을 그대로 전송한다.
② 회선용량이 크다.
③ 각종 전송 신호의 왜곡이 최소화된다.
④ 반송파 주파수를 사용한다.

정답　1-17 ②　1-18 ②　1-19 ②　1-20 ①　1-21 ①　1-22 ①　1-23 ③　1-24 ④　1-25 ④　1-26 ④

[1-27] 다음 중 통신 제어 장치의 설명으로 올바른 것은?

〈정보통신기사 2020/5, 2018/10, 2016/10〉

① 중앙 처리 장치의 부하를 가중시킨다.
② 통신회선의 감시 및 접속, 전송 오류 검출을 수행한다.
③ 회선 접속 장치를 원격 처리 장치로 연결한다.
④ 나이퀴스트 주기보다 짧게 하여 표본화할 경우에 발생한다.

[1-28] 다음 중 DSU(Digital Service Unit)의 특징이 아닌 것은?

〈정보통신산업기사 2020/3〉

① LAN 또는 WAN 상에서 디지털 전용회선 연결에 사용된다.
② 단말기가 디지털 네트워크 서비스를 이용하고자 할 때 필요하다.
③ 정확한 동기 유지를 위한 Clock 추출회로가 있다.
④ 음성급 전용망에서 디지털 신호를 전송하기 위하여 등화기와 AGC가 필요하다.

[1-29] 다음 중 DSU(Digital Service Unit)의 기능으로 옳지 않은 것은?

〈정보통신기사 2019/10〉

① 송신 측에서는 직렬 단극성 신호를 변형된 쌍극성 신호로 변환한다.
② 정확한 동기 유지를 위한 클럭 추출회로가 있다.
③ 디지털 전송로 양단에 접속되어 운용되며 변·복조기보다 비용이 저렴하다.
④ 교환 회선에 주로 사용된다.

[1-30] Digital 회선망용 댁내/국내 회선 종단 장치라고 하며, 신호 변환기(DCE)의 장치인 것은?

〈정보통신산업기사 2019/9〉

① DSU   ② MODEM   ③ CPU   ④ FEP

[1-31] 다음 괄호 안에 들어갈 장치의 이름을 순서대로 나열한 것은?

〈정보통신기사 2019/6, 2015/3〉

> 전송 회선이 아날로그 회선인 경우에는 (　　　)을(를) 신호 변환 장치로 사용하고, 디지털 회선인 경우에는 (　　　)을(를) 사용한다.

① CSU, DSU   ② 모뎀, ONU
③ DSU, CSU   ④ 모뎀, DSU

[1-32] 전송 제어 장치(TCU)에서 입·출력 장치에 대해 직접적인 제어 및 상태를 감시하는 것은?

〈정보통신산업기사 2019/6, 2016/10〉

① 입·출력 제어부
② 입·출력 장치부
③ 회선 접속부
④ 회선 제어부

[1-33] 정보 통신 시스템의 설명으로 맞지 않은 것은?

〈정보통신산업기사, 2019/6.〉

① 컴퓨터 상호 간을 통신회선으로 접속하여 정보처리를 하는 오프라인 시스템이다.
② 이용자와 정보통신시스템에서 데이터의 입출력을 담당하는 데이터 단말기가 있다.
③ 컴퓨터 상호 간을 통신회선으로 접속하여 정보의 가공, 처리, 저장 등을 수행하는 정보처리시스템이 있다.
④ 단말기 또는 컴퓨터 상호 간을 유기적으로 결합하여 어떤 목적이나 기능을 수행하기 위해 연결하는 정보 전송회선으로 되어있다.

정답 1-27 ②   1-28 ④   1-29 ④   1-30 ①   1-31 ④   1-32 ①   1-33 ①

[1-34] 다음 중 DSU와 MODEM에 대한 설명으로 옳지 않은 것은?
〈정보통신산업기사 2019/3〉

① MODEM은 DTE와 아날로그 회선망을 접속한다.
② MODEM 간의 신호 전송 형태는 디지털이다.
③ DSU는 DTE와 디지털 회선망을 접속한다.
④ DSU는 DTE로부터 단극성 펄스를 복극성 펄스로 변환한다.

[1-35] 공중 전화망을 통하여 디지털 데이터 전송이 가능할 수 있도록 하는 전송 장치는?
〈정보통신산업기사 2018/4〉

① FET
② DSU
③ CODEC
④ MODEM

[1-36] 다음 중 통신 제어장치(CCU)의 설명으로 틀린 것은?
〈정보통신산업기사 2018/4〉

① 다수의 통신 회선과의 사이에 데이터의 송수신을 수행하고, 전송 속도와 컴퓨터의 처리 속도의 차이를 보완한다.
② 주변장치를 제어하며, 기억장치와의 데이터 전송을 수행하는 장치이다.
③ 통신 회선과의 전기적 인터페이스, 통신 회선의 접속 및 절단 제어 등의 기능이 있다.
④ 데이터의 처리에 따라 비트 버퍼 방식, 문자 버퍼 방식, 블록 버퍼 방식, 메시지 버퍼 방식 등으로 구분된다.

[1-37] DSU에 대한 설명으로서 옳지 않은 것은?
〈정보통신산업기사 2018/3〉

① 송신 측에서는 단극성 신호를 양극성 신호로 변환한다.
② 수신 측에서는 양극성 신호를 단극성 신호로 변환한다.
③ 디지털 전송로 양단에 설치한다.
④ 아날로그 신호를 디지털 신호로 변환한다.

[1-38] 다음 중 정보 단말기의 입·출력 기능에 속하는 것은?
〈정보통신산업기사 2018/3〉

① 입력 변환 기능
② 입·출력 제어 기능
③ 에러 제어 기능
④ 송·수신 제어 기능

[1-39] 컴퓨터나 단말기에서 필요로 하는 디지털 신호를 아날로그 전송로의 특성에 맞게 신호를 변환시키는 통신장치는?
〈정보통신산업기사 2017/9, 2015/10〉

① MODEM
② DTE
③ TDM
④ OMR

[1-40] 다음 중 정보 단말기의 입·출력 장치에 속하는 것은?
〈정보통신산업기사 2017/6〉

① 변·복조부
② 회선 접속부
③ 오류처리부
④ 출력 장치부

[1-41] 정보 통신 시스템의 구성 요소에 해당되는 용어가 잘못 표기된 것은?
〈정보처리산업기사 2017/3〉

① DTE : 데이터 단말 장치
② CCU : 공통 신호 장치
③ DCE : 데이터 회선 종단 장치
④ MODEM : 신호 변환 장치

정답 1-34 ② 1-35 ④ 1-36 ② 1-37 ④ 1-38 ① 1-39 ① 1-40 ④ 1-41 ②

[1-42] 고속 터미널 전용회선의 전송 특성을 개선하기 위한 회선 조절 기능 및 성능 감시와 같은 회선의 유지보수 기능, 타이밍 신호의 공급 기능을 수행하는 장비는?
〈정보통신기사 2016/5〉

① Bridge　　　　　② DSU/CSU
③ Switch　　　　　④ Router

[1-43] 다음 중 통신제어처리장치에 대한 설명이 <u>아닌</u> 것은?
〈정보통신기사 2016/5〉

① 프로그래밍에 의해 복잡한 제어를 용이하게 한다.
② 통신 제어 장치를 개선한 것이다.
③ 프로그램 제어가 가능한 소형의 중앙처리장치를 사용한다.
④ 컴퓨터 상호 간이나 다른 컴퓨터를 원격처리 할 목적으로 사용된다.

[1-44] 다음 중 통신 제어 장치(CCU)의 기능으로 옳지 <u>않은</u> 것은?
〈정보통신산업기사 2016/6〉

① 송·수신 제어　　　② 전송 에러 제어
③ 시분할 다중 제어　④ 입·출력 제어

[1-45] 전송 제어 장치(TCU)와 통신 제어 장치(CCU)에 대한 설명으로 가장 적합하지 <u>않은</u> 것은?
〈정보처리산업기사 2016/5〉

① 전송 제어 장치는 입출력 장치에 대한 각 데이터 전송 회선과의 접속 및 전송 제어를 수행한다.
② 통신 제어 장치는 컴퓨터에 대한 각 데이터 전송 회선과의 접속 및 전송 제어를 한다.
③ 전송 제어 장치는 많은 통신 회선 수를 취급하며 메시지의 처리 기능이 없다.
④ 통신 제어 장치는 많은 통신 회선 수를 취급하며 메시지의 처리 기능이 있다.

[1-46] 통신 소프트웨어의 세 가지 기본 구성 요소로 옳은 것은?
〈정보처리산업기사 2016/5〉

① 데이터 송수신, 통신 하드웨어 제어, 이용자 인터페이스 제어
② 데이터 입출력 제어, 데이터 처리, 데이터 분배
③ 네트워크 제어, 전송 부호 관리, 이용자 인터페이스 제어
④ 데이터 입출력 제어, 데이터 전송 제어, 통신 회선 제어

[1-47] 통신 제어장치의 구성 중 전송 제어부의 기능이 <u>아닌</u> 것은?
〈정보통신기사 2016/3〉

① 전송 제어 문자의 식별
② 송·수신 데이터의 직·병렬 변환
③ 오류 검출 부호의 생성 및 오류 검출
④ 컴퓨터와의 데이터 전송

[1-48] 정보통신시스템의 구성 요소에 대한 설명으로 거리가 <u>먼</u> 것은?
〈정보처리산업기사 2016/3〉

① CCU, FEP는 통신 제어 장치이다.
② MODEM은 변복조 장치이다.
③ DTE는 데이터 에러 감시 장치이다.
④ DSU는 신호 변환 장치이다.

[1-49] 디지털 데이터를 디지털 전송 회선에 적합하도록 변형하여 원거리에 설치된 컴퓨터나 단말 장치에 전송하는 장비는? 〈정보통신산업기사 2016/3, 정보처리산업기사 2015/5〉

① MODEM　　　　　② DSU
③ CODEC　　　　　④ MPEG

정답 1-42 ②　1-43 ④　1-44 ④　1-45 ③　1-46 ①　1-47 ②　1-48 ③　1-49 ②

[1-50] 정보 통신 시스템상에서 정보 전송을 담당하는 장치로 가장 거리가 먼 것은?　〈정보처리산업기사 2015/8〉

① DTE　　② DSU　　③ CPU　　④ CCU

[1-51] DSU(Digital Service Unit)에 대한 설명으로 틀린 것은?　〈정보통신산업기사 2015/3〉

① 선로에 한쪽 극성의 전압이 실리도록 하여야 한다.
② 동기 유지를 위해 클럭 추출회로가 있다.
③ 단극성 신호를 변형된 양극성 신호로 바꾸어 송신한다.
④ 디지털 전송로에 사용한다.

[1-52] 데이터 전송 시에 발생하는 에러의 검출, 정정 등을 담당하는 장치는?　〈정보통신산업기사 2015/3〉

① 전송 제어 장치　　　② 회선 제어 장치
③ 신호 제어 장치　　　④ 중앙 처리 장치

1.3 네트워크의 정의 및 분류

[1-53] 다음 중 광역 통신망(WAN)에 대한 설명으로 틀린 것은?　〈정보통신산업기사 2023/6〉

① 두 개 이상의 근거리 네트워크가 넓은 지역에 걸쳐 연결된다.
② 라우터를 연결하여 구성이 가능하다.
③ 전용선, 위성, 광케이블 등으로 연결된다.
④ 근거리 네트워크보다 연결 속도가 고속이다.

[1-54] 근거리 통신망(LAN)과 원거리 통신망(WAN)을 연결하는 도시 지역 통신망은?　〈정보처리산업기사 2021/10〉

① MAN(Metropolitan Area Network)
② NAN(Neighborhood Area Network)
③ PAN(Personal Area Network)
④ BAN(Body Area Network)

[1-55] 컴퓨터의 물리적 자원들이 한 건물 내에 산재해 있을 때 정보 자원의 공유를 가능하게 해 주는 통신망으로 가장 적합한 것은?　〈정보처리산업기사 2021/3, 2016/5〉

① LAN　　② VAN　　③ WAN　　④ ISDN

[1-56] 동일 건물에 있는 다양한 컴퓨터 기기들을 상호 연결하여 정보통신망에 연결된 다른 기기나 주변기기들과 공유할 수 있도록 설계한 네트워크 형태(topology)는?　〈정보처리산업기사 2020/10, 2020/8, 2019/8〉

① 패킷 교환망(PSDN)　　② 부가가치 통신망(VAN)
③ 근거리 통신망(LAN)　　④ 공중 전화망(PSTN)

정답　1-50 ③　1-51 ①　1-52 ①　1-53 ④　1-54 ①　1-55 ①　1-56 ③

[1-57] 단일 기관에 의해 소유된 근접 거리 내에서 다양한 컴퓨터 물리 자원들이 상호 간에 정보 자원의 공유를 가능하게 하며 다양한 형태의 통신망으로 구성이 가능한 것은?

〈정보처리산업기사 2020/8〉

① LAN　　　② VAN　　　③ WAN　　　④ ATM

[1-58] 다음 중 지방과 지방, 국가와 국가, 국가와 대륙, 전 세계에 걸쳐 형성되는 통신망으로, 지리적으로 멀리 떨어져 있는 넓은 지역을 연결하는 통신망은 무엇인가?

〈정보통신기사 2019/10, 2017/9〉

① PAN　　　② LAN　　　③ MAN　　　④ WAN

[1-59] LAN(Local Area Network)의 설명 중 잘못된 것은?

〈정보통신기사 2019/10〉

① 사무실용 빌딩, 공장, 연구소 또는 학교 등의 구내에 분산적으로 설치된 여러 장치를 연결할 수 있다.
② 약 10[km] 이내의 거리에서 100[Mbps] 이내의 고속 데이터 전송이 가능하다.
③ LAN 프로토콜은 ISO의 OSI 기준 모델인 상위 계층을 채택한 계층화된 개념을 사용한다.
④ LAN 전송 방식은 베이스밴드 방식과 브로드밴드 방식이 있다.

[1-60] 컴퓨터 네트워크 구성 형태에 대한 설명으로 틀린 것은?

〈정보통신산업기사 2019/3〉

① MAN : 대도시 정도의 넓은 지역을 연결하기 위한 네트워크
② PAN : 대학 캠퍼스 또는 건물 등과 같은 일정 지역 내의 네트워크
③ WAN : 도시와 도시 또는 국가와 국가를 연결하기 위한 네트워크
④ BAN : 인체를 중심으로 네트워크

[1-61] 한 건물 안이나 제한된 지역 내에서 컴퓨터 및 주변장치 등을 연결하여 정보와 프로그램을 공유할 수 있도록 해 주는 네트워크를 무엇이라 하는가?

〈정보통신산업기사 2018/4〉

① LAN　　　② MAN　　　③ WAN　　　④ PON

정답　1-57 ①　1-58 ④　1-59 ③　1-60 ②　1-61 ①

1.4 프로토콜

[1-62] 서로 다른 기기 간의 데이터 교환을 원활하게 수행할 수 있도록 표준화시켜 놓은 통신규약을 무엇이라 하는가? 〈정보처리산업기사 2023/8, 2022/8, 2020/6, 2017/8〉

① 클라이언트 ② 터미널
③ 링크 ④ 프로토콜

[1-63] 다음 중 통신 프로토콜의 주요 기능이 <u>아닌</u> 것은? 〈정보통신기사 2022/3〉

① 송신지 및 수신지 주소 지정
② 전송 메시지의 생성 및 캡슐화
③ 정보 흐름의 양을 조절하는 흐름 제어
④ 정확하고 효율적인 전송을 위한 동기 맞춤

[1-64] 데이터통신을 위한 프로토콜을 구성하는 중요한 요소로 적합하지 <u>않은</u> 것은? 〈정보통신산업기사 2022/3, 2015/3〉

① 구문 ② 의미
③ 채널 용량 ④ 타이밍

[1-65] 통신 프로토콜의 기능에 해당하지 <u>않는</u> 것은? 〈정보통신기사 2021/10〉

① 표준화 ② 단편화와 재합성
③ 에러 제어 ④ 동기화

[1-66] 다음 중 통신 프로토콜의 특성으로 알맞지 않은 것은? 〈정보통신기사 2021/10, 2017/9〉

① 두 개체 사이의 통신 방법은 직접 통신과 간접 통신 방법이 있다.
② 프로토콜은 단일 구조 또는 계층적 구조로 구성될 수 있다.
③ 프로토콜은 대칭적이거나 비대칭적일 수 있다.
④ 프로토콜은 반드시 표준이어야 한다.

[1-67] 프로토콜의 3요소로 옳은 것은? 〈정보통신산업기사 2021/10〉

① 구문(Syntax) - 의미(Semantics) - 타이밍(Timing)
② 주소(Address) - 개체(Entity) - 타이밍(Timing)
③ 네트워크(Network) - 프레임(Frame) - 의미(Semantics)
④ 구문(Syntax) - 네트워크(Network) - 개체(Entity)

[1-68] 통신 프로토콜을 구성하는 기본 요소가 <u>아닌</u> 것은? 〈정보처리산업기사 2020/10, 2020/9, 2018/4, 2018/3, 2017/8, 2016/8, 2015/5, 정보처리기사 2018/4〉

① Syntax ② Semantics
③ Timing ④ Speed

[1-69] 다음 중 통신 프로토콜의 기능과 관계가 <u>없는</u> 것은? 〈정보통신기사 2020/9〉

① 오류 제어 ② 흐름 제어
③ 전송 제어 ④ 연결 제어

정답 1-62 ④ 1-63 ② 1-64 ③ 1-65 ① 1-66 ④ 1-67 ① 1-68 ④ 1-69 ③

[1-70] 다음 중 통신 프로토콜 구성의 기본 요소가 <u>아닌</u> 것은?
〈정보통신기사 2020/6, 2018/10,
정보통신산업기사 2020/6, 2019/3,
정보처리기사 2017/3, 2016/3〉

① 구문(Syntax)　　　　② 개체(Entity)
③ 의미(Semantics)　　　④ 타이밍(Timing)

[1-71] 프로토콜의 주요 요소 중에서 데이터 전송 시기와 전송 속도에 관한 특성을 나타내는 것은?
〈정보통신기사 2020/5, 2018/10, 2016/3〉

① 타이밍　　② 구문　　③ 의미　　④ 표준

[1-72] 프로토콜에 관한 설명 중 <u>틀린</u> 것은?
〈정보통신기사 2019/3, 2015/3〉

① 컴퓨터를 이용한 온라인(On-Line) 시스템 등장 이후 필요성이 제기되었다.
② 프로토콜의 기본 구성은 구문(Syntax), 패스(Path), 의미(Semantics)로 분류된다.
③ 통신 프로토콜의 표준화가 제기되면서 국제전기통신연합(ITU)에서 공중 패킷 교환망용 X.25을 표준화하였다.
④ 기능별 계층(Layer)화 프로토콜 기술을 채택하는 네트워크 아키텍처로 발전하게 되었다.

[1-73] 프로토콜의 구성 요소 중 '속도 맞춤이나 정보의 순서' 등의 전달되는 정보 간 시간의 약속을 규정하는 것은?
〈정보통신기사 2018/6〉

① 의미(Semantics)　　　② 구문(Syntax)
③ 타이밍(Timing)　　　④ 포맷(Format)

[1-74] 프로토콜의 구성 요소 중 "통신할 데이터의 형식"이란 의미로 코딩, 신호레벨 등을 정의하며 통신에서 전달되는 자료의 구조를 정의하는 것은?
〈정보통신기사 2018/3〉

① 의미(Semantics)　　　② 구문(Syntax)
③ 타이밍(Timing)　　　④ 포맷(Format)

[1-75] 다음 중 프로토콜의 기능이 <u>아닌</u> 것은?
〈정보통신산업기사 2018/3〉

① 흐름 제어(Flow Control)
② 세분화(Fragmentation)
③ 정보 보안(Information Security)
④ 캡슐화(Encapsulation)

[1-76] 프로토콜의 구성 요소 중 '통신할 신호들의 실제 의미'란 뜻으로 상호 협상과 오류 처리에 대한 제어 정보 등이 포함되어 있는 것은?
〈정보통신기사 2017/9, 2015/6, 정보처리산업기사 2015/8〉

① 의미(Semantics)　　　② 구문(Syntax)
③ 동기(Timing)　　　④ 포맷(Format)

[1-77] 다음 중 통신 프로토콜의 기능에 해당하지 않는 것은?
〈정보통신기사 2017/5〉

① 오류 제어　　　　② 연결 제어
③ 메시지 전달　　　④ 주소 부여

[1-78] 정보 통신에서 통신을 통제하는 규칙들을 규정해 놓은 것을 무엇이라 하는가?
〈정보통신기사 2017/5〉

① 표준기구　　　　② 포럼
③ 프로토콜　　　　④ 통신 개체

정답 1-70 ②　1-71 ①　1-72 ②　1-73 ③　1-74 ②　1-75 ③　1-76 ①　1-77 ③　1-78 ③

학습목표

- OSI 참조모델의 목적과 주요 기능에 대하여 설명할 수 있다.
- TCP/IP의 개요에 대하여 설명할 수 있다.
- OSI 모델의 7개 계층의 기능에 대하여 설명할 수 있다.
- OSI 모델의 계층 간의 기본적인 통신 프로세스에 대하여 설명할 수 있다.

정보처리기사 | 정보통신기사 | 정보보안기사 대비

한권으로 끝내는 데이터통신과 정보통신

2

OSI 7계층과 TCP/IP

네트워크는 수많은 컴퓨터와 장비로 이루어져 있고, 이들 구성 요소 간에는 서로 데이터를 주고받을 수 있다. 각각의 구성 요소가 성격도 다르고, 개발업체나 사용하는 운영체제도 다르지만, 네트워크를 통해 서로 통신을 할 수 있는 것은 바로 프로토콜 때문이다. 그러므로 프로토콜은 네트워크가 성립되기 위한 가장 기본적인 요소 중 하나이다.

프로토콜은 컴퓨터 시스템이 원격지에 떨어져 있는 다른 시스템과 통신하기 위한 일련의 절차나 규범을 말한다. 컴퓨터 사이의 통신은 많은 과정을 거치는데, 이런 과정에서 해야 할 일을 정해놓은 것을 프로토콜이라고 한다.

일반적인 통신 환경에서, 서로 통신을 원하는 양 당사자는 신뢰성 있고, 원활한 통신을 수행하기 위해 서로의 합의에 의해 설정한 통신규약, 즉 프로토콜(Protocol)을 사용한다.

초기의 네트워크 역시 프로토콜에 따라 통신을 했다. 하지만 OSI(Open System Interconnection) 참조모델 (Reference Model)이 등장하기 전까지의 네트워크 프로토콜은 IBM의 SNA(System Network Architecture) 나 DEC의 'DEC Net'처럼 특정 업체가 자사의 장비들을 연결하기 위해 만든 것들이었다. 따라서 서로 다른 네트워크 간에는 호환되지 않는다는 한계를 가지고 있었다.

어느 한 조직체 내에 두 개의 서로 다른 컴퓨터 시스템이 있는 경우, 이들이 서로 다른 프로토콜을 사용함에 따라 서로 통신이 이루어지지 않았고, 이를 위해서는 상호 간의 프로토콜을 변환하는 특별한 장비 혹은 프로그램, 즉 게이트웨이(Gateway)가 필요하게 되었다. 그러나 현존하는 모든 프로토콜에 대하여 이러한 게이트웨이를 개발하는 것은 거의 불가능한 일이고, 기술적으로도 매우 어렵다.

이를 위한 유일한 해결 방안은 모든 컴퓨터 제작사 및 통신 장비 업체들이 호환이 가능한 통신 프로토콜을 사용하는 것이었고, 이의 결과로써 1984년에 ISO(International Organization for Standardization)에서 동종의 혹은 이기종의 컴퓨터 시스템이 다양한 네트워크에 상호 연결되어 있는 개방형 컴퓨터 통신 환경에 적용할 수 있는 표준 프로토콜인 OSI(Open System Interconnection) 참조모델을 발표하였다.

OSI 참조모델은 네트워크 통신의 전 과정을 7개의 계층으로 나누고, 계층마다 일정한 역할을 수행하도록 하여 하나의 네트워크 통신을 완성하도록 하고 있다. 말 그대로 "이런 식으로 프로토콜을 만들면 서로 호환될 수 있으니, 프로토콜들은 이것을 참조하라."는 것이다.

네트워크는 목적에 따라 두세 단계의 프로토콜만으로도 원하는 통신을 할 수 있다. 따라서 억지로 7단계로 통신 절차를 나눌 필요는 없다. 실제로 우리가 사용하는 네트워크 프로토콜과 OSI 참조모델이 일대일로 대응되는 경우는 그리 많지 않으며, 많은 프로토콜이 OSI 참조모델의 여러 계층에 걸친 기능을 제공한다. "이 프로토콜은 3~4계층에서 동작한다."라는 식의 설명을 흔히 듣는 것은 이 때문이다.

실제로 OSI 참조모델을 그대로 따르는 프로토콜은 없다. 단지 OSI 참조모델은 네트워크 프로토콜을 이해하기 쉽도록 만들어진 모델일 뿐이며, 네트워크 프로토콜의 역할과 구조, 나아가 네트워크의 동작 방식을 쉽게 이해할 수 있도록 해 주는 것이다.

2.1.1 OSI 7계층의 구성

OSI 참조모델은 하나의 일을 수행하기 위해 관련 기능들을 모아서 그룹화한 계층화(Layer)의 개념으로 구성되어 있다. OSI 참조모델은 (그림 2-1)과같이 7개 계층으로 구성되어 있다. 제1계층은 물리(Physical) 계층, 제2계층은 데이터링크(Data link) 계층, 제3계층은 네트워크(Network) 계층, 제4계층은 전송(Transport) 계층, 제5계층은 세션(Session) 계층, 제6계층은 표현(Presentation) 계층, 제7계층은 응용(Application) 계층이다.

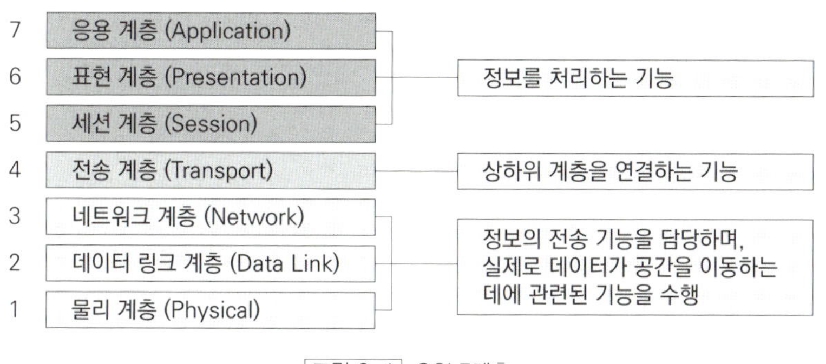

그림 2-1 OSI 7계층

하위 3개의 계층인 물리, 데이터링크, 네트워크 계층은 정보의 전송 기능을 담당하며, 실제로 데이터가 공간을 이동하는 데에 관련된 기능을 수행한다. 상위 3개의 계층인 세션, 표현, 응용 계층은 정보를 처리하는 기능을 담당하며, 중간의 전송 계층은 상위 계층과 하위 계층을 연결하는 기능을 수행한다. 4계층부터 7계층까지의 작업은 컴퓨터 내부에서 수행된다.

이해를 쉽게 하기 위하여 OSI 참조모델의 계층별 기능을, 편지를 주고받는 우편 시스템과 비교하여 보자. 우리가 편지를 보내기 위해 편지를 우체통에 넣으면, 우체부가 수거하여 자동차나 오토바이 등으로, 우체국으로 가져간다. 그다음, 이 편지는 자동차, 기차, 선박, 항공기 등을 이용하여 중간 우체국들을 거쳐서 목적지의 동네 우체국까지 운반되고, 다시 우체부에 의해 각 가정으로 배달된다. 여기에서 운반에 해당하는 역할이 OSI 참조모델의 제1계층인 물리 계층의 역할이다.

편지가 우체국에 모이면 우체국은 같은 방향으로 가는 편지들을 모아서 하나의 행랑으로 만든 다음 인접한 우체국으로 보낸다. 이렇게 인접한 우체국 간에 편지의 묶음을 전달하는 기능이 제2계층인 데이터링크 계층의 역할이다. 데이터링크 계층에서 편지의 묶음, 즉 행랑에 해당하는 것을 프레임(frame)이라고 부른다.

우체국은 여러 개의 중간 우체국을 거쳐서 편지를 목적지 건물의 편지함까지 배달한다. 이와 같이 발신지에서 목적지까지 편지의 배달을 책임지는 계층이 제3계층인 네트워크 계층이다. 여기에서 편지에 해당하는 데이터를 패킷(packet) 또는 데이터그램(datagram)이라고 부른다. 우편 시스템에서도 우체국이 책임지는 업무는 발신지의 우편함에서 목적지의 우편함까지의 배달이다. 그다음의 일은 그 집 내부에서 일어난다. 즉 네트워크에서도 공간을 직접 이동하는 것은 3계층까지의 기능이며, 4계층 이상의 기능은 호스트 컴퓨터 내부에서 처리된다.

편지가 목적지의 우편함에 도착하면, 수신인까지의 전달은 보통 내부 사람에 의하여 이루어진다. 즉 보낸 사람으로부터 받는 사람까지의 전달을 책임지는 것이 4계층인 전송 계층의 책임이다.

5계층과 6계층의 기능은 편지가 어떤 목적으로 보내졌느냐에 따라 있을 수도 있고 없을 수도 있는 기능들이다. 5계층인 세션 계층은 네트워크의 대화 조정자이다. 세션 층은 통신하는 시스템들 사이의 상호작용을 설정하고 유지하며 또한 동기화를 한다. 예를 들어 한 시스템이 1,000페이지의 파일을 전송하는 경우, 100페이지씩 전송한 다음 확인응답을 받아 동기 점을 삽입하는 것이다. 이렇게 하면 예를 들어 312페이지를 보내다가 오류가 발생하였다면 처음부터 다시 보낼 필요가 없이 301페이지부터 다시 보내면 된다. 만약 동기화하지 않았다면, 1페이지부터 다시 보내야 할 것이다.

6계층인 표현 계층은 교환되는 데이터의 표현 방법이 다른 경우에 공통의 형식으로 변환을 수행한다. 또한 압축 기능과 보안을 위한 암호화 기능도 수행한다. 편지의 예를 들면 우리나라와 독자적인 언어를 사용하는 아프리카 나라와 편지를 주고받을 때 공통으로 이해할 수 있는 영어 등으로 번역하는 것에 비유할 수 있다. 또한 부피를 작게 하기 위하여 잘 포장한다든지, 남이 쉽게 내용을 볼 수 없도록 봉인하는 등의 예를 들 수 있겠다.

7계층인 응용 계층은 사용자(사람 또는 소프트웨어)가 네트워크에 접근할 수 있는 기능을 제공한다. 이 계층에서는 사용자 인터페이스를 제공하며, 전자우편, 원격 파일의 접근 및 전송, 공유 데이터베이스 관리 및 여러 종류의 분산 정보 서비스를 제공한다. 편지의 예를 들면 여러 가지 공적인 또는 사적인 목적의 편지 유형들이 여기에 해당한다고 할 수 있다.

OSI 7계층의 기능을 완벽하게 이해하는 것은 쉽지 않은 일이다. 하지만 위에서 설명한 편지를 주고받는 동작과 더불어 생각하면 나름대로 계층 간의 역할은 이해를 할 수 있을 것이다. 〈표 2-1〉에 OSI 7계층의 기능과 우편 시스템과의 비교를 정리하였다.

표 2-1 OSI 모델과 우편 시스템과의 비교

계 층	주요 기능	우편 시스템과의 비교
물리 계층 (Physical Layer)	- 물리적인 전송로를 제공	- 기차, 항공기, 버스 등에 의해 해당 지역으로 운반
데이터링크 계층 (Data Link Layer)	- 인접 노드 사이의 데이터 전송 기능 수행 (Node-to-node frame delivery)	- 인접 우체국에서 우체국으로 편지의 묶음 (행랑)을 전달
네트워크 계층 (Network Layer)	- 호스트 간의 데이터 전송 기능 (Host-to-host packet delivery) - 데이터의 전송 경로를 설정	- 발신지에서 목적지 건물의 편지함까지 편지를 배달
전송 계층 (Transport Layer)	- 프로세스와 프로세스 간의 전달(Process-to-process segment delivery)	- 편지를 목적지 주소 내에 거주하는 받는 사람에게 전달(이름으로 구별)
세션 계층 (Session Layer)	- 응용 프로그램 간에 데이터 전송을 위한 동기화, 데이터의 오류검사 및 복구 기능 수행	- 편지의 전달 방법(지급, 보통) 등을 지정
표현 계층 (Presentation Layer)	- 데이터의 표현을 공통된 형식으로 변환 - 압축, 암호화 기능	- 사용하는 언어가 다른 경우 공통의 언어로 번역 - 편지를 봉투 등에 넣어 보안을 유지
응용 계층 (Application Layer)	- 파일 전송이나 이메일과 같은 End-user 서비스 제공	- 여러 가지 목적의(공적인 또는 사적인) 편지를 작성

2.1.2 계층화 구조와 캡슐화

메시지가 호스트 A로부터 호스트 B로 전송될 때 관련된 계층들을 (그림 2-2)에 나타내었다. 전송 과정 중에서 많은 노드들을 거칠 수 있는데, 중간 경유지의 노드들은 보통 OSI 모델의 하위 3개의 계층만 관련이 있다.

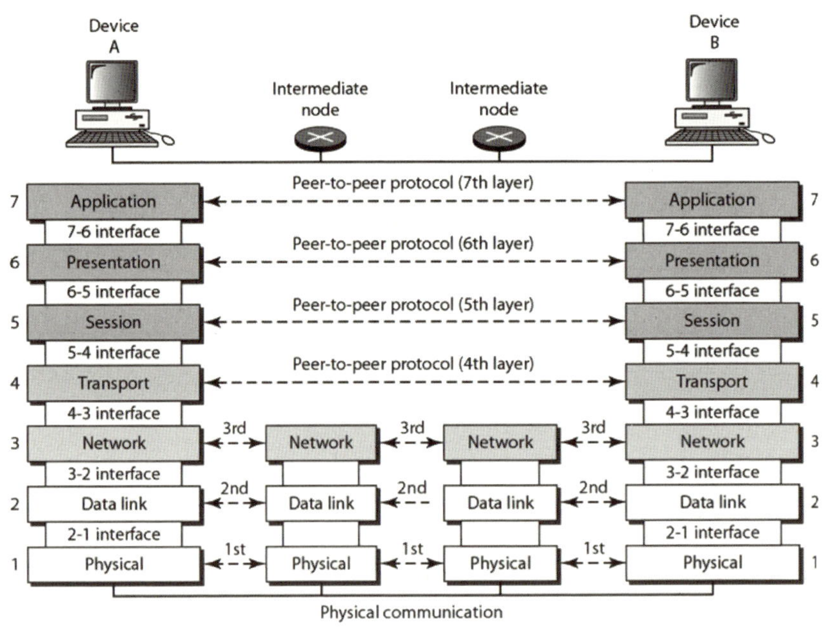

그림 2-2 | OSI 모델의 계층 간 상호작용

또한 각 계층은 반드시 자신의 영역에서 운영되는 하위 계층을 통해 서비스를 받고, 상위 계층으로 서비스를 제공하도록 규정돼 있다. 예를 들면 3계층의 네트워크 계층은 2계층인 데이터링크 계층을 통해 서비스를 받고, 상위 계층인 전송 계층에 작업한 내용을 서비스하는 식이다.

장치들 사이에서는 한 장치의 'x'번째 계층은 다른 장치의 'x'번째 계층과 통신한다. 이러한 통신은 프로토콜에 의해 제어된다. 해당 계층에서 통신하는 각 장치의 프로세스를 '대등-대-대등 프로세스(peer-to-peer process)'라고 한다. 그러므로 장치 간의 통신은 적절한 프로토콜을 사용하는 해당 계층의 '대등-대-대등 프로세스'이다.

한편, 각 계층은 (그림 2-3)과같이 전송 데이터에 각 계층에서의 요구 조건과 처리 정보를 포함하는 헤더(header)라는 고유의 제어 정보를 전달 메시지에 추가하여 다음 계층으로 보낸다. 이러한 과정을 데이터의 캡슐화(encapsulation)라고 한다. 이 헤더는 수신 측의 동일 계층에 의해 해석되고 처리된다. 예를 들면 송신 측 컴퓨터의 5계층에서 추가된 헤더는 수신 측 컴퓨터의 5계층에서 해석되며, 해석된 헤더는 지정된 작업을 수행한 다음 제거된 상태로 다음 계층으로 넘어가, 최종적으로 수신 측 컴퓨터에는 데이터만 전송된다.

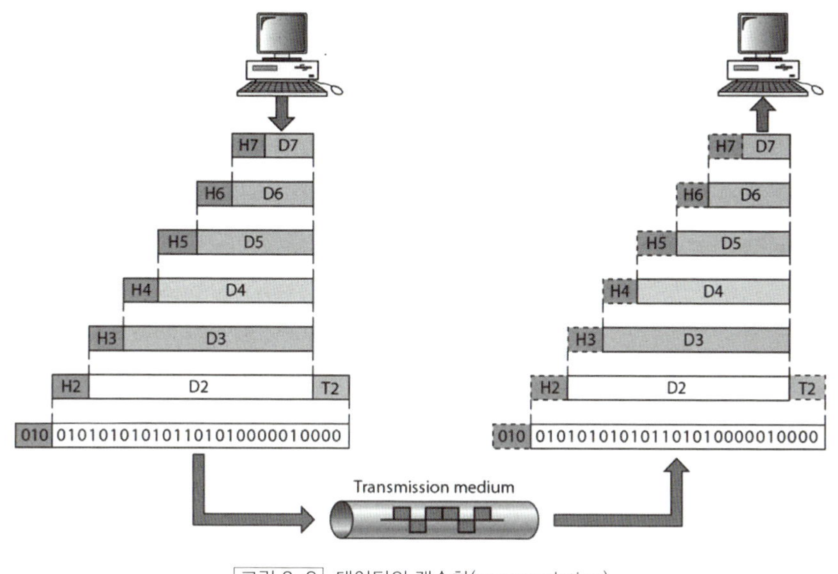

그림 2-3 데이터의 캡슐화(encapsulation)

2.1.3 프로토콜 데이터 단위

각 계층 간에 전달되는 데이터의 단위는 계층에 따라 서로 다른 이름으로 불리며, 프로토콜이 데이터를 전송하기 위해 사용하는 기본 단위를 PDU(Protocol Data Unit)라고 한다. 즉, 물건을 운반할 때 상자 단위로 포장해 운반하는 것과 같이 프로토콜은 정보의 운반을 위해 PDU라는 상자를 이용하는 것이다.

상자 단위로 물건을 포장해서 운반할 때 상자마다 물품의 내용이나 발송처, 수신처 등을 표기하는 것과 마찬가지로 PDU에도 사용자 정보뿐만 아니라 데이터의 발신처와 수신처에 대한 주소 정보와 전송 중에 오류가 발생했는지 확인하기 위한 패리티, 그밖에 흐름 제어 등을 위한 각종 정보가 함께 들어간다.

계층화된 프로토콜에서는 〈표 2-2〉와 같이 계층마다 PDU의 이름을 독특하게 붙여 사용한다. 2계층 PDU는 프레임(Frame), 3계층 PDU는 패킷(Packet) 또는 데이터그램(Datagram), 4계층 PDU는 세그먼트(Segment), 5계층 이상에서는 메시지(Message) 등으로 부르는 것이 일반적이다. 그리고 특별한 이름이 없는 경우에는 그냥 몇 계층의 PDU라고 부른다.

표 2-2 OSI 모델의 PDU

계 층	PDU	분 류
1. 물리 계층(Physical Layer)	비트(Bit)	Media Layers
2. 데이터링크 계층(Data Link Layer)	프레임(Frame)	
3. 네트워크 계층(Network Layer)	패킷/데이터그램 (Packet/Datagram)	
4. 전송 계층(Transport Layer)	세그먼트(Segment)	Host Layers
5. 세션 계층(Session Layer)		
6. 표현 계층(Presentation Layer)	메시지(Message)	
7. 응용 계층(Application Layer)		

2.2 TCP/IP의 개요

TCP/IP(Transmission Control Protocol/Internet Protocol)는 현재 인터넷에서 사용되고 있는 표준 프로토콜의 집합(protocol suite)이다. TCP/IP는 매우 다양한 프로토콜로 구성되어 있는데, 그중에서도 가장 핵심적인 역할을 하는 프로토콜이 TCP와 IP이기 때문에 전체 프로토콜의 집합을 나타내는 이름이 TCP/IP가 되었다. IP는 네트워크 계층의 주요 프로토콜로 주소 지정, 라우팅 등과 같은 기능을 제공한다. TCP는 전송 계층의 프로토콜로 연결 수립과 관리, 장비의 소프트웨어 프로세스 간 안정적 데이터 전송을 책임진다.

인터넷과 TCP/IP의 역사는 너무나 밀접히 연관되어 있어서 서로 떼어놓고 설명하기가 어렵다. 인터넷의 시초는 1969년 미국 국방성이 만든 ARPANET(Advanced Research Projects Agency Network)이다. 초기 ARPANET에서는 기존 기술에서 채용한 여러 프로토콜을 사용하였다. 그러나 기존의 기술들은 이론적으로나 실제적으로 모두 결점이나 제한을 가지고 있었다. 따라서 개발자들은 1973년부터 새로운 프로토콜을 개발하기 시작하여 1980년 지금의 TCP/IP를 완성하고 1982년에 인터넷의 표준 프로토콜로 채택하게 되었다.

TCP/IP는 개방 프로토콜로 어느 특정 회사나 단체의 독점적인 표준이 아니고, 누구나 표준화를 통해 제품을 개발할 수 있다. 또한 물리적인 네트워크와 컴퓨터 하드웨어 또는 소프트웨어로부터 독립적이므로 어느 환경에서도 사용이 가능하다.

1980년대에 사람들은 여러 회사가 내놓은 TCP/IP나 IBM의 SNA(System Network Architecture) 구조를 OSI가 상업적으로 능가할 것이라고 믿었다. 그러나 이러한 전망은 실현되지 않았다. 1990년대에 TCP/IP가 상업적으로 확고한 위치를 굳혔고, TCP/IP 상에서 동작하는 많은 새로운 프로토콜이 개발되었다.

TCP/IP가 OSI를 능가하고 성공한 데는 다음과 같은 몇 가지 이유가 있다. 첫째로 TCP/IP는 OSI 이전에 이미 널리 사용되고 있었다. 따라서 1980년대에 당장 프로토콜이 필요한 회사들은 계획만 좋고, 완성될 것 같지도 않은 OSI 패키지를 기다릴 것인지, 설치만 하면 당장 사용할 수 있는 TCP/IP를 선택할 것인지를 결정해야만 했다. 대부분은 TCP/IP를 선택했고 이미 설치가 된 다음에는 기술적인 문제와 비용 상의 문제로 인하여 OSI로 바꿀 수가 없었다.

둘째로 TCP/IP는 처음에 미 국방성에서 개발하였으며, 미 국방성은 TCP/IP를 이용하는 소프트웨어를 구매하였다. 당시 미 국방성은 소프트웨어 시장에서 가장 큰 소비자이었으므로 이러한 정책은 TCP/IP 기반 제품을 개발하는 회사를 더욱 장려하는 계기가 되었다.

셋째로 인터넷이 TCP/IP 기반 위에 만들어졌다. 인터넷 특히 WWW(World Wide Web)의 급속한 성장은 TCP/IP의 승리를 더욱 공고하게 만들었다.

2.2.1 TCP/IP의 구조

인터넷에 사용되는 TCP/IP 프로토콜은 OSI 모델보다 먼저 개발되었다. 그러므로 TCP/IP 프로토콜의 계층 구조는 OSI 모델의 계층 구조와 정확히 일치되지는 않는다. TCP/IP 프로토콜은 (그림 2-4)와 같이 네트워크 접속(Network Access) 계층, 인터넷(Internet) 계층, 전송(Transport) 계층, 응용(Application) 계층의 4개의 계층으로 구성되어 있다.

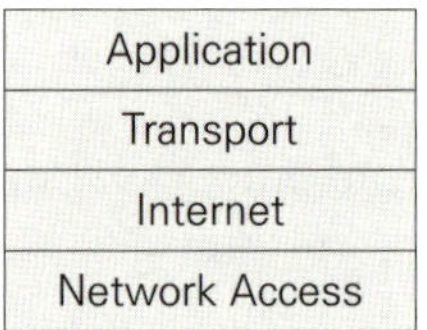

[그림 2-4] TCP/IP의 계층 구조

네트워크 접속 계층을 물리 계층과 데이터 링크 계층으로 나누어 5개의 계층으로 설명하기도 한다. (그림 2-5)는 OSI 모델과 비교하여 TCP/IP 프로토콜의 계층 구조를 나타낸 것이다. (그림 2-5)와 같이 네트워크 접속 계층을 링크 계층(Link layer)이라고도 부른다.

	OSI	TCP/IP		TCP/IP
7	Application			Application
6	Presentation	Application	5 - 7	
5	Session			
4	Transport	Transport	4	Transport
3	Network	Internet	3	Network
2	Data Link	Link	2	Data Link
1	Physical		1	Physical

[그림 2-5] TCP/IP 구조와 OSI 모델의 비교

TCP/IP는 특정 기능을 제공하는 각 모듈이 서로 영향을 주며 동작하는 계층적인(hierarchical) 프로토콜이다. 그러나 그 모듈들이 꼭 독립적일 필요는 없다. OSI 모델은 어떤 기능이 어느 계층에 속해 있는지를 규정하고 있는 반면에, TCP/IP 프로토콜 집합의 계층은 시스템의 요구에 따라 혼합되고 대응되는 상대적으로 독립적인 프로토콜들을 포함하고 있다. '계층적'이라는 용어는 각 상위 프로토콜이 하나 또는 그 이상의 하위 프로토콜에 의해 지원된다는 것을 의미한다.

2.2.2 주소 지정

TCP/IP를 사용하는 인터넷에서는 3가지 종류의 주소가 사용된다. 2계층인 데이터링크 계층에서 사용하는 주소가 물리 주소(physical address)인 MAC 주소이며, 3계층인 네트워크 계층에서 사용하는 주소가 논리 주소(logical address)인 IP 주소이다. 또한 4계층에서 사용하는 주소가 포트 주소(port address)이다.

(1) 물리 주소

물리 주소는 지역 네트워크 내에서만 유효한 주소로 보통 LAN 카드 주소 또는 MAC 주소, NIC(Network Interface Card) 주소라고도 부른다. 이 주소는 네트워크 안에서 프레임을 전달하는데 사용되며, 이더넷에서는 48비트를 사용한다. 이 주소는 목적지까지 가는 동안에 중간 네트워크를 거칠 때마다 변경된다.

편지에 비유하여 설명하면, 인접 우체국 간에 행랑을 주고받기 위하여 행랑 위에 쓰는 우체국 주소에 해당한다고 할 수 있다. 서울에서 부산으로 가는 편지는 중간 우체국을 지날 때마다 다시 행랑으로 묶이게 되고, 그때마다 행랑 위의 우체국 주소는 달라지게 된다. 데이터 패킷이 목적지까지 전송될 때 중간에 경유하는 노드는 그때마다 달라질 수 있다.

(2) 논리 주소

논리 주소는 물리적인 네트워크와는 독립적인 전 세계적인 통신 서비스를 위하여 필요하다. 서로 다른 물리 주소 체계를 사용하는 네트워크들을 연결하는 네트워크에서는 물리 주소를 사용하는 것은 적절치 않다. 물리적인 네트워크와 관계없이 각 호스트를 유일하게 식별할 수 있는 전 세계적인 주소지정 시스템이 필요한 것이다.

인터넷에서 사용하는 논리 주소가 IP 주소이다. 호스트에 할당된 IP 주소는 전 세계적으로 유일하여야 하며 중복되면 안 된다. 하나의 호스트가 여러 개의 주소를 사용할 수는 있지만, 하나의 주소가 여러 개의 호스트에 할당될 수는 없다. 이 논리 주소는 목적지까지 가는 동안에 변경되지 않는다.

편지의 예를 들면 편지봉투에 적힌 목적지의 집 주소 또는 건물의 주소가 여기에 해당한다고 할 수 있다. IP 주소는 IPv4에서 32비트를 사용하고 있으며, IPv6에서는 128비트를 사용하고 있다.

(3) 포트 주소

IP 주소와 물리 주소는 발신지로부터 목적지로 데이터 패킷을 보내는 데 필요하다. 그러나 목적지 호스트에 도착했다고 해서 통신의 목적이 모두 달성된 것은 아니다. 목적지 호스트 내에도 여러 가지 프로세스가 동작하고 있다. 인터넷 통신의 최종 목적은 프로세스 간에 통신하는 것이다.

예를 들면 컴퓨터 A가 컴퓨터 B와 FTP를 사용하여 통신하고 있고, 동시에 컴퓨터 C와는 Telnet을 사용하여 통신하고 있을 수가 있다. 컴퓨터 A에 패킷이 도착하면 그것이 FTP 프로세스로 가는 것인지, 텔넷(Telnet)으로 가는 것인지를 구별할 방법이 필요하다. 다시 말하면 프로세스의 주소가 필요한 것이다. TCP/IP에서 각 프로세스에 붙인 주소가 바로 포트 주소 또는 포트 번호라고 하는 것이다. 포트 번호는 16비트를 사용한다.

편지의 예를 들면 포트 번호는 수신인의 이름이 된다. 목적지의 집이나 건물에는 여러 사람이 있을 수가 있다. 같은 집에서 살고 있는 여러 사람을 구별하는 것은 수신인의 이름이다.

이상과 같은 주소 지정의 예를 (그림 2-6)에 나타내었다. (그림 2-6)에서 소문자 'a'가 송신 포트 번호이고 'j'가 수신 포트 번호이다. 또 대문자 'A'가 송신 IP 주소이고 'P'가 수신 IP 주소이다. 물리 주소는 헤더인 'H2' 내에 들어있다.

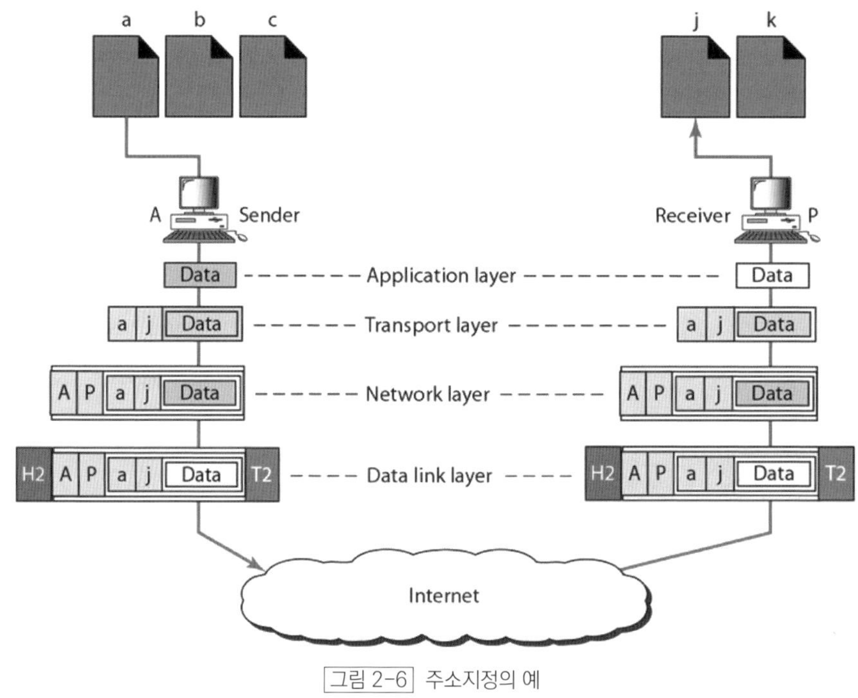

그림 2-6 주소지정의 예

이제 OSI 7계층의 계층별 기능과 특징, 그리고 해당 계층의 장비에 대해 알아보자.

2.3.1 물리 계층

OSI 7계층 참조모델의 1계층은 물리 계층이다. 이 계층에서 담당하는 것은 네트워크 케이블과 신호에 대한 것으로, 물리적 신호의 전송 규칙을 조정하는 역할을 한다.

물리 계층은 전송매체에 관한 규정은 정하지 않지만, 이를 구현하는 방법적인 면에서는 전송매체와 깊은 관계를 맺고 있다. 참고로 물리 계층과 관련된 네트워크 연결 장비들은 다음과 같다.

- 허브(Hub)나 리피터(Repeater) 등의 전기적 신호를 재생하는 장비
- 각종 커넥터와 같은 전송매체 연결 소자 등의 기계적인 연결 장치
- MODEM, CODEC 등 디지털/아날로그 신호 변환기

1계층에서는 전기적인 펄스나 광학적인 방법 또는 전자기적 파동을 통해 신호를 전달하는 방법에 대하여 정의하며, 동기화 방식, 대역폭 등에 대한 개념을 정의한다. 대표적인 물리 계층 장비는 리피터와 허브이다. 리피터는 약해진 신호(signal)를 재생하여 매체가 가진 거리의 한계를 극복하는 장비이다. 입력 포트로 들어온 신호를 출력 포트로 재생하여 내보내는 것이 리피터의 역할이다.

허브 역시 약해진 신호를 재생해서 내보내는 장비이다. 리피터와의 차이점은 리피터는 포트가 대부분 2개 정도지만, 허브는 여러 개의 포트를 가지고 있다. 따라서 허브를 멀티포트 리피터라고 부르기도 한다. 허브는 입력 인터페이스로 들어온 신호를 재생해서 입력 인터페이스를 제외한 나머지 인터페이스로 내보내는 일을 한다.

DTE와 DCE 사이의 연결을 규정하기 위한 표준인 EIA(Electonic Industry Association)의 'RS-232C'는 대표적인 물리 계층의 프로토콜이다. 'RS-232C'는 'EIA-232C'라고도 부르며 기계적 규격은 양 끝에 암수의 'DB-25' 핀 커넥터가 연결된 25선 케이블로 인터페이스를 정의한다. 케이블의 길이는 15미터를 초과할 수 없게 되어 있다. 'RS-232C'는 'ITU-T(구 CCITT)'에서 규정한 DTE와 DCE 간의 인터페이스 표준인 V.24와 V.28의 조합과 같은 기능을 한다. 이 표준은 컴퓨터에서 USB(Universal Serial Bus)가 사용되기 이전에 모뎀이나 마우스 등을 연결하는 직렬 포트로 널리 사용되었다.

DCE가 없이 DTE와 DTE를 직접 연결하는 경우에, 양쪽 끝의 DTE가 그들 사이에 DCE로 연결된 네트워크를 가지고 있다고 생각하도록 만드는 'RS-232C' 인터페이스를 널 모뎀(null modem)이라고 부른다. DTE 인터페이스는 DCE 장치와 함께 동작하도록 설계되어 있으므로, DCE를 쓰지 않고 DTE끼리 직접 연결한다면 송수신 신호선의 짝이 맞지 않게 된다. 널 모뎀 케이블이 하는 일이 바로, 다른 한쪽 끝에 있는 DTE 인터페이스가 DCE

인터페이스의 역할을 수행하도록 만드는 것이다. 널 모뎀은 (그림 2-7)과같이 'RS-232C'에서 접지선(GND)을 서로 연결하고, 한쪽의 송신선(TxD)을 다른 쪽의 수신선(RxD)으로 케이블을 교차 연결하여 구현할 수 있다.

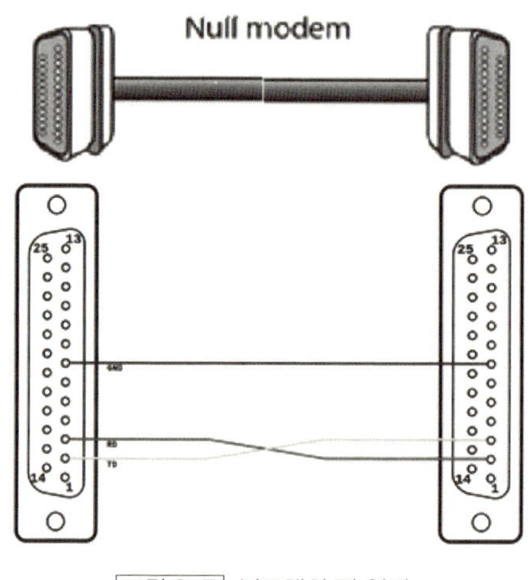

그림 2-7 널모뎀의 핀 연결

2.3.2 데이터링크 계층

OSI 참조모델의 두 번째 계층인 데이터링크 계층은 프레임을 생성하고 전송하는 방법을 규정하는 계층이다. 이 계층이 하는 일은 물리 계층에서 넘어오는 데이터의 오류를 검사하고 복구 기능을 담당할 뿐 아니라, 시스템 간 전송 속도 차이에 의한 흐름 제어까지 도맡아 처리한다.

다른 모든 계층과 마찬가지로 데이터링크 계층 또한 고유의 식별 정보를 전송 데이터 앞에 붙인다. 이 정보에는 수신자와 송신자(물리적 또는 하드웨어적인)의 주소와 프레임 길이, 그리고 상위 계층의 정보가 포함돼 있다. 이 계층에 속하는 네트워크 연결 장비로는 브리지(bridge)와 스위치(switch)를 들 수 있다.

LAN에서는 데이터링크 계층을 MAC(Medium Access Control)과 LLC(Logical Link Control)의 두 가지 계층으로 다시 세분화한다. MAC 계층은 동일 채널을 공유하는 통신 절차를 제어하기 위한 것이고, LLC 계층은 데이터 전송을 위해 각 장비들을 논리적으로 연결하고, 연결을 유지하는 역할을 담당한다.

대표적인 2계층 장비로는 스위치가 있다. 2계층 장비의 특징은 자동으로 주소를 습득한다는 것이다. 스위치의 1번 포트에 1A라는 MAC 주소를 가진 시스템이 연결돼 있고, 이 시스템이 프레임을 전송한다면 스위치의 1번 포트로 해당 프레임이 들어오게 된다. 이때 스위치는 프레임의 발신지 주소(source address) 부분에 적혀있는 MAC 주소를 습득하게 된다. 결과적으로 스위치의 MAC 주소 테이블에는 1번 포트에 1A라는 MAC 주소를 가진 시스템이 있다고 기록이 된다. 이제부터는 해당 스위치에 들어오는 프레임 가운데 목적지 주소가 1A인 프레임의 경우에는 다른 포트로는 내보내지 않고(filtering) 1번 포트로만 전달하게 된다.

1계층 장비인 리피터나 허브는 신호를 받아서 다시 내보낼 뿐이지 2계층 프레임으로까지 만들지 못한다. 다시 말해 주소를 알지 못한다는 것이다. 1계층 장비는 주소에 관심이 없다. 단순히 신호가 들어온 포트를 제외하고 나머지 포트로 내보내면 그만이다. 따라서 허브에 연결된 시스템은 프레임의 목적지 주소가 자신이 아닌 프레임을 받게 된다.

데이터링크 계층의 대표적인 프로토콜로는 HDLC(High-level Data Link Control)와 PPP(Point-to-Point Protocol) 등이 있다. HDLC와 PPP 프로토콜은 8장에서 보다 상세하게 설명한다.

2.3.3 네트워크 계층

네트워크 계층은 여러 개의 독립적인 네트워크 간 데이터 전송에 관한 계층이다. 앞서 설명한 데이터링크 계층의 데이터 전송은 물리적인 장치의 주소 지정을 통해 단일 네트워크로 연결된 모든 장치에 데이터를 브로드캐스팅하며, 수신 측 장비에서 주소를 확인해 자신에게 오는 데이터를 수신하는 방식이다.

그러나 네트워크 계층에서는 네트워크와 네트워크를 연결하는 인터네트워킹 환경에서 특정 경로를 선택하여 관련이 없는 네트워크에는 데이터를 전송하지 않는다. 또한 서로 다른 네트워크로 구성된 인터네트워킹을 통해 올바른 데이터 경로를 보장할 수도 있다. 네트워크 계층에서는 기본적으로 다음과 같은 사항을 수행한다.

- 논리적으로 분리된 모든 네트워크에 고유한 네트워크 주소를 부여한다.
- 인터네트워킹을 통해 컴퓨터와 라우터가 최적의 데이터 경로를 결정하도록 라우팅 기능을 구현한다.

3계층의 주소는 2계층 주소인 MAC 주소처럼 수평적인 구조가 아니다. 네트워크를 의미하는 부분과 호스트를 의미하는 부분으로 분리된 계층적인 구조로 돼 있다. 예를 들면, 전화번호도 계층적인 주소 체계다. 지역번호와 국번호 그리고 해당국에 가입된 가입자 번호로 구성돼 계층적인 구조로 되어 있다. 대표적인 3계층 주소로는 IP 주소를 예로 들 수 있다. 3계층 장비인 라우터(Router)는 3계층 헤더의 목적지 주소를 확인해 해당 주소지로 전달하는 장비이다.

2.3.4 전송 계층

전송 계층은 복잡한 하위 계층 구조를 상위 계층이 알 필요가 없도록 감추기 위한 계층이다. 여기서는 상위 계층의 메시지를 단편화한 후, 이 세그먼트를 세션 계층이나 상위 계층 프로세스에 신뢰성 있게 전달하는 역할을 한다. 전송 계층은 하위 계층에서의 신뢰성이 없는 연결 서비스나 연결형 서비스가 갖는 미비점을 해소하기 위한 역할을 수행한다. 여기서 신뢰성이 있다는 말은 데이터가 항상 전달된다는 것을 의미하지는 않는다. 신뢰성이 있다는 말은 확인응답 등을 통하여 오류 검사를 한다는 의미이다.

예를 들어 케이블이 끊어졌을 경우에는 데이터의 전달을 보장할 수 없다. 만일 어떤 데이터가 수신 측 장치에게 올바르게 전달되지 않은 경우, 전송 계층은 재전송을 개시하거나 상위 계층에게 이 사실을 통보할 수 있으며, 이에 근거해 상위 계층에서는 필요한 조치를 취하거나 사용자에게 옵션을 제공하게 된다.

전송 계층이 담당하는 주요 기능은 다음과 같다.

- 서비스 지점 주소 지정 : 3계층 주소가 네트워크 내에서 시스템을 구분하기 위한 주소라면, 4계층의 주소는 시스템 내에서의 서비스를 구분하기 위한 주소이다. TCP/IP의 포트 번호가 대표적인 예이다.

- 분할과 재조립(Segmentation and Reassembling) : 상위 계층에서 만든 데이터는 전송에 앞서 적당한 크기로 분할된다. 이들을 세그먼트(segment)라고 한다. 이렇게 분할된 각각의 세그먼트는 순서 번호(Sequence Number)를 가지고 네트워크상에서 전송된다. 네트워크상에서 데이터 전송은 3계층의 역할이고, 3계층의 패킷은 순서대로 도착하지 않을 수도 있다. 하지만 수신 장비는 순서 번호를 이용해 다시 원래 순서대로 세그먼트를 조립한다.

- 연결제어(Connection Control) : 4계층에서의 연결은 연결형(connection-oriented)일 수도 있고 비연결형(connectionless)일 수도 있다. TCP/IP의 예를 들면 TCP와 UDP를 생각하면 된다. 연결형 프로토콜인 TCP는 응용 사이의 연결에 앞서 TCP를 이용해 연결을 확립하고 이를 바탕으로 신뢰성 있는 데이터를 전송하게 된다. 3계층의 서비스는 신뢰성이란 개념은 부족하다. 패킷은 받으면 그만이지 잘 받았다는 확인응답은 하지 않는다. 하지만 신뢰성 있는 4계층의 경우에는 세그먼트를 잘 받았는지, 빠진 세그먼트가 있는지 없는지를 철저하게 검사한다.

- 흐름 제어(Flow control) : 흐름 제어는 송신자와 수신자 사이에서 주고받을 수 있는 데이터의 양을 결정해 적당량을 보내는 것을 말한다. TCP에서는 한 번에 받을 수 있는 세그먼트의 크기를 윈도우 크기라고 한다. 대부분의 경우 수신 측 호스트의 상태에 따라서 윈도우 크기를 증감한다.

- 오류 제어(Error control) : 신뢰성 있는 전송을 하기 위해 데이터의 손실이나 중복에 관해 제어할 수 있어야 한다. 이 같은 오류 제어는 확인응답(Acknowledgement)을 통해 이뤄진다. 위에서 말한 것처럼 세그먼트는 순서를 가지고 보내게 되고, 수신자는 해당 세그먼트를 받았으면 그다음 번호의 세그먼트를 요구함으로써 송신자에게 확인응답을 한다. 만약에 송신 측에서 1, 2, 3번 세그먼트를 보냈는데, 수신 측에는 1, 2번만 도착했다면 3번을 다시 요청하여 오류를 정정할 수 있다.

2.3.5 세션 계층

5계층 세션 계층은 상위 계층에서 필요로 하는 서버 이름과 주소를 하위 계층에서 제공되는 논리 주소 정보를 사용해 식별할 뿐 아니라, 서비스 제공자와 요청자 간을 연결하고 대화를 개시하는 역할을 담당한다. 이 기능을 수행하는 경우 세션 계층은 각 네트워크 구성 요소를 소개하거나 식별해 내며 접속(access) 권한을 조정하기도 한다.

세션 계층은 네트워크의 대화 제어자(dialog controller)이다. 세션 계층은 통신하는 시스템들 사이의 상호 대화를 설정하고, 유지한다. 두 프로세스 사이에서 반이중 또는 전이중 방식으로 통신하도록 허용한다. 또한 프로세스가 데이터 스트림에 검사점(check point) 또는 동기점(synchronization point)을 넣을 수 있도록 한다.

2.3.6 표현 계층

6계층 표현 계층은 변환과 암호화를 통해 데이터를 주고받는 서로 다른 환경의 컴퓨터와 애플리케이션이 데이터를 이해할 수 있도록 돕는 기능을 수행한다. 표현 계층은 통신장치 간의 상호 연동성을 보장한다. 이 계층의 기능은 내부적으로는 표현의 차이가 있는 데이터라 할지라도, 즉 예를 들어 어떤 장치가 ASCII(American Standard Code for Information Interchange)를 사용하고 다른 장치가 EBCDIC(Extended Binary Coded Decimal Interchange Code)를 사용하는 경우에도 두 컴퓨터 간의 통신을 가능하게 하는 것이다. 즉 두 장치 간에 서로 달리 사용하는 제어 코드와 문자 및 그래픽 등을 위해 필요한 번역을 수행하여 두 장치가 일관되게 전송 데이터를 서로 이해할 수 있도록 한다.

표현 계층은 또한 보안을 위해 데이터의 암호화와 해독을 수행하고 효율적인 전송을 위해 필요에 따라 압축과 압축 풀기를 수행한다.

(1) 압축 방식

데이터 압축(Data compression)은 데이터에 포함된 중복성을 부분적으로 제거하여 전송하거나 저장될 데이터의 양을 감소시키고자 하는 것이다. 중복성은 데이터가 만들어질 때 생성된다. 데이터 압축은 더 적은 수의 비트를 보내거나 저장하는 것을 의미한다. 이러한 목적을 위하여 여러 가지 방법들이 사용되고 있지만, 일반적으로 손실 압축(Lossy compression) 방법과 무손실 압축(Lossless compression) 방법으로 나누어 볼 수 있다.

무손실 압축 방법은 원래의 데이터와 압축과 복원 후의 데이터가 정확히 일치하는 방법이다. 이 방법은 텍스트 파일이나 프로그램 파일을 압축할 때와 같이 데이터의 한 비트도 달라지면 안 되는 경우에 사용한다. 무손실 압축 방법으로는 실행 길이 부호화(Run-length coding), 허프만 부호화(Huffman coding), LZ(Lempel-Ziv) 알고리즘 등이 있다.

실행 길이 부호화는 하나의 기호가 연속적으로 반복될 경우 그 기호와 발생 빈도수만 보냄으로써 데이터를 압축하는 방법이다. 허프만 부호화는 더 자주 발생하는 기호에는 더 짧은 코드를 할당하고 가끔 발생하는 기호에는 더 긴 코드를 배정하여 데이터를 압축하는 방법이다. LZ 알고리즘은 송수신자 간의 통신 세션 동안에 사용된 문자열의 사전(dictionary)을 미리 만들어 가지고 있음으로써 이미 사용된 문자열은 사전에 있는 색인으로 대체하여 데이터의 양을 줄이는 방법이다.

그림 파일이나 동영상 파일의 경우 사람의 눈과 귀가 구별할 수 없을 정도까지 파일을 압축하여도 큰 지장이 없다. 이러한 경우에 손실 압축 방법이 사용된다. 손실 압축 방법에는 대표적인 정지화상 압축 표준인 JPEG(Joint Picture Experts Group)이 있으며 동영상 압축 표준으로는 MPEG(Moving Picture Experts Group)이 널리 사용된다. MHEG(Multimedia and Hypermedia Experts Group)은 분산 환경하에서 멀티미디어/하이퍼미디어 정보의 상호 교환을 위한 표준이다.

(2) 암호 방식

암호학(Cryptology)은 정보를 보호하기 위한 언어학적 및 수학적 방법론을 다루는 학문으로 수학을 중심으로 컴퓨터, 통신 등 여러 학문 분야에서 공동으로 연구, 개발되고 있다. 초기의 암호는 메시지 보안에 초점이 맞추어져 군사 또는 외교적 목적으로 사용되었지만, 현재는 메시지 보안 이외에도 인증, 서명 등을 암호의 범주에 포함해 우리의 일상에서 떼 놓을 수 없는 중요한 분야가 되었다. 현금지급기의 사용, 컴퓨터의 패스워드, 전자상거래 등은 모두 현대적 의미의 암호에 의해 안정성을 보장받고 있다.

현대 암호는 암호 시스템, 암호 분석, 인증 및 전자서명 등을 주요 분야로 포함한다. 암호를 이용하여 보호해야 할 메시지를 평문(Plain text)이라고 하며, 평문을 암호학적 방법으로 변환한 것을 암호문(Cipher text)이라고 한다. 이때 평문을 암호문으로 변환하는 과정을 암호화(Encryption)라고 하며, 암호문을 다시 평문으로 변환하는 과정을 복호화(Decryption)라고 한다.

암호 서비스가 제공하고자 하는 목표에는 다음과 같은 것들이 있다.

- 기밀성(Confidentiality) : 부적절한 노출 방지, 허가받은 사용자가 아니면 내용에 접근할 수 없도록 하는 것이다.
- 무결성(Integrity) : 부적절한 변경 방지, 허가받은 사용자가 아니면 내용을 변경할 수 없도록 하는 것이다.
- 인증(Authentication) : 통신 상대방이 정당한 사용자인지를 확인하는 것이다.

- 부인봉쇄(Non-repudiation) : 메시지를 전달하거나 전달받은 사람이 메시지를 전달하거나 전달받았다는 사실을 부인할 수 없도록 하는 것이다.
- 가용성(Availability) : 부적절한 서비스 거부(DoS : Denial of Service)를 방지하는 것이다.

초기의 암호화 방식은 암호 알고리즘 자체를 비밀로 하는 방식이 사용되었지만, 이러한 방식은 암호 강도가 매우 떨어지기 때문에 최근에는 알고리즘은 공개하고 사용하는 키를 비밀로 하는 방법을 주로 사용한다. 이러한 방식을 비밀키(대칭키) 방식이라고 하는데, 이 방식에서는 평문을 암호화하는 암호화키와 암호문을 평문으로 바꾸는 복호화키가 동일하다. 따라서 암호키를 미리 만들고 사용자들이 나누어 가지는 방식을 주로 사용한다. 예를 들어서, 암호를 사용할 사람들이 미리 모여서 암호키를 나누어 가진다든지, 신뢰할 수 있는 전령을 시켜서 보내는 방식 등이다.

대표적인 비밀키 암호 알고리즘으로는 DES(Data Encryption Standard)가 널리 사용되었다. 그러나 컴퓨터의 연산 능력이 엄청난 속도로 발전하면서 DES가 안전하지 못하게 되자 미국 국가 표준 기술연구소인 NIST(National Institute of Standards and Technology)는 공모를 통하여 2001년 AES(Advanced Encryption Standard)를 표준화하였다.

대칭키 암호 시스템의 가장 큰 약점은 키 관리의 어려움에 있다. 한 사용자가 관리해야 할 키의 수가 너무 많아지고 또 미리 키를 교환해야 하기 때문이다. 이러한 약점을 보완하기 위해 나타난 암호 시스템이 공개키 암호 시스템이다. 공개키 암호 시스템에서 각 사용자는 두 개의 키를 부여받는다. 그 하나는 공개되는 공개키(public key)이고, 다른 하나는 사용자에 의해 비밀리에 관리 되어야 하는 비밀키(private key)이다.

공개키 암호 시스템에서 각 사용자는 자신의 비밀키만 관리하면 되므로 키 관리의 어려움을 줄일 수 있다. 공개키 암호 시스템에서는 각 사용자의 공개키를 관리하는 공개키 관리 시스템(공개키 디렉터리)이 필요하며, 각 사용자는 이 시스템에 자유롭게 접근하여 다른 사용자의 공개키를 열람할 수 있다. 공개키 암호 방식을 이용하면, 사전에 비밀키를 나누어 가지지 않은 사용자들이라도, 또 전령과 같은 안전한 채널이 없는 상황에서도 안전하게 통신할 수 있다.

공개키 암호 방식은 열쇠로 잠겨 있고 좁은 투입구가 있는 편지함에 비유할 수 있다. 이런 편지함은 위치(공개키)만 알면 투입구를 통해 누구나 편지를 넣을 수 있지만 열쇠(비밀키)를 가진 사람만이 편지함을 열어 내용을 확인할 수 있다.

공개키 암호 방식은 출제자만이 알고 있는 특정한 종류의 정보 없이는 매우 풀기 어려운 수학적 문제를 바탕으로 만들어진다. 키를 만드는 사람은 이 문제(공개키)를 일반에 공개하고 특정한 정보(비밀키)는 자신만이 알 수 있도록 숨긴다. 그러면 어떤 사람이건 이 문제를 이용해 메시지를 암호화할 수 있지만, 키를 만든 사람만이 이 문제를 풀어 원래 메시지를 해독할 수 있다.

1976년에 휫필드 디피(Whitfield Diffie)와 마틴 헬먼(Martin Hellman)이 공개키 암호 방식에 대한 최초의 논문을 발표하였으며, 이를 바탕으로 Ralph Merkle이 1978년에 지수승 연산을 이용하여 암호키를 합의할 수 있는 암호키 분배 방식을 제안하였다. 이 방식은 디피-헬먼 키 교환 방식이라고 부르며, 안전하지 않은 채널에서 비밀키를 나누어 가질 수 있는 최초의 방법이었다.

MIT의 로널드 라이베스트(Ron Rivest), 아디 샤미르(Adi Shamir), 레오나르드 아델만(Leonard Adleman)은 실질적인 공개키 암호 방식을 1978년에 논문으로 발표하였다. 이들은 자신들 이름의 머리글자를 따서 이 암호 방식을 RSA라고 이름 지었다. 이것은 두 개의 큰 소수(prime number)를 곱한 값 'n'을 이용하여 모듈로(modulo) 지수승 연산을 한 것을 각각 암호화와 복호화에 이용하는 방식으로, 'n'을 소인수분해 하여 공개키에서 비밀키를 알아내기는 매우 어렵다는 수학적 이론을 이용한 것이다.

RSA 암호와 같은 초기 암호들은 두 개의 큰 소수를 곱한 숫자를 문제로 사용하였다. 사용자는 임의의 큰 소수를 두 개 골라 비밀키로 삼고 그 곱한 값을 공개키로 공개한다. 큰 수의 소인수분해는 대단히 풀기 어려운 문제에 속하기 때문에 다른 사람들은 비밀키를 알 수 없다는 것에 기반한 것이다. 그러나 최근 이 분야의 연구가 크게 진전되어 RSA의 안전성을 보장하기 위해서는 수천 비트 이상의 큰 소수를 키로 사용해야 한다.

또 다른 종류의 문제로는 'a'와 'c'가 알려진 상태에서 방정식 '$a^x=c$'의 해인 'x'를 구하는 로그 문제가 있다. 실수나 복소수에 대해서는 로그 함수를 이용해 이 문제를 쉽게 풀 수 있다. 그러나 유한체(Finite field)에서는 이러한 문제를 풀기가 어려운 것으로 알려져 있으며 이런 문제를 이산로그(Discrete logarithm) 문제라고 한다. 타원곡선암호를 비롯한 여러 가지 공개키 암호들이 이산로그 문제를 바탕으로 만들어져 있다.

1970년대 이후로 암호, 서명, 키 합의 등과 관련된 수많은 기술이 개발되었다. 1985년 타허 엘가말(Taher ElGamal)은 이산로그 문제의 어려움에 기반한 'ElGamal 암호'를 제안하였다. 또한 닐 커블리츠(Neal Koblitz)와 빅터 밀러(Victor S. Miller)가 1987년 타원곡선암호(ECC : Elliptic curve cryptography)를 제안한 이후에는 이와 관련된 수많은 공개키 알고리즘이 제안되었다. 특히 타원곡선을 이용하면 짧은 키를 사용해도 원래 이산로그 문제와 비슷한 안전성을 제공할 수 있는 장점이 있다.

일반적으로, 공개키 암호 방식은 비밀키 암호보다 계산이 복잡한 단점이 있기 때문에, 효율을 위해 비밀키 암호(혹은 대칭키 암호)와 함께 사용된다. 메시지를 임의로 만들어진 비밀키를 이용해 암호화한 다음, 이 비밀키를 다시 수신자의 공개키로 암호화하여 메시지와 함께 전송하는 것이다. 이렇게 하면 공개키 암호 기술로는 짧은 비밀키만을 암호화하고 보다 효율적인 비밀키 암호 기술로 전체 메시지를 암호화하므로 양쪽의 장점을 취할 수 있다.

2.3.7 응용 계층

마지막으로 사용자로부터 데이터를 받아 하위 계층으로 전달하고, 하위 계층에서 전달하는 데이터를 사용자에게 전달하는 응용 계층은 여러 가지 실제적인 네트워크 서비스를 제공하는 계층이다.

응용 계층에는 각각의 네트워크 서비스에 대한 특정한 주제와 기능이 포함된다. 다시 말해, 이 계층 하부에 있는 여섯 계층이 일반적으로 네트워크 서비스를 지원하는 기술과 작업을 포함하는 데 반해, 응용 계층에서는 특정 네트워크 서비스 기능을 수행하는 데 필요한 프로토콜을 지원한다.

ITU-T가 표준화한 응용 계층 프로토콜로는 'X.400'으로 규정된 MHS(Message Handling System), 'X.500'으로 규정된 DS(Directory System), FTAM(File Transfer Access and Management), VT(Virtual Terminal), CMIP(Common Management Information Protocol) 등이 있다.

MHS는 전자우편과 축적전송에 대한 OSI 모델이다. MHS는 축적전송 방법으로 메시지(데이터나 파일의 복사본 등)를 보내는 데 사용되는 시스템이다. MHS 전달은 송신자와 수신자 사이에 동적인 채널을 설정하지 않고, 링크가 사용이 가능하면 메시지를 전송하는 배달 서비스를 제공한다. 대부분의 정보 공유 프로토콜에서 송신자와 수신자는 동시에 정보교환에 참여할 수 있어야 한다. 축적전송 시스템에서 송신자는 배달 시스템에 메시지를 전달한다. 배달 시스템은 메시지를 저장한 후에 상황에 따라 메시지를 전송하지 못할 수도 있다. 메시지가 배달되면 다른 요구가 있을 때까지 수신자의 우편함에 저장된다.

OSI 모델의 MHS는 일반적인 우편 시스템과 유사하다. 송신자는 편지를 쓰고, 주소를 적은 후에, 우체통에 집어넣는다. 집배원은 편지를 모아서 우체국에 전달한다. 우편 시스템은 수신자의 주소에 따라 중간 우체국을 거쳐서 편지를 발송한다. 수신인은 우편함을 열어 보고 편지를 가져간다. 전자우편 시스템에서도 사용자는 전자우편 배달 시스템을 이용하여 전자 메시지를 전송한다. 배달 시스템은 다른 시스템과 서로 협조해서 원하는 수신자의 우편함에 메시지를 전송한다.

OSI MHS의 구조는 (그림 2-8)과 같다. 각 사용자는 UA(User Agent)라는 프로세스를 통하여 통신한다. UA는 각 사용자가 하나씩 가지고 있다. UA의 예는 사용자가 메시지를 작성하고 편집하는 전자우편 프로그램이다. 각 사용자는 보통 MS(Message Storage)라고 하는 메시지 저장소, 즉 우편함을 가지고 있다. MS는 메시지의 저장, 송신, 수신을 위해서 사용된다. MS는 MTA(Message Transfer Agent)라는 메시지 전송 대행자와 통신한다. MTA는 우체국과 유사한 것이다. MTA들이 결합되어 MTS(Message Transfer System)를 구성한다.

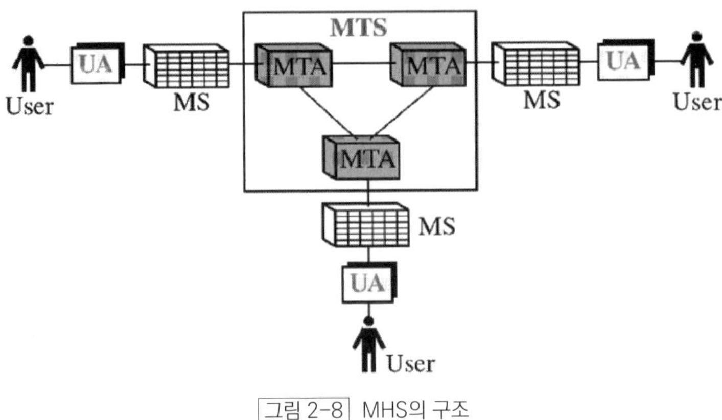

그림 2-8 MHS의 구조

OSI 7계층을 만든 이유는 프로토콜을 체계적으로 연구하기 위한 목적 외에도, 공용으로 사용할 수 있는 공개된 프로토콜을 만들기 위한 것도 있었다. 그러나 7계층이 발표된 시점에 이미 많은 프로토콜이 사용되고 있었고, 특히 WAN에서는 TCP/IP가 표준으로 자리 잡아 독보적인 위치를 확보하고 있었다.

그 이후, 1계층과 2계층에서는 이더넷(Ethernet), 3계층과 4계층에서는 TCP/IP, NetBEUI, IPX 등이 업계 표준으로 자리 잡았다. 한편, 5, 6, 7계층은 각각이 별도로 구현되기보다는 통합된 형태의 서비스로 제공된다. 텔넷, FTP, 전자우편(SMTP, POP), HTTP, NetBIOS 등이 이와 같은 서비스에 해당한다.

SUMMARY

- OSI 참조모델은 서로 다른 시스템 간의 통신을 위하여 국제 표준화 기구인 ISO에서 만든 것이다.

- 7계층으로 구성된 OSI 모델은 호환이 가능한 네트워크 프로토콜을 개발하기 위한 지침을 제공한다.

- OSI 7계층 중, 하위 3개의 계층인 물리 계층, 데이터링크 계층, 네트워크 계층은 네트워크 지원 계층이며, 상위 3개의 계층인 세션 계층, 표현 계층, 응용 계층은 사용자 지원 계층이고, 4계층인 전송 계층은 네트워크 지원 계층과 사용자 지원 계층을 연결하는 계층이다.

- TCP/IP는 OSI 모델 이전에 개발된 프로토콜 그룹이다.

- TCP/IP의 응용 계층은 OSI 모델의 세션, 표현, 응용 계층을 합한 것과 같다.

- TCP/IP 프로토콜을 사용하는 인터넷에서는 물리 주소, 논리 주소(IP 주소), 포트 주소의 3단계 주소를 사용한다.

- OSI 1계층인 물리 계층은 물리적인 매체를 통하여 비트 스트림을 전송하기 위해 요구되는 기능을 수행한다.

- OSI 2계층인 데이터링크 계층은 인접한 통신국 간의 오류 없는 데이터 전송을 책임진다.

- OSI 3계층인 네트워크 계층은 다중 네트워크 링크를 통해 발신지에서 목적지까지 패킷 전달에 대하여 책임진다.

- OSI 4계층인 전송 계층은 발신지 프로세스에서 목적지 프로세스까지의 단대단 (end-to-end) 전체 메시지 전달에 대하여 책임진다.

- OSI 5계층인 세션 계층은 통신하는 장치 간의 상호 대화를 설정하고, 관리하며, 동기화를 수행한다.

- OSI 6계층인 표현 계층은 데이터를 서로 호환될 수 있는 형식으로 변환하여 통신장치 간의 상호 운용성을 보장하며, 압축과 암호화를 수행한다.

- OSI 7계층인 응용 계층은 사용자가 네트워크에 접속할 수 있도록 해 준다.

2.1 OSI 참조모델의 개요

[2-1] OSI 참조모델의 계층별 프로토콜 데이터 단위(PDU)의 연결이 <u>틀린</u> 것은?
〈정보처리기사 2024/6〉

① Physical Layer – Byte
② Data Link Layer – Frame
③ Network Layer – Packet
④ Application Layer – Message

[2-2] 다음 중 네트워크 계층에서 전달되는 데이터 전송 단위로 옳은 것은?
〈정보통신기사 2022/10,
정보처리산업기사 2019/3〉

① 비트(Bit)
② 프레임(Frame)
③ 패킷(Packet)
④ 데이터그램(Datagram)

[2-3] 다음 보기는 OSI 7계층을 나타낸 것이다. 하위 계층부터 상위 계층 순서대로 나열한 것은?
〈정보통신산업기사 2022/6, 2017/3〉

가. 네트워크 계층	나. 물리 계층
다. 전송 계층	라. 응용 계층
마. 세션 계층	바. 표현 계층
사. 데이터링크 계층	

① 나 → 사 → 가 → 다 → 마 → 라 → 바
② 나 → 사 → 다 → 가 → 마 → 바 → 라
③ 나 → 사 → 가 → 다 → 마 → 바 → 라
④ 나 → 사 → 다 → 가 → 바 → 마 → 라

[2-4] OSI 계층별로 데이터를 전송하는 단위가 잘못 연결된 것은?
〈정보통신산업기사 2022/3〉

① 물리 계층 – 비트(Bit)
② 데이터링크 계층 – 프레임(Frame)
③ 네트워크 계층 – 패킷(Packet)
④ 전송 계층 – 노드(Node)

[2-5] 컴퓨터 간의 원활한 정보 교환을 위하여 ISO에서 규정한 표준 네트워크 구조는?
〈정보통신기사 2021/10〉

① OSI　　② DNA　　③ HDLC　　④ SNA

[2-6] 다음 중 OSI(Open System Interconnection) 참조모델의 목적이 <u>아닌</u> 것은?
〈정보통신기사 2021/10〉

① 시스템 상호 간에 접속하기 위한 개념 규정
② OSI 표준을 개발하기 위한 범위 선정
③ 관련 규격의 적합성을 조정하기 위한 공통적인 기반 제공
④ 폐쇄적인 시스템 구축을 위한 법률 규정

[2-7] OSI 참조모델에 대한 설명으로 <u>틀린</u> 것은?
〈정보통신산업기사 2021/10, 2020/6〉

① 4개의 계층 구조를 갖는다.
② 시스템 간 상호접속을 위한 개념을 규정한다.
③ 특정 시스템에 대한 프로토콜의 의존도를 줄여준다.
④ 개방형 시스템 간의 접속을 위해 ISO에서 만들었다.

정답 2-1 ①　2-2 ③　2-3 ③　2-4 ④　2-5 ①　2-6 ④　2-7 ①

[2-8] 다음 중 OSI 참조 모델에 대한 설명으로 맞지 <u>않</u>는 것은? 〈정보통신산업기사 2021/6, 2015/3〉

① 개방형 시스템의 상호 통신을 위한 참조모델이다.
② ISO에서 동일 기종 간의 컴퓨터 통신을 위한 구조 개발에 의해 만들어진 규정이다.
③ 통신 기능을 7계층으로 나누어 각 계층의 기능을 정의하였다.
④ 서로 다른 컴퓨터나 정보통신시스템 간의 연결과 원활한 정보 교환을 위한 표준화된 절차이다.

[2-9] 다음 보기에서 빈칸의 OSI 7계층 순서가 맞는 것은? 〈정보통신기사 2020/9〉

[보기]

응용 계층
표현 계층
세션 계층
ⓒ
ⓑ
데이터링크 계층
ⓐ

① ⓐ 네트워크 계층, ⓑ 물리 계층, ⓒ 전송 계층
② ⓐ 물리 계층, ⓑ 네트워크 계층, ⓒ 전송 계층
③ ⓐ 물리 계층, ⓑ 전송 계층, ⓒ 네트워크 계층
④ ⓐ 네트워크 계층, ⓑ 전송 계층, ⓒ 물리 계층

[2-10] 다음 중 OSI 7계층에서 상위 계층에 해당되는 것은? 〈정보통신산업기사 2020/3〉

① 물리 계층, 전달 계층, 표현 계층, 응용 계층
② 전달 계층, 세션 계층, 표현 계층, 응용 계층
③ 네트워크 계층, 세션 계층, 표현 계층, 응용 계층
④ 네트워크 계층, 전달 계층, 표현 계층, 응용 계층

[2-11] ISO에서 제정한 OSI 7계층 중 제6계층에 해당되는 것은? 〈정보통신산업기사 2020/3〉

① 응용 계층   ② 물리 계층
③ 표현 계층   ④ 전송 계층

[2-12] OSI 참조모델에서 데이터 패킷이 하위 계층에서 상위 계층으로 이동함에 따라 헤더는 어떻게 처리되는가? 〈정보통신기사 2019/10, 2016/5, 2015/3〉

① 삭제된다.   ② 추가된다.
③ 재배열된다.   ④ 변경된다.

[2-13] OSI 7계층 참조모델 중 제4계층에 해당되는 것은? 〈정보통신산업기사 2018/4, 2016/10〉

① 응용 계층   ② 전송 계층
③ 표현 계층   ④ 물리 계층

[2-14] 데이터에 통신국의 주소, 에러 검출 부호, 프로토콜 제어 등의 제어 정보인 헤더(Header)를 부착하는 기능은? 〈정보통신기사 2018/3, 2016/5, 2015/6〉

① 흐름 제어   ② 주소 지정
③ 다중화   ④ 캡슐화

정답 2-8 ②   2-9 ②   2-10 ②   2-11 ③   2-12 ①   2-13 ②   2-14 ④

[2-15] 다음 중 대등-대-대등(pear-to-pear) 프로세스에 대한 설명으로 가장 적절한 것은?

〈정보통신기사 2018/3, 2016/3〉

① 통신장치 간에 통신할 때 해당 계층에서 통신하는 각 장치의 프로세스
② 하나의 장치에서 각 계층이 바로 아래 계층의 서비스를 이용하는 프로세스
③ 인접한 계층 사이의 인터페이스를 통해 전달되는 프로세스
④ 임의의 두 통신장치 간에 자신의 구조에 상관없이 서로 통신할 수 있도록 해 주는 프로세스

[2-16] 다음 중 OSI 7계층의 하위 계층에 해당하는 것은?

〈정보통신산업기사 2018/3〉

① 물리 계층, 데이터링크 계층, 네트워크 계층
② 세션 계층, 표현 계층, 네트워크 계층
③ 물리 계층, 트랜스포트 계층, 표현 계층
④ 데이트링크 계층, 트랜스포트 계층, 세션 계층

[2-17] 다음 지문은 OSI 네트워크 모델에 대한 설명이다. (   )안에 들어가야 할 적당한 단어를 표시된 것은?

〈정보보안기사 2017/9〉

> 1계층인 물리 계층은 기계적, 전기적, 절차적 특성을 정의하며 (   )을 물리적 매체를 통해 전송한다. 2계층인 데이터 링크 계층은 물리적 (   )를 통하여 패킷을 전송하며, 동기화, 오류 제어, 흐름 제어 등을 제공한다. 3계층인 네트워크 계층은 경로 제어를 수행한다. 전송 계층은 종단 간의 신뢰성 있고, 투명한 데이터 전송을 제공한다. 이를 위해 (   ) 통신량 제어, 다중화 등을 제공한다.

① 프레임, 매체, 동기화 제어
② 프레임, 링크, 오류 제어
③ 비트 스트림, 매체, 동기화 제어
④ 비트 스트림, 링크, 오류 제어

[2-18] OSI-7 layer의 데이터링크 계층에서 사용하는 데이터 전송 단위는?

〈정보처리기사 2017/5, 2016/5〉

① 바이트　　　　　　② 프레임
③ 레코드　　　　　　④ 워드

[2-19] 통신 프로토콜의 기능 중 메시지에 주소, 오류 검출 코드 등 데이터 제어 정보를 추가하는 과정을 무엇이라 하는가?

〈정보통신산업기사 2016/10, 2015/3〉

① Encapsulation
② Reassembly
③ Fragmentation
④ Error Control

[2-20] 다음 중 OSI 참조모델의 3계층은?

〈정보통신기사 2016/5〉

① 데이터링크 계층
② 네트워크 계층
③ 전송 계층
④ 세션 계층

[2-21] OSI 7계층에서 각 계층의 프로토콜 데이터 유닛(PDU)을 잘못 나타낸 것은?

〈정보처리산업기사 2016/3〉

① 데이터링크 계층 – 프레임(Frame)
② 네트워크 계층 – 블록(Block)
③ 전송 계층 – 세그먼트(Segment)
④ 세션 계층 – 메시지(Message)

정답 2-15 ① 　2-16 ① 　2-17 ④ 　2-18 ② 　2-19 ① 　2-20 ② 　2-21 ②

2.2 TCP/IP의 개요

[2-22] OSI 7계층과 TCP/IP 프로토콜의 관계에 대한 설명으로 <u>틀린</u> 것은? 〈정보통신기사 2022/6〉

① OSI 모델은 7개 계층으로, TCP/IP 프로토콜은 4개 계층으로 구성되어 있다.
② TCP/IP 프로토콜의 계층 구조는 OSI 모델의 계층 구조와 정확하게 일치하지 않는다.
③ TCP는 OSI 참조모델의 네트워크 계층에 대응되고, IP는 트랜스포트 계층에 대응된다.
④ TCP/IP 프로토콜은 OSI 참조모델보다 먼저 개발되었다.

[2-23] 인터넷의 TCP와 UDP는 OSI 7계층 기준 모델의 어디에 해당되는가? 〈정보통신산업기사 2022/6, 2022/3〉

① 물리 계층
② 데이터링크 계층
③ 네트워크 계층
④ 전송 계층

[2-24] 다음 중 TCP/IP 4개 계층에 속하지 <u>않은</u> 것은? 〈정보통신산업기사 2022/3, 정보처리기사 2018/8〉

① 응용 계층
② 전송 계층
③ 네트워크 계층
④ 인터넷 계층

[2-25] 다음 중 OSI 7계층과 TCP/IP 프로토콜의 관계에 대한 설명으로 옳지 <u>않은</u> 것은? 〈정보통신기사 2019/10, 2018/6, 2016/10, 2015/6〉

① TCP/IP 프로토콜은 OSI 참조모델보다 먼저 개발되었다.
② TCP/IP 프로토콜의 계층 구조는 OSI 모델의 계층 구조와 정확하게 일치하지 않는다.
③ OSI 모델은 7개 계층으로 TCP/IP 프로토콜은 4개 계층으로 구성되어 있다.
④ OSI 모델의 상위 4개 계층은 TCP/IP 프로토콜에서 응용 계층으로 표현된다.

[2-26] ㉠, ㉡, ㉢에 적합한 내용으로 짝지어진 것은? 〈정보보안기사 2019/9〉

> - 이더넷은 네트워크 인터페이스 카드에 설정된 (㉠) 물리 주소를 사용한다.
> - 인터넷 계층의 주소는 (㉡) 논리 주소를 사용한다.
> - 전송 계층의 주소는 (㉢) 포트 주소를 사용한다.

① 8Byte, 2Byte, 1Byte
② 8Byte, 4Byte, 2Byte
③ 6Byte, 4Byte, 2Byte
④ 6Byte, 2Byte, 1Byte

[2-27] 인터넷 프로토콜 중 TCP와 IP는 OSI 모델 7계층 중 각각 어느 계층에 대응되는가? 〈정보통신기사 2019/3, 2016/10, 정보통신산업기사 2017/6〉

① 물리 계층 – 데이터링크 계층
② 네트워크 계층 – 세션 계층
③ 전송 계층 – 물리 계층
④ 전송 계층 – 네트워크 계층

[2-28] 다음 지문이 설명하고 있는 것은? 〈정보보안기사 2018/3〉

> 인터넷이나 다른 네트워크 메시지가 서버에 도착하였을 때, 전달되어야 할 특정 프로세스(응용 프로그램)를 인식(구분)하기 위하여 필요하다.

① IP 주소
② 포트 번호
③ LAN 주소
④ MAC 주소

정답 2-22 ③ 2-23 ④ 2-24 ③ 2-25 ④ 2-26 ③ 2-27 ④ 2-28 ②

2.3 OSI 7계층의 기능

[2-29] OSI 7계층 중 네트워크 계층에 대한 설명으로 틀린 것은? 〈정보처리기사 2024/9, 2023/7, 2022/7, 2021/5〉

① 패킷을 발신지로부터 최종 목적지까지 전달하는 책임을 진다.
② 한 노드부터 다른 노드로 프레임을 전송하는 책임을 진다.
③ 패킷에 발신지와 목적지의 논리 주소를 추가한다.
④ 라우터 또는 교환기는 패킷 전달을 위해 경로를 지정하거나 교환 기능을 제공한다.

[2-30] 다음의 공개키 암호에 관한 내용 중 잘못된 것은? 〈정보보안기사 2024/9, 2018/3〉

① 하나의 알고리즘으로 암호와 복호를 위한 키 쌍을 이용해 암호화와 복호화를 수행한다.
② 송신자와 수신자는 대응되는 키 쌍을 모두 알고 있어야 한다.
③ 두 개의 키 중 하나는 비밀로 유지되어야 한다.
④ 암호화 알고리즘, 하나의 키, 암호문에 대한 지식이 있어도 다른 하나의 키를 결정하지 못해야 한다.

[2-31] 소인수 분해의 어려움을 기초로 한 공개키 암호화 알고리즘은? 〈정보보안기사 2024/9, 2023/6, 2018/3, 정보처리기사 2023/7, 2023/5, 2021/8, 2020/6〉

① AES ② RSA ③ ECC ④ DH

[2-32] OSI 7계층 중에서 다음 설명에 해당하는 계층은? 〈정보처리산업기사 2024/7, 2023/7, 2022/4, 2016/3, 정보통신기사 2021/10, 2019/6, 정보통신산업기사 2019/6, 2018/4, 2017/3〉

> - 경로 설정 기능, 트래픽 제어 기능
> - 네트워크 연결을 설정, 유지, 해제하는 기능

① 세션 계층 ② 응용 계층
③ 네트워크 계층 ④ 표현 계층

[2-33] OSI 7계층 중 종점 호스트 사이의 데이터 전송을 다루는 계층으로 종점 간의 연결 관리, 오류 제어와 흐름 제어 등을 수행하는 계층은? 〈정보처리산업기사 2024/5, 2021/5, 2020/8, 2017/8, 정보처리기사 2020/8, 2020/6, 2019/4, 2018/3, 2017/3, 2015/5, 정보통신기사 2020/6, 2020/5〉

① 응용 계층 ② 전송 계층
③ 프리젠테이션 계층 ④ 물리 계층

[2-34] 다음 중 공개키에 대한 설명으로 옳지 않은 것은? 〈정보보안기사 2024/3, 2023/6〉

① 암호화 키와 복호화 키가 같다.
② 대칭키의 키 공유 문제를 해결하기 위해 개발되었다.
③ 공개키/개인 키를 사용하여 인증, 서명, 암호화를 수행한다.
④ 공개키로 암호화하여 전송하고 개인 키로 복호화한다.

[2-35] 다음 중 OSI 7계층에서 컴퓨터와 네트워크 종단 장치 간의 논리적, 전기적, 기계적 성질과 관련된 계층으로 옳은 것은? 〈정보통신기사 2023/10, 정보처리기사 2023/7, 2023/5, 정보처리산업기사 2020/6, 2017/3〉

① 물리 계층 ② 데이터링크 계층
③ 네트워크 계층 ④ 전송 계층

정답 2-29 ② 2-30 ② 2-31 ② 2-32 ③ 2-33 ② 2-34 ① 2-35 ①

[2-36] 다음 중 공개키 암호 방식에 대한 설명으로 틀린 것은?　〈정보보안기사 2023/9〉

① 서로 다른 암호화키와 복호화키를 사용한다.
② 대칭키 알고리즘에 비해 속도가 느리다.
③ 대표적인 알고리즘으로는 RSA가 있다.
④ 공개키 방식의 암호화 키와 복호화 키는 비공개되어 있다.

[2-37] OSI 7계층 중 시스템 간의 전송로 상에서 노드 간의 순서 제어, 오류 제어, 회복처리, 흐름 제어 등의 기능을 실행하는 계층은?　〈정보통신기사 2023/6, 2022/3, 정보처리기사 2021/3, 2020/8, 2017/8, 정보처리산업기사 2018/8〉

① 물리 계층　　　　② 트랜스포트 계층
③ 데이터 링크 계　　④ 세션 계층

[2-38] 다음 암호화 방식 중 암호화·복호화 종류가 다른 것은?　〈정보통신기사 2023/6, 정보통신산업기사 2023/3〉

① RSA(ron Rivest, adi Shamir, leonard Adleman)
② IDEA(International Data Encryption Algorithm)
③ DES(Data Encryption Standard)
④ AES(Advanced Encryption Standard)

[2-39] OSI 계층 중 네트워크층에 대한 설명으로 틀린 것은?　〈정보통신산업기사 2023/6, 2020/3〉

① 계층(Layer) 3에 해당한다.
② 경로를 선택하고, 주소를 정하고, 경로에 따라 패킷을 전달한다.
③ 이 계층에 속하는 장비로 라우터가 있다.
④ 통신케이블, 리피터, 허브 등의 장비가 이 계층에 속한다.

[2-40] 암호화 키와 복호화 키가 동일한 암호화 알고리즘은?　〈정보처리기사 2023/5, 2021/5〉

① RSA　　② AES　　③ DSA　　④ ECC

[2-41] OSI 7계층 모델 중 각 계층의 기능에 대한 설명으로 틀린 것은?　〈정보통신기사 2022/10〉

① 물리 계층 – 전기적, 기능적, 절차적 기능 정의
② 데이터 링크 계층 – 흐름 제어, 에러 제어
③ 네트워크 계층 – 경로 설정 및 네트워크 연결 관리
④ 전송 계층 – 코드 변환, 구문 검색

[2-42] OSI 7계층 중 다음 설명에 해당하는 계층은?　〈정보처리기사 2022/7, 정보통신기사 2020/9〉

> - 두 응용 프로세스 간의 통신에 대한 제어 구조를 제공한다.
> - 연결의 생성, 관리, 종료를 위해 토큰을 사용한다.

① 데이터링크 계층　　② 네트워크 계층
③ 세션 계층　　　　　④ 표현 계층

[2-43] OSI 7계층에서 발신지와 목적지의 논리 주소가 추가된 패킷을 최종 목적지까지 전달하는 책임을 지는 계층은?　〈정보처리산업기사 2022/7, 2015/8, 정보통신기사 2018/10, 2016/10, 정보처리기사 2016/5〉

① 물리 계층　　　　② 데이터링크 계층
③ 네트워크 계층　　④ 세션 계층

정답 2-36 ④　2-37 ③　2-38 ①　2-39 ④　2-40 ②　2-41 ④　2-42 ③　2-43 ③

[2-44] 대칭 암호 알고리즘과 비대칭 암호 알고리즘에 대한 설명으로 틀린 것은? 〈정보처리기사 2022/4〉

① 대칭 암호 알고리즘은 비교적 실행 속도가 빠르기 때문에 다양한 암호의 핵심 함수로 사용될 수 있다.

② 대칭 암호 알고리즘은 비밀키 전달을 위한 키 교환이 필요하지 않아 암호화 및 복호화의 속도가 빠르다.

③ 비대칭 암호 알고리즘은 자신만이 보관하는 비밀키를 이용하여 인증, 전자서명 등에 적용이 가능하다.

④ 대표적인 대칭키 암호 알고리즘으로는 AES, IDEA 등이 있다.

[2-45] 다음 중 OSI 7계층의 데이터 링크 계층과 관련성이 가장 적은 것은? 〈정보보안기사 2022/3〉

① 통신 경로 상의 지점 간(Link-to-Link)의 오류 없는 데이터 전송

② 멀티 포인트 회선제어 기능

③ 데이터 압축 및 암호화

④ 정지-대기 흐름 제어 기법

[2-46] 데이터링크계층의 주요 기능에 해당되지 않는 것은? 〈정보통신산업기사 2022/3〉

① 흐름 제어 ② 경로 설정
③ 오류 제어 ④ 프레임 동기

[2-47] OSI 7계층에서 논리적인 통신로의 설정 및 종단 시스템 간의 데이터 전송에서 오류 검출 및 정정, 흐름 제어 등의 기능을 제공하는 계층은? 〈정보통신산업기사 2022/3〉

① 2계층 ② 3계층 ③ 4계층 ④ 5계층

[2-48] OSI 모델의 7계층 중 코드 변환, 암호화 및 데이터 압축 등을 수행하는 계층은?

〈정보통신산업기사 2021/10, 2021/3, 2019/9, 2017/6, 2016/10, 2016/6, 2015/6, 정보처리산업기사 2019/8, 2018/4, 2016/8, 2015/5, 정보처리기사 2015/3〉

① 응용 계층 ② 표현 계층
③ 전송 계층 ④ 세션 계층

[2-49] 공개키 암호에 대한 설명으로 틀린 것은? 〈정보처리기사 2021/3〉

① 10명이 공개키 암호를 사용할 경우 5개의 키가 필요하다.

② 복호화키는 비공개 되어 있다.

③ 송신자는 수신자의 공개키로 문서를 암호화한다.

④ 공개키 암호로 널리 알려진 알고리즘은 RSA가 있다.

[2-50] OSI 7 Layer 중 어느 계층에 대한 설명인가? 〈정보보안기사 2021/3〉

데이터를 주고받을 때, 데이터의 유실(Loss)이 없도록 보장해 주는 계층이며, 신뢰성을 보장하기 위해 데이터를 주고받는 'End-to-End'에서 전달받은 데이터의 오류를 검출하고, 만약 오류가 있다고 판단되면 재전송을 요청한다.

① Transport Layer ② Network Layer
③ Session Layer ④ Physical Layer

[2-51] 다음 중 메시지 처리시스템(MHS)의 구성 요소가 아닌 것은? 〈정보통신기사 2021/6, 2019/6, 2015/10, 2015/3〉

① MS(Message Store)

② UA(User Agent)

③ MTA(Message Transfer Agent)

④ MH(Message Host)

정답 2-44 ② 2-45 ③ 2-46 ② 2-47 ③ 2-48 ② 2-49 ① 2-50 ① 2-51 ④

[2-52] 공개키 암호인 RSA 암호에 관한 설명 중 옳지 <u>않</u>은 것은?　　　　　　　　　　〈정보통신기사 2021/6〉

① 데이터의 암호화에는 공개키가 사용되고 복호화에는 비밀키가 사용된다.
② 알고리즘의 안전성을 유지하기 위해서 비밀키는 공개키와 무관하게 생성해야 한다.
③ 공개키 암호는 소인수분해의 어려움에 기반을 두고 있다.
④ RSA에서는 평문도 키도 암호문도 숫자이다.

[2-53] OSI 7계층 참조 모델 중 응용 프로세스 간의 정보교환, 전자사서함, 파일 전송 등을 취급하는 계층은?
〈정보통신기사 2021/6, 2018/3,
정보처리산업기사 2020/10, 2018/3, 정보통신산업기사 2016/6〉

① 물리 계층　　　　　　② 데이터링크 계층
③ 표현 계층　　　　　　④ 응용 계층

[2-54] 다음 중 멀티미디어 기기의 압축에 사용되는 방식이 <u>아닌</u> 것은?　　　　　〈정보통신기사 2021/3〉

① MPEG-1　　　　　　② MPEG-2
③ MPEG-4　　　　　　④ MPEG-21

[2-55] 다음 중 멀티미디어 압축 기술로 <u>틀린</u> 것은?
〈정보통신기사 2021/3, 2019/10, 2017/5〉

① MIDI　　② AVI　　③ JPEG　　④ MPEG

[2-56] 공개키 암호화 방식에 대한 설명으로 <u>틀린</u> 것은?
〈정보처리기사 2020/9〉

① 공개키로 암호화된 메시지는 반드시 공개키로 복호화 해야 한다.
② 비대칭 암호기법이라고도 한다.
③ 대표적인 기법은 RSA 기법이 있다.
④ 키 분배가 용이하고, 관리해야 할 키 개수가 적다.

[2-57] 데이터 링크 계층의 기능에 관한 내용으로 <u>틀린</u> 것은?　　　　〈정보통신기사 2020/9, 정보처리산업기사 2019/8〉

① 인접 노드 간의 흐름 제어와 에러 제어 기능을 수행한다.
② 매체 공유를 위한 매체 접근제어(MAC)를 수행한다.
③ 발신지에서 목적지까지 최적의 패킷 전송 경로를 설정한다.
④ 프레임을 노드에서 노드로 전달한다.

[2-58] OSI 참조 모델에서 통신기기와 네트워크 간의 통신 경로를 설정하거나 경로의 유지·해제를 규정하는 계층에 해당하지 <u>않는</u> 계층은?　〈정보통신기사 2020/6〉

① 물리 계층　　　　　　② 데이터링크 계층
③ 표현 계층　　　　　　④ 네트워크 계층

[2-59] 서로 다른 컴퓨터에서 동작하고 있는 두 개의 응용 계층 프로토콜 개체가 데이터를 전송하는 데 필요한 대화를 관리하고 조정하는 계층으로 옳은 것은?
〈정보통신산업기사 2020/3, 정보통신기사 2015/3〉

① 표현 계층　　　　　　② 응용 계층
③ 전송 계층　　　　　　④ 세션 계층

정답 2-52 ②　2-53 ④　2-54 ④　2-55 ①　2-56 ①　2-57 ③　2-58 ③　2-59 ④

[2-60] 다음 중 OSI 7계층에서 전송 제어 기능을 수행하는 계층(Layer)은 어느 것인가? 〈정보통신기사 2019/10〉

① 2계층　　② 3계층　　③ 4계층　　④ 5계층

[2-61] OSI 7계층에서 하위 3계층에서 발생한 데이터 분실 등의 오류를 회복시키는 계층은?

〈정보통신산업기사 2019/9, 2017/3〉

① 네트워크 계층
② 트랜스포트 계층
③ 세션 계층
④ 데이터링크 계층

[2-62] 멀티미디어 압축 방식 중 동영상 압축 기술에 대한 표준 규격은? 〈정보통신산업기사 2019/9, 2015/3〉

① TXT　　② DOC　　③ JPEG　　④ MPEG

[2-63] 다음 중 OSI 7계층 참조모델의 계층별 설명으로 잘못된 것은? 〈정보통신산업기사 2019/6, 2017/6, 2015/10〉

① 제2계층(물리 계층) : 물리적 연결, 활성화와 비활성화
② 제3계층(네트워크 계층) : 통신망 내 및 통신망 사이의 경로 선택과 중계 기능
③ 제4계층(트랜스포트 계층) : 종단 상호 간의 에러 검출 및 서비스 품질 감시
④ 제5계층(세션 계층) : 회화 관리 및 동기 기능 수행

[2-64] OSI 7계층 참조모델 중에서 물리 계층이 하는 역할을 바르게 나타낸 것은? 〈정보통신산업기사 2019/6, 2018/3〉

① 회선의 제어 규약을 정의
② 회선의 전기적 규약을 정의
③ 회선의 다중화 규약을 정의
④ 회선의 유지보수 규약을 정의

[2-65] 다음 중 음악 압축에 사용되는 것으로 CD 수준의 음질로 압축하는 표준은? 〈정보통신산업기사 2019/6〉

① JPEG　　　　　　② MPEG-2
③ MP3　　　　　　④ MPEG-4

[2-66] 다음 OSI 7계층 중 한 노드에서 다른 노드로 프레임을 전송하는 책임을 갖는 층(Layer)은 무엇인가?

〈정보통신기사 2019/3〉

① 물리 계층　　　　② 데이터 링크 계층
③ 네트워크 계층　　④ 응용 계층

[2-67] ISO의 OSI 7계층의 RM(Reference Model)에서 데이터링크의 전송 에러로부터의 영향을 제거하여 상위층에 신뢰성 있는 정보를 제공하는 기능을 갖는 계층은? 〈정보통신산업기사 2019/3, 2016/3〉

① Layer 1　　　　　② Layer 2
③ Layer 3　　　　　④ Layer 4

[2-68] 멀티미디어 및 하이퍼미디어의 저장 방식과 다중화 방식 등을 규정하는 국제표준 규격은?

〈정보통신기사 2018/10〉

① MHEG　　② HTML　　③ MPEG　　④ XML

정답 2-60 ①　2-61 ②　2-62 ④　2-63 ①　2-64 ②　2-65 ③　2-66 ②　2-67 ②　2-68 ①

[2-69] OSI 7계층 중 물리 주소를 지정하고 흐름 제어 및 전송 제어를 수행하는 계층은? 〈정보처리기사 2018/8〉

① 물리 계층
② 데이터링크 계층
③ 세션 계층
④ 응용 계층

[2-70] OSI 참조모델에서 전이중 방식이나 반이중 방식으로 종단 시스템의 응용 간 대화(dialog)를 관리하는 계층은? 〈정보처리기사 2018/4〉

① Data Link Layer
② Network Layer
③ Transport Layer
④ Session Layer

[2-71] OSI 프로토콜 구조 중에서 데이터링크 계층이 하는 역할이 <u>아닌</u> 것은? 〈정보통신산업기사 2018/4, 2016/6〉

① 흐름 제어
② 데이터 동기 제공
③ 에러의 검출 및 정정
④ 네트워크 어드레싱

[2-72] 다음 중 전송 계층의 주요 기능은? 〈정보통신기사 2017/9〉

① 동기화
② 프로세스 대 프로세스 전달
③ 노드 대 노드 전달
④ 라우팅 테이블의 생성과 유지

[2-73] RS-232C, V.24/28 등의 프로토콜은 OSI 7계층 중 어디에 해당하는가? 〈정보통신기사 2017/5〉

① 1계층
② 2계층
③ 3계층
④ 4계층

[2-74] OSI 7계층에서 데이터링크 계층의 기능에 해당하는 것은? 〈정보처리산업기사 2017/5〉

① 코드 변환
② 우편 서비스
③ 네트워크 가상 터미널
④ 오류 제어

[2-75] 정보 통신에서 데이터 회선종단장치와 터미널 사이의 물리적, 전기적 접속 규격은? 〈정보처리산업기사 2016/8〉

① LAB-P
② RS-232C
③ X.25
④ TCP/IP

[2-76] OSI 7계층에서 네트워크 논리적 어드레싱과 라우팅 기능을 수행하는 계층은? 〈정보처리기사 2016/3〉

① 1계층
② 2계층
③ 3계층
④ 4계층

[2-77] MHS(Message Handling System)에 대한 설명으로 바르지 <u>않은</u> 것은? 〈정보처리산업기사 2016/3〉

① MS는 메시지를 축적하는 사서함 기능을 갖는다.
② 사용자 간의 메시지를 송수신하는 기능을 갖는다.
③ MHS는 UA, MTA, MS 등으로 구성된다.
④ 신호 변환 및 정보처리가 가능하다.

[2-78] 프리젠테이션(Presentation) 계층에서 제공되는 기능은? 〈정보처리산업기사 2016/3〉

① 흐름 제어
② 에러 제어
③ 데이터 압축
④ 분산 데이터베이스 액세스

정답 2-69 ② 2-70 ④ 2-71 ④ 2-72 ② 2-73 ① 2-74 ④ 2-75 ② 2-76 ③ 2-77 ④ 2-78 ③

[2-79] OSI 참조모델 중 네트워크 계층의 기능을 설명한 것으로 옳은 것은? 〈정보통신기사 2015/10〉

① 인접하는 개방형 시스템 간에서 데이터 송·수신을 수행한다.
② 상위 계층과 연결을 설정하고 관리하며 시스템을 연결하는 데 필요한 데이터 전송 기능과 교환을 제공한다.
③ 데이터링크 계층으로부터 인도된 데이터를 물리 회선에 싣기 위한 기능을 제공한다.
④ 응용 프로세스 간의 정보 교환 기능을 실현한다.

[2-80] OSI(Open System Interconnection) 7계층 중 다음 설명에 해당하는 계층은? 〈정보처리기사 2015/8〉

> 통신 송수신 양 종점(end-to-end or end-to-user) 간에 투명하고, 균일한 전송 서비스를 제공해 주는 계층으로 전송 데이터의 다중화 및 중복 데이터의 검출, 누락 데이터의 재전송 등 세부 기능을 가진다.

① 응용 계층　　　　② 데이터링크 계층
③ 전송 계층　　　　④ 표현 계층

[2-81] 응용 계층 엔티티 간에 정보를 표현하는 방식이 다를 경우, 하나의 공통된 방식으로 통일되게 해 주거나 효율적인 전송을 위해 압축 기능을 제공하는 계층은? 〈정보통신기사 2015/6〉

① 세션 계층　　　　② 표현 계층
③ 전송 계층　　　　④ 네트워크 계층

[2-82] DTE와 DTE 간에 RS-232C에 의한 직접 접속(null modem) 시 불필요한 것은? 〈정보처리산업기사 2015/5〉

① GND　　② TxD　　③ RxD　　④ RTS

[2-83] 멀티미디어의 표준화에 해당되지 않는 것은? 〈정보처리산업기사 2015/3〉

① JPEG　　② MPEG　　③ MHS　　④ MHEG

[2-84] OSI-7 계층 중 프로세스 간의 대화 제어 및 동기점을 이용한 효율적인 데이터 복구제공을 위한 계층은? 〈정보처리산업기사 2015/3〉

① 표현 계층　　　　② 데이터링크 계층
③ 세션 계층　　　　④ 전송 계층

정답　2-79 ②　2-80 ③　2-81 ②　2-82 ④　2-83 ③　2-84 ③

- 아날로그 데이터와 디지털 데이터, 아날로그 신호와 디지털 신호에 대하여 설명할 수 있다.
- 아날로그 데이터를 디지털 신호로 변환하는 PCM과 디지털 데이터를 디지털 신호로 변환하는 라인 코딩에 대하여 설명할 수 있다.
- 아날로그 데이터와 디지털 데이터를 전송이 가능한 아날로그 신호로 변환하는 변조에 대하여 설명할 수 있다.

한권으로 끝내는 데이터통신과 정보통신

신호 변환과 변조

데이터통신의 목적은 정보를 한 지점에서 다른 지점으로 정확하게 전달하는 것이다. 여기에서 우리가 자주 사용하게 될 몇 가지 용어를 정의할 필요가 있다. 즉 정보(information), 데이터(data), 신호(signal) 이다.

정보는 음성, 그림, 숫자, 문자 등과 같이 목적지의 사용자(사람 또는 기계)가 읽어서 의미를 알 수 있는 메시지라고 할 수 있다. 일반적으로 사람에게 유용한 정보는 네트워크상으로 전송될 수 있는 형태가 아니다. 사진의 예를 들면 데이터통신은 사진을 직접 네트워크로 보내지는 않는다. 수신 장치가 사진을 재구성할 수 있도록 사진의 내용을 '0'과 '1' 같은 데이터로 바꾸어 전송한다. 그러나 '0' 또는 '1'과 같은 데이터도 직접 공간을 이동하는 것은 아니다. 직접 공간을 이동하는 것은 신호이다. 데이터통신에서는 데이터를 전자기신호(electromagnetic signal)에 실어서 공간을 이동한다. 정보와 데이터 그리고 신호와의 관계를 〈표 3-1〉에 정리하였다.

표 3-1 정보, 데이터, 신호의 비교

용 어	의 미	예	
정 보 (information)	- 특정한 상황이나 문제를 묘사하기 위해 조직화된 사실이나 데이터로 구성되며 의미가 부여된 데이터를 의미	비가 온다.	비가 오지 않는다.
데이터 (data)	- 단편적인 사실이나 자료의 단순한 나열 - 사상에 관한 추상적이고 객관적인 사실들의 모임	1	0
신 호 (signal)	- 시간과 공간에 따라 변화하는 물리적인 양(quantity)	10 kHz	1 kHz

3.1.1 아날로그 데이터와 디지털 데이터

데이터와 신호는 아날로그 또는 디지털의 형태가 될 수 있다. 아날로그(analog)는 '비슷하다(analogous).'라는 말에서 파생된 것으로 연속적(continuous)인 것을 의미한다. 디지털(digital)은 손가락이라는 뜻을 가진 디지트(digit)에서 유래한 것이다. 손가락은 하나하나 구별하여 세는 데 사용되므로, 이로부터 지속과 단절이 확실한 이산적(discrete)인 성질을 대변하게 되었다.

아날로그와 디지털의 구분을 보다 명확하게 할 수 있는 예가 바로 (그림 3-1)과 같은 아날로그 시계와 디지털 시계이다. 아날로그 시계는 시간을 표시하는 바늘이 시간과 시간, 분과 분 사이를 연속적으로 부드럽게 이동하는 반면에 디지털시계는 시간이나 분이 어느 순간 '1'에서 '2'로, '2'에서 '3'으로 갑작스럽게 바뀐다.

연속적인 값을 가지는 데이터를 아날로그 데이터라고 한다. 예를 들어 음성과 동영상은 그 세기(intensity)가 연속적으로 변한다. 온도계나 압력계 등의 센서를 통하여 수집되는 정보들도 이러한 연속형 데이터에 해당되는 경우가 많다. 수를 예로 들면 실수가 아날로그에 해당한다. 즉 실수는 '1'과 '2' 사이에 무수히 많은 수가 존재하므로, '1'에서 '2'로 바뀔 때 연속적으로 변한다.

디지털 데이터는 이산적인 데이터를 가리킨다. 대표적으로 문자나 정수 등이 해당된다. 문자 A와 B 사이에는 아무것도 존재하지 않는다. 정수 '1'과 '2' 사이에도 아무것도 존재하지 않는다. 디지털 데이터의 한 예는 컴퓨터의 저장장치에 저장된 '0'과 '1' 형태의 데이터이다.

그림 3-1 │ 아날로그 시계와 디지털 시계

3.1.2 아날로그 신호와 디지털 신호

데이터와 마찬가지로 신호도 아날로그 신호와 디지털 신호가 존재한다. 아날로그 신호는 전체 시간 동안 부드럽게 변화하는 연속적인 파형이다. 어떤 파형이 A값에서 B값으로 이동한다면, 그 파형은 무한개의 값으로 이루어진 경로를 따라 이동한다. 반면에 디지털 신호는 이산적이며 '0', '1'과 같이 제한된 수의 정의된 값만을 가질 수 있다. 값과 값 사이에서 디지털 신호의 이동은 전등이 켜지고 꺼지는 것처럼 순간적으로 변한다.

일반적으로 신호는 한 쌍의 수직선으로 이루어진 평면에 찍힌 점으로 나타낸다. 수직축은 신호의 값이나 세기를 표시하며, 수평축은 시간의 경과를 표시한다. (그림 3-2)는 아날로그 신호와 디지털 신호를 그림으로 나타낸 것이다. 아날로그 신호를 표현하는 곡선은 부드럽고 연속적이며 무한개의 점들을 따라 통과한다. 하지만 디지털 신호의 수직선은 값과 값 사이에서 신호의 갑작스러운 이동을 보여준다. 이때 높낮이의 기복이 없는 부분은 그 값이 고정되어 있음을 나타낸다. 아날로그 신호와 디지털 신호의 차이를 달리 표현하면, 아날로그 신호는 시간을 따라 연속적으로 변화하고 디지털 신호는 순간적으로 변화한다고 할 수 있다.

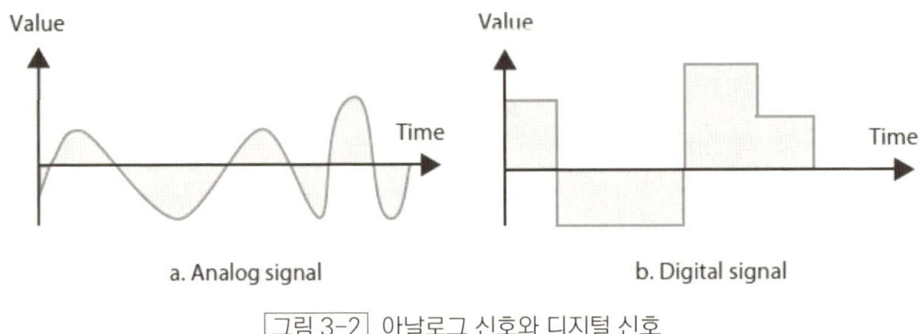

그림 3-2 아날로그 신호와 디지털 신호

3.1.3 아날로그 전송과 디지털 전송

데이터를 한 지점에서 다른 지점으로 전송할 때, 먼 거리를 이동하는 경우 데이터를 이동하기에 적합한 운송수단(carrier)에 실어서 전송한다. 이렇게 데이터를 운송수단에 싣는 과정을 변조(modulation)라고 하고, 목적지에서 데이터와 운송수단을 분리하는 과정을 복조(demodulation)라고 한다. 우리가 먼 거리를 이사할 때 이삿짐센터의 차량(carrier)을 이용하는 것과 유사한 방법이다.

그러나 가까운 거리를 이동하는 경우에는 원래의 데이터를 그대로 전송하는 것이 더 유리할 수 있다. 즉 변조하지 않고(운송수단을 사용하지 않고) 데이터를 그대로 전송하는 방식을 기저대역 전송(baseband transmission)이라고 한다. 바로 옆 사무실로 짐을 옮기는 경우 이삿짐센터의 차를 불러서 짐을 싣고 내리는 것은 오히려 더 일을 어렵게 만드는 것이며 낭비가 되는 것이다.

데이터를 한 지점에서 다른 지점으로 보낼 때, 그 데이터는 신호로 변환되어야 한다. 실제로 거리를 이동하는 것은 신호, 즉 전자기파이다. 앞에서 설명하였듯이 데이터도 아날로그와 디지털 형태가 있고 신호도 아날로그 신호와 디지털 신호가 있다. 따라서 데이터를 전송하기 위하여 신호로 변환하는 방식에는 4가지 방식이 있다. 〈표 3-2〉에 이 4가지 방식을 정리하였다.

표 3-2 전송 신호의 변환 방식

데이터	신 호	명 칭	
아날로그	디지털	PCM(A/D 변환)	디지털 전송 (기저대역전송)
디지털	디지털	라인코딩	
아날로그	아날로그	아날로그 변조(아날로그 통신)	아날로그 전송 (변조)
디지털	아날로그	디지털 변조(디지털 통신)	

〈표 3-2〉에서도 알 수 있듯이 데이터를 전송하기 위하여 변환하는 신호 중에서 디지털 신호는 근거리 전송에 사용되며, 아날로그 신호가 원거리 전송에 사용된다. 운송수단의 관점에서 보면 디지털 신호는 자전거나 손수레 정도에 비유할 수 있으며 아날로그 신호는 자동차나 기차, 비행기 등에 비유할 수 있는 특성이 있다. 전송의 관점에서 디지털 전송과 아날로그 전송이라는 용어를 사용하는 경우는 전송되는 신호가 디지털이면 디지털 전송, 아날로그이면 아날로그 전송으로 분류한다.

디지털 전송은 디지털 신호를 사용하여 전송하는 것으로 기저대역 전송이라고 한다. 기저대역 전송은 디지털 데이터를 가까운 거리에 전송할 때 변조하지 않고, 즉 운송수단에 싣지 않고 그대로 디지털 신호로 바꾸어 전송하는 것을 의미한다.

아날로그 데이터를 디지털 신호로 변환하는 것이 PCM이며, 이 과정을 수행하는 장치가 CODEC(Coder and Decoder)이다. 디지털 데이터를 디지털 신호로 변환하는 것이 라인 코딩(Line Coding)이다. 이와 같이 디지털 데이터를 디지털 회선을 통하여 전송하기 위해 디지털 신호로 변환하는 장비가 DSU(Digital Service Unit)이다.

아날로그 전송은 아날로그 신호를 사용하여 전송하는 것으로 변조라고 한다. 변조 또는 통신의 관점에서는 실어 나르는 데이터가 아날로그이면 아날로그 변조 또는 아날로그 통신, 디지털이면 디지털 변조 또는 디지털 통신이라고 한다. 디지털 데이터를 아날로그 회선에 적합한 아날로그 신호로 변환하는 것이 모뎀(MODEM)이다.

음성이나 영상과 같은 아날로그 데이터를 전송하는 경우 여기에 포함된 정보를 전송하기 위해서는 연속적인 신호를 변조해서 아날로그 신호로 전송하는 방법이 많이 사용되어 왔으나, 오늘날에는 아날로그 통신보다 디지털 통신이 더 많이 사용되고 있다. 따라서 디지털 통신을 사용하여 아날로그 데이터를 전송하기 위해서는 그 데이터를 반드시 디지털 형태로 변환하여야 한다.

디지털 신호로 전송하기 위해서는 아날로그보다 넓은 주파수 대역이 필요함에도 불구하고, 디지털 통신은 다음과 같은 장점이 있다.

첫째, 여러 형태의 정보를 동일한 매체를 통해 전송하는 데 적합하다. 아날로그 신호에 사용되는 주파수 분할 다중화(FDM) 방법에서는 전송매체를 다른 주파수의 신호가 공유함으로써 주파수 간의 차이 또는 합에 해당하는 새로운 주파수로 인한 주파수 간 상호 간섭에 의한 잡음(intermodulation noise)이 발생하게 된다. 반면, 디지털 통신에서 사용되는 시분할 다중화(TDM) 방법에서는 이러한 잡음이 없어 문서, 팩스, 음성 및 이미지 정보 등 다양한 형태의 정보를 한 전송매체를 통하여 동시에 전송할 수 있다.

둘째, 경제적인 전송이 가능하다. 아날로그 정보를 디지털 신호로 변환하여 전송하면, 보다 넓은 주파수 대역이 필요하게 되어 비경제적일 수도 있으나, 압축 기술의 발달로 효율적이고 경제적인 전송이 가능하게 되었다.

셋째, 디지털화를 위한 비용이 저렴하다. 디지털 전송 및 교환을 위해 필수적인 여러 회로 장치들의 가격은 집적회로(IC)나 대규모 집적회로(VLSI) 등의 반도체 기술의 발달로 계속 하락하고 있다.

넷째, 고품질의 전송이 가능하다. 아날로그 통신은 증폭기를 사용하므로 잡음과 감쇠가 누적되어 신호의 품질이 계속 떨어지지만, 디지털 통신은 중계기(repeater)를 사용하여 신호를 재생하므로 잡음과 감쇠가 누적 없이 전송 직전의 깨끗한 신호를 유지할 수 있다.

3.2.1 PCM : 아날로그 데이터를 디지털 신호로

PCM(Pulse Code Modulation)은 아날로그 형태의 연속형 정보를, '0' 또는 '1'과 같이 2진 값을 갖는 비트로 표현되는 디지털 신호로 변환하는 과정을 말한다. PCM을 수행하면 보다 고품질의 정보와 다양한 형태의 서비스가 가능해진다. PCM을 A/D 변환(Analog-to-Digital Conversion)이라고도 한다.

전형적인 PCM의 과정은 (그림 3-3)과같이 표본화(Sampling), 양자화(Quantization) 부호화(Encoding)의 3단계로 나눌 수 있다.

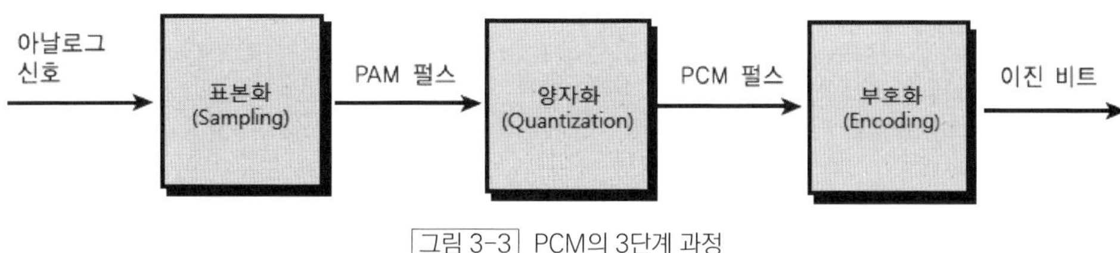

그림 3-3 PCM의 3단계 과정

(1) 표본화(Sampling)

단위시간 당 표본 추출의 횟수(표본화 주파수)는 디지털화의 정확도를 좌우하는 중요한 요인으로 나이퀴스트 (Nyquist)의 표본화 정리(sampling theorem)에 의해 결정된다.

아날로그 신호를 디지털 신호로 변환시키기 위해서는 먼저 아날로그 신호를 일정한 간격으로 추출해야 한다. 이를 표본화라 하고, 일정한 간격으로 추출된 원신호의 진폭 하나하나를 표본(sample)이라고 한다. 단위시간 동안에 추출된 표본의 수를 표본화 주파수 f_s 라 하면, 표본화 주기는 $T_s = 1/f_s$ 가 된다. 표본화 주파수가 커질수록 표본화된 신호는 원래의 아날로그 신호에 가까워진다.

표본화는 (그림 3-4)와 같이 아날로그 신호를 일정한 간격으로 추출하고, 각 표본의 진폭을 폭이 매우 좁은 펄스로 나타낸다. 이를 PAM(Pulse Amplitude Modulation) 펄스라고 한다. 원신호의 최대 주파수 요소가 f_{max} 라고 하면, 표본화 주파수 f_s 는 $2f_{max}$ 보다 크게 한다. 따라서 표본화 주기 T_s 는 $1/2f_{max}$ 가 된다.

나이퀴스트는 원래 신호가 가지고 있는 최대 주파수보다 2배 이상 표본화(sampling) 하여 전송하면, 수신 측에서 원래 신호를 왜곡 없이 재생할 수 있다는 사실을 수학적으로 증명하였다. 따라서 이러한 원리를 나이퀴스트의 표본화 정리라고 한다. 예를 들어, 최대 주파수 요소가 4kHz인 음성 신호를 정확하게 재생하기 위해서는 초당 8,000번 이상의 표본화가 필요하다. 즉 표본화 주파수 f_s 는 8kHz가 되며, 표본화 주기 T_s 는 $1/8000 = 125\mu s$ 가 된다.

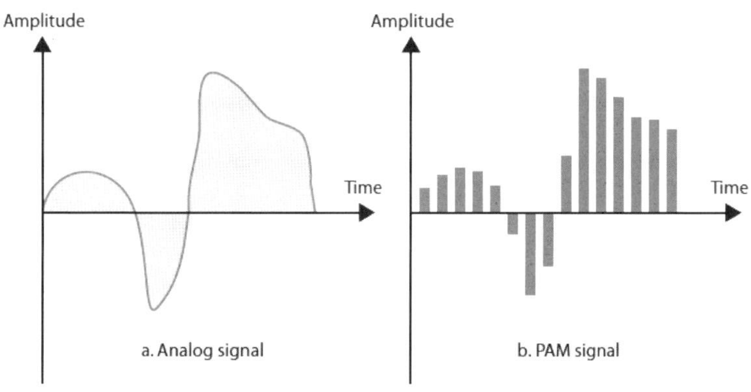

그림 3-4 아날로그 신호로부터 표본화된 신호

(2) 양자화(Quantization)

PCM 펄스를 만들기 위해서는 (그림 3-5)와같이 PAM 펄스들을 일정한 수(개)의 비트를 단위로 양자화(계량화) 해야 한다. 즉 표본화된 값들을 특정 범위에 속하는 정수값으로 할당하는 방법이다.

예를 들어, n=4이라면 2^4=16개의 값만으로 PAM 펄스의 크기를 근사화시켜 나타낸다. 이때 발생하는 원래 신호와의 차이를 양자화 잡음(quantization noise)이라고 한다. 즉 양자화 잡음은 PAM 펄스의 아날로그 값과 양자화된 PCM 펄스의 디지털 값의 차이이다. n이 클수록 펄스의 실제 값과의 차이가 작아져 원래의 아날로그 신호를 충실히 반영하는 디지털화가 되지만, 대신 단위 시간당 필요한 비트 수가 많아지므로 더 넓은 주파수 대역이 필요하게 된다.

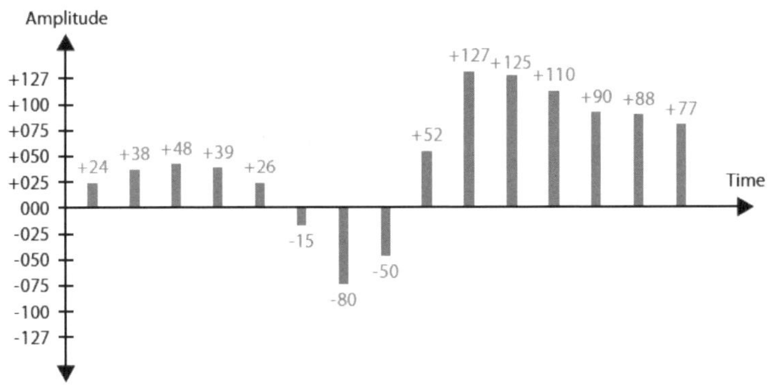

그림 3-5 PAM 신호의 양자화

(3) 부호화(Encoding)

양자화된 값들은 (그림 3-6)과같이 2진 신호로 변환된다. 대역폭이 4kHz 범위에 있는 음성을 PCM으로 전송하는 경우, 일반적으로 8비트로 부호화를 한다. 따라서 n은 8이고, 이때 f_s=2×4,000=8,000이므로, 정보 전송률(비트 전송률, bit rate)은 8,000×8bit=64kbps가 된다.

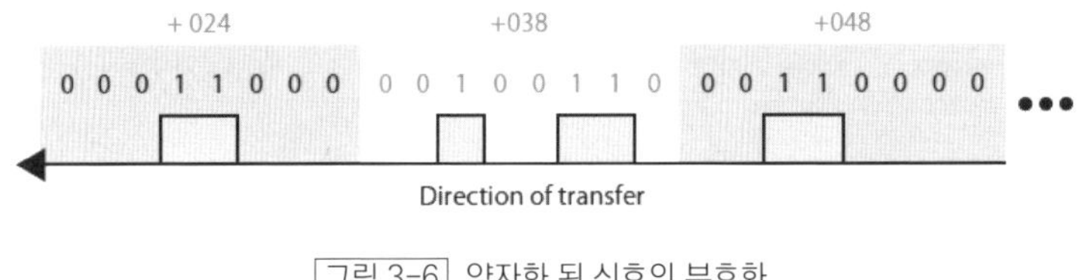

그림 3-6 양자화 된 신호의 부호화

(4) 눈 패턴(Eye pattern)

PCM과 같은 데이터 전송 시스템에서, 전송되는 디지털 신호가 전송 채널을 통과할 때 채널 특성에 의한 잡음이나 전송로의 잡음, 불완전한 필터, 원신호보다 좁은 채널 대역폭 등과 같은 다양한 원인에 의하여 (그림 3-7)과 같이 디지털 심볼 간에 상호 간섭 현상을 일으킨다. 이러한 현상을 ISI(Inter Symbol Interference)라고 한다.

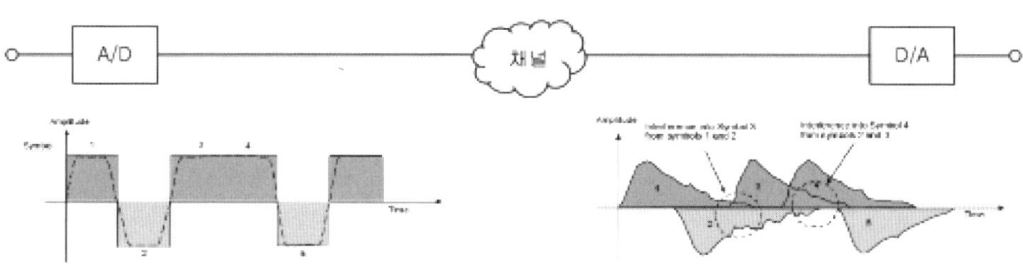

그림 3-7 ISI(Inter Symbol Interference) 현상

ISI를 실험적으로 측정하는 방식 중 오실로스코프(Oscilloscope)를 사용하는 방법이 있다. 이 방법은 수신 신호를 오실로스코프의 수직 편향판에 인가하고, 전송된 심볼과 동일한 주기를 갖는 톱니파를 수평 편향판에 인가하면, (그림 3-8)과 같은 눈 모양의 패턴이 생기는데, 이것을 눈 패턴(eye pattern) 또는 눈 그림(eye diagram)이라고 한다.

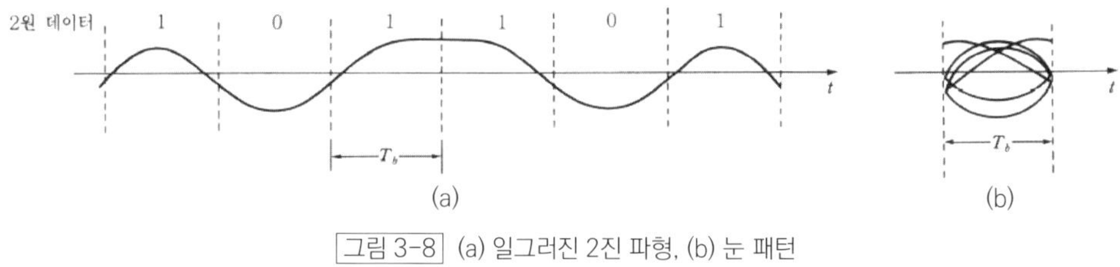

그림 3-8 (a) 일그러진 2진 파형, (b) 눈 패턴

(그림 3-8)에서 예를 든 입력 신호는 주기 T가 T_b인 2진 파형이다. 눈을 뜨고 있는 내부를 눈의 개구(eye opening)라고 하고, 눈의 개구는 진폭 축 방향과 시간 축 방향으로 나누어진다.

눈 패턴은 관련된 시스템의 성능에 관하여 (그림 3-9)와 같이 다음과 같은 정보를 제공해 준다.

- 눈을 뜬 좌우의 폭은 부호 간 상호 간섭 없이 수신파를 샘플링할 수 있는 주기이다. 바람직한 샘플링 주기는 눈을 가장 넓게 뜬 경우에 해당한다. 따라서 출력 펄스의 폭 이동이나 펄스 위치 변동이 클수록 주기 간의 차는 커진다.

- 눈을 뜬 상하의 높이는 특정한 샘플링 시간에 대한 잡음의 여유도를 나타낸다.

• 타이밍 에러에 의한 시스템의 감도(sensitivity)는 샘플링 시간의 변동에 따라 눈이 감기는 백분율로 결정된다. 부호 간 상호 간섭이 심하면, 눈 패턴의 윗부분 궤적(trace)과 아랫부분 궤적이 서로 겹치게 되어 눈이 완전히 감기는 결과와 같게 된다. 이 같은 경우, 잡음과 간섭에 의한 에러를 피할 수 없게 된다.

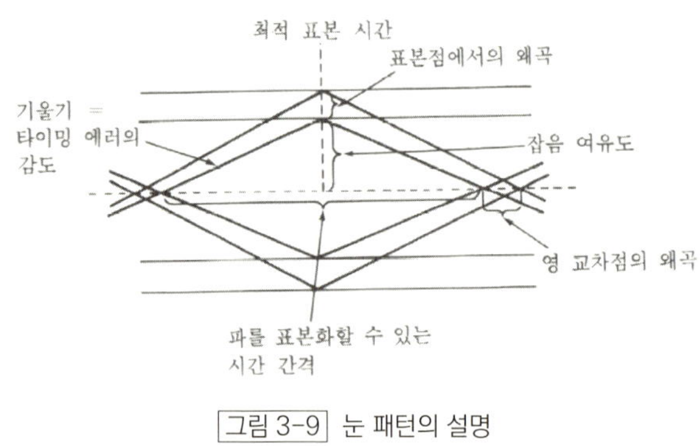

그림 3-9 눈 패턴의 설명

3.2.2 라인 코딩 : 디지털 데이터를 디지털 신호로

디지털 데이터는 두 개의 전압값을 이용하면 간단히 디지털 신호로 표현된다. 디지털 데이터를 부호화하기 위하여 단순히 '0과 1' 정보를 그대로 두 개의 전압값(+V, -V)에 대응시키는 가장 단순한 방법을 생각할 수 있다. 그러나 전송의 효율성과 동기화 등을 위하여 보다 복잡한 부호화의 과정을 거치는 것이 일반적이다.

라인 코딩은 크게 단극형(unipolar), 극형(polar), 양극형(bipolar)의 3가지로 분류할 수 있다. 단극형은 '0과 1'을 표현하기 위해 +V 전압이나 -V 전압 중 하나만을 사용하는 것이고, 극형은 +V 전압과 -V 전압을 둘 다 사용하는 방법이다. 양극형은 +V와 -V 그리고 0 전압의 3개의 전압을 사용하는 방법이다.

(1) 단극형(Unipolar)

단극형 부호화는 하나의 전압 레벨만을 사용하는데, 1은 +V 전압으로, 0은 0 전압으로 나타낸다. (그림 3-10)은 단극형 부호화의 예를 보인 것이다. 이 방법은 매우 단순하고 구현 비용이 저렴한 장점이 있지만 직류 성분과 동기화 문제 때문에 거의 사용되지 않는다.

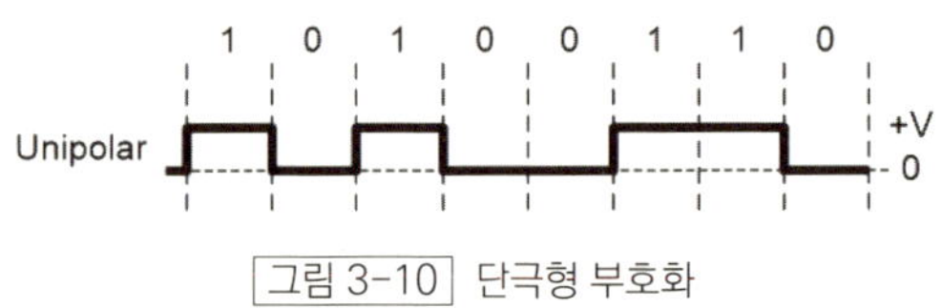

그림 3-10 단극형 부호화

(2) 극형(Polar)

극형 부호화는 +V와 −V 전압의 두 개의 레벨을 사용하는 방식으로 평균 전압의 크기가 단극형에 비해 작아지므로 직류 성분의 문제를 완화시킬 수 있다. 극형 부호화에는 NRZ, RZ, Biphase 방식이 있다.

① NRZ(Non Return to Zero)

NRZ(Non Return to Zero)는 비트값 1에 비트 시간만큼의 +V 펄스를 대응시키고, '0'에는 −V를 대응시키는 것이다. 이 방식은 쉽게 구현될 수 있으나, 비트 하나하나의 시작과 끝을 구분하기 어렵다는 단점이 있다. 비트의 시작과 끝을 구별해 내는 것을 비트 동기화(bit synchronization)라고 한다. 즉, '1 (또는 0)'의 값이 계속되는 디지털 정보를 부호화하면 출력 전압이 올라가거나 내려가지 않고 일정하게 유지되므로, 비트 동기화가 어렵게 된다.

NRZ 방식은 NRZ-L 방식과 NRZ-I 방식이 있다. NRZ-L(Level) 방식은 '0과 1'을 나타내기 위해 서로 다른 레벨의 전압을 사용하는 방식이다. 즉 비트 1은 +V로, 비트 0은 −V로 나타낸다. NRZ-I(Inversion)는 이전의 전압 레벨을 반전시키는가 반전시키지 않는가에 따라 '0과 1'을 표현하는 방식이다. NRZ-I에는 1일 때 이전의 전압 레벨을 반전시키는 NRZ-M(Mark)과, '0'일 때 반전시키는 NRZ-S(Space)가 있다. (그림 3-11)은 NRZ 부호화의 예이다.

- NRZ-L(Level) : 비트 1은 +V로, 비트 0은 −V로 나타낸다.
- NRZ-I(Inversion) : 이전의 전압 레벨을 반전시킨다.
  - NRZ-M(Mark) : 비트 1은 전압 레벨의 변화로, 비트 0은 전압 레벨의 무변화로 나타낸다.
  - NRZ-S(Space) : 비트 0은 전압 레벨의 변화로, 비트 1은 전압 레벨의 무변화로 나타낸다.

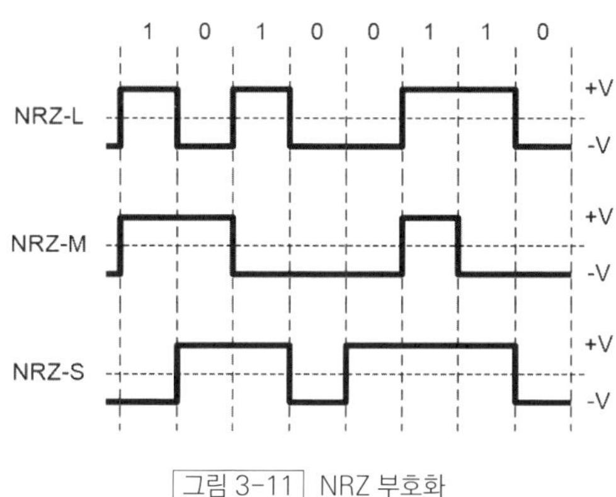

그림 3-11 | NRZ 부호화

② RZ(Return to Zero)

비트 동기화 문제를 어느 정도 해결한 방법으로 RZ(Return to Zero)가 있다. (그림 3-12)와 같이 RZ 방식은 NRZ와는 달리, 비트값 1에 대응되는 펄스 폭이 반으로 줄어 다음 비트 신호가 시작되기 전에 항상 -V로 떨어진다. 전압이 떨어지는 시점들은 타이밍에 대한 정보를 제공하며, 수신 측은 이를 이용하여 비트들을 정확한 간격으로 측정하고 있는지를 확인할 수 있다.

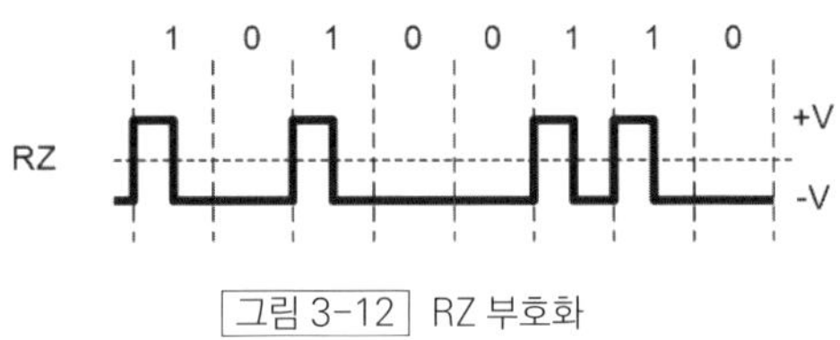

그림 3-12 RZ 부호화

③ Biphase

또한 많이 사용되는 방법으로서 바이페이즈(Biphase) 방식이 있다. 이 방식은 매 비트 구간의 시작점 또는 매 비트 구간의 중앙에서 전압 레벨의 변화를 요구하는 방식이다. 따라서 전압 변화의 횟수는 NRZ의 두 배에 해당하는데, 이에 따라 신호의 주파수가 높아지므로, NRZ에 비해 더 넓은 대역폭을 요구한다. 요구되는 대역폭이 더 넓어짐에도 불구하고 스스로 동기를 잡을 수 있는 자기 동기화(self-synchronization)가 가능하고, 오류를 쉽게 검출할 수 있다는 장점 때문에 많이 사용한다.

Biphase-L(Level)이라고도 부르는 맨체스터 방식은 매 비트 구간 중간에서 한 번의 전압 레벨이 변화하는 것으로, 자동으로 동기화 기능을 수행한다. 이 방식은 맨체스터(Manchester) 방식과 차동 맨체스터(differential Manchester) 방식으로 구분된다. 맨체스터 방식은 LAN의 표준인 IEEE 802.3 CSMA/CD(Carrier Sense Multiple Access with Collision Detection) 표준의 전송 부호 등으로 널리 사용되고 있다.

- Manchester : 매 비트 구간의 중앙에서 전압 레벨이 변화되며, 비트 1은 +V에서 −V로, 비트 0은 −V에서 +V로 바뀐다. 즉 비트 1은 비트 구간의 절반 크기의 펄스가 앞쪽에 위치하고, 비트 0은 비트 구간의 절반 크기의 펄스가 뒤쪽에 위치하는 방식이다. 그 반대의 경우도 가능하다. 즉 비트 1은 비트 구간의 절반 크기의 펄스가 뒤쪽에 위치하고, 비트 0은 비트 구간의 절반 크기의 펄스가 앞쪽에 위치하는 것도 가능하다.
- Differential Manchester : 매 비트 구간의 중앙에서 전압 레벨이 변화되며, 비트 구간의 시작점에서 비트 1은 이전 전압 레벨을 반전시키고, 비트 0은 반전시키지 않는다. 그 반대의 경우도 가능하다. 즉 비트 구간의 시작점에서 비트 1은 이전 전압 레벨을 반전시키지 않고, 비트 0은 반전시키는 것도 가능하다.

(그림 3-13)은 Biphase-L 방식인 맨체스터 부호화의 예이다.

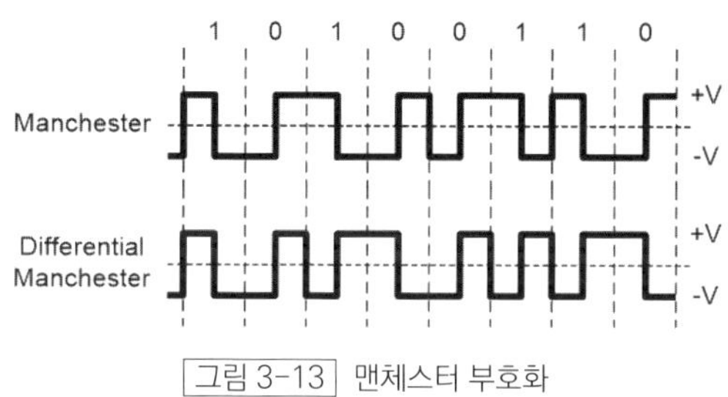

그림 3-13 ┃ 맨체스터 부호화

또한 비트 구간의 시작점에서 항상 전압 레벨을 반전시키는 방식으로 Biphase-M과 Biphase-S의 2가지 방식이 있다. (그림 3-14)는 이 두 가지 부호화 방식의 예이다.

- Biphase-M(Mark) : 매 비트 구간의 시작점에서 전압 레벨이 변화되며, 비트 1은 비트 구간 중앙에서 전압 레벨이 변화하고, 비트 0은 변화하지 않는다.
- Biphase-S(Space) : 매 비트 구간의 시작점에서 전압 레벨이 변화되며, 비트 1은 비트 구간 중앙에서 전압 레벨이 변화하지 않고, 비트 0은 변화한다.

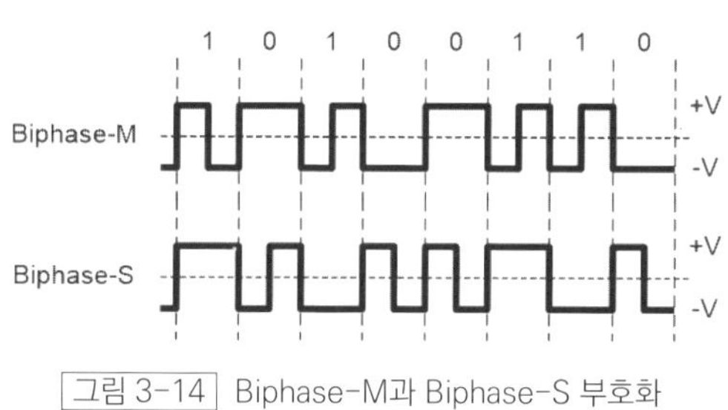

그림 3-14 ┃ Biphase-M과 Biphase-S 부호화

(3) 양극형(Bipolar)

양극형에서는 +V, 0, -V의 3개의 전압을 사용한다. 양극형 방식으로 널리 사용되고 있는 부호화 방식이 AMI(Alternate Mark Inversion)이다. AMI는 (그림 3-15)와 같이 비트 0은 0 전압으로, 비트 1은 +V와 -V 전압을 교대로 사용하여 나타내는 방식이다.

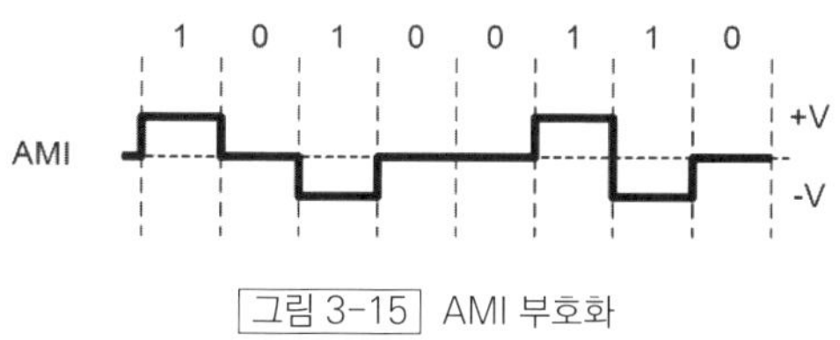

그림 3-15 ┃ AMI 부호화

3.3.1 아날로그 변조 : 아날로그 데이터를 아날로그 신호로

전달하고자 하는 신호의 주파수가 매체의 성질에 맞지 않을 경우에 원신호의 주파수 영역을 옮겨서 전송해야 한다. 예를 들어, 사람의 목소리를 라디오 방송을 통해서 전송하고자 하면, 음성 신호의 주파수를 라디오 전파에서 사용되는 주파수로 옮겨 주어야 한다.

변조는 전송하려는 신호를 다른 신호와 합성하여 그 주파수 대역을 이동시키는 과정이다. 다시 말해서, 변조는 신호에 담긴 정보의 내용은 그대로 유지하면서 신호의 주파수 대역만을 이동시키는 과정이며, 주로 신호를 반송파(carrier frequency)에 실어 전송하는 것을 목적으로 한다. 변조는 아날로그 변조와 디지털 변조로 구분되는데, 변조시킬 데이터가 아날로그면 아날로그 변조, 디지털이면 디지털 변조라고 한다.

아날로그 변조는 사용하는 반송파의 종류에 따라, 연속파인 사인파를 사용하는 아날로그 변조와 불연속파인 펄스를 사용하는 펄스 변조로 나눌 수 있다.

(1) 아날로그 변조

아날로그 변조는 변조에 의해 바뀌게 되는 반송파 신호의 3가지 요소(진폭, 주파수, 위상)에 따라 AM(Amplitude Modulation), FM(Frequency Modulation), PM(Phase Modulation)으로 분류된다. (그림 3-16)과같이 같은 신호를 같은 반송파로 변조하더라도, 그 방법에 따라서 변조된 신호의 형태는 다르게 된다.

- 진폭 변조(AM : Amplitude Modulation) : 진폭 변조는 (그림 3-16)과같이 정보 신호의 전압 진폭 변화에 따라 반송파의 진폭만 변화하고, 반송파의 주파수와 위상은 동일하게 유지된다.
- 주파수 변조(FM : Frequency Modulation) : 주파수 변조는 (그림 3-16)과같이 반송파 신호의 진폭과 위상은 일정하게 유지되며, 정보 신호의 전압 진폭 변화에 비례하여 반송파의 주파수가 변화한다.
- 위상 변조(PM : Phase Modulation) : 위상 변조는 (그림 3-16)과같이 정보 신호의 전압 진폭 변화에 따라 반송파의 위상을 변화시킨다.

변조함으로써 얻어지는 효과는 첫째, 무선통신에서 전파를 수신하기 위해서는 적어도 신호 파장의 절반 크기($\lambda/2$)의 안테나가 필요한데, 주파수와 파장 사이에는 반비례 관계가 존재하므로, 낮은 주파수를 갖는 기저대역 신호를 직접 보내면 그것을 받기 위한 수신기의 안테나가 수 킬로미터에 달해야 하는 문제가 생긴다. 고주파를 사용하면 파장이 짧아지므로 안테나의 길이가 짧아져서 안테나의 실현이 용이하다. 둘째, 주파수 분할 다중화(FDM : Frequency Division Multiplexing)가 가능하므로, 즉 하나의 매체를 통해 여러 정보를 동시에 전송할 수 있으므로 라디오와 TV 방송 등이 가능하다. 셋째, 잡음이나 다른 신호에 의한 간섭의 영향을 적게 받는다.

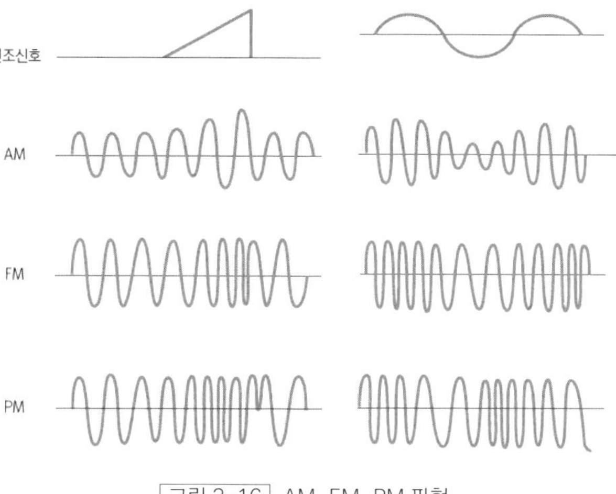

그림 3-16 | AM, FM, PM 파형

(2) 펄스 변조

펄스 변조(Pulse Modulation)는 표본화(sampling)에 의해 얻어진 표본 값에 비례하는 크기로 펄스의 파라메터, 즉 펄스의 진폭, 펄스의 넓이, 펄스의 위상 등을 변화시키는 아날로그 변조 방식을 말한다. 펄스 변조의 종류로는 (그림 3-17)과같이 펄스 진폭 변조(PAM), 펄스 위치 변조(PPM), 펄스 폭 변조(PWM) 등이 있다.

- PAM(Pulse Amplitude Modulation) : 펄스 진폭 변조는 (그림 3-17)과같이, 표본화한 값을 신호의 진폭에 따라 크기가 비례하는 펄스로 바꾸어 전송하는 형태로 각 표본 펄스의 높이가 원신호의 진폭과 같다. PAM 방식은 잡음이 혼입될 때 이 잡음이 그대로 복조 출력으로 나타나므로 S/N비가 떨어지며, 페이딩의 영향도 잘 받는 단점이 있다. 따라서 그 자체로는 사용되지 않고 PCM 등을 위한 중간 단계 변조 방식으로 사용된다.
- PWM(Pulse Width Modulation) : 펄스 폭 변조는 (그림 3-17)과같이, 표본화 펄스의 폭이 전송하고자 하는 신호의 크기에 비례하는 방식으로, 펄스 지속 변조 (Pulse Duration Modulation)라고도 한다.
- PPM(Pulse Position Modulation) : 펄스 위치 변조는 (그림 3-17)과같이, 펄스의 시간적 위치를 신호파의 크기에 비례하여 변화시키는 변조 방식이다. 시간적인 위치 변화는 위상의 변화이므로 펄스 위상 변조(Pulse Phase Modulation) 또는 펄스 시간 변조(Pulse Time Modulation)라고도 한다. 펄스 위치 변조는 펄스의 시간 폭과 진폭이 일정하여 PAM보다 S/N비가 좋다.

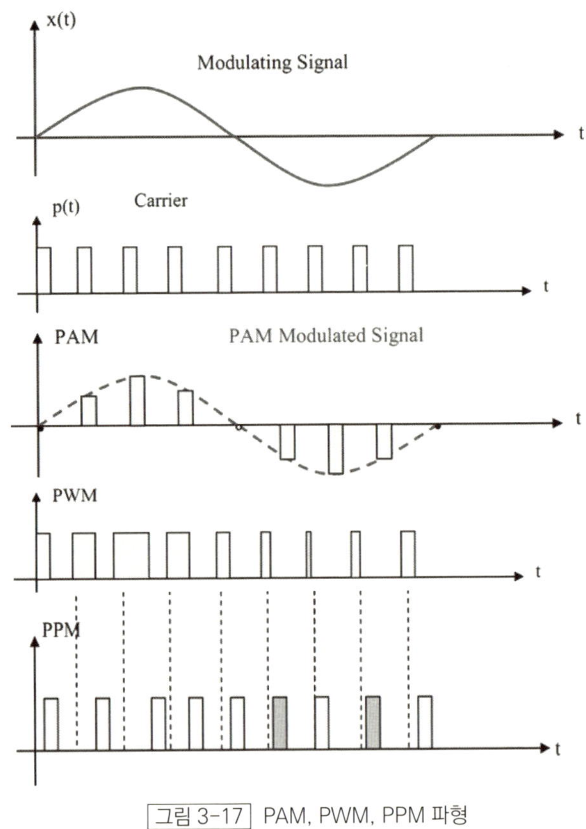

그림 3-17 │ PAM, PWM, PPM 파형

3.3.2 디지털 변조 : 디지털 데이터를 아날로그 신호로

디지털 변조는 디지털 데이터들을 원거리로 전송하기 위하여 운송수단(carrier)인 아날로그 신호에 실어서 보내는 것이다. 운송수단으로 사용하는 사인파의 매개변수에 따라 ASK, FSK, PSK 등으로 분류한다. 또한 ASK와 PSK를 혼합한 QAM(Quadrature Amplitude Modulation) 방식과 FSK와 PSK를 혼합한 MSK(Minimum Shift Keying) 등이 있다.

(1) ASK

ASK(Amplitude Shift Keying)는 디지털 신호의 두 비트 값에 운송수단인 사인파의 각기 다른 진폭을 대응시키는 변조 방식이다. 일반적으로는 (그림 3-18)과같이 비트값 1을 나타내는 기간에는 반송파를 흐르게 하고, '0'을 나타내는 기간에는 반송파가 흐르지 않게 하는 방법이다. 이러한 변조 방법을 OOK(On-Off Keying)라고도 부른다.

그러나 ASK는 신호 대 잡음비가 좋지 않은 상태에서는 수신 측에서 아날로그 신호의 흐름 여부를 분명히 가릴 수 없어서 '0과 1'을 구별하기가 어렵다는 단점이 있다. ASK는 예전부터 무선 전신 시스템에서 널리 이용됐으며, 또 광섬유를 이용한 디지털 전송에서도 사용된다. 즉, 송신 측에서는 이진 신호에 의해서 레이저나 발광다이오드(LED)의 스위치를 점멸시키고, 수신 측에서는 빛의 점멸에 따른 광신호로부터 비트 값을 읽어낸다.

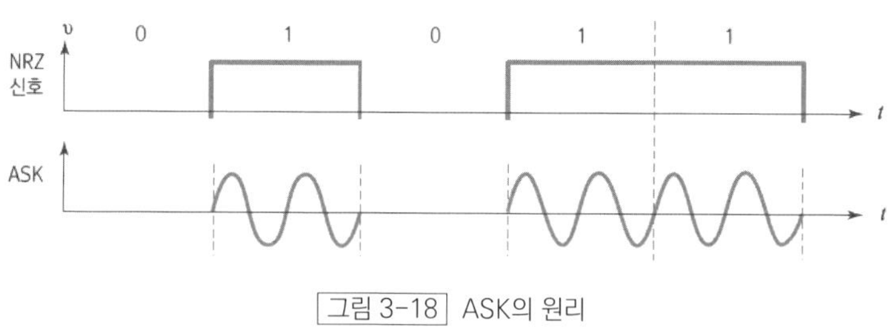

그림 3-18 ASK의 원리

(2) FSK

FSK(Frequency Shift Keying)는 두 개의 비트값에 각기 다른 주파수 신호를 대응시킨다. FSK 신호는 (그림 3-19)와 같이 두 개의 ASK 신호의 합으로 볼 수 있으며, 실제로 변조 및 복조회로는 이 원리를 이용하여 구성된다.

FSK는 수신된 신호를 두 개의 주파수 신호로 분리한 다음 양쪽 모두에 0과 1을 식별하는 과정을 거치므로, ASK보다 비교적 정확히 정보를 복원할 수 있다는 장점이 있다. FSK는 FM에서와 마찬가지로 ASK에 비해 잡음에 영향을 덜 받는 데다가 회로의 복잡도도 ASK에 비해 그리 크지 않기 때문에 ASK보다 많이 선호된다. 그러나 보내고자 하는 정보의 전송률이 높아지면 그만큼 높은 주파수를 반송파로 사용하여야 한다. 그렇지 않고 너무 낮은 주파수로 변조할 경우, 복조회로가 '0과 1'을 정확히 식별하지 못하게 된다.

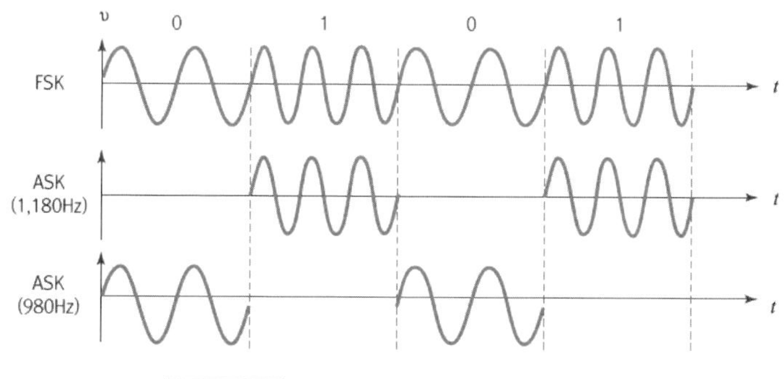

그림 3-19 두 개의 ASK의 조합으로 구성된 FSK

(3) PSK

PSK(Phase Shift Keying)는 비트값을 나타내기 위해 반송파의 위상을 변화시킨다. PSK는 (그림 3-20)과같이 비트값이 0일 때는 위상을 '$\phi=0$'으로 놓고, 1일 때는 '$\phi=180°$'로 놓는다. 수신 측에서는 원래의 반송파의 위상과 비교하여 같으면 0으로, 다르면 1로 인식한다.

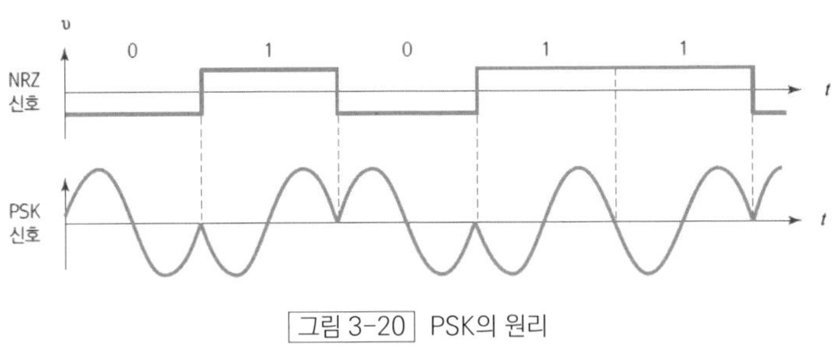

그림 3-20 ┃ PSK의 원리

180°의 위상 차이를 식별하는 것은 주파수 변화의 식별에 비해 용이하므로, PSK가 FSK보다 선호된다. 그러나 PSK에서는 수신 측에서 위상의 변화를 검출할 수 있는 위상 동기화 회로가 필요하게 된다. 성능은 조금 떨어지지만 복잡하고 비싼 위상 동기화 회로를 사용하지 않는 방법이 DPSK(Differential PSK) 방법이다. DPSK는 직전의 신호 위상을 기준으로 비트 '1'은 직전 위상을 180° 바꾸고, 비트 '0'은 직전 위상을 그대로 유지하는 방법이다. 이렇게 하면 (그림 3-21)과같이 수신 측에서는 직전의 위상과 비교하기만 하면 되므로 송신 측과 위상을 동기화할 필요가 없다. 즉 두 방법의 주된 차이는 위상 변화를 절대적인 기준으로 파악하느냐, 아니면 바로 앞의 비트를 대상으로, 상대적으로 파악하느냐 하는 것이다.

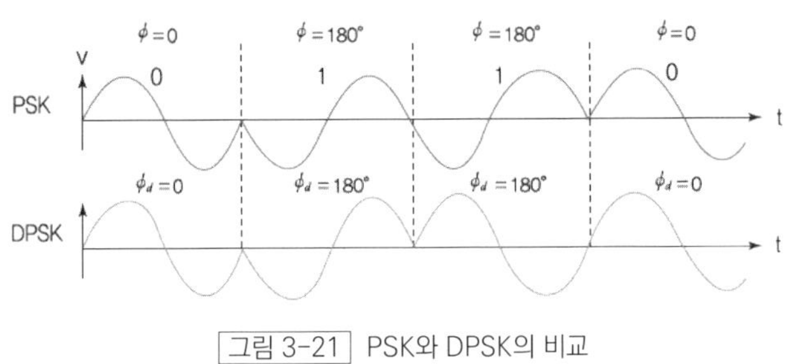

그림 3-21 ┃ PSK와 DPSK의 비교

PSK에서는 180° 만큼씩의 위상 변화를 통해서 비트 1과 비트 0의 두 종류의 심볼로 디지털 정보를 전송한다. 위상 변화를 좀 더 작게, 예를 들어 90°씩 한다면 4종류의 심볼이 생기고 따라서 하나의 심볼로 4가지의 값을 식별할 수 있다. 이러한 방법이 QPSK(Quadrature PSK)이다. (그림 3-22)와 같이 QPSK에서는 하나의 심볼에 2

비트가 대응되므로 정보 전송률은 신호 전송률의 2배가 된다. (그림 3-22)에서 x축을 I 채널(In phase)이라고 하고 y축을 Q 채널(Quadrature phase)이라고 한다.

같은 방법으로 45° 만큼씩의 위상 변화를 하면 8-PSK가, 22.5° 만큼씩의 위상 변화를 하면 16-PSK가 된다. 즉 M 진 PSK의 경우 반송파 간의 위상차는 $2\pi/M$이 된다.

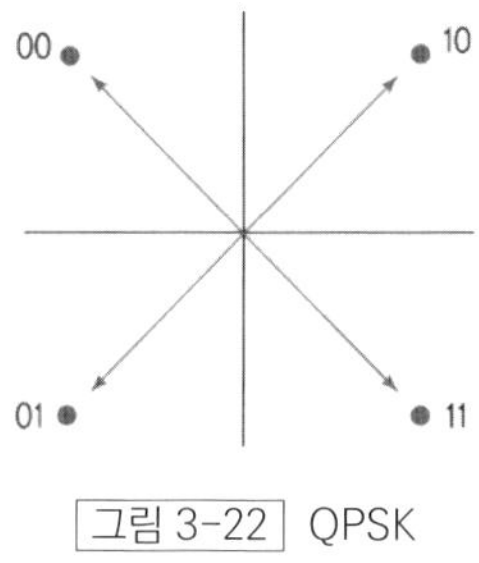

그림 3-22 QPSK

(4) QAM

정보 전송률을 더 높이려면 위상 변화와 함께 진폭도 바꾸면 된다. 이러한 방법을 QAM(Quadrature Amplitude Modulation)이라고 한다. 예를 들어 (그림 3-23)과같이, 위상을 90°씩 변화시키고 진폭을 2개의 값으로 달리 가질 수 있게 하여 총 8개의 심볼을 표현하면 8-QAM이 된다. 하나의 심볼로 8개의 값 중 하나를 나타낼 수 있으므로, 하나의 심볼이 3개의 비트에 대응되는 것이다. 따라서 이 경우의 정보 전송률은 심볼 또는 신호 전송률의 3배가 된다. 심볼 수를 16개로 하면 16-QAM이라 하며 심볼의 개수를 64, 256 등으로 확장한 64-QAM, 256-QAM 등도 있어서 정보 전송률을 6배, 8배 또는 그 이상으로 늘릴 수 있다.

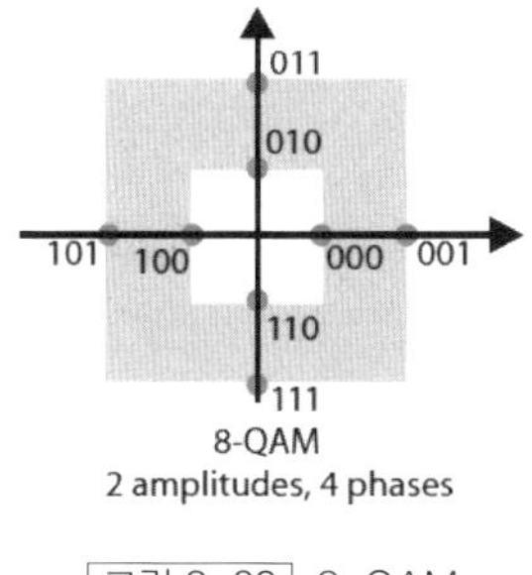

그림 3-23 8-QAM

(5) MSK

최소 편이 방식(MSK : Minimum Shift Keying)은 위상 편이 변조(PSK)와 주파수 편이 변조(FSK)의 합성으로, CPFSK(Continuous Phase FSK)라고도 부른다. MSK는 위상(Phase)과 주파수(Frequency)를 모두 변화시켜서 사용하는 변조 방식이다. FSK에서 가장 대역폭이 좁은 경우에 해당된다.

주파수 편이 방식(FSK) 신호를 생성하려면 복수의 반송파 진폭기를 스위치로 전환하는 방법과 하나의 전압 제어 발진기에 의해 주파수를 변환하는 방법이 있다. CPFSK는 후자와 같이 위상이 연속되는 주파수 편이 변조를 말한다. 즉 위상이 연속되므로 급격한 변화가 없어 스펙트럼 특성이 양호해진다. CPFSK는 진폭이 일정하기 때문에 페이딩 등의 영향을 받기 쉬운 이동체용 전송로나 포화 동작의 증폭(진행파관)를 사용하는 위성 전송로 등에 적합하지만, 소요 주파수 대역폭이 넓어진다. CPFSK의 주파수 대역을 제한해 주파수 효율을 높인 방식을 최소 편이 방식(MSK)이라 한다. MSK의 장점으로는 일정한 포락선을 가지며, 위상이 연속되고, 대역폭이 좁아지며, 비동기 검파가 가능해지는 것이다.

3.3.3 동기 검파와 비동기 검파

수신 측에 도착한 변조파로부터 원신호를 복원하는 것을 복조(demodulation) 또는 검파(detection)라고 한다. 복조 방식에는 수신 신호로부터 반송파(carrier)의 주파수와 위상 정보를 검출하여, 이 위상 정보를 이용하는 동기 검파(coherent detection) 방식과 수신 신호의 반송파 위상 정보를 전혀 이용하지 않고 검파하는 비동기 검파(noncoherent detection) 방식이 있다.

동기 검파 방식은 AM의 DSB-SC(Double Side Band Suppressed Carrier)의 복조나 PSK와 QAM 등의 복조에 사용되며, 비동기 검파 방식은 상업용 AM 라디오 수신기에서 사용하는 포락선 검파(Envelope Detection)와 DPSK의 복조에 주로 사용된다.

동기 검파 방식은 상대적으로 미약한 신호로도 복구가 가능하는 등, 비동기 검파 방식보다 성능은 우수하지만, 구조는 비교적 복잡하다. 즉, 동기 검파는 반송파에 대한 주파수 및 위상의 동기화에 대한 회로가 추가적으로 필요하게 된다.

SUMMARY

- 데이터가 네트워크를 통해 전송되기 위해서는 전자기 신호로 변환되어야 한다.

- 데이터와 신호는 아날로그이거나 디지털이 될 수 있다.

- 아날로그 데이터를 디지털 신호로 바꾸는 것이 PCM이다.

- PCM은 표본화, 양자화, 부호화 순으로 수행된다.

- 디지털 데이터를 전송에 적합한 디지털 신호로 바꾸어 전송하는 것이 라인 코딩이다.

- 라인 코딩에는 단극형, 극형, 양극형 방식과 NRZ, RZ 방식 등이 있다.

- 아날로그 데이터를 아날로그 신호로 변환하여 전송하는 것이 아날로그 변조이다.

- 아날로그 변조에는 AM, FM, PM, 펄스 변조에는 PAM, PWM, PPM 방식 등이 있다.

- 디지털 데이터를 아날로그 신호로 변환하여 전송하는 것이 디지털 변조이다.

- 디지털 변조 방식에는 ASK, FSK, PSK, QAM, MSK 등이 있다.

- 검파방식에는 반송파의 주파수와 위상 정보를 이용하는 동기 검파방식과 이를 전혀 이용하지 않는 비동기 검파 방식이 있다.

3.1 아날로그와 디지털

[3-1] Baseband 전송 방식의 설명으로 다음 중 <u>틀린</u> 것은?
〈정보통신산업기사 2021/10〉

① 단거리 전송에 사용된다.
② 주파수 상에 신호의 스펙트럼이 이동하지 않은 채로 전송된다.
③ 전송 매체는 주로 동선 또는 광섬유 등을 통해서 전송된다.
④ FM 통신 방식이 대표적인 예이다.

[3-2] Baseband 전송 방식의 설명으로 옳은 것은?
〈정보통신산업기사 2021/3〉

① 변조 기법을 통하여 신호의 주파수 대역을 옮겨서 전송한다.
② 무선통신에서 주로 사용한다.
③ 변조 방식에는 AM, FM, PM 방식 등이 있다.
④ 신호가 원래 가지고 있는 주파수의 범위이다.

[3-3] 아날로그 음성 데이터를 디지털 형태로 변환하여 전송하고, 디지털 형태를 원래의 아날로그 음성 데이터로 복원시키는 것은? 〈정보처리산업기사 2021/3, 2020/8, 2015/8〉

① CCU ② DSU ③ CODEC ④ DTE

[3-4] 다음은 신호 변환 방식에 따른 변조 방식을 분류한 것이다. 바르게 나열한 것은?
〈정보통신기사 2020/9〉

전송 형태	신호 변환 방식	변조 방식
디지털 전송	디지털 정보 →디지털 신호	㉠
	아날로그 정보 → 디지털 신호	㉡
아날로그 전송	디지털 정보 → 아날로그 신호	㉢
	아날로그 정보 → 아날로그 신호	㉣

① ㉠ 베이스밴드 ㉡ 펄스 부호 변조(PCM) ㉢ 브로드밴드 대역 전송 ㉣ 아날로그 변조
② ㉠ 브로드밴드 대역 전송 ㉡ 펄스 부호 변조(PCM) ㉢ 아날로그 변조 ㉣ 베이스밴드
③ ㉠ 베이스밴드 ㉡ 펄스 부호 변조(PCM) ㉢ 아날로그 변조 ㉣ 브로드밴드 대역 전송
④ ㉠ 펄스 부호 변조(PCM) ㉡ 베이스밴드 ㉢ 브로드밴드 대역 전송 ㉣ 아날로그 변조

[3-5] 직류 신호를 변조하지 않고 디지털 형태 그대로 전송하는 방식으로 근거리 통신망에 사용되는 전송 방식은? 〈정보처리기사 2019/4〉

① 펄스코드변조 ② 디지털 변조
③ 브로드밴드 ④ 베이스밴드

[3-6] 다음 중 디지털 전송 방식에 대한 설명으로 옳지 <u>않은</u> 것은? 〈정보처리산업기사 2018/3, 정보통신산업기사 2016/6〉

① 신호를 변환하지 않고 전송하는 방식이 Baseband 전송이다.
② Baseband 전송 방식은 전송매체를 효율적으로 활용하지 못하여 전송 거리가 짧다.
③ Baseband 전송은 반송파의 진폭 또는 주파수 등을 변환하여 전송하는 방식이다.
④ 동축케이블은 Broadband와 Baseband 전송에 모두 이용된다.

[3-7] 수신 단에서 디지털 전송 신호로부터 데이터 비트를 복원하는 장치는? 〈정보처리산업기사 2017/5〉

① Allocation ② Transformer
③ Mesh ④ Decoder

정답 3-1 ④ 3-2 ④ 3-3 ③ 3-4 ① 3-5 ④ 3-6 ③ 3-7 ④

3.2 PCM과 기저대역 전송

[3-8] 그림의 (가)와 (나)를 이용하여 (다)와 같이 부호화 하였다. (다)의 부호화 방식은? 〈정보통신산업기사 2023/10〉

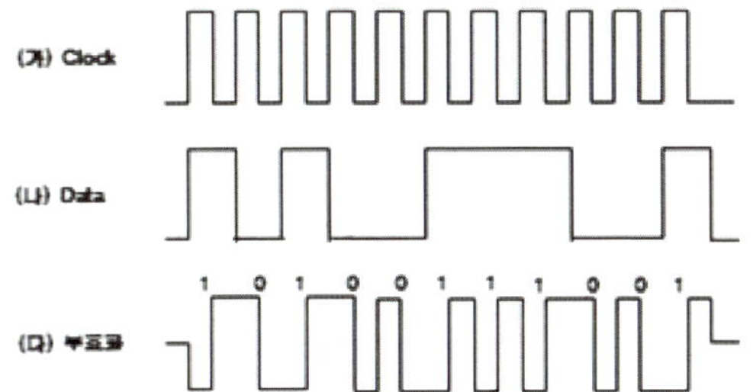

① Manchester Code
② RZ
③ NRZ
④ Hamming Code

[3-9] 다음 중 펄스 파형을 만들 때 논리 1에는 (+) 또는 (-) 전압을 사용하고, 논리 0에는 0[V]를 사용하는 라인 코드 방식은? 〈정보통신산업기사 2023/10〉

① 단극성(Unipolar)
② 양극성(Polar)
③ 쌍극성(Bipolar)
④ 다준위(Multi-Level)

[3-10] 다음 중 아날로그 신호를 디지털 신호로 변환하여 전송매체로 전송하기 위한 과정으로 옳은 것은? 〈정보통신기사 2023/6〉

① 표본화 – 부호화 – 양자화 – 펄스발생기 – 통신채널
② 펄스발생기 – 부호화 – 표본화 – 양자화 – 통신채널
③ 표본화 – 양자화 – 부호화 – 통신채널 – 펄스발생기
④ 표본화 – 양자화 – 부호화 – 펄스발생기 – 통신채널

[3-11] 다음 중 분리된 별도의 클록 신호선 없이 본래 정보 신호의 소스데이터에서 동기화 클록을 추출할 수 있는 라인 코드는 무엇인가? 〈정보통신산업기사 2023/6〉

① Manchester Code
② 2B1Q Code
③ MLT-3Code
④ AMI Code

[3-12] 다음 중 전송 부호 형식의 조건으로 <u>틀린</u> 것은? 〈정보통신기사 2023/3〉

① 대역폭이 작아야 한다.
② 부호가 복잡하고 일관성이 있어야 한다.
③ 충분한 타이밍 정보가 포함되어야 한다.
④ 에러의 검출과 정정이 쉬워야 한다.

[3-13] 다음 중 회선 부호화(Line Coding)에 대한 설명으로 <u>틀린</u> 것은? 〈정보통신기사 2023/3〉

① 기저대역 신호가 전송 채널로 전송되기 적합하도록 아날로그 신호 형태로 변환하는 방식이다.
② 디지털 데이터를 디지털 신호로 변환하는 방식이다.
③ 단극형, 극형, 양극형(쌍극형) 등의 범주가 있다.
④ 디지털 신호의 기저대역 전송을 위해 신호를 만드는 과정이다.

[3-14] PCM 통신 방식에서 4[kHz]의 대역폭을 갖는 음성 정보를 8[bit] 코딩으로 표본화하면 음성을 전송하기 위해 필요한 데이터 전송률은 얼마인가? 〈정보통신기사 2022/10, 2019/6, 2016/3, 정보처리산업기사 2019/3〉

① 4[kbps]
② 8[kbps]
③ 32[kbps]
④ 64[kbps]

정답 3-8 ① 3-9 ① 3-10 ④ 3-11 ① 3-12 ② 3-13 ① 3-14 ④

[3-15] 다음 설명에 해당하는 것은 무엇인가?

〈정보통신산업기사 2022/6, 2021/6, 2016/3〉

> '1'은 하나의 펄스폭을 2개로 나누어서 반 구간은 양 (+), 나머지 구간은 음(-) 펄스로 구성하고, '0'은 '1' 과 반대로 구성하는 데이터 전송 방법

① 바이폴라 펄스　　　　② 맨체스터 펄스
③ 차동 펄스　　　　　　④ 단주(단류) RZ 펄스

[3-16] 5[kHz]의 음성 신호를 재생시키기 위한 표본화 주기는?

〈정보통신기사 2022/3, 2021/6, 2020/5〉

① 225[μs]　　　　　　② 200[μs]
③ 125[μs]　　　　　　④ 100[μs]

[3-17] 양자화 잡음의 개선 방법으로 틀린 것은?

〈정보통신기사 2022/3, 2021/3〉

① 양자화 스텝을 크게 한다.
② 비선형 양자화 방법을 사용한다.
③ 선형 양자화와 압신 방식을 같이 사용한다.
④ 양자화 스텝 수가 2배로 증가할 때마다 6[dB]씩 개선된다.

[3-18] PCM(Pulse Code Modulation)에 관한 설명으로 틀린 것은?

〈정보통신산업기사 2022/3〉

① 아날로그 신호를, 전송로를 통해 전송하는 변조 방식이다.
② 연속적인 신호를 불연속적인 신호로 변환한다.
③ 표본화(Sampling)와 양자화(Quantization) 과정이 필요하다.
④ 부호화(Coding)와 복호화(Decoding) 과정을 거친다.

[3-19] PCM 단계 중에서 연속적인 아날로그 신호를 입력으로 받아 연속적인 진폭을 갖는 펄스를 생성하는 과정에 해당되는 것은?

〈정보통신기사 2021/10, 2015/10〉

① 표본화　　　　　　　② 양자화
③ 부호화　　　　　　　④ 압축기

[3-20] 다음 중 PCM 통신에서 양자화 잡음의 설명으로 적합하지 않은 것은?

〈정보통신기사 2021/10, 2017/3〉

① 진폭 값을 디지털 신호로 변환시키는 과정에서 생기는 잡음이다.
② 진폭 값이 양자화 기준값을 초과하게 된 경우 생기는 잡음이다.
③ 양자화 잡음의 크기는 양자화 잡음의 평균전력으로 표현한다.
④ 입력 진폭이 작을 때 신호 대 양자화 잡음 비가 크게 나빠진다.

[3-21] 데이터를 변조하지 않은 상태, 즉 직류 펄스의 형태 그대로 전송하는 방식으로 RZ, NRZ, AMI(Bipolar), Manchester, CMI 등의 방식이 사용되는 전송 방식은?

〈정보통신산업기사 2021/10, 2017/3〉

① 동기식 전송 방식　　　② 비동기식 전송 방식
③ 기저 대역 전송 방식　　④ 반송 대역 전송 방식

[3-22] PCM 방식에서 입력 신호의 최대 신호가 2[kHz] 인 경우, 나이퀴스트(Nyquist) 표본화 주파수 (f_s)와 표본화 주기 (T_s)의 계산값은?

〈정보통신산업기사 2021/10, 2020/6, 2018/4, 2017/6〉

① f_s=2[kHz], T_s=500[μs]
② f_s=4[kHz], T_s=250[μs]
③ f_s=6[kHz], T_s=167[μs]
④ f_s=8[kHz], T_s=125[μs]

정답 3-15 ②　3-16 ④　3-17 ①　3-18 ①　3-19 ①　3-20 ②　3-21 ③　3-22 ②

[3-23] 표본화 정리에 의하면 주파수 대역이 60[Hz]~3.6[kHz]인 신호를 완전히 복원하기 위한 표본화 주기는?

〈정보통신기사 2021/6, 2015/10〉

① 1/60[초]
② 1/3.6[초]
③ 1/7,200[초]
④ 1/6,800[초]

[3-24] 다음 중 나이퀴스트(Nyquist) 표본화 주파수(f_s)로 알맞은 것은? (단, f_m은 최고 주파수이다.)

〈정보통신기사 2021/6, 2017/5, 2016/3〉

① $f_s = 2f_m$
② $f_s < 2f_m$
③ $f_s > 2f_m$
④ $f_s \leq 2f_m$

[3-25] 아날로그 데이터를 디지털 신호로 변환하는 PCM 방식의 진행 순서로 옳은 것은?

〈정보처리산업기사 2021/3, 2020/6, 2019/8, 2019/4, 2019/3, 2018/4, 2017/8, 2017/5, 2016/5, 2015/3, 정보통신산업기사 2019/9, 2015/6, 정보처리기사 2017/8〉

① 표본화 → 부호화 → 양자화 → 여과 → 복호화
② 표본화 → 양자화 → 부호화 → 복호화 → 여과
③ 표본화 → 부호화 → 양자화 → 복호화 → 여과
④ 표본화 → 양자화 → 여과 → 부호화 → 복호화

[3-26] 디지털 부호화 방식 중 비트 펄스 간에 0 전위를 유지하지 않고, ＋V와 －V의 양극성 전압으로 펄스를 전송하는 방식은?

〈정보처리산업기사 2021/3, 2020/10, 2018/8〉

① Polar 방식
② Unipolar 방식
③ Bipolar 방식
④ DotPhase 방식

[3-27] 나이퀴스트(Nyquist) Sampling Theorem과 관련이 있는 것은?

〈정보처리산업기사 2021/3, 2016/8〉

① 표본화
② 양자화
③ 부호화
④ 복호화

[3-28] 다음 그림이 나타내는 전송부호 형식은?

〈정보통신기사 2020/9〉

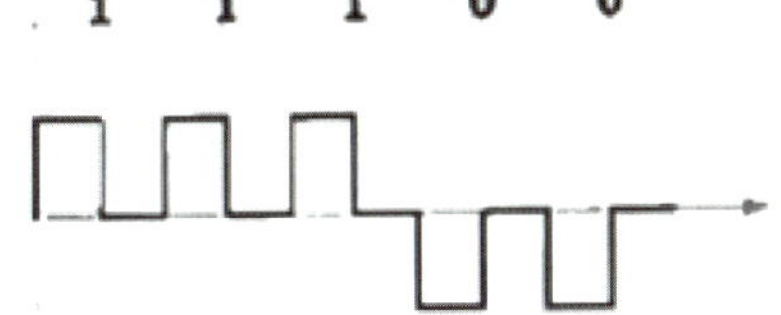

① Unipolar NRZ
② Polar NRZ
③ Unipolar RZ
④ Polar RZ

[3-29] 다음 중 아날로그 신호를 디지털 신호로 변환할 때 양자화 잡음의 경감 대책이 <u>아닌</u> 것은?

〈정보통신기사 2020/9〉

① 압신기를 사용한다.
② 양자화 스텝 수를 감소시킨다.
③ 양자화 비트 수를 증가시킨다.
④ 비선형화 한다.

[3-30] Nyquist의 표본화 정리에 의하면 보내려는 신호 성분 중 최고 주파수의 최소 몇 배 이상으로 표본을 행하면 원신호를 충실하게 재현시킬 수 있는가?

〈정보처리기사 2020/6, 정보처리산업기사 2017/5〉

① 1
② 2
③ 4
④ 8

[3-31] 18[kHz]까지 전송할 수 있는 PCM 시스템에서 요구되는 Nyquist 표본화 주파수는?

〈정보통신기사 2019/10, 2015/3〉

① 9 [kHz]
② 18 [kHz]
③ 36 [kHz]
④ 72 [kHz]

정답 3-23 ③ 3-24 ① 3-25 ② 3-26 ① 3-27 ① 3-28 ④ 3-29 ② 3-30 ② 3-31 ③

[3-32] 다음 중 2원 전송 부호인 NRZ의 설명으로 <u>틀린</u> 것은? 〈정보통신기사 2019/10〉

① 0(ZERO) 전압으로 돌아오지 않는다.
② RZ 부호에 비해 대역폭을 효율적으로 사용한다.
③ 직류 성분이 존재한다.
④ 1의 입력 신호 펄스를 양 전압과 음 전압으로 교대로 처리한다.

[3-33] 디지털 비트 구간의 1/2 지점에서 항상 신호와 위상이 변화하는 신호의 이름은? 〈정보통신기사 2019/10, 2015/3〉
① 맨체스터 코드
② 바이폴라 RZ
③ AMI(Alternating Mark Inversion)
④ NRZ(Non Return to Zero Inversion)

[3-34] 양자화 잡음에 대한 설명으로 옳은 것은? 〈정보처리기사 2019/8, 2015/3〉

① PAM 펄스의 아날로그 값을 양자화 잡음이라 한다.
② PCM 펄스의 디지털 값을 양자화 잡음이라 한다.
③ PAM 펄스의 아날로그 값과 양자화된 PCM 펄스의 디지털 값의 합을 양자화 잡음이라 한다.
④ PAM 펄스의 아날로그 값과 양자화된 PCM 펄스의 디지털 값의 차이를 양자화 잡음이라 한다.

[3-35] PCM(Pulse Code Modulation)에 대한 설명으로 <u>틀린</u> 것은? 〈정보통신산업기사 2019/6〉

① 아날로그 데이터를 디지털 신호로 변환하여 전송하고 재생하는 방식이다.
② 표본화, 양자화, 부호화 단계로 구성된다.
③ PCM 잡음에는 양자화 잡음 등이 있다.
④ 표본화율(Sampling Rate)은 원신호 최소 주파수의 1/2 이하로 하는 나이퀴스트(Nyquist) 이론을 바탕으로 한다.

[3-36] 양자화 비트 수가 6비트이면 양자화 계단 수는? 〈정보처리기사 2019/3, 2017/5, 2016/3〉

① 6　　　② 16　　　③ 32　　　④ 64

[3-37] 신호의 2진 표시에서 1일 때는 전압이 발생하고 0일 때는 발생하지 않는 신호는? 〈정보통신기사 2019/3〉

① 단극성 NRZ　　　② 양극성 RZ
③ 맨체스터부호　　　④ CMI 부호

[3-38] 양자화 잡음은 다음 중 어느 방식에서 주로 발생하는가? 〈정보통신기사 2018/10〉

① PDM　　　② PPM　　　③ PCM　　　④ PWM

[3-39] 맨체스터(Manchester) 코딩 방식에 대한 설명으로 옳은 것은? 〈정보처리기사 2018/4〉

① 이진 신호 0의 경우, 비트 구간의 시작 지점에 존재
② 이진 신호 0의 경우, 비트 구간의 오른쪽 1/2지점에 존재
③ 이진 신호 1의 경우, 이전 비트 구간의 역상
④ 이진 신호 0의 경우, 비트 구간의 왼쪽 3/4지점에 존재

[3-40] 4[kHz]의 음성 신호를 재생시키기 위한 표본화 주파수의 주기는? 〈정보처리산업기사 2018/4, 2017/8〉

① 125[μs]　　　② 165[μs]
③ 200[μs]　　　④ 250[μs]

정답 3-32 ④ 3-33 ① 3-34 ④ 3-35 ④ 3-36 ④ 3-37 ① 3-38 ③ 3-39 ② 3-40 ①

[3-41] 다음 중 기저대역전송에서 전송 부호가 가져야 하는 조건으로 적합하지 <u>않은</u> 것은?

〈정보통신산업기사 2018/4〉

① 전송 대역폭이 압축되어야 한다.
② DC 성분이 포함되어야 한다.
③ 동기 정보가 충분히 포함되어야 한다.
④ 에러의 검출이 용이하다.

[3-42] 사람의 목소리를 PCM 방식으로 디지털화하고자 한다. 음성 전달 대역폭을 0~4,000[Hz]로 정의할 경우, 샤논의 표본화 정리에 의한 표본화율(Sampling Rate)은 얼마인가? 〈정보통신산업기사 2018/4, 2016/10〉

① 4,000[표본 수/초]
② 6,000[표본 수/초]
③ 7,000[표본 수/초]
④ 8,000[표본 수/초]

[3-43] 다음 중 PCM의 장점이 <u>아닌</u> 것은?

〈정보통신산업기사 2018/4〉

① 전송 구간에 잡음이 누적되지 않는다.
② 장거리 전송으로 고품질 통신이 가능하다.
③ 전송로의 손실 변동 영향이 없다.
④ 점유주파수 대역폭이 넓다.

[3-44] 다음 중 PCM(펄스부호변조)에 대한 설명으로 <u>틀린</u> 것은? 〈정보통신산업기사 2018/3〉

① S/N비가 좋고 원거리 통신에 유용하다.
② 신호파를 표본화시킨다.
③ 연속적인 시간과 진폭을 가진 아날로그 데이터를 디지털 신호로 변환하는 것이다.
④ 표본화된 신호를 부호화한 다음에 양자화한다.

[3-45] 다음 중 음성 신호의 송신 측 PCM(Pulse Code Modulation) 과정이 <u>아닌</u> 것은?

〈정보통신산업기사 2017/6, 2016/6〉

① 표본화　　② 부호화　　③ 양자화　　④ 복호화

[3-46] NRZ 전송 부호에서 1의 경우 low level, 0의 경우 high level을 부여하는 것은? 〈정보처리기사 2017/5〉

① NRZ-X　　　　　　② NRZ-L
③ NRZ-M　　　　　　④ NRZ-S

[3-47] PCM 시스템에서 상호 부호 간 간섭(ISI) 측정을 위해 눈 패턴(eye pattern)을 이용하는데 여기서 눈을 뜬 상하의 높이가 의미하는 것은?

〈정보처리기사 2017/5, 2016/5〉

① 잡음에 대한 여유도
② 전송 속도
③ 시간 오차에 대한 민감도
④ 최적의 샘플링 순간

[3-48] 연속적인 신호 파형에서 최고 주파수가 f_m(Hz)일 때 나이키스트 표본화 주기 (T_s)는?

〈정보처리기사 2017/3, 정보통신산업기사 2017/3〉

① $T_s < \dfrac{1}{2f_m}$ 　　　　② $T_s = \dfrac{1}{2f_m}$

③ $T_s \geq \dfrac{1}{2f_m}$ 　　　　④ $T_s > \dfrac{1}{2f_m}$

[3-49] 다음 중 기저대역(Baseband) 전송 방식이 <u>아닌</u> 것은? 〈정보통신산업기사 2016/10〉

① RZ 전송 방식
② NRZ 전송 방식
③ 캐리어 전송 방식
④ 바이폴라 전송 방식

정답　3-41 ②　3-42 ④　3-43 ④　3-44 ④　3-45 ④　3-46 ②　3-47 ①　3-48 ②　3-49 ③

[3-50] 다음 중 펄스 부호 변조(PCM) 통신 방식의 특징으로 옳지 <u>않은</u> 것은? 〈정보통신기사 2016/10〉

① PCM 특유의 고유잡음이 발생한다.
② 누화에 강하다.
③ S/N 비가 좋다.
④ 변조 회로가 단순하고 가격이 저가이다.

[3-51] 다음 중 양자화(Quantizing)에 대한 설명으로 알맞은 것은? 〈정보통신기사 2016/10〉

① PAM 신호를 0과 1의 이산적인 값으로 바꾸는 과정
② 연속적인 신호 파형을 일정 시간 간격으로 검출하는 단계
③ PAM 신호로부터 원신호를 얻는 과정
④ 수신된 디지털 신호를 PAM 신호로 되돌리는 단계

[3-52] 베이스밴드 전송 방식 중 비트 간격의 시작점에서는 항상 천이가 발생하며, '1'의 경우에는 비트 간격의 중간에서 천이가 발생하고, '0'의 경우에는 비트 간격의 중간에서 천이가 발생하지 않는 방식은? 〈정보처리기사 2016/8〉

① Biphase-L 방식 ② Biphase-M 방식
③ Biphase-S 방식 ④ AMI 방식

[3-53] PCM 과정 중 양자화 과정에서 레벨 수가 128레벨인 경우 몇 비트로 부호화가 되는가? 〈정보처리기사 2016/8〉

① 7 bit ② 8 bit ③ 9 bit ④ 10 bit

[3-54] PCM(pulse code modulation) 방식의 신호 변환 과정을 옳게 나열한 것은? 〈정보처리산업기사 2016/8〉

① Sampling → Quantization → Encoding
② Encoding → Quantization → Sampling
③ Quantization → Sampling → Encoding
④ Sampling → Encoding → Quantization

[3-55] 입력 아날로그 데이터의 최대 주파수가 18kHz인 정보 신호를 PCM 시스템에서 전송하고자 할 때, 요구되는 표본화 주파수(kHz)는? 〈정보처리기사 2016/5〉

① 9 ② 18 ③ 27 ④ 36

[3-56] 다음 중 표본화 주파수가 높다는 것은 무엇을 의미하는가? 〈정보통신기사 2016/3〉

① 초당 샘플 수가 낮다.
② 전송하려는 정보의 양이 적다.
③ 요구되는 채널 용량이 커진다.
④ 초당 프레임 수가 낮다.

[3-57] 다음 중 PCM에 대한 설명으로 옳지 <u>않은</u> 것은? 〈정보통신산업기사 2015/10〉

① 펄스부호변조기는 표본화기, 양자화기, 그리고 부호화기로 이루어져 있다.
② 입력 신호의 최고 주파수의 2배 이상으로 표본화하여 얻어지는 신호가 PAM 신호이다.
③ 7비트를 사용하면 128개의 양자화 레벨을 얻을 수 있다.
④ 비예측 양자화 방법으로 DM, DPCM, ADM 등이 있다.

정답 3-50 ④ 3-51 ① 3-52 ② 3-53 ① 3-54 ① 3-55 ④ 3-56 ③ 3-57 ④

[3-58] 아날로그 데이터를 디지털 신호로 변환하는 변조 방식은?

〈정보처리기사 2015/3〉

① ASK
② PSK
③ PCM
④ FSK

[3-59] 다음이 설명하고 있는 디지털 전송 신호 부호화 방식은?

〈정보처리기사 2015/3〉

- CSMA/CD LAN에서의 전송 부호로 사용된다.
- 신호 준위 천이가 매 비트 구간의 가운데서 비트 1에 대해서는 '고 준위'에서 '저 준위'로 천이하며, 비트 0은 '저 준위'에서 '고 준위'로 천이한다.

① Alternating Mark Inversion 코드
② Manchester 코드
③ Bipolar 코드
④ Non Return to Zero 코드

[3-60] 다음 중 기저대역 전송 부호 조건으로 틀린 것은?

〈정보통신기사 2015/3〉

① 전송 대역폭이 넓어야 한다.
② 전송 부호의 코딩 효율이 양호해야 한다.
③ 타이밍 정보가 충분히 포함되어야 한다.
④ DC 성분이 포함되지 않아야 한다.

3.3 아날로그 변조와 디지털 변조

[3-61] 8진 PSK에서 반송파 간의 위상차는?

〈정보통신기사 2024/3, 2019/10,
정보처리산업기사 2020/10, 2019/4, 2018/8, 2017/3,
정보통신산업기사 2019/9, 2018/3, 2016/10, 2015/6〉

① π
② $\pi/2$
③ $\pi/4$
④ $\pi/8$

[3-62] QPSK의 반송파 간의 위상차는 몇 도인가?

〈정보통신산업기사 2023/6, 2023/3, 2021/3, 2020/3,
정보처리기사 2019/8, 2016/8, 2016/5〉

① 45도
② 90도
③ 180도
④ 270도

[3-63] 디지털 통신 방식에서 비동기식 검파 방식인 포락선 검파가 가능한 변조 방식은? 〈정보통신산업기사 2023/3〉

① QPSK(Quadrature Phase Shift Keying)
② ASK(Amplitude Shift Keying)
③ PSK(Phase Shift Keying)
④ QAM(Quadrature Amplitude Modulation)

[3-64] 다음 중 직교 진폭 변조(QAM) 방식에 대한 설명으로 틀린 것은? 〈정보통신기사 2022/6, 2016/10〉

① 진폭과 위상을 혼합하여 변조하는 방식이다.
② 제한된 채널에서 데이터 전송률을 높일 수 있다.
③ 검파는 동기 검파나 비동기 검파를 사용한다.
④ 신호 합성 시 I-CH과 Q-CH이 완전히 독립적으로 존재한다.

정답 3-58 ③ 3-59 ② 3-60 ① 3-61 ③ 3-62 ② 3-63 ② 3-64 ③

[3-65] 디지털 데이터를 아날로그 신호로 변환하는 방식이 <u>아닌</u> 것은? 〈정보처리산업기사 2021/5, 2020/10, 2016/8, 정보통신산업기사 2021/3〉

① ASK　　② FSK　　③ PCM　　④ QAM

[3-66] 다음의 그림과 같이 신호 공간 다이어그램으로 표현되는 변조 방식은? 〈정보통신산업기사 2021/10, 2017/3〉

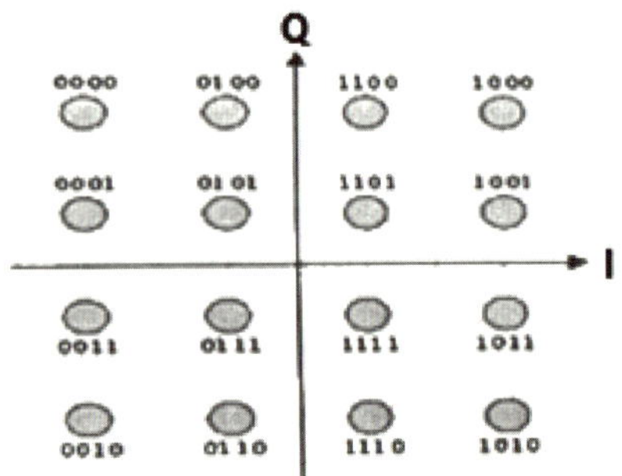

① 8진 DFSK　　　　　② 16진 PSK
③ 16진 QAM　　　　④ 8진 QAM

[3-67] 다음 중 변조의 목적이 <u>아닌</u> 것은? 〈정보통신산업기사 2021/3〉

① 안테나의 길이를 줄일 수 있다.
② 잡음 및 간섭의 영향을 적게 받는다.
③ 주파수 분할의 다중 통신을 할 수 있다.
④ 송신 전력을 일정하게 유지할 수 있다.

[3-68] 다음 중 QAM 변조 방식의 특징으로 <u>틀린</u> 것은? 〈정보통신기사 2020/9〉

① ASK와 PSK을 합친 변조 방식이다.
② 서로 직교하는 2개의 반송파를 사용한다.
③ 반송파의 진폭과 위상을 동시에 변조한다.
④ I 채널과 Q 채널을 상호 의존적으로 사용한다.

[3-69] 다음 중 입력 신호에 따라 반송파의 진폭과 위상을 동시에 변조하는 변조 방식은? 〈정보처리산업기사 2020/8, 2018/4, 정보통신산업기사 2020/3, 2018/4, 정보처리기사 2018/3〉

① QAM　　② PSK　　③ ASK　　④ FSK

[3-70] 반송파로 사용하는 정현파의 위상에 정보를 실어 보내는 변조방식은? 〈정보처리산업기사 2020/8, 2017/8, 2015/3, 정보처리기사 2017/5〉

① ASK　　② DM　　③ PSK　　④ ADPCM

[3-71] 다음 중 디지털 데이터의 변조 방식으로 적합하지 <u>않은</u> 것은? 〈정보통신기사 2020/6, 2017/5, 정보처리산업기사 2018/3, 정보통신산업기사 2016/6〉

① ASK　　② PSK　　③ FSK　　④ DSB

[3-72] 위상 변화를 작게 하면서 반송파의 진폭도 바꿔 정보 전송률을 높이려는 변조 방식은? 〈정보처리산업기사 2020/6, 2018/8, 정보처리기사 2019/4, 2016/8〉

① ASK　　② FSK　　③ PSK　　④ QAM

[3-73] 펄스의 주기와 진폭은 일정하고, 펄스의 폭을 입력 신호에 따라 변화시키는 변조 방식은? 〈정보통신산업기사 2020/3, 정보처리산업기사 2019/4, 정보통신기사 2019/10, 2017/9〉

① PAM(Pulse Amplitude Modulation)
② PWM(Pulse Width Modulation)
③ PPM(Pulse Position Modulation)
④ PCM(Pulse Code Modulation)

정답　3-65 ③　3-66 ③　3-67 ④　3-68 ④　3-69 ①　3-70 ③　3-71 ④　3-72 ④　3-73 ②

[3-74] 다음의 파형은 디지털 변조 방식의 파형이다. 어느 방식의 파형인가? 〈정보통신산업기사 2019/9, 2018/4〉

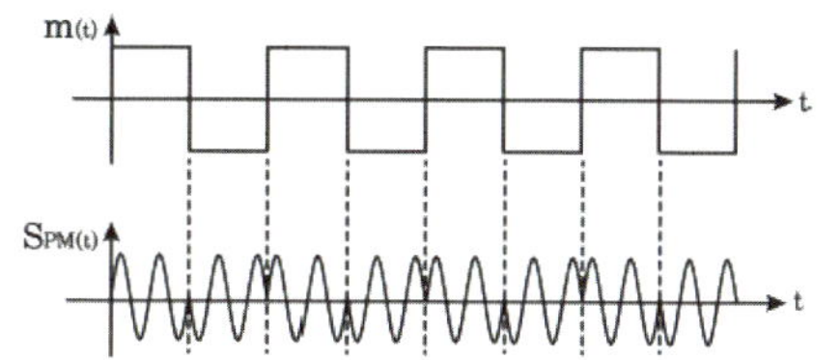

① ASK　　② FSK　　③ PSK　　④ QAM

[3-75] 아날로그 데이터를 아날로그 신호로 변환하는 변조 방식이 <u>아닌</u> 것은? 〈정보처리기사 2019/8, 2017/3〉

① AM　　② TM　　③ FM　　④ PM

[3-76] M진 PSK에서 반송파 간의 위상차는? (단, M은 진수이다) 〈정보처리산업기사 2019/8, 2019/3, 2017/5, 정보처리기사 2019/3〉

① $\dfrac{\pi}{M}$　　② $\dfrac{2\pi}{M}$　　③ $\dfrac{\pi}{2M}$　　④ $\dfrac{2\pi}{3M}$

[3-77] 다음 중 QAM 변조 방식에 대한 설명으로 가장 적합한 것은? 〈정보통신기사 2019/6〉

① 입력 신호에 따라 반송파의 진폭을 변화시키는 방식
② 입력 신호에 따라 반송파의 최소 주파수를 변화시키는 방식
③ 진폭 신호에 따라 적은 전력으로 다량의 정보를 전송시키는 방식
④ 반송파의 진폭과 위상을 데이터에 따라 변화시키는 진폭 변조와 위상 변조 방식의 혼합

[3-78] 다음의 변조 방식 중 전송 과정에서 에러 발생 가능성(Error Probability)이 가장 낮은 것은? 〈정보통신산업기사 2019/6, 2016/6〉

① ASK　　② FSK　　③ QAM　　④ PSK

[3-79] 4 위상 변조로 전송하는 부호는 동시에 몇 비트를 전송할 수 있는가? 〈정보처리기사 2019/4〉

① 2 bit　　② 4 bit
③ 8 bit　　④ 16 bit

[3-80] 다음 중 QPSK에 대한 설명으로 <u>틀린</u> 것은? 〈정보처리기사 2019/4, 정보통신산업기사 2019/3, 2016/10〉

① 두 개의 DPSK를 합성한 것이다.
② 피 변조파의 크기는 항상 일정하다.
③ 반송파 간의 위상차는 90°이다.
④ I 채널과 Q 채널 두 개가 있다.

[3-81] 반송파로 사용되는 정현파의 진폭에 정보를 싣는 변조 방식은? 〈정보처리산업기사 2019/4, 정보통신산업기사 2017/9〉

① ASK　　② FSK　　③ PSK　　④ WDPCM

[3-82] 64진 QAM의 대역폭 효율은 몇 [bps/Hz]인가? 〈정보처리산업기사 2019/3, 2018/3〉

① 2　　② 5　　③ 6　　④ 7

[3-83] 8진 PSK의 오류 확률은 2진 PSK 오류 확률의 몇 배인가? 〈정보처리산업기사 2019/3, 정보처리기사 2018/3〉

① 2배　　② 3배　　③ 4배　　④ 5배

정답 3-74 ③　3-75 ②　3-76 ②　3-77 ④　3-78 ③　3-79 ①　3-80 ①　3-81 ①　3-82 ③　3-83 ②

[3-84] 한 번에 4개의 비트를 전송하려고 할 때 사용할 수 있는 디지털 변조 방식은? 〈정보처리기사 2018/8〉

① 2진 ASK
② 4진 FSK
③ 8진 PSK
④ 16진 QAM

[3-85] BPSK의 전송 대역폭은 QPSK 전송 대역폭의 몇 배인가? 〈정보처리산업기사 2018/8〉

① 1/2　　② 1/4　　③ 2　　④ 4

[3-86] MSK에 대한 설명으로 적절하지 <u>않은</u> 것은? 〈정보처리산업기사 2018/8〉

① 일정한 포락선과 위상 연속의 특성을 갖는다.
② 대역폭 효율이 우수하다.
③ 비동기 검파가 가능하다.
④ FSK 중에서 가장 대역폭이 넓은 경우에 해당된다.

[3-87] QPSK 변조 방식의 대역폭 효율은 몇 [bps/Hz]인가? 〈정보처리기사 2018/4, 2017/3〉

① 1　　② 2　　③ 4　　④ 8

[3-88] 다음 중 16-QAM에서 16은 무엇의 개수를 나타내는가? 〈정보처리산업기사 2018/3, 2015/5〉

① 위상
② 진폭
③ 위상과 진폭의 조합
④ 주파수

[3-89] 다음 중 대역폭의 효율성과 복조의 용이성을 얻기 위해 진폭편이 변조 방식과 위상편이 변조 방식을 결합한 방식은? 〈정보통신산업기사 2018/3, 2016/10〉

① FSK(Frequency Shift Krying) 방식
② QPSK(Quadrature Phase Shift Keying) 방식
③ QAM(Quadrature Amplitude Modulation) 방식
④ ASK(Amplitude Shift Keying) 방식

[3-90] 다음 그림은 어떤 변조 파형인가? 〈정보처리기사 2017/8〉

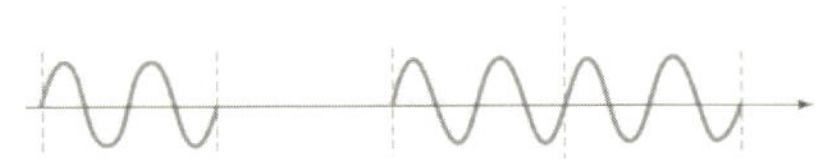

① DPSK　　② FSK　　③ ASK　　④ PSK

[3-91] 다음 중 PSK에 대한 설명으로 알맞지 <u>않은</u> 것은? 〈정보통신기사 2017/3〉

① 피변조파는 정포락선을 갖는다.
② BPSK와 QPSK의 오류 확률 성능은 같다.
③ 전송로 등에 의한 레벨 변동이 적다.
④ BPSK의 반송파 전력은 QPSK 반송파 전력의 1/4 배이다.

[3-92] QAM 변조 방식은 디지털 신호의 전송 효율 향상, 대역폭의 효율적 이용, 낮은 에러율, 복조의 용이성을 위해 어떤 변조 방식을 결합한 것인가? 〈정보통신기사 2017/3〉

① FSK+PSK
② ASK+PSK
③ ASK+FSK
④ QPSK+FSK

정답　3-84 ④　3-85 ③　3-86 ④　3-87 ②　3-88 ③　3-89 ③　3-90 ③　3-91 ④　3-92 ②

[3-93] 변조의 개념을 옳게 설명한 것은?

〈정보처리산업기사 2017/3〉

① 디지털 신호를 아날로그 신호로 변환하는 것이다.
② 전송된 신호를 저주파 신호 성분과 고주파 신호 성분으로 합하는 것이다.
③ 제3 고조파 신호를 변환하는 것이다.
④ 전송하고자 하는 신호를 주어진 통신채널에 적합하도록 처리하는 과정이다.

[3-94] 반송파로 사용되는 정현파의 주파수에 정보를 실어 보내는 디지털 변조 방식은? 〈정보처리산업기사 2017/3〉

① FM　　② DM　　③ PSK　　④ FSK

[3-95] 다음 중 펄스변조방식이 <u>아닌</u> 것은?

〈정보통신산업기사 2017/3〉

① 펄스 진폭 변조(PAM)
② 펄스 폭 변조(PWM)
③ 펄스 수 변조(PNM)
④ 펄스 반응 변조(PRM)

[3-96] 16진 QAM에 관한 설명으로 옳지 <u>않은</u> 것은?

〈정보처리기사 2016/8〉

① 16진 PSK 변조 방식보다 동일한 전송 에너지에 대해 오류 확률이 낮다.
② Noncoherent 방식으로 신호를 검출할 수 있다.
③ 진폭과 위상이 변화하는 변조 방식이다.
④ 2차원 벡터 공간에 신호를 나타낼 수 있다.

[3-97] 신호의 표본 값에 따라 펄스의 진폭은 일정하고 그 위상만 변화하는 변조 방식은? 〈정보통신산업기사 2016/6〉

① PCM　　② PPM　　③ PWM　　④ PFM

[3-98] 다음이 설명하고 있는 것은? 〈정보처리기사 2016/5〉

> - 디지털 변조에서 디지털 데이터를 아날로그 신호로 변환시키는 것을 말한다.
> - ASK, FSK, PSK 와 같이 3가지 방식이 있다.

① Carrier　　　　② Manchester
③ Keying　　　　④ Converter

[3-99] 다음 중 회로 구성이 간단하고 가격이 저렴하며, 잡음이나 신호의 변화에 약하며, 광섬유를 이용한 디지털 전송에서 사용되는 변조 방식은? 〈정보통신기사 2016/3〉

① ASK　　② FSK　　③ PSK　　④ QAM

[3-100] 다음 중 QPSK에 대한 설명으로 <u>틀린</u> 것은?

〈정보통신산업기사 2015/10〉

① 심볼 오류 확률은 BPSK보다 나쁘다.
② 대역폭 효율은 4[kbps]이다.
③ QPSK에서 반송파 위상 간의 위상차는 $\pi/2$이다.
④ 동일한 주기를 기준으로 하면 QPSK 시스템은 BPSK보다 2배의 비트를 전송할 수 있다.

[3-101] 다음 중 변조를 하는 이유가 <u>아닌</u> 것은?

〈정보통신산업기사 2015/10〉

① 송수신용 안테나의 제작 문제를 해결하기 위하여
② 주파수 분할 다중 통신을 위하여
③ 단거리 전송을 하기 위하여
④ 장비 제한에 대한 극복을 위하여

정답 3-93 ④　3-94 ④　3-95 ④　3-96 ②　3-97 ②　3-98 ③　3-99 ①　3-100 ②　3-101 ③

[3-102] 다음 중 PSK에 대한 설명으로 알맞은 것은?

〈정보통신산업기사 2015/10〉

① 디지털 신호의 정보 내용에 따라 반송파의 위상을 변화시키는 방식이다.
② 전송로에 의한 레벨 변동의 영향을 심하게 받는다.
③ 타이밍 정보 및 주파수 정보를 포함하고 있지 않다.
④ 비동기검파 방식이다.

[3-103] 디지털 변조에서 디지털 데이터를 아날로그 신호로 변환시키는 키잉(Keying) 방식으로 틀린 것은?

〈정보처리기사 2015/8, 정보처리산업기사 2015/5〉

① ASK　　② CSK　　③ FSK　　④ PSK

[3-104] 다음 중 위상편이변조(PSK) 방식의 설명으로 옳지 않은 것은?

〈정보통신기사 2015/6〉

① 복조 시 동기 검파 방식을 사용한다.
② 디지털 신호에 따라 반송파의 주파수만 변화시킨다.
③ 전송로의 레벨 변동과 오류 확률이 적다.
④ 중간 속도의 데이터 전송에서 이용된다.

[3-105] 변조 방식에 있어서 아날로그 신호의 크기에 따라 반송파의 주파수가 변화하는 방식을 무엇이라 하는가?

〈정보통신산업기사 2015/6, 2015/3〉

① 주파수 변조(FM)　　② 위상 변조(PM)
③ 진폭 변조(AM)　　④ 델타 변조(DM)

[3-106] 디지털 데이터를 아날로그 신호로 부호화(encoding)하는 방식은?

〈정보처리기사 2015/5〉

① PSK　　② NRZ　　③ FM　　④ PM

[3-107] 아날로그 시그널링을 위해서 아날로그나 디지털 데이터를 일정한 주파수를 가진 반송파에 싣는 장치는?

〈정보처리산업기사 2015/5〉

① 부호화기(Encoder)
② 복호화기(Decoder)
③ 변조기(Modulator)
④ 복조기(Demodulator)

[3-108] 다음 중 아날로그 변조 방식의 진폭 변조(AM)에 대해 맞게 설명한 것은?　　〈정보통신산업기사 2015/3〉

① 아날로그 정보 신호에 따라 반송파 신호의 진폭을 변화시키는 방식
② 반송파 신호에 따라 아날로그 정보 신호의 진폭을 변화시키는 방식
③ 아날로그 정보 신호에 따라 반송파의 진폭과 위상을 변화시키는 방식
④ 반송파 신호에 따라 아날로그 정보 신호의 위상을 변화시키는 방식

[3-109] 변조의 필요성을 설명한 것으로 옳지 않은 것은?　　〈정보통신기사 2015/3〉

① 전송 채널에서 간섭과 잡음을 줄이기 위함이다.
② 송·수신용 안테나 길이를 늘이기 위함이다.
③ 다중 통신을 하기 위함이다.
④ 전송 효율의 향상을 위함이다.

정답 3-102 ① 3-103 ② 3-104 ② 3-105 ① 3-106 ① 3-107 ③ 3-108 ① 3-109 ②

학습목표

- 비트율과 보오율, 대역폭과 통신용량에 대하여 설명할 수 있다.
- 단방향, 반이중, 전이중 방식과 직렬 전송, 병렬 전송, 동기식 전송, 비동기식 전송 방식에 대하여 설명할 수 있다.
- 전송 도중 오류를 발생시키는 전송 손상에 대하여 설명할 수 있다.
- TP, 동축 케이블, 광섬유와 같은 유선 매체와 RF, 마이크로웨이브, 적외선과 같은 무선 매체에 대하여 설명할 수 있다.

정보처리기사 | 정보통신기사 | 정보보안기사 대비

한권으로 끝내는 데이터통신과 정보통신

전송 방식과 전송매체

4.1.1 비트율과 보오율

통신 속도는 단위시간에 전송되는 데이터의 양이고, 데이터의 양을 표현하는 방법에 따라 데이터 전송 속도, 변조 속도, 베어러(bearer) 속도 등으로 나타낼 수 있다. 베어러 속도는 기저대역 전송 방식에서 데이터 신호 이외에 동기 신호, 상태신호 등을 포함하는 데이터 전송 속도를 말한다.

데이터의 양은 일반적으로 비트, 문자, 블록 단위를 사용하고, 전송 속도의 단위로는 bps(bits per second), 변조 속도의 단위로는 보오(baud)를 가장 많이 사용하고 있다.

비트율은 초당 전송되는 비트 수가 얼마인가를 나타내는 것으로, 단위는 bps(bits per second)이고, 우리가 일반적으로 말하는 전송 속도이다. 예를 들어 전송 속도가 56Kbps라고 한다면, 매초 마다 56,000비트를 전송한다는 것을 의미한다.

보오율은 신호의 변조 과정에서 1초에 몇 번의 변조가 행해졌는가를 나타내는 변조 속도이다. 즉, 1초에 신호 개수 혹은 상태 변화의 수가 몇 개인가를 나타낸다. 디지털 신호를 아날로그 신호로 변조하는 속도를 나타내며, 단위는 보오(baud)이다. 보오는 1초 동안에 변조 횟수를 나타낸다.

예를 들어 FSK 신호가 초당 1,200비트를 보낼 수 있다고 하면 비트율은 1,200이 된다. 각각의 주파수 편이는 하나의 비트를 나타내며, 따라서 1,200비트를 보내기 위해서는 1,200개의 신호 요소가 필요하다. 그러므로 보오율 또한 1,200이다. 그러나 8-QAM 시스템에서 각각의 신호 요소는 3개의 비트를 나타낸다. 따라서 8-QAM을 사용하여 1,200의 비트율을 내기 위해서는 400의 보오율만이 필요하다.

비트율과 보오율은 초당 통과하는 사람 수와 자동차 수로 비유할 수 있다. 지나가는 사람 수가 전송 속도, 즉 비트율이고, 통과하는 자동차 수가 변조 속도, 즉 보오율이 된다. 자동차에 한 사람만 타고 있는 경우는 비트율과 보오율이 같은 경우이고, 2명씩 타고 있는 경우에는 자동차가 1대 지나갈 때 사람은 2명이 지나가는 것이다. 즉 비트율이 보오율의 2배가 되는 것이다.

4.1.2 대역폭과 채널 용량

(1) 대역폭

흔히 신호의 대역(band)이라는 표현을 자주 사용한다. 이는 암묵적으로 신호를 주파수 영역의 관점에서 본다는 것을 전제로 한다. 주파수 영역의 관점에서 볼 때, 주파수 요소가 값을 갖는 범위를 대역이라 하며, 이 범위의 크기를 대역폭(bandwidth)이라고 한다. 즉 대역폭은 (그림 4-1)과같이, 주파수 구성 요소들의 범위라고 할 수 있으며, 대역폭의 계산은 그 범위의 최고 주파수에서 최저 주파수를 빼면 된다.

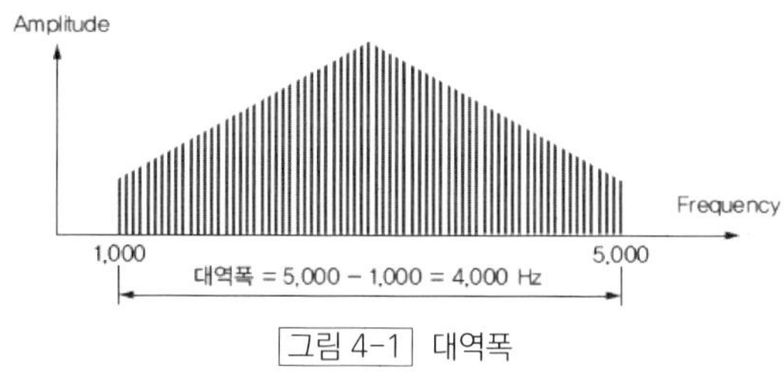

그림 4-1 대역폭

(2) 채널 용량

어떤 통신 회선을 통해 정보를 전송할 때 정보를 오류 없이 최대로 전송할 수 있는 최대 속도를 채널 용량(channel capacity)이라 하고, 단위는 전송 속도와 유사하다. 예를 들어 파이프를 통하여 물을 공급할 때 파이프의 굵기가 굵으면 동일한 시간에 많은 양의 물을 공급할 수 있고, 파이프의 굵기가 좁으면 많이 공급할 수가 없다. 마찬가지로 통신 회선의 채널 용량이 크다는 것은 많은 양의 데이터를 전송할 수 있다는 것을 의미한다.

'샤논-하트레이 정리(Shannon-Hartley theorem)'는 샤논(Claude E Shannon)과 하트레이(Ralph Hartley)가 증명한 것으로, 채널 모델 및 전송 제약 조건(전력, 대역 등)이 주어진 상태 하에 신뢰성 있게 전달할 수 있는 최대 정보량(초당 비트 수)을 계산하는 것이다. 간단히 말해서, 신호와 잡음의 세기에 따라 해당 채널에서 오류 없이 전송 가능한 이론상의 최대 용량이다. 즉 신호가 강할수록 또는 잡음이 약할수록 가능한 비트 전송율이 증가한다는 것이다. 샤논의 채널 용량 공식은 다음과 같다.

$$C = W\log_2(1+S/N)$$

여기에서 W는 Hz 단위의 대역폭이고 S는 신호 강도, N은 잡음 강도를 나타낸다. 만약 S와 N이 같다면 $C=W$가 된다.

예를 들어 대역폭이 3.1KHz이고 SNR(Signal to Noise Ratio)이 20dB인 채널의 채널 용량 C를 계산해 보면, $20dB=10\log_{10}S/N$이므로 S/N은 100이 되고, 채널 용량 C는 $C=3100 \log_2(1+100) = 3100 \times 6.658 = 20,640$bps가 된다.

잡음이 전혀 없는 이상적인 채널의 경우 채널 용량은 나이퀴스트(Nyquist)의 공식에 의하여 다음과 같이 된다. 즉 채널 용량은 전송 채널의 대역폭에 제한을 받는다. 여기에서 M은 신호의 레벨을 나타낸다.

$$C = 2W\log_2 M$$

예를 들어 대역폭이 1kHz이고 8진 PSK 변조 방식을 사용할 때, 잡음이 전혀 없는 이상적인 채널에서의 채널 용량 C는 $C = 2 \times 1000\log_2 8 = 6000$bps가 된다.

4.2.1 통신 방식

통신 방식(communication mode)은 연결된 두 장치 간의 신호 흐름의 방향을 정의할 때 사용한다. 통신 방식에는 단방향, 반이중, 전이중 방식이 있다.

(1) 단방향

단방향(Simplex) 방식에서 통신은 일방통행로처럼 한쪽 방향으로만 일어난다. 단방향 통신 방식은 (그림 4-2)와 같이 하나의 링크에 연결된 두 통신국에서 한쪽은 송신만 할 수 있고, 다른 쪽은 수신만 할 수 있다. 컴퓨터에서 키보드와 모니터는 단방향 장치의 대표적인 예이다. 키보드는 입력만 할 수 있고, 모니터는 출력만 할 수 있다.

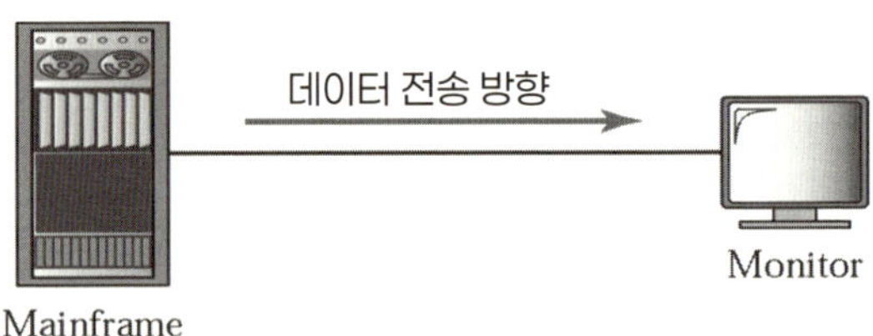

그림 4-2　단방향(simplex) 통신 방식

(2) 반이중

반이중(Half-duplex) 방식에서 각 통신국은 송신과 수신이 가능하지만 동시에는 할 수 없다. 반이중 통신 방식은 (그림 4-3)과같이 한 장치가 송신하면 다른 장치는 수신만 할 수 있다. 반이중 방식은 양방향으로 통행이 가능한 외길과 같다. 차들이 한쪽 방향으로 이동하면 다른 방향의 차들은 기다려야 한다. 반이중 전송 방식에서 채널의 전체 용량은 전송하는 장치가 전부 사용한다. 무전기가 반이중 시스템의 대표적인 예이다.

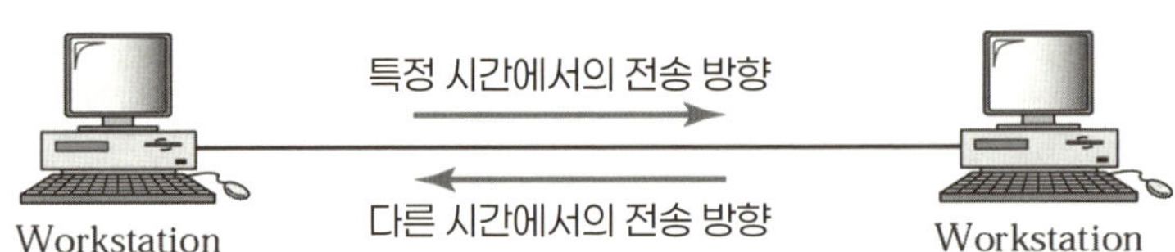

그림 4-3　반이중(Half-duplex) 통신 방식

(3) 전이중

전이중(Full-duplex) 통신 방식에서는 (그림 4-4)와 같이 양쪽 통신국이 동시에 송신과 수신을 할 수 있다. 전이중 방식은 동시에 양방향으로 통행이 가능한 2차선 도로와 같다. 전이중 방식에서 신호는 링크의 용량을 공유해서 양방향으로 전달된다. 전화는 전이중 통신 방식의 대표적인 예이다.

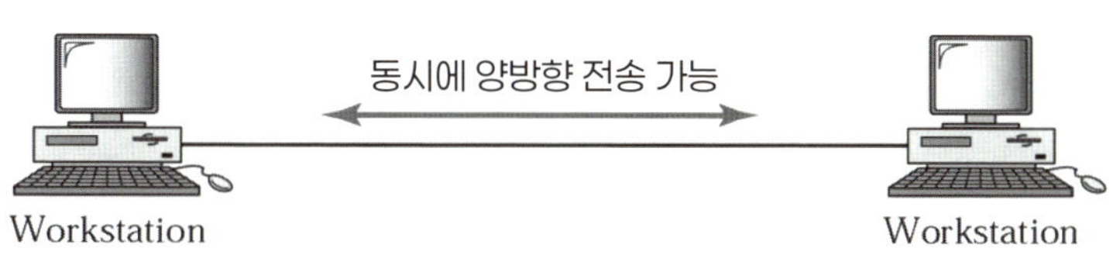

그림 4-4 전이중(Full-duplex) 통신 방식

4.2.2 직렬 전송과 병렬 전송

컴퓨터에서와 같이 디지털 데이터 전송은 정보를 전송할 때 일반적으로 2진 데이터를 바이트(byte) 단위로 전송하는데, 이를 통신회선 상으로 보내는 방식에 따라 하나의 통신회선을 사용하여 2진 데이터를 하나씩 순서대로 전송하는 직렬 전송(serial transmission)과 여러 개의 통신회선을 사용하여 여러 개의 2진 데이터를 한꺼번에 전송하는 병렬 전송(parallel transmission)으로 나눌 수 있다.

병렬 전송은 여러 개의 회선을 사용하여 한꺼번에 전송하므로 고속으로 데이터를 전송할 수 있지만 여러 개의 통신회선을 구축하는 비용이 많이 들기 때문에 일반적으로 근거리 전송에 이용된다. 이에 비하여 직렬 전송은 하나의 회선을 사용하여 전송하므로 회선에 드는 비용은 감소시킬 수 있지만 데이터를 하나씩 순서대로 전송하기 때문에 저속으로 원거리 전송에 많이 이용된다.

(1) 직렬 전송

직렬 전송은 하나의 문자 데이터를 하나의 통신회선을 통하여 1비트씩 순서대로 전송하는 방식이다. 이와 같이 하나의 회선을 통하여 순서대로 전송하기 때문에 전송시간이 많이 걸려 전송 속도가 저속이고, 또한 송신 시에 문자 데이터를 1비트씩 순서대로 나열하기 위한 병렬-직렬(P/S : Parallel-to-Serial) 변환 및 수신 시에 비트열을 문자 데이터로 바꾸어 주는 직렬-병렬(S/P : Serial-to-Parallel) 변환을 위한 시프트 레지스터 및 버퍼가 필요하여 회로의 구성은 복잡하지만, 하나의 회선을 사용하므로 구축 비용이 적게 들어 원거리 통신에 적합하다. 이를 사용하는 대표적인 예는 RS-232C와 USB(Universal Serial Bus)가 있다. 직렬 전송의 원리를 (그림 4-5)에 나타내었다.

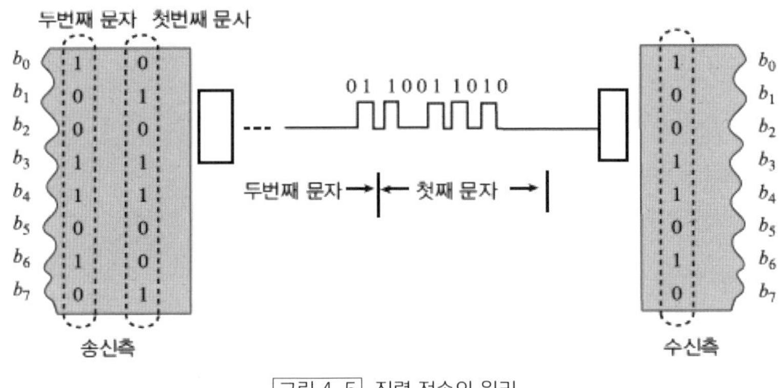

그림 4-5 직렬 전송의 원리

(2) 병렬 전송

병렬 전송은 하나의 문자 데이터를 구성하는 여러 개의 비트들을 여러 개의 통신회선을 통해 동시에 전송하는 방식이다. 즉, 하나의 문자를 구성하는 비트마다 각각의 통신회선을 가지고 전송하므로 데이터를 구성하는 비트 수만큼 통신회선이 필요하다. 따라서 이 방식은 짧은 시간에 다량의 데이터를 전송할 수 있고, 회로가 간단하다는 장점이 있어 고속 데이터 전송에 사용된다. 그러나 비트 수만큼의 회선이 필요하므로 전송 거리가 길어지면 비용이 많이 들고 또한 회선별로 데이터가 도착하는 시간이 다를 수가 있어서, 즉 타이밍이 달라 원래의 데이터를 정확히 복원하기가 어려워지는 단점을 가진다. 따라서 고속을 필요로 하는 근거리 통신에 주로 사용된다. 일반적으로 컴퓨터나 단말 장치의 내부에서는 모든 데이터를 병렬로 처리한다. 병렬 전송에 대한 원리를 (그림 4-6)에 나타내었다.

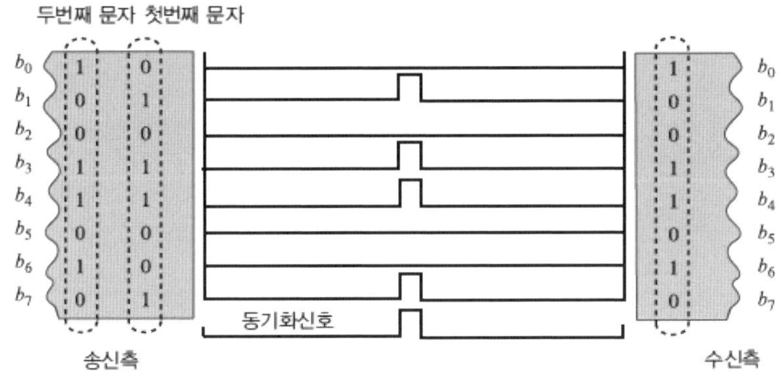

그림 4-6 병렬 전송의 원리

4.2.3 동기식 전송과 비동기식 전송

데이터 전송에 있어 수신 측에서 정보를 올바르게 복원하기 위해서는 송신 측에서 정보의 시작과 끝을 수신 측에 알려주어야 한다. 이를 동기화(synchronization)라고 한다. 즉, 송신 측에서는 정보와 정보 사이를 식별하기 위하여 일련의 비트를 첨가하여 수신 측으로 전송하고 수신 측에서는 전송된 데이터로부터 비트들을 분리하여 정보를 복원해야 한다. 따라서 송수신 측은 전송 비트의 구분에 관한 약속이 있어야 한다. 즉, 송신 측에서는 비트를 구별하기 위한 데이터를 전송해야 하는데 이러한 데이터를 동기 정보라 하며, 수신 측에서는 이러한 동기 정보를 추출해야 한다. 이와 같이 송수신 측 사이의 동기화를 위한 방식에는 동기식 전송과 비동기식 전송으로 나눌 수 있다.

(1) 비동기식 전송

비동기식 전송(asynchronous transmission)은 한 번에 한 문자에 해당하는 비트들을 전송하는 방식으로 시작-정지(start-stop) 방식이라고도 한다. 즉, 송신 측과 수신 측 사이의 클럭(타이밍)을 일치시키는 별다른 절차 없이 문자 단위로 정보를 전송하는 방식이다.

전송하고자 하는 문자와 문자를 구분하기 위하여 문자 데이터의 시작 지점에 시작을 알리는 시작 비트(start bit)와 문자 데이터가 끝나는 지점에 종료를 알리는 정지 비트(stop bit)를 보낸다. 일반적으로 각 문자 데이터는 5~8비트로 구성되고, 시작 비트는 1비트로 구성되고, 정지 비트는 1, 1.5, 혹은 2비트로 구성된다. 또한 전송의 오류를 검출하기 위하여 데이터 비트와 정지 비트 사이에 1비트의 패리티 비트(parity bit)를 보낸다. 따라서 전체 한 문자 데이터의 길이는 시작 비트와 정지 비트를 포함하여 10~11비트 정도이다. 비동기식 전송의 데이터 구조를 (그림 4-7)에 나타내었다.

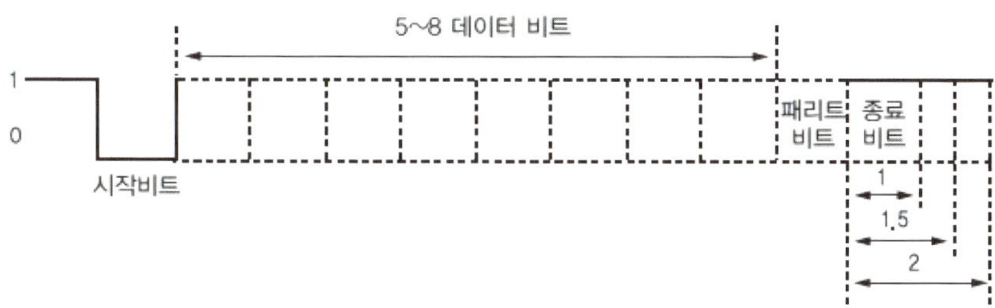

그림 4-7 비동기식 전송의 데이터 구조

비동기식 전송에서는 전송할 데이터가 없는 경우 휴지 상태(idle state)를 나타내는 '1' 비트를 계속해서 전송한다. 그러다가 전송할 데이터가 있으면 시작 비트 '0'을 한 비트 보내고, 전송할 문자 데이터에 해당하는 비트와, 패리티 비트 한 비트, 정지 비트 '1'을 한 비트 보냄으로써 문자 데이터의 전송이 이루어진다. 계속해서 전송할 문자 데이터가 있으면, 시작 비트 '0'을 보내고, 전송할 데이터가 없으면 다시 휴지 상태의 '1'을 계속해서 전송한다. 따라서 수신 측에서는 휴지 상태에 있다가 '0'의 상태를 가지는 시작 비트를 인지하면, 이후에 들어오는 8비트를 하나의 문자 데이터로 인식하면 되므로 간단하게 동기화가 이루어져 정확하게 데이터를 추출할 수 있다.

이 방식은 동기화시키기는 간단하지만, 하나의 문자 데이터에 대하여 시작 비트 및 정지 비트의 2~3비트를 첨가하여 전송해야 하므로 전송 효율이 70~80%로 저하되어 저속 데이터통신용으로 사용한다. 예를 들어 키보드를 하나 누르면 데이터가 전송되고, 다음번 키보드를 누를 때까지 유휴상태가 계속되는 방식이 비동기식 전송이다. 일반적으로 전송 속도는 1200bps 정도의 수준이고, 송수신 측의 직접 연결이 가능한 가까운 거리인 경우 9600bps까지 전송할 수도 있다.

(2) 동기식 전송

동기식 전송(synchronous transmission)은 한 문자 단위의 데이터 전송이 아니고 블록 단위(프레임)로 전송하는 것이다. 즉, 미리 정해진 수만큼의 문자열을 한 블록으로 만들어 한꺼번에 전송하는 것이다. 이때 데이터 묶음, 즉 블록의 앞쪽에 반드시 송수신 측 간의 동기를 맞추기 위한 동기 문자를 포함해야 한다. 또한 블록 내의 문자 사이에는 유휴 간격을 가지지 않는다. 타이밍 신호는 변복조기, 단말기 등이 공급한다. 동기식 전송은 특별한 시작 비트 및 정지 비트 없이 동기를 위한 추가 정보를 이용하여 전송하는 방법으로 전송 효율이 좋아 보통 2,000bps 이상의 고속 전송에 이용된다. 동기식 전송은 문자 위주 방식과 비트 위주 방식으로 다시 나눌 수 있다.

문자 위주 방식은 송신 측과 수신 측의 동기를 맞추기 위해 전송되는 데이터 블록 앞에 동기 문자(SYN)를 붙여 동기를 맞추고, 실제 데이터의 블록 앞에는 시작 문자(STX)를, 블록 뒤에는 종료 문자(ETX)를 추가하여 전송되는 블록의 시작과 끝을 구별하여 전송한다. 보통 한 블록은 8비트의 정수배이며 간단한 단말 장치에서 이용된다. 이에 대한 구조를 (그림 4-8)에 나타내었다.

문자 위주 방식에서는 만약 전송할 데이터가 없으면 어떤 신호도 보내지 않고, 전송할 데이터가 있는 경우 동기 문자(SYN)를 1~2개 보낸다. 그런 다음 전송할 데이터 블록을 모두 보내고 나면 어떤 데이터도 전송되지 않는 상태가 된다. 수신 측에서는 동기 문자에 의해 동기를 맞춘 후 전송 데이터를 수신하면 된다.

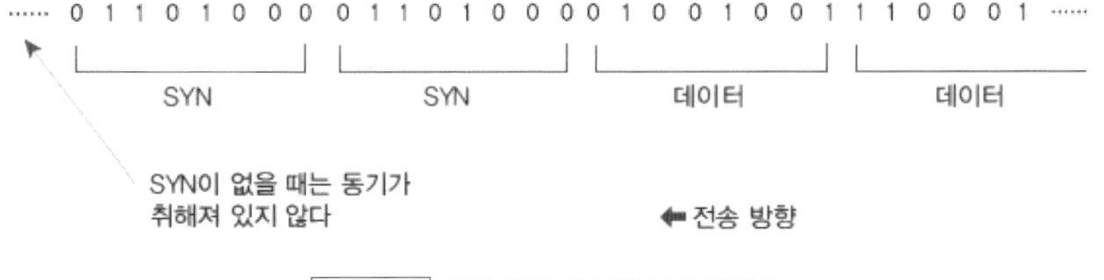

그림 4-8 문자 위주 방식의 동기식 전송

비트 위주 방식은 전송 단위를 문자열이 아닌 비트의 묶음으로 보고, 송신 측과 수신 측의 동기를 맞추기 위하여 전송되는 데이터 블럭의 앞뒤에 특수한 비트열인 플래그(flag) 패턴을 두고 비트열을 한꺼번에 전송하는 방식이다. 즉, 데이터와 제어 정보는 8비트 문자 단위로 해석될 필요는 없으며, 8비트 길이를 가진 플래그 패턴이 사용된다. 이에 대한 구조를 (그림 4-9)에 나타내었다. (그림 4-9)와 같은 플래그, 데이터, 제어 정보의 묶음을 프레임(frame)이라고 한다.

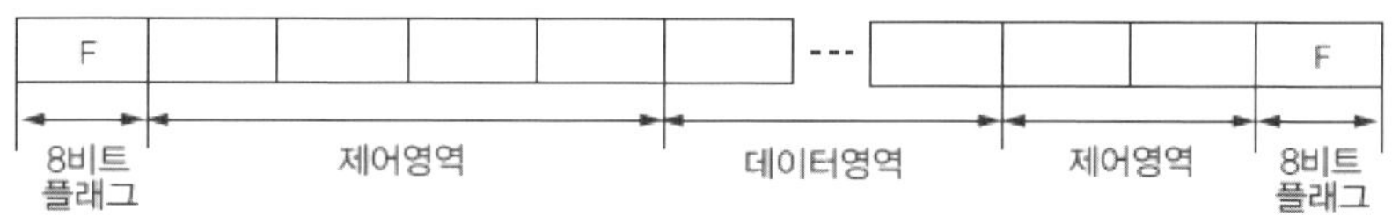

그림 4-9 비트 위주 방식의 동기식 전송

이 방식에서는 전송할 데이터가 없을 때도 항상 일정 패턴의 비트 플래그를 보내 송신 측 및 수신 측 사이에 항상 동기를 맞추어 준다. 만약 플래그를 보내다가 전송할 데이터가 있으면 플래그 사이에 전송할 데이터의 비트열을 한꺼번에 전송한다. 수신 측에서는 데이터 비트가 전송되다가 플래그 비트열을 만나면 전송이 끝났다고 판단한다.

만약 데이터의 비트열 사이에 플래그와 동일한 비트열이 존재할 때는, 잘못 해석 되는 것을 방지하기 위하여 송신 측에서는 임의의 비트를 삽입하고, 수신 측에서는 삽입된 비트를 제거하여 전송 데이터를 복원한다. 예를 들면, 플래그 패턴으로 '01111110'을 사용하는 경우에는, 데이터 비트열 사이에 '1'이 연속해서 5개가 전송되면 플래그와 구별하기 위해서 '0'을 삽입하여 전송한다. 이렇게 하여 전송 데이터 비트에는 플래그 비트와 같은 비트 패턴이 발생하지 않도록 한다.

(3) 전송 효율

전송 효율은 통신선의 사용 효율을 말하며, 전송된 총 비트 수에 대한 순수 정보 비트 수를 백분율로 표시한다. 동기 전송이 비동기 전송보다 전송 효율이 좋은데, 이는 비동기 전송의 경우에는 하나의 문자를 전송할 때마다 시작 및 정지 비트가 추가되기 때문이다. 예를 들어 시작 비트가 1비트, 정지 비트가 1비트라면 '8/10 = 80%'의 전송 효율을 가지게 된다. 문자 동기식 전송의 경우에는 STX가 8비트, ETX가 8비트를 가지고, 100개의 문자를 전송한다면, 800/816 = 98%의 전송 효율을 갖게 되므로 전송 효율이 좋다라고 한다.

4.3.1 전송 손상

전송 손상(transmission impairments)이란 전송 신호가 열이나 전자기장 등의 외적 요인 혹은 전송 매체의 물리적 특징에 의하여 송신 직전의 신호와 달라지는 것을 말한다. 가장 대표적인 전송 손상은 감쇠(attenuation), 왜곡(distortion), 잡음(noise) 등이 있다.

(1) 감쇠

감쇠(Attenuation)란 전기 신호가 거리에 따라 약해지는 현상으로 모든 전송 매체에서 발생한다. 유선 매체에서는 전송 신호의 강도가 거리에 따라 처음에는 급격히 감소하다가 점차 완만히 줄어드는 대수(logarithm) 형태이다. 무선 매체에서는 거리뿐만 아니라 주변의 대기환경에 대해서도 영향을 받는다. 신호가 제대로 전달되려면 수신 측에서 인지할 수 있을 만한 강도가 유지되어야 한다. 특히, 원거리 통신에서는 수신되는 신호는 수신기가 그 신호를 감지하고 해석하는데 무리가 없을 정도로 강해야 하며, 신호는 오류 없이 전송될 수 있도록 잡음에 대해 충분히 큰 수준을 유지해야 한다. 이러한 문제들을 해결하기 위해 증폭기(amplifier) 또는 중계기(repeater) 등을 이용한다.

아날로그 전송에서는 증폭기를 통하여 약해진 신호의 강도를 원래의 수준으로 회복시킨다. 그러나 증폭기가 모든 신호를 균일한 비율로 증폭시키지 못하면 신호의 변형을 가져올 수 있다. 그뿐만 아니라 증폭기가 직렬로 여러 개가 연결될 경우 이러한 누적된 신호 변형이 오히려 신호의 감쇠 방지 효과를 상쇄시킬 수 있으므로, 송신기와 수신기 사이에 사용할 수 있는 증폭의 수가 제한된다.

한편 디지털 전송에서는 중계기로 2진 정보를 다시 복원하여 재전송한다. 중계기는 송신기와 수신기의 일부 기능을 가진 장비로서 증폭기와는 달리 누적적인 신호 변경을 피할 수 있다. 그러나 중계기에도 원래 '1'을 나타내는 신호를 '0'으로 해석하거나, 반대로 '0'을 '1'로 해석하는 비트 오류(bit error)가 발생할 수 있다.

(2) 왜곡

왜곡(Distortion)은 신호의 모양이 변형되는 것을 말한다. 왜곡은 주파수에 따라 신호의 감쇠 정도가 다르기 때문에 발생하는 감쇠 왜곡과 신호가 매체를 통과하는 속도가 주파수 별로 다르기 때문에 생기는 지연 왜곡이 있다.

하나의 신호는 여러 주파수 요소로 구성되는데, 주파수에 따라 감쇠되는 정도는 동일하지 않다. 특히 감쇠는 높은 주파수에서 더 많이 일어난다. 감쇠 왜곡(attenuation distortion)은 이와 같이 주파수 스펙트럼에 따라 감쇠의 정도가 균일하지 못해 발생되는 신호의 변형을 말한다.

감쇠 왜곡은 아날로그 신호에서 더 심각하며, 디지털 신호도 여러 주파수 요소로 구성되어 있으나, 하나의 디지털 신호에 담겨진 전력 스펙트럼(power spectrum)은 상대적으로 좁은 범위에 밀집되어 있으므로 아날로그 신호에 비해 감쇠 왜곡이 적다. 감쇠 왜곡을 극복하기 위해 전송매체의 주파수 스펙트럼 전체에 걸쳐 감쇠의 정도를 비슷하게 보정을 해주는 기법을 사용한다.

유전체를 통과하는 신호의 전파 속도는 공기 중에서, 보다 느려질 뿐만 아니라 주파수 요소에 따라 속도가 다르다. 즉, 모든 주파수에서 일정한 속도를 갖는 공기 중에서와는 달리 이중 나선, 동축 케이블, 광섬유 등의 유선 매체에서는 상이한 주파수 요소 사이의 전파 속도 차이에 의한 지연 왜곡(delay distortion)이 생긴다.

디지털 전송에서 지연 왜곡은 중대한 영향을 미친다. 수신기에 들어온 신호들이 주파수의 요소에 따라 도착 시간이 다르다면 하나의 비트에 포함되는 에너지의 일정 부분이 인접한 다른 비트에 겹칠 수 있어 계속 이어져 들어오는 0 또는 1의 비트값을 구분하기가 어렵다. 이러한 현상을 상호 간섭이라고 하며, 이것이 디지털 정보의 최대 전송 속도(정보 전송률, data rate)를 결정하는 주된 요인이 된다.

신호가 왜곡 없이 전송되는 시스템을 '무왜곡 시스템'이라고 한다. 실제 시스템에서는 수신 신호가 원 송신 신호와 다르나 이 수신 신호로부터 원신호의 정보를 추출할 수 있다면 전송 시스템은 왜곡이 없다고 할 수 있다. 예를 들어, 수신 신호가 송신 신호와 크기가 다르고 시간 지연만 있는 경우가 이에 해당한다.

전송 선로는 선로의 한 지점에, 선로의 저항 R(Resistance), 선로의 인덕턴스 L(Inductance), 선로의 정전 용량 C(Capacitance), 선로의 누설 컨덕턴스 G(Conductance) 성분이 집중된 등가 회로로 취급할 수 있다. 전류가 도선을 타고 흐르면 열 손실이 발생해 전압이 줄어들기 때문에 이 성분을 R로 표현하고, 전류가 흐르면 자기장이 생기므로 이 성분을 L로 표현하고, (+)극과 (-)극 사이는 아무리 잘 차폐를 해도 누설 전류가 생기므로 이 성분을 G로 표현하고, 전압을 걸어주면 전하가 모이므로 이 성분을 C로 표현한다.

전송 선로에서, 감쇠 왜곡과 위상 왜곡이 없는 상태를 만들기 위한 조건, 즉 송신 측에서 보낸 정현파 입력이 수신 측에 일그러짐이 없이 도달되는 회로를 무왜곡 선로라고 하는데, 무왜곡 선로의 조건은 LG=RC이다.

(3) 잡음

잡음(Noise)이란 신호를 전송하는 과정에서 발생하는 원하지 않는 신호이다. 잡음은 전송 매체의 물리적인 특성으로부터 유발되는 잡음과 태양과 달, 번개 등의 돌발적인 외적 요인으로부터 유발되는 잡음 등이 있다.

잡음은 크게 열 잡음(thermal noise), 상호변조 잡음(intermodulation noise), 누화(crosstalk), 충격 잡음

(impulse noise) 등으로 분류된다.

열 잡음은 전도체 내부의 전자들이 열에 따른 불규칙한 움직임에 의한 내부로부터의 잡음이다. 이 잡음은 어떤 형태의 전자 장비와 매체에서도 나타나며, 그 크기는 절대온도에 비례한다. 또한 모든 범위의 주파수에 대해 균일한 정도의 전력 스펙트럼을 갖고 있다. 열잡음은 백색광과 같은 형태의 주파수 스펙트럼을 가지므로 백색 잡음(white noise)이라고도 불린다. 이 잡음은 제거될 수 없으므로 열잡음 이외의 왜곡이 없는 이상적인 전송 매체의 용량은 이론적으로 가능한 최대 용량이 된다.

상호변조 잡음은 동일 매체를 서로 다른 영역의 주파수로 구성되는 신호들이 이용할 때 주파수들의 합, 차 또는 배수에 해당되는 새로운 주파수가 만들어짐으로써 나타나는 잡음이다. 즉, 주파수 f_1, f_2를 그 주파수 요소로 가지는 신호로부터 $f_1 + f_2$, $f_1 - f_2$ 등의 새로운 주파수가 생기는 경우에 발생한다. 예를 들어 4,000Hz와 8,000Hz의 주파수를 주파수 요소로 가지는 신호가 동일한 매체를 이용할 때 12,000Hz에 해당하는 새로운 주파수가 생성될 수 있다. 이 경우 이미 12,000Hz 크기의 주파수를 사용하는 다른 신호와 간섭 현상을 일으킨다.

전송 과정에서 송신기, 수신기 등의 장비가 선형성을 만족하지 않으면 이러한 잡음이 발생하기 쉽다. 송신기나 수신기 등의 장비는 비정상적인 작동이나 지나치게 큰 입력 신호 등에 대해서는 주파수 요소들의 합이나 차에 해당하는 새로운 주파수를 발생시켜 이러한 잡음을 발생시킨다.

누화는 전화 통화 중 다른 사람의 말이 들리는 혼선과 같은 현상으로 열잡음에 비해서는 크기가 작은 편이다. 차폐가 안된 동선 가닥이 인접해 있거나 안테나로 신호를 수신할 때 반사된 신호가 같이 수신되는 경우에 발생된다.

예측할 수 없는 외부적 요인 즉, 번개, 통신 장비의 결함 등으로부터 발생하는 잡음이 돌발적 잡음이다. 이 잡음은 단속적이고, 펄스와 같이 뾰족하게 돌출한 형태를 띠며 순간적이지만 다른 잡음에 비해 상대적으로 크다. 이 잡음은 음성과 아날로그 정보의 전송에서는 큰 문제가 되지 않으나 디지털 전송에서는 중대한 문제를 초래하기도 한다. 예를 들어 아날로그 전송을 하는 전화 통화 중의 짧은 끊김은 내용 파악에 큰 지장을 주지 않는다. 그러나 디지털 전송에서는 매우 짧은 순간에도 상당 수의 비트를 포함하기 때문에 많은 정보의 손실을 가져올 수 있다. 예를 들어 4,800bps의 속도로 전송될 때 0.01초 동안의 짧은 끊김도 50비트에 해당하는 정보를 상실하게 하여 전체 정보를 파악할 수 없게 될 수도 있다. (그림 4-10)은 디지털 전송에서 잡음의 영향을 보여 주고 있다.

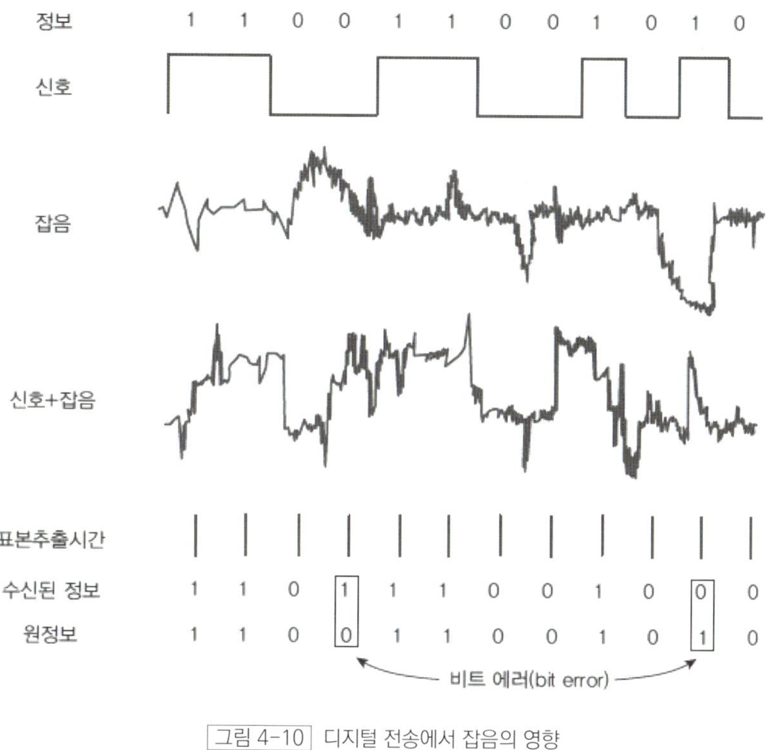

그림 4-10 디지털 전송에서 잡음의 영향

4.3.2 유선 매체

데이터 통신 장치는 신호(signal)를 사용하여 데이터를 전송한다. 이러한 신호는 전자기 에너지의 형태로 한 장치에서 다른 장치로 전송된다. 전자기 신호는 진공이나 대기를 통하여 또는 다른 전송 매체를 통하여 이동할 수 있다.

서로 진동하는 전기장과 자기장의 조합인 전자기 에너지에는 전력, 음성, 무선파(radio waves), 적외선(infrared light), 가시광선, 자외선(ultra-violet light), X선, 감마선, 우주선(cosmic rays) 등이 포함된다. 이것들은 (그림 4-11)과같이 전자기 스펙트럼의 일정 부분을 차지한다.

현재로서는 전자기 스펙트럼의 모든 부분이 원격통신에 사용되고 있는 것은 아니며, 사용 가능한 부분을 이용할 수 있는 전송 매체도 몇 가지 종류로 제한되어 있다. 음성 대역의 주파수는 일반적으로 꼬임 쌍선(twisted-pair cable)이나 동축 케이블(coaxial cable)과 같은 금속 케이블을 통해 전류로 전송된다. 무선주파수는 공기나 공간을 통해 이동할 수 있지만, 특정한 전송 절차 및 수신 방법이 필요하다. 현재 통신에서 사용되는 전자기 에너지 중에서 가장 발전된 형태는 가시광선으로 광섬유(fiber-optic) 케이블을 이용하여 전송된다. 전송매체는 크게 나누어 유선 매체와 무선 매체로 나눌 수 있다.

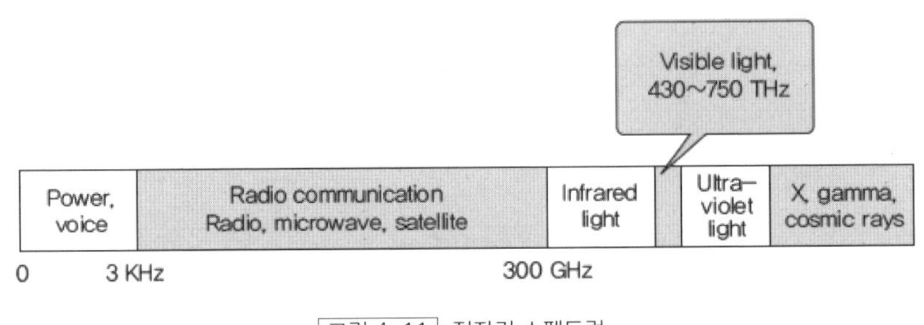

[그림 4-11] 전자기 스펙트럼

한 장치에서 다른 장치로의 통로를 제공하는 유도 매체(guided media), 즉 유선 매체에는 꼬임 쌍선, 동축 케이블, 광섬유 케이블 등이 있다. 꼬임 쌍선과 동축 케이블은 전류의 형태로 신호를 받고 전달하는 금속(구리) 도선을 사용하고, 광섬유는 빛의 형태로 신호를 받고 전달하는 유리나 플라스틱 케이블을 사용한다.

(1) 꼬임 쌍선

꼬임 쌍선(Twisted-Pair Cable)은 구리로 만든 선으로, 전자기 잡음의 침투를 막기 위하여 금속 박막이나 망사형 피복으로 도선을 감싸는 차폐형인 STP(Shielded TP)와 비차폐형인 UTP(Unshielded TP)가 있다. 성능은 STP가 좋지만, 가격과 설치상의 문제 등으로 UTP가 더 많이 사용되고 있다.

UTP 케이블은 현재 사용되고 있는 가장 일반적인 형태의 유선 매체이다. 전화에서 사용되어 가장 친숙하며 (그림 4-12)와 같이 주파수 영역이 데이터나 음성을 전송하는 데 적합하다.

[그림 4-12] UTP 케이블의 주파수 영역

UTP는 구별하기 쉽도록 (그림 4-13)과같이 각기 다른 색을 칠한 플라스틱 절연체로 도체를 감싸고 있다. 색깔은 케이블 내의 특정 도선을 식별하는 동시에 어떤 선이 짝을 이루고 있고, 다발에 묶여 있는 다른 선과 어떻게 관련이 있는지를 보여주는 데 유용하다.

그림 4-13 | UTP 케이블의 모양

2개의 도선을 서로 꼬는 이유는 전자기 잡음을 상쇄하기 위해서이다. (그림 4-14)와 같이 2개의 병렬로 된 평평한 전선을 사용하는 경우, 전동기 같은 장치에 의해 발생하는 전자기 간섭은 이러한 전선에 잡음을 유발할 수 있다. 만일 두 전선이 병렬이라면 잡음원에 가까운 전선은 더 많은 간섭을 받을 수 있고, 결국은 잡음원으로부터 더 멀리 떨어진 전선에 비해 더 높은 전압 준위를 갖게 되므로 부하의 변동이 심하게 되고 손상된 신호를 유발한다.

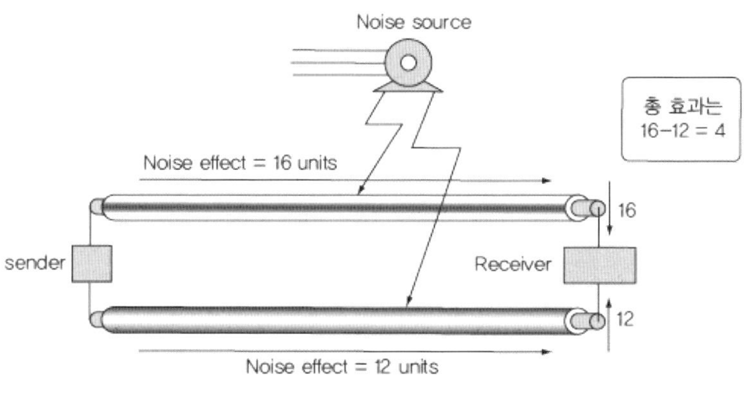

그림 4-14 | 병렬 전선에서의 잡음의 효과

그러나 (그림 4-15)와 같이 두 전선을 규칙적인 간격(피트 당 2번에서 12번 정도)으로 서로 꼬게 되면 각 전선은 잡음에 의해 영향을 받는 시간의 절반 동안은 잡음원에 더 가까워지고 나머지 반은 멀어지게 된다. 따라서 이렇게 전선을 꼬아줌으로써 간섭의 누적된 효과는 두 전선 모두에 동일하게 된다. 예를 들어 (그림 4-15)에서와 같이 전선의 각 부분이 꼬임 쌍선의 위쪽에 있을 경우 4만큼의 부하를 받고 아래쪽에 있을 경우 3만큼 받는다고 하면, 수신기에 미치는 잡음의 전체 효과는 '14-14=0이' 된다. 선을 꼬았다고 잡음이 언제나 제거되는 것은 아니지만, 상당한 정도의 감소 효과가 있다.

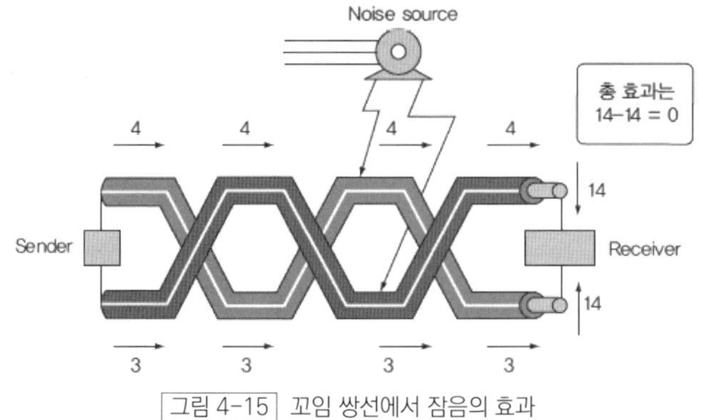

그림 4-15 꼬임 쌍선에서 잠음의 효과

UTP의 장점은 가격과 사용의 용이성이다. UTP는 값이 싸고 사용하기 편하며 설치하기도 쉽다. 미국의 전자산업 협회인 EIA(Electronics Industry Association)는 UTP 케이블의 등급을 매긴 표준을 제정하였다.

- Category 1 : 전화 시스템에 사용된 기본적인 UTP이다. 품질 수준은 음성의 경우에는 우수하지만, 저속 데이터 통신을 제외한 다른 것에는 부적합하다.
- Category 2 : 음성 및 4Mbps까지의 디지털 데이터 전송에 적합하다.
- Category 3 : 피트 당 최소 3번 꼬아주어야 하며 10Mbps까지의 디지털 데이터 전송에 사용할 수 있다. 현재 대부분의 전화 시스템의 표준 케이블이다.
- Category 4 : 토큰링 네트워크에서 사용할 수 있도록 카테고리 3 케이블을 개선시킨 것이다. 16Mbps까지의 디지털 데이터 전송에 사용할 수 있다.
- Category 5 : 100Mbps까지의 디지털 데이터 전송에 사용된다.
- Category 5e : 카테고리 5 케이블을 개선한 것으로, 4쌍의 전선을 사용하여 1Gbps까지의 디지털 데이터 전송에 사용할 수 있다.
- Category 6 : 10Gbps까지의 디지털 데이터 전송에 사용할 수 있다.
- Category 7 : 40Gbps까지의 디지털 데이터 전송에 사용할 수 있다.

UTP는 (그림 4-16)과 같은 RJ-45(Registered Jack)를 사용하여 네트워크 장치에 연결된다.

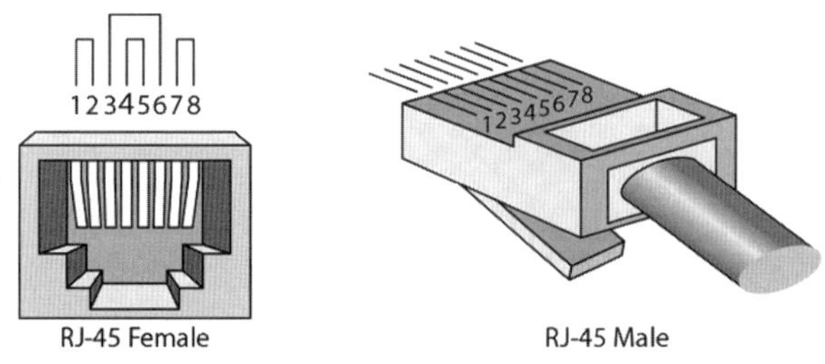

그림 4-16 UTP의 커넥터

(2) 동축 케이블

동축 케이블(Coaxial Cable)은 (그림 4-17)과같이 꼬임 쌍선보다 더 높은 주파수 영역의 신호를 전송한다. 그 이유 중 하나는 두 매체가 상당히 다르게 구성되어 있기 때문이다. 동축 케이블은 두 가닥의 전선 대신, (그림 4-18)과같이 절연 외피로 덮여진 원통형의 구리로 된 중심 도선과 금속망과 같은 외부 도선으로 이루어져 있다.

동축 케이블은 UTP보다 성능이 좋지만, 가격이 높고 사용이 불편하여 초기 LAN에서는 사용되었지만, 지금은 LAN에서는 거의 사용되지 않고 TV의 안테나 선으로 주로 사용된다.

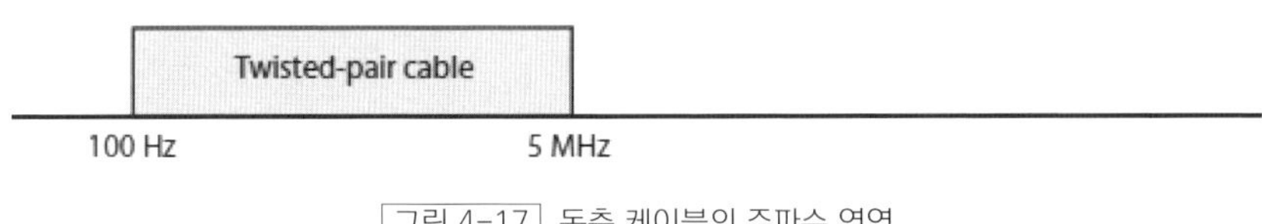

그림 4-17 동축 케이블의 주파수 영역

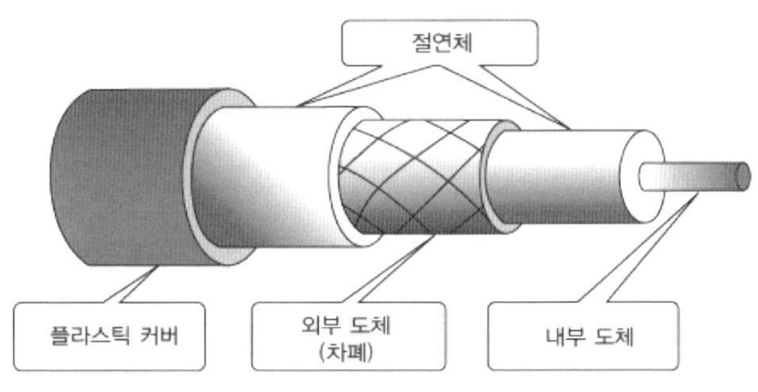

그림 4-18 동축 케이블의 구조

(3) 광섬유 케이블

광섬유 케이블(Fiber-Optic Cable)은 유리나 플라스틱으로 만들어져 있으며 빛의 형태로 신호를 전송한다. 따라서 빛의 전송 특성을 알아볼 필요가 있다. 빛은 일종의 전자기 에너지 형태로서 진공에서 최고 속도를 내며 초당 30만km의 속도로 이동한다. 빛의 속도는 이동하는 매체의 밀도에 따라 변한다. 즉 밀도가 높을수록 속도는 느려진다.

빛은 하나의 균일 물질 내에서는 하나의 직선을 이루며 이동한다. 만약 하나의 물질 속을 이동하던 광선이 갑자기 밀도가 더 높거나 더 낮은 다른 물질로 들어가면 속도가 급격히 변하게 되고 방향의 전환을 일으키게 된다. 이러한 변화를 굴절(refraction)이라고 한다. 물에 반쯤 잠긴 빨대가 굽어 보이는 것이 바로 이 굴절 때문이다.

광선이 굴절되는 방향은 밀도의 변화에 따라 달라진다. 밀도가 낮은 매체로부터 밀도가 높은 매체로 이동하는 광선은 (그림 4-19)와 같이 수직축 방향으로 굽어진다. 수직축과 광선에 의해 만들어지는 두 개의 각도를 입사각과 굴절각이라고 한다. (그림 4-19)의 (a)에서는 광선이 밀도가 낮은 매체로부터 높은 매체로 이동한다. 이 경우 굴절각은 입사각보다 더 작아진다. 그러나 (b)에서는 광선이 밀도가 높은 매체로부터 밀도가 낮은 매체로 이동한다. 이 경우에는 굴절각이 입사각보다 더 커진다.

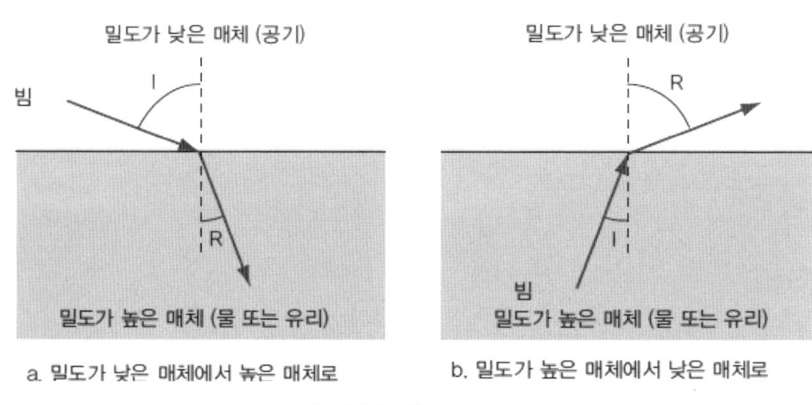

그림 4-19 | 빛의 굴절

광선이 밀도가 높은 매체로부터 밀도가 낮은 매체로 이동할 때 (그림 4-20)과같이 입사각을 차츰 증가시키면 굴절각도 계속 증가하여 굴절각이 90도가 되면 수평축과 평행하게 굴절된 광선을 갖게 되는 지점이 나타나게 된다. 이 지점에서의 입사각을 임계각(critical angle)이라 한다.

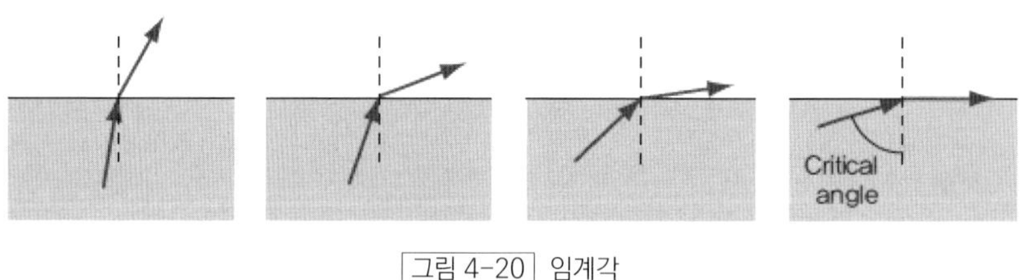

그림 4-20 | 임계각

입사각이 임계각보다 더 커지면 반사(reflection)라는 새로운 현상이 발생한다. 이렇게 되면 (그림 4-21)과같이 빛은 더 이상 밀도가 낮은 매체로 들어가지 않으며 입사각과 반사각은 항상 동일하게 된다.

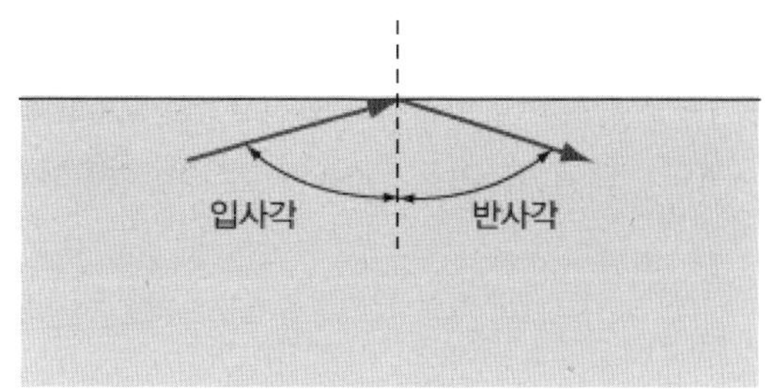

그림 4-21 빛의 반사

광섬유는 채널을 통해 빛을 유도하기 위하여 반사를 사용한다. 유리나 플라스틱 중심부는 밀도가 더 낮은 피복으로 둘러싸여 있다. 두 가지 물질의 밀도 차이는 중심부를 통하여 이동하는 광선이 피복에 굴절되어 들어가지 않고 반사될 정도가 되어야만 한다. 정보는 '1과 0'의 비트를 표시하는 일련의 깜박거리는 섬광으로 부호화 된다.

(그림 4-22)는 전형적인 광섬유 케이블의 구성을 보여주고 있다. 중심부(core)는 광신호를 전반사하기 위하여 피복(cladding)으로 싸여 있으며 습기로부터 보호하기 위하여 버퍼로 감싸고 마지막으로 외부 피복으로 보호된다.

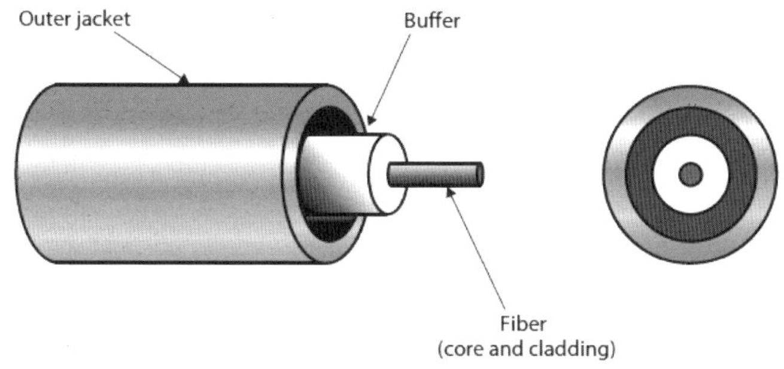

그림 4-22 광섬유 케이블의 구조

광케이블을 위한 커넥터는 케이블 자체만큼 정밀해야 한다. 금속성 매체를 사용하는 경우에는 양쪽 도선이 물리적으로 접촉되어 있기만 하면 되고 완벽하게까지 연결될 필요는 없다. 그러나 광섬유에서는 다른 한쪽의 중심부가 다른 쪽 중심부나 광전 다이오드와 조금이라도 어긋나면 통신이 어려워진다.

광섬유 케이블은 광대역이고 저손실이며 잡음에 강하므로 해저를 통한 대륙 간 통신 매체로 널리 이용되고 있다. 또한 데이터 및 동영상 통신 등에도 광범위하게 사용되고 있다.

광 채널을 따라 전파되는 빛에 대해 다중 모드(multimode)와 단일 모드(single mode)라는 두 가지 방식을 지원하는데, 각각의 방식은 물리적 특성이 다른 광섬유를 사용한다. 다중 모드는 다시 단계 지수(step-index)와 등급 지수(graded-index)의 두 가지 형태로 구현될 수 있다.

　다중 모드는 광원으로부터 나온 여러 개의 광선이 중심부에서 서로 다른 경로로 이동한다. 다중 모드 단계 지수 광섬유는 중심부의 밀도가 가운데에서 모서리까지 일정하게 유지된다. 따라서 광선은 중심부와 피복의 경계면에 도달할 때까지 일정한 밀도를 통해 직선으로 움직인다. 다중 모드 등급 지수 광섬유는 밀도가 중심부의 가운데에서 가장 높고 바깥쪽으로 갈수록 차츰 낮아진다. 따라서 (그림 4-23)과같이 단계 지수보다 신호의 왜곡이 감소된다.

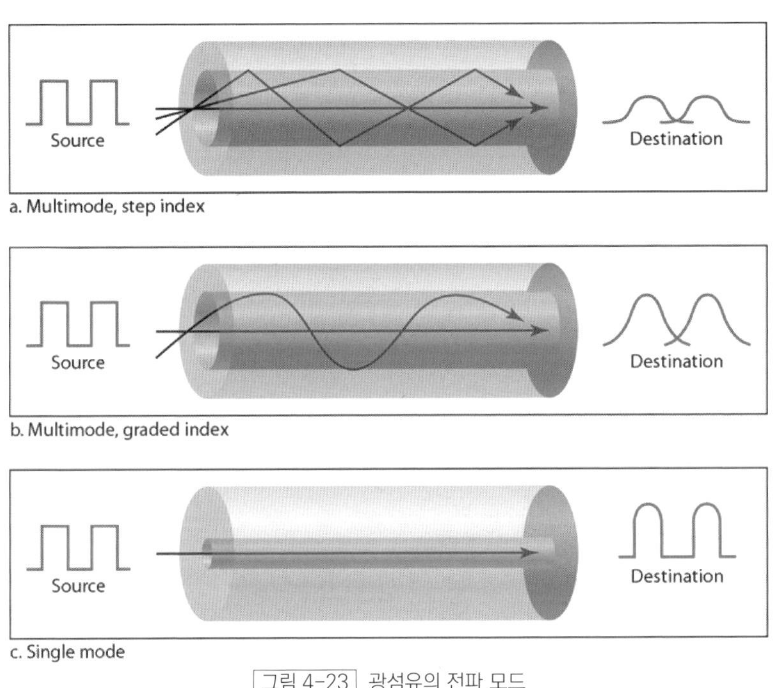

그림 4-23 　광섬유의 전파 모드

　단일 모드는 단계 지수 광섬유를 사용하고 광선을 수평에 가까운 작은 영역의 각도로 제한하도록 광원을 고도로 집중시킨다. 또한 밀도를 낮게 만들어 광선의 전파를 거의 수평으로 만드는 $90°$에 가까운 임계각을 만든다. 따라서 (그림 4-23)과같이 모든 광선이 함께 목적지에 도착해서 신호의 왜곡 없이 재결합될 수 있다.

　광섬유의 손실 요인으로는 광섬유의 재료가 갖는 고유 손실과 광섬유 제조 후에 부가되는 구조 손실로 나눌 수 있다. 고유 손실에는 산란 손실과 흡수 손실 등이 있으며. 구조 손실에는 불균등 손실, 코어 손실, 마이크로 벤딩(microbending) 손실 등이 있다.

- 불균등 손실 : 코어와 클래드 경계면의 불균일로 인해 발생되는 손실이다.
- 코어 손실 : 광섬유가 굽혀질 때 코어와 클래드의 경계면에 입사되는 광의 각도가 임계각보다 작게 되어 광이 클래드 내로 누설되어 발생하는 손실이다.

- 마이크로 벤딩 손실 : 광섬유 제조 과정 중에 측면에서 불균일한 압력이 가해져서 축이 미세하게 구부러짐으로써 발생하는 손실이다.

광통신 시스템에서는 전기 신호를 발광 소자인 LD(Laser Diode)나 LED(Light Emmitting Diode)에 의해 광파로 만든 다음, 변환된 광신호를 광케이블로 전송을 한다. 수신 측에서 수광 소자인 PD(Photo Diode)나 APD(Avalanche Photo Diode)를 이용하여 원래의 전기 신호로 변환한다.

4.3.3 무선 매체

무선 매체 또는 비유도 매체(unguided media)는 물리적인 도선을 사용하지 않고 공기(또는 물)를 통하여 전자기 신호를 전송한다. 무선 신호는 (그림 4-24)와 같이 발신지로부터 목적지까지 여러 가지 방식으로 전파(propagation) 될 수 있다. 무선공학에서는 지구가 대류권(troposphere)과 전리층(ionosphere)의 두 가지 대기층으로 둘러싸여 있는 것으로 간주한다.

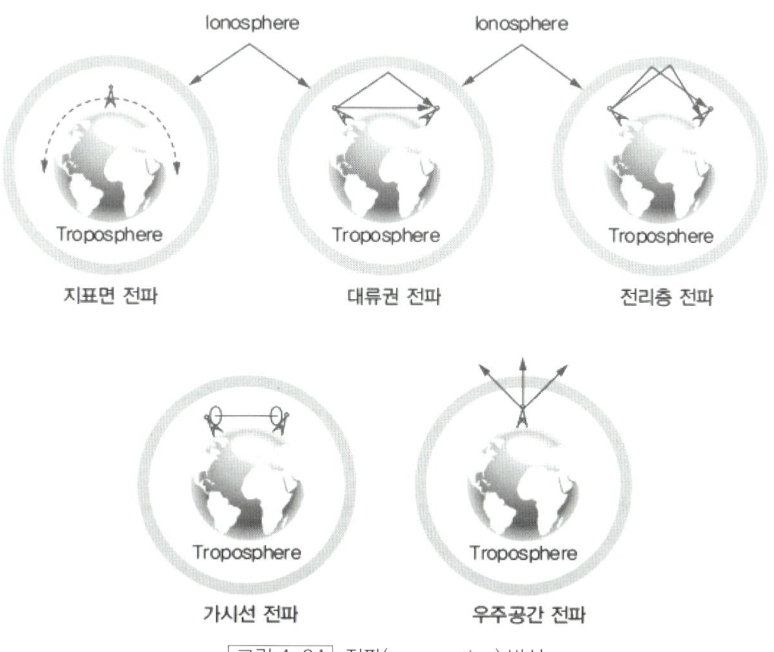

그림 4-24 전파(propagation) 방식

대류권은 지구 표면으로부터 대략 48km 바깥쪽까지 확장된 대기의 부분으로 우리가 일반적으로 공기라고 생각하는 것이 여기에 속한다. 일반적으로 무선공학의 용어에서 대류권은 성층권(stratosphere)이라고 부르는 높은 고도의 층을 포함한다.

전리층은 대류권의 위쪽으로부터 우주공간 아래쪽까지의 대기층이다. 전리층은 우리가 대기라고 생각하는 것의 밖에 존재하는 층으로, 자유 대전 입자(free electrically charged particles)를 포함하고 있어서 전리층이라는 이름이 붙게 되었다.

지표면 전파(surface propagation)는 무선파가 지구를 감싸는 대기의 가장 낮은 부분을 통하여 이동하는 방식이다. 가장 낮은 주파수를 사용하며 신호는 전송 안테나로부터 모든 방향으로 지표의 굴곡을 따라 퍼진다. 전파 거리는 신호의 전력량에 비례한다. 즉 더 큰 전력을 가질수록 더 먼 거리까지 전파된다.

대류권 전파(troposphere propagation)는 두 가지 방법으로 일어날 수 있다. 신호는 안테나에서 안테나로 직접 전송될 수도 있고, 지구 표면으로 다시 반사되어 올 수 있는 각도로 대류권 상층을 향해 전송될 수도 있다. 첫 번째 방법의 경우에는 안테나의 높이에 따른 지구 곡률에 의해 제한되는 가시선(line-of-sight)까지의 거리 내에 수신기나 송신기를 배치해야 한다. 두 번째 방법에서는 전파 거리가 더 멀어질 수 있다.

전리층 전파(ionosphere propagation)에서는 높은 주파수의 무선파가 전리층을 향하여 발산되었다가 반사되어 지상으로 되돌아온다. 대류권과 전리층의 밀도 차이가 각각의 무선파의 속도를 높이고 지상으로 되돌아오도록 방향을 바꾸는 원인이 된다. 이러한 종류의 전송은 낮은 출력으로도 원거리의 전파를 가능하게 한다.

가시선 전파(line-of-sight propagation)는 초단파 신호가 안테나에서 안테나로, 직선상으로 직접 전송되는 방식이다. 안테나는 반드시 마주 보고 있어야 하며, 지구 곡률에 영향을 받지 않을 정도로 충분히 높거나 서로 가까워야만 한다. 무선 전파가 완벽하게 한 점으로 모아지지 않기 때문에 가시선 전파는 까다롭다. 전파는 앞으로뿐만 아니라 위아래로도 발산되고, 지표면이나 대기에 반사되기도 한다. 이러한 반사파는 직접 전송된 것보다 수신 안테나에 늦게 도착해서 수신 신호를 망가뜨릴 수 있다.

우주공간 전파(space propagation)는 대기의 굴절을 이용하는 대신 위성에 의한 중계를 이용한다. 무선 신호는 궤도 위성에 의해 수신되고 지상에 있는 수신기로 신호를 다시 전송한다. 위성 전송은 기본적으로 위성을 중계기로 이용하는 가시선 전파에 속한다.

무선 전송에서는 신호의 주파수에 따라 전파되는 방식이 결정된다. 각 주파수는 특정 대기층을 통해 이동하고 그 층에 적합한 기술에 의해 가장 효율적으로 전송되고 수신된다.

(1) 무선 대역의 구분

전자기 스펙트럼에서 무선 통신 대역은 8개의 영역으로 나뉘는데, 그 각각은 정부 당국에 의해 규제된다. 이러한 대역은 (그림 4-25)와 같이 초저주파(VLF : Very Low Frequency)로부터 극초고주파(EHF : Extremely High Frequency)까지 등급이 매겨져 있다.

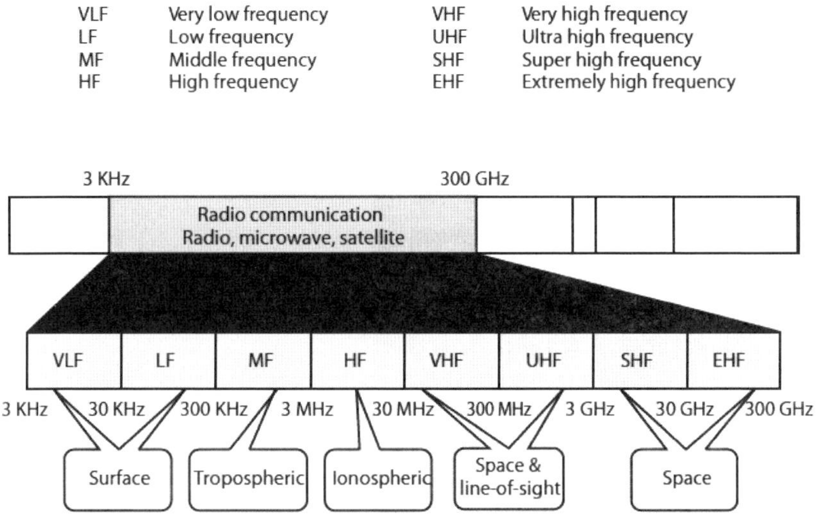

그림 4-25 무선통신 대역

- VLF(Very Low Frequency) : 초저주파(VLF)는 지표면 전파처럼, 일반적으로 공기를 통해 전파되지만 때때로 바닷물을 통해서도 전파된다. VLF는 전송 과정에서 많은 감쇠가 일어나지는 않지만, 낮은 고도에서 활발한 높은 수준의 대기잡음(열과 전기)에 민감하다. VLF는 대부분 장거리 무선 항해와 해저 통신에 사용된다.

- LF(Low Frequency) : 저주파(LF)는 VLF와 마찬가지로 지표면 전파처럼 전파된다. LF는 장거리 무선 항해와 무선 비컨(radio beacon)이나 항해 위치 확인 장치(navigation locator)에 사용된다. 감쇠는 자연적인 장애물에 의한 전파의 흡수가 증가하는 낮 동안에 더 커진다.

- MF(Medium Frequency) : 중파(MF) 신호는 대류권에서 전파된다. 이러한 주파수는 전리층에 의해 흡수된다. 따라서 MF 신호가 도달할 수 있는 거리는 신호가 전리층으로 들어가지 않고 대류권 내에서만 반사되도록 할 수 있는 각도에 따라 제한된다. 낮 동안에는 신호의 흡수가 증가하며, 대부분의 MF 전송은 제어를 쉽게 하고 흡수 문제를 방지하기 위하여 가시선 안테나를 사용한다. MF는 AM 라디오, 해상 무선, 무선 방향 탐지, 긴급 구조 주파수 등으로 이용된다.

- HF(High Frequency) : 단파(HF) 신호는 전리층 전파를 이용한다. 이러한 주파수는 밀도의 차이 때문에 신호를 지상으로 반사하게 되는 전리층으로 이동한다. HF는 아마추어 무선(HAM), 민간 무전기(Citizen Band Radio), 국제 방송, 군사 통신, 항공기 및 해상 통신, 전화, 전보, 팩시밀리 등에 사용된다.

- VHF(Very High Frequency) : 초단파(VHF) 신호는 가시선 전파를 이용한다. VHF는 (그림 4-26)과같이 무

선호출(paging), 텔레비전, FM 라디오, 항공기 통신 등에 사용된다.

- UHF(Ultra High Frequency) : 극초단파(UHF) 신호는 가시선 전파를 이용한다. UHF는 (그림 4-27)과같이 텔레비전, 이동전화, 마이크로파 통신 등에 사용된다.

- SHF(Super High Frequency) : 초고주파(SHF) 신호는 대부분 가시선을 사용하고, 일부는 우주공간 전파를 사용하여 전송된다. SHF는 지상과 위성 마이크로파 통신과 레이더 통신 등에 사용된다.

- EHF(Extremely High Frequency) : 극초고주파(EHF) 신호는 우주공간 전파를 이용한다. EHF는 주로 과학용으로 사용되며 레이터, 위성, 실험용 통신 등에 사용된다.

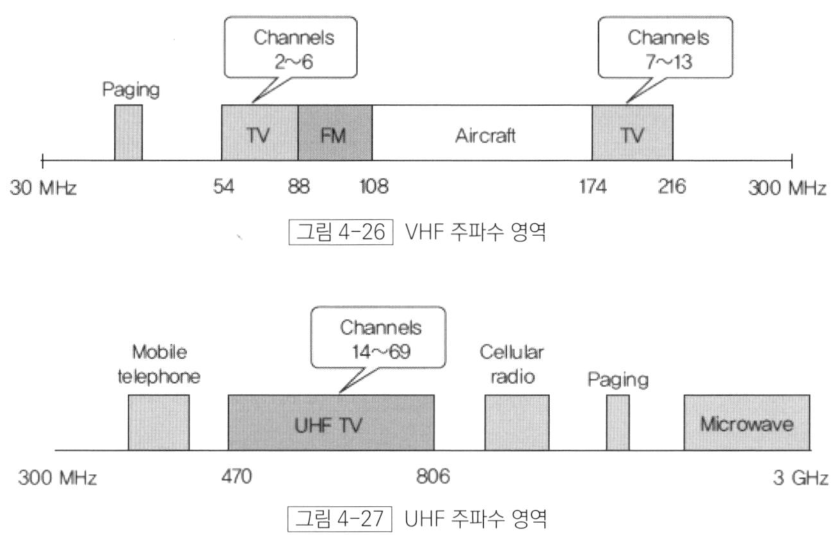

그림 4-26 | VHF 주파수 영역

그림 4-27 | UHF 주파수 영역

(2) 라디오파

라디오파(Radio Frequency)와 마이크로파 사이에는 분명한 경계는 없지만 일반적으로 3kHz와 1GHz 주파수 영역 사이의 전자기파를 라디오파라고 부르며, 1GHz에서 300GHz 주파수 영역 대의 파장을 마이크로파라고 부른다. 이 두 가지 전파는 그 특성이 조금 다르다.

대부분의 경우에 있어서 라디오파는 전방향성(omnidirectional)이다. 즉 안테나가 전파를 방사할 때 모든 방향으로 전파된다. 이는 송신 안테나와 수신 안테나가 일직선상에 놓일 필요가 없다는 것이다. 송신 안테나에 의해 송신된 신호는 모든 안테나에 의해 수신될 수 있다. 그러나 전방향성은 한 안테나에 의해 송신된 신호가 같은 주파수를 사용하는 다른 안테나의 방해를 받을 수 있다.

라디오파는 대류권 또는 전리층 전파를 이용하므로 AM 라디오와 같은 장거리 방송에 사용된다. 저주파나 중파

라디오파는 벽을 통과한다. 이 특성은 장점도 되고 단점도 된다. 예를 들면 건물 안에서도 AM 방송을 들을 수 있는 장점이 있지만 건물 안과 건물 밖으로 통신 영역을 구분할 수 없는 단점도 있다.

(3) 마이크로파

주파수가 1GHz에서 30GHz의 전자기파를 마이크로파(Microwave)라고 한다. 마이크로파는 방향성을 가지고 전파한다. 안테나가 마이크로파를 전송할 때는 초점을 맞추어 집중된 방향으로 보낼 수 있다. 이는 송신 안테나가 수신 안테나와 방향이 일치되어 있어야 한다는 것을 의미한다. 방향성을 갖는 것은 장점을 가지고 있다. 마이크로파의 전파 특성을 정리하면 다음과 같다.

- 마이크로파는 가시선 전파를 이용한다. 안테나가 서로 마주 보고 있어야 하므로 멀리 떨어진 두 안테나를 정렬시키기 위해서는 매우 높은 철탑이 필요하다. 지구 곡률이나 다른 방해 요인 때문에 철탑이 낮으면 통신하기 어렵다. 장거리 통신에는 중계기가 필요하다.
- 매우 높은 주파수의 마이크로파는 벽을 통과하지 못한다. 이 성질은 수신기가 건물 안에 있으면 수신할 수 없는 단점이 있다.
- 마이크로파의 대역폭은 상대적으로 넓어서 더 높은 데이터율이 가능하다.

마이크로파는 한 방향으로만 신호를 보내는 단방향성 안테나가 필요하다. 마이크로파 통신에서 사용되는 단방향성 안테나로는 (그림 4-28)과 같은 포물선 접시 안테나(parabolic dish antenna)와 혼 안테나(horn antenna)가 있다.

마이크로파는 단방향성으로 인해 송신기와 수신기 사이의 단방향 전송에 매우 적합하다. 휴대전화의 기지국에서 사용되며 위성통신과 무선 LAN 등에 주로 사용된다.

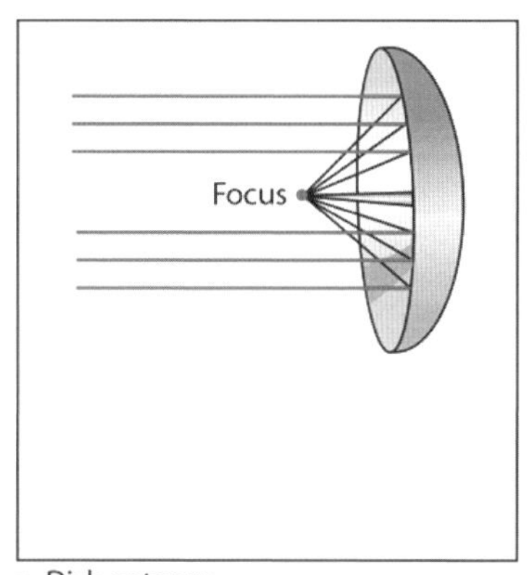

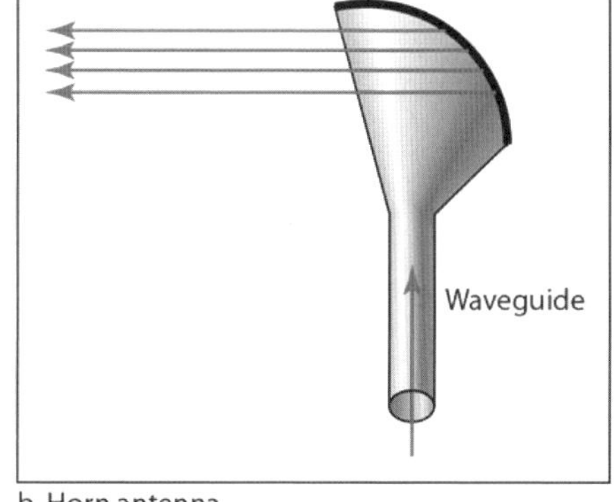

그림 4-28 단방향 안테나

(4) 적외선

적외선(Infrared)은 주파수 300GHz에서 400THz의 전자기파로 단거리 통신에 주로 사용된다. 적외선은 높은 주파수를 가지고 있기 때문에 벽을 통과하지 못한다. 이것은 서로 다른 시스템에 의해 방해를 받지 않는다는 장점으로 작용한다. 즉 한 방의 적외선 시스템이 다른 방의 적외선 시스템에 영향을 주지 않는다. 그러나 이러한 특성 때문에 적외선은 장거리 통신에는 적합하지 않다. 또 적외선은 건물 밖에서는 사용할 수 없는데 이는 태양 빛이 적외선 통신을 방해하기 때문이다.

적외선의 대역폭은 거의 400THz가 되므로 매우 높은 데이터 전송률로 데이터를 전송할 수 있는 잠재력을 가지고 있다. 적외선 통신의 표준을 제정하는 IrDA(Infrared Data Association)에서는 키보드, 마우스, 프린터 등의 주변기기와 PC가 무선으로 통신할 수 있는 표준들을 제공하고 있다. 원래 규정된 데이터율은 8m까지의 거리에서 75Kbps이었으며, 최근에는 4Mbps까지 개선되었다.

SUMMARY

- 비트율은 1초에 전송되는 비트의 양으로 단위는 bps(bits per second)이고, 보오율은 1초에 전송되는 신호의 양이다.

- 신호의 대역폭은 신호가 차지하는 주파수의 범위이다. 대역폭은 최대 주파수와 최소 주파수의 차이로 결정된다.

- 전송 용량은 전송 매체가 전송할 수 있는 매체의 대역폭에 정비례한다.

- 두 장치 간의 전송 방식에는 단방향, 반이중, 전이중 방식이 있다.

- 직렬 전송은 한 번에 한 비트씩 전송하는 것으로 장거리 전송에 적합하며, 병렬 전송은 한 번에 여러 비트를 전송하는 방식으로 단거리 전송에 적합하다.

- 비동기식 전송은 각 바이트를 시작 비트와 정지 비트를 붙여서 전송하며 각 바이트 사이에는 일정하지 않은 길이의 간격이 있을 수 있다.

- 동기식 전송은 비트의 묶음을 연속적으로 보내는 방식이다.

- 신호가 매체를 통해 전송될 때 장애가 발생한다. 장애란 신호가 매체의 시작에서와 끝에서 서로 같지 않음을 의미한다.

- 전송 장애로는 감쇠, 왜곡, 잡음 등이 있다.

- 신호는 경로를 따라 송신기로부터 수신기로 이동한다. 신호가 따라가는 경로를 매체라고 하며, 유도 매체와 비유도 매체로 구분할 수 있다.

- 유도 매체로는 TP, 동축 케이블, 광섬유 케이블이 있다

- 비유도 매체로는 RF, 마이크로 웨이브, 적외선 등이 사용된다.

4.1 전송 속도와 채널 용량

[4-1] 다음 보기의 설명으로 적합한 것은?

〈정보통신기사 2023/6〉

> 신호레벨이 변하는 속도로 매초에 전송할 수 있는 부호의 수를 의미하여 하나의 부호(심볼)를 전송할 때 필요한 시간에 대한 심볼의 폭으로 나타낼 수 있으며, 단위는 'Baud'이다.

① 변조 속도
② 데이터 신호 속도
③ 데이터 전송 속도
④ 베어러(Bearer) 속도

[4-2] 채널의 대역폭이 1,000[Hz]이고 신호 대 잡음비가 3일 경우 채널 용량은 얼마인가? (단, 채널 용량은 샤논의 정리를 이용하여 계산)

〈정보통신기사 2022/6, 2020/6, 2015/3〉

① 1,500 [bps]
② 2,000 [bps]
③ 2,500 [bps]
④ 3,000 [bps]

[4-3] 확산 대역(Spread Spectrum) 통신의 기반이 되는 샤논(Shannon)의 채널 용량에 대한 설명으로 틀린 것은?

〈정보통신산업기사 2022/6〉

① 채널 용량은 잡음과 관계없이 전송에 사용되는 주파수 대역폭에 비례한다.
② 통신시스템의 실제 성능이 이론적으로 가능한 최대 성능과 얼마나 차이가 나는지를 알려주는 지표로 사용한다.
③ 채널 용량도 수신 신호의 SNR의 증가에 비례하여 증가한다.
④ 잡음이 존재하는 곳에서 신뢰할 만한 통신이 가능한 이론적인 한계치를 제시한다.

[4-4] 다음 중 채널 용량에 대한 설명으로 옳지 <u>않은</u> 것은?

〈정보통신기사 2022/3, 2015/6〉

① 통신용량이라고도 하며 단위로는 [bps]를 사용한다.
② 수신 측에 전송된 정보량은 상호 정보량의 최대치이다.
③ 채널 용량을 증가시키기 위해서는 대역폭을 줄이고 S/N 비를 증가시켜야 한다.
④ 잡음이 있는 채널에서는 Shannon의 공식을 사용하여 채널 용량을 계산한다.

[4-5] 4-PSK 변조 방식에서 변조 속도가 2,400[baud]일 때 데이터 전송 속도는 몇 [bps]인가?

〈정보통신기사 2021/6, 2019/6, 2017/3, 정보처리산업기사 2020/10, 2018/4, 정보통신산업기사 2019/9, 2018/4, 2016/10, 2016/3〉

① 9,600 [bps]
② 4,800 [bps]
③ 2,400 [bps]
④ 1,200 [bps]

[4-6] 샤논의 채널 용량 공식을 사용해서 주어진 채널의 데이터 전송률을 계산할 때, C=B이면 무엇을 의미하는가? (단, C : 통신용량, B : 대역폭)

〈정보처리산업기사 2021/5, 2019/3〉

① 신호가 잡음보다 약하다.
② 신호가 잡음보다 강하다.
③ 신호와 잡음이 같다.
④ 이 채널로는 데이터 전송이 불가능하다.

[4-7] 3개 bit가 한 개의 신호 단위인 경우, 통신 속도 bps와 보오(baud)의 관계는?

〈정보처리산업기사 2021/5, 2016/5〉

① bps = 1/3 baud
② bps = 2 baud
③ bps = 3 baud
④ bps = 4 baud

정답 4-1 ① 4-2 ② 4-3 ① 4-4 ③ 4-5 ② 4-6 ③ 4-7 ③

[4-8] 정보 전송에서 800[Baud]의 변조 속도로 4상 차분 위상 변조된 데이터 신호 속도는 얼마인가?

〈정보통신기사 2021/3, 2017/3, 정보처리산업기사 2020/6〉

① 600 [bps] ② 1200 [bps]
③ 1600 [bps] ④ 3200 [bps]

[4-9] 샤논-하트레이(Shannon-Hartley)의 통신 채널 용량(bps)은? (단, C : 채널 용량, B : 채널의 대역폭, S : Signal, N : Noise)

〈정보처리산업기사 2020/10, 2019/8, 2018/3, 정보처리기사 2019/4〉

① $C=B\log_{10}(1+S/N)$ ② $C=2B\log_{10}(1+S/N)$
③ $C=B\log_2(1+S/N)$ ④ $C=2B\log_2(1+S/N)$

[4-10] 통신 속도가 50[Baud]일 때 최단 부호 펄스의 시간[sec]은? 〈정보처리산업기사 2020/8, 2018/4〉

① 2 ② 1
③ 0.5 ④ 0.02

[4-11] 변조 속도가 1600(Baud)이고 트리 비트(Tribit)를 사용하는 경우 전송 속도(bps)는?

〈정보처리산업기사 2020/8, 2019/4, 2018/3, 정보처리기사 2018/4〉

① 800 ② 1600
③ 4800 ④ 12800

[4-12] 주파수 대역폭이 f_d[Hz]이고 통신로의 채널 용량이 $6f_d$[bps]인 통신로에서 필요한 S/N 비는?

〈정보통신산업기사 2020/6, 2017/3, 정보처리기사 2017/5〉

① 15 ② 31
③ 63 ④ 127

[4-13] 16진 PSK를 사용하는 시스템에서 데이터 신호 속도가 12,400[bps]라면 변조 속도는 얼마인가?

〈정보통신기사 2020/5, 2016/3〉

① 775 [baud] ② 1,550 [baud]
③ 3,100[baud] ④ 6,200 [baud]

[4-14] 데이터 변조 속도가 3600[baud]이고 쿼드비트(Quad bit)를 사용하는 경우 전송 속도[bps]는?

〈정보처리기사 2019/8, 2016/3, 정보처리산업기사 2017/8〉

① 14400 ② 10800
③ 9600 ④ 7200

[4-15] 9600bps의 전송 속도를 갖는 모뎀이 4개의 위상을 갖는 QPSK로 변조될 때 변조 속도(baud)는?

〈정보처리산업기사 2019/8〉

① 4800 ② 2400
③ 1200 ④ 600

[4-16] 16 위상 변조 방식을 사용하는 변복 조기에서 단위 펄스의 시간 간격이 $T=8\times10^{-4}$[s]일 때, 데이터 전송 속도와 변조 속도는 각각 얼마인가?

〈정보통신산업기사 2019/6, 2017/9, 2015/3〉

① 2,500[bps], 1,250[baud]
② 5,000[bps], 1,250[baud]
③ 2,500[bps], 2,500[baud]
④ 5,000[bps], 2,500[baud]

[4-17] 8진 PSK 변조를 사용하는 모뎀의 데이터 전송 속도가 4800 bps일 때 변조 속도(baud)는?

〈정보처리산업기사 2019/4〉

① 600 ② 1600
③ 2400 ④ 4800

정답 4-8 ③ 4-9 ③ 4-10 ④ 4-11 ③ 4-12 ③ 4-13 ③ 4-14 ① 4-15 ① 4-16 ② 4-17 ②

[4-18] QAM(Quadrature Amplitude Modulation) 방식에서 4개의 위상과 2개의 진폭으로 구성되고 2400 baud일 때 전송 속도(bps)는? 〈정보처리기사 2019/3〉

① 300
② 4800
③ 7200
④ 19200

[4-19] 채널 대역폭이 150[kHz]이고 S/N비가 15일 때 채널 용량[kbps]은? (단, S : 신호, N : 잡음)

〈정보처리기사 2019/3, 2016/3, 정보처리산업기사 2017/5, 2015/3〉

① 150
② 300
③ 600
④ 750

[4-20] 샤논의 통신용량 공식에서 통신용량은 대역폭의 몇 배 비례하는가? 〈정보통신산업기사 2019/3, 2017/3, 2015/3〉

① 1배
② 1.5배
③ 2배
④ 3배

[4-21] 대역폭이 1kHz이고 8진 PSK 변조 방식을 사용할 때 채널 용량(kb/s)은? (단, 잡음이 없는 채널로 가정)

〈정보처리산업기사 2018/8〉

① 4
② 6
③ 8
④ 10

[4-22] 9,600[bps]의 비트열을 16진 PSK로 변조하여 전송하면 변조 속도는? 〈정보통신기사 2018/6〉

① 1,200 [Baud]
② 2,400 [Baud]
③ 3,200 [Baud]
④ 4,600 [Baud]

[4-23] 채널 용량이 100Kbps이고 채널 대역폭이 10kHz일 때 신호대잡음비는? 〈정보처리기사 2018/4〉

① 124
② 423
③ 1023
④ 4056

[4-24] 나이퀴스트 채널 용량 산출 공식(C)으로 옳은 것은? (단, 잡음이 없는 채널로 가정, S/N : 신호대잡음비, M : 진수, B : 대역폭)

〈정보처리산업기사 2018/4, 정보통신기사 2018/3, 2016/5, 2015/6〉

① $C=B\log_2(1+S/N)(\text{bps})$

② $C=B\log_2(M+1)(\text{bps})$

③ $C=2B\log_2(10+S/N)(\text{bps})$

④ $C=2B\log_2 M(\text{bps})$

[4-25] 대역폭이 100[kHz]이고 신호대잡음비(S/N)가 15일 때, 채널 용량[Kbps]은? 〈정보처리산업기사 2018/3〉

① 200
② 400
③ 600
④ 800

[4-26] 다음 중 샤논의 정리에서 채널의 통신 용량을 늘리기 위한 방법으로 옳은 것은? 〈정보통신산업기사 2017/6〉

① 신호(S) 세력을 높인다.
② 잡음(N) 세력을 높인다.
③ 대역폭(B)을 줄인다.
④ C/N 비(C : 채널 용량, N : 잡음 전력)를 감소시킨다.

[4-27] 8진 PSK 변조 방식에서 변조 속도가 2400[Baud]일 때 정보 신호의 전송 속도(bps)는?

〈정보처리기사 2017/5, 2017/3〉

① 2400
② 4800
③ 7200
④ 9600

정답 4-18 ③ 4-19 ③ 4-20 ① 4-21 ② 4-22 ② 4-23 ③ 4-24 ④ 4-25 ② 4-26 ① 4-27 ③

[4-28] 1200[baud]의 변조 속도를 갖는 전송 선로에서 신호 비트가 3bit이면, 전송 속도[bps]는?

〈정보처리산업기사 2017/5〉

① 1200
② 2400
③ 3600
④ 4800

[4-29] 8진 PSK 신호에 5,000[Hz]의 대역폭이 주어졌을 때 보오율(baud rate)과 비트율(bit rate)은 각각 얼마인가?
〈정보통신기사 2017/3, 2015/10〉

① 보오율:5,000[baud/s], 비트율:15,000[bps]
② 보오율:5,000[baud/s], 비트율:20,000[bps]
③ 보오율:10,000[baud/s], 비트율:15,000[bps]
④ 보오율:10,000[baud/s], 비트율:20,000[bps]

[4-30] 다음 중 통신 속도와 채널 용량에 대한 설명으로 맞는 것은?
〈정보통신기사 2016/10〉

① 변조 속도는 통신회선에서 1초 동안 전송할 수 있는 비트 수이다.
② 신호 속도는 1분 동안에 통신회선에 전달할 수 있는 비트 수이다.
③ 전송 속도는 1분 동안에 통신회선에 전송할 수 있는 문자 수이다.
④ 전송로에 단위 시간당 전달할 수 있는 최대 전송률을 Shannon의 채널 용량이라고 한다.

[4-31] 신호 대 잡음비가 63인 전송 채널이 있다. 이 채널의 대역폭이 8kHz라 하면 통신 용량(bps)은?
〈정보처리기사 2016/8〉

① 64420
② 48000
③ 25902
④ 55270

[4-32] 16상 위상 변조의 변조 속도가 1200baud인 경우 데이터 전송 속도(bps)는?
〈정보처리기사 2016/8〉

① 1200
② 2400
③ 4800
④ 9600

[4-33] 변조 속도의 단위로 옳은 것은?
〈정보처리산업기사 2016/8〉

① Baud
② Bit
③ Character
④ Packet

[4-34] 통신 속도가 4,800[baud]일 때 한 개의 신호 단위를 전송하는 데 필요한 시간은?
〈정보통신기사 2016/5〉

① 1/2,400 [sec]
② 1/4,800 [sec]
③ 1/9,600 [sec]
④ 1/1,200 [sec]

[4-35] 사용 대역폭이 4kHz이고 16진 PSK를 사용한 경우 데이터 신호 속도(kbps)는?
〈정보처리기사 2016/3〉

① 4
② 8
③ 16
④ 64

[4-36] 다음 중 한 번에 2개의 비트를 전송할 수 있는 신호레벨을 가지고 있을 때 채널 용량은 얼마인가? (단, 대역폭은 3100Hz이고, 채널 상에 잡음은 없는 것으로 가정한다.)
〈정보처리산업기사 2016/3〉

① 3100 bps
② 6200 bps
③ 9300 bps
④ 12400 bps

정답 4-28 ③   4-29 ①   4-30 ④   4-31 ②   4-32 ③   4-33 ①   4-34 ②   4-35 ③   4-36 ④

4.2 전송 방식

[4-37] 데이터 전송의 형태에서 한 문자 전송 시마다 스타트 비트와 스톱 비트를 삽입하여 전송하는 방식은?

〈정보처리산업기사 2024/5, 2022/7, 2021/5, 2019/8, 2019/4,
정보통신산업기사 2018/4, 2017/3〉

① 직렬 전송 방식
② 병렬 전송 방식
③ 비동기식 전송 방식
④ 동기식 전송 방식

[4-38] 다음 중 동기식 전송 방식과 비교한 비동기 전송 방식에 대한 설명으로 옳은 것은?

〈정보통신기사 2024/3, 2021/6〉

① 블록 단위 전송 방식이다.
② 비트 신호가 '1'에서 '0'으로 바뀔 때 송신 시작을 의미한다.
③ 각 비트마다 타이밍을 맞추는 방식이다.
④ 전송 속도와 전송 효율이 높은 방식이다.

[4-39] 다음 중 통신시스템에서 동기식 전송의 특징으로 옳지 않은 것은?

〈정보통신기사 2023/10〉

① 2[kbps] 이상의 전송 속도에서 사용
② Block과 Block 사이에는 휴지 간격이 없음
③ Timing 신호를 이용하여 송수신 측이 동기 유지
④ 전송 성능이 좋으며 전송 대역이 넓어짐

[4-40] 다음 중 통신망에서 동기식 전송 방식에 대한 특징에 관한 설명으로 옳지 않은 것은?

〈정보통신산업기사 2023/10〉

① 정보 전송형태는 블록 단위로 이루어진다.
② 문자와 문자 사이에 휴지기간이 있을 수 있다.
③ 블록과 블록 사이에는 휴지시간이 없다.
④ 전송 성능이 좋고 전송 대역도 좁게 차지한다.

[4-41] 다음 중 동기식 전송 방식에 대한 설명으로 옳은 것은?

〈정보통신기사 2023/3〉

① 각 글자는 시작 비트와 정지 비트를 갖는다.
② 데이터의 앞쪽에 반드시 비트 동기 문자가 온다.
③ 한 묶음으로 구성하는 글자들 사이에는 휴지기간이 있을 수 있다.
④ 회선의 효율을 증가시키기 위해 블록 단위로 송수신한다.

[4-42] 다음 중 비트 동기 전송 방식의 설명으로 옳은 것은?

〈정보통신산업기사 2023/3〉

① 메시지를 구성하는 프레임의 시작과 끝을 표시한다.
② 의미를 갖는 문자를 사용한다.
③ 메시지를 전송 단위인 문자로 구분한다.
④ 이 방식의 대표적인 프로토콜은 BASIC이 있다.

[4-43] 다음 중 데이터 동기식 전송 방식에 대한 설명으로 틀린 것은?

〈정보통신기사 2022/6〉

① 비트 동기와 블록 동기가 있다.
② BSC, BASIC Protocol에서 사용한다.
③ 각 비트의 길이는 통신 속도에 따라 정해지면 일정하다.
④ 스타트와 스톱 비트로 문자를 구분한다.

정답 4-37 ③ 4-38 ② 4-39 ④ 4-40 ② 4-41 ④ 4-42 ① 4-43 ④

[4-44] 다음 중 동기식 전송(Synchronous Transmission)에 대한 설명으로 <u>틀린</u> 것은?

〈정보통신기사 2022/3, 2020/5, 2016/5〉

① 전송 속도가 비교적 낮은 저속 통신에 사용한다.
② 전 블록(또는 프레임)을 하나의 비트열로 전송할 수 있다.
③ 데이터 묶음 앞쪽에는 반드시 동기 문자가 온다.
④ 한 묶음으로 구성하는 글자들 사이에는 휴지 간격이 없다.

[4-45] 비동기 전송 방식의 특징으로 가장 옳은 것은?

〈정보통신기사 2021/10, 2020/5〉

① 문자와 문자 사이에 일정치 않은 휴지 시간이 존재할 수 있다.
② 시작 비트와 정지 비트 없이 출발과 도착 시간이 정확한 방식이다.
③ 비트열이 하나의 블록 또는 프레임의 형태로 전송된다.
④ 모뎀이 단말기에 타이밍 펄스를 제공하여 동기가 이루어진다.

[4-46] 다음 중 비동기식 전송 방식의 설명으로 적합하지 <u>않은</u> 것은? 〈정보통신산업기사 2021/10, 2018/3, 2015/3〉

① 프레임 단위로 데이터를 일시에 전송한다.
② 송신 측과 수신 측이 각각 독립된 클럭을 사용한다.
③ 각 문자의 앞에 1개의 Start Bit, 문자 뒤에 1~2개의 Stop Bit가 존재한다.
④ 문자와 문자 사이에 일정치 않은 휴지 시간이 존재할 수 있다.

[4-47] 다음 중 병렬 전송의 특징이 <u>아닌</u> 것은?

〈정보통신기사 2021/6〉

① 근거리 전송에 적합하다.
② 단위시간에 다량의 데이터를 고속으로 전송할 수 있다.
③ 비용이 많이 든다.
④ 한 번에 한 비트만 전송이 가능하다.

[4-48] 전이중 통신에 대한 설명으로 옳은 것은?

〈정보처리산업기사 2021/5, 2018/8〉

① 송신을 하면서 동시에 수신도 할 수 있는 방식이다.
② 양방향 어느 쪽으로든지 데이터를 전송할 수 있으나 동시에 전송할 수는 없다.
③ 송신 측과 수신 측을 서로 필요에 따라 교대하는 방식이다.
④ 전기적으로 신호를 보내기 위해서는 송신 측과 수신 측을 연결하는 폐쇄회로를 구성해야 하므로 1개의 선로가 필요하다.

[4-49] 다음 데이터 통신 방식 중 반이중 방식의 설명으로 <u>틀린</u> 것은? 〈정보통신기사 2021/3, 2019/3〉

① 2선식 전송로를 이용하며 어느 시점 한 방향으로만 데이터를 전송
② 전송 데이터양이 적을 때 사용
③ 데이터 전송 방향을 바꾸는 데 소요되는 시간인 전송 반전 시간 필요
④ 전이중 방식보다 전송 효율이 높은 특성을 보유

정답 4-44 ① 　4-45 ① 　4-46 ① 　4-47 ④ 　4-48 ① 　4-49 ④

[4-50] 다음 중 비동기 전송 방식의 특징이 <u>아닌</u> 것은?
〈정보통신기사 2021/3, 2017/9〉

① 저속도의 EIA-232D 데이터 전송에 주로 사용
② 긴 데이터 비트 열을 연속적으로 전송하는 방식
③ 수신기가 각각 새로운 문자의 시작점에서 재동기를 수행
④ 매 문자마다 Start, Stop 비트를 부가하여 전송

[4-51] 데이터 전송을 수행하는 경우, 전달 방향이 교대로 바뀌어 전송되는 교번식 통신 방법으로 무전기에 사용되는 것은?
〈정보처리산업기사 2021/3, 2018/3〉

① 반이중 통신　　　　② 전이중 통신
③ 단방향 통신　　　　④ 실시간 통신

[4-52] 다음 중 비동기식 전송 방식의 특징으로 <u>틀린</u> 것은?
〈정보통신기사 2020/9〉

① 스타트 비트와 스탑 비트를 사용한다.
② 문자와 문자 사이에는 휴지 간격이 없다.
③ 정보 전송 형태는 문자 단위로 이루어진다.
④ 2,000[bps] 이하의 전송 속도에서 사용한다.

[4-53] 통신 방식에 의한 분류 중 양방향으로 송신이 가능하지만 동시에 양쪽 방향에서 송신이 불가능한 방식은?
〈정보처리산업기사 2020/8, 2017/5, 2016/8, 2016/5,
2016/3, 2015/8, 2015/5,
정보통신산업기사 2020/6, 2017/6〉

① 단방향 통신(simplex)
② 반이중 통신(half-duplex)
③ 이중 통신(duplex)
④ 역방향 통신(reverse)

[4-54] 다음 중 동기식 전송에 대한 설명으로 <u>틀린</u> 것은?
〈정보통신산업기사 2020/6〉

① 수신 장치와 송신 장치가 계속 클럭 주파수로 동작한다.
② 한 블록씩 전송한다.
③ 한 문자씩 전송한다.
④ 블록 앞에는 동기 문자를 사용한다.

[4-55] 전송 방식에는 크게 동기식과 비동기식으로 구분된다. 다음 중 동기식 전송 방식의 특징이 <u>아닌</u> 것은?
〈정보통신기사 2020/6〉

① 전송할 정보 묶음 단위로 앞뒤에 동기 문자를 가지며 전송 효율이 높다.
② 클럭(Clock)을 동기 신호로 사용한다.
③ 주로 전송 속도가 9,600[bps] 이상에서 사용한다.
④ 전송할 묶음 문자 사이에 휴지 간격(idle time)이 존재한다.

[4-56] 다음 중 4선식 회선에 가장 효율적인 통신 방식은?
〈정보통신기사 2020/6, 2018/6〉

① 단방향 통신　　　　② 반이중 통신
③ 전이중 통신　　　　④ 기저대역 통신

[4-57] 다음 중 데이터 전송 방식에서 직렬 전송 방식에 대한 설명이 <u>아닌</u> 것은?
〈정보통신기사 2019/10, 2018/6〉

① 현재 대부분의 데이터 전송 시스템에 활용되고 있다.
② 단말 장치에서의 입출력 부호 형식으로 사용된다.
③ 부호를 구성하는 모든 비트를 하나의 전송로를 통해 차례로 전송하는 방식이다.
④ 송 · 수신 간에 동기가 필요하다.

정답 4-50 ② 　4-51 ① 　4-52 ② 　4-53 ② 　4-54 ③ 　4-55 ④ 　4-56 ③ 　4-57 ②

[4-58] 다음 중 비동기 전송 방식의 설명으로 <u>틀린</u> 것은?
〈정보통신산업기사 2019/9〉

① 정보의 송수신을 위해 사용되는 클럭이 상태 측과 서로 독립적으로 운용된다.
② 송신할 정보가 있을 때마다 정보의 시작, 정지를 수신 측에 알려준다.
③ 한 문자씩 전송한다.
④ 한 비트씩 전송한다.

[4-59] 다음 내용이 설명하는 전송 방식은?
〈정보처리기사 2019/4〉

> 많은 데이터를 보내면 Framing Error의 가능성이 높아지고, 약 2Kbps 이하의 저속, 단거리 전송에 사용된다.

① 비동기식 전송
② 동기식 전송
③ 아날로그 전송
④ 디지털 전송

[4-60] 다음 중 병렬 전송 방식에 대한 특징을 잘 나타낸 것은?
〈정보통신산업기사 2019/3, 2017/9〉

① 전송 속도가 느리다.
② 전송로 비용이 상승한다.
③ 주로 원거리 전송에 사용한다.
④ 직병렬 변환 회로가 필요하다.

[4-61] 'TEST'라는 문자를 아스키(ASCII) 코드 형태로 변환하여 비동기 방식으로 전송할 때 스타트 비트, 스톱 비트를 각각 1비트로 할 경우 전송되는 총 비트 수는?
〈정보통신기사 2018/6, 2015/10〉

① 6[bit]
② 28[bit]
③ 32[bit]
④ 40[bit]

[4-62] 다음 중 동기식 전송의 특징으로 적합하지 <u>않은</u> 것은?
〈정보통신기사 2018/6〉

① 각 문자의 앞에는 시작 비트, 뒤에는 종료 비트를 갖는다.
② 블록과 블록 사이에는 휴지 간격이 없다.
③ 정보 전송 형태는 블록 단위로 이루어진다.
④ 수신 측 단말에는 버퍼 기억장치를 가지고 있어야 한다.

[4-63] 비동기식 전송 방식에서 Stop Bit의 역할은 무엇인가?
〈정보통신산업기사 2018/3〉

① 다음 문자를 수신할 수 있도록 준비 시간을 제공한다.
② 블록 단위로 데이터를 일시에 전송하도록 한다.
③ 헤딩의 시작을 표시한다.
④ 텍스트의 시작을 표시한다.

[4-64] 다음 중 비동기 전송 방식에서 문자를 해독해 처리하고 다음 문자를 수신할 수 있도록 준비 시간을 할애하기 위한 목적의 비트는?
〈정보통신기사 2017/9〉

① 패리티 비트(Parity Bit)
② 데이터 비트(Data Bit)
③ 시작 비트(Start Bit)
④ 정지 비트(Stop Bit)

[4-65] 다음 중 동기식 전송 방식의 특징으로 옳은 것은?
〈정보통신기사 2017/9〉

① 사용 단말기가 버퍼 기능이 있어야 하며 장비가 복잡하다.
② 전송 문자마다 앞에 시작 비트와 뒤에 정지 비트를 지닌다.
③ 전송 속도는 보통 1,800[bps] 이하로 사용한다.
④ 전송 문자 사이에 일정하지 않은 휴지 간격(Idle Time)이 존재한다.

정답 4-58 ④ 4-59 ① 4-60 ② 4-61 ④ 4-62 ① 4-63 ① 4-64 ④ 4-65 ①

[4-66] 다음 중 비동기식 전송 방식의 특징으로 옳은 것은?
〈정보통신산업기사 2017/9〉

① 송신 측과 수신 측이 항상 동기를 유지한다.
② 문자나 비트를 Start-Srop 비트 없이 전송한다.
③ 정보 전송형태는 블록 단위로 이루어진다.
④ 전송되는 각 문자 사이에 휴지 기간(Idle Time)이 있다.

[4-67] 데이터 통신 방식 중 Full-Duplex 방식의 가장 큰 장점은?
〈정보통신기사 2016/10〉

① 비동기식 전송 방식에 적합하다.
② 데이터를 동시에 전송하지 않는다.
③ 동시에 송수신이 가능하다.
④ 데이터를 병렬로 보낼 수 있다.

[4-68] 다음 중 비동기식 전송(Asynchronous Transmission)에 대한 설명으로 알맞은 것은?
〈정보통신기사 2016/3〉

① 문자와 문자 사이에 휴지 시간(Idle Time)이 없다.
② 2,400[bps] 이상의 전송 속도에 주로 사용한다.
③ 문자 전송 시 한 문자 단위로 동기를 유지한다.
④ 각 문자 앞에는 2개의 시작 펄스, 뒤에는 3개의 정지 펄스가 있다.

[4-69] 데이터 전송 방식에서 직렬 전송 방식이 아닌 것은?
〈정보통신기사 2015/10〉

① 현재 대부분의 데이터 전송 시스템에 활용되고 있다.
② 단말 장치에서의 입출력 부호 형식은 직렬 구성을 취한다.
③ 부호를 구성하는 모든 비트를 하나의 전송로를 통해 차례로 전송하는 방식이다.
④ 송수신 간에 동기가 필요하다.

[4-70] 프로토콜 전송 방식 중 특정한 플래그를 메시지의 처음과 끝에 포함해 전송하는 방식은?
〈정보처리산업기사 2015/8〉

① 비트 방식　　　② 문자 방식
③ 바이트 방식　　④ 워드 방식

[4-71] 데이터통신 회선의 이용 방식에 의한 분류에 포함되지 않는 것은?
〈정보처리기사 2015/5〉

① simplex communication
② half duplex communication
③ full duplex communication
④ multi access communication

[4-72] 비동기 전송에 대한 설명으로 틀린 것은?
〈정보처리기사 2015/5〉

① 어떤 문자도 전송되지 않을 때는 통신 회선은 예비(Reserve) 상태가 된다.
② 한 문자를 전송할 때마다 동기화시킨다.
③ 각 비트 블록의 앞뒤에 각각 시작과 정지 비트를 덧붙여 전송한다.
④ 일반적으로 패리티 비트를 추가해서 전송한다.

[4-73] 비동기식 전송 방식에 대한 설명으로 틀린 것은?
〈정보처리산업기사 2015/5〉

① 각 전송 문자 사이에는 휴지기간이 존재한다.
② 송수신 장치의 동기 형태는 비트 동기 방식이다.
③ 전송 속도가 주로 저속에서 운용된다.
④ 각 전송 문자의 앞뒤에 시작 및 정지 비트를 삽입한다.

정답 4-66 ④　4-67 ③　4-68 ③　4-69 ②　4-70 ①　4-71 ④　4-72 ①　4-73 ②

4.3 전송 손상과 전송 매체

[4-74] 다음 중 동선의 트위스트 페어(Twisted Pair) 케이블의 특징으로 맞지 <u>않는</u> 것은?

〈정보통신기사 2023/10, 정보처리산업기사 2016/3〉

① 가격이 저렴하고 설치가 간편하다.
② 하나의 케이블에 여러 쌍의 꼬임 선들을 절연체로 피복하여 구성한다.
③ 다른 전송 매체에 비해 거리, 대역폭 및 데이터 전송률 면에서 제한적이지 않다.
④ 유도 및 간섭 현상을 줄이기 위해서 균일하게 서로 꼬여 있는 형태의 케이블이다.

[4-75] 다음 중 전자파 간섭에 노출된 컴퓨터 네트워크에서 데이터를 전달하는데 가장 적합한 전송매체로 옳은 것은? 〈정보통신기사 2023/10〉

① 광섬유(Optical Fiber)
② 동축 케이블(Coaxial Cable)
③ 마이크로웨이브(Microwave)
④ UTP(Unshielded Twisted Pair)

[4-76] 다음 중 랜(LAN)선의 한 종류인 STP 케이블을 UTP 케이블과 비교하였을 때의 설명으로 옳지 <u>않은</u> 것은? 〈정보통신산업기사 2023/10〉

① 노이즈 방지 효과가 크다.
② 전자파에 강하다.
③ 케이블 심선 색상은 동일하다.
④ 가격이 저렴하다.

[4-77] 통신용 케이블 중 UTP(Unshielded Twisted-Pair) 케이블 규격에 대한 설명으로 <u>틀린</u> 것은?

〈정보통신기사 2023/6〉

① CAT.5 케이블의 규격은 10BASE-T이다.
② CAT.5E 케이블의 규격은 1000BASE-T이다.
③ CAT.6 케이블의 규격은 1000BASE-TX이다.
④ CAT.7 케이블의 규격은 10GBASE이다.

[4-78] 데이터 전송 시 서로 다른 전송 선로 상의 신호가 정전 결합, 전자 결합 등 전기적 결합에 의하여 다른 회선에 영향을 주는 현상은?

〈정보통신기사 2023/6, 2020/6, 2016/3〉

① 왜곡(Distortion)   ② 누화(Crosstalk)
③ 잡음(Noise)   ④ 지터(Jitter)

[4-79] 동축 케이블이 꼬임 쌍선 구리 케이블에 비해 잡음에 강한 이유로 가장 적합한 것은? 〈정보통신산업기사 2023/6〉

① 내부 도선의 전도율이 높음
② 케이블 직경이 커서 전도율이 높음
③ 외부 도체에 의한 차폐기능
④ 절연 물질에 의한 차단 효과

[4-80] 다음 중 UTP(Unshielded Twisted-Pair) 케이블에 대한 설명으로 옳은 것은? 〈정보통신기사 2023/3〉

① CAT.6 케이블 규격은 100BASE-TX이다.
② CAT.5E 케이블의 대역폭은 500[MHz]이다.
③ CAT.3 케이블은 최대 1[Gbps] 전송속도를 지원한다.
④ CAT.7 케이블은 최대 10[Gbps] 전송속도를 지원한다.

정답 4-74 ③ 4-75 ① 4-76 ④ 4-77 ① 4-78 ② 4-79 ③ 4-80 ④

[4-81] 다음 중 다중 모드 광섬유(Multimode Fiber)에 대한 설명으로 <u>틀린</u> 것은? 〈정보통신기사 2023/3, 2019/6〉

① 코어 내를 전파하는 모드가 여러 개 존재한다.
② 모드 간 간섭이 있어 전송 대역이 제한된다.
③ 고속, 대용량 장거리 전송에 사용된다.
④ 단일 모드 광섬유보다 제조 및 접속이 용이하다.

[4-82] 다음 문장의 괄호 a-b-c-d-e가 순서대로 바르게 짝지어진 것은? 〈정보통신기사 2022/3〉

> 통신망을 구성하는 각 노드들은 통신 회선을 이용하여 연결하여야만 신호가 전달된다. 이때 사용하는 통신 회선을 (a)라 하는데, 여기에는 (b)와(c)가 있다.
> (b)는 물리적 통로를 따라 유도되는 것으로 (d) 등을 말하고,, (c)는 전자파(전파)를 전송하는 매체로 (e) 등이 있다.

① 토폴로지-중계기-스위치-교환기-증폭기
② 링크-집중화기-다중화기-MUX-안테나
③ 네트워크-이더넷-무선 통신망-전화선-발진기
④ 전송 매체-유도 전송 매체-비유도 전송 매체-유선-공기

[4-83] 다음 중 UTP 케이블 특징으로 <u>틀린</u> 것은? 〈정보통신기사 2022/3〉

① 차폐 기능을 지원
② 8가닥 선으로 구성
③ 트위스트 페어 케이블의 일종
④ 전송 길이는 최대 100[m] 이내

[4-84] 다음 중 광통신에서 사용되는 발광 소자는? 〈정보통신산업기사 2021/10, 2020/3, 2015/6〉

① VD(Varactor Diode)
② PIN 다이오드(PIN Diode)
③ APD(Avalanche Photo Diode)
④ LD(Laser Diode)

[4-85] 다음 중 UTP 케이블에 대한 설명으로 <u>틀린</u> 것은? 〈정보통신산업기사 2021/6〉

① 일반적인 전송 속도는 10~100[Mbps]이다.
② 커넥터로는 RJ-45와 RJ-11을 사용한다.
③ 설치비용이 비교적 저렴하다.
④ 케이블 내부에는 금속 차폐막을 사용하고 있다.

[4-86] 다음 중 STP 케이블 설명으로 <u>틀린</u> 것은? 〈정보통신산업기사 2021/6〉

① 외부 잡음과 간섭에 대한 영향이 적다.
② UTP보다 성능이 좋다.
③ UTP에 비해 짧은 전송 거리를 갖는다.
④ 차폐 이중 나선이다.

[4-87] 다음 중 동축 케이블 구성 요소로 <u>틀린</u> 것은? 〈정보통신산업기사 2021/6〉

① 외부도체 　　　　② 내부도체
③ 절연체 　　　　　④ 코어

[4-88] 광섬유의 구조 손실에 해당하지 <u>않는</u> 것은? 〈정보처리산업기사 2021/5, 2018/3〉

① 다중 모드 손실 　　② 불균등 손실
③ 코어 손실 　　　　④ 마이크로밴딩 손실

[4-89] 다음 중 전송 회선의 분류에서 유도 매체가 <u>아닌</u> 것은?　〈정보처리산업기사 2021/5, 2016/3〉

① Twisted-pair cable
② Coaxial cable
③ Optical fiber
④ Air

[4-90] 광섬유 케이블은 빛의 어떤 현상을 이용하는 것인가?　〈정보처리산업기사 2021/3, 2020/10, 2019/3, 2018/3〉

① 산란　　　　　　② 흡수
③ 전반사　　　　　④ 분산

[4-91] UTP 케이블을 이용하여 네트워크 구성 시 1[Gbps] 속도를 지원하는 케이블 등급은?　〈정보통신산업기사 2021/3, 2019/6〉

① Category 1　　　② Category 3
③ Category 5　　　④ Category 6

[4-92] 다음 중 광섬유의 특징에 대한 설명으로 알맞지 <u>않는</u> 것은?　〈정보통신기사 2020/9〉

① 아주 빠른 전송 속도를 가지고 있다.
② 정보 손실률이 높다.
③ 매우 낮은 전송 에러율을 가지고 있다.
④ 네트워크 보안성이 높다.

[4-93] 광섬유 케이블의 실명으로 <u>틀린</u> 것은?　〈정보처리산업기사 2020/6, 2017/5〉

① 동축케이블보다 더 넓은 대역폭을 지원한다.
② 전송 속도가 UTP 케이블보다 빠르다.
③ 동축케이블에 비해 전자기적 잡음에 약하다.
④ 동축케이블에 비해 전송손실이 작다.

[4-94] 다음 중 TP 케이블의 설명으로 <u>틀린</u> 것은?　〈정보통신산업기사 2020/3〉

① 두 가닥의 절연 구리 선이 감겨 있는 케이블이다.
② STP 케이블과 UTP 케이블이 있다.
③ 근거리 통신망에서 가장 대중화된 전송매체이다.
④ 전기적 신호의 간섭이나 잡음에 매우 강하다.

[4-95] 다음 중 외부 피복이나 차폐재가 추가되어 있어 옥외에서 통신기기 간에 사용하기 가장 적합한 케이블은 어느 것인가?　〈정보통신산업기사 2019/6〉

① UTP　　　　　　② STP
③ ATP　　　　　　④ KTP

[4-96] 광섬유 케이블에서 클래딩(Cladding)의 주 역할은?　〈정보처리산업기사 2019/4, 2018/8, 2017/3, 2015/3〉

① 광신호를 전반사　　② 광신호를 회절
③ 광신호를 흡수　　　④ 광신호를 전송

[4-97] 다음 중 광섬유의 장점으로 <u>틀린</u> 것은?　〈정보통신산업기사 2019/3〉

① 대역폭이 대단히 넓다.
② 보안성이 우수하다.
③ 전자기 간섭에 강하다.
④ 배선 공간 등의 측면에서 활용성이 어렵다.

[4-98] 다음 중 동축케이블이나 광섬유 전송매체와 비교했을 때 일반적인 트위스티드 페어(Twisted Pair) 케이블에 대한 설명으로 <u>잘못된</u> 것은?　〈정보통신기사 2018/10, 2017/5〉

① 신호의 감쇠 및 간섭에 약하다.
② 아날로그 및 디지털 전송에 모두 사용할 수 있다.
③ 비용이 저렴한 편이다.
④ 대역폭이 넓다.

정답　4-89 ④　4-90 ③　4-91 ④　4-92 ②　4-93 ③　4-94 ④　4-95 ②　4-96 ①　4-97 ④　4-98 ④

[4-99] 다음 중 광섬유에 대한 설명으로 틀린 것은?

〈정보통신기사 2018/10〉

① 모드 분산은 단일 모드 광섬유에서만 발생한다.

② 재료분산은 광섬유의 재질인 석영 유리의 굴절률이 전파하는 빛의 파장에 따라 변화하면서 생긴다.

③ 광소자란 빛을 발생하고 처리하고 감지하는 기능이 있는 전자장치를 말한다.

④ 발광 다이오드는 자연 방출 현상으로 빛을 발생하며, 레이저다이오드는 유도 방출 현상으로 빛을 발생한다.

[4-100] 가장 널리 사용되는 100[Mbps] 디지털 전송용 UTP 케이블의 접속에 사용되는 8핀 커넥터 표준 규격은?

〈정보통신기사 2018/10, 2015/10, 정보통신산업기사 2016/3〉

① RS-22　　② RS-42
③ RJ-22　　④ RJ-45

[4-101] 광섬유의 코어와 클래딩 경계면의 불균일로 인해 발생되는 광섬유 케이블의 구조 손실은?

〈정보처리산업기사 2018/8〉

① 흡수 손실　　② 산란 손실
③ 접속 손실　　④ 불균등 손실

[4-102] UTP 케이블의 카테고리(Category)라 함은 표준화 기구에서 정의한 케이블 회선의 꼬임 정도 등을 나타내는 인터페이스 규격이다. 다음 중 대부분 Unshielded 형태로 제작되며, 최대 100[MHz]의 전송 대역까지 통신 가능한 미국표준(EIA-568) 규격은?

〈정보통신기사 2018/6, 2016/5, 2015/6〉

① Category5 또는 5e

② Category6

③ Category6A

④ Category7

[4-103] 광섬유는 Core 광섬유의 굴절율 분포에 따라 구분하면 계단형(Step index)과 2차 곡선 모양(Graded index)이 있고, 전파 모드 수가 1개이면 Single mode이고, 다수이면 Multi mode라고 한다. 이 2개 특성을 조합하여 광섬유 종류를 나타내는데, 아래 내용 중 상용화 되지 않은 광섬유 종류는 어느 것인가?

〈정보통신기사 2018/6〉

① Step Index Multi Mode

② Step Index Single Mode

③ Graded Index Multi Mode

④ Graded Index Single Mode

[4-104] 광섬유에서의 신호원은 무엇인가?

〈정보통신산업기사 2018/4〉

① 빛　　② 무선파
③ 단파　　④ 초단파

[4-105] UTP Category 5 케이블을 이용하여 100[Mbps] 속도를 지원하도록 구성하기 위해 사용되는 UTP 케이블의 페어(pair)수는?

〈정보통신산업기사 2018/4〉

① 1　　② 2
③ 3　　④ 4

[4-106] 전송 선로 조건 중 선로의 감쇠량이 최소로 되는 경우는? (단, R : 선로의 저항, L : 선로의 인덕턴스, C : 선로의 정전 용량, G : 선로의 누설컨덕턴스이다.)

〈정보처리산업기사 2017/8〉

① RL = GC　　② LC = GR
③ LG = RC　　④ LG = GC

정답 4-99 ①　4-100 ④　4-101 ④　4-102 ①　4-103 ④　4-104 ①　4-105 ②　4-106 ③

[4-107] 전송 장애의 주요 형태가 <u>아닌</u> 것은?

〈정보처리산업기사 2016/5〉

① 신호 감쇠　　　　② 지연 왜곡
③ 잡음　　　　　　④ 변복조

[4-108] 다음 중 광통신 시스템에서 광 검출기로 적합한 것은?

〈정보처리산업기사 2015/8〉

① LD(Laser Diode)
② LED(Light Emitting Diode)
③ ZD(Zener Diode)
④ APD(Avalanche Photo Diode)

[4-109] 전송 신호에 발생되는 잡음(noise) 중 번개나 통신시스템 장애 등에 의해 순간적으로 큰 에너지를 갖는 잡음(noise)은?

〈정보처리산업기사 2015/8〉

① 열 잡음　　　　　② 충격성 잡음
③ 상호변조 잡음　　④ 누화 잡음

[4-110] 다음은 데이터 통신 시스템에서 발생하는 잡음에 대한 설명이다. 어떤 잡음에 대한 설명인가?

〈정보처리기사 2015/3〉

> - 비연속적이고, 불규칙한 진폭을 가지며, 순간적으로 높은 진폭이 발생하는 잡음이다.
> - 외부의 전자기적 충격이나 기계적인 통신시스템에서의 결함 등이 원인이다.
> - 디지털 데이터를 전송하는 경우 중요한 오류 발생의 원인이 된다.

① 열잡음　　　　　② 누화 잡음
③ 충격 잡음　　　　④ 상호변조 잡음

정답 4-107 ④　4-108 ④　4-109 ②　4-110 ③

- 다중화의 개념에 대하여 설명할 수 있다.
- 주파수 분할 다중화(FDM), 파장 분할 다중화(WDM), 시분할 다중화(TDM)에 대하여 설명할 수 있다.
- SONET/SDH에 대하여 설명할 수 있다.
- 역다중화기와 집중화기에 대하여 설명할 수 있다.

한권으로 끝내는 데이터통신과 정보통신

5

다중화 기술

두 장치를 연결하는 매체의 전송 용량이 두 장치가 필요로 하는 전송량보다 클 경우에는 언제든지 그 링크를 공유할 수 있다. 이와 같이 여러 개의 신호를 하나의 링크를 통하여 동시에 전송할 수 있게 해 주는 기술이 다중화(multiplexing)이다.

오늘날 통신에는 동축 케이블이나 광섬유, 지상 마이크로파, 위성 마이크로파 등과 같은 광대역 매체가 사용되고 있다. 링크의 전송 용량이 링크에 연결된 장치들이 필요로 하는 전송량보다 크다면, 여분의 용량은 낭비되는 것이다. 효율적인 시스템은 모든 자원의 활용도를 극대화하여야 하는데, 대역폭이야말로 데이터통신에서 가장 중요한 자원이다.

다중화된 시스템에서는 n개의 장치가 단일 링크의 용량을 공유한다. (그림 5-1)은 다중화 시스템의 기본 형식을 보여주고 있다. 왼쪽에 있는 4개의 장치는 자신들이 전송할 데이터를 다중화기(MUX : multiplexer)로 보내고, 다중화기는 그 데이터들을 하나로 묶어서 하나의 링크를 통하여 다중복구기(DEMUX : demultiplexer)로 전송한다. 다중복구기는 이 데이터를 요소별로 분리하여 각각을 오른쪽에 있는 해당 장치로 보낸다.

(그림 5-1)에서 링크(link)는 물리적인 경로를 말하며, 채널(channel)은 한 쌍의 송수신기 간의 전송을 위한 하나의 논리적인 경로를 말한다. 따라서 하나의 링크에는 여러 개의 채널이 있을 수 있다.

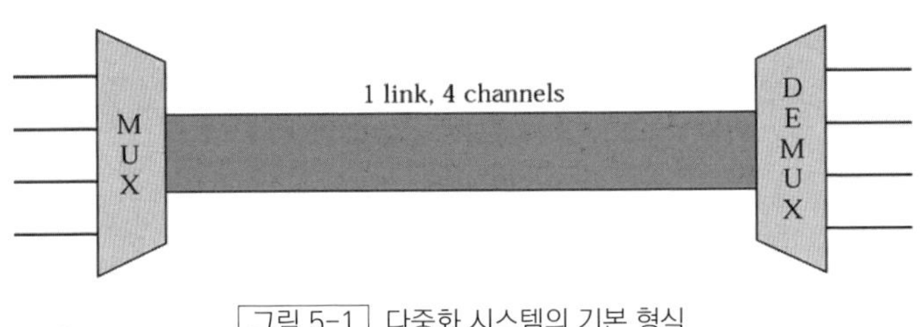

그림 5-1 │ 다중화 시스템의 기본 형식

신호는 주파수 분할 다중화(FDM), 파장 분할 다중화(WDM), 시분할 다중화(TDM)의 3가지 기본적인 방법을 사용하여 다중화된다. 앞의 두 가지는 아날로그 신호를 다중화하는 방법이고, 세 번째 방법은 디지털 신호를 다중화하는 것이다.

주파수 분할 다중화(FDM : Frequency Division Multiplexing)는 전송되어야 하는 신호들의 대역폭을 합한 것보다 링크의 대역폭이 클 때 적용할 수 있는 아날로그 다중화 기술이다.

FDM에서는 각 송신 장치로부터 생성된 신호를 각기 다른 반송 주파수로 변조한다. 이 변조 신호들은 링크를 통해 이동할 수 있는 하나의 복합 신호로 합쳐지게 된다. 반송 주파수들은 변조 신호들을 수용할 수 있도록 서로 충분히 떨어져 있다. 이 각각의 대역이 여러 신호가 이동하는 채널이다. 이 채널들은 보호대역(guard band)만큼 서로 떨어지도록 하여 신호가 겹치지 않도록 하고 있다. 또한 반송 주파수는 원래 데이터의 주파수와 간섭을 일으키지 않아야 한다. 이 두 조건을 모두 만족하여야만 원래의 신호를 복구할 수 있다.

(그림 5-2)는 FDM의 개념을 보이고 있다. 그림에서 전송 경로는 세 부분으로 나누어져 있고 각각은 하나씩 전송할 수 있는 채널을 나타낸다. 예를 들어 3개의 좁은 도로가 모여 3차로의 고속도로로 합쳐지는 지점을 생각해 보자. 이 세 도로는 각각 고속도로의 차로 하나씩에 해당된다. 각 도로에서 진입한 차는 여전히 자기 차로에 있으며 다른 차로의 차들에 방해받지 않고 이동할 수 있다.

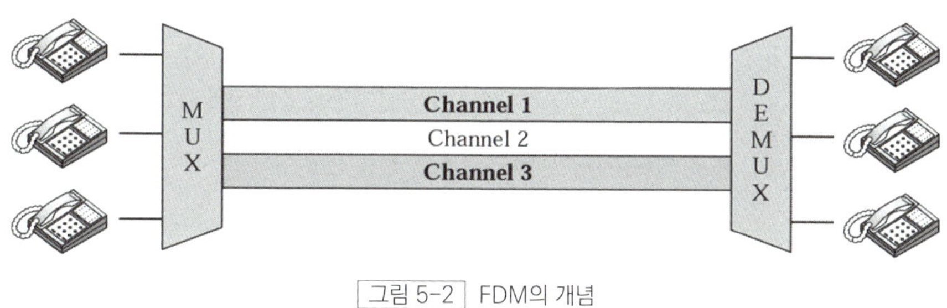

그림 5-2   FDM의 개념

5.1.1 다중화와 복구 과정

FDM의 다중화 과정을 시간 영역에서 개념적으로 설명한 그림이 (그림 5-3)이다. FDM은 아날로그 과정으로 그림에서는 전화를 입력과 출력 장치로 사용한 예를 보이고 있다. 각 전화는 유사한 주파수 영역의 신호를 만들어낸다. 이 유사한 신호들은 다중화기 내부에서 f_1, f_2, f_3와 같이 제각기 다른 반송 주파수로 변조된다. 그 결과 만들어진 신호들은 하나의 복합 신호로 합쳐져서 이 신호를 수용하기에 충분한 대역폭을 가진 링크를 통해 전송된다.

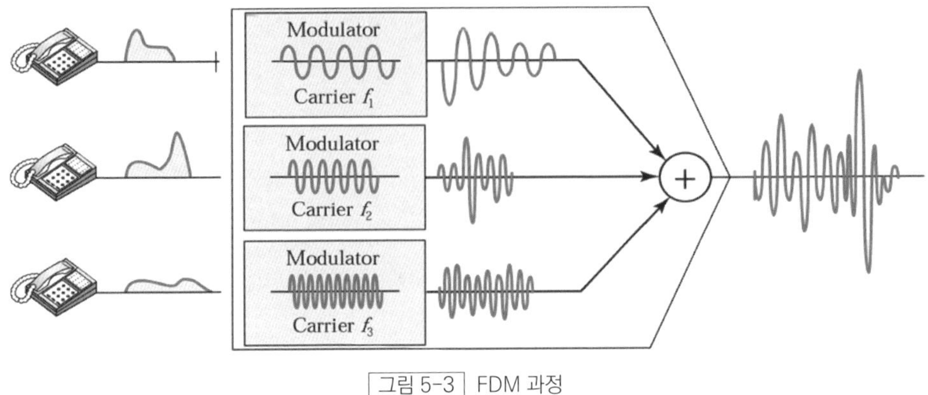

그림 5-3 FDM 과정

FDM의 다중 복구기(demultiplexer)는 다중화된 신호를 구성 요소의 신호들로 분리하기 위하여 일련의 필터들을 사용한다. 각 개별적인 신호들을 받은 복조기는 반송파로부터 신호만을 분리하여 수신장치로 보낸다. (그림 5-4)에 앞에서 사용한 3대의 전화기 예를 다시 이용하여 FDM의 다중 복구 과정을 개념적으로 보였다.

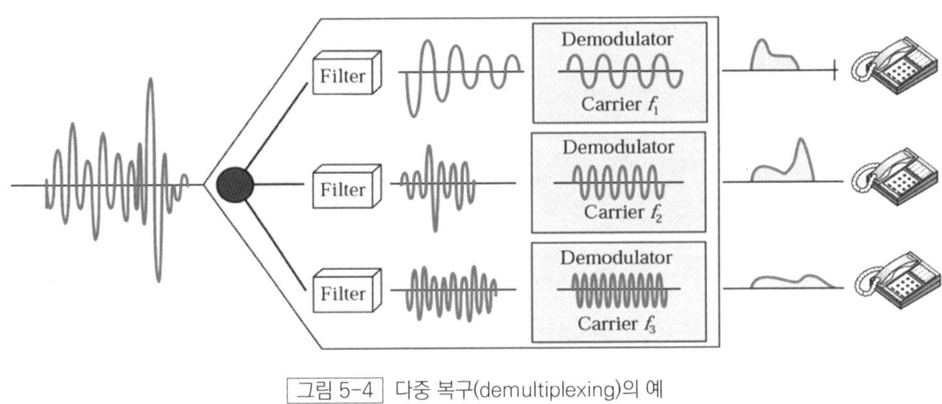

그림 5-4 다중 복구(demultiplexing)의 예

이상과 같이 전화를 다중화하는 예를 주파수 영역에서 살펴보면 (그림 5-5)와 같이 된다. 음성이 4KHz의 대역폭을 차지한다고 하면 첫 번째 채널은 20~24KHz의 대역을 사용하고, 두 번째 채널은 24~28KHz 대역을 사용하며, 세 번째 채널은 28~32KHz 대역을 사용하게 된다. 그다음에 이 신호들을 하나로 합해서 보낸다. 수신 측에서는 필터를 사용하여 각각의 채널을 분리해 낸다. 첫 번째 채널은 20~24KHz의 주파수만 통과시키고, 나머지는 모두 버리는 필터를 사용한다. 두 번째 채널은 24~28KHz의 주파수만 통과시키고, 세 번째 채널은 28~32KHz의 주파수만을 통과시키는 필터를 사용한다. 실제로는 채널 간의 간섭을 줄이기 위하여 채널과 채널 사이에 보호대역(guard band)을 설정한다.

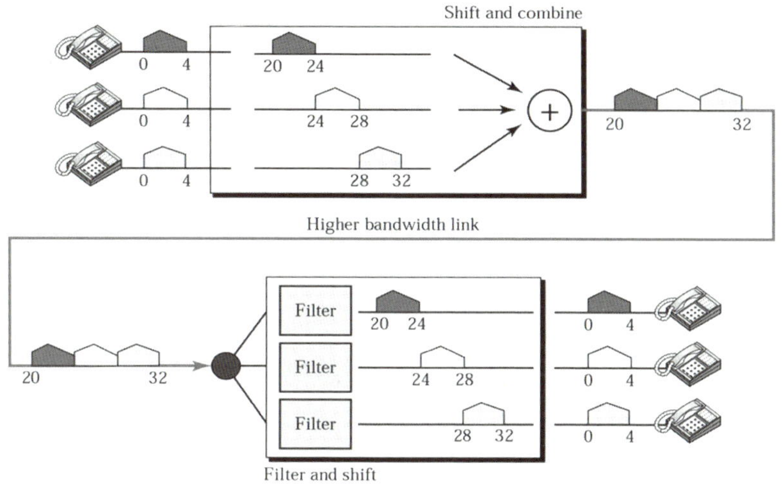

그림 5-5 │ FDM의 주파수 영역에서의 예

5.1.2 아날로그 계층 구조

전화회사들은 자사의 인프라를 최대로 사용하기 위하여 전통적으로 낮은 대역폭의 회선들을 높은 대역폭의 회선들로 다중화해 왔다. 이와 같은 방법으로 많은 교환 회선 또는 전용회선들이 적은 수의 더 큰 채널로 합쳐질 수 있다. 아날로그 회선에 대해서는 FDM이 사용된다. 전화회사들이 사용하는 아날로그 계층 구조(Analog Hierarchy)는 (그림 5-6)과 같다. 각각 4KHz의 대역폭을 가진 12개의 음성 채널이 48KHz의 대역폭을 갖는 1개의 회선으로 다중화되어 그룹(Group)을 형성한다. 5개의 그룹이 다중화되어 240KHz의 대역폭을 갖는 슈퍼 그룹(Super group)으로 다중화된다. 슈퍼 그룹은 음성 채널 60개를 지원한다.

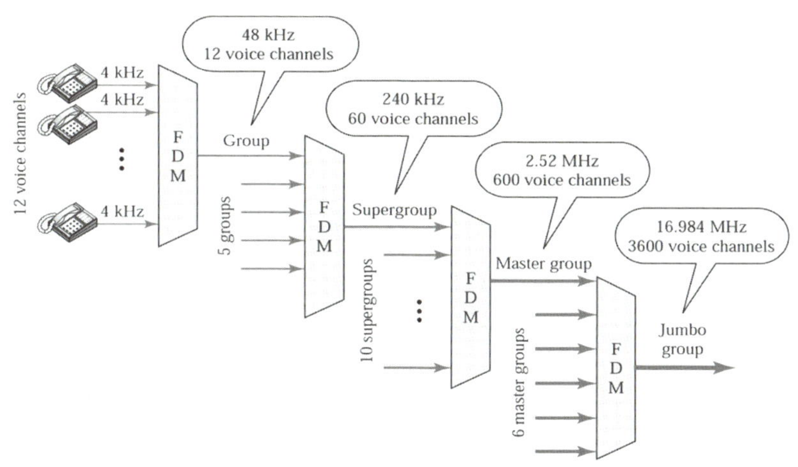

그림 5-6 │ 아날로그 계층 구조(Analog hierarchy)

슈퍼 그룹 10개가 합쳐져서 2.52MHz의 대역폭을 갖는 마스터 그룹(Master group)으로 다중화된다. 240KHz의 슈퍼 그룹 10개를 합하면 2.4MHz가 되지만 채널 사이의 보호 대역으로 인하여 요구 내역폭은 2.52MHz로 증가한다. 마스터 그룹은 600개까지의 음성 채널을 지원한다.

마지막으로 6개의 마스터 그룹이 합쳐져서 점보 그룹(Jumbo group)으로 다중화된다. 점보 그룹도 보호대역을 설정하여야 하므로 대역폭은 16.984MHz가 된다. 점보 그룹은 3,600개까지의 음성 채널을 지원한다.

5.1.3 FDM의 사용 예

FDM을 사용하는 예로 우리가 자주 접할 수 있는 분야가 바로 라디오 방송이다. 라디오는 공기를 전송매체로 사용한다. 530KHz에서 1,700KHz까지의 특별한 대역이 AM 라디오 방송에 할당되어 있다. 모든 방송국이 이 대역을 같이 사용하여야 한다. 각각의 AM 라디오 방송국들은 10KHz의 대역폭을 사용한다. 각 방송국은 서로 다른 반송파를 사용하는데 이는 방송국이 자기 신호를 이동시키고 다중화한다는 것을 의미한다. 공기로 전파되는 신호는 이 모든 신호를 합한 것이 된다. 수신 장치가 이 모든 신호를 받아서 원하는 신호만을 걸러낸다. 만약 다중화하지 않는다면 오직 한 방송국만이 공기라는 매체를 사용하여 방송할 수 있을 것이다.

FM 라디오 방송도 마찬가지이다. FM 라디오는 각 방송국이 200KHz의 더 넓은 대역폭이 필요하므로 88MHz에서 108MHz의 더 넓은 대역을 사용한다. 아날로그 TV 방송도 FDM을 사용한다. 각 TV 방송국은 6MHz의 대역폭을 사용한다.

FDM은 매우 손쉽게 구현될 수 있다. 일반적으로 라디오와 TV 방송과 같이 다중화기와 다중 복구기가 필요 없다. 다만 각기 다른 주파수의 반송파를 사용하여 변조하면 곧바로 다중화가 되는 것이다.

5.1.4 WDM

파장 분할 다중화(WDM : Wavelength Division Multiplexing)는 광섬유의 고속 전송률을 이용하기 위한 다중화 방식이다. 광섬유의 전송률은 다른 전송 매체에 비해서 매우 높으므로 단일 회선에만 사용하는 것은 대역폭을 낭비하는 것이 된다. 다중화를 통하여 하나의 링크에 여러 회선을 연결할 수 있다.

WDM은 광섬유 채널을 통하여 전송된 빛 신호를 다중화한다는 점을 제외하고는 FDM과 개념적으로 같다. 다른 주파수의 다른 신호를 결합한다는 아이디어는 같다. 하지만 FDM과 다른 점은 주파수가 매우 높다는 데 있다.

WDM의 원리는 기술적으로 매우 복잡하지만, 아이디어는 매우 간단하다. 다중화기에서 여러 빛을 하나의 빛으로 결합하고, 다중 복구기를 통하여 그 역의 동작을 수행하는 것이다. 빛들을 결합하고 분리하는 것은 프리즘에 의해 쉽게 수행할 수 있다. 프리즘은 임계각과 주파수를 기반으로 해서 광선을 휘게 한다. 이러한 기법을 사용해서 다중화기는 좁은 대역의 주파수를 가진 여러 입력 광선을 넓은 대역폭의 주파수를 가진 하나의 출력 광선으로 결합할 수 있다. (그림 5-7)은 그 개념을 보이고 있다.

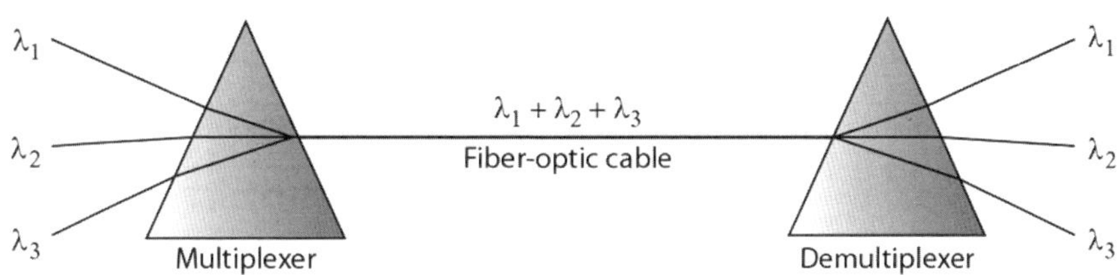

그림 5-7 | 프리즘을 이용한 WDM의 다중화와 다중 복구

WDM 기술은 크게 CWDM(Coarse WDM)과 DWDM(Dense WDM) 기술로 나누어 진다. 파장 분할의 단위를 1nm 기준으로 할 때, 채널 간격이 이보다 크면 CWDM이며, 이보다 작으면 DWDM 기술로 분류한다. 일반적으로 채널 간격이 DWDM 기술은 0.8nm 또는 0.4nm 간격으로 진행되고, CWDM 기술은 10nm~20nm 기준으로 사용된다.

CWDM은 파장 간격이 넓어서 상대적으로 저렴한 부품의 사용이 가능하여 비용이 저렴하며, 광 증폭기를 잘 사용하지 않는 단거리 전송에 주로 사용된다. 반면, DWDM은 좁은 파장 간격으로 더 많은 채널을 수용하여 고용량의 장거리 전송에 사용되며, 냉각 레이저를 사용하므로 비용이 더 높다. DWDM의 필수 구성 요소인 광 증폭기는 광신호를 전기 신호로 변환할 필요 없이 직접 증폭하는 장치로, EDFA(Erbium-Doped Fiber Amplifier)와 RFA(Raman Fiber Amplifier)가 주로 사용된다.

시 분할 다중화(TDM:Time Division Multiplexing)는 한 링크의 높은 대역폭을 여러 회선이 공유할 수 있도록 하는 디지털 다중화 방식이다. FDM은 대역의 일부, 즉 주파수를 공유하는 대신 TDM은 시간을 공유하는 것이다.

(그림 5-8)은 TDM의 개념을 보이고 있다. FDM에서와 마찬가지로 같은 링크가 사용되지만, 링크는 주파수가 아닌 시간으로 나누어져 있다. 그림에서 보면 1, 2, 3, 4번 신호에 해당하는 부분이 차례대로 링크를 차지하고 있음을 알 수 있다. 서너 개의 대기 줄이 있는 스키장의 리프트를 떠올려 보자. 각 줄에 서 있는 사람들은 번갈아 가며 차례대로 리프트를 탄다. 리프트가 산꼭대기에 도착하면 의자에 앉아 있던 사람들은 리프트에서 내려 스키를 타고 다시 내려온다.

TDM은 동기 TDM과 비동기 TDM의 2가지 방식으로 구현될 수 있다.

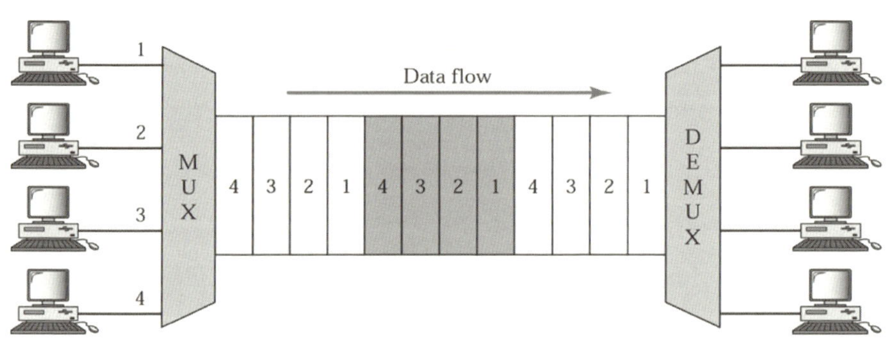

그림 5-8　TDM의 개념

5.2.1 동기 TDM

동기 TDM(Synchronous TDM)에서 동기라는 단어는 통신의 다른 분야에서 사용되는 것과는 다른 의미를 가진다. 여기에서 동기라는 말은 다중화기가 각 장치에 대해 그 장치가 전송할 데이터가 있든 없든 항상 정확히 같은 시간 슬롯(time slot)을 할당한다는 것을 말한다. 예를 들면 시간 슬롯 A는 장치 A에게만 독점적으로 할당되어 다른 장치에 의해 사용될 수 없다. 각 장치에게 할당된 시간이 돌아오면 그 장치는 자신의 데이터 일부를 보낼 기회를 갖게 되는 것이다. 만일 장치가 데이터를 전송할 수 없는 상태이거나 전송할 데이터가 없는 경우라면, 해당 시간 슬롯은 비어 있는 채로 남게 된다.

(1) 프레임

시간 슬롯들은 프레임(Frame)으로 묶인다. 한 프레임은 시간 슬롯들의 완전한 한 번의 순환으로 구성되는데, 각 장치에 할당된 한 개 또는 그 이상의 시간 슬롯들과 프레임을 구분하는 프레임 구성 비트들로 이루어져 있다. n개의 입력 회선을 가진 시스템에서 각 프레임은 특정 입력 회선으로부터의 데이터만을 실어 나르도록 각각 할당된 최소 n개의 시간 슬롯을 가지고 있다. 만일 링크를 공유하는 모든 입력 장치들이 똑같은 속도로 전송한다면, 각 장치는 프레임마다 하나씩의 시간 슬롯을 갖게 된다. 그러나 서로 다른 전송 속도를 갖도록 하는 것도 가능하다. 프레임마다 두 개의 시간 슬롯을 사용하면 두 배로 빨리 전송할 수 있다. 한 장치에 주어진 시간 슬롯은 각 프레임에서 매번 같은 위치를 차지하게 되며 그 장치의 채널을 구성하게 된다.

(그림 5-9)는 동기 TDM을 사용하여 다섯 개의 입력 회선이 단일 링크로 다중화되는 것을 보이고 있다. 이 예에서는 모든 입력이 동일한 데이터 속도를 가지며, 따라서 각 프레임의 시간 슬롯 개수는 입력 회선의 수와 같다.

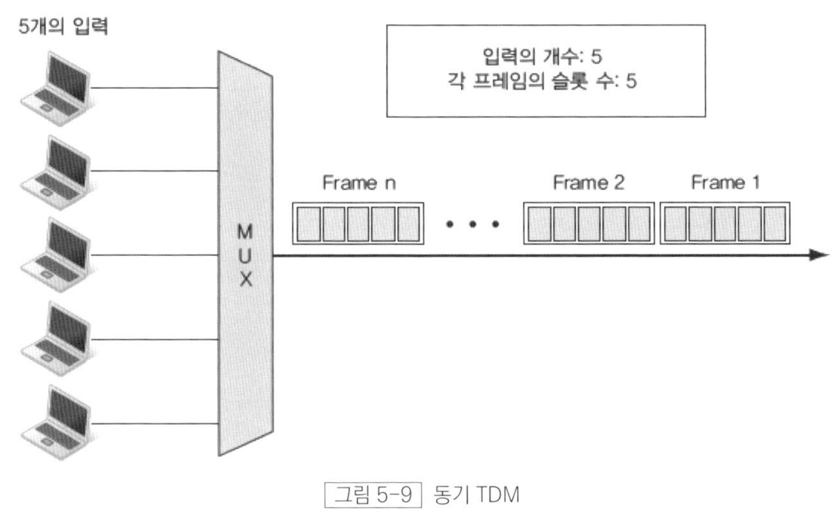

그림 5-9 │ 동기 TDM

(2) 인터리빙

동기 TDM은 (그림 5-10)과같이 매우 빨리 회전하는 스위치에 비유할 수 있다. 스위치가 각 장치와 연결되면 그 장치는 해당 경로 위로 정해진 양의 데이터를 보낼 기회를 갖게 된다. 스위치는 일정한 속도와 정해진 순서로 장치에서 장치로 이동한다. 이러한 과정을 인터리빙(interleaving)이라고 한다.

인터리빙은 한 비트씩 진행되거나 한 바이트씩 또는 임의의 양의 데이터 단위씩 진행될 수 있다. 다중화기는 한 장치에서 한 바이트를, 다음 장치에서 한 바이트를, 이런 식으로 데이터를 받을 수 있다. 한 시스템에서 인터리빙은 항상 같은 크기로 이루어진다.

(그림 5-10)익 예에서 여러 개의 전송을 한 문자씩 인터리빙을 하고 있지만, 임의의 길이의 데이터 단위에 대해서도 그 개념은 동일하다. 다중화기는 메시지들을 인터리빙 한 다음 링크에 보내기 전에 프레임을 형성한다.

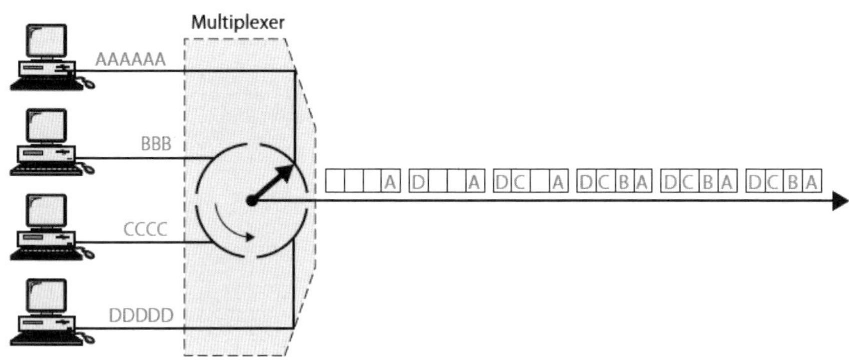

그림 5-10 동기 TDM의 다중화 과정 예

수신 단에서는 (그림 5-11)과같이 다중 복구기가 프레임 비트를 추려서 차례대로 각 문자를 추출함으로써 각 프레임을 분해한다. 프레임에서 분리된 문자는 해당하는 수신 장치로 넘겨진다.

동기 TDM의 단점은 특정 입력 회선에 각각의 시간 슬롯을 고정적으로 지정하기 때문에 송신 장치가 데이터를 보내지 않으면 해당 시간 슬롯은 낭비된다는 것이다. (그림 5-10)에서는 시간 슬롯이 처음 3개의 프레임만 모두 사용되었을 뿐 끝의 3개는 빈 슬롯이 존재한다. 24개의 슬롯 중에서 6개의 빈 슬롯이 있다는 것은 4분의 1의 용량이 낭비되고 있다는 것을 의미한다.

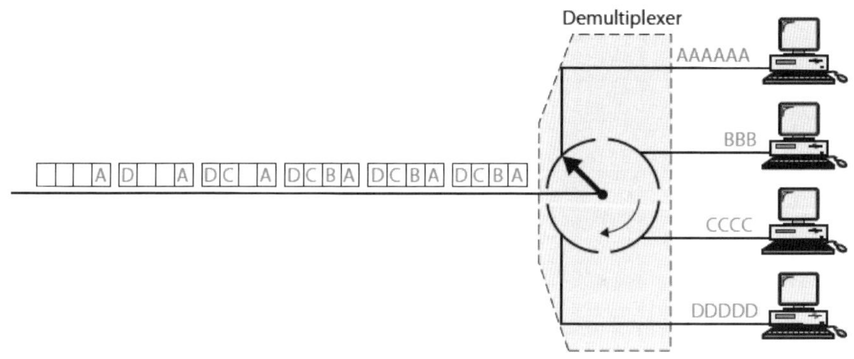

그림 5-11 동기 TDM의 다중 복구 과정의 예

(3) 프레임 구성 비트

　동기 TDM에서 시간 슬롯의 순서는 프레임마다 동일하므로 각 프레임에 오버헤드 정보를 더 넣을 필요는 없다. 다중화기는 받는 순서에 따라 각 시간 슬롯을 어디로 보내야 할지 알 수 있으므로 아무런 주소지정도 필요하지 않다. 그러나 여러 가지 요인으로 인해서 타이밍의 일관성을 잃어버릴 수는 있다. 이와 같은 이유에서 일반적으로 하나 또는 몇 개의 동기화 비트를 각 프레임의 앞에 추가하게 된다. 프레임 구성 비트(framing bits)라고 하는 이 비트들은 정해진 패턴을 따르는데, 이 패턴을 보고 다중 복구기는 시간 슬롯을 정확하게 분리해 낼 수 있도록 동기화시킨다. 대부분의 경우 이 동기화 정보는 (그림 5-12)와 같이 0과 1을 번갈아 가며 매 프레임 앞에 하나씩 추가한다.

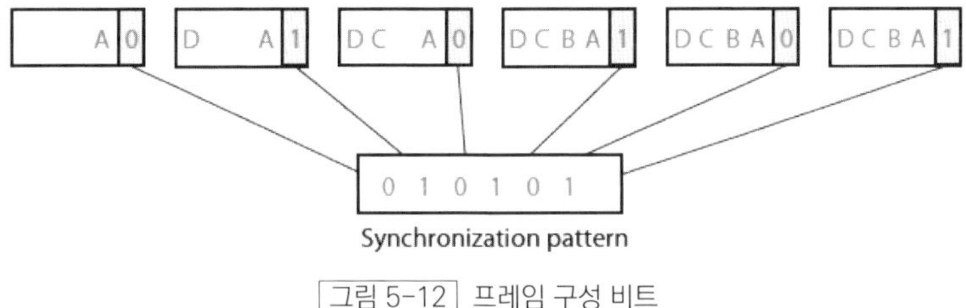

그림 5-12 프레임 구성 비트

　(그림 5-13)과같이 4개의 장치가 하나의 동기 TDM으로 다중화되는 경우를 생각해 보자. 장치마다 매초 250문자를 송신하고, 각 프레임은 1문자씩 인터리빙을 한다고 하면 전송로는 매초 250프레임을 실어 나를 수 있어야 한다.

　만일 각 문자가 8비트로 되어 있다면 각 프레임의 길이는 4개의 문자에 대해 32비트와 프레임 구성 비트 하나를 더하여 33비트가 된다. 따라서 각 장치는 매초 2,000비트(= 8비트×250문자)를 생성하지만, 회선은 8,250비트(= 33비트×250프레임)를 나르는 것이 된다. 이는 8,000비트의 데이터를 보내기 위하여 250비트의 오버헤드를 사용하는 것을 의미한다.

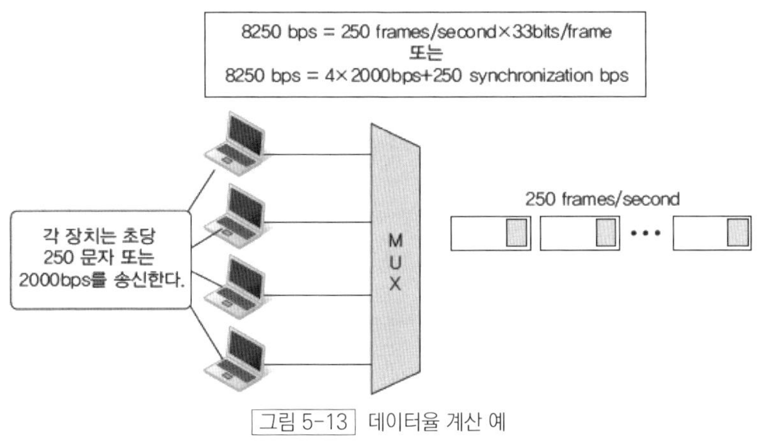

그림 5-13 데이터율 계산 예

(4) 비트 채우기

앞에서 보았듯이, 서로 다른 데이터 전송률을 갖는 장치들을 같은 동기 TDM에 연결할 수 있다. 장치 A는 한 개의 시간 슬롯을 사용하고, 그보다 빠른 장치 B는 두 개의 시간 슬롯을 사용할 수도 있다. 하나의 프레임에 포함된 시간 슬롯의 개수와 슬롯에 지정된 입력 회선은 고정되어 있지만, 서로 다른 데이터 전송률을 갖는 장치들은 서로 다른 개수의 시간 슬롯을 사용할 수 있게 된다. 그러나 시간 슬롯의 길이는 고정되어 있다는 것을 주의하여야 한다. 그러므로 이 방법이 제대로 작동하기 위해서는 서로 다른 데이터 전송률은 서로 정수배가 되어야 한다. 예를 들면, 다른 장치들에 비해 5배가 빠른 장치가 있다면, 다른 장치에는 슬롯을 하나씩 주고, 그 장치에는 5개를 주어서 함께 수용할 수 있다. 그러나 이와 같은 방법으로 5배 반이 빠른 장치는 수용할 수가 없다. 이는 프레임에 반쪽짜리 시간 슬롯을 넣을 수가 없기 때문이다.

속도가 서로 정수배가 되지 않는 경우에는 비트 채우기(bit stuffing)라는 기법을 사용하여 정수배로 만들 수 있다. 비트 채우기란 여러 장치 사이의 전송 속도가 강제로라도 서로 정수배가 되도록 만들기 위하여 다중화기가 여분의 비트를 추가해 넣는 것이다. 예를 들어 다른 장치에 비해 2.75배의 비트 전송률을 갖는 장치가 있다면 여분의 비트를 채워 넣어서 이 장치의 전송 속도가 다른 장치의 3배가 되도록 만들 수 있다. 여분의 비트는 다중 복구기로 분리된다.

5.2.2 비동기 또는 통계적 TDM

동기 TDM은 링크의 총용량이 모두 사용된다는 것을 보장할 수 없다. 사실 어느 시점에서든 시간 슬롯의 일부만이 사용된다는 것이 더 맞는 말일 것이다. 시간 슬롯은 미리 지정되고 고정되어 있기 때문에 연결된 장치가 데이터를 전송하지 않을 때마다 해당 슬롯은 비게 되며, 그만큼의 경로가 낭비되는 것이다. 예를 들어 20개 컴퓨터의 동일한 출력을 단일 회선으로 다중화하는 경우를 생각해 보자. 동기 TDM을 사용하면 회선의 속도는 각 입력 회선의 속도에 비해 최소한 20배가 되어야만 한다. 그런데 한 번에 10대의 컴퓨터만 사용된다면 어떻게 되겠는가? 회선의 절반은 낭비된다.

이러한 낭비를 피하기 위한 방법이 비동기 TDM(Asynchronous TDM), 통계적 TDM(Statistical TDM) 또는 지능적 TDM이라고 하는 것이다. 동기라는 단어와 마찬가지로 비동기 역시 데이터 통신의 다른 분야에서의 의미와는 다른 의미를 갖는다. 여기에서는 유연하다거나 고정되어 있지 않다는 것을 의미한다.

동기 TDM처럼 비동기 TDM도 여러 개의 저속 입력 회선이 하나의 고속 회선으로 다중화된다. 그러나 동기 TDM과는 달리 비동기 TDM에서는 경로의 용량이 입력 회선의 총용량보다 더 작을 수도 있다. 동기 TDM에서는 n개의 입력 회선이 있다면 프레임은 최소 n개의 고정된 슬롯을 갖는다. 비동기 TDM에서는 (그림 5-14)와 같이 'n'개의 입력 회선이 있다면 프레임은 'n'보다 작은 'm'개의 슬롯을 가질 수 있다. 이와 같은 방법으로 비동기 TDM은 더 적은 회선용량으로도 동기 TDM과 같은 수의 입력 회선을 다중화할 수 있다. 즉 다시 말하면 같은 회선을 사용하여 비동기 TDM이 동기 TDM보다 더 많은 장치를 지원할 수 있다.

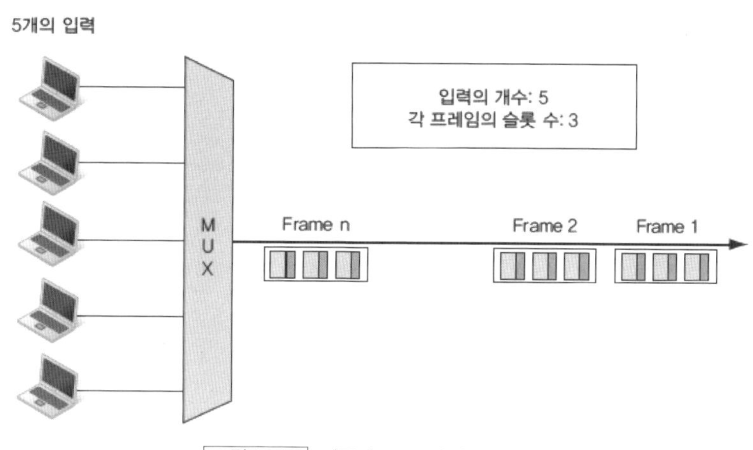

그림 5-14 | 비동기 TDM의 다중화 과정

비동기 TDM 프레임의 시간 슬롯의 개수(m)는 한꺼번에 통신할 가능성이 있는 입력 회선의 개수에 대한 통계적 분석에 기초한다. 각 슬롯은 미리 지정되기보다는 전송할 데이터가 있는 그 어떤 장치에 의해서든 사용될 수 있다. 다중화기는 입력 회선을 살펴보고 다니면서 프레임이 찰 때까지 데이터의 일부를 받아서는 링크로 프레임을 내보낸다. 만일 프레임의 모든 슬롯을 다 채울 만큼 데이터가 충분하지 않으면 그 프레임은 일부만 채워진 채로 전송되며, 따라서 전체 링크 용량이 늘 100% 모두 사용되지 않을 수도 있다. 그러나 시간 슬롯을 동적으로 할당하는 능력은 입력 회선에 대한 시간 슬롯의 비율이 낮기 때문에 낭비의 가능성과 정도를 크게 줄여준다.

(1) 비동기 TDM의 예

(그림 5-15)는 비동기 TDM을 사용하여 5대의 컴퓨터가 하나의 데이터링크를 공유하는 것을 보이고 있다. 이 예에서 프레임 크기는 슬롯 3개다. 그림은 다중화기가 3가지 경우의 통신량을 어떻게 다루는가를 보여준다. 첫 번째 경우에는 5대의 컴퓨터 중에서 3대에만 전송할 데이터가 있다. 두 번째 경우는 프레임의 슬롯 개수보다 하나가 많은 4개의 회선이 데이터를 전송한다. 세 번째 경우는 통계적으로 드문 경우지만, 모든 회선이 데이터를 전송하고 있다. 모든 경우에 다중화기는 1부터 5의 순서대로 장치를 훑어 내려가다가 보낼 데이터를 만나는 대로 슬롯을 채워 나간다.

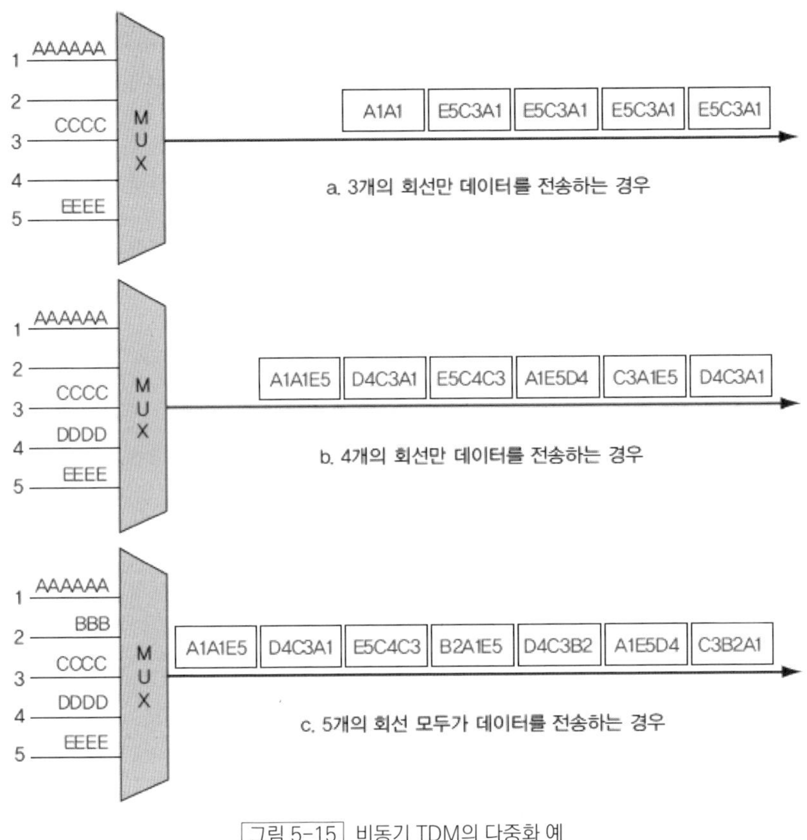

그림 5-15 비동기 TDM의 다중화 예

첫 번째 경우, 진행 중인 3개의 입력 회선은 각 프레임의 세 슬롯에 대응된다. 처음 4개의 프레임에서는 통신 중인 장치들 사이에 입력이 대칭적으로 분포되어 있다. 그러나 다섯 번째 프레임에 이르러서는 장치 3과 장치 5는 전송을 마쳤으나 장치 1에는 아직 더 보낼 데이터가 2문자 남아있다. 다중화기는 장치 1로부터 A를 받고 계속 다른 장치를 살펴보지만, 다른 장치는 전송할 데이터가 없으므로 다시 장치 1로 돌아와서 마지막 A를 전송한다. 마지막 슬롯은 채울 데이터가 없으므로 다중화기는 두 슬롯만 채운 채로 다섯 번째 프레임을 전송한다. 동기 TDM이라면 전체 데이터를 전송하기 위해서는 각각 5개의 슬롯을 가진 6개의 프레임이 필요하므로 총 30개의 슬롯이 사용될 것이다. 그러나 그중에서 14개의 슬롯만이 데이터가 채워졌을 것이고 나머지 절반 이상이 사용하지 않은 채로 남겨두었을 것이다. 비동기 TDM에서는 오직 1개의 프레임만 다 채워지지 않은 채로 전송되었을 뿐이고 나머지는 회선의 전체 용량이 사용된다.

두 번째 경우에는, 입력 회선의 개수가 각 프레임의 슬롯 수보다 하나 더 많다. 이번에는 다중화기가 장치 1부터 장치 5로 훑어 나가면서 회선을 모두 살펴보기도 전에 프레임을 다 채우게 된다. 따라서 첫 번째 프레임은 장치 1, 3, 4로부터의 데이터는 실어 나르지만, 장치 5의 데이터는 실어 나르지 못하게 된다. 다중화기는 아까 멈추었던 곳에서부터 다시 훑어 나가기를 계속하여 장치 5의 데이터를 다음 프레임의 첫 번째 슬롯에 넣고 다시 처음으로 돌아가서 장치 1의 데이터 중 두 번째 데이터를 두 번째 슬롯에 넣는 식으로 계속 진행한다. 동작 중인 송신기의 수와 프레임의 슬롯 개수가 다를 때에 시간 슬롯은 대칭적으로 채워지지 않는다. 이 예에서 장치 1은 첫 번째 프레임에서는 첫 번째 슬롯에, 두 번째 프레임에서는 두 번째 슬롯에 들어가게 된다.

세 번째 경우에는, 프레임은 위와 같이 채워지지만 여기서는 5개 입력 회선 모두가 데이터를 전송하고 있다. 이 예에서는 장치 1은 첫 번째 프레임에서는 첫 번째 슬롯에, 두 번째 프레임에서는 세 번째 슬롯을 차지하지만, 세 번째 프레임에서는 아무 슬롯도 차지하지 못한다.

두 번째와 세 번째 경우, 회선의 속도가 입력 회선 3개의 속도와 같으면 전송될 데이터는 다중화기가 링크에 데이터를 집어넣는 속도보다 더 빠르게 다중화기에 도달할 것이다. 이런 경우에는 다중화기가 처리할 수 있을 때까지 데이터를 저장해 둘 버퍼가 필요하게 된다.

(2) 주소지정과 오버헤드

(그림 5-15)의 예 중에서 두 번째와 세 번째의 경우는 비동기 TDM의 주요 단점을 보여주고 있다. 다중 복구기는 어떤 슬롯이 어느 출력 회선에 속하는 것인지 알 수 있는 방법이 없다. 동기 TDM에서 각 슬롯의 데이터는 프레임 내의 슬롯의 위치를 보면 어느 출력 회선에 속하는 것인지를 알 수 있다. 그러나 비동기 TDM에서는 한 장치로부터 나온 데이터가 어떤 프레임에는 첫 번째 슬롯에 어떤 프레임에는 세 번째 슬롯에 있을 수 있다. 위치가 고정되어 있지 않으므로 데이터의 출처를 알기 위해서는 데이터에 주소를 붙여야만 한다. 이 주소는 해당 다중화기와 다중 복구기에 의해서만 식별되는 주소로 다중 화기에 의해서 부착되고 다중 복구기가 주소를 읽고 나면 제거된다. (그림 5-15)의 예에서는 하나의 숫자로 주소를 지정하였다.

각 시간 슬롯에 주소 비트를 추가하게 되면 비동기 TDM의 오버헤드를 증가시켜 전송 효율이 떨어지게 된다. 이러한 단점을 줄이기 위하여 주소는 보통 적은 수의 비트를 사용하며, 처음 전송되는 부분에만 전체 주소를 붙여 보내고 이후에 전송하는 부분에는 식별을 위한 단축된 주소를 붙여 보낼 수도 있다.

(3) 가변 길이 시간 슬롯

비동기 TDM은 시간 슬롯의 길이를 조절함으로써 다양한 속도의 통신량을 수용할 수 있다. 빠른 속도로 데이터를 전송하는 장치에는 더 긴 시간 슬롯을 배정할 수 있다. 가변 길이의 시간 슬롯(Variable-Length Time Slots)을 관리하기 위해서는 모든 시간 슬롯 앞에 데이터 부분의 길이를 알려 주는 제어비트를 추가하여야 한다.

이 추가되는 비트가 디시 시스템의 오버헤드를 증가시키므로 이러한 방식은 상당히 큰 시간 슬롯을 사용하는 시스템의 경우에만 효율적이다.

5.2.3 디지털 계층 구조

전화회사들은 디지털 신호 서비스(Digital Signal Service)라고 하는 디지털 신호의 계층 구조(Digital Hierarchy)를 통하여 TDM을 구현한다. (그림 5-16)에 각 단계에서 지원되는 데이터 속도를 나타내었다.

- DS-0(Digital Service 0) : DS-0 서비스는 전화 한 회선을 디지털화한 것으로 64Kbps의 단일 디지털 채널이다.

- DS-1(Digital Service 1) : DS-1은 1.544Mbps 서비스로 여기서의 1.544Mbps는 24배의 64Kbps에 8Kbps의 오버헤드를 더한 것이다. DS-1은 1.544Mbps의 전송을 위한 단일 서비스로 사용되거나 24개의 DS-0 채널을 다중화하는 데 사용될 수 있고 또는 1.544Mbps 용량 내에서 사용자가 원하는 임의의 방식으로 조합된 데이터를 전송할 수도 있다.

- DS-2(Digital Service 2) : DS-2는 6.312Mbps 서비스로 여기서 6.312Mbps는 96배의 64Kbps에 168Kbps의 오버헤드를 더한 것이다. DS-2는 6.312Mbps의 전송을 위한 단일 서비스로 사용되거나 4개의 DS-1 채널 또는 96개의 DS-0 채널 또는 이와 같은 서비스를 조합한 것을 다중화하는 데 사용될 수 있다.

- DS-3(Digital Service 3) : DS-3는 44.736Mbps 서비스로 여기서 44.736Mbps는 672배의 64Kbps에 1.368Mbps의 오버헤드를 더한 것이다. DS-3는 44.736Mbps의 전송을 위한 단일 서비스로 사용되거나 7개의 DS-2 채널, 28개의 DS-1 채널, 672개의 DS-0 채널, 또는 이와 같은 서비스를 조합한 것을 다중화하는 데 사용될 수 있다.

- DS-4(Digital Service 4) : DS-4는 274.176Mbps 서비스로 여기에서 274.176Mbps는 4,032배의 64Kbps에 16.128Mbps의 오버헤드를 더한 것이다. DS-4는 6개의 DS-3 채널, 42개의 DS-2 채널, 168개의 DS-1 채널, 4,032개의 DS-0 채널, 또는 이와 같은 서비스를 조합한 것을 다중화하는 데 사용될 수 있다.

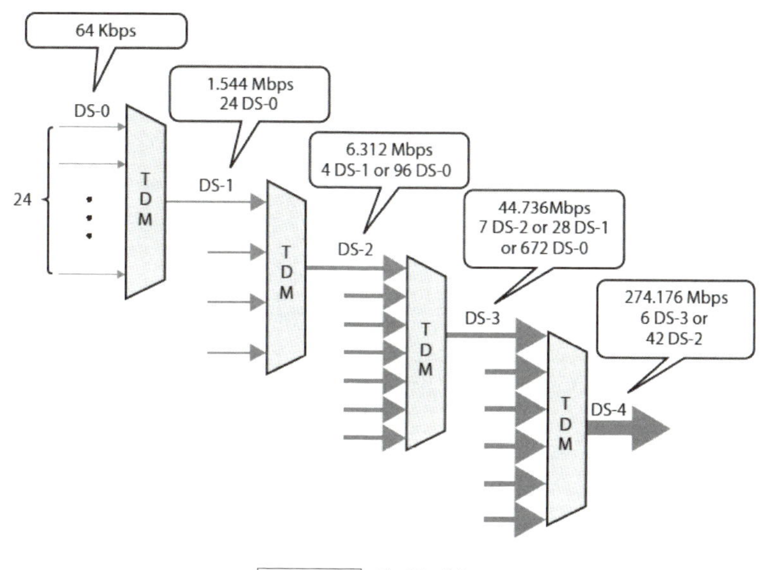

그림 5-16 | 디지털 계층 구조

(1) T 회선

DS-0, DS-1 등은 서비스의 이름이다. 이와 같은 서비스를 구축하기 위해서 전화회사들은 T 회선(T Lines)을 사용한다. T 회선은 〈표 5-1〉과 같이 DS-1에서 DS-4의 서비스 속도에 정확하게 부합하는 용량을 가진 회선들이다.

표 5-1 | DS와 T 회선의 속도

서비스	회 선	전송률(Mbps)	음성 채널 수
DS-1	T-1	1.544	24
DS-2	T-2	6.312	96
DS-3	T-3	44.736	672
DS-4	T-4	274.176	4,032

T-1은 DS-1을, T-2는 DS-2를, 나머지도 마찬가지 방식으로 서비스 회선을 구축하기 위하여 사용된다. 〈표 5-1〉에서 보듯이, DS-0는 실제로 서비스로 제공되지는 않지만, 참조 기준으로 정의되었다. T-1은 (그림 5-17) 과같이 24개의 전화 회선을 다중화할 수 있다.

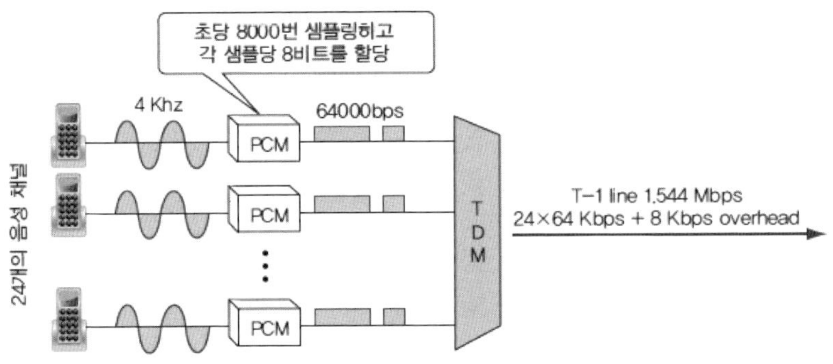

그림 5-17 │ 전화 회선을 다중화하기 위한 T-1 회선

T-1 회선에 사용되는 프레임은 (그림 5-18)과같이, 각각 8비트로 된 24개의 슬롯과 동기화를 위한 프레임 구성 비트 1비트를 더한 193 (=24×8+1) 비트로 구성된다. 음성을 PCM 하면 1초에 8,000번 표본화를 하므로 T-1 회선의 데이터 전송률은 1.544Mbps(=193×8,000)가 된다.

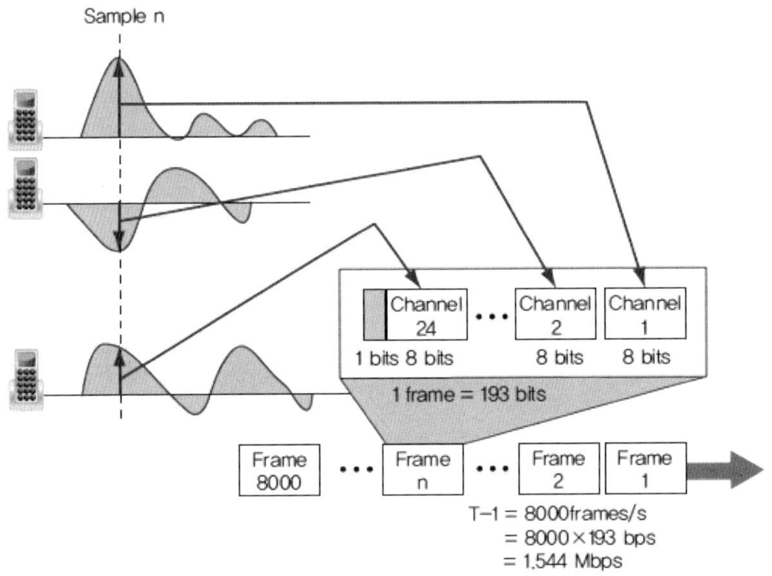

그림 5-18 │ T-1 프레임의 구조

(2) E 회선

　T 회선은 북미에서 주로 사용되는 반면에 유럽에서는 E 회선(E Lines)을 사용한다. 두 시스템은 용량만 다를 뿐 그 개념은 같다. 〈표 5-2〉에 E 회선의 전송 속도를 정리하였다.

표 5-2 　E 회선의 전송 속도

회 선	전송률(Mbps)	음성 채널 수
E-1	2.048	30
E-2	8.448	120
E-3	34.368	480
E-4	139.264	1,920

  광섬유 케이블은 대역폭이 넓기 때문에 비디오 전송과 같은 높은 데이터율을 요구하는 응용이나, 데이터율은 낮지만, 많은 수의 응용을 동시에 전송하는 경우에 적합하다. 높은 데이터율과 광대역을 요구하는 응용의 개발이 많아짐에 따라 광섬유의 이용이 중요해지고, 광섬유의 사용이 많아짐에 따라 표준의 개발이 필요하게 되었다. SONET(Synchronous Optical Network)은 미국 ANSI(American National Standards Institute) 산하의 ECSA(Exchange Carriers Standards Association)에서 개발한 표준이다. SDH(Synchronous Digital Hierarchy)는 ITU-T가 SONET을 기본으로 해서 개발한 국제표준으로, 이 두 표준은 프레임 구조와 용어에서 약간의 차이가 있으나 거의 동일한 표준이다.

  SONET/SDH는 동기식 네트워크이다. 동기식 네트워크란 전체 네트워크에서 전송 및 장비의 타이밍을 처리하기 위하여 하나의 클럭을 사용하는 네트워크를 말한다. 네트워크 전체의 동기화는 시스템의 예측성을 한 단계 높인다. 이러한 예측성과 강력한 프레임 설계가 연계되면 각각의 채널이 다중화가 가능해지므로 속도가 향상되고 비용이 절감될 수 있다.

  SONET은 STS(Synchronous Transport Signal)라고 하는 신호화 레벨의 계층적인 구조를 정의한다. STS-1부터 STS-192까지의 각 STS 레벨은 〈표 5-3〉에서와 같이 초당 메가비트의 단위를 갖는 정해진 데이터율을 지원한다. 각 STS 레벨을 운반하기 위한 물리 링크를 OC(Optical Carrier)라고 한다. 주로 많이 구현되고 있는 것들은 'OC-1, OC-3, OC-12, OC-48' 등이다. STS-1 프레임은 810 옥텟으로 구성되어 있으며, $125\mu s$마다 하나씩 전송되므로 51.84Mbps의 전송률을 제공한다. N개의 STS-1 신호를 다중화하여 STS-N 신호를 구성할 수 있다.

  북미에서 사용하는 T1이나 유럽에서 사용하는 E1과 같은 디지털 계위들은 각각의 디지털 다중화 장치들이 자체의 클럭을 사용하므로, 유사 동기식이라는 의미로 PDH(Plesiochronous Digital Hierarchy)라고 한다. PDH는 현재 많은 디지털 전송 방식에서 사용하지만, 계층마다 추가 신호와 오버헤드가 필요하고, 신호마다 프레임 구조가 다르며, 각 레벨 간 전송 속도도 다르다. 따라서 북미 방식과 유럽 방식을 상호 접속할 때는 인터페이스 장치가 따로 필요하다. 또한 PDH는 전송 속도를 140Mbps 이하로 규정해 그 이상의 전송 속도와는 잘 호환되지 않는다. 이외에도 TMN 등 망 관리에 필요한 신호 대역 등이 부족한 상태였다. 이러한 PDH의 단점을 개선하려고 ITU-T가 개발한 것이 SDH이다.

  SDH에서는 프레임 형식을 STM(Synchronous Transport Module)이라고 하며, 〈표 5-3〉과 같이 STM-1, STM-4, STM-16, STM-64 등을 정의하고 있다. STM은 E 회선과 같은 기존 유럽의 계층 구조와 STS 레벨과 호환되게 되어 있다. 이 목적을 위해 가장 낮은 STM-1은 정확히 STS-3와 같은 155.520Mbps로 정의된다.

표 5-3 SONET/SDH 데이터율

STS	*OC*	*Rate(Mbps)*	*STM*
STS-1	OC-1	51.840	
STS-3	OC-3	155.520	STM-1
STS-9	OC-9	466.560	STM-3
STS-12	OC-12	622.080	STM-4
STS-18	OC-18	933.120	STM-6
STS-24	OC-24	1244.160	STM-8
STS-36	OC-36	1866.230	STM-12
STS-48	OC-48	2488.320	STM-16
STS-96	OC-96	4976.640	STM-32
STS-192	OC-192	9953.280	STM-64

SONET의 STS-1 프레임 구조는 (그림 5-19)와 같이 9행×90열, 총 810바이트로 구성되어 있다. 프레임의 처음 3열(column)은 관리를 위한 오버헤드로 사용된다. 프레임의 나머지 부분은 SPE(Synchronous Payload Envelope)라고 부른다. SPE는 전송 오버헤드와 사용자 데이터를 포함하고 있다. 그러나 SPE는 4번째 열의 첫 번째 행부터 시작할 필요는 없으며, 프레임의 아무 데서나 시작할 수 있고, 심지어 두 개의 프레임에 걸쳐있어도 된다. 4번째 행의 1번부터 3번까지의 열에 있는 포인터가 SPE의 시작 지점을 결정한다.

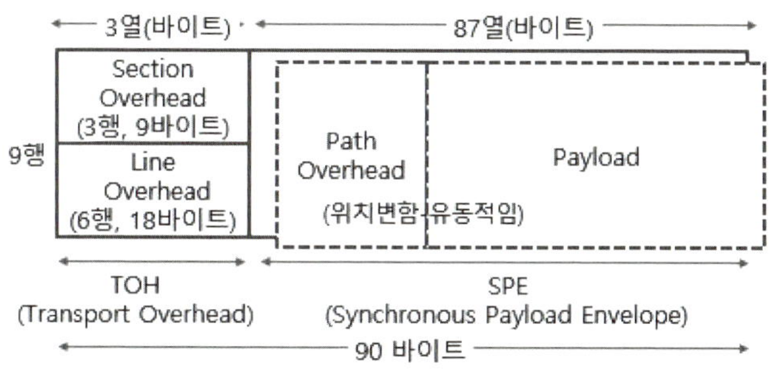

그림 5-19 SONET의 프레임 구조

SDH의 STM-1은 (그림 5-20)과같이, SONET을 3배로 확대한, 9행×270열의 직사각형 프레임 구조이다. 여기에서 오버헤드는 9행×10열이고 페이로드는 9행×260열이다. 프레임 반복 주기는 $125\mu s$이고 전송 속도는 155.520Mbps이다.

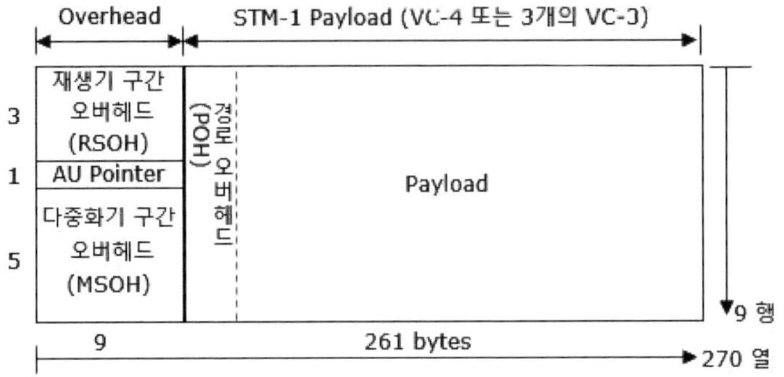

그림 5-20 SDH의 프레임 구조

5.4.1 역다중화기

역다중화(Inverse multiplexing)는 다중화의 반대 과정이다. 역다중화는 (그림 5-21)과같이, 한 개의 고속 회선으로부터 데이터를 받아서 여러 개의 저속 회선으로 나누어서 전송하는 것이다.

왜 역다중화가 필요한 것일까? 음성, 데이터, 비디오 등을 보내기를 원하는 기관을 생각해 보자. 이들은 서로 다른 데이터 속도를 가지고 있다. 음성을 보내기 위해서는 64Kbps의 링크가 필요할 것이다. 또 128Kbps의 디지털 데이터를 전송할 필요도 있고, 1.544Mbps의 비디오를 전송하는 경우도 있을 것이다. 이러한 모든 요구를 감당하는 데에는 2가지 가능한 방법이 있다. 첫 번째 방법은 전화회사로부터 1.544Mbps의 채널을 전세 내어 사용하는 것이다. 그러나 이 방법은 전체 용량을 모두 사용하는 경우는 극히 드물기 때문에 효율적이지 못하다.

두 번째 방법은 저속의 채널을 여러 개를 사용하는 방법이다. 대역폭 요구(bandwidth on demand)라는 방법을 사용하면 이 저속의 채널들을 필요할 때만 사용할 수 있다. 음성 신호는 채널을 그대로 사용하면 되고, 데이터나 비디오 신호는 쪼개서 두 개 이상의 채널을 사용하여 보낼 수 있다. 다시 말하면 데이터와 비디오 신호는 여러 회선으로 역다중화될 수 있다.

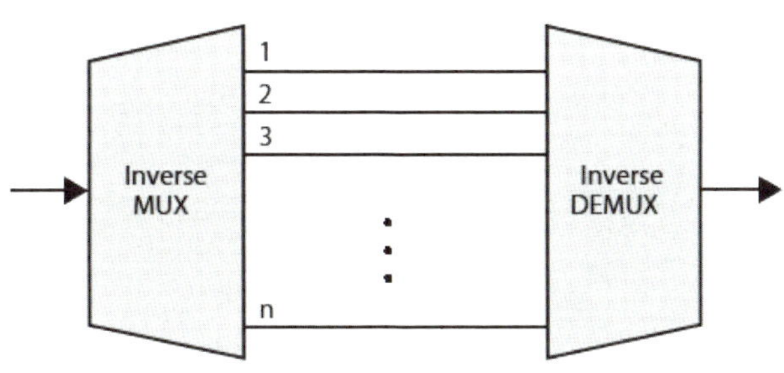

그림 5-21 역다중화(inverse multiplexing)

5.4.2 집중화기

집중화기(Concentrator)는 하나 또는 소수의 통신 회선에 여러 대의 단말기를 접속하여 사용할 수 있도록 하는 장치이다. 집중화기는 실제 전송할 데이터가 있는 단말기에만 통신 회선을 할당하여 동적으로 통신 회선을 이용할 수 있도록 한다. 한 개의 단말기가 통신 회선을 점유하면 다른 단말기는 통신 회선을 사용할 수 없으므로 다른 단말기의 데이터를 임시로 보관할 버퍼가 필요하다.

집중화기는 m개의 입력 회선을 n개의 출력 회선으로 집중화하는 장치로, 입력 회선 수가 출력 회선의 수보다 많거나 같다($m \geq n$). 즉 여러 대의 단말기 속도의 합이 통신 회선의 속도보다 크거나 같다. 집중화기는 회선의 이용률이 낮고 불규칙적으로 전송되는 경우에 적합하며, 전송할 데이터의 유무를 판단해야 하므로 제어가 비교적 복잡하게 된다. 집중화기는 단일 회선제어기, 중앙처리장치 (CPU), 다수 선로 제어기 등으로 구성된다.

집중화기는 저속의 단말기들이 고속의 통신 회선을 공유한다는 개념에서는 다중화기와 같다. 다른 점은 다중화기는 주파수나 시간을 분할하여 여러 대의 단말기가 동시에 통신 회선을 사용하는 것이고, 집중화기는 데이터가 도착한 순서대로 한 대의 단말기가 통신 회선을 독점하여 사용한다는 것이다.

SUMMARY

- 다중화란 단일의 데이터링크를 통해 여러 개의 신호를 동시에 전송하는 것이다.

- 다중화에는 주파수분할 다중화(FDM), 시분할 다중화(TDM), 파장 분할 다중화(WDM) 등이 있다.

- FDM에서는 각 신호를 서로 다른 반송파로 변조한다. 변조된 반송파는 새로운 신호로 합성되어 링크로 전송된다.

- FDM은 변조된 신호들이 서로 중복되어 간섭을 일으키지 않도록 보호대역을 사용한다.

- TDM은 동기식과 비동기식(통계적) TDM으로 나눌 수 있다.

- 동기식 TDM은 전송시간을 일정한 간격의 시간 슬롯(time slot)으로 나누고, 이를 주기적으로 각 채널에 할당한다.

- 비동기식 TDM(통계적 TDM)은 전송할 데이터가 있는 채널만 차례로 시간 슬롯을 할당한다.

- 비동기식 TDM은 각 시간 슬롯에 각 장치의 주소를 추가하여야 한다.

- T 회선은 DS(Digital Signal) 서비스를 구현한 것이다. 1개의 T1 회선은 24개의 음성 채널로 구성되어 있다.

- T 회선은 북미에서 사용되며, 유럽에서는 E 회선을 표준으로 사용하고 있다.

- SONET은 ANSI가 광통신망을 위하여 개발한 표준으로 STS라고 하는 신호의 계층 구조를 정의하고 있다.

- 역다중화는 1개의 고속 회선으로부터 오는 데이터를 여러 개의 낮은 속도의 회선으로 나누어서 전송하는 것이다.

- 집중화기(Concentrator)는 여러 개의 채널을 몇 개의 소수 회선으로 공유화시키는 장치이다.

5.1 FDM과 WDM

[5-1] 다음 중 광섬유 통신 기술 중 하나인 WDM(Wavelength Division Multiplexing)의 특징으로 틀린 것은?

〈정보통신기사 2023/10〉

① 복수의 전달 정보를 동일한 파장에 할당하여 여러 개의 광섬유에 나누어 전송하는 기술이다.
② 중장거리 전송을 위해 EDFA, 라만 증폭기를 사용하여 전송손실을 보상한다.
③ 전송되는 파장 간격 및 파장 수에 따라 CWDM, DWDM 등으로 구분한다.
④ IP, ATM, SONET/SDH, 기가비트 이더넷 등 서로 다른 전송 속도와 프로토콜을 가진 채널의 전송이 가능하다.

[5-2] 다음 중 AM 방송에서 응용하는 다중화 방식으로 옳은 것은?

〈정보통신기사 2023/10〉

① 주파수 분할 다중화
② 시 분할 다중화
③ 코드 분할 다중화
④ 위상 분할 다중화

[5-3] 다음 중 FDM(Frequency Division Multiplexing)에 관한 설명으로 옳지 않은 것은?

〈정보통신기사 2023/10〉

① 다중의 메시지 신호를 넓은 대역에서 동시에 전송할 수 있다.
② 각 메시지 신호는 부 반송파로 우선 변조된다.
③ 여러 부 반송파가 합쳐진 후 주 반송파로 변조된다.
④ 주 반송파 변조 방식은 FM 방식으로만 전송된다.

[5-4] 다음 중 FDM(주파수 분할 다중화)에 대한 설명으로 옳지 않은 것은?

〈정보통신기사 2023/10〉

① 인접 채널 간에 간섭이 발생할 수 있다.
② 여러 사용자가 시간과 주파수를 공유한다.
③ 전송 신호 매체의 유효 대역폭이 클 때 가능하다.
④ 진폭 변조, 주파수 변조, 위상 변조 방식이 사용될 수 있다.

[5-5] 다음 중 주파수 분할 다중화기(FDM)에 대한 설명으로 옳지 않은 것은?

〈정보통신산업기사 2023/10, 2016/6〉

① 아날로그 전송에 적합하며, 비동기 전송에 이용된다.
② 전송 속도가 낮은 부채널의 신호를 서로 다른 주파수 대역으로 변조하여 전송한다.
③ 채널 간 완충지역으로 가드밴드가 필요 없다.
④ 주파수 분할 다중화기 자체가 주파수 편이 모뎀 역할을 하므로 별도의 모뎀이 필요 없다.

[5-6] 다중화 방식의 FDM 방식에서 서브 채널 간의 상호 간섭을 방지하기 위한 완충 역할을 하는 것은?

〈정보통신기사 2023/3, 정보처리기사 2019/8, 2016/3, 정보처리산업기사 2019/3, 2016/8〉

① Buffer
② Guard Band
③ Channel
④ Terminal

[5-7] 효율적인 전송을 위해 넓은 대역폭을 가진 하나의 전송로에 여러 신호를 동시에 전송하는 기술은?

〈정보통신기사 2022/6, 2019/3, 2018/6, 2015/10, 정보처리산업기사 2019/8, 정보통신산업기사 2018/3, 정보처리기사 2017/5, 2015/8〉

① 다중화
② 부호화
③ 압축화
④ 양자화

정답 5-1 ① 5-2 ① 5-3 ④ 5-4 ② 5-5 ③ 5-6 ② 5-7 ①

[5-8] 다음 중 광가입자망의 가입자별로 하나의 파장을 대응시켜 고속 전송이 가능한 방식은?

〈정보통신산업기사 2022/6, 2021/6, 2018/4〉

① FDM 방식 ② TDM 방식
③ SDM 방식 ④ WDM 방식

[5-9] 다음 중 주파수 분할 다중화(FDM)에 대한 설명으로 옳지 <u>않은</u> 것은? 〈정보통신기사 2022/3, 2016/5〉

① 채널 간의 완충지역으로 가드밴드(Guard Band)가 있어 대역폭이 낭비된다.
② 저속의 Data를 각각 다른 주파수에 변조하여 하나의 고속 회선에 신호를 싣는 방식이다.
③ 주파수 분할 다중화기는 전송하려는 신호에서 필요한 대역폭보다 전송 매체의 유효 대역폭이 클 경우에 가능하다.
④ 각 채널은 전용 회선처럼 고속의 채널을 독점하는 것처럼 보이지만 실제로 분배된 시간만 이용한다.

[5-10] 다음 중 WDM 특징에 대한 설명으로 <u>틀린</u> 것은? 〈정보통신산업기사 2021/10〉

① 여러 파장 대역을 동시에 전송하는 광 다중화 방식이다.
② 다른 파장의 채널을 추가하기 어려워 확장성이 부족하다.
③ 서로 다른 전송률과 프로토콜을 갖는 파장 채널들로 공존이 가능하다.
④ 광 수동 소자만으로 쉽게 분기 결합이 가능하다.

[5-11] 다음 중 주파수 분할 다중화(FDM)기의 설명이 <u>아닌</u> 것은? 〈정보통신산업기사 2021/10, 2020/6, 2018/4〉

① 동기식 데이터 다중화에 사용된다.
② 1,200[bps] 이하에서 사용된다.
③ 채널 간 완충지역으로 가드밴드(Guard Band)를 주어야 한다.
④ 별도의 모뎀이 필요 없다.

[5-12] 다중화(Multiplexing) 방식에 해당하지 <u>않는</u> 것은? 〈정보처리산업기사 2021/5, 2017/8〉

① FDM ② TDM ③ WDM ④ QDM

[5-13] 주파수 분할 다중화(FDM) 방식에서 보호대역 (guard band)의 역할로 올바른 것은?

〈정보처리산업기사 2021/5, 2015/3, 2018/4, 2017/5, 정보처리기사 2019/3, 2016/5〉

① 주파수 대역폭을 넓히기 위함이다.
② 신호의 세기를 크게 하기 위함이다.
③ 채널 간섭을 막기 위함이다.
④ 많은 채널을 좁은 주파수 대역에 쓰기 위함이다.

[5-14] 다음이 설명하는 다중화 기술은?

〈정보처리기사 2020/9, 정보통신기사 2018/6, 2015/6〉

> - 광섬유를 이용한 통신 기술의 하나를 의미함.
> - 파장이 서로 다른 복수의 광신호를 동시에 이용하는 것으로 광신호를 다중화하는 방식임.
> - 빛의 파장 축과 파장이 다른 광선은 서로 간섭을 일으키지 않는 성질을 이용함.

① Wavelength Division Multiplexing
② Frequency Division Multiplexing
③ Code Division Multiplexing
④ Time Division Multiplexing

정답 5-8 ④ 5-9 ④ 5-10 ② 5-11 ① 5-12 ④ 5-13 ③ 5-14 ①

[5-15] 다음 중 파장분할 다중전송 시스템의 구성 요소에 속하지 <u>않는</u> 것은? 〈정보통신기사 2020/6〉

① 수광 소자　　　　② 광분파기
③ 발광 소자　　　　④ 광반사기

[5-16] 다음 중 다중화에 대한 설명으로 알맞은 것은? 〈정보통신기사 2020/6, 2018/6〉

① 다수의 신호에 대응하는 다수의 채널로 전송하는 방식이다.
② 하나의 신호를 다수의 채널로 전송하는 방식이다.
③ 하나의 신호를 하나의 채널로 전송하는 방식이다.
④ 다수의 신호를 동시에 하나의 채널로 전송하는 방식이다.

[5-17] 다음 중 파장분할다중화(WDM) 방식의 특징이 <u>아닌</u> 것은? 〈정보통신기사 2020/5〉

① 하나의 광섬유에 동시에 전송
② 광 손실 보상을 위해 광 증폭기를 사용
③ 중장거리보다 단거리 통신에 주로 사용
④ 여러 파장 대역을 동시에 전송하는 광 다중화 방식

[5-18] 다음 중 전송 시스템에서 다중화(Multiplexing)란 무엇인가? 〈정보통신산업기사 2017/6〉

① 다중신호를 다중 통신 채널에 보내는 것
② 다중신호를 하나의 통신 채널에 보내는 것
③ 동일 신호를 다중 통신 채널에 보내는 것
④ 동일 신호를 하나의 통신 채널에 보내는 것

[5-19] 1,200[bps] 속도를 갖는 4채널을 다중화한다면 다중화 설비 출력 속도는 적어도 얼마 이상이어야 하는가? 〈정보통신기사 2017/5, 2015/10〉

① 1,200[bps]　　　② 2,400[bps]
③ 4,800[bps]　　　④ 9,600[bps]

[5-20] 다음 중 다중화 방식의 종류가 <u>아닌</u> 것은? 〈정보통신산업기사 2017/3, 2015/10〉

① 주파수 분할 다중화
② 진폭 분할 다중화
③ 시분할 다중화
④ 코드 분할 다중화

[5-21] 다음 중 다중화 기술에 대한 설명으로 옳지 <u>않은</u> 것은? 〈정보통신기사 2016/3〉

① 하나의 통신로를 여러 가입자가 동시에 이용하여 통신할 수 있도록 하는 것이 다중화 기술이다.
② 아날로그 방식의 주파수 분할 다중화(FDM)와 디지털 방식의 시분할 다중화(TDM) 및 코드 분할 다중화(CDM) 기술이 있다.
③ 주파수 분할 다중화(FDM)는 채널마다 독립된 주파수 대역으로 분할하여 다중화하는 방식으로 시분할 다중화 또는 코드 분할 다중화보다 효율이 낮다.
④ 시분할 다중화(TDM)는 정해진 시간으로 슬롯을 배정하고 이를 다시 Frame으로 묶어 다중화하는 방식으로 코드 분할 다중화(CDM)보다 다중화 효율이 높다.

정답 5-15 ④　5-16 ④　5-17 ③　5-18 ②　5-19 ③　5-20 ②　5-21 ④

[5-22] 다음 중 WDM(Wavelength Division Multiplexing)에 대한 설명으로 옳지 <u>않은</u> 것은?

〈정보통신산업기사 2016/3〉

① 하나의 광파장으로 양방향 전송이 가능하다.
② 파장이 다른 광신호를 한 가닥의 광섬유로 전송이 가능하다.
③ 송신에는 광합파기가 사용되고 수신에는 광분파기가 사용된다.
④ 하나의 코어로 송수신이 가능하므로 광섬유 선로의 증설 없이 회선 증설이 용이하다.

[5-23] 다음 중 주파수 분할 다중화기(FDM:Frequency Division Multiplexer)의 특징에 해당하지 <u>않는</u> 것은?

〈정보통신기사 2015/6〉

① 1,200보오(Baud) 이하의 비동기에서만 사용한다.
② FDM 자체가 모뎀 역할까지 하기 때문에 별도의 모뎀이 필요 없다.
③ 구조가 간단하고 가격이 저렴하다.
④ 채널 간 완충지역으로 가드 밴드(Guard Band)가 있어 대역폭 활용이 높다.

[5-24] 여러 개의 터미널 신호를 하나의 통신회선을 통해 전송할 수 있도록 하는 장치는?

〈정보통신기사 2015/6, 정보처리산업기사 2015/5〉

① 변복조장치   ② 멀티플렉서
③ 전자교환기   ④ 디멀티플렉서

[5-25] 주파수 분할 방식의 특징으로 <u>틀린</u> 것은?

〈정보처리기사 2015/3〉

① 사람의 음성이나 데이터가 아날로그 형태로 전송된다.
② 인접 채널 사이의 간섭을 막기 위해 보호대역을 둔다.
③ 터미널의 수가 동적으로 변할 수 있다.
④ 주로 유선방송에서 많이 사용하고 있다.

[5-26] PDH(Plesiochronous Digital Hierarchy) 중 북미 방식인 T1의 전송 속도는?

〈정보통신기사 2024/3, 2022/10,
정보통신산업기사 2021/6, 2020/3, 2017/3〉

① 64[Kbps]   ② 1.544[Mbps]
③ 2.048[Mbps]   ④ 6.312[Mbps]

[5-27] 실제로 데이터를 전송해야 하는 단말에게만 시간 폭을 할당하여 소프트웨어적으로 시간 폭 배정이 가능한 지능형 다중화 장치는 무엇인가?

〈정보통신기사 2023/10〉

① 동기식 TDM(Synchronous TDM)
② 비동기식 TDM(Asynchronous TDM)
③ 동기식 FDM(Synchronous FDM)
④ 비동기식 FDM(Asynchronous FDM)

[5-28] 데이터 통신 다중화 기법 중 시분할 다중화 (TDM)에 대한 설명으로 <u>틀린</u> 것은?

〈정보통신기사 2023/6〉

① 망동기가 필요하다.
② 수신 시 비트 및 프레임 동기가 필요하다.
③ 인접 채널 간 간섭을 줄이기 위해 보호대역이 필요하다.
④ 데이터 프레임 구성 시 필요한 오버헤드가 커서 데이터 전송 효율이 떨어진다.

[5-29] 다음 중 통계 시분할 다중화기의 설명으로 옳은 것은?

〈정보통신산업기사 2023/3〉

① 동기식 다중화기의 일종이다.
② 각 채널 별로 특정한 시간 슬롯이 할당되지 않는다.
③ 별도의 주소 정보가 필요 없다.
④ 전송 대역폭의 효율이 떨어지는 방식이다.

정답 5-22 ① 5-23 ④ 5-24 ② 5-25 ③ 5-26 ② 5-27 ② 5-28 ③ 5-29 ②

[5-30] 송수신할 데이터가 있는 단밀기에만 타임 슬롯(time slot)을 할당하여 전송 효율을 높이는 다중화 방식은?

〈정보통신기사 2022/3, 정보처리기사 2019/3, 2018/4〉

① 주파수분할 다중화 방식
② 부호화 방식
③ 변조 방식
④ 통계적 시분할 다중화 방식

[5-31] 북미에서 사용하는 TDM 계위인 DS-1에 대한 설명으로 틀린 것은?　〈정보통신산업기사 2021/6〉

① 한 프레임은 24 채널이 되고, 한 비트의 동기용 프레임 비트를 포함한다.
② DS-1의 전송율은 1.544Mbps이다.
③ 비트 인터리빙을 통하여 5개의 DS-1 신호를 조합하면 DS-2 신호를 얻을 수 있다.
④ 28개의 DS-1 신호를 조합하면 DS-3가 되어 전송율은 44.736Mbps 이다.

[5-32] 전송시간을 일정한 간격의 시간 슬롯(time slot)으로 나누고, 이를 주기적으로 각 채널에 할당하는 다중화 방식은?　〈정보처리산업기사 2021/3, 2018/8, 2015/8, 2015/5, 정보처리기사 2015/3〉

① 주파수 분할 다중화
② 파장 분할 다중화
③ 통계적 시분할 다중화
④ 동기식 시분할 다중화

[5-33] 다중화 방식 중 Time Division Multiplexing에 대한 설명으로 옳은 것은?　〈정보처리산업기사 2020/10, 2016/3〉

① Bandwidth의 이용도가 높아 고속 전송에 용이하다.
② 전송 속도가 낮은 Sub-channel의 신호를 서로 다른 주파수 대역으로 변조한다.
③ Asynchronous Data만을 Multiplexing 하는 데 사용한다.
④ Sub-channel 간의 상호 간섭을 방지하기 위해 완충 지역으로 Guard band가 필요하다.

[5-34] 다음 중 시분할 다중화(TDM) 방식의 특징으로 틀린 것은?　〈정보통신기사 2020/9〉

① 주파수 대역폭을 작은 대역폭으로 나누어 사용한다.
② 동기 및 비동기식 데이터 다중화에 사용한다.
③ 비트 삽입식과 문자 삽입식이 있다.
④ 멀티포인트 시스템에 적합하다.

[5-35] 다음 중 시분할 다중화 방식과 가장 관계가 적은 것은?　〈정보통신산업기사 2019/6, 2015/3〉

① 가드밴드(Guard Band) 설정
② 비트 삽입식(Bit Interleaving)
③ 문자 삽입식(Character Interleaving)
④ 점 대 점 연결 방식(Point To Point)

[5-36] 비트 단위의 다중화에 사용되고, 시간 슬롯이 낭비되는 경우가 많이 발생하는 다중화는?　〈정보통신산업기사 2019/6, 2017/6, 2015/3〉

① 주파수 분할 다중화
② 동기식 시분할 다중화
③ 비동기식 시분할 다중화
④ 코드 분할 다중화

정답 5-30 ④　5-31 ③　5-32 ④　5-33 ①　5-34 ①　5-35 ①　5-36 ②

[5-37] 전송 매체상의 전송 프레임마다 해당 채널의 시간 슬롯이 고정적으로 할당되는 다중화 방식은?

〈정보처리기사 2019/4〉

① 주파수 분할 다중화   ② 동기식 시분할 다중화
③ 위상편이 시분할 다중화 ④ 코드 분할 다중화

[5-38] 한 전송로의 데이터 전송 시간을 일정한 시간 폭(time slot)으로 나누어 각 부 채널에 차례로 분배하는 방식의 다중화 방식은?   〈정보처리기사 2018/3, 2016/8〉

① TDM   ② CDM   ③ FDM   ④ CSM

[5-39] 동기 TDM에서 n개의 신호 출처가 있는 경우, 각 프레임이 포함하는 시간 슬롯(Time Slot)의 최소 개수는?   〈정보통신산업기사 2018/3, 2016/6〉

① $n-1$개   ② n개   ③ $n+1$개   ④ $n+2$개

[5-40] 시분할 다중화 방식에서 채널 간의 상호간섭을 방지하기 위하여 사용되는 시간 간격을 무엇이라 하는가?

〈정보통신기사 2017/9〉

① 가드 밴드(Guard Band)
② 버퍼(Buffer)
③ 가드 타임(Guard Time)
④ 부호화 타임(Coding Time)

[5-41] 각 채널 별로 타임 슬롯을 사용하나 데이터를 전송하고자 하는 채널에 대해서만 슬롯을 유동적으로 배정하며, 비트블록에 데이터뿐만 아니라 목적지 주소에 대한 정보도 포함하는 다중화 방식은? 〈정보처리기사 2017/5〉

① 파장 분할 다중화 방식
② 통계적 시분할 다중화 방식
③ 주파수 분할 다중화 방식
④ 코드 분할 다중화 방식

[5-42] 다음 중 시분할 다중화기(Time Division Multiplexer)의 특징에 해당하지 <u>않는</u> 것은?

〈정보통신기사 2016/10〉

① 고속 전송 가능
② 내부에 버퍼 기억장치가 필요
③ 주로 점대점(Point-to-Pont) 시스템에서 사용
④ 좁은 주파수 대역을 사용하는 여러 개의 신호가 넓은 주파수 대역을 가진 하나의 전송로를 따라서 동시에 전송되는 방식

[5-43] 다중화 방식 중 타임 슬롯(time slot)을 사용자의 요구에 따라 동적으로 할당하여 데이터를 전송할 수 있는 것은?   〈정보처리기사 2016/5〉

① Pulse Code Multiplexing
② Statistical Time Division Multiplexing
③ Synchronous Time Division Multiplexing
④ Frequency Division Multiplexing

[5-44] 시분할 다중화(Time Division Multiplexing)의 설명으로 <u>틀린</u> 것은?   〈정보처리기사 2015/8〉

① 시분할 다중화에는 동기식 시분할 다중화와 통계적 시분할 다중화 방식이 있다.
② 동기식 시분할 다중화 방식은 전송 프레임마다 각 시간 슬롯이 해당 채널에게 고정적으로 할당된다.
③ 통계적 시분할 다중화 방식은 전송할 데이터가 있는 채널만 차례로 시간 슬롯을 이용하여 전송한다.
④ 통계적 시분할 다중화보다 동기식 시분할 다중화 방식이 전송 대역폭을 더욱더 효율적으로 사용할 수 있다.

정답 5-37 ②   5-38 ①   5-39 ②   5-40 ③   5-41 ②   5-42 ④   5-43 ②   5-44 ④

5.3 SONET/SDH

[5-45] 다음 중 광통신망의 SONET 프레임 구조의 설명으로 옳은 것은? 〈정보통신산업기사 2023/6〉

① 장거리 전화망의 광케이블 구간에 적용되고 있는 물리 계층 표준이다.
② 단거리 전화망의 광케이블 구간에 적용되고 있는 물리 계층 표준이다.
③ 장거리 전화망의 광케이블 구간에 적용되고 있는 데이터링크 계층 표준이다.
④ 단거리 전화망의 광케이블 구간에 적용되고 있는 데이터링크 계층 표준이다.

[5-46] 다음 중 PDH 및 SDH/SONET의 공통점이 아닌 것은? 〈정보통신기사 2023/3〉

① 디지털 다중화에 의한 계위 신호 체계
② 시분할 다중화(TDM) 방식
③ 프레임 반복 주기는 125μs
④ 북미 표준의 동기식 다중화 방식 디지털 계위 신호 체계

[5-47] 다음 중 SDH 전송 속도로 틀린 것은? 〈정보통신산업기사 2022/6〉

① STM-1 : 155.520[Mbps]
② STM-4 : 622.080[Mbps]
③ STM-8 : 1,244.016[Mbps]
④ STM-16 : 2,488.320[Mbps]

[5-48] 다음은 무엇에 대한 설명인가? 〈정보통신기사 2022/6〉

> - 범세계적이고 융통성 있는 전송 네트워크를 실현해 주는 광통신 전송 시스템 표준화가 목적이다.
> - 기본이 되는 최저 다중화 단위인 'OC-1(Optical Carrier-1)'의 전송 속도는 51.84[Mbps]이다.
> - 광케이블의 WAN 시스템으로서 이론적으로 2.48 [Gbps]의 전송 속도를 가지며, 음성, 데이터, 비디오의 정보를 동시에 보낼 수 있다.
> - 서로 다른 업체와도 호환이 되고 새로운 서비스 플랫폼에도 유연하다.

① SONET(synchronous optical network)
② SDH(synchronous digital hierarchy)
③ PDH(plesiochronous digital hierarchy)
④ OTN(optical transport network)

[5-49] SDH(Synchronous Digital Hierarchy : 동기식 디지털 계위) 특징이 아닌 것은? 〈정보통신기사 2022/6〉

① TDM 방식으로 다중화함
② 동기식 디지털 기본 계위 신호 STM-1을 기본으로 권고함
③ 프레임 주기는 125[μs] 임
④ 9행 × 90열 구조로 되어 있음

정답 5-45 ① 5-46 ④ 5-47 ③ 5-48 ① 5-49 ④

[5-50] 다음은 무엇에 대한 설명인가?

〈정보통신기사 2022/3〉

> - 동기 디지털 계층으로 B-ISDN인 광섬유 매체에서 사용자-네트워크 인터페이스의 속도를 결정하려고 각국의 속도 계층을 하나로 통일한 것이다.
> - 동기화 데이터를 전송하는 국제표준 기술을 말하며, STM-1 시리즈의 속도를 사용한다.
> - 전송 레벨은 155.52[Mbps]를 STM-1로 시작하여 최대 STM-256까지 정의하고, 실제 응용은 1, 4, 16에만 적용한다.
> - TMN(Telecommunication Management Network) 등 망 관리와 유지에 필요한 신호 대역이 할당되어 있다.

① SDH(synchronous digital hierarchy)
② PDH(plesiochronous digital hierarchy)
③ OTN(optical transprt network)
④ SONET(synchronous optical network)

[5-51] 다음 중 SONET/SDH에 대한 설명으로 틀린 것은?

〈정보통신산업기사 2021/3〉

① SONET는 STS, SDH는 STM의 계위를 따른다.
② 비동기식 다중화 전송 방식의 국제표준이다.
③ 계층화 개념을 도입시킴에 따른 유지보수가 용이하다.
④ STM-1는 STS-3C와 동등한 전송 속도를 가진다.

[5-52] 다음 중 10[Gbps] 동기식 전송 시스템의 신호를 표시한 것은?

〈정보통신기사 2021/3〉

① STM-16
② STM-32
③ STM-64
④ STM-128

[5-53] 다음 중 SONET의 설명으로 틀린 것은?

〈정보통신산업기사 2019/9〉

① SONET은 미국 내 공업 표준을 마련하는 기구인 ANSI 산하 ECSA에 의해 마련된 광통신 전송 표준이다.
② SONET의 기본 전송 단위인 STS-1은 90열 9행의 2차원 논리적 배열구조를 가지는 프레임이다.
③ SONET은 ITU-T에서 국제표준으로 채택되었다.
④ 전체 810바이트의 영역에서 36바이트는 프레임의 올바른 전송에 필요한 프로토콜 오버헤드로 이용된다.

[5-54] SONET(Synchronous Optical Network)에 대한 설명으로 틀린 것은?

〈정보처리기사 2017. 8. 26〉

① 광 전송망 노드와 망 간의 접속을 표준화한 것이다.
② 다양한 전송기기를 상호 접속하기 위한 광신호와 인터페이스 표준을 제공한다.
③ STS-12의 기본 전송 속도는 622.08Mbps 이다.
④ 프레임 중계 서비스와 프레임 교환 서비스가 있다.

[5-55] 다음 중 SDH(Synchronous Digital Hierarchy)에서 STM-1의 전송 속도Mbps]는?

〈정보통신산업기사 2015/10〉

① 155.52[Mbps]
② 139.26[Mbps]
③ 62.08[Mbps]
④ 50.84[Mbps]

정답 5-50 ① 5-51 ② 5-52 ③ 5-53 ③ 5-54 ④ 5-55 ①

5.4 역다중화기와 집중화기

[5-56] 다음 중 집중화기에 대한 설명으로 옳지 <u>않은</u> 것은? 〈정보통신기사 2022/6, 2017/9, 2016/5〉

① m개의 입력 회선을 n개의 출력 회선으로 집중화하는 장비이다.
② 집중화기의 구성 요소로는 단일 회선 제어기, 다수 선로 제어기 등이 있다.
③ 집중화기는 정적인 방법(Static Method)의 공동 이용을 행한다.
④ 부채널의 전송 속도의 합은 Link 채널의 전송 속도보다 크거나 같다.

[5-57] 다음 설명에 해당하는 것은 어느 것인가? 〈정보통신산업기사 2022/6〉

> 전송 회선과 단말기 사이의 전송 속도가 서로 다른 경우에 전송할 데이터가 있는 단말기에만 채널을 할당하여 사용할 수 있도록 해 주는 장치

① 역다중화기
② 집중화기
③ 모뎀
④ 디지털 서비스 유니트(DSU)

[5-58] 입력 회선의 수가 출력 회선의 수와 같거나 많으며, 동적 할당을 통해서 실제 전송할 데이터가 있는 단말 장치에만 시간 폭을 할당하는 장비는? 〈정보통신산업기사 2021/10〉

① 집중화기
② 다중화기
③ 모뎀 공유 장치
④ 라우터

[5-59] 통신 속도를 달리하는 전송회선과 단말기를 접속하기 위한 방식으로 실제로 전송할 데이터가 있는 단말기에만 채널을 동적으로 할당하는 방식을 무엇이라 하는가? 〈정보통신기사 2021/6〉

① 집중화기
② 다중화기
③ 변조기
④ 부호기

[5-60] 다음 중 집중화기(Concentrator)의 구성 요소에 해당하는 것은? 〈정보통신기사 2020/5〉

① 모뎀
② 멀티플렉서
③ 호스트 시스템
④ 단일 회선 제어기

[5-61] 다음 중 고속 데이터 스트림을 두 개 이상의 저속 데이터 스트림으로 변환하여 음성 대역 등의 변·복조기를 통해 전송하는 장치는? 〈정보통신산업기사 2020/6, 2018/3〉

① 광대역 다중화기
② 역다중화기
③ 지능 다중화기
④ 음성 다중화기

[5-62] 다음 중 다중화기의 종류에 대한 설명으로 옳지 <u>않은</u> 것은? 〈정보통신산업기사 2020/6〉

① 주파수 분할 다중화기(FDM)는 하나의 채널에 주파수 대역별로 전송로를 구성한다.
② 역다중화기(Inverse Multiplexer)는 협대역 통신으로 2,400[bps] 이하의 전송 속도를 얻는다.
③ 비동기 시분할 다중화기는 실제로 보낼 데이터가 있는 단말 장치에만 동적으로 각 채널에 타임 슬롯을 할당한다.
④ 광대역 다중화기는 여러 가지 다른 속도의 동기식 데이터를 묶어 광대역 전송이 가능하다.

정답 5-56 ③ 5-57 ② 5-58 ① 5-59 ① 5-60 ④ 5-61 ② 5-62 ②

[5-63] 다음 중 집중화기의 설명으로 거리가 <u>먼</u> 것은?

〈정보통신산업기사 2019/3〉

① 집중화기는 m개의 입력 회선을 n개의 출력 회선에 집중화시키는 장비이다.

② 집중화기는 m개의 입력 회선이 n개의 출력 회선보다 작거나 같아야 한다.

③ 집중화기의 입력 회선은 단말기와 집중화기를 연결하는 기능이다.

④ 집중화기의 출력 회선은 집중화기와 다른 집중화기를 연결하거나 호스트 컴퓨터와 전처리와 연결된다.

[5-64] 입력 회선이 10개인 집중화기에서 출력 회선을 몇 개까지 설계할 수 있는가?　　〈정보통신기사 2016/5〉

① 10　　　　　　② 11
③ 13　　　　　　④ 15

[5-65] 다음 중 다중화기와 집중화기에 대한 설명으로 틀린 것은?　　〈정보통신산업기사 2015/10〉

① 부 채널(Sub channel) 할당 방법에서 다중화기는 정적(Static) 할당이고, 집중화기는 동적(Dynamic) 할당 방식이다.

② 개별 회선의 연결 시 다중화기는 논리적 연결이고, 집중화기는 물리적 연결이다.

③ 부 채널 속도 합에서 다중화기는 고속 링크 채널 속도와 같고, 집중화기는 고속 링크 채널 속도와 같거나 크다.

④ 제어기는 다중화기는 고정 회선 제어 및 논리적 제어이고, 집중화기는 프로세서 제어이다.

정답 5-63 ②　5-64 ①　5-65 ②

학습목표

- 데이터통신 시스템의 연결 방식에 대하여 설명할 수 있다.
- 네트워크 토폴로지의 의미와 종류, 특성에 대하여 설명할 수 있다.
- 회선 교환, 메시지 교환, 패킷 교환에 대하여 설명할 수 있다.
- 가상 회선 패킷 교환과 데이터그램 패킷 교환에 대하여 설명할 수 있다.

정보처리기사 | 정보통신기사 | 정보보안기사 대비

한권으로 끝내는 데이터통신과 정보통신

6

회선 구성과 교환 방식

6.1.1 회선 구성

회선구성(line configuration)이란 둘 이상의 장치가 하나의 링크에 연결되는 방식을 말한다. 링크(link)는 하나의 장치로부터 다른 장치로 데이터를 보내는 물리적인 통신 경로이다. 예를 들면 두 지점을 연결하는 하나의 선을 생각하면 된다. 통신을 하려면 두 장치는 동시에 같은 링크로 연결되어 있어야 한다.

회선구성의 방법으로는 점대점(point-to-point) 방법과 다중점(multipoint) 방법이 있다. 점대점 방법은 두 장치 간의 전용 링크를 제공한다. 채널의 전체 용량은 두 기기가 독점한다. 대부분의 점대점 회선구성은 (그림 6-1)과같이 양쪽 끝에 연결된 케이블이나 전선을 이용한다. 그러나 마이크로웨이브나 인공위성 연결과 같은 방식도 가능하다.

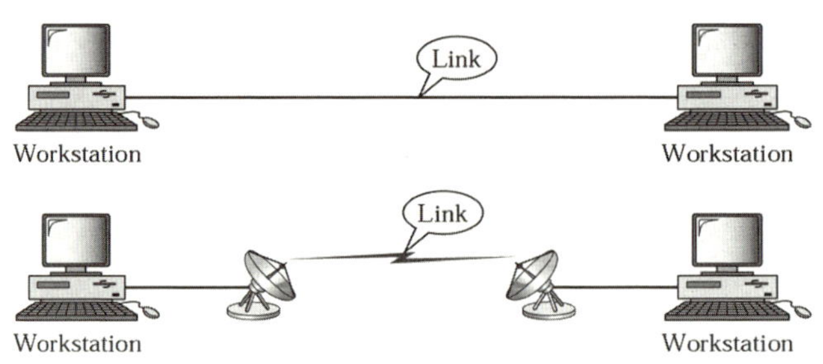

그림 6-1   점대점 회선구성

다중점 회선구성은 (그림 6-2)와 같이 3개 이상의 기기가 하나의 링크를 공유하는 방식이다. 다중점 환경에서 채널의 용량은 공간적으로 또는 시간적으로 공유된다. 여러 기기가 동시에 링크를 사용한다면, 이는 회선의 공간적 공유이다. 만일 사용자가 순서에 따라 링크를 사용한다면 이는 회선의 시간적 공유이다.

따라서 다중점 회선 구성에서 연결할 수 있는 단말의 수는 회선의 속도, 단말기들에 의해 발생되는 트래픽의 양, 그리고 하드웨어와 소프트웨어의 처리 능력에 따라 달라진다.

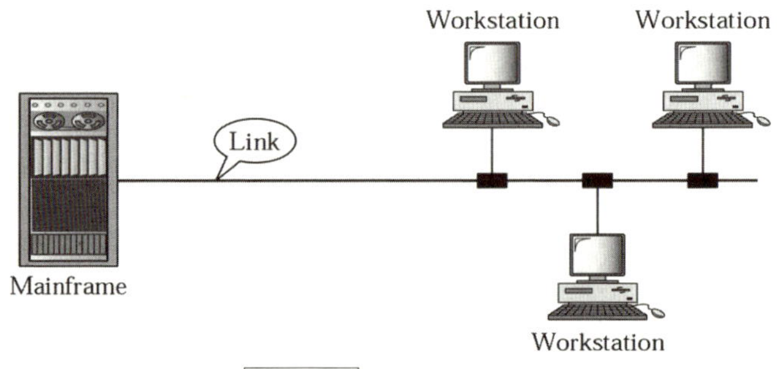

그림 6-1   점대점 회선구성

6.1.2 네트워크 토폴로지

토폴로지(topology)라는 용어는 물리적 또는 논리적인 네트워크의 배치방식을 말한다. 2개 이상의 장치가 하나의 링크에 연결되며, 2개 이상의 링크가 하나의 토폴로지를 형성한다. 토폴로지는 링크와 연결된 장비 간의 관계를 기하학적으로 표현한 것이다. 토폴로지로는 그물형(mesh), 스타형(star), 트리형(tree), 버스형(bus), 링형(ring) 등이 있다.

(1) 그물형

그물형(mesh type) 토폴로지는 망형(網形)이라고도 부르며, (그림 6-3)과같이 모든 장치가 다른 장치에 대해 전용의 점대점 링크를 갖는다. 따라서 그물형 네트워크에서 n개의 장치를 서로 연결하기 위해서는 $n(n-1)/2$개의 물리적인 채널이 필요하게 된다. 또한 이와 같은 많은 링크를 수용하기 위해서는 모든 장치가 $n-1$개의 입출력 포트를 가지고 있어야 한다.

그물형은 다른 토폴로지에 비해 몇 가지 장점을 가지고 있다. 첫 번째로 전용 링크를 사용하기 때문에 전송 대역폭을 충분히 확보할 수 있다. 즉 링크를 공유하는 토폴로지에서 발생하는 속도 저하 문제를 피할 수 있다. 두 번째로 그물형 토폴로지는 안전성이 높다. 한 링크가 고장 나더라도 우회 경로가 여러 개 존재하므로 전체 시스템에는 큰 문제가 되지 않는다. 세 번째의 장점은 비밀 유지와 보안이다. 모든 메시지가 전용선으로 보내지기 때문에 원하는 수신기만 받을 수 있다. 끝으로 그물형 토폴로지는 고장이 발생한 위치를 발견하고 그 원인과 해결책을 비교적 쉽게 찾을 수 있으며 전송 시 문제가 있다고 생각되는 링크를 피해서 경로를 설정할 수 있는 장점이 있다.

반면 그물형 토폴로지의 주요 단점은 케이블과 입출력 포트의 수가 너무 많다는 것이다. 또한 모든 장치를 연결해야 하기 때문에 설치와 재구성이 어렵다는 점이다. 따라서 그물형 토폴로지는 대개 제한적으로 사용된다. 예를 들면 여러 가지 토폴로지를 함께 사용하는 혼합형 네트워크에서 중앙 컴퓨터들을 연결하는 백본 네트워크 등에서 그물형 토폴로지를 사용한다.

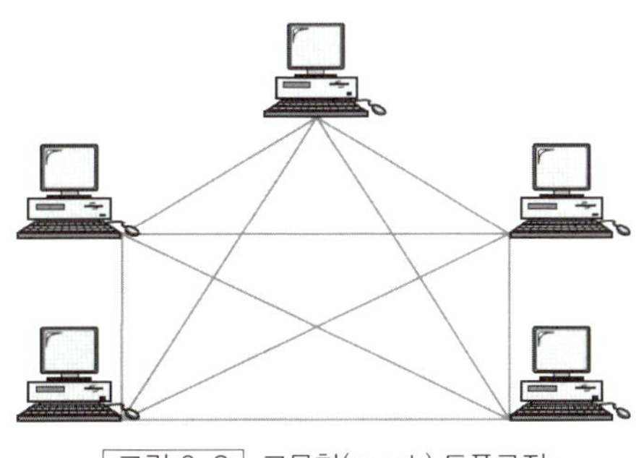

그림 6-3 | 그물형(mesh) 토폴로지

(2) 스타형

스타형(star type) 토폴로지는 성형(星形)이라고도 부르며, 일반적으로 (그림 6-4)와 같이 각 장치가 허브 (Hub)라고 하는 중앙제어장치와 전용의 점대점 링크로 연결되어 있다. 각 장치는 직접 연결되어 있지 않다. 따라서 각 장치 간에 직접적인 통신은 할 수 없으며 모든 전송이 중앙의 허브를 통하여 중계된다.

스타형 토폴로지는 그물형 토폴로지에 비해 비용이 적게 든다. 스타형에서 각 장치는 다른 장치와 연결하기 위해 1개의 링크와 1개의 입출력 포트만 필요하다. 따라서 설치와 재구성도 쉽다. 설치에 필요한 케이블의 양이 적으며, 이동과 제거의 경우에도 오직 해당 장치와 허브 간의 연결만을 바꾸면 된다. 또 다른 장점으로는 안정성을 들 수 있다. 만약 한 링크가 끊어져서 작동하지 않으면 오직 해당 링크만 영향을 받고, 다른 링크들은 아무런 영향을 받지 않는다. 이러한 점은 고장의 식별과 수리를 쉽게 해준다.

스타형 토폴로지의 단점은 중앙의 허브가 고장 나면 전체 네트워크가 동작하지 않는다는 것이다. 따라서 허브는 고장에 강한 구조를 가지고 있어야 한다.

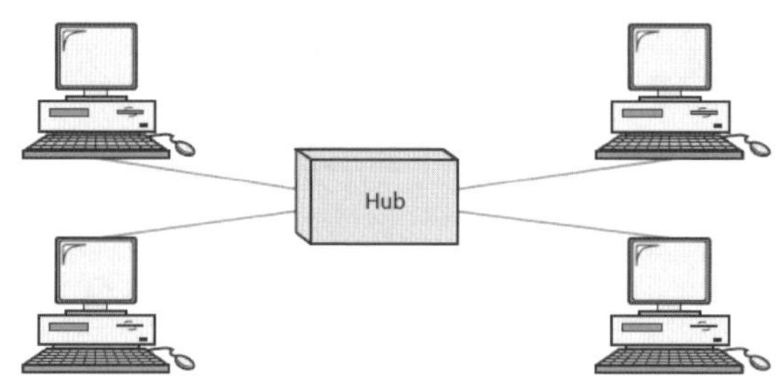

그림 6-4 │ 스타형(star) 토폴로지

(3) 트리형

트리형(tree type) 토폴로지는 스타형 토폴로지의 변형이다. 스타형처럼 트리에 연결된 노드는 네트워크상의 통신을 제어하는 중앙 허브에 연결된다. 그러나 모든 장치가 중앙 허브에 직접 연결되지는 않는다. (그림 6-5)와 같이 대부분의 장치는 중앙 허브에 연결된 2차 허브에 연결된다.

트리형에서 중앙 허브는 능동적인 허브이다. 능동적인 허브는 데이터를 전송하기 전에 받은 비트 패턴을 재생시키는 중계기(repeater)를 포함하고 있다. 신호를 재생하는 것은 신호의 이동 거리를 증가시키며 오류의 영향도 감소시킨다. 2차 허브는 능동적일 수도 있고 수동적일 수도 있다. 수동적인 허브는 연결된 장치를 단순히 물리적으로만 연결해 준다.

트리형 토폴로지의 장단점은 대체로 스타형 토폴로지와 유사하다. 그러나 2차 허브로 인하여 두 가지 장점이

더 있다. 첫째 하나의 중앙 허브에 더 많은 장치를 연결할 수 있고, 이로 인해 각 장치 간 신호의 이동 거리가 증가될 수 있다. 둘째, 네트워크는 여러 컴퓨터로부터 통신을 분리하거나 우선순위를 부여할 수 있다. 예를 들면, 특정한 2차 허브에 연결된 컴퓨터에 보다 높은 우선순위를 부여할 수 있다. 이러한 방법으로 네트워크 설계자와 관리자는 시간에 민감한 자료를 전송할 때 기다리지 않고 빨리 전송될 수 있도록 할 수 있다.

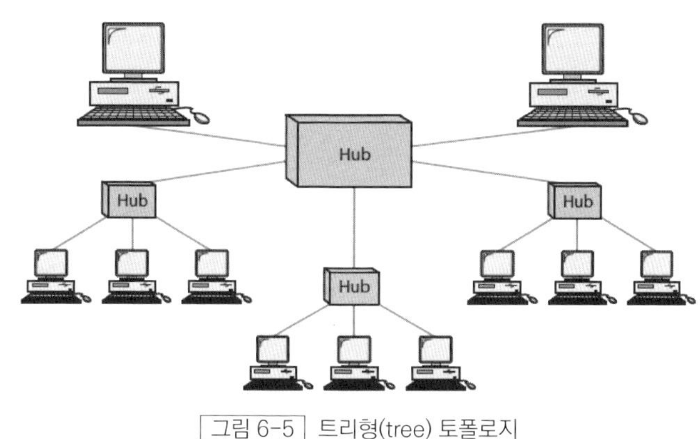

그림 6-5 | 트리형(tree) 토폴로지

(4) 링형

링형(ring type) 토폴로지는 환형(環形)이라고도 부르며, 여기에서 각 장치는 단지 자신의 양쪽에 있는 장치와 전용의 점대점 회성 구성을 이룬다. (그림 6-6)과 같이 신호는 한 방향으로만 링을 따라 목적지에 도달할 때까지 전송된다. 링형 네트워크에 있는 각 장치는 중계기를 포함하고 있다. 중계기는 다른 기기가 보낸 신호를 받아서 이를 재생하여 전송한다.

링형 토폴로지는 상대적으로 설치와 재구성이 쉽다. 각 장치는 바로 이웃하는 장치에만 연결되어 있다. 장치를 추가하거나 제거하기 위해서는 단지 2개의 연결선만 움직이면 되는데, 이때 유일한 제약은 링의 최대 길이와 장치의 수이다. 링형 토폴로지에서 장애 처리는 보다 간단해진다. 링형에서는 일반적으로 신호가 항상 순환되므로, 만약 한 장치가 특정한 시간 내에 신호를 받지 못하면 경보를 보낼 수 있다. 경보는 네트워크 관리자에게 문제 발생의 사실과 발생 위치를 알려 준다.

하지만 단방향 전송을 하기 때문에 링에 고장이 발생하면 전체 네트워크가 마비되는 단점이 있다. 이러한 단점은 이중 링을 사용하거나 고장이 발생한 노드를 건너뛸 수 있는 방법 등을 사용하여 해결할 수 있다.

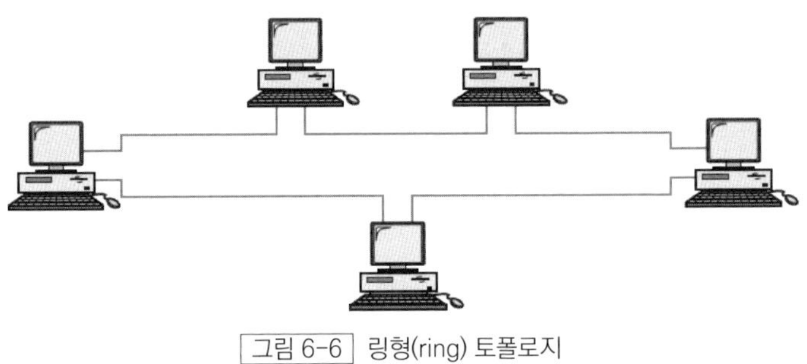

그림 6-6 링형(ring) 토폴로지

(5) 버스형

지금까지 설명한 토폴로지는 모두 점대점 회선구성을 지닌다. 반면에 버스형(bus type) 토폴로지는 (그림 6-7)과같이 다중점 형태로서, 하나의 긴 케이블이 네트워크상의 모든 장치를 연결하는 백본(backbone) 네트워크 역할을 한다.

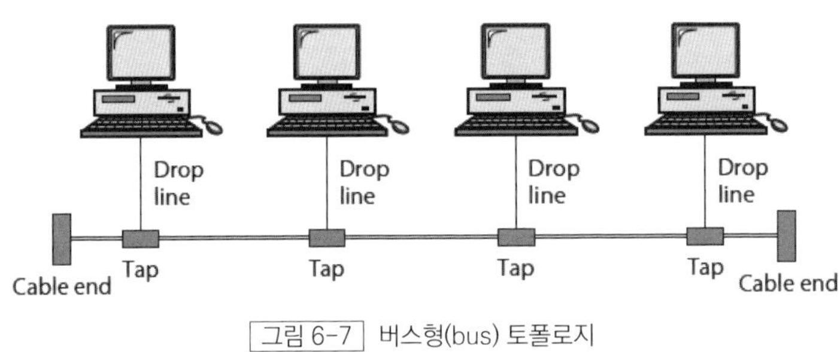

그림 6-7 버스형(bus) 토폴로지

버스형 토폴로지에서 노드는 탭(tap)과 유도선(drop line)에 의해 버스로 연결된다. 유도선은 주 케이블과 장치를 연결하는 선이며, 탭은 주 케이블의 연결 장치나 전선의 금속심에 연결하기 위해 케이블의 피복에 구멍을 낸 것이다. 신호가 백본 네트워크를 따라 이동할 때 그 에너지의 일부는 열로 변환되므로, 신호는 멀리 이동할수록 점점 약해진다. 이러한 이유로 인해 버스가 수용할 수 있는 탭의 수와 탭 간의 거리가 제한된다.

버스형 토폴로지의 장점은 설치하기가 쉽다는 것이다. 백본 케이블만 설치하면 다양한 길이의 유도선에 의해 다양하게 노드를 연결할 수 있다. 또한 다른 토폴로지에 비해 적은 양의 케이블이 사용되는 장점이 있다.

버스형 토폴로지의 단점은 재구성과 고장 수리가 어렵다는 데 있다. 보통 버스형은 설치 시점에 최고의 효율성을 갖도록 설계되므로 새로운 장치를 추가하는 것이 어려워질 수 있다. 또한 탭에서 발생하는 신호의 반사는 신호의 질을 저하하는 원인이 될 수 있다. 이러한 저하는 주어진 길이의 케이블에 연결되는 장치 간의 간격과 수를 제한함으로써 조절될 수 있다. 그러므로 새로운 장치를 추가하기 위해서는 백본 케이블의 교체나 변경이 필요하다.

또한 버스 케이블에 결함이 있거나 파손되면 네트워크 전체의 전송이 중단된다. 끊어진 쪽에 있는 장치 간의 전송도 할 수 없는데, 이는 손상된 지역이 신호를 반사시켜 발생된 곳으로 되돌아가게 함으로써 양방향으로 잡음이 발생되기 때문이다.

(6) 혼합형

네트워크는 서브넷이 서로 연결되어 규모가 큰 토폴로지가 되도록 여러 가지 토폴로지를 결합할 수 있다. (그림 6-8)과같이 버스형 토폴로지와 링형 토폴로지를 스타형 토폴로지 등을 서로 연결한 것이 혼합형(hybrid type) 토폴로지이다.

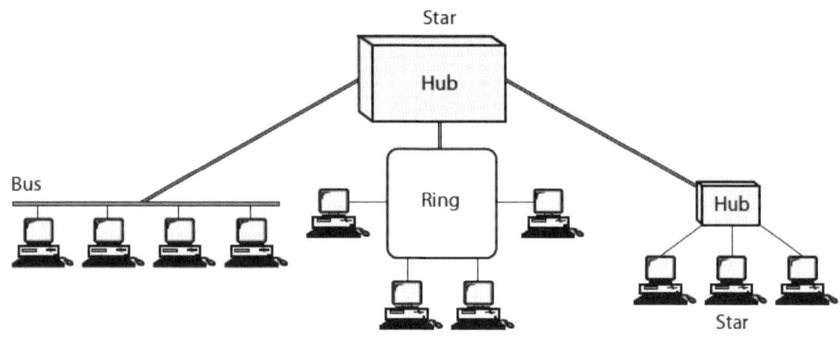

그림 6-8 │ 혼합형(hybrid) 토폴로지

6.2.1 전용 회선과 교환 회선

　　여러 개의 장치 간에 일대일 통신이 가능하도록 그 장치들을 연결하는 방법을 생각해 보자. 한 가지 해결책은 전용회선(leased line)을 이용하여 각 장치들을 점대점(point-to-point) 또는 다중점(multipoint)으로 연결하는 방법이다. 전용회선을 사용하는 방법은 송수신 상호 간에 통신 회선이 항상 고정된 방식이다.

　　그러나 이 방식은 매우 큰 망에 적용하기에는 비실용적이고 비경제적이다. 장치의 수가 많아지고 거리가 멀어지면 링크의 수와 길이가 너무 많아지고 길어지기 때문에 비용 면에서 효율적이지 못할 뿐만 아니라 대부분의 시간에 대다수의 링크가 비어 있게 될 것이다. 예를 들어 A, B, C, D, E, F의 6개의 장치를 가지는 네트워크를 생각해 보자. 장치 A가 장치 B, C, D, E, F와 점대점 링크를 가지고 있다면, A가 B와 연결될 때 A와 다른 장치들을 연결하는 링크는 비어 있는 채로 낭비된다.

　　전용회선을 이용하는 방법보다 더 나은 해결책으로 교환 회선(switched line)을 이용하는 방법이 있다. 교환 회선을 이용하는 방법은 교환기(switch)라는 장치를 사용한다. 교환기란 교환기에 연결된 둘 이상의 장치 사이에 임시적인 연결을 만들 수 있는 하드웨어 또는 소프트웨어적인 장치이다.

　　교환 회선은 전용회선에 비해서 전송 속도가 느리고 보안상으로 취약하지만, 회선을 공유하므로 효용도가 높고 통신장치와 회선 비용을 줄일 수 있다. 교환 회선은 전송할 데이터의 양이 많지 않고 회선 사용 시간이 길지 않을 때 효율적이다.

　　(그림 6-9)는 교환망의 예를 보이고 있다. 컴퓨터와 같은 통신 장치들은 A, B, C, D 등으로 표시하고 교환기는 Ⅰ, Ⅱ, Ⅲ, Ⅳ 등으로 표시하였다. 각 교환기는 여러 링크에 연결되고 한 번에 두 개씩 그들 간의 연결을 이루는 데 이용된다.

　　교환 방식으로는 회선 교환(circuit switching), 메시지 교환(message switching), 패킷 교환(packet switching) 방식 등이 있다. 회선 교환은 물리적인 회선을 설정한 후에 데이터를 전달하는 방식이며, 메시지 교환과 패킷 교환은 교환기의 저장장치에 데이터를 저장한 다음 데이터를 전달하는 방식으로 축적교환 방식이라고도 한다. 회선 교환과 패킷 교환 두 방식은 현재에도 널리 사용되고 있지만 메시지교환 방식은 패킷 교환으로 대체되어 거의 사용되지 않고 있다.

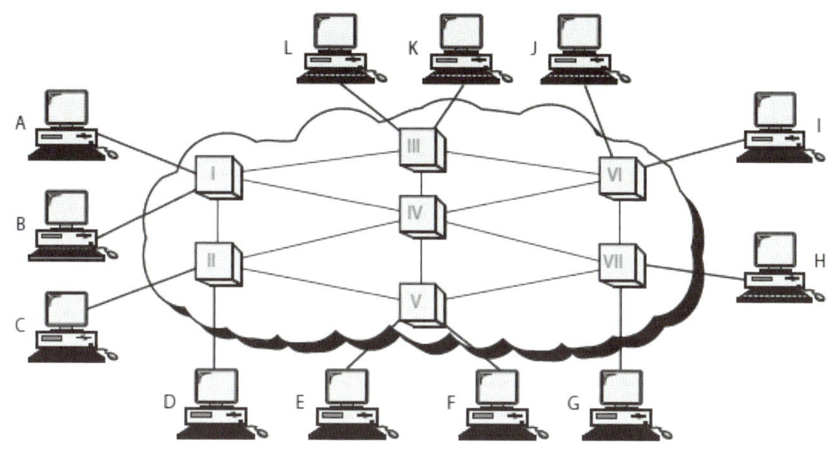

그림 6-9 │ 교환망의 예

교환 기술의 성능 비교 요소는 다음과 같은 4가지 요소로 정리할 수 있다. 여기에서 노드는 컴퓨터나 단말 장치와 같은 종단 시스템에 연결된 교환기나 통신망 내부의 중계 교환기, 라우터 등을 의미한다.

- 전파 지연 : 신호가 한 교환기에서 다음 교환기로 도달하는 데 걸리는 시간이다.
- 전송 시간 : 데이터가 출발지에서 도착지까지 도달하는 데 걸리는 시간이다.
- 노드 지연 : 메시지 교환과 패킷 교환과 같은 축적 교환망에서 데이터가 다음 경로를 배정받아 전달될 때까지 축적 교환기에 대기하는 시간이다.
- 데이터 처리율 : 정해진 시간 동안 수신하고 송신할 수 있는 데이터의 양이다.

6.2.2 회선 교환의 특징

회선 교환(Circuit Switching)은 데이터를 전송하기 전에 먼저 통신 상대 장치와 물리적인 회선을 연결하고 연결이 이루어진 다음에 데이터를 보내는 방식이다. 회선이 연결된 다음에는 접속이 해제되기 전까지 두 장치가 전용회선처럼 그 회선을 독점하게 된다.

회선 교환의 대표적인 예가 기존의 음성 전화망이다. 우리는 전화를 걸어서 상대방에게 말을 하기 전에, 먼저 다이얼을 사용하여 상대방과 회선을 연결하고 상대방이 연결된 후에 통화를 하게 된다. 또한 두 상대방이 통화를 하는 중에 다른 사람이 전화를 걸면 통화 중 신호가 들리고 연결되지 않는다. 즉 그 회선은 두 사람에 의해 독점이 되는 것이다.

회신 교환 방식은 일단 접속이 되고 나면, 그 통신회선은 전용회선에 의한 통신처럼 고정 대역으로 데이터가 전달된다. 그러나 데이터가 전송되지 않는 동안에도 접속이 유지되기 때문에 통신이 연속적이지 않은 경우, 통신회선이 낭비되며, 두 통신 상대방이 회선을 독점하기 때문에 비용이 많이 소요된다.

회선교환 방식에서 제어신호(control signal)는 네트워크를 관리하며 호(call)를 설정하고 유지, 해제하는 기능을 한다. 제어신호의 종류는 다음과 같다.

- 감시(관리) 제어신호 : 상대방과 통화하는 데 필요한 자원을 이용할 수 있는지를 결정하고 알리는 데 사용되는 제어신호로, 서비스 요청, 응답, 경보(alarm) 및 휴지 상태 복귀 등의 기능을 수행한다.
- 주소 제어신호 : 상대방을 식별하고 경로를 배정하여 전화벨을 울리게 하는 기능을 한다.
- 호 정보 제어신호 : 호(call)의 상태에 대한 정보를 송신자에게 제공하는 역할을 한다. 예를 들면 수화기를 들었을 때의 발신음, 다이얼을 눌렀을 때의 연결음, 상대편이 통화 중일 때의 통화 중 신호음 등이다.
- 망 관리 제어신호 : 통신망의 전체적인 운영, 유지, 고장 수리 등을 위한 기능이다.

TMN(Telecommunication Management Network)은 통신망의 운용, 보수, 관리에 관한 정보의 수집, 분배, 전달, 축적의 방법을 제공하는 망이다. ITU-T에서 통신 설비와 운용 보수 시스템 간 인터페이스의 표준화를 목표로 1985년에 연구를 시작하였다. TMN의 기본적인 구성은 통신망 요소(NE:Network Element)와 운영 체계(OS) 간을 중재 장치(MD:Mediation Device)와 데이터 통신망(DCN:Data Communication Network)으로 결합하는 것이다.

TMN의 5가지 기능은 장애 관리(Fault Management), 구성 관리(Configuration Management), 회계 관리(Accounting Management), 성능 관리(Performance Management), 보안 관리(Security Management)이다. 이 5가지 관리 영역은 통신망을 효율적으로 운영하고 관리하기 위한 핵심적인 기능이다.

통신망의 체계적인 운용 및 관리를 위한 TMN 관리 계층 구조는 BML(Business Management Layer), SML(Service Management Layer), NML(Network Management Layer), EML(Element Management Layer), NEL(Network Element Layer) 등으로 이루어져 있다.

회선 교환 방식은 크게 공간 분할 교환(Space Division Switching) 방식과 시분할 교환(Time Division Switching) 방식으로 나누어진다.

6.2.3 공간분할 회선교환

공간 분할 교환 방식은 기계식 교환기의 기계식 접점과 전자교환기의 전자식 접점을 이용하여 교환을 수행하는 방식으로 음성 전화용 교환기가 여기에 속한다. 공간분할 교환기의 대표적인 것이 크로스바 교환기(crossbar switch)로 (그림 6-10)과같이 매트릭스 형태로 n개의 입력과 m개의 출력을 연결하고 각 교차점에 전기적인 마이크로 스위치(트랜지스터)를 설치한 것이다.

이 방식은 과거의 음성 전화망을 그대로 이용할 수 있어 간단한 저속의 데이터 전송에 효과적이지만 본래가 음성용이므로 데이터를 전송하기 위해서는 융통성이 적고, 오류율이 높으며 데이터 전송용 교환기에 비해 연결 접속 시간이 길고, 고속으로 데이터 전송이 어려운 단점이 있다.

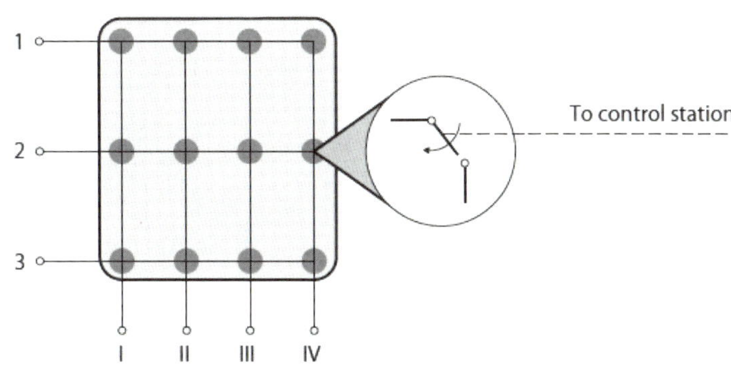

그림 6-10 크로스바 교환기

6.2.4 시분할 회선 교환

시분할 회선 교환은 전자부품의 고속성을 이용하여 통화로 스위치를 시분할 하여 교환하는 방식으로, 시분할 다중화 회선의 타임 슬롯을 선택하는 기능(시간 스위치)과 시분할 회선을 선택하는 기능(공간 스위치)이 있다. 시분할 교환 방식에는 TDM 버스 교환 방식, 타임 슬롯 교환 방식, 시간 다중화 교환 방식 등이 있다.

TDM 버스 교환 방식은 (그림 6-11)과같이 TDM(Time Division Multiplexing)을 이용하여 수행한다. 예를 들어 (그림 6-11)과같이 4개의 입력 회선(A, B, C, D)을 4개의 출력 회선(W, X, Y, Z)에 순서대로 연결되는 시스템이다.

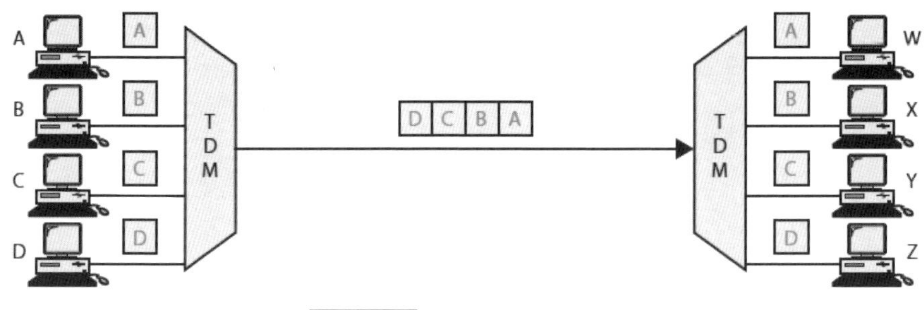

그림 6-11 TDM 버스 교환 방식

그나 TDM만으로는 충분하지 않으므로 타임 슬롯 교환 방식을 사용한다. 이 방식은 (그림 6-12)와 같이 링크 상에 TSI(Time Slot Interchange) 장치를 연결한다. TSI는 원하는 대로 시간 슬롯의 순서를 바꿀 수 있다. (그림 6-12)의 예를 보면 A를 Y로, B를 Z로, C를 W로, D를 X로 연결하고 있다.

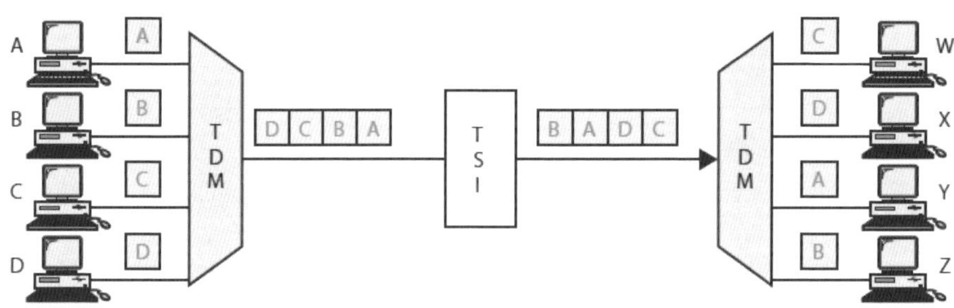

그림 6-12 타임 슬롯 교환 방식

TSI는 (그림 6-13)과같이 동작한다. TSI는 여러 개의 저장소를 가진 RAM으로 구성된다. 각 저장소의 크기는 하나의 시간 슬롯의 크기와 같다. 저장소의 수는 입력의 수와 같다. 입력은 차례대로 저장소에 저장하고 출력은 제어장치에 정해진 순서대로 출력한다.

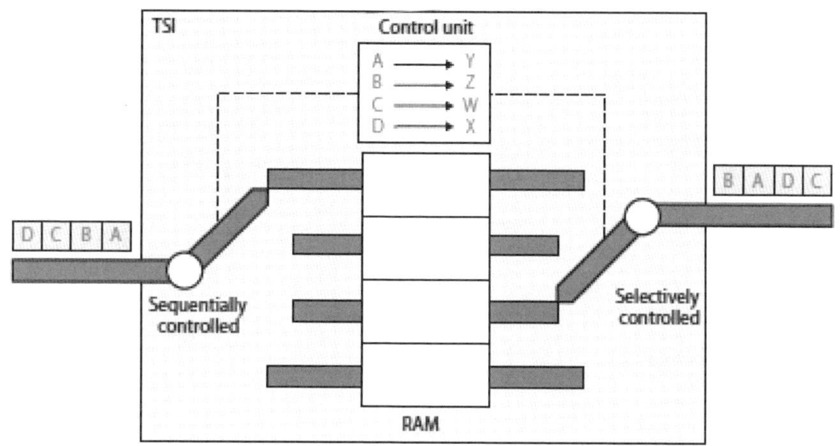

그림 6-13 TSI의 구조

시간 다중화 교환 방식은 공간분할과 시분할 기술을 결합한 것이다. 두 가지의 결합은 물리적인 면(교차점의 수)이나 시간적인 면(지연의 양)에서 교환기를 최적화시킨다. 이러한 종류의 다단 교환기는 시간-공간-시간(TST), 시간-공간-공간-시간(TSST), 공간-시간-시간-공간(STTS) 또는 다른 결합 형태로 설계될 수 있다.

(그림 6-14)는 2개의 시간 단과 1개의 공간 단으로 구성되고 12개의 입력과 12개의 출력을 가지는 간단한 TST 교환기의 구조를 보이고 있다. 하나의 시분할 교환기를 사용하는 대신에, 입력을 각각 4개의 입력을 가진 3개의 그룹으로 나누고 그들을 직접 3개의 TSI에 연결할 수 있다. 이 경우의 평균 지연은 12개의 입력을 모두 처리하는 데 하나의 TSI를 사용하는 경우에 비해 1/3 수준이 된다.

디지털 교환 방식에서 네트워크 내의 클럭 주파수의 불일치에 의하여 정보 손실이 발생하는데 이를 슬립(slip)이라고 한다. 디지털 교환기에서 입출력 데이터의 동기가 맞지 않을 경우, 정보의 연속적인 손실을 방지하기 위하여 해당 프레임을 다시 쓰거나 또는 누락시키는 방법을 사용하게 된다. 이것을 슬립이라 한다. 즉, 하나의 슬립이 발생한 것은 한 프레임 단위의 정보의 손실을 의미한다. 슬립을 방지하기 위하여 모든 디지털 교환기는 네트워크 내의 기준 주파수에 자체 클럭을 동기시키기 위한 망 동기 기능을 수행한다.

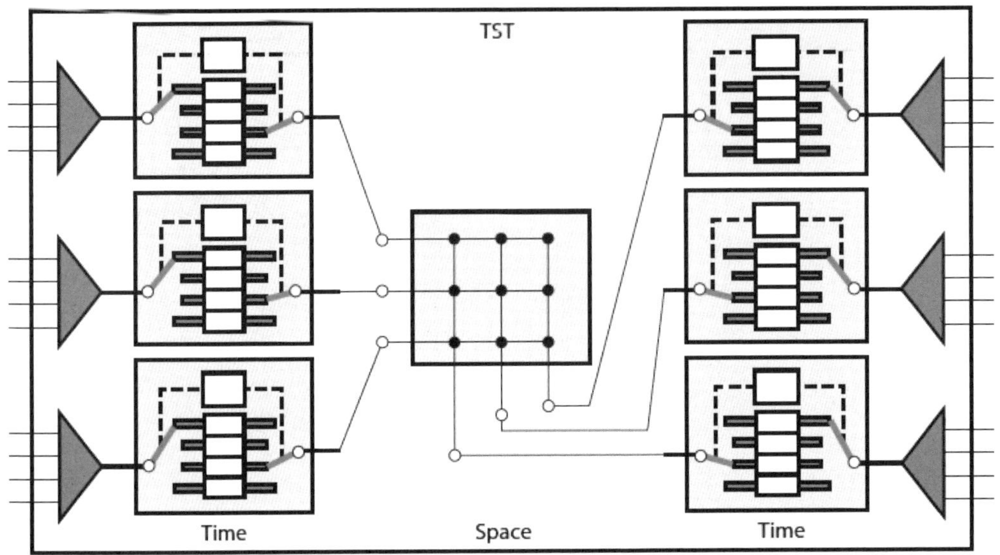

그림 6-14 TST 교환기의 구조

6.3 패킷 교환과 메시지 교환 방식

6.3.1 메시지 교환 방식

메시지 교환(Message Switching)은 회선 교환과 달리 통신하고자 하는 송수신 스테이션 간에 독점하는 통신 경로를 미리 설정할 필요가 없다. 한 스테이션에서 다른 스테이션으로 메시지를 보내려고 할 경우, 메시지에 목적지 주소를 첨부하여 자신의 로컬 교환기로 전송하면 교환기 간에는 축적 후 전송(store and forward) 방식으로 메시지가 전달된다. 축적 후 전송은 도착하는 메시지를 일단 저장한 후, 다음 노드로 가는 링크가 비어 있으면 전송하는 방식이다. 여기서 메시지는 전자우편(e-mail), 컴퓨터 파일과 같은 논리적인 데이터 단위를 말한다.

(그림 6-15)에서는 메시지 교환 방식을 이용해서 스테이션 A에서 스테이션 B로 메시지를 전송하는 방법을 나타내고 있다. 스테이션 A에서 전달할 메시지가 발생하면 메시지의 헤더에 목적지 주소를 첨부하여 바로 교환망으로 전송한다. 메시지 교환기의 컴퓨터는 도착되는 모든 메시지를 하드디스크에 저장한다. 메시지가 완전히 수신되면 오류가 있는지를 검사하고 오류가 없을 경우에는 다음 교환기로 보내기 위한 경로를 결정하여 다음의 교환기로 메시지를 전송하게 된다. 이와 같이 여러 교환기를 거쳐서 스테이션 B로 메시지를 전송하게 된다.

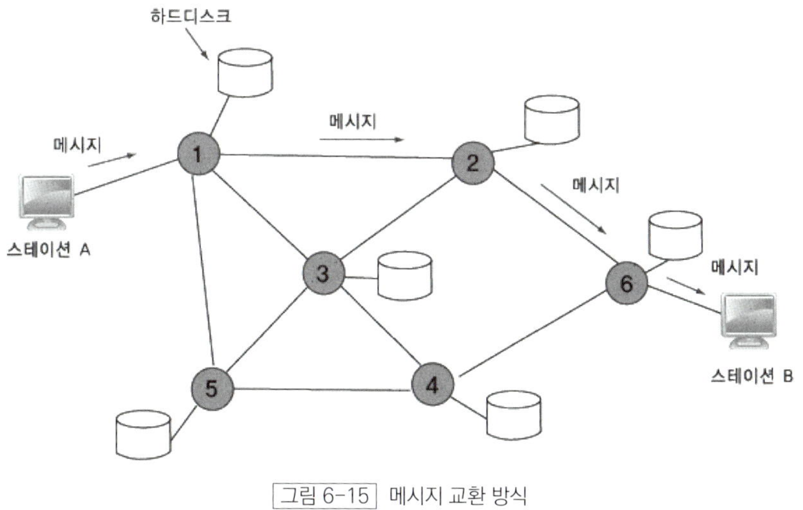

그림 6-15 | 메시지 교환 방식

메시지 교환은 1960년대와 1970년대에는 널리 이용되었다. 이는 주로 비 지능형 장치에 대해 지연 전달이나 방송과 같은 상위 레벨의 네트워크 서비스를 제공하는 데 사용되었다. 그러나 이러한 장치들이 대체되었기 때문에 이런 종류의 교환기는 실질적으로 사라졌다. 또한 메시지 교환은 각 노드에서 큰 용량의 저장매체를 요구할 뿐만 아니라 처리하는 데 시간이 많이 소요되는 등의 단점 때문에 패킷 교환으로 대체되었다.

패킷 교환(Packet Switching) 방식은 회선 교환 방식과 메시지 교환 방식의 장점을 취하면서 단점을 최소화하는 교환 방식으로서 대화형 데이터통신에 적합하도록 개발된 교환 방식이다.

메시지 교환 방식은 하나의 메시지 단위로 전송하는 방식이기 때문에 빠른 응답시간을 요구하는 대화형 데이터통신에는 부적당하다. 패킷 교환 방식은 메시지 교환 방식과 같은 축적 후 전달 방식을 사용한다는 면에서는 메시지 교환 방식과 비슷하지만, 메시지 단위로 전송하는 것이 아니라 패킷(packet)이라는 더 작은 단위로 쪼개어 전송하게 된다. 각 패킷에는 네트워크상의 경로를 찾아서 목적지에 전달하기 위한 최소한의 정보인 송수신 측의 주소, 전송되는 데이터 등이 들어 있다.

패킷 교환 방식은 데이터를 전송하기 전에 경로를 설정하는 방법에 따라 가상회선(virtual circuit) 패킷 교환 방식과 데이터그램(datagram) 패킷 교환 방식으로 나눌 수 있다.

6.3.2 가상 회선 패킷 교환 방식

가상 회선 패킷 교환 방식은 연결형(connection-oriented) 방식으로 회선교환과 비슷하게, 패킷이 전송되기 전에 송수신 측간에 하나의 회선을 설정한다. 그러나 이 방식은 회선 교환 방식과는 달리 회선을 구성하는 각각의 링크들이 한 쌍의 송수신 측에 의해서 독점되지 않고, 다른 쌍의 송수신 측 사이의 전송에서도 사용될 수 있다. 이와 같이 설정된 경로를 통해서 모든 패킷이 전송되고, 이렇게 전송된 패킷들은 패킷들이 순서대로 수신 측에 도달한다.

(그림 6-16)은 발신지 A에서 목적지 B로 가상 회선 교환 방식으로 패킷을 전송하는 것을 나타내고 있다. 이 그림에서 먼저 '교환 노드 1과 2'를 지나는 경로를 설정하였다. 이것은 회선 교환 방식과 달리 '교환 노드 1과 2' 사이의 링크는 다른 사용자도 사용할 수 있다. 즉 C에서 D로 데이터를 전송하는 경우 망의 상황을 고려하여 '교환 노드 1, 2, 3'을 지나는 전송 경로가 선정되었을 경우, '교환 노드 1과 2' 사이의 링크는 A-B 쌍과 C-D 쌍이 공유할 수 있다.

이 방식은 데이터그램 방식에 비해 긴 메시지를 전송하는 응용 분야에 유리하다. 이 방식은 X.25 프로토콜에서 사용되었다.

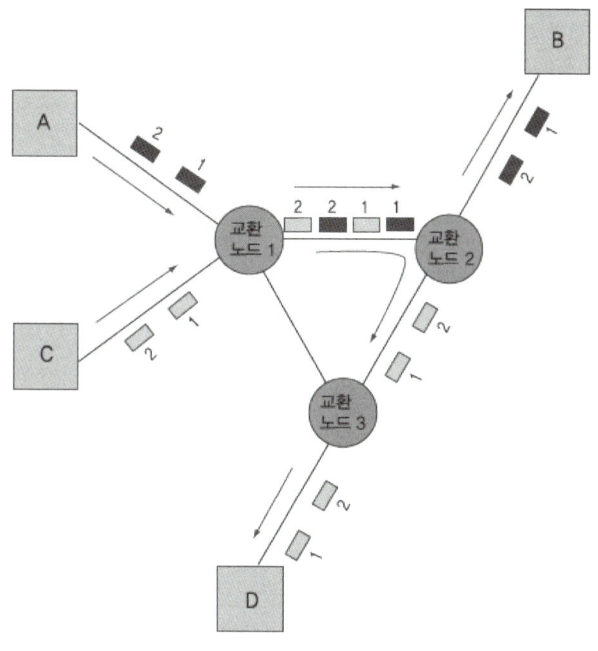

그림 6-16 │ 가상 회선 패킷 교환 방식

6.3.3 데이터그램 패킷 교환 방식

데이터그램 패킷 교환 방식은 데이터를 몇 개의 패킷으로 쪼갠 후 각각의 패킷별로 전달 경로가 선택되어 패킷이 전송되는 방식으로, 가상 회선 방식과는 달리 패킷을 전송하기 전에 미리 전달 경로를 설정할 필요가 없는 비연결형(connectionless) 서비스 방식이다.

데이터그램 교환 방식은 패킷마다 독립적으로 전달 경로를 설정하여 목적지까지 데이터를 전송하기 때문에 모든 패킷의 헤더에는 목적지의 완전한 주소를 가지고 있어야 한다. 또한 가상 회선 방식과는 달리 전송된 패킷들은 순서가 뒤바뀌어 수신 측에 도착할 수도 있다.

(그림 6-17)에 데이터그램 패킷 교환 방식의 예를 나타내었다. (그림 6-17)에서는 발신지 A에서 목적지 B로 '패킷 1, 2, 3'을 전송하고자 한다. 각 교환 노드는 각 패킷을 수신할 때마다 다음 노드를 향해 패킷을 전송하기 위해서 최적의 전달 경로를 선택한다. 그림에서 먼저 '패킷 1'을 '교환 노드 1과 2' 사이의 링크로 패킷을 전송한다. '패킷 2'를 전송하려 할 때 '교환 노드 1과 2' 사이의 링크에 과부하가 걸려 이 링크를 사용할 수 없는 경우, '교환 노드 1'은 수신 측까지의 우회 경로인 '교환 노드 3'으로 '패킷 2'를 전송한다. 다음으로 '패킷 3'을 전송하려 할 때 '교환 노드 1과 2' 사이의 링크가 다시 사용할 수 있으면 '패킷 3'은 '교환 노드 1과 2'를 통과하여 목적

지 B에 도착힌다.

또한 우회 경로로 전송된 '패킷 2'는 목적지의 주소 정보를 이용하여 '교환 노드 3'에서 축적 후 전송에 의해 '교환 노드 3'에서 '교환 노드 2'로 한 번 더 전송하여 최종적으로 목적지 B에 도달하게 한다. 이 경우에서는 도착된 패킷의 순서는 원래 보낸 순서와 다를 수 있으므로 목적지에서는 패킷들의 순서를 재구성하는 기능을 가져야 한다.

이 방식은 연결 설정이 필요 없는 짧은 메시지를 전송하는 응용 분야에 유리하다. 인터넷의 IP가 이 방식을 사용하고 있다.

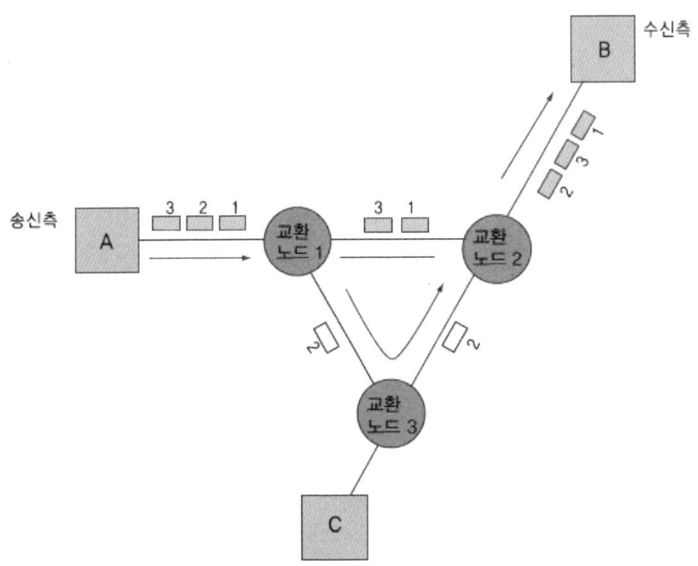

그림 6-17 데이터그램 패킷 교환 방식

SUMMARY

- 회선 구성은 통신 선로와 통신장치 간의 관계이다.

- 점대점 회선 구성에서는 2개의 장치가 전용 링크로 연결되어 있다.

- 다중점 회선 구성에서는 3개 이상의 장치가 하나의 링크를 공유한다.

- 토폴로지는 네트워크의 물리적, 논리적 배치를 말하는 것으로 그물형, 스타형, 트리형, 버스형, 링형, 혼합형 토폴로지가 있다.

- 교환은 여러 통신장치를 효율적으로 연결하는 방법이다.

- 교환 방식으로는 회선 교환, 패킷 교환, 메시지 교환 방식이 있다.

- 회선 교환은 데이터를 교환하기 전에 미리 물리적인 회선을 설정하고 통신 중 그 회선을 독점하는 방식으로 전화망이 대표적인 예이다.

- 회선 교환 방식에는 공간분할 방식과 시분할 방식이 있다.

- 메시지 교환 방식은 메시지 전체를 한 노드에서 다음 노드로 축적 후 전송 (store and forward) 하는 방식이다.

- 메시지 교환 방식은 큰 저장장치가 필요하며 지연이 크기 때문에 패킷 교환으로 대체되어 현재는 사용되지 않는다.

- 패킷 교환 방식은 메시지를 패킷이라는 작은 단위로 쪼개서 주소를 붙여서 전송하는 방식으로 데이터그램 방식과 가상 회선 방식이 있다.

- 가상 회선 패킷 교환 방식은 회선 교환과 비슷하게 패킷이 전송되기 전에 송수신 측 간에 하나의 회선을 설정하는 연결형 서비스이다.

- 데이터그램 패킷 교환 방식은 패킷을 전송하기 전에 미리 전달 경로를 설정할 필요가 없는 비연결형 서비스이다.

- 데이터그램 방식은 각 패킷마다 독립적으로 전달 경로를 설정하는 방식으로 도착 순서가 바뀔 수도 있다.

[6-1] 한 개의 통신회선에 여러 대의 단말 장치가 연결된 형태를 가진 네트워크 토폴로지는 어떤 형인가?

〈정보처리기사 2023/2〉

① 그물형
② 십자형
③ 버스형
④ 링형

[6-2] 유선 전화망에서 노드가 10개일 때 그물형(Mesh)으로 교환 회선을 구성할 경우, 링크 수를 몇 개로 설계해야 하는가? 〈정보통신기사 2023/3, 2021/6, 2020/5, 2019/3, 2018/6, 2017/5, 2016/3, 2015/6, 2015/3〉

① 30개
② 35개
③ 40개
④ 45개

[6-3] 70개의 노드를 망형으로 연결할 때 필요한 회선 수는? 〈정보통신기사 2021/10, 2019/6, 2018/3, 2016/10〉

① 780
② 1,225
③ 2,415
④ 3,160

[6-4] 다음 중 네트워크 토폴로지(Topology)에 해당하지 <u>않는</u> 것은? 〈정보통신산업기사 2021/6, 2016/6, 정보처리산업기사 2020/8, 2019/4, 2018/4, 2017/8, 2017/5, 2015/8, 정보처리기사 2016/8, 정보통신기사 2015/6〉

① Star 형
② Mesh 형
③ Bus 형
④ Node 형

[6-5] 다음 LAN의 네트워크 토폴로지는 어떤 형인가?

〈정보처리기사 2021/3, 2020/8, 2018/3, 정보처리산업기사 2021/3, 2020/10, 2016/5〉

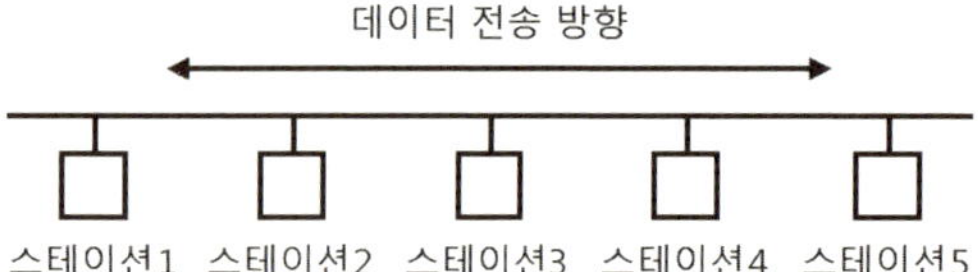

① Bus 형
② Token Ring 형
③ Star 형
④ Peer to peer 형

[6-6] 20개의 전화국 간을 메쉬(Mesh) 형으로 연결하려면 필요한 회선 수는? 〈정보통신기사 2020/6, 2017/3〉

① 190개
② 200개
③ 260개
④ 380개

[6-7] 다음의 정보통신망 구성 방식 중 각 컴퓨터나 터미널들이 서로 이웃하는 것끼리만 연결하는 방식은?

〈정보통신산업기사 2020/3〉

① 메시형(Mesh Type)
② 성형(Star Type)
③ 링형(Ring Type)
④ 버스형(Bus Type)

[6-8] 단말과 단말 사이를 각각의 회선으로 연결한 형태의 통신망은? 〈정보통신기사 2019/3, 2015/3〉

① 원형
② 트리형
③ 메쉬형
④ 버스형

[6-9] 교환국 수가 n일 때 그물형(Mesh) 통신망의 중계회선 수는? 〈정보통신기사 2019/3, 2017/9, 2015/10, 정보통신산업기사 2017/6, 2016/3, 2015/6〉

① $(n-1)/2$
② $n(n-1)/2$
③ $(n+1)/2$
④ $n(n+1)/2$

정답 6-1 ③ 6-2 ④ 6-3 ③ 6-4 ④ 6-5 ① 6-6 ① 6-7 ③ 6-8 ③ 6-9 ②

[6-10] 정보통신망을 구성할 때 두 개 이상 다수의 단말기가 하나의 통신회선에 연결되어 정보의 송수신을 행하는 방식은? 〈정보통신기사 2018/10〉

① 멀티 포인트 방식　　② 멀티 플렉싱 방식
③ 포인트 투 포인트 방식　④ 집중 방식

[6-11] 중앙에 호스트 컴퓨터가 있고 이를 중심으로 터미널들이 연결되는 네트워크 구성 형태(Topology)는? 〈정보처리기사 2018/8, 2016/5〉

① 버스형(Bus)　　　② 링형(Ring)
③ 성형(Star)　　　④ 그물형(Mesh)

[6-12] 다음 중 버스형 통신망 구조에 대한 설명으로 틀린 것은? 〈정보통신기사 2018/3〉

① 인접한 단말기들을 케이블로 연결하여 길을 트기만 하면, 네트워크로 연결할 수 있다.
② 버스의 전기적 특성 때문에 버스 네트워크의 모든 요소가 전체 네트워크에 영향을 줄 가능성이 있지만 설치가 매우 효율적이다.
③ 메시형 통신망보다 케이블 사용량이 적다.
④ 잡음을 내보내는 불량 스테이션이 있어도 전체 버스에 영향이 없다.

[6-13] 통신망 구성 형태 중 하나의 노드에 여러 개의 노드가 연결된 형태로, 각 노드가 계층적으로 구성된 망의 형태는? 〈정보처리산업기사 2018/3〉

① 트리(Tree)형　　② 링(Ring)형
③ 스타(Star)형　　④ 버스(Bus)형

[6-14] 회선구성 방식 중 두 개의 스테이션 간 별도의 회선을 사용하여 1대 1로 연결하는 가장 보편적인 방식은? 〈정보처리기사 2016/8〉

① 멀티드롭 링크　　② 멀티패스 링크
③ 점대점 링크　　　④ 균형 링크

[6-15] 다음 중 성형(Star Topology) 통신망 구조에 대한 설명으로 옳지 않은 것은? 〈정보통신기사 2015/6〉

① 노드의 자율성이 크다.
② 네트워크 전단 시설을 중앙에 위치할 수 있다.
③ 적은 양의 케이블이 필요하다.
④ 아크넷, 토큰링, 이더넷 등에서 사용한다.

[6-16] 통신망의 구성 형태 중 성형(Star Type) 망의 장점이 아닌 것은? 〈정보통신기사 2015/3〉

① 전송 제어 기능이 간단하다.
② 각 터미널마다 전송 속도를 다르게 설정할 수 있다.
③ 한 터미널이 고장 나면 전체 통신망에 영향을 준다.
④ 집중 제어형이므로 보수와 관리가 용이하다.

정답 6-10 ①　6-11 ③　6-12 ④　6-13 ①　6-14 ③　6-15 ③　6-16 ③

6.2 회선 교환 방식

[6-17] 다음 중 네트워크를 관리하는 통신망인 TMN (Telecommunication Management Network)에서 정의하고 있는 5가지 관리 기능이 <u>아닌</u> 것은?
〈정보통신기사 2023/6, 2021/3, 2016/10〉

① 성능 관리   ② 보안 관리
③ 조직 관리   ④ 구성 관리

[6-18] 전화통신망(PSTN)에 일반적으로 사용되는 교환 방식의 특징이 <u>아닌</u> 것은? 〈정보통신기사 2021/10〉

① 호가 연결된 후 데이터 전송 중에는 일정한 경로를 사용한다.
② 축적교환방식의 일종이다.
③ 전송지연이 작다.
④ 연속적인 데이터 전송에 적합하다.

[6-19] 다음 중 정보통신망에서 정보를 교환하는 방식이 <u>아닌</u> 것은? 〈정보통신기사 2021/6, 2019/6,정보처리산업기사 2018/8〉

① 회선 교환(Circuit Switching) 방식
② 메시지 교환(Message Switching) 방식
③ 패킷 교환(Packet Switching) 방식
④ 프레임 교환(Frame Switching) 방식

[6-20] 다음 중 회선 교환 방식의 설명으로 <u>틀린</u> 것은?
〈정보통신기사 2021/3〉

① 설정되면 데이터를 그대로 투과시키므로 오류 제어 기능이 없다.
② 데이터를 전송하지 않는 기간에도 회선을 독점하므로 비효율적이다.
③ 회선을 전용선처럼 사용할 수 있어 많은 양의 데이터를 전송할 수 있다.
④ 음성이나 동영상 등 실시간 전송이 요구되는 미디어 전송에는 적합하지 않다.

[6-21] 다음 중 회선교환방식에 대한 설명으로 가장 적합한 것은? 〈정보통신산업기사 2021/3, 2017/3〉

① 통신정보를 패킷 단위로 교환한다.
② 속도와 코드 변환이 있다.
③ 가상 회선 방식이 존재한다.
④ 회선을 점유하고 통신한다.

[6-22] 회선 교환 방식의 특징이 <u>아닌</u> 것은?
〈정보통신기사 2020/9〉

① 연결 설정 단계에서 자원 할당이 필요하다.
② 데이터통신을 위해 연결 설정, 데이터 전송, 연결 해제의 세 단계가 필요하다.
③ 회선 교환 방식은 데이터그램 방식에 비해 네트워크 효율성이 좋다.
④ 주로 전화망에서 사용하는 교환 방식이다.

[6-23] 회선 교환 방식에 대한 설명으로 옳은 것은?
〈정보처리산업기사 2020/10, 2018/8, 정보처리기사 2019/8〉

① 소량의 데이터 전송에 효율적이다.
② 물리적인 통신 경로가 통신 종료 시까지 구성된다.
③ 일반적으로 전송 속도 및 코드 변환이 가능하다.
④ 전송 대역폭 사용이 가변적이다.

[6-24] 회선교환방식에 대한 설명으로 거리가 <u>먼</u> 것은?
〈정보처리산업기사 2020/8〉

① 속도나 코드 변환이 용이하다.
② 점대점 방식의 전송 구조를 갖는다.
③ 접속에는 긴 시간이 소요되나 전송 지연은 거의 없다.
④ 고정적인 대역폭을 갖는다.

정답   6-17 ③   6-18 ②   6-19 ④   6-20 ④   6-21 ④   6-22 ③   6-23 ②   6-24 ①

[6-25] 전기통신망 및 서비스 계획, 공급, 설치, 유시, 보수, 운용 및 관리를 지원하기 위한 네트워크는?

〈정보통신기사 2019/6〉

① CDMA(Code Division Multiple Access)
② PSTN(Public Switched Telephone Network)
③ ISDN(Integrated Services Digital Network)
④ TMN(Telecommunications Management Network)

[6-26] 다음 중 회선 교환(Circuit Switching) 방식의 특징에 해당하는 것은? 〈정보처리산업기사 2018/4, 2015/8〉

① 고정된 대역폭 전송 방식이다.
② 축적 후 전송 방식에 해당한다.
③ 패킷을 이용한 전송 방식이다.
④ 전송에 실패한 패킷에 대해서 재전송 요구가 가능하다.

[6-27] 통신 중에 교환기의 스위치가 닫히게 되어 송신자와 수신자 사이에 물리적인 회선이 만들어지며 전화나 TV 같은 연속적인 정보를 전송하는데 사용되는 교환 방식은?

〈정보통신기사 2018/3, 2016/3〉

① 회선 교환   ② 패킷 교환
③ 메시지 교환   ④ 데이터그램 교환

[6-28] 메시지가 전송되기 전에 발생지에서 목적지까지의 물리적 통신회선 연결이 선행되어야 하는 교환 방식은?

〈정보처리기사 2017/5〉

① 메시지 교환 방식   ② 데이터그램 방식
③ 회선 교환 방식   ④ ARQ 방식

[6-29] 회선 교환 방식에 대한 설명으로 틀린 것은?

〈정보처리기사 2017/3〉

① 고정된 대역폭으로 데이터 전송
② 회선이 설정되어 통신이 완료될 때까지 회선을 물리적으로 접속
③ 수신 노드에서 패킷을 재순서화하는 과정 필요
④ 실시간 대화용에 적합

[6-30] 다음 중 회선교환방식에 대한 설명으로 맞는 것은?

〈정보통신기사 2016/5〉

① 속도나 코드 변환이 가능하다.
② 데이터 전용 교환 방식으로 대역폭을 효율적으로 사용한다.
③ 바로 접속은 되지만 전송지연이 생긴다.
④ 고정적인 대역폭을 갖는다.

[6-31] 디지털 통신망을 구성하는 디지털 교환기 사이에 클록 주파수의 차이가 생기면 데이터의 손실이 발생할 수 있는데 이를 무엇이라 하는가? 〈정보처리기사 2016/3〉

① 슬립(slip)
② 폴링(polling)
③ 피기백(piggyback)
④ 인터리빙(interleaving)

[6-32] 데이터 교환 방식 중 에러 제어가 제공되지 않는 것은?

〈정보처리산업기사 2016/3〉

① 메시지 교환 방식
② 데이터그램 패킷 교환 방식
③ 회선 교환 방식
④ 가상 회선 패킷 교환 방식

정답 6-25 ④   6-26 ①   6-27 ①   6-28 ③   6-29 ③   6-30 ④   6-31 ①   6-32 ③

6.3 패킷 교환과 메시지 교환 방식

[6-33] 데이터 전송 방식 중 패킷 교환 방식에 대한 설명으로 틀린 것은? 〈정보처리산업기사 2024/7, 2022/4〉

① 가상 회선 방식과 데이터그램 방식이 있다.
② 전송에 실패한 패킷의 경우 재전송이 가능하다.
③ 패킷 단위로 헤더를 추가하므로 패킷 별 오버헤드가 발생한다.
④ 실시간 전송이나 대량의 데이터 전송에 적합하다.

[6-34] 다음 중 네트워크 통신의 패킷교환방식과 관련된 내용으로 틀린 것은? 〈정보통신기사 2023/6〉

① 축적 전달(Stroe and Forward) 방식
② 지연이 적게 요구되는 서비스에 적합
③ 패킷을 큐에 저장하였다가 전송하는 방식
④ X.25 교환망에 적용

[6-35] 다음 중 회선교환방식에 비하여 패킷교환방식의 장점이 아닌 것은? 〈정보통신기사 2022/10, 2015/10〉

① 회선 효율이 높아 경제적 망 구성이 가능하다.
② 장애 발생 등 회선상태에 따라 경로 설정이 유동적이다.
③ 실시간 데이터 전송에 유리하다.
④ 프로토콜이 다른 이기종 망간 통신이 가능하다.

[6-36] 다음 교환 방식 중 축적 교환 방식에 해당하지 않은 것은? 〈정보통신기사 2022/3, 정보처리산업기사 2018/3, 정보처리기사 2017/8〉

① 시분할 회선 교환 방식
② 메시지 교환 방식
③ 가상 회선 패킷 교환 방식
④ 데이터그램 패킷 교환 방식

[6-37] 패킷 경로를 동적으로 설정하며, 일련의 데이터를 패킷 단위로 분할하여 데이터를 전달하고, 목적지 노드에서는 패킷의 재순서화와 조립 과정이 필요한 방식은? 〈정보통신기사 2022/3, 2021/3〉

① 회선 교환 방식
② 메시지 교환 방식
③ 가상 회선 방식
④ 데이터그램 방식

[6-38] 다음 중 교환 방식에 관한 설명으로 틀린 것은? 〈정보처리산업기사 2021/3, 2016/3〉

① 회선교환방식은 회선에 융통성이 요구되거나 메시지가 짧은 경우에 적합하다.
② 데이터그램 패킷교환방식은 부하가 적거나 간헐적인 통신의 경우에 적합하다.
③ 패킷교환방식은 코드 및 속도 변환이 가능하다.
④ 가상 회선 패킷교환방식은 패킷 도착 순서가 고정적이다.

[6-39] 데이터 전송 방식 중 패킷 교환 방식에 대한 설명으로 틀린 것은? 〈정보처리산업기사 2020/10, 2019/3, 2015/5, 정보처리기사 2018/8, 2015/8〉

① 패킷 교환은 저장-전달 방식을 사용한다.
② 패킷 교환은 데이터그램 방식과 가상 회선 방식으로 구분된다.
③ 데이터그램은 연결형 서비스 방식으로 패킷을 전송하기 전에 미리 경로를 설정해야 한다.
④ 가상 회선은 패킷이 전송되기 전에 논리적인 연결 설정이 이루어져야 한다.

정답 6-33 ④   6-34 ②   6-35 ③   6-36 ①   6-37 ④   6-38 ①   6-39 ③

[6-40] 다음 중 패킷 스위칭에 대한 설명으로 <u>틀린</u> 것은?
〈정보통신기사 2020/9〉

① 데이터 전송을 위한 특정 경로가 존재한다.
② 패킷은 전송 도중에 결합되거나 분할될 수 있다.
③ 데이터를 패킷이라는 작은 조각으로 나누어 전송한다.
④ 일부 데이터가 유실되거나, 순서가 뒤바뀌어 수신될
수 있다.

[6-41] 패킷 교환 방식에 대한 설명으로 <u>틀린</u> 것은?
〈정보처리산업기사 2020/8, 2017/8〉

① 교환기에서 패킷을 일시 저장 후 전송하는 축적교환
기술이다.
② 패킷 처리 방식에 따라 데이터그램과 가상 회선 방식
이 있다.
③ 패킷교환망에서 DTE와 DCE 간 인터페이스를 위한
프로토콜로 X.25가 있다.
④ 고정된 대역폭으로 데이터를 전송한다.

[6-42] 회선 교환 방식과 비교할 때 메시지 교환 방식의
장점이 <u>아닌</u> 것은?
〈정보통신기사 2020/6〉

① 회선의 효율성이 크다.
② 실시간 통신 또는 대화식 통신에 적합하다.
③ 전송량이 많은 경우 한 개의 메시지를 여러 목적지로
전송할 수 있다.
④ 에러 제어와 회복 절차를 구성할 수 있다.

[6-43] 가상 회선 패킷 교환 방식에 대한 설명으로 <u>옳은</u>
것은?
〈정보처리산업기사 2020/6〉

① 수신은 송신된 순서대로 패킷이 도착한다.
② 우회 경로로 패킷을 전달할 수 있어 신뢰성이 높다.
③ 비 연결형 서비스 방식이다.
④ 먼저 전송했더라도 최적의 경로를 찾지 못하면 나중
에 전송한 데이터보다 늦게 도착할 수 있다.

[6-44] 다음 중 가상 회선 방식의 패킷교환방식에 대한
설명으로 <u>틀린</u> 것은?
〈정보통신기사 2019/10〉

① 교환 노드에서 패킷 처리가 신속하다.
② 전송 경로가 여러 경로로 전송될 수 있다.
③ 데이터 도착순서가 송신 순서와 동일하다.
④ 전송 데이터에 대한 오류 제어가 가능하다.

[6-45] 패킷 교환에 대한 설명으로 <u>틀린</u> 것은?
〈정보처리기사 2019/8〉

① 전송 데이터를 패킷이라 부르는 일정한 길이의 전송
단위로 나누어 교환 및 전송한다.
② 패킷 교환은 축적교환 방식을 사용한다.
③ 가상 회선 방식은 비 연결형 지향 서비스라고도 한다.
④ 메시지 교환이 갖는 장점을 그대로 취하면서 대화형
데이터 통신에 적합하도록 개발된 교환 방식이다.

[6-46] 다음 중 전송 지연 시간이 길어서 대화형 통신에
사용하기에는 적당하지 <u>않은</u> 것은?
〈정보통신기사 2019/6, 2016/3〉

① 메시지 교환 방식
② 회선 교환 방식
③ 데이터그램 교환 방식
④ 가상 회선 교환 방식

[6-47] 회선 교환과 패킷 교환에 대한 설명으로 <u>옳은</u>
것은?
〈정보처리기사 2019/4〉

① 회선 교환은 실시간 전송이 이루어지지 않는다.
② 패킷 교환은 데이터 속도와 코드 변환이 불가능하다.
③ 회선 교환은 호 설정 이후 에러 제어 기능을 제공한다.
④ 패킷 교환은 저장-전달 방식을 사용한다.

정답 6-40 ① 6-41 ④ 6-42 ② 6-43 ① 6-44 ② 6-45 ③ 6-46 ① 6-47 ④

[6-48] 송/수신 측 산의 진송 경로 중 최적의 패킷 교환 경로를 설정하는 기능인 경로의 설정 요소가 아닌 것은?
〈정보처리기사 2019/4〉

① 성능 기준
② 경로 결정 시간
③ 메시지 은닉 기준
④ 경로 배정 갱신 시간

[6-49] 패킷 교환 방식에 대한 설명으로 틀린 것은?
〈정보처리산업기사 2019/4〉

① 메시지 교환 방식과 같이 축적교환 방식의 일종이다.
② 트래픽 용량이 적은 경우에 유리하다.
③ 전송할 수 있는 패킷의 길이가 제한되어 있다.
④ 데이터그램과 가상회선 방식이 있다.

[6-50] 데이터그램(datagram) 방식에 대한 설명 중 맞는 것은?
〈정보처리산업기사 2019/4〉

① 수신지의 마지막 노드에서는 송신지에서 송신한 순서대로 패킷이 도착한다.
② 모든 패킷은 설정된 경로에 따라 전송된다.
③ 미리 설정된 경로상의 각 노드는 패킷에 대한 경로를 알고 있으므로 경로 설정과 관련된 결정을 수행할 필요가 없다.
④ 네트워크 운용에 있어서 보다 높은 유연성을 제공한다.

[6-51] 다음 중 가상 회선 교환 방식의 설명으로 틀린 것은?
〈정보통신기사 2018/10, 2017/9〉

① 데이터 전송은 연결 설정, 데이터 전송, 연결 해제의 세 단계로 이루어진다.
② 전송할 데이터는 패킷으로 분할되어 전송된다.
③ 연결이 설정되고 나면 모든 패킷은 동일한 경로를 따라 전송된다.
④ 각 페킷마다 상이한 경로가 설정된다.

[6-52] 패킷 교환 방식에 대한 설명으로 틀린 것은?
〈정보처리기사 2018/4〉

① 패킷 길이가 제한된다.
② 전송 데이터가 많은 통신 환경에 적합하다.
③ 노드나 회선의 오류 발생 시 다른 경로를 선택할 수 없어 전송이 중단된다.
④ 저장-전달 방식을 사용한다.

[6-53] 메시지 교환 방식에 대한 설명으로 거리가 먼 것은?
〈정보처리기사 2018/3〉

① 송신 데이터 순서와 수신 순서 불일치
② 고정적인 대역폭을 가진 전용 전송로 필요
③ 전송 도중 오류 발생 시 메모리에 축적된 복사본 재전송 가능
④ 각 메시지마다 수신 주소를 붙여서 전송

[6-54] 데이터그램(datagram) 패킷 교환 방식에 대한 설명으로 틀린 것은?
〈정보처리산업기사 2018/3〉

① 수신은 송신된 순서대로 패킷이 도착한다.
② 속도 및 코드 변환이 가능하다.
③ 각 패킷은 오버헤드 비트가 필요하다.
④ 대역폭 설정에 융통성이 있다.

[6-55] 패킷 교환 방식에 대한 설명으로 틀린 것은?
〈정보처리기사 2017/8〉

① 데이터그램과 가상 회선 방식으로 구분된다.
② 저장 전달 방식을 사용한다.
③ 전송하려는 패킷에 헤더가 부착된다.
④ 노드와 노드 간에 물리적으로 전용 통신로를 설정하여 데이터를 교환한다.

정답 6-48 ③   6-49 ②   6-50 ④   6-51 ④   6-52 ③   6-53 ②   6-54 ①   6-55 ④

[6-56] 패킷 교환 방식에 대한 설명으로 <u>틀린</u> 것은?

<정보처리기사 2017/3>

① 데이터 그램과 가상 회선 방식이 있다.
② 메시지를 1개 복사하여 여러 노드로 전송하는 방식이다.
③ 가상 회선 방식은 연결 지향 서비스라고도 한다.
④ 축적교환이 가능하다.

[6-57] 패킷 교환 방식 중 가상 회선의 설명으로 <u>틀린</u> 것은?

<정보통신기사 2016/5>

① 모든 패킷들이 정확하게 수신됨을 보장하는 에러 제어 서비스이다.
② 호출(Call) 설정 단계가 없으므로 호출 설정 시간을 줄일 수 있다.
③ 송신 측이 수신 측에게 데이터를 조절하여 전송할 수 있도록 요청할 수 있다.
④ 송신 측에서 보낸 패킷 순서대로 수신 측에 도달한다.

[6-58] 메시지의 임시 저장과 실시간 처리가 가능한 교환망은?

<정보처리산업기사 2016/5>

① 공중 전화 교환망
② 회선 교환망
③ 메시지 교환망
④ 패킷교환망

[6-59] 패킷 교환 방식에 관한 설명으로 적합하지 <u>않은</u> 것은?

<정보처리산업기사 2016/3>

① 가상 회선 방식과 데이터그램 방식이 있다.
② 아날로그 데이터 전송에 최적화되어 있다.
③ 속도, 프로토콜 및 코드 변환이 가능하다.
④ 장애 발생 시 대체 경로 선택이 가능하다.

[6-60] 다음 중 가상 회선 패킷교환방식에 대한 설명으로 <u>틀린</u> 것은?

<정보통신기사 2015/10>

① 모든 패킷은 설정된 경로에 따라 전송된다.
② 연결형 서비스를 제공한다.
③ 경로가 미리 결정되기 때문에 각 노드에서의 데이터 패킷의 처리 속도가 그만큼 빠르게 된다.
④ 수신지의 마지막 노드에서는 송신지에서 송신한 순서와 다르게 패킷이 도착할 수 있다.

[6-61] 패킷 교환의 가상 회선 방식과 회선 교환 방식의 공통점은?

<정보처리기사 2015/8>

① 전용회선을 이용한다.
② 별도의 호(call) 설정 과정이 있다.
③ 회선 이용률이 낮다.
④ 데이터 전송 단위 규모를 가변으로 조정할 수 있다.

[6-62] 데이터 교환 방식 중 데이터를 패킷 단위로 전송하는 것은?

<정보처리산업기사 2015/8>

① 회선 교환
② 메시지 교환
③ 패킷 교환
④ 축적 교환

[6-63] 데이터그램 교환 방식과 가상회선 교환 방식은 어느 교환 통신망에 속하는 기술인가? <정보통신기사 2015/6>

① 패킷 교환 망
② 회선 교환 망
③ 메시지 교환 망
④ 음성 교환 망

[6-64] 패킷 교환에 대한 설명으로 <u>틀린</u> 것은?

<정보처리기사 2015/3>

① 전송 데이터를 패킷이라 부르는 일정한 길이의 전송 단위로 나누어 교환 및 전송한다.
② 패킷 교환은 저장-전달 방식을 사용한다.
③ 가상 회선 패킷 교환은 비 연결형 서비스를 제공하고, 데이터그램 패킷 교환은 연결형 서비스를 제공한다.
④ 메시지 교환이 갖는 장점을 그대로 취하면서 대화형 데이터 통신에 적합하도록 개발된 교환 방식이다.

정답 6-56 ② 6-57 ② 6-58 ④ 6-59 ② 6-60 ④ 6-61 ② 6-62 ③ 6-63 ① 6-64 ③

학습목표

- 폴과 셀렉션 방식의 차이에 대하여 설명할 수 있다.
- 흐름 제어에 대한 개념과 방법에 대하여 설명할 수 있다.
- 슬라이딩 윈도우 프로토콜에 대하여 설명할 수 있다.
- 오류 제어에 대한 개념과 특징에 대하여 설명할 수 있다.
- ARQ 및 FEC의 방법과 종류에 대하여 설명할 수 있다.

7

데이터 링크 제어

지금까지는 매체나 링크를 통과하는 신호의 구조와 전송에 대하여 살펴보았다. 만약 전선을 통해 전송된 신호가 다른 장치로 정확히 수신되지 않는다면 그것은 전력의 낭비에 지나지 않는다. 전송(transmission)은 단순히 신호를 회선 상으로 보내는 것이므로, 이 회선에 연결된 여러 장치 중 어느 장치가 신호를 받을 것인지를 제어할 방법이 없다. 또한 신호를 받아야 할 수신기가 신호를 받을 준비가 되어 있는지도 알 수 없으며, 회선 상의 다른 장치가 동시에 전송을 시도하면 충돌이 발생하여 신호가 손상되고 말 것이다. OSI 모델의 물리 계층에서는 전송은 하지만 아직 통신(communication)은 하지 않는다.

통신이란 함께 동작하는 적어도 2개의 장치(송신 장치와 수신 장치)를 필요로 한다. 제대로 데이터를 교환하기 위해서는 이러한 기본적인 설비조차도 상당한 조정이 필요하다. 예를 들어 반이중 전송에서는 한 번에 하나의 장치만이 전송해야 한다. 링크의 양 끝단이 동시에 회선 상으로 신호를 보낸다면 그들은 중간에서 충돌하고 회선에는 잡음만이 남게 된다. 이러한 조정은 OSI 모델의 두 번째 계층인 데이터 링크 계층의 기능 중 하나인 회선 제어(line control)라고 부르는 절차의 일부이다.

회선제어와 더불어 데이터 링크 계층에서 수행하는 중요한 기능은 흐름 제어(flow control), 오류 제어(error control), 입출력 제어, 동기 제어 등이다. 이러한 기능들을 총칭하여 데이터 링크 제어 또는 전송 제어라고 한다.

- 회선 제어(Line Control) : '지금 누가 신호를 보내야 하는가?'라는 질문에 대한 답으로써 연결된 시스템의 조율을 위해 중요하다.
- 흐름 제어(Flow Control) : 주어진 시간 간격 동안 얼마나 많은 데이터가 전송될 수 있는지를 조절한다. 또한 정확히 수신된 프레임들에 대하여 수신기가 확인응답(acknowledgment)을 제공함으로써 오류 제어와도 관련된다.
- 오류 제어(Error Control) : 오류 검출과 오류 정정을 의미한다. 이것은 전송 중에 손실되거나 손상된 프레임에 대한 정보를 검출하여 올바르게 수정하는 것이다.

많은 단말이나 회선을 가지고 있는 시스템에서는 회선의 사용을 요구하는 장치가 많고 또한 동시다발적일 수 있기 때문에 회선의 배정과 데이터의 전송 순서 등에 관해 제어할 필요가 있다. 데이터 전송에 있어서 물리적 또는 논리적 경로인 데이터 링크를 설정하는 것이 회선 제어의 기본 목표이다. 여기에는 트래픽 환경이나 요구되는 응답시간, 중요성 등의 요인을 감안하여 회선 설정이 이루어져야 한다.

회선 제어(Line Control) 방식에는 제어가 거의 없이 통신국 간의 경쟁에 맡기는 경쟁(contention) 방식과 주국의 적극적인 통제로 이루어지는 폴/셀렉션(poll/selection) 방식이 있다. 어느 것이나 기본적으로는 링크의 설정 요구 신호를 보내고 상대방으로부터 확인응답을 받아서 통신한다. 경쟁 방식은 주로 대등-대-대등(peer-to-peer) 통신에서 사용되며 폴/셀렉션 방식은 주종(primary-secondary) 통신에서 사용된다.

7.1.1 경쟁방식

경쟁(Contention) 방식은 회선 접속을 위해서 장치들이 서로 경쟁하는 방식으로 송신 요구를 먼저 한 장치가 송신 권한을 갖는다. 이 방식은 데이터 전송을 하고자 하는 모든 장치가 서로 대등한 관계에 있는 점-대-점 방식에서 주로 사용된다. 다중점 네트워크에서는 두 개의 장치가 동시에 송신 요구를 하는 경우 문제가 발생할 수 있기 때문에 보통 사용하지 않는다. 데이터링크가 설정되면 데이터 전송이 종료되기 전까지는 독점적으로 링크를 사용한다.

경쟁 방식의 동작 예를 (그림 7-1)에 보였다. 처음에 통신을 시작한 장치는 수신기가 데이터를 받을 수 있는지를 묻는 조회(ENQ : Enquiry) 프레임을 보낸다. 수신기는 받을 준비가 되어 있으면 확인응답(ACK) 프레임을 보내고, 준비가 되어 있지 않으면 부정응답(NAK) 프레임을 보낸다. 특정 시간 내에 ACK나 NAK를 받지 못하면 통신을 시작한 장치는 ENQ 프레임이 전송 중에 손실되었다고 가정하고 다시 보낸다. 데이터 전송이 끝나면 송신기는 전송 종료(EOT : End of Transmission) 프레임을 보내서 전송을 끝낸다.

이 방식의 장점은 간단하다는 것이다. 또한 위성통신과 같이 전파 지연시간이 큰 통신망에 유리하다. 단점은 회선을 점유한 장치가 실제로 데이터를 전송하고 있지 않아도 오랫동안 회선을 점유하고 있다는 것이다. 그러므로 트래픽이 많은 네트워크에서는 비효율적이다.

경쟁 방식을 사용하는 대표적인 시스템이 미국 하와이 대학에서 개발한 최초의 무선 패킷 통신망인 ALOHA(Additive Links Online Hawaii Area)이다. ALOHA는 보낼 데이터가 있으면 일단 전송하고 ACK를 기다려서 ACK를 받으면 다음 프레임을 전송하고, ACK를 받지 못하면 다시 전송하는 방식이다.

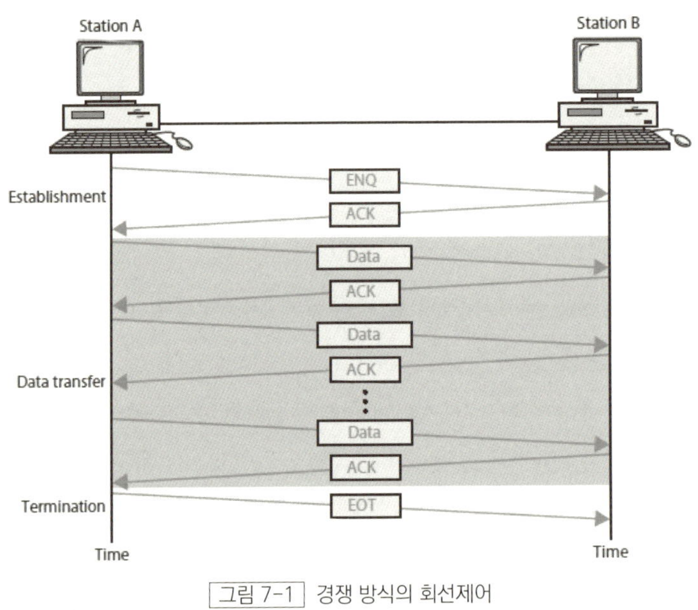

그림 7-1 경쟁 방식의 회선제어

7.1.2 폴/셀렉션 방식

폴/셀렉션(Poll/Selection) 방식은 주종 관계의 다중점(multipoint) 시스템에서 사용되는 방식이다. 다중점 시스템은 두 개가 아니라 여러 개의 노드를 조정해야 한다. 그러므로 이러한 경우 결정하여야 하는 문제는 단순히 '준비되었는가?'만으로는 안되며 '여러 노드 중 어느 것이 채널을 사용할 권리를 가지고 있는가?'라는 것도 해결해야 한다.

다중점 링크가 하나의 전송회선을 이용하는 하나의 주장치(primary device)와 여러 개의 종 장치(secondary device)로 구성되어 있으면, 마지막 목적지가 종 장치라고 할지라도 모든 전송은 주 장치를 통하여 이루어져야 한다. 주장치가 링크를 제어하고 종 장치는 주 장치의 명령에 따른다. 주어진 시간에 어떤 장치가 채널을 사용하도록 하는가를 결정하는 것은 주 장치이다. 그러므로 주 장치는 항상 세션을 시작하는 장치이다.

점-대-점 구성에서는 장치를 식별하는 것은 중요하지 않다. 한 장치에서 링크 상으로 전송된 데이터는 다른 상대 장치로만 전달되기 때문이다. 그러나 다중점 구성에서는 주장치가 특정 종 장치와 통신하려면 이름을 붙여야 한다. 다중점 구성에서 수신기를 지정하지 않고 데이터를 보내는 것은 봉투에 주소를 쓰지 않고 편지를 보내는 것과 같다. 따라서 특정 장치로 데이터를 보내기 위해서는 링크 상의 각 종 장치에 식별을 위한 이름이나 주소를 부여해야 한다. 전송이 주장치로부터 시작될 때 주소는 수신 종 장치의 주소가 되며, 종 장치로부터 전송이 시작될 때 주소는 발신 종 장치의 주소가 된다.

(1) 폴

폴(Poll)은 주 장치가 종 장치에 보낼 데이터가 있는지를 물어보는 동작이다. 이것은 종 장치가 주 장치로 보낼 데이터가 있을 경우에 사용된다. (그림 7-2)와 같이 주 장치는 종 장치들에 차례대로 보낼 데이터가 있는지를 물어본다. 보낼 데이터가 없는 종 장치는 NAK를 보내고, 보낼 데이터가 있는 종 장치는 데이터를 보낸다. 여기에서 데이터는 종 장치에서 주 장치로의 방향으로 전송된다.

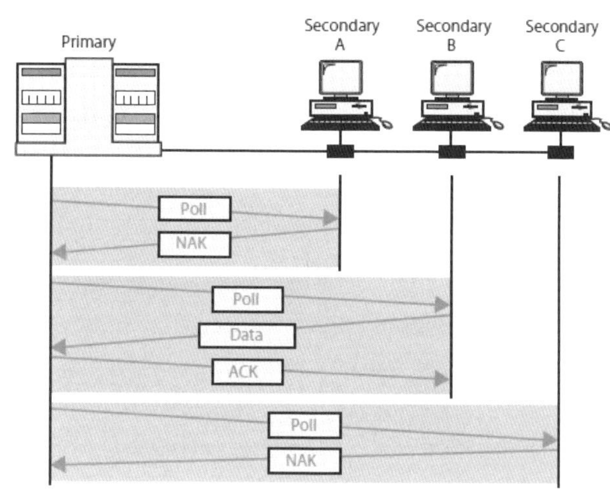

그림 7-2 폴링(Polling)

(2) 셀렉션

셀렉션(Selection)은 주장치가 종 장치에 보낼 데이터가 있을 때 사용된다. 주장치는 데이터를 보내기 전에 데이터를 받을 종 장치에 데이터의 수신을 준비시키는 것이다. (그림 7-3)과같이 주 장치는 해당 종 장치에 SEL 프레임을 보낸다. 다른 종 장치들도 SEL 프레임을 받지만, 그 안의 주소가 다르므로 무시한다. 해당 종 장치가 ACK를 보내면 주장치는 데이터를 전송한다. 여기에서 데이터는 주장치에서 종 장치의 방향으로 전송된다.

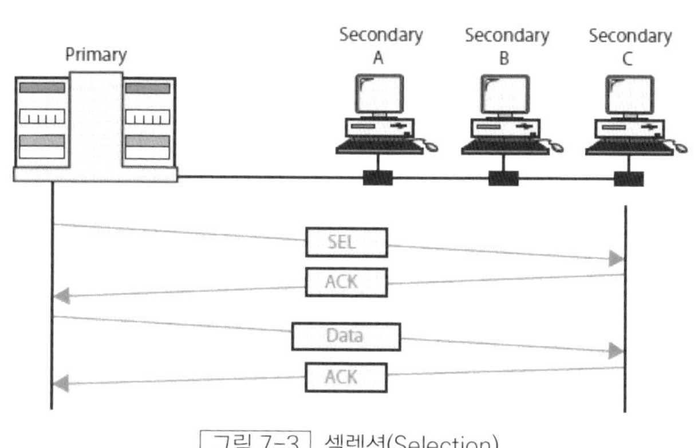

그림 7-3 셀렉션(Selection)

7.1.3 전송 제어 절차

데이터를 전송하기 위한 전송 제어 절차는 (그림 7-4)와 같이 5단계로 수행된다.

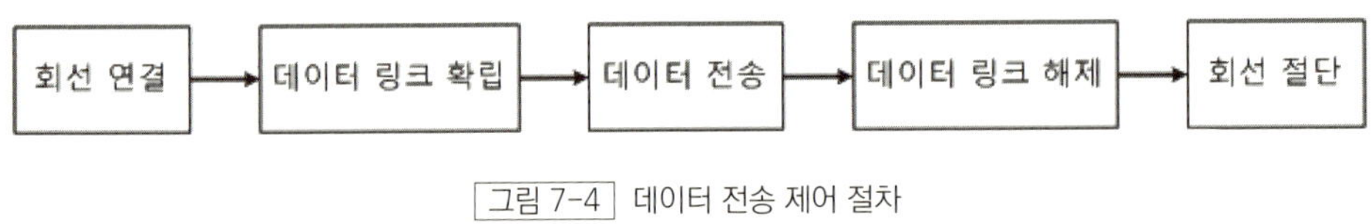

그림 7-4 데이터 전송 제어 절차

- 회선 접속(연결) : 교환 회선에서 통신회선과 단말기를 물리적으로 접속하는 단계이다. 다이얼 또는 수신 측 주소를 전송하여 데이터 전송이 가능하도록 통신회선을 연결하는 단계이다.
- 데이터링크 확립(설정) : 접속된 통신회선 상에서 송신 측과 수신 측 간의 확실한 데이터 전송을 수행하기 위한 논리적 경로를 구성하는 단계이다. 이 단계가 앞에서 설명한 회선 제어에 해당하며 경쟁 방식과 폴/셀렉션 방식이 있다.
- 데이터(메시지) 전송 : 설정된 데이터링크를 통하여 데이터를 수신 측에 전송하고, 잡음에 의해 발생하는 오류를 검출하고 정정하는 오류 제어와 메시지의 중복과 손실 등을 방지하는 순서 제어를 수행하는 단계이다.
- 데이터링크 해제 : 데이터 전송이 끝나면 수신 측과의 확인에 의하여 송수신기 간의 논리적 경로인 데이터링크를 해제하는 단계이다.
- 회선 절단 : 교환 회선의 경우 통신회선과 단말기 간의 물리적 접속을 절단하는 단계이다.

흐름 제어(flow control)는 회선 양측 시스템들의 처리 속도가 다른 경우에 데이터의 양이나 통신 속도가 수신 측의 처리 능력을 초과하지 않도록 조정하는 기능이다. 송신 측이 수신 측보다 느리면 문제가 되지 않지만, 빠르면 수신 측의 버퍼가 부족하여 데이터를 저장하지 못하고 버리는 문제가 발생한다. 이러한 문제를 해결하는 것이 흐름제어의 기능이다. 어떤 수신 장치든 들어오는 데이터를 처리할 수 있는 제한 속도와 들어오는 데이터를 저장할 수 있는 한정된 양의 버퍼 메모리를 가지고 있다. 수신 장치는 버퍼가 저장 한계에 도달하기 전에 송신 장치에 제어정보를 보내어 송신 속도를 늦추거나 일시적으로 멈추도록 요구하여 데이터가 손실되는 것을 방지한다.

데이터의 흐름을 제어하여 데이터가 흘러넘치는 것을 방지하는 흐름제어 방식에는 정지-대기(stop-and-wait) 방식과 슬라이딩 윈도우(sliding window) 방식이 있다.

7.2.1 정지-대기 방식

정지-대기 흐름 제어 방식은 (그림 7-5)와 같이 송신기는 각 프레임을 보낸 후에 ACK를 기다리는 방식이다. ACK를 받았을 때만 다음 프레임을 보낼 수 있다. 그러므로 수신기는 ACK를 이용하여 송신기의 전송 속도를 조절할 수 있다. 데이터를 보내고 ACK를 기다리는 과정은 송신기가 전송 종료(EOT) 프레임을 보낼 때까지 반복된다.

정지-대기 흐름 제어 방식의 장점은 간단하다는 것이다. 단점은 속도가 느리고 비효율적이라는 것이다. 각 프레임이 수신기에 전달되고 ACK가 되돌아와야만 다음 프레임을 전송할 수 있다. 따라서 ACK를 기다리는 동안 링크가 낭비된다.

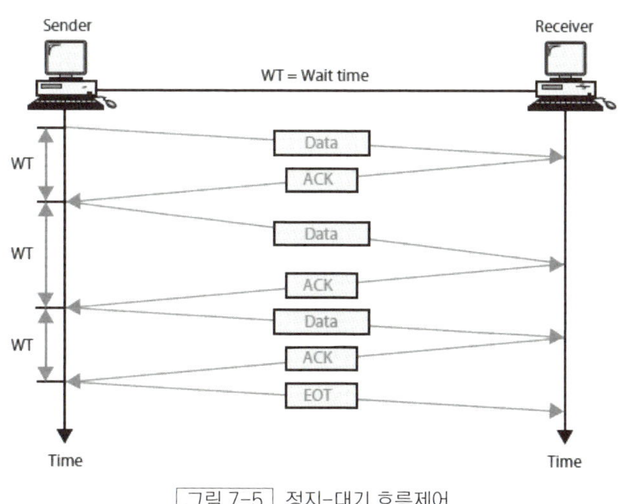

그림 7-5 정지-대기 흐름제어

7.2.2 슬라이딩 윈도우 방식

슬라이딩 윈도우(Sliding Window) 방식의 흐름 제어에서, 송신기는 ACK를 받기 전에 여러 개의 프레임을 전송한다. 여러 개의 프레임을 계속해서 보낼 수 있으므로 이는 회선이 한 번에 여러 프레임을 운반하여 용량이 효율적으로 이용될 수 있음을 의미한다. 수신기는 여러 개의 데이터 프레임을 받은 것에 대한 응답으로 하나의 ACK를 사용하므로 단지 몇몇 프레임에 대해서만 ACK를 전송한다.

슬라이딩 윈도우라는 용어에서 윈도우는 송신기와 수신기에 의해 만들어지는 버퍼를 의미한다. 윈도우는 ACK를 받기 전에 전송될 수 있는 프레임 수의 상한선을 가리킨다.

(1) 송신기의 윈도우

예를 들어 윈도우 크기가 7인 송신기의 슬라이딩 윈도우를 (그림 7-6)에 보였다. 전송이 시작될 때, 송신기의 윈도우는 7개의 프레임을 가지고 있다. 즉 ACK를 받기 전에 송신기는 최대 7개까지의 프레임을 보낼 수 있다. 만약 송신기가 프레임 0부터 프레임 4까지 전송하면 슬라이딩 윈도우는 왼쪽 경계선을 오른쪽으로 5번 움직여서 2개의 프레임(번호 5, 6)만 포함하게 된다.

수신기에서 보내는 ACK의 번호는 다음에 받고자 하는 프레임의 번호가 된다. 즉 프레임 4까지 받았으면 수신기는 ACK 5를 보낸다. (그림 7-6)의 예에서 만약 송신기가 수신기로부터 ACK 4를 받았다면 프레임 3까지 받았으며 프레임 4부터 받기를 원한다는 의미가 된다. ACK 4를 받으면 윈도우는 오른쪽 경계선을 오른쪽으로 4번 움직인다. 그러면 송신기의 윈도우는 6개의 프레임(번호 5, 6, 7, 0, 1, 2)을 포함하고 있게 된다.

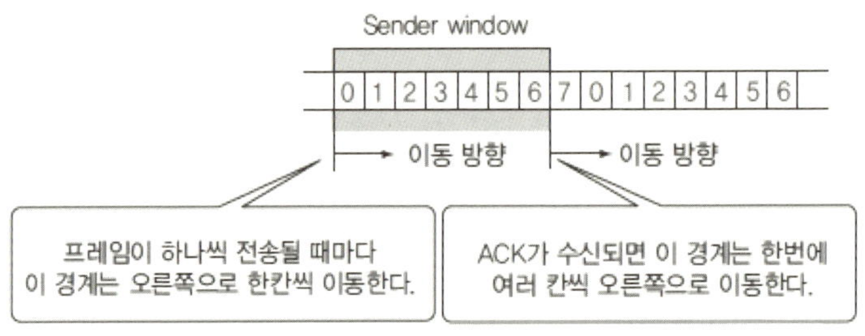

그림 7-6 송신기의 슬라이딩 윈도우

(2) 수신기의 윈도우

　윈도우의 크기가 7인 수신기의 슬라이딩 윈도우를 (그림 7-7)에 보였다. (그림 7-7)에서 윈도우는 7개의 프레임을 위한 공간을 포함하고 있으며 이는 ACK를 보내기 전까지 7개의 프레임이 수신될 수 있음을 의미하고 있다. 첫 번째 프레임이 도착하면 수신기의 윈도우는 왼쪽 경계선을 오른쪽으로 1번 움직여서 윈도우를 하나 줄인다. 윈도우가 하나 줄었으므로 수신기는 ACK를 보내기 전에 6개의 프레임을 받을 수 있다. 프레임 0에서 프레임 3까지 도착하였으나 ACK를 보내지 않았다면 윈도우는 3개의 프레임 공간만을 갖게 된다.

　각 ACK가 보내지면 수신기의 윈도우는 최근에 확인 응답된 프레임의 수만큼 공간을 확보하기 위하여 확장한다. 윈도우는 가장 최근에 확인 응답된 프레임의 수에서 이전에 확인 응답된 프레임의 수를 뺀 것과 같은 수만큼 새로운 프레임 공간을 포함하기 위해 확장한다. 7개의 프레임 윈도우에서 이전에 ACK 2를 보냈고 지금 ACK 5를 보냈다면 윈도우는 3 (=5-2)만큼 확장한다.

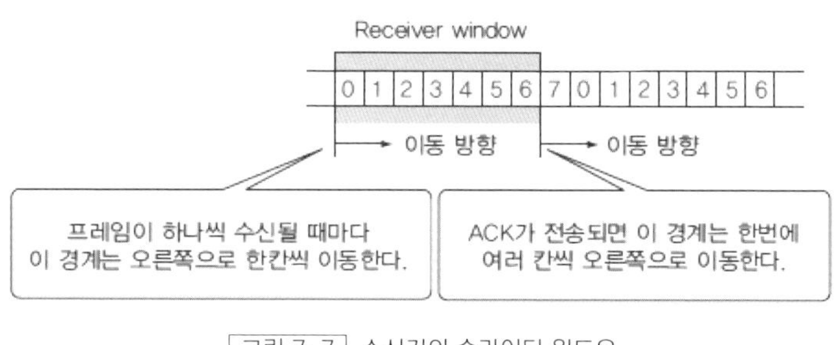

그림 7-7 ㅣ 수신기의 슬라이딩 윈도우

　윈도우 크기가 7일 때의 슬라이딩 윈도우 흐름 제어의 예를 (그림 7-8)에 나타내었다. 수신된 프레임의 확인응답에서 혼동을 피하기 위해 윈도우 크기는 프레임 번호보다 1 만큼 작게 한다. 프레임 열의 번호를 0부터 7까지로 하고(modulo-8) 윈도우 크기도 8로 한다고 하자. 프레임 0이 송신되고 ACK 1을 받으면 송신기는 윈도우를 확장하고 프레임 1, 2, 3, 4, 5, 6, 7, 0을 보낸다. 이제 다시 ACK 1을 받았다면 이것이 이전의 ACK 1의 중복인지, 최근에 보낸 8개 프레임에 대한 확인 응답인지, 확신할 수 없게 된다. 그러나 윈도우 크기를 8 대신 7로 하면 이러한 경우는 발생하지 않는다.

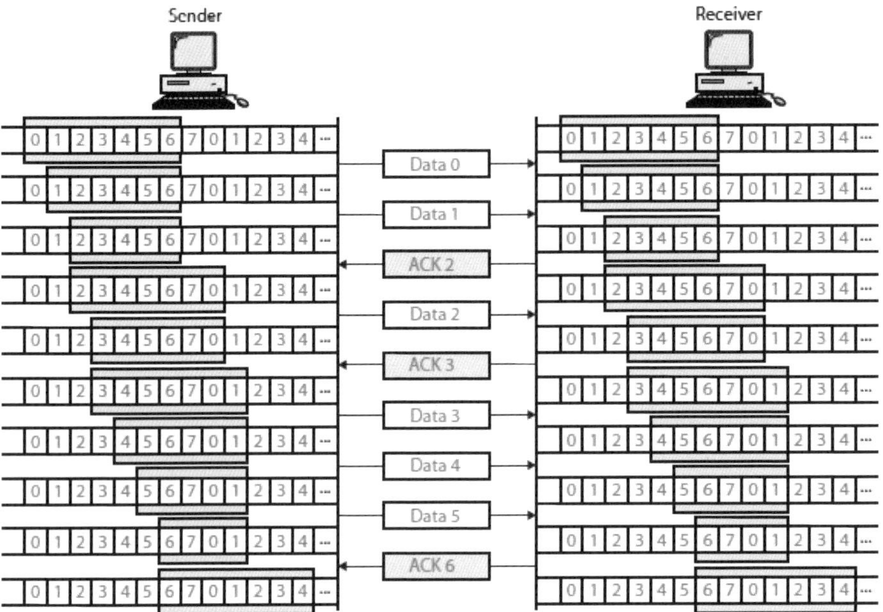

그림 7-8 | 윈도우 크기가 7인 슬라이딩 윈도우의 예

오류 제어(Error Control)는 데이터의 전송 시 전송로(channel) 상에서의 감쇄, 왜곡, 잡음 등에 의하여 발생하는 오류를 검출하여 수정하는 기능이다. 오류 제어는 오류를 검출하는 오류 검출(error detection)과 발생한 오류를 찾아서 정정하는 오류 정정(error correction)으로 구성된다. 물론 오류 정정은 먼저 오류를 검출한 다음에 그 오류를 정정하는 것이므로, 오류 정정은 오류 검출을 포함하고 있다.

7.3.1 오류 검출 방법

전송로 상에서 발생하는 오류를 검출하는 가장 일반적인 방법은 오류 검출 부호(error detection code)를 사용하는 것이다. 송신 측에서 전송하는 데이터에 오류 검출을 위한 특수한 부호를 추가하여 보내고 수신 측에서는 이 부호의 변형된 형태를 분석하여 오류 발생 여부를 판단하는 것이다.

오류 검출을 위하여 추가하는 오류 검출 부호는 원래의 데이터에 추가되는 것이므로 여분이라는 의미에서 리던던시(redundancy)라고 한다. 이 리던던시는 오류 발생 여부를 판단한 다음에는 폐기된다. (그림 7-9)는 한 데이터 단위를 검사하기 위하여 리던던시 비트를 사용하는 처리 과정을 보인 것이다.

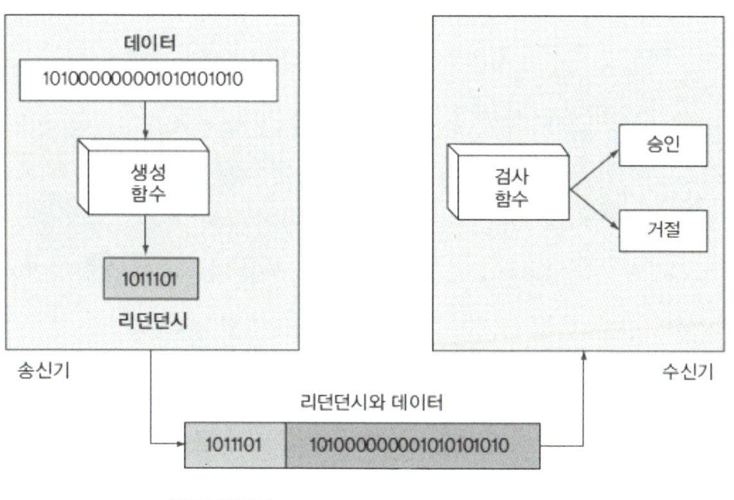

그림 7-9 │ 리던던시를 이용한 오류 제어 방식

데이터열은 그 형태를 분석하여 적절한 리던던시 비트를 생성하는 부호기를 통과한다. 이제 데이터 단위는 몇 개의 비트(그림에서는 7비트)만큼 추가되어 링크를 통해 수신기에 전달된다. 수신기는 전체 비트열을 검사하는 복호기에 통과시킨다. 수신된 비트열이 검사 기준을 통과하면 오류가 없는 것으로 판단하고 리던던시 비트는 버리고, 데이터만 다음 단계로 보낸다. 검사 기준을 통과하지 못하면 오류가 발생한 것이므로 오류 정정 과정을 수행한다.

오류 검출 방식으로는 패리티 검사(Parity check), CRC(Cyclic Redundancy Check), 검사합(Checksum) 방식 등이 있다.

(1) 패리티 검사

한 블록의 데이터 끝에 1비트의 검사 비트인 패리티 비트(parity bit)를 추가하는 방법으로, 1비트의 리던던시만을 사용하는 가장 간단한 오류 검출 기법이다. 이 방법은 오류 발생 확률이 낮고 정보 비트의 수가 적은 경우에 가장 일반적으로 사용되는 오류 검출 방법이다. 패리티 비트를 추가하는 방식에 따라 홀수 패리티와 짝수 패리티 방식이 있다.

- 홀수 패리티(Odd Parity) 검사 : 송신 측에서 전송하는 데이터 내의 1의 개수를 홀수 개로 만들어서 전송하는 방식이다. 데이터 내의 1의 개수가 짝수 개이면 패리티 비트로 1을 추가하고, 홀수 개이면 패리티 비트로 0을 추가하여 전체 1의 개수를 홀수 개로 만들어 전송한다. 수신 측에서 수신한 데이터 내의 1의 개수를 검사하여 홀수 개이면 오류가 발생하지 않은 것으로, 짝수 개이면 오류가 발생한 것으로 판단한다.
- 짝수 패리티(Even Parity) 검사 : 송신 측에서 전송하는 데이터 내의 1의 개수를 짝수 개로 만들어서 전송하는 방식이다. 데이터 내의 1의 개수가 홀수 개이면 패리티 비트로 1을 추가하고, 짝수 개이면 패리티 비트로 0을 추가하여 전체 1의 개수를 짝수 개로 만들어 전송한다. 수신 측에서 수신한 데이터 내의 1의 개수를 검사하여 짝수 개이면 오류가 발생하지 않은 것으로, 홀수 개이면 오류가 발생한 것으로 판단한다.

패리티 검사 방식은 모든 단일 비트 오류를 검출할 수 있다. 즉 한 블록 내에 1 개의 오류가 발생하는 오류는 모두 검출이 가능하다. 그러나 2개 이상이 발생하는 경우에는 검출하지 못할 수도 있다. 예를 들어 홀수 패리티에서 2개, 4개, 6개 등과 같이 짝수 개의 오류가 발생하면 검출할 수 있지만, 3개, 5개, 7개 등과 같이 홀수 개가 발생한 경우에는 검출하지 못한다.

전송하는 데이터를 2차원으로 배열하여 (그림 7-10)과같이 가로 방향으로 패리티 비트를 붙이는 방식을 VRC(Vertical Redundancy Check)라고 하고 세로 방향으로 패리티 검사를 하는 방식을 LRC(Longitudinal Redundancy Check)라고 한다. 두 방식이 개발되었을 당시 컴퓨터의 명령과 데이터가 펀치카드로 입력되었고 모든 문자가 수직으로 인쇄되었기 때문에 이와 같은 이름이 붙었다. 이 방식은 1차원 패리티 검사 방식보다 다중 비트 오류의 검출 가능성을 증가시키지만, 리던던시가 2배로 증가하고 제어가 복잡해지는 단점이 있다.

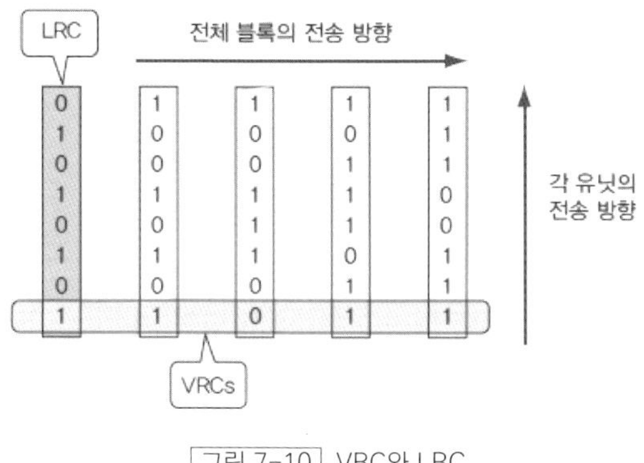

그림 7-10 VRC와 LRC

(2) CRC

순환 중복 검사라고도 부르는 CRC(Cyclic Redundancy Check)는 2진 나눗셈을 기반으로 하는 강력한 오류 검출 방법이다. CRC는 비트열을 다항식(polynomial)으로 표현하여 수학적으로 계산한 리던던시를 붙인다. 다항식은 (그림 7-11)과같이 2진 비트열에 미지수 의 멱(power)을 자릿수로 표현한 것이다.

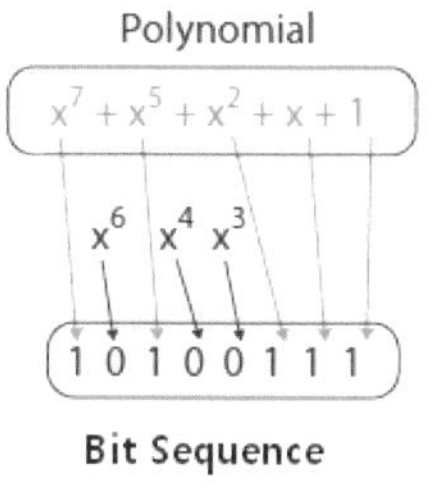

그림 7-11 다항식 표현

CRC는 (그림 7-12)와 같은 생성다항식(generator polynomial)이라는 특수한 다항식을 데이터에 곱해서 전송하고, 수신 측에서 동일한 다항식으로 나누어서 나누어떨어지면 오류가 없는 것으로 판단한다. 이 생성다항식은 자기 자신으로만 나누어떨어지는 특별한 다항식이다. 이해를 돕기 위해 숫자에 비유하면, 모든 숫자에 자기 자신으로만 나누어떨어지는 소수(prime number) p를 곱하여 전송한다고 가정하자. 만일 전송 도중 오류가 발생하지 않는다면, 수신된 모든 수는 동일한 소수 p로 나누면 나누어떨어져야 한다. 나누어떨어지지 않고 나머지가 남으면 전송 도중에 오류가 발생한 것으로 볼 수 있다.

CRC-12

$x^{12}+x^{11}+x^{3}+x+1$

CRC-16

$x^{16}+x^{15}+x^{2}+1$

CRC-ITU

$x^{16}+x^{12}+x^{5}+1$

CRC-32

$x^{32}+x^{26}+x^{23}+x^{22}+x^{16}+x^{12}+x^{11}+x^{10}+x^{8}+x^{7}+x^{5}+x^{4}+x^{2}+x+1$

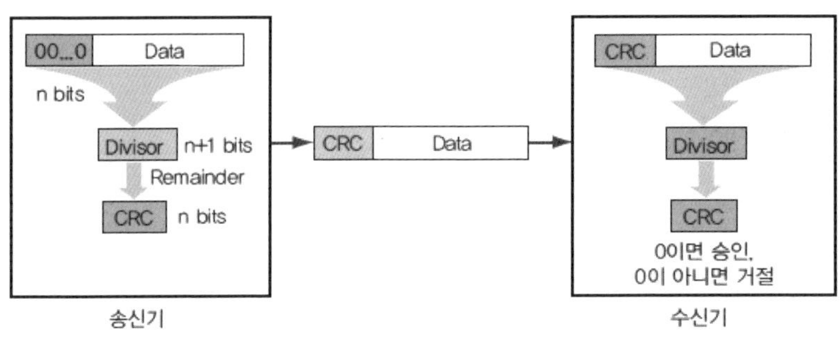

그림 7-12 CRC의 생성다항식

실제로 CRC에서는 데이터 다항식에 생성다항식을 곱하는 연산을 수행하지는 않는다. 곱셈을 수행하는 대신 (그림 7-13)과 같이, 데이터 다항식을 생성다항식으로 나누어서 그 나머지를 리던던시로 붙인다. 이 과정은 수학적으로 곱셈과 동일한 효과를 나타낸다. 이렇게 하면 CRC의 부호화 과정과 복호화 과정이 나눗셈으로 동일한 구조를 갖게 되고, 또 송신되는 부호어에서 데이터와 리던던시를 명확하게 구분할 수 있는 장점이 있다.

그림 7-13 CRC의 부호화 및 복호화 과정

CRC는 대표적인 데이터링크 프로토콜인 HDLC(High-level Data Link Control)의 FCS(Frame Check Sequence)에 사용되는 방식으로 연집 오류(burst error)를 검출할 수 있고 검출 확률이 높아서 가장 많이 사용되는 오류 검출 방식이다.

(3) 검사합

검사합(Checksum)은 블록합 검사(Block Sum Check)라고도 하는데, 주로 OSI 참조 모델의 3계층 이상에서 사용되는 오류 검출 방법이다. 검사합은 송신기에서 데이터를 비트(보통 16비트)의 세그먼트로 나누고, 그 각각의 세그먼트를 더한다. 그다음에 (그림 7-14)와 같이, 전체 합을 음수로 만들어 데이터의 끝에 덧붙여 전송한다. 전송 도중에 오류가 발생하지 않으면 수신기는 수신한 모든 세그먼트를 합하면 '0'이 될 것이다. 더한 값이 '0'이 되지 않으면 오류가 발생한 것으로 간주한다.

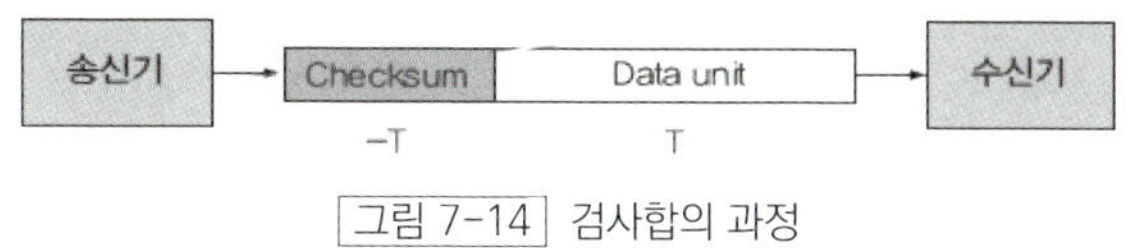

그림 7-14 검사합의 과정

7.3.2 오류 정정 방식

오류 정정 방식은 오류 검출 부호를 사용하여 오류의 발생 여부를 판단한 다음, 오류가 발생한 경우 수신한 데이터를 폐기하고 송신 측에 재전송을 요구하는 ARQ(Automatic Repeat reQuest) 방식과 수신한 데이터의 패턴에 따라 수신 측에서 직접 정정하는 FEC(Forward Error Correction) 방식이 있다.

(1) ARQ 방식

ARQ방식은 수신 측이 오류가 검출되면 송신 측에게 오류 발생 사실을 알리고 해당 프레임의 재전송을 요구하는 방식이다. ARQ는 데이터링크 층에서 가장 많이 사용하는 오류 정정 방법으로 흐름 제어와 동시에 구현된다. 사실상 정지-대기 흐름 제어는 보통 정지-대기 ARQ로 구현되며, 슬라이딩 윈도우 흐름 제어는 연속적(continuous) ARQ로 구현된다.

정지-대기 ARQ는 한 번에 하나씩의 프레임을 보내는 방식이고, 연속적 ARQ는 한 번에 여러 개의 프레임을 보낼 수 있는 방식이다. 연속적 ARQ는 (그림 7-15)와 같이 Go-back-N ARQ와 선택적 거부(selective reject) ARQ 방식으로 나눌 수 있다.

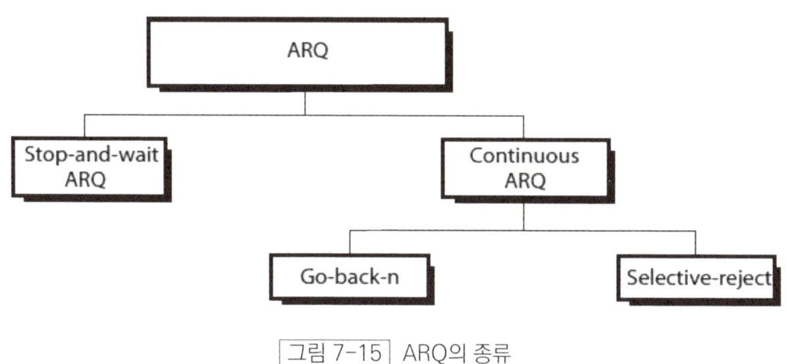

그림 7-15 ARQ의 종류

• Stop-and-wait ARQ : 정지-대기 ARQ는 송신 측에서 하나의 프레임을 전송한 후 수신 측으로부터의 ACK를 기다리는 방식이다. 송신 측은 ACK가 들어오면 다음 프레임을 보내고, NAK가 들어오거나 정해진 시간

내에 ACK기 들어오지 않으면 앞서 송신했던 프레임을 다시 보낸다. 프레임을 전송할 때마다 응답을 기다려야 하므로 전송효율이 가장 낮다. 그러나 가장 간단한 방법이다.

- Go-back-N ARQ : N 후퇴 ARQ는 여러 개의 프레임을 연속적으로 송신하고, 수신 측에서 NAK가 오면, 오류가 발생한 해당 프레임(N번 프레임)으로 다시 되돌아가서 그 이후의 모든 프레임을 다시 보내는 방식이다. 예를 들어 윈도우 크기가 5인 경우, 즉 한 번에 5개까지의 프레임을 송신할 수 있는 경우, 1, 2, 3, 4, 5번 프레임을 송신하였는데, NAK 3이 들어오면 다시 3번부터 3, 4, 5, 6, 7번 프레임을 보내는 방식이다. 오류가 발생한 프레임부터 모두 전송하므로 중복되는 단점이 있지만, 즉 4번과 5번은 오류가 발생하지 않았더라도 다시 보내는 단점이 있지만 제어가 간단하므로 주로 사용되는 방법이다.

- Selective Reject ARQ : 선택적 거부 ARQ는 선택적 반복 ARQ(Selective repeat ARQ)라고도 하며, 여러 개의 프레임을 연속적으로 보내고 오류가 발생하면 해당 프레임만 다시 보내는 방식이다. 예를 들어 윈도우 크기가 5인 경우, 즉 한 번에 5개까지의 프레임을 송신할 수 있는 경우, 1, 2, 3, 4, 5번 프레임을 송신하였는데 NAK 3이 들어오면, 송신기는 3, 6, 7, 8, 9번 프레임을 보내는 방식이다. 즉 3번만 다시 보내고 4, 5번은 보내지 않는 방법이다. 중복해서 송신하는 프레임이 없으므로 효율적인 반면, 수신 측에서 데이터를 처리하기 전에 원래 순서대로 조립하여야 하므로 제어가 복잡하고 대용량의 버퍼가 필요하므로 잘 사용되지 않는 방법이다.

전송에 사용하는 채널의 사용 효율을 극대화하기 위해 고정된 크기의 데이터를 사용하지 않고, 전송로에서 오류 발생률이 높으면 데이터의 크기를 줄이고 오류 발생률이 적으면 데이터의 크기를 크게 해서 많은 양의 데이터를 보내는 방식으로 적응적(adaptive) ARQ 방식이 있다. 그러나 이 방식은 일정하지 않은 데이터를 처리해야 하므로 큰 비용이 들어가는 단점으로 인해 거의 사용하지 않는 방식이다.

(2) FEC

순방향 오류 정정이라고 하는 FEC(Forward Error Correction)는 재전송 요구 없이, 오류 정정 부호(Error Correction Code)를 사용하여 수신 측에서 스스로 오류를 수정하는 방식이다. FEC는 데이터를 재전송할 시간적인 여유가 없는 전화, TV, 영상통신 등과 같은 실시간 통신 분야에서 주로 사용된다.

최초의 오류정정부호는 1958년 R. W. Hamming이 개발한 해밍부호(Hamming code)로 한 블록 내에서 1개의 오류가 발생하였을 경우에 정정할 수 있는 단일 오류정정부호이다. 이 해밍부호를 여러 개의 오류가 발생한 경우에도 정정할 수 있도록 확장한 것으로 BCH 부호와 Reed-Solomon 부호 등이 널리 사용되고 있다. 이러한 부호들은 데이터를 일정한 길이의 블록으로 나누고, 그 블록 단위로 리던던시를 붙이는 방식으로 블록 부호

(Block Code)로 분류된다. 이에 비해서 데이터를 연속적으로 부호화하는 길쌈 부호(Convolutional Code)가 있다. 블록 부호는 주로 CD, DVD 등과 같은 데이터 저장장치에 많이 사용되고 길쌈 부호는 휴대전화 등과 같은 통신장치에 많이 사용되고 있다.

오류 정정 부호에서는 '정보어'라고 부르는 입력되는 데이터에 리던던시(redundancy)라고 하는 여분의 데이터를 추가하여 '부호어(Codeword)'라고 하는 특정한 비트열(binary sequence)만을 전송한다. 전송로(channel) 상에서 오류가 발생하면 수신된 비트열은 부호어가 아닌 비 부호어가 된다. 일반적인 오류 정정의 원리는 수신된 비트열을 모든 부호어와 비교하여 가장 유사한 부호어를 선택하는 것이다.

두 비트열이 얼마나 유사한가를 결정하는 척도가 해밍 거리(Hamming distance)이다. 해밍 거리는 같은 길이의 두 2진수에 대응하는 자리를 비교하여, 비트 값이 같지 않은 자리의 개수이다. 예를 들어 010과 000은 하나의 위치에서만 다르므로 해밍 거리는 1이 되며, 0101과 1110은 3개의 위치에서 다르므로 해밍 거리는 3이 된다.

부호어의 집합에서 모든 가능한 부호어 쌍들 사이의 가장 작은 해밍 거리를 최소 해밍 거리(minimum Hamming distance), 즉 d_{min}이라고 한다. 어떤 부호가 s개의 오류를 검출하려면 최소 해밍 거리는 얼마가 되어야 할까? 만약 전송 도중에 s개의 오류가 발생한다면 송신된 부호어와 수신된 부호어 사이의 해밍 거리는 s가 될 것이다. 어떤 부호가 s개의 오류를 검출하기 위해서는 최소 해밍 거리가 $s+1$이 되어야 한다. 왜냐하면 손상된 채로 수신된 부호어가 유효한 부호어 중의 하나가 될 수 없도록 하기 위해서이다. 다시 말하면 모든 유효 부호어 사이의 최소 해밍 거리가 $s+1$이면 수신된 부호어는 잘못 다른 유효한 부호어로 인식될 수 없기 때문이다. 즉 s개의 오류를 검출하기 위해서는 최소 해밍 거리 d_{min}은 $s+1$보다 커야 한다.

해밍부호는 모든 부호어들 간의 해밍 거리를 최소한 '3' 이상으로 하여, 전송로 상에서 1개의 오류가 발생하였을 때 항상 가장 가까운 부호어가 1개만 존재하도록 한 부호이다. 따라서 해밍부호를 사용하면 단일 오류가 발생하였을 때 오류를 정정할 수 있다. t개의 오류를 정정하기 위해서는 최소 해밍 거리 d_{min}은 $2t+1$보다 커야 한다.

오류 정정의 개념은 가장 간단한 경우인 단일 비트 오류에 대해 살펴봄으로써 가장 쉽게 이해할 수 있다. 패리티 비트의 예에서 보듯이 단일 비트 오류는 하나의 데이터 블록에 한 비트의 리던던시를 추가하면 검출할 수 있다. 오류가 발생하였는지 발생하지 않았는지의 두 경우만을 구별하면 되기 때문에 리던던시를 1비트만 추가하면 단일 비트 오류를 검출할 수 있다. 하나의 비트는 '0과 1'의 두 가지 상태를 가지고 있기 때문에 이와 같은 경우를 구별할 수 있다.

그러나 단일 비트 오류를 검출할 뿐만 아니라 정정하려면 몇 비트의 리던던시가 필요할 것인가? 두 가지의 상태는 하나의 오류를 검출하기에는 충분하지만 정정하기에는 충분하지 않다. 오류는 수신기가 비트 '1'을 '0'으로, 비트 '0'을 '1'로 수신할 때 발생한다. 오류를 정정하는 것은 오류가 발생한 위치의 비트를 '1'이면 '0'으로 '0'이면 '1'로 빈전시키는 것이다. 따라서 어느 위치에서 오류가 발생하였는가를 찾아내기만 하면 된다.

예를 들어 7비트인 ASCII 문자에서 발생한 단일 비트 오류를 정정하기 위해서는 어느 위치에서 오류가 발생하였는지를 찾으면 된다. 이 경우 오류가 발생하지 않은 상태와 1부터 7번째 자리에서 오류가 발생한 상태를 디하면 총 8개의 서로 다른 상태를 구별해야만 한다. 즉 8개의 상태를 나타낼 수 있는 리던던시를 필요로 한다. 8개의 상태는 3비트로 나타낼 수 있다. 그러면 7비트에 3비트의 리던던시를 더하면 단일 비트의 오류 위치를 찾아낼 수 있을까? 하지만 오류가 리던던시 위치에서도 발생할 수 있기 때문에 3비트만의 리던던시로는 부족하다. ASCII 7비트에 3비트의 리던던시를 더하면 모두 10비트가 되고 여기에 1개의 오류가 발생한 위치를 찾아내려면 최소한 4비트의 리던던시가 필요하게 된다. 4비트의 경우 총 16개의 상태를 구별할 수 있기 때문에 이 경우 충분하게 된다. 따라서 데이터가 7비트인 경우 단일 오류를 정정하려면 4비트의 리던던시를 추가해야 한다.

m비트의 데이터에 발생한 단일 비트 오류를 정정하기 위해 r비트의 리던던시를 추가하였다면 전송되는 비트 수는 $m+r$비트가 된다. $m+r$비트 중에서 오류가 발생한 위치와 오류가 발생하지 않은 경우를 구별하기 위해서는 $m+r+1$개의 상태를 구별할 수 있어야 한다. r비트는 2^r개의 상태를 구별할 수 있으므로 다음과 같은 공식이 성립된다.

$$2^r \geq m+r+1$$

예를 들어 전송 비트 수가 17비트인 경우, 단일 비트 오류를 정정하려면 총 18 개의 상태를 구별하여야 하므로, 위 공식에 따라 r은 5가 되고 m은 17-5=12가 된다.

(3) 해밍 부호

해밍 부호(Hamming Code)는 1950년 Richard W. Hamming이 개발한 단일 오류 정정 부호이다. 해밍 부호는 3보다 큰 임의의 양의 정수 r에 대하여 항상 존재한다. 해밍 부호의 부호어(code word)의 길이 n은 다음과 같이 주어진다.

$$n = 2^r-1, r \geq 3$$

여기에서 r은 검사어(parity-check word)이며, 따라서 정보어(information word)의 길이 k는 다음과 같이 된다.

$$k = 2^r-r-1$$

몇몇 (n, k) 해밍 부호의 예를 들면 (7, 4), (15, 11), (31, 26) 등이 있다.

해밍 부호에서 검사 비트(parity-check bit)들은 1, 2, 4, 8, ……의 위치, 즉 2의 거듭제곱에 해당하는 위치에 배치된다. 부호어를 $C = (c_1, c_2, c_3, ……)$라 하면 c_1, c_2, c_4, c_8, …… 등이 검사 비트가 된다. 이 검사 비트들은 부호어와 패리티 검사 행렬(parity-check matrix) H와의 다음과 같은 관계로부터 계산할 수 있다.

$$C H^T = 0$$

여기에서 검사 행렬 H는 임의의 양의 정수 r로 표현할 수 있는 2진수 중 0을 제외한 나머지로 구성된다.
예를 들어 (7, 4) 해밍 부호에서 검사 비트들은 다음과 같이 계산할 수 있다.

$$[c_1, c_2, c_3, c_4, c_5, c_6, c_7] \cdot \begin{bmatrix} 0\ 0\ 1 \\ 0\ 1\ 0 \\ 0\ 1\ 1 \\ 1\ 0\ 0 \\ 1\ 0\ 1 \\ 1\ 1\ 0 \\ 1\ 1\ 1 \end{bmatrix} = 0$$

이를 풀어 쓰면 다음과 같이 된다.

$$c_4 + c_5 + c_6 + c_7 = 0$$

$$c_2 + c_3 + c_6 + c_7 = 0$$

$$c_1 + c_3 + c_5 + c_7 = 0$$

여기에서 + 연산은 XOR(exclusive OR)이며 +와 −는 동일하다. 따라서 검사 비트 순으로 정리하면 다음과 같이 된다.

$$c_4 = c_5 + c_6 + c_7$$

$$c_2 = c_3 + c_6 + c_7$$

$$c_1 = c_3 + c_5 + c_7$$

이것의 규칙을 보면 c_1은 첨자들을 2진수로 표현할 때 2^0 위치가 1인 3, 5, 6, 7, 9, 11, ……를 XOR 하는 것이고, c_2는 2^1 위치가 1인 3, 6, 7, 10, 11, ……를 XOR 하는 것이며, c_4는 2^2 위치가 1인 4, 5, 6, 7, 12, ……를 XOR 하는 것이다.

예를 들어 정보어가 (1011)이라고 하면 c_3=1, c_5=0, c_6=1, c_7=1이므로 검사 비트를 계산하면 다음과 같이 된다.

$$c_4 = c_5 + c_6 + c_7 = 0+1+1 = 0$$

$$c_2 = c_3 + c_6 + c_7 = 1+1+1 = 1$$

$$c_1 = c_3 + c_5 + c_7 = 1+0+1 = 0$$

따라서 해밍 부호어는 (0110011)이 된다.

오류 정정은 수신한 부호어와 패리티 검사 행렬을 곱한 결과가 오류 위치가 되므로 그 위치의 비트를 반전시키면 된다. 예를 들어 해밍 부호어로 (0011011)를 수신한 경우, 패리티 검사 행렬과 곱하면 다음과 같이 된다.

$$[0011011] \cdot \begin{bmatrix} 0\ 0\ 1 \\ 0\ 1\ 0 \\ 0\ 1\ 1 \\ 1\ 0\ 0 \\ 1\ 0\ 1 \\ 1\ 1\ 0 \\ 1\ 1\ 1 \end{bmatrix} = [110]$$

결괏값인 (110), 즉 c_6가 오류가 된다. 그러므로 정정된 부호어는 c_6의 비트를 반전시킨 (0011001)이 된다.

SUMMARY

- OSI의 제2계층인 데이터링크 계층은 회선 제어, 흐름 제어, 오류 제어의 세 가지 주요 기능을 수행한다.

- 회선 제어는 링크 상에서 누가 데이터를 송신할 것인가를 제어한다.

- 폴/셀렉션 회선 제어 방식은 주종 관계의 다중점 시스템에서 사용되는 방식으로 모든 전송은 주장치를 통해서 수행된다.

- 흐름 제어는 수신기의 버퍼가 데이터로 흘러넘치지 않도록 송신기가 데이터 전송 속도를 조절하는 것이다.

- 정지-대기 흐름 제어는 하나의 프레임을 송신한 다음 수신기로부터 확인응답을 받은 후에 다음 프레임을 전송한다.

- 슬라이딩 윈도우 방식은 송신기가 ACK를 받기 전에 여러 개의 프레임을 전송한다.

- 오류 제어는 전송 도중 오류가 발생하였는지를 검출하고 오류를 정정하는 것이다.

- 오류 검출 방법으로는 패리티 검사, CRC, 검사합 방법 등이 있다.

- 오류 정정 방식으로는 오류가 발생한 데이터를 폐기하고 재전송을 요청하는 ARQ 방식과 수신 측에서 직접 정정하는 FEC 방식이 있다.

- ARQ 방식에는 Stop-and-wait ARQ, Go-back-N ARQ, Selective reject ARQ 방식 등이 있다.

- FEC는 재전송 요구 없이 오류 정정 부호(error correction code)를 사용하여 수신 측에서 스스로 오류를 수정하는 방식이다.

- FEC 방식에는 단일 오류 정정 부호인 해밍부호와 다중 오류 정정 부호인 BCH, Reed-Solomon, Convolutional code 등이 있다.

[7-1] 데이터링크 계층(Datalink Layer)에서 전송 제어 프로토콜의 절차 단계 중 옳은 것은?

〈정보통신기사 2022/6, 정보처리기사 2018/4, 2016/5, 정보통신산업기사 2016/3, 정보처리산업기사 2015/5, 2015/3〉

① 데이터링크 설정 → 회선 접속 → 정보 전송 → 회선 절단 → 데이터링크 해제
② 정보 전송 → 회선 접속 → 데이터링크 설정 → 데이터링크 해제 → 회선 절단
③ 회선 접속 → 데이터링크 설정 → 정보 전송 → 데이터링크 해제 → 회선 절단
④ 회선 접속 → 데이터링크 설정 → 데이터링크 해제 → 회선 절단 → 정보 전송

[7-2] 서버가 호스트(Host)에게 전송할 데이터가 있는지를 확인하는 것을 무엇이라 하는가?

〈정보통신산업기사 2021/6, 2018/4, 정보통신기사 2019/3〉

① Polling
② Selection
③ Daisy-Chain
④ NAK

[7-3] 데이터와 확인 신호(ACK) 등을 보내고 문자 동기를 유지하는 기능은 전송제어 절차 중 어느 단계에 속하는가?

〈정보처리산업기사 2021/3, 2016/8〉

① 데이터링크의 설정
② 데이터링크의 종결
③ 정보의 전송
④ 회선의 접속

[7-4] 컴퓨터가 어떤 터미널로 전송할 데이터가 있는 경우 그 터미널이 수신할 준비가 되어 있는지를 묻고, 준비가 되어 있다면 컴퓨터는 터미널로 데이터를 전송하는 것은 다음 어느 것인가?

〈정보통신기사 2020/6, 2018/3, 2016/10, 2015/3〉

① CONTENTION
② ENQ
③ SELECTION
④ POLL

[7-5] 다음 보기의 전송 제어 단계를 순서대로 나열한 것은?

〈정보통신산업기사 2020/6〉

> 1. 데이터링크의 설정
> 2. 회선의 절단
> 3. 데이터 전송 회선의 접속
> 4. 데이터링크의 종결
> 5. 정보 메시지의 전송

① 3→1→5→4→2
② 1→3→5→2→4
③ 3→5→1→2→4
④ 1→3→5→4→2

[7-6] 멀티포인트(Multipoint) 네트워크에서 단말로부터 제어국 방향으로 데이터를 전송하는 동작을 무엇이라고 하는가?

〈정보처리기사 2018/8, 정보처리산업기사 2017/5〉

① Polling
② Routing
③ Entity
④ PCI

[7-7] 불균형적인 멀티포인트 링크 구성 중 주 스테이션이 각 부 스테이션에게 데이터 전송을 요청하는 회선 제어 방식은?

〈정보처리기사 2018/3〉

① Completion
② Polling
③ Select-Hold
④ Point to Point

[7-8] 종속국(Slave)에서 주국(Master) 방향으로 데이터를 전송하기 위한 동작과 주 국이 종속국으로 데이터를 전송하기 위한 동작을 알맞게 짝지은 것은?

〈정보통신기사 2017/9〉

① Polling, Selecting
② Polling, Routing
③ Contention, Routing
④ Contention, Polling

정답 7-1 ③ 7-2 ① 7-3 ③ 7-4 ③ 7-5 ① 7-6 ① 7-7 ② 7-8 ①

7.2 흐름 제어

[7-9] 다음 중 전송 측이 전송한 프레임에 대한 ACK 프레임을 수신하지 않더라도, 여러 개의 프레임을 연속적으로 전송하도록 허용하는 기법으로 옳은 것은?

〈정보통신산업기사 2023/10, 2022/3, 2019/6〉

① 슬라이딩 윈도우 흐름 제어 기법
② 정지 대기 흐름 제어 기법
③ 슬라이딩 대기 흐름 제어 기법
④ 정지 윈도우 흐름 제어 기법

[7-10] 다음 중 네트워크 호스트 간 패킷 전송에서 슬라이딩 윈도우 흐름 제어 기법에 대한 설명으로 틀린 것은?

〈정보통신기사 2023/6〉

① 송신측에서 ACK(확인응답) 프레임을 수신하면 윈도우 크기가 늘어난다.
② 윈도우는 전송 및 수신 측에서 만들어진 버퍼의 크기를 말한다.
③ ACK(확인응답) 수신 없이 여러 개의 프레임을 연속적으로 전송할 수 있다.
④ 네트워크에 혼잡 현상이 발생하면 윈도우 크기를 1로 감소시킨다.

[7-11] 회선 양쪽 시스템이 처리 속도가 다를 때 데이터 양이나 통신 속도를 수신 측이 처리할 수 있는 능력을 넘어서지 않도록 조정하는 기술은?

〈정보처리산업기사 2020/10, 2019/8, 2017/5〉

① 인증 제어
② 흐름 제어
③ 오류 제어
④ 동기화

[7-12] TCP 흐름 제어 기법 중 프레임이 손실되었을 때, 손실된 프레임 1개를 전송하고 수신자의 응답을 기다리는 방식으로 한 번에 프레임 1개만 전송할 수 있는 기법은?

〈정보처리기사 2020/9〉

① Slow Start
② Sliding Window
③ Stop and Wait
④ Congestion Avoidance

[7-13] 프로토콜의 기능 중 송신 측 개체로부터 오는 데이터의 양이나 속도를 수신 측 개체에서 조절하는 기능은 무엇인가?

〈정보통신기사 2019/6〉

① 연결 제어
② 에러 제어
③ 흐름 제어
④ 동기 제어

[7-14] 흐름 제어의 대표적인 기술로서 송수신 측에 일정 버퍼를 두고 송수신 블록 수와 ACK 신호에 따라 버퍼 크기를 조정해 가면서 버퍼 오버플로우가 발생하지 않도록 하는 기술은 무엇인가? 〈정보통신산업기사 2015/10〉

① X-ON/X-OFF
② RTS/CTS
③ Sliding Window
④ ARQ

정답 7-9 ① 7-10 ④ 7-11 ② 7-12 ③ 7-13 ③ 7-14 ③

[7-15] 슬라이딩 윈도우(Sliding window) 제어 방식에 대한 설명으로 옳지 <u>않은</u> 것은? 〈정보처리기사 2015/5〉

① X.25 패킷 레벨의 프로토콜에서도 사용되고 있으며, 수신 통지를 이용하여 송신 데이터의 양을 조절하는 방식이다.

② 송신 측과 수신 측 실체(entity) 간에 호출 설정 시 연속적으로 송신 가능한 데이터 단위의 최대치를 절충하는 방식이다.

③ 수신 측으로부터의 수신 통지에 의해 윈도우는 이동하고 새로운 데이터 단위의 송신이 가능하다.

④ 하나의 데이터 블록을 전송한 후 응답이 올 때까지 다음 데이터 블록을 전송하지 않고 대기하는 방식이다.

7.3 오류 제어

[7-16] 데이터의 끝에 한 비트를 추가하여 1의 개수로 오류 여부를 판단하는 오류 검출 방법은? 〈정보통신기사 2024/3, 정보통신산업기사 2021/3, 2019/9, 2018/4〉

① 패리티 검사(Parity Check)
② 블록합 검사(Block Sum)
③ 순환중복 검사(CRC)
④ 검사합 검사(Check Sum)

[7-17] 32비트의 데이터에서 단일 비트 오류를 정정하려고 한다. 해밍 오류 정정 코드(Hamming Error Correction Code)를 사용한다면 몇 개의 검사 비트들이 필요한가? 〈정보통신기사 2023/6, 2019/3〉

① 4비트　　② 5비트
③ 6비트　　④ 7비트

[7-18] 유선 네트워크 환경에서 ARQ(Automatic Repeat Request) 오류 제어 기법을 적용하였다. 다음 그림이 설명하는 ARQ 기법은? 〈정보통신산업기사 2023/6〉

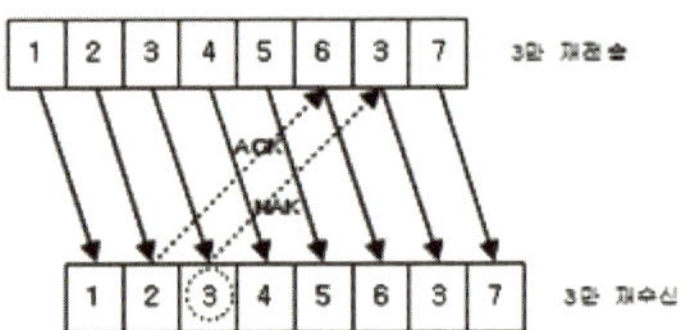

① Selective(선택적) ARQ
② Adaptive(적응형) ARQ
③ Go Back N(N 복귀형) ARQ
④ Stop&Wait(정지 대기) ARQ

정답 7-15 ④ 7-16 ① 7-17 ③ 7-18 ①

[7-19] 다음 중 비디오 신호 전송 시 발생하는 오류수정 기술인 FEC(Forward Error Correction) 에러 제어 방식에 대한 설명으로 틀린 것은?　〈정보통신산업기사 2023/6〉

① 수신 측에서 에러를 정정할 수 있다.
② 구현이 쉽다.
③ 재전송을 하지 않아 대역폭 관리에 효율적이다.
④ 에러 정정 부호의 삽입으로 프레임의 크기가 커진다.

[7-20] 데이터 통신에서 Hamming code를 이용하여 에러를 정정하는 방식은?

〈정보처리산업기사 2023/5, 2021/5, 2016/8〉

① 군계수 체크 방식　　② 자기 정정 부호 방식
③ 패리티 체크 방식　　④ 정마크 부호 방식

[7-21] 다음 중 데이터 전송을 위한 오류 검출 방식에 속하지 않는 것은?　〈정보통신산업기사 2023/3〉

① 패리티 검출 방식　　② 블록합 검사 방식
③ 랜덤 검사 방식　　　④ 순환 잉여 검사 방식

[7-22] ARQ(Automatic Repeat Request) 방식 중 송신 측이 수신 측으로부터 제어신호 NAK를 받으면, 제어신호와 함께 수신된 에러 데이터 블록 번호 N부터 NAK 제어신호 접수 시 전송되고 있던 블록까지 다시 전송하는 방식은?　〈정보통신산업기사 2023/3〉

① 정지-대기 ARQ 방식　　② Go-back-N ARQ 방식
③ 선택적 ARQ 방식　　　　④ 적응적 ARQ 방식

[7-23] 두 부호어의 비트열이 A=(100100), B=(010100) 일 때 두 부호어의 해밍 거리는?

〈정보통신산업기사 2022/3, 2020/3, 2018/4, 2015/6〉

① 1　　　　② 2　　　　③ 3　　　　④ 4

[7-24] 오류를 제어할 때 수신 측에서 오류의 검출 기능과 정정 기능을 동시에 갖는 부호는?

〈정보처리산업기사 2022/4, 2022/3, 2019/8,
정보통신기사 2017/9, 정보통신산업기사 2015/3〉

① Hamming Code　　② Biquinary Code
③ 2-out of-5 Code　　④ EBCDIC Code

[7-25] 다음 중 FEC(Forward Error Correction) 기법에서 사용하는 오류 정정 부호가 아닌 것은?

〈정보통신기사 2022/3, 2019/10〉

① CRC　　　　　　② LDPC
③ Turbo Code　　④ Hamming Code

[7-26] 짝수 패리티 비트의 해밍 코드로 0011011을 받았을 때(왼쪽에 있는 비트부터 수신됨), 오류가 정정된 정확한 코드는 무엇인가?

〈정보통신기사 2022/3, 2019/6, 2017/9, 2016/5, 2015/6〉

① 0111011　　　　② 0011000
③ 0101010　　　　④ 0011001

[7-27] 다음 중 오류 검출 부호로 틀린 것은?

〈정보통신산업기사 2021/10〉

① CRC code　　　② BCH code
③ BASE code　　　④ Hamming code

[7-28] 오류 제어에 사용되는 ARQ(Automatic Repeat reQuest) 방식이 아닌 것은?

〈정보처리기사 2021/8, 2015/8, 2015/5,
정보처리산업기사 2020/6, 2018/3, 2017/8〉

① Stop-and-wait ARQ
② Go-back-N ARQ
③ Selective-Repeat ARQ
④ Non-Acknowledge ARQ

정답　7-19 ②　7-20 ②　7-21 ③　7-22 ②　7-23 ②　7-24 ①　7-25 ①　7-26 ④　7-27 ③　7-28 ④

[7-29] 다음 중 Parity Bit에 대한 설명으로 틀린 것은?
〈정보통신기사 2021/6〉

① 1 Bit의 에러를 검출하는 코드이다.
② 2 Bit 이상 에러가 발생하면 검출할 수 없다.
③ Parity Bit를 포함해서 '1'의 개수가 짝수 또는 홀수인지 검사한다.
④ '1'의 개수를 홀수 개로 하면 짝수 Parity, 짝수 개로 하면 홀수 Parity라 한다.

[7-30] 다음 중 패리티 검사(Parity Check)를 하는 이유는 무엇인가?
〈정보통신기사 2021/6, 2018/3, 2016/5, 정보처리산업기사 2019/3〉

① 수신 정보 내의 오류 검출
② 전송되는 부호의 용량 검사
③ 전송 데이터의 처리량 측정
④ 통신 프로토콜의 성능 측정

[7-31] CRC 방식에서 생성 다항식이 $x^6+x^4+x^2+1$일 때 이를 비트 부호로 표현하면? 〈정보통신산업기사 2021/6, 2016/3〉
① 0101010
② 1010101
③ 101010
④ 010101

[7-32] 수신 측에 다음과 같은 해밍 코드가 수신되었다. 몇 번째 비트에서 에러가 발생되었는가? (단, P는 패리티 비트, D는 데이터 비트이다.) 〈정보통신산업기사 2021/3〉

해밍 코드	P1	P2	D3	P4	D5	D6	D7
비트	0	0	0	1	1	0	1

① 3번째
② 5번째
③ 6번째
④ 7번째

[7-33] 데이터 프레임을 연속적으로 전송 중 NAK를 수신하면 오류가 발생한 프레임 이후에 전송된 모든 데이터 프레임을 재전송하는 오류제어 방식은?
〈정보처리산업기사 2020/8, 2018/4, 2018/3, 2015/8, 2015/5, 정보처리기사 2018/3, 2015/3〉

① Go-back-N ARQ
② Selective-Repeat ARQ
③ Stop-and-Wait ARQ
④ Forward Error Connection

[7-34] 다음 중 Stop-and-Wait ARQ 방식에 대한 설명으로 옳지 <u>않은</u> 것은? 〈정보통신기사 2020/5〉

① 가장 간단한 형태의 ARQ이다.
② 수신 측에서는 오류 발생 유무에 따라 ACK이나 NAK 신호를 보낸다.
③ 오류 검출 능력이 우수한 부호를 사용해야 한다.
④ ARP 프로토콜에서 사용한다.

[7-35] 다음 중 에러 정정이 가능한 방식은?
〈정보통신산업기사 2019/9〉

① 수직 패리티 체크 방식
② 해밍(Hamming) 부호 방식
③ 그룹 계수 검사 방식(Group Count Check)
④ 정 마크 부호 검사 방식

[7-36] 송신 측에서 1개의 프레임을 전송한 후, 수신 측으로부터 ACK 및 NAK 신호를 수신할 때까지 정보 전송을 중지하고 기다리는 ARQ(Automatic Repeat reQuest) 방식은? 〈정보처리기사 2019/8, 정보처리산업기사 2019/4〉

① CRC 방식
② Go-back-N 방식
③ Stop-and-Wait 방식
④ Selective Repeat 방식

정답 7-29 ④ 7-30 ① 7-31 ② 7-32 ③ 7-33 ① 7-34 ④ 7-35 ② 7-36 ③

[7-37] 전송하려는 부호어들의 최소 해밍 거리가 7일 때, 수신 시 정정할 수 있는 최대 오류의 수는?

〈정보처리산업기사 2019/4, 정보처리기사 2016/3〉

① 1 　　　② 2 　　　③ 3 　　　④ 4

[7-38] ARQ(Automatic Repeat reQuest) 기법 중 오류가 검출된 해당 블록만을 재전송하는 방식으로 재전송 블록 수가 적은 반면, 수신 측에서 큰 버퍼와 복잡한 논리 회로를 요구하는 기법은?

〈정보처리기사 2019/3, 2017/5, 정보통신기사 2019/3〉

① Stop-Wait ARQ
② Go Back n ARQ
③ Selective Repeat ARQ
④ H-ARQ

[7-39] 자기 정정 부호의 하나로 데이터 전송 중 한 비트에 에러가 발생했을 경우 이를 수신 측에서 정정할 목적으로 사용되는 것은? 〈정보처리기사 2019/3, 2016/5〉

① Parity code 　　　② Hamming code
③ ASCII code 　　　④ EBCDIC code

[7-40] 다항식 코드를 사용하여 오류를 검출하는 기법은?

〈정보처리산업기사 2018/8〉

① 순환 중복 검사(CRC) 　　② 수직 중복 검사(VRC)
③ 세로 중복 검사(LRC) 　　④ 검사합(Checksum)

[7-41] Hamming distance가 5일 때 검출 가능한 에러 개수는? 〈정보처리산업기사 2018/8, 정보처리기사 2017/8〉

① 4 　　　② 6 　　　③ 8 　　　④ 10

[7-42] 다음 중 에러 검출 방식으로 옳지 <u>않은</u> 것은?

〈정보통신기사 2018/6〉

① 패리티 체크 방식
② 군계수 체크 방식
③ 정 마크 방식
④ ARQ 방식

[7-43] Go-Back-N ARQ에서 7번째 프레임까지 전송하였는데 수신 측에서 6번째 프레임에 오류가 있다고 재전송을 요청해 왔다. 재전송되는 프레임의 개수는?

〈정보처리기사 2018/4〉

① 1 　　　② 2 　　　③ 3 　　　④ 4

[7-44] 전송하려는 부호어들의 최소 해밍 거리가 6일 때 수신 시 정정할 수 있는 최대 오류의 수는?

〈정보통신기사 2018/3, 2017/3〉

① 1 　　　② 2 　　　③ 3 　　　④ 6

[7-45] 전진오류정정(FEC) 방식에 대한 설명으로 거리가 먼 것은? 〈정보처리기사 2018/3〉

① 재전송 요구 없이 수신 측에서 스스로 오류 검사 및 수정을 하는 방식이다.
② 역채널이 필요 없고, 연속적인 데이터 흐름이 가능하다.
③ 데이터 전송 과정에서 오류가 발생하면 송신 측에 재전송을 요구하는 방식이다.
④ 블록 코드와 콘볼루션 코드도 FEC 코드의 종류이다.

[7-46] 해밍 거리(Hamming Distance)가 7일 때, 정정할 수 없는 에러 수의 최솟값은? 〈정보통신산업기사 2018/3〉

① 1 　　　② 2 　　　③ 3 　　　④ 4

정답 7-37 ③　7-38 ③　7-39 ②　7-40 ①　7-41 ①　7-42 ④　7-43 ②　7-44 ②　7-45 ③　7-46 ④

[7-47] 전송 오류 제이 중 오류가 발생한 프레임뿐만 아니라 오류검출 이후의 모든 프레임을 재전송하는 ARQ 방식은? 〈정보처리기사 2017/8〉

① Go-back-N ARQ
② Stop-and-Wait ARQ
③ Selective Repeat ARQ
④ Non-Selective Repeat ARQ

[7-48] 해밍 거리가 8일 때, 수신 단에서 정정 가능한 최대 오류 개수는? 〈정보처리기사 2017/5〉

① 2　　② 3　　③ 4　　④ 5

[7-49] Hamming 코드에서 총 전송 비트 수가 17비트일 때, 해밍 비트 수와 순수한 정보 비트 수는? 〈정보처리기사 2017/3〉

① 해밍 비트 수 : 4, 정보 비트 수 : 13
② 해밍 비트 수 : 5, 정보 비트 수 : 12
③ 해밍 비트 수 : 6, 정보 비트 수 : 11
④ 해밍 비트 수 : 7, 정보 비트 수 : 10

[7-50] 전진 에러 수정(FEC) 코드에 대한 설명으로 틀린 것은? 〈정보처리기사 2017/3〉

① FEC 코드의 종류로 CRC 코드 등이 있다.
② 에러 정정기능을 포함한다.
③ 연속적인 데이터 전송이 가능하다.
④ 역채널을 사용한다.

[7-51] 전송 효율을 최대한 높이려고 데이터 블록의 길이를 동적으로 변경시켜 전송하는 ARQ 방식은? 〈정보처리산업기사 2017/3〉

① Adaptive ARQ
② Stop-And-Wait ARQ
③ Selective ARQ
④ Go-back-N ARQ

[7-52] 정보 데이터 비트가 4비트 1011일 때 짝수 패리티 비트의 전체 해밍 코드는? (단, 왼쪽 비트가 1번째 비트이다.) 〈정보통신산업기사 2017/3〉

① 0110011
② 1001001
③ 0100101
④ 1011010

[7-53] Sliding Window 방식으로 통칭되며, 송신 스테이션이 데이터 프레임을 연속적으로 NAK를 수신할 때까지 전송하는 방식은? 〈정보처리산업기사 2016/8〉

① Stop-and-Wait ARQ
② Go-back-N ARQ
③ Selective-Repeat ARQ
④ Adaptive ARQ

[7-54] 데이터 프레임의 정확한 수신 여부를 매번 확인하면서 다음 프레임을 전송해 나가는 ARQ 방식은? 〈정보처리기사 2016/5〉

① Go-back-N ARQ
② Selective-Repeat ARQ
③ Distribute ARQ
④ Stop-and-Wait ARQ

[7-55] 동기 전송 방식에서 주로 사용되는 오류 검출 방식으로 프레임 단위로 오류 검출을 위한 코드를 계산하여 프레임 끝에 FCS를 부착하는 것은? 〈정보처리기사 2016/5, 2015/5, 2015/3〉

① CRC
② Hamming Code
③ Block Parity
④ Parity Bit

[7-56] 다음 중 CRC 방식과 거리가 먼 것은? 〈정보처리산업기사 2016/5〉

① HDLC에서 사용
② 전진 에러 제어
③ 생성다항식을 사용
④ 오류 검출 기능

정답 7-47 ①　7-48 ②　7-49 ②　7-50 ④　7-51 ①　7-52 ①　7-53 ②　7-54 ④　7-55 ①　7-56 ②

[7-57] 다음 중 전송 오류 제어에서 Stop-and-wait ARQ 방식에 대한 설명으로 <u>틀린</u> 것은?

〈정보통신기사 2016/3〉

① ARQ 방식 중 가장 간단하다.
② 전파 지연이 긴 시스템에 효과적이다.
③ 오류 검출이 뛰어나다.
④ 메모리 Buffer 용량은 큰 블록 데이터를 저장할 수 있어야 한다.

[7-58] 순방향 오류 정정(Forward Error Correction)에 사용되는 오류 검사 방식은?　〈정보처리기사 2015/8〉

① 수평 패리티 검사　　　② 군 계수 검사
③ 수직 패리티 검사　　　④ 해밍 코드 검사

[7-59] 전송 에러 제어 방식에서 에러 검출과 거리가 <u>먼</u> 것은?　〈정보처리산업기사 2015/8〉

① 패리티 검사　　　② 해밍 코드
③ CRC　　　④ 아스키 코드

[7-60] 데이터 통신 시스템에서 발생하는 에러에 대한 제어 기법 중 Backward channel이 없거나, 통신위성처럼 Round trip delay가 긴 경우에 적절한 에러 제어 방식은?　〈정보통신기사 2015/6〉

① Adaptive ARQ　　　② Piggyback
③ BCC　　　④ FEC

[7-61] 오류가 검출될 경우 송신 측에 재전송을 요청하지 않고 스스로 오류를 정정하는 방식은?

〈정보통신산업기사 2015/6〉

① Forward Error Correction　　　② ARQ
③ CRC　　　④ Flow Control

[7-62] 데이터통신 시 발생되는 오류를 검출하는 기법이 <u>아닌</u> 것은?　〈정보처리산업기사 2015/5, 2015/3〉

① 패리티(parity) 검사
② 블록합 검사(block sum check)
③ 순환 잉여 검사(CRC)
④ 바이폴라(bipolar) 검사

[7-63] 다음 중 A, B, C, D 문자 전송 시 수직 짝수 패리티 비트 검사에서 패리티 비트 값이 옳은 문자는?

〈정보처리기사 2015/3〉

패리티 비트	0	0	0	0
D7	1	1	0	0
D6	0	1	1	1
D5	0	0	0	0
D4	1	1	1	0
D3	1	1	0	1
D2	0	0	0	0
D1	0	0	1	0
D0	0	1	1	1
문자	A	B	C	D

① A　　　② B　　　③ C　　　④ D

[7-64] 다음 중 해밍 코드에 대한 설명으로 <u>틀린</u> 것은?

〈정보통신산업기사 2015/3〉

① 오류를 검출 및 교정할 수 있다.
② 정보 비트의 길이에 따라 패리티 비트의 수가 결정된다.
③ 한 비트당 최소한 두 번 이상의 패리티 검사가 이루어진다.
④ 해밍 코드에서 4개의 정보 비트를 체크하기 위한 최소한의 패리티 비트는 2개가 된다.

정답 7-57 ②　7-58 ④　7-59 ④　7-60 ④　7-61 ①　7-62 ④　7-63 ③　7-64 ④

- 문자 위주 데이터링크 프로토콜과 비트 위주 프로토콜의 차이점에 대하여 설명할 수 있다.
- 문자 위주 프로토콜인 BSC에 대하여 설명할 수 있다.
- 대표적인 비트 위주 프로토콜인 HDLC의 프레임 형식, 동작 모드 등에 관해 설명할 수 있다.
- PPP에 관해 설명할 수 있다.

한권으로 끝내는 데이터통신과 정보통신

8

데이터링크
프로토콜

데이터링크 프로토콜은 데이터링크 계층의 구현에 사용되는 규격들의 집합이다. 이러한 목적을 위하여 데이터링크 프로토콜은 회선 제어, 흐름 제어, 오류 제어 등을 위한 규칙들을 포함하고 있다. 데이터링크 프로토콜은 전송 제어 프로토콜이라고도 하며, 문자 위주 방식과 비트 위주 방식으로 구분된다.

문자 위주(character-oriented) 프로토콜은 바이트 위주 프로토콜이라고도 하며, 프레임을 보통 하나의 바이트(8비트)로 구성되는 문자들의 연속된 열로 간주한다. 모든 제어 정보는 ASCII(American Standard Code for Information Interchange) 문자와 같은 기존의 문자 부호화 시스템의 형태를 가진다. 문자 위주 프로토콜은 비트 위주 프로토콜에 비해 효율이 높지 않기 때문에 현재는 거의 사용되지 않는다. 대표적인 문자 위주 프로토콜로는 1964년 IBM이 개발한 BSC(Binary Synchronous Communication)와 1973년 ISO가 ISO 1745로 표준화한 BASIC 프로토콜, 그리고 1974년 DEC에서 개발한 DDCMP(Digital Data Communications Message Protocol)가 있다.

비트 위주(bit-oriented) 프로토콜은 전송 프레임을 비트열로 간주한다. 1975년 IBM은 비트 위주 프로토콜인 SDLC(Synchronous Data Link Control)를 개발하였으며, 이 SDLC를 기반으로 1979년 미국의 표준화 기구인 ANSI(American National Standards Institute)에서 ADCCP(Advanced Data Communication Control Procedure)를 표준화하였다. 역시 이 SDLC를 기반으로 1979년 국제 표준화 기구인 ISO에서 HDLC(High-level Data Link Control)를 국제적으로 표준화하였다.

또한 ITU-T는 1981년부터 LAPs(Link Access Procedures)라고 부르는 일련의 프로토콜들을 개발하였다. LAPB, LAPD, LAPM 등은 모두 HDLC에 기반을 둔 프로토콜들이다. LAPB(LAP Balanced)는 X.25 패킷 교환망과 ISDN의 B 채널용으로, LAPD(LAP for D channel)는 ISDN의 D 채널용으로, 그리고 LAPM(LAP for Modem)은 모뎀용으로 단순화시킨 HDLC의 부분 집합들이다.

프레임 릴레이나 PPP(Point-to-Point Protocol), 그리고 LAN의 LLC(Logical Link Control)와 MAC(Medium Access Control)도 모두 HDLC로부터 발전되었다. 다시 말하면, 오늘날 사용하는 모든 비트 위주 프로토콜은 HDLC로부터 발전하였다고 할 수 있다.

BSC(Binary Synchronous Communication)는 1964년 IBM에서 개발한 문자 위주 데이터링크 프로토콜이다. BSC는 점대점(point-to-point)과 다중점(multipoint) 구성 모두에 사용할 수 있으며, 정지-대기 ARQ 흐름제어와 오류제어를 사용하는 반이중 전송을 지원한다. BSC는 전이중 전송과 연속적 ARQ를 지원하지 않는다.

BSC의 일반적인 데이터 프레임 구조는 (그림 8-1)과 같다. 그림에서 화살표는 데이터의 전송 방향을 나타낸다.

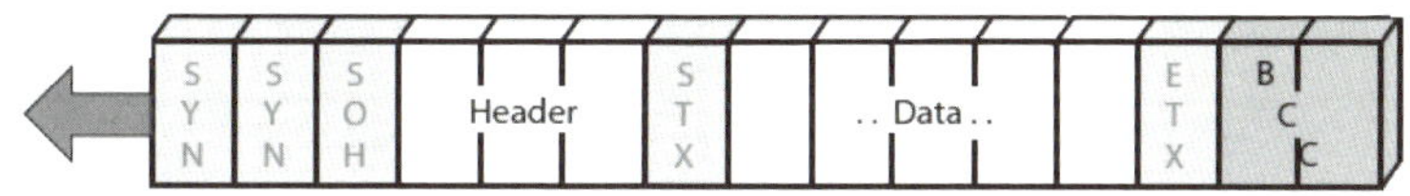

그림 8-1 　BSC의 데이터 프레임 구조

- SYN(Synchronization) : 송수신 측간의 문자 동기를 맞추기 위하여 사용되는 전송 제어 문자로 프레임은 2개 이상의 동기 문자(SYN)로 시작된다. 이 문자는 수신기에 새로운 프레임의 도착을 알린다.
- SOH(Start of Header) : 헤더가 시작됨을 알리는 제어문자이다.
- Header : 송수신 장치의 주소, 정지-대기 ARQ에서 사용하는 프레임 식별 번호(0 또는 1) 등과 같은 제어 정보로 SOH와 STX 사이에 위치한다.
- STX(Start of Text) : 본문의 시작을 알리는 제어문자이다.
- Data : 실제로 전송하려는 데이터 본문이다.
- ETX(End of Text) : 본문의 끝을 알리는 제어문자이다.
- BCC(Block Check Count) : 오류 검출을 위한 문자로 한 바이트의 LRC 또는 두 바이트의 CRC로 구성될 수 있다. 오류 검사의 범위는 Header에서부터 ETX까지이다.

BSC는 원래 문서 메시지(알파벳과 숫자로 구성된 단어나 그림)만을 전송하도록 설계되었다. 그러나 사용자가 프로그램이나 그래픽과 같은 비문서 정보와 명령을 포함하는 2진 데이터열을 보낼 수도 있다. 불행하게도 이런 종류의 메시지는 BSC 프로토콜에서 문제를 일으킬 수 있다.

만약 본문의 영역에 BSC 제어문자와 동일한 비트 패턴이 존재하면 수신기는 그것을 BSC의 제어문자로 인식하게 되며 결국 메시지의 본래 의미를 파괴하고 만다. 예를 들면 본문의 영역에 제어문자 ETX와 같은 비트 패턴이 있다면 수신기는 ETX 문자 다음의 두 바이트를 BCC로 인식하여 오류 검사를 하게 된다. 그러나 여기의 비트 패턴은 데이터의 일부분이지 제어문자가 아니다.

제어 정보와 데이터를 혼동하지 않는 것을 데이터 투명성(data transparency)이라고 한다. BSC에서 데이터 투명싱은 DLE(Data Link Escape) 문자를 사용하여 확보한다. 투명한 영역을 정의하기 위하여 (그림 8-2)와 같이 STX 문자 앞과 본문의 끝을 나타내는 ETX 문자 앞에 DLE 문자를 하나씩 삽입한다. 그러면 두 DLE 문지 사이에 있는, 즉 투명 영역 내에 있는 모든 문자는 데이터로 취급한다. 즉 투명 영역 내에 제어문자와 동일한 비트 패턴을 갖는 문자가 있어도 그것을 제어문자로 취급하지 않는 것이다.

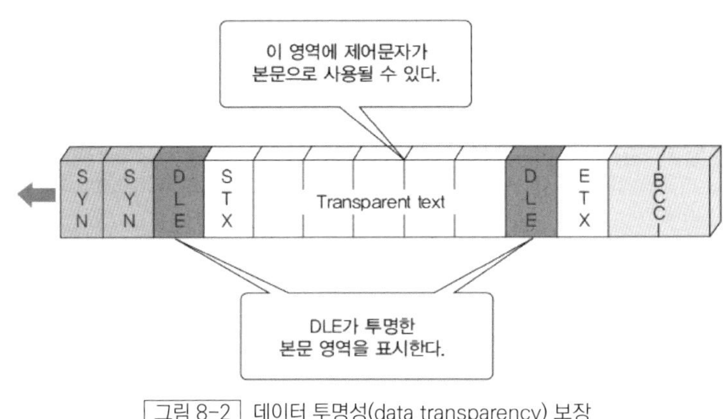

그림 8-2 | 데이터 투명성(data transparency) 보장

투명 영역 내에 DLE와 동일한 비트 패턴을 갖는 문자가 포함되어 있으면 문제가 발생할 가능성이 있다. 이러한 경우에는 그 앞에 DLE를 하나 더 붙여서 그것이 제어문자가 아님을 표시한다.

〈표 8-1〉에 BSC에서 사용하는 주요 전송 제어 문자를 정리하였다.

표 8-1 | BSC의 전송 제어 문자

문 자	의 미	기 능
SYN	Synchronization	문자 동기
SOH	Start of Header	헤더의 시작
STX	Start of Text	본문의 시작 및 헤더의 종료
ETX	End of Text	본문의 종료
ETB	End of Transmission Block	블록의 종료
EOT	End of Transmission	전송 종료 및 데이터 링크 해제
ENQ	Enquiry	상대편에 데이터 링크 설정 및 응답 요구
DLE	Data Link Escape	데이터 내의 제어문자를 데이터로 취급
ACK	Acknowledgment	긍정응답
NAK	Negative Acknowledgment	부정응답

HDLC(High-level Data Link Control)는 비트 위주 프로토콜로 점대점과 다중점 링크 상에서 반이중과 전이중 통신 둘 다 지원하도록 설계되었다. HDLC는 오류 제어를 위하여 'Go-back-N ARQ'와 'Selective repeat ARQ'를 사용하며 흐름 제어를 위하여 슬라이딩 윈도우 방식을 사용한다.

HDLC를 구성하는 통신국은 일차국(primary station), 이차국(secondary station), 복합국(combined station)의 3가지가 있다.

- 일차국(Primary Station) : 일차국 또는 주국은 점대점이나 다중점 회선 구성에서 링크의 모든 제어권을 갖는 장치이다. 주국은 종국들에게 명령(command)을 보낸다.
- 이차국(Secondary Station) : 이차국 또는 종국은 주국으로부터 제어를 받고 주국의 명령에 따라 주국에게 응답을 보내는 통신국이다. 즉 주국은 명령을 발생시키고 종국은 응답(response)을 만들어낸다. 컴퓨터와 그것에 연결된 단말기(terminal)가 주국과 종국의 관계에 대한 예이다.
- 복합국(Combined Station) : 복합국 또는 조합국은 명령과 응답을 모두 발생할 수 있다. 조합국은 서로 연결된 대등 장치(peer device) 중 하나이며, 상황에 따라 주국 또는 종국으로 동작하도록 프로그램 되어 있다.

이러한 일차국, 이차국, 복합국들은 (그림 8-3)과같이 불균형(unbalanced), 대칭(symmetrical), 균형(balanced)의 3가지 형태로 연결될 수 있다. 세 가지 구성 모두 반이중 전송과 전이중 전송을 지원할 수 있다.

- 불균형 구성(Unbalanced Configuration) : 불균형 구성은 주종(master/slave) 구성이라고도 하며 하나의 장치가 주국이고 다른 모든 장치가 종국이 된다. 불균형 구성은 두 개의 장치만 있을 경우에는 점대점 구성이지만, 대부분 하나의 컴퓨터가 여러 주변 장치를 제어하는 형태의 다중점 구성이다.
- 대칭 구성(Symmetrical Configuration) : 대칭 구성은 링크 상의 물리적인 통신국 각각이 주국과 종국의 두 개의 논리적인 통신국으로 이루어져 있는 구성이다. 별도의 회선을 사용하여 어느 한 물리적인 통신국을 주국으로 하고 다른 물리적인 통신국을 종국으로 하여 연결한다. 대칭 구성은 두 개의 통신국 간에 링크의 제어권이 이동할 수 있다는 점을 제외하고는 불균형 구성처럼 동작한다.
- 균형 구성(Balanced Configuration) : 균형 구성은 점대점 접속 형태에서 두 통신국이 모두 조합국 형태일 경우이다. 두 통신국은 단일 회선으로 연결되어 있으며, 이 단일 회선은 두 통신국 모두에 의하여 제어될 수 있다.

HDLC는 균형 다중점(balanced multipoint) 방식을 지원하지 않으며, 이 때문에 LAN을 위한 MAC(Medium

Access Control)이 필요하게 된다.

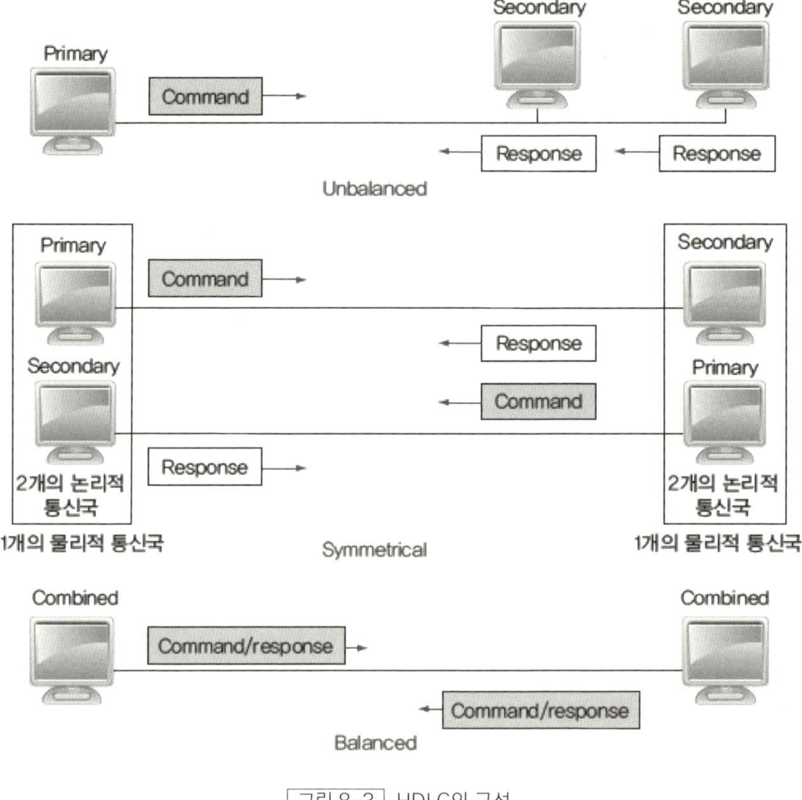

그림 8-3 | HDLC의 구성

8.3.1 HDLC의 통신모드

HDLC의 통신모드는 정보교환에 관련된 두 장치 간의 관계를 나타내며, 누가 링크를 제어하는가를 표시하는 것이다. HDLC는 통신국 간에 NRM(Normal Response Mode), ARM(Asynchronous Response Mode), ABM(Asynchronous Balanced Mode)의 3가지 통신모드를 지원한다.

- NRM(Normal Response Mode) : 정규 응답 모드는 표준적인 '주국-종국' 관계를 나타내며, 이 모드에서 종국은 전송하기 전에 반드시 주국으로부터 허락을 받아야 한다. 일단 허락을 받으면 종국은 데이터를 포함하는 하나 이상의 프레임에 대한 응답의 전송을 시작할 수 있다.
- ARM(Asynchronous Response Mode) : 비동기 응답 모드는 채널이 사용되고 있지 않으면 언제든지 종국이 주국의 허락 없이 전송을 시작할 수 있다. ARM은 절대로 '주국-종국' 관계를 바꾸지는 않는다. 같은 링크

상의 다른 종국으로 보내는 전송을 포함하여, 종국으로부터의 모든 전송은 여전히 주국으로 전송되고 여기에서 최종 목적지로 중계된다.

- ABM(Asynchronous Balanced Mode) : 비동기 균형 모드에서는 모든 통신국이 동등하며, 따라서 점대점으로 연결된 조합국만 사용된다. 모든 조합국은 허락 없이 다른 조합국에게 전송을 시작할 수 있다.

〈표 8-2〉에 통신모드와 통신국의 종류와의 관계를 정리하였다.

표 8-2 | HDLC의 통신모드와 통신국과의 관계

구 분	NRM	ARM	ABM
통신국의 종류	일차국 및 이차국	일차국 및 이차국	복합국
전송 시작 권한	일차국	둘 중 하나	둘 다

8.3.2 HDLC의 프레임 구조

HDLC는 (그림 8-4)와 같이 I(Information) 프레임, S(Supervisory) 프레임, U(Unnumbered) 프레임의 3가지 프레임을 정의한다. 이 세 종류의 프레임은 서로 다른 종류의 메시지를 전송하기 위하여 사용된다.

- I-Frame(Information Frame) : 정보 프레임은 사용자 데이터와 사용자 데이터에 관련된 제어 정보를 전송하는 데 사용된다.
- S-Frame(Supervisory Frame) : 감시 프레임은 제어 정보만을 전송하는 데 사용되며, 주로 흐름 제어와 오류 제어를 위한 제어 정보를 전송한다.
- U-Frame(Unnumbered Frame) : 무번호 프레임은 시스템 관리를 위하여 예약되어 있는 것으로 링크의 설정과 해제, 오류 회복 등 링크 자체를 관리하는 목적의 정보를 전송한다.

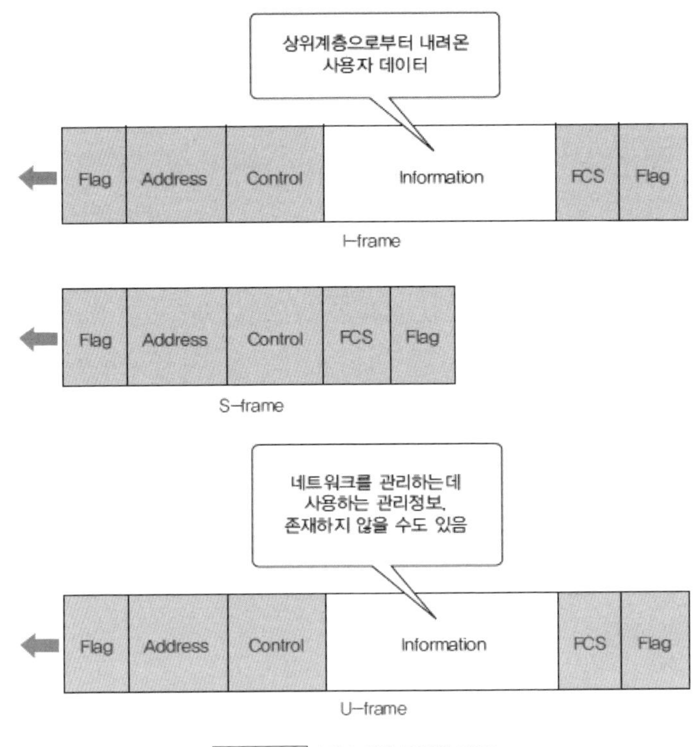

그림 8-4 │ HDLC의 프레임 종류

HDLC의 각 프레임은 (그림 8-5)와 같이 'Flag – Address – Control – Information(Data) – FCS – Flag'의 6가지 필드를 포함할 수 있다. 여러 개의 프레임을 전송할 때에는 한 프레임의 끝 플래그 필드는 다음 프레임의 시작 플래그를 겸하게 된다.

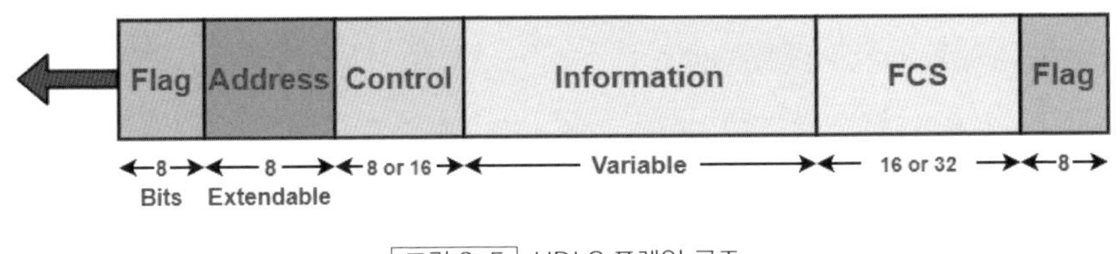

그림 8-5 │ HDLC 프레임 구조

• Flag : 프레임의 시작과 끝을 나타내는 8비트로, 비트 패턴이 '01111110'이고 수신기를 위한 동기화 패턴의 역할을 한다. 프레임 내의 어디에서든 우연히라도 플래그와 동일한 패턴이 나타나지 않기 위해, 즉 데이터의 투명성(data transparency)를 보장하기 위해 비트 스터핑(bit stuffing)을 수행한다. 비트 스터핑은 데이터에 연속으로 5개의 '1'이 나타날 때마다 '0'을 하나 추가하는 과정으로, 플래그와 혼동하지 않도록 만드는 것이다.

- Address : 프레임을 송신하거나 수신하는 종국을 식별하기 위한 주소 필드이다. 주국이 송신하는 경우에는 프레임을 수신하는 목적지 종국의 주소가 되며, 종국이 송신하는 경우에는 프레임을 송신하는 발신지 종국의 주소가 된다. 주소 필드는 네트워크의 필요에 따라 1바이트 또는 수 바이트의 길이를 가질 수 있다. 만약 주소 필드가 1바이트이면 마지막 비트가 1로 끝나고, 1바이트 이상이면 중간 바이트들은 '0'으로 끝나고, 마지막 바이트만 1로 끝난다. 주소 필드가 모두 1이면 모든 스테이션에게 프레임을 전송하기 위한 브로드캐스트 주소이다.

- Control : 제어 필드는 8비트 또는 16비트로, 'I-frame', 'S-frame', 'U-frame'과 같은 프레임의 종류를 식별하기 위하여 사용된다. (그림 8-6)과같이 제어 필드의 첫 번째 비트가 '0'이면 'I-frame'인 것을 의미한다. 여기에서 N(S)는 송신 프레임의 순서 번호이고, N(R)은 다음에 수신하기를 원하는 ACK 번호이다. P/F (Poll/Final) 비트는 1로 설정되었을 때만 의미를 가지며, 폴 또는 파이널을 의미한다. 이 비트는 프레임이 명령(Command)일 때에는 폴을 뜻하고, 응답(Response)일 때에는 지금 프레임이 마지막 프레임임을 의미한다.

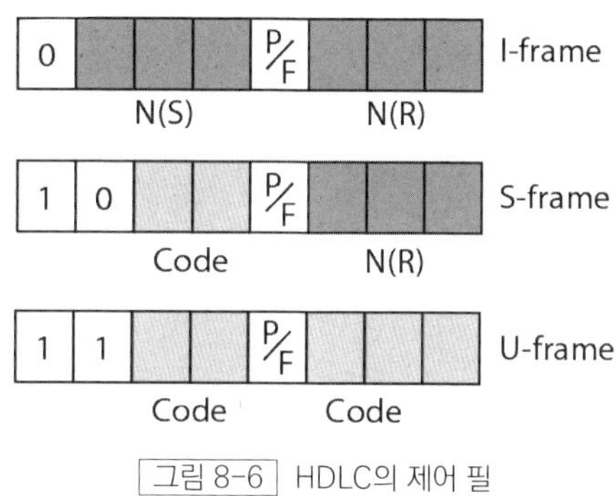

| 그림 8-6 | HDLC의 제어 필

- Information : 실제로 전송할 데이터를 포함하는 필드로 가변 길이이다. 'I-frame'에는 데이터 외에 흐름 제어, 오류 제어 등의 제어 정보를 포함할 수 있다. 예를 들면 양방향 데이터 교환에서 통신국 2는 통신국 '1'로부터 받은 데이터에 대한 응답을 별도의 응답 프레임을 사용하지 않고 자신의 데이터 프레임의 제어 필드를 이용하여 보낼 수 있다. 이와 같이 전송할 데이터와 제어 정보를 합쳐서 보내는 것을 목말 태우기에 비유하여 '피기백킹(piggybacking)'이라고 한다.

- FCS(Frame Check Sequence) : FCS 필드는 16비트 또는 32비트로, 프레임이 전송 도중 오류가 발생하였는지를 검사하기 위한 것으로 주로 CRC(Cyclic Redundancy Check)를 사용한다.

가정에 있는 컴퓨터를 전화선이나 케이블 TV 선으로 인터넷에 연결하는 경우, 이러한 선들이 물리적 링크를 제공하지만 데이터 전송을 제어하고 관리하기 위해서는 점대점 링크 프로토콜이 필요하다.

일반 가정의 전화선으로 인터넷 접속을 위하여 처음 개발된 프로토콜이 SLIP(Serial Line Interface Protocol)이다. SLIP는 IP 이외의 다른 프로토콜을 지원하지 않으며, IP 주소를 동적으로 부여하는 것을 허용하지 않을 뿐만 아니라, 사용자 인증도 지원하지 않는다. 이러한 단점을 보완하고 SLIP을 대체하기 위하여 IETF(Internet Engineering Task Force)에서 개발한 프로토콜이 PPP(Point-to-Point Protocol)이다.

IETF는 인터넷의 운영, 관리 및 기술적인 쟁점 등을 해결하는 것을 목적으로 망 설계자, 관리자, 연구자, 망 사업자 등으로 구성된 개방된 공동체이다. IETF는 인터넷의 공식 표준을 기술하는 문서로 RFC(Request for Comments)를 발간한다. PPP는 RFC 1661로 표준화되었다.

PPP는 원래 서로 다른 원격지 라우터나 브리지들을 접속하기 위하여 고안되었지만, 지금은 가정에 있는 PC와 ISP(Internet Service Provider)를 연결하기 위한 프로토콜로 더 많이 사용되고 있다. PPP는 비동기식 통신만을 지원하는 SLIP과는 달리 동기식 통신도 지원하며, SLIP에는 없는 기능인 오류검출, 데이터 압축, 사용자 인증 기능 등을 제공한다. 그러나 재전송을 통한 오류 복구나 흐름 제어 기능은 제공하지 않는다.

8.4.1 PPP 프레임 구조

PPP는 HDLC의 변형으로(그림 8-7)과 같은 프레임 구조를 가지고 있다.

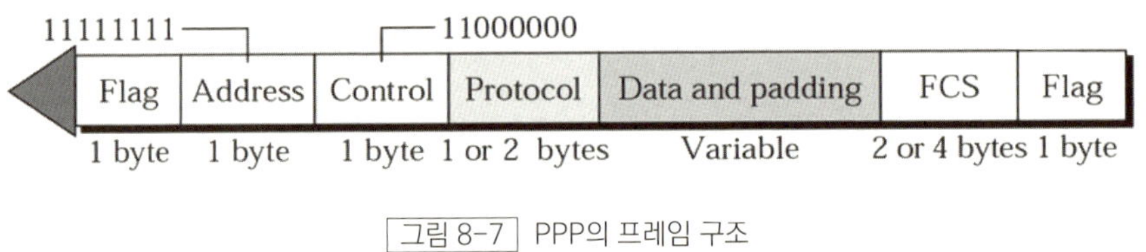

그림 8-7 │ PPP의 프레임 구조

- Flag : HDLC에서와 같이 플래그 필드는 PPP 프레임의 경계 식별에 사용되며 그 값은 '01111110'이다.
- Address : PPP는 점대점 연결에 사용되므로 프로토콜에서 데이터링크 주소를 사용하지 않기 위해서 HDLC의 브로드캐스트 주소인 '11111111'을 사용한다.
- Control : 제어 필드는 HDLC의 U 프레임의 포맷을 사용한다. 값은 '11000000'이며, 이 값은 이 프레임이

시퀀스 번호를 포함하지 않고 이에 따른 흐름 제어나 오류 제어를 하지 않음을 나타낸다.

- Protocol : 프로토콜 필드는 데이터 필드에 캡슐화된 정보(프로토콜)의 종류를 구분한다.
- Data : 이 필드는 사용자 데이터나 다른 정보들을 운송한다.
- FCS(Frame Check Sequence) : HDLC에서와 같이 2바이트 또는 4바이트의 CRC이다.

8.4.2 PPP 스택

데이터 링크 계층에 해당되는 PPP에는 두 기기 간에 제어 및 데이터를 주고받기 위해 LCP(Link Control Protocol), AP(Authentication protocol), NCP(Network Control Protocol) 등 3가지 프로토콜이 있다.

- LCP(Link Control Protocol) : LCP는 두 기기 간 연결의 설정, 유지, 구성, 종료를 책임진다. 따라서 LCP는 PPP 연결이 링크 연결 상태와 종료 상태에서만 적용된다. LCP 패킷은 PPP 프레임의 프로토콜 필드의 값에 따라 구분되며, PPP 프레임의 데이터 필드에 캡슐화되어 전송된다.
- AP(Authentication Protocol) : AP는 연결을 위한 인증 절차를 수행하는 프로토콜로 PAP(Password Authentication Protocol)와 CHAP(Challenge Handshake Authentication Protocol)의 두 종류가 있다. PAP는 패스워드를 전달하여 인증을 획득하는 일반적인 방법이고, CHAP는 PAP보다 높은 보안을 제공하는 3방향 핸드쉐이크 인증 프로토콜이다. 이 방법은 패스워드를 비밀로 하며 절대로 회선 상으로 보내지 않는다. 따라서 CHAP는 PAP보다 안전하며 특히 시스템이 계속 챌린지 값을 변경하면 더욱 안전하다. CHAP는 (그림 8-8)과같이, 시스템이 랜덤하게 선택한 챌린지 값을 사용자에게 보내고 사용자는 그 값을 패스워드와 함께 미리 정의된 함수에 적용하여 결괏값을 계산하여 시스템에 보낸다. 시스템도 같은 일을 수행하여 그 결괏값이 같으면 접속을 허용하고 다르면 거부한다. 회선 상의 도청자가 챌린지 값과 결괏값을 알게 되더라도 패스워드는 여전히 비밀이다.
- NCP(Network Control Protocol) : NCP는 링크설정 및 인증이 완료된 연결 상태에서 상위 계층(네트워크 계층)에서 오는 데이터, 즉 예를 들어 IP 패킷을 캡슐화하여 전송하는 프로토콜이다.

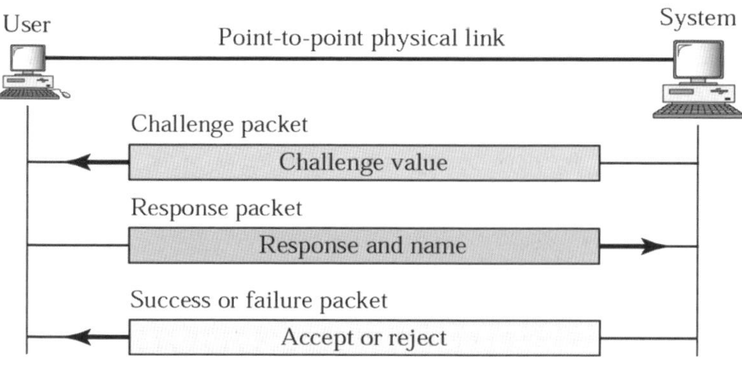

그림 8-8 | CHAP의 인증 과정

SUMMARY

- 데이터링크 프로토콜은 동기식과 비동기식으로 분류할 수 있으며, 주로 동기식 프로토콜이 사용된다.

- 동기식 프로토콜은 문자 위주 프로토콜과 비트 위주 프로토콜로 분류된다.

- 문자 위주 프로토콜에서 프레임은 문자들의 연속으로 해석하며, 비트 위주 프로토콜에서는 비트들의 그룹으로 해석한다.

- 대표적인 문자 위주 프로토콜인 BSC는 점대점 또는 다중점 링크 구성에서 정지-대기 ARQ를 사용하는 반이중 방식으로 동작한다.

- BSC에서 데이터 필드에 있는 제어 문자와 동일한 패턴의 문자는 제어 문자로 해석되어서는 안되며 반드시 투명성을 지니도록 만들어져야 된다.

- 대표적인 비트 위주 프로토콜인 HDLC는 점대점 또는 다중점 링크 구성에서 반이중 또는 전이중 방식으로 동작한다.

- HDLC의 통신국 유형으로는 주국, 종국, 조합국이 있다.

- HDLC의 통신국들은 불균형 구성, 대칭 구성, 균형 구성을 가질 수 있다.

- HDLC의 통신국들은 정규 응답 모드(NRM), 비동기 응답 모드(ARM), 비동기 균형 모드(ABM)의 3가지 중 하나의 모드로 통신한다.

- HDLC 프로토콜은 정보 프레임(I-frame), 감시 프레임(S-frame), 비번호 프레임(U-frame)의 3가지 종류의 프레임을 정의한다.

- PPP는 전화선을 이용하여 컴퓨터 시스템에 연결하기를 원하는 사용자를 위해 설계되었다.

- PPP는 비동기식과 동기식 전송 모두를 지원하며 오류 검출, 데이터 압축, 사용자 인증 기능을 제공하지만, 오류 복구를 위한 재전송과 흐름 제어는 하지 않는다.

- PPP는 링크의 연결을 설정, 유지 및 해제를 위해 LCP를 사용하며, 사용자 인증을 위해서는 PAP 또는 CHAP를 사용하고, 링크가 설정되고 인증이 완료된 다음, 상위 계층에서 오는 데이터를 PPP 프레임으로 캡슐화하기 위해서 NCP를 사용한다.

8.1 데이터링크 프로토콜의 개요

[8-1] 다음 중 비트 동기 전송 방식에 대한 설명으로 <u>틀린</u> 것은? 〈정보통신산업기사 2023/6〉

① 특수한 비트열인 플래그 (01111110)를 사용한다.
② 이 방식의 대표적인 프로토콜로 IBM 사의 SDLC 방식이 있다.
③ 이 방식의 대표적인 프로토콜로 ISO의 HDLC 방식이 있다.
④ 이 방식의 대표적인 프로토콜로 BSC와 BASIC 방식이 있다.

[8-2] OSI 7계층 중 데이터링크 계층의 프로토콜에 해당하지 <u>않는</u> 것은? 〈정보처리산업기사 2023/3, 2019/8〉

① HDLC　　　　　② PPP
③ LLC　　　　　④ UDP

[8-3] OSI 7계층 중 데이터링크 계층에 해당되는 프로토콜이 <u>아닌</u> 것은? 〈정보처리기사 2022/3, 2019/4, 2019/3〉

① HTTP　　　　　② HDLC
③ PPP　　　　　④ LLC

[8-4] 데이터링크(data-link) 계층 프로토콜이 <u>아닌</u> 것은? 〈정보처리산업기사 2021/3, 2018/4〉

① HDLC　　　　　② BSC
③ LAP-B　　　　　④ FTP

[8-5] OSI 7계층 참조모델 중 2계층 프로토콜에 해당하지 <u>않는</u> 것은? 〈정보통신산업기사 2019/9, 정보통신기사 2015/3〉

① HDLC　　　　　② PPP
③ SLIP　　　　　④ SNMP

[8-6] 다음 중 비트 동기 방식의 프로토콜이 <u>아닌</u> 것은? 〈정보통신산업기사 2018/3, 2015/10〉

① DDCMP　　　　　② HDLC
③ LAP-B　　　　　④ SDLC

[8-7] 동기식 전송 방식 중 Bit-oriented 방식의 프로토콜이 <u>아닌</u> 것은? 〈정보처리산업기사 2016/8〉

① HDLC　　　　　② ADCCP
③ BSC　　　　　④ SDLC

[8-8] 다음 중 데이터 링크 제어 프로토콜과 이를 제정한 국제기구가 옳게 연결된 것은? 〈정보처리기사 2015/5〉

① HDLC - ISO　　　　　② LLC - IETF
③ PPP - ITU　　　　　④ LAPB - IEEE

[8-9] 비트 방식의 데이터링크 프로토콜이 <u>아닌</u> 것은? 〈정보처리기사 2015/3〉

① HDLC　　　　　② SDLC
③ LAPB　　　　　④ SYN

정답 8-1 ④　8-2 ④　8-3 ①　8-4 ④　8-5 ④　8-6 ①　8-7 ③　8-8 ①　8-9 ④

8.2 BSC

[8-10] 문자 방식 프로토콜에 사용되는 전송제어문자가 아닌 것은? 〈정보통신기사 2022/10〉

① ENQ ② DLE ③ REG ④ ETB

[8-11] 다음 중 전송 제어문자의 내용으로 옳은 것은? 〈정보통신기사 2022/3, 2019/3, 2016/10〉

① SYN : 문자 동기 유지
② STX : 헤딩의 시작 및 텍스트의 시작
③ ETX : 텍스트의 시작을 표시
④ EOT : 전송 시작 및 데이터링크의 초기화 표시

[8-12] 전송 제어 프로토콜 중 문자 방식 프로토콜에서 전송의 끝 및 데이터링크 초기화 부호는?

〈정보통신산업기사 2022/3, 정보처리기사 2016/3〉

① SYN ② SOH ③ EOT ④ ACK

[8-13] 다음 중 문자 방식의 대표적인 프로토콜은?

〈정보통신산업기사 2022/3〉

① DDCMP ② LAP-B ③ BSC ④ SDLC

[8-14] 다음 중 비트 방식의 데이터링크 프로토콜이 아닌 것은? 〈정보통신기사 2021/6, 2019/10, 2017/3, 2015/6, 정보통신산업기사 2021/3, 2017/9〉

① BSC ② SDLC ③ HDLC ④ LAPB

[8-15] 문자 동기 방식에서 에러를 체크하기 위한 코드는? 〈정보통신기사 2021/6, 2018/6〉

① ETX(end of Text)
② STX(Start of Text)
③ BCC(Block Check Character)
④ BSC(Binary Synchronous Control)

[8-16] 다음 중 BSC 프로토콜에서 사용되지 않는 방식은?

〈정보통신기사 2021/3, 2017/3〉

① 루프(Loop) 방식
② 반이중(Half Duplex) 방식
③ 포인트 투 포인트(Point-to-Point) 방식
④ 멀티포인트(Multipoint) 방식

[8-17] 문자 동기 방식에서 문자 동기를 유지하거나, 어떤 데이터 또는 제어 문자가 없을 때, 채우기 위해서 사용하는 문자 기호는? 〈정보통신산업기사 2020/6, 2016/3〉

① STX ② ETX ③ SYN ④ SOH

[8-18] 블록 동기 방식 중 문자 동기 방식에 대한 설명으로 옳지 않은 것은? 〈정보통신기사 2020/5〉

① 데이터 블록 앞에 데이터의 시작을 알리는 전송 제어 코드 'STX' 사용
② 전송 시 동기용 전송 제어 코드 'SYN' 2개 이상 사용
③ 데이터 전송의 끝을 의미하는 'END' 제어신호 사용
④ 에러를 체크하기 위한 에러 제어 코드 'BCC' 사용

[8-19] 문자 동기 방식에서 사용하지 않는 문자 기호는?

〈정보통신산업기사 2019/3〉

① SOH ② STX ③ ETX ④ ARQ

[8-20] 다음 중 문자 방식의 대표적인 프로토콜은?

〈정보통신산업기사 2019/3〉

① DDCMP ② LAP-B ③ BSC ④ SDLC

정답 8-10 ③ 8-11 ① 8-12 ③ 8-13 ③ 8-14 ① 8-15 ③ 8-16 ① 8-17 ③ 8-18 ③ 8-19 ④ 8-20 ③

[8-21] 다음 중 문자 동기 전송방식에서 SYN 문자의 기능으로 맞는 것은? 〈정보통신산업기사 2019/3, 2017/6〉

① 수신 측이 문자 동기를 맞추도록 한다.
② 데이터의 완료를 표시한다.
③ 데이터의 시작을 표시한다.
④ 질의가 끝났음을 알린다.

[8-22] 전송 제어 문자 중에서 수신된 정보 메시지에 대한 부정적 응답에 해당하는 전송 제어 문자는?

〈정보처리기사 2018/4, 정보처리산업기사 2016/3〉

① ACK　　　② ENQ　　　③ DLE　　　④ NAK

[8-23] 전송 제어 프로토콜 중 BASIC 프로토콜의 BCC 체크 범위가 <u>아닌</u> 것은? 〈정보통신기사 2018/3〉

① STX　　　② SOH　　　③ ETX　　　④ Text

[8-24] 회선을 제어하기 위한 제어 문자 중 실제 전송한 데이터 그룹의 시작임을 의미하는 것은?

〈정보처리기사 2018/3〉

① SOH　　　② STX　　　③ SYN　　　④ DLE

[8-25] 동기식 문자 지향 프로토콜 프레임에서 전송될 문자의 시작을 나타내는 제어 문자는?

〈정보처리기사 2017/8, 2016/8〉

① DLE　　　② STX　　　③ CRC　　　④ SYN

[8-26] 전송 제어 프로토콜 중 BASIC 프로토콜의 전송 제어 문자 내용이 <u>틀린</u> 것은? 〈정보통신기사 2016/3〉

① SYN : 헤딩의 시작
② STX : 헤딩의 종류 및 TEXT의 개시
③ EOT : 전송의 끝 및 데이터링크의 초기화
④ ACK : 수신한 정보 메시지에 대한 긍정응답

[8-27] 다음 중 문자 동기 방식에 대한 설명으로 적합한 것은? 〈정보통신산업기사 2015/10〉

① 프레임 동기를 맞추기 위해 STX-ETX 문자를 사용한다.
② 수신 측이 동기를 유지하도록 송신 측은 시작 플래그 이전에 휴지(Idle) 바이트(01111111)를 계속 전송한다.
③ 비트 블록(프레임)의 처음과 끝을 나타내는 특별한 비트 패턴을 덧붙여 전송한다.
④ 프레임의 중간에 플래그와 같은 비트 패턴이 존재하면, 여분의 비트를 끼우는 방법(Bit Stuffing)이 사용된다.

[8-28] 블록 동기 방식 중 문자 동기 방식에 대한 설명으로 옳지 <u>않은</u> 것은? 〈정보통신기사 2015/6〉

① 데이터 블록 앞에 데이터의 시작을 알리는 전송 제어 코드 'STX' 사용
② 전송 시 동기용 전송 제어 코드 'SYN' 2개 이상 사용
③ 데이터 전송의 끝을 의미하는 'END' 제어신호 사용
④ 에러를 체크하기 위한 에러 제어 코드 'BCC' 사용

[8-29] 다음 그림과 같은 전송 방식으로 옳은 것은?

〈정보처리기사 2015/5〉

SYN	SYN	STX	TEXT	EXT

① 문자 위주 동기 방식　　② 비트 지향형 동기 방식
③ 조보식 동기 방식　　　④ 프레임 동기 방식

[8-30] 문자 동기 전송 방식에서 데이터 투명성(Data Transparent)을 위해 삽입되는 제어 문자는?

〈정보처리기사 2015/5〉

① ETX　　　② STX　　　③ DLE　　　④ SYN

정답 8-21 ①　8-22 ④　8-23 ②　8-24 ②　8-25 ②　8-26 ①　8-27 ①　8-28 ③　8-29 ①　8-30 ③

[8-31] 동기 전송에서 문자 위주 프레임 형식 중 프레임의 시작과 끝을 나타내는 것은? 〈정보처리산업기사 2015/5〉

① ETX ② SYN ③ DLE ④ STX

[8-32] BSC(Binary Synchronous Communication) 프로토콜의 특징이 <u>아닌</u> 것은? 〈정보통신기사 2015/3〉

① 사용 코드에 제한이 있다.
② 동일한 통신 회선상의 터미널은 동일한 코드를 사용한다.
③ 전이중 전송 방식만 가능하다.
④ 전파 지연 시간이 긴 선로에서는 비효율적이다.

[8-33] 각종 제어 문자들의 기능 중 데이터 블록의 전송이 끝나 논리적 링크를 해제할 때 사용되는 것은? 〈정보통신기사 2015/3〉

① ACK ② NAK ③ ENQ ④ EOT

[8-34] 문자 위주 동기 전송의 제어문자 중 전송해야 할 프레임의 끝을 알리는 것은? 〈정보처리산업기사 2015/3〉

① EXT ② ETB ③ EOT ④ ENQ

8.3 HDLC

[8-35] 다음 중 HDLC 프로토콜에 대한 설명으로 옳지 <u>않은</u> 것은? 〈정보통신기사 2024/3, 2021/10, 2018/6, 2016/3〉

① 바이트 방식의 프로토콜이다.
② 단방향, 반이중, 전이중 방식 모두 사용이 가능하다.
③ 데이터링크 계층의 프로토콜이다.
④ 오류 제어 방식으로 ARQ 방식을 사용한다.

[8-36] 전송 채널 대역의 이용 효율을 높이기 위해 수신단에서 수신된 데이터에 대한 '확인응답(ACK, NAK)'을 따로 보내지 않고, 상대편으로 향하는 데이터 프레임에 '확인응답 필드'를 함께 실어 보내는 전송 오류 제어 기법은? 〈정보통신기사 2023/10〉

① Piggyback Acknowledgment(피기백 확인응답)
② Synchronization Acknowledgment(동기 확인응답)
③ Timeout Acknowledgment(타임아웃 확인응답)
④ Daisy Chain Acknowledgment(데이지 체인 확인응답)

[8-37] HDLC 프레임에서 CRC 기법에 의해 계산된 에러 검사용 정보를 나타내는 것은?

〈정보통신기사 2023/10, 정보통신산업기사 2022/6, 2017/9〉

① Flag ② Address ③ Control ④ FCS

정답 8-31 ② 8-32 ③ 8-33 ④ 8-34 ② 8-35 ① 8-36 ① 8-37 ④

[8-38] 다음 중 부가식 확인 응답(Piggyback Acknow ledgement)이란? 〈정보통신기사 2022/6, 정보처리기사 2015/3〉

① 수신 측이 에러를 검출한 후 재전송해야 하는 프레임의 개수를 송신 측에게 알려주는 응답
② 수신한 전문에 대해 확인 응답 전문을 따로 보내지 않고, 상대편에게 전송되는 데이터 전문에 확인 응답을 함께 실어 보내는 방법
③ 송신 측이 일정한 시간 안에 수신 측으로부터 ACK가 도착하지 않으면 에러로 간주하는 것
④ 송신 측이 타입-아웃 시간을 설정하기 위한 목적으로 송신한 테스트 프레임에 대한 응답

[8-39] 플래그 동기 방식에서 비트 스터핑(Bit Stuffing)을 행하는 목적은? 〈정보통신기사 2021/10, 2018/3〉

① 프레임 검사 시퀀스의 구분
② 데이터의 투명성 보장
③ 정보부 암호화
④ 데이터 변환

[8-40] HDCL 프레임의 데이터 블록의 앞부분에 있는 3개의 필드 F(Start Flag), A(Address), C(Control)에 할당된 크기의 총합은 몇 비트인가? 〈정보통신산업기사 2021/6, 2019/6, 2018/3, 2015/10〉

① 24[bit] ② 21[bit]
③ 18[bit] ④ 12[bit]

[8-41] HDLC(High-Level Data Link Control)에 대한 설명으로 틀린 것은? 〈정보처리산업기사 2021/5, 2016/5〉

① 비트 지향형의 프로토콜이다.
② 링크 구성 방식에 따라 세 가지 동작 모드를 가지고 있다.
③ 데이터링크 계층의 프로토콜이다.
④ 반이중과 전이중 통신이 불가능하다.

[8-42] HDLC 프레임 구조 중 주소영역에서 모든 스테이션에게 프레임을 전송하기 위한 값으로 맞는 것은? 〈정보처리산업기사 2021/5, 2015/8〉

① 00000000 ② 00001111
③ 11110000 ④ 11111111

[8-43] 전송 제어 프로토콜 중 HDLC 프로토콜의 프레임 구조에서 어드레스(Address) 부의 모든 비트가 1인 경우를 무엇이라 하는가? 〈정보통신기사 2021/3〉

① No Station Address ② Destination Address
③ Source Address ④ Global Address

[8-44] 다음 중 HDLC 전송 프로토콜의 국 사이에서 교환되는 데이터 전송 단위는? 〈정보통신기사 2021/3, 2015/6〉

① 데이터그램 ② 프레임
③ 비트 ④ 패킷

[8-45] HDLC에서 한 프레임(Frame)을 구성하는 요소로 가장 거리가 먼 것은? 〈정보처리산업기사 2021/3, 2019/8, 2018/8, 2017/5〉

① Flag ② Address Field
③ Control Field ④ Start/Stop bit

[8-46] HDLC 프레임 중 링크의 설정과 해제, 오류 회복을 위해 주로 사용되는 프레임은? 〈정보처리산업기사 2020/10, 2018/4, 2017/8〉

① 정보 프레임(Information Frame)
② 무번호 프레임(Unnumbered Frame)
③ 감독 프레임(Supervisory Frame)
④ 복구 프레임(Recovery Frame)

정답 8-38 ② 8-39 ② 8-40 ① 8-41 ④ 8-42 ④ 8-43 ④ 8-44 ② 8-45 ④ 8-46 ②

[8-47] HDLC 링크 구성 방식에 따른 세 가지 동작 모드에 해당하지 <u>않는</u> 것은? 〈정보통신기사 2020/9, 정보처리산업기사 2019/8, 2019/3, 2018/4, 2016/5, 2015/8, 정보처리기사 2018/8, 2018/4, 2018/3, 2017/8, 2015/8〉

① 정규 응답 모드(NRM)
② 동기 응답 모드(SRM)
③ 비동기 응답 모드(ARM)
④ 비동기 균형 모드(ABM)

[8-48] HDLC의 프레임 구조에 포함되지 <u>않는</u> 것은? 〈정보처리산업기사 2020/8, 2019/4, 2018/3, 2017/3〉

① 스타트 필드(Start Field)
② 플래그 필드(Flag Field)
③ 주소 필드(Address Field)
④ 제어 필드(Control Field)

[8-49] 다음 중 HDLC 데이터 전송 모드에서 복합국끼리는 상대방 복합국의 허가가 없어도 명령과 응답을 송신할 수 있는 모드는 무엇인가? 〈정보통신기사 2020/6, 2018/10〉
① 비동기 평형 모드(ABM)
② 표준(정규) 응답 모드(NRM)
③ 비동기 응답 모드(ARM)
④ 절단 모드(DCM)

[8-50] HDLC 프레임의 구조가 순서대로 옳은 것은? 〈정보처리산업기사 2020/6, 2016/8, 정보처리기사 2019/8, 2019/4, 2017/3, 2016/3〉

① 플래그 → 주소부 → 제어부 → 정보부 → FCS → 플래그
② 플래그 → 제어부 → FCS → 정보부 → 주소부 → 플래그
③ 플래그 → 주소부 → 정보부 → FCS → 제어부 → 플래그
④ 플래그 → 제어부 → FCS → 주소부 → 정보부 → 플래그

[8-51] HDLC 프레임 구조 중 헤더를 구성하는 플래그(flag)에 대한 설명으로 <u>틀린</u> 것은? 〈정보처리기사 2019/8〉
① 프레임의 최종 목적 주소를 나타낸다.
② 동기화에 사용된다.
③ 프레임의 시작과 끝을 표시한다.
④ 01111110의 형식을 취한다.

[8-52] 다음 중 HDLC 제어 필드의 구성으로 <u>틀린</u> 것은? 〈정보통신산업기사 2019/6〉

① 정보 프레임, 감시 프레임, 비번호제 프레임 등이 있다.
② 프레임의 동작 명령, 응답을 위한 제어 정보이다.
③ 프레임의 종류, 순서 번호 등의 제어 정보이다.
④ 정보 프레임, 감시 프레임, 번호제 프레임 등이 있다.

[8-53] 다음 중 플래그 동기 방식에서 프레임의 정보부가 연속적으로 '1'이 5개 존재할 경우, 그다음에 '0'을 삽입하여 플래그의 비트 패턴과 구분되도록 하는 조치는? 〈정보통신기사 2019/6〉

① 디스크램블
② 비트 스터핑
③ 클록 첨가
④ 파일럿

[8-54] HDLC에서 사용되는 프레임의 종류에 해당하지 <u>않는</u> 것은? 〈정보처리산업기사 2019/4, 정보통신기사 2019/3, 2015/6, 정보처리기사 2018/3〉

① Information Frame
② Supervisory Frame
③ Unnumbered Frame
④ Control Frame

[8-55] HDLC에서 피기백킹(Piggybacking) 기법을 사용하여 데이터에 대한 확인응답을 보낼 때 사용하는 프레임은? 〈정보처리기사 2019/3〉

① U-프레임
② I-프레임
③ A-프레임
④ S-프레임

정답 8-47 ② 8-48 ① 8-49 ① 8-50 ① 8-51 ① 8-52 ④ 8-53 ② 8-54 ④ 8-55 ②

[8-56] HDLC 전송 프레임에서 시작 플래그 다음으로 전송되는 필드는? 〈정보처리산업기사 2019/3, 2016/8〉

① 제어부　　　　　② 주소부
③ 정보부　　　　　④ FCS

[8-57] 다음 중 HDLC 프로토콜의 특징이 아닌 것은? 〈정보통신기사 2018/10〉

① 비트 방식 프로토콜의 일종
② 단방향, 반이중, 전이중 전송에 모두 사용
③ 데이터링크 형식으로 Point to Point, Multipoint 및 Loop가 가능
④ 에러 제어 방식으로 정지 대기 ARQ 사용

[8-58] HDLC 프레임 구성에서 프레임 검사 시퀀스(FCS) 영역의 기능으로 옳은 것은? 〈정보처리기사 2018/8, 2016/3〉

① 전송 오류 검출　　② 데이터 처리
③ 주소 인식　　　　④ 정보 저장

[8-59] HDLC 프레임의 헤더에서 프레임을 송·수신하는 스테이션을 구별하기 위해 사용되는 스테이션 식별자 필드는? 〈정보처리산업기사 2018/4, 2015/5〉

① 주소 필드　　　　② 프레임 검사 순서
③ 정보 필드　　　　④ 플래그

[8-60] 다음 중 HDLC 프레임 구조에서 FCS의 비트 수는? 〈정보통신기사 2018/3〉

① 6　　　　　　　② 12
③ 16　　　　　　　④ 24

[8-61] HDLC에서 프레임의 시작과 끝을 정의하는 것은? 〈정보처리기사 2017/8, 2015/5〉

① 플래그　　　　　② 주소 영역
③ 제어 영역　　　　④ 정보 영역

[8-62] HDLC 프레임 중 전송되는 정보 프레임에 대한 흐름 제어와 오류 제어를 위해 사용되는 것은? 〈정보처리기사 2017/8, 2015/5〉

① Information Frame　② Control Frame
③ Supervisory Frame　④ Unnumbered Frame

[8-63] HDLC의 동작 모드 중 전이중 전송의 점대점 균형 링크 구성에 사용되는 것은? 〈정보처리기사 2017/5〉

① PAM　　　　　　② ABM
③ NRM　　　　　　④ ARM

[8-64] 데이터 링크제어 프로토콜 중 HDLC의 프레임 형식으로 틀린 것은? 〈정보처리기사 2016/5〉

① 8비트 길이의 플래그
② 8비트 또는 16비트의 제어 영역
③ 가변 길이의 정보 영역
④ 64비트의 FCS

[8-65] HDLC(High-level Data Link Control) 프로토콜 프레임의 제어부 형식 중 링크 상태의 초기 설정, 데이터 전송 동작 모드의 설정 요구 및 응답, 데이터링크의 확립 및 절단 등에 사용되는 형식은? 〈정보통신기사 2016/3〉

① 정보 전송 형식(I frame)
② 감시 형식(S frame)
③ 비번호제 형식(U frame)
④ 시험 형식(T frame)

정답 8-56 ②　8-57 ④　8-58 ①　8-59 ①　8-60 ③　8-61 ①　8-62 ③　8-63 ②　8-64 ④　8-65 ③

[8-66] HDLC(High level Data Link Control)에 대한 설명이 틀린 것은? 〈정보처리기사 2015/8〉

① 문자 지향형 전송 프로토콜이다.
② 정보 프레임, 감독 프레임, 비번호 프레임이 존재한다.
③ 감독 프레임은 정보(데이터) 필드를 포함하지 않는다.
④ CRC 방식을 위한 2바이트 또는 4바이트 FCS를 포함한다.

[8-67] HDLC 프로토콜에서 I-프레임의 P/F 비트의 의미는 무엇에 따라 다르게 해석될 수 있는가? 〈정보통신기사 2015/6〉

① 전송 방식
② 시스템 모드(Mode)
③ 시스템 구성(Configuration)
④ 프레임이 명령인지 또는 응답인지

[8-68] 점-대-점 링크뿐만 아니라 멀티 포인트 링크를 위하여 ISO에서 개발한 국제 표준 프로토콜은? 〈정보처리기사 2015/3〉

① HDLC(High Level Data Link Control)
② BSC(Binary Synchronous Control)
③ SWFC(Sliding Window Flow Control)
④ LLC(Logical Link Control)

[8-69] HDLC 프레임 형식 중 프레임의 종류를 식별하기 위해 사용되는 것은? 〈정보처리기사 2015/3〉

① 정보 영역
② 제어 영역
③ 주소 영역
④ 플래그

[8-70] HDLC 프레임을 구성하는 필드가 아닌 것은? 〈정보처리산업기사 2015/3〉

① FCS 필드
② Flag 필드
③ Control 필드
④ Link 필드

8.4 PPP

[8-71] PPP(Point-to-Point Protocol)에서 IP와 동적 협상이 가능하도록 하는 프로토콜은? 〈정보통신기사 2021/3, 2019/6, 2016/10〉

① NCP(Network Control Protocol)
② LCP(Link Control Protocol)
③ SLIP(Serial Line IP)
④ PPPoE(Point to Point Protocol over Ethernet)

[8-72] 표준화 단체인 IETF가 인터넷 표준화를 위한 작업 문서를 무엇이라 하는가? 〈정보통신기사 2021/3, 2016/10〉

① RFC(Request For Comment)
② RFI(Request For Information)
③ RFP(Request For Proposal)
④ RFO(Request For Offer)

[8-73] 점대점 링크를 통하여 인터넷 접속에 사용되는 IEFT의 표준 프로토콜은? 〈정보처리산업기사 2019/4, 2016/8〉

① HDLC
② LLC
③ SLIP
④ PPP

[8-74] PAP(Password Authentication Protocol) 패킷과 CHAP(Challenge Handshake Authentication Protocol) 패킷은 PPP 프레임의 어느 필드 값에 의해 구별되는가? 〈정보처리기사 2015. 5. 31〉

① 주소
② 제어
③ 프로토콜
④ 검사합

정답 8-66 ① 8-67 ④ 8-68 ① 8-69 ② 8-70 ④ 8-71 ① 8-72 ① 8-73 ④ 8-74 ③

- LAN에 대한 정의와 그 표준안에 대하여 설명할 수 있다.
- LAN의 매체접근제어 방식인 CSMA/CD, 토큰링, 토큰 버스에 대하여 설명할 수 있다.
- 패스트 이더넷, 기가비트 이더넷, 10기가비트 이더넷의 규격과 특징에 대하여 설명할 수 있다.
- IEEE 802.11 무선 LAN에 대하여 설명할 수 있다.
- 무선 개인 통신 WPAN에 대하여 설명할 수 있다.

한권으로 끝내는 데이터통신과 정보통신

9

LAN 기술

근거리 통신망(LAN:Local Area Network)은 가까운 거리에 있는 각종 정보 관련 기기, 사무자동화 기기 및 통신 처리 장치들을 고속 전송회선으로 연결하여 빠른 속도로 정보를 교환하게 하는 통신망을 말한다. 즉, LAN은 컴퓨터, 단말 장치, 프린터, 니스크 저장장치 등과 같은 여러 가지 개별 장치를 연결하기 위한 데이터 통신망이다.

일반적으로 LAN이 구축되는 거리는 수 Km 이내로 제한된다. 이에 비해 보다 넓은 지역에 걸친 통신망을 WAN(Wide Area Network)이라고 한다. 기업, 연구소, 대학, 병원, 정부 기관 등 거의 모든 조직은 LAN을 통해 정보를 주고받는데, 이들과 서로 연결되어 인터넷을 형성하므로, LAN의 기능과 역할은 거의 무한하게 확대될 수 있다.

LAN을 몇 가지로 구분하여 정의하면 수십 km 이내의 지역으로 한정하고, 기업, 연구소, 대학, 병원 등 단일 기관의 소유이며, 10Mbps~10Gbps 정도의 전송 속도를 가진다.

LAN은 컴퓨터와 통신 기술의 비약적인 발전과 정보처리의 다양화에 대한 요구로 출현하게 되었다. 1970년대 초 컴퓨터 이용에 대한 수요가 급증하고, 집적회로의 발전과 더불어 다양한 기능을 가진 저렴한 컴퓨터가 널리 보급됨에 따라 효율적으로 자원을 이용하기 위하여 여러 곳에 산재해 있는 컴퓨터를 상호 연결할 필요성이 대두되었다.

1970년대 초반에 미국 하와이 대학에서 연구된 ALOHA 시스템의 기본 개념이 LAN 기술의 뿌리가 되었고, 1973년 XEROX 사에서 대표적인 LAN 기술인 이더넷(Ethernet)을 개발하였다. 이더넷에서 사용한 MAC(Medium Access Control) 방식이 CSMA/CD이다. 이와 다른 MAC 방식으로 1980년대 초에 토큰 버스 방식과 토큰 링 방식이 개발되었으며, 1980년대 후반에는 이들의 성능을 향상된 FDDI, DQDB, SMDS 등과 같은 고속 LAN 기술들이 개발되었다. 그러나 곧이어 등장한 'Fast Ethernet'과 'Gigabit Ethernet' 등과 같은 스위치를 사용한 LAN 기술들이 시장의 실질적인 표준으로 자리 잡게 되었다.

LAN은 단거리 전송이기 때문에 광대역 전송로가 값싸게 실현될 수 있다. LAN은 광대역 전송로를 각 단말이 공유하는 형식을 취하고 통신 제어는 각 단말에 분산되어 신뢰성이 높고 확장성이 풍부해지며, 더 나아가 시스템이 간단하게 되는 이점을 가지고 있다. LAN에 사용되는 전송매체로는 꼬임 쌍선(TP), 동축 케이블, 광섬유 케이블, 무선 등을 이용하고 있지만, 거리, 전송 속도에 따라 구분해 사용할 수 있으므로 주로 컴퓨터 간의 통신에 중점을 두고 선택하여 사용한다. 또한 전송매체, 네트워크의 구조, 사용하는 프로토콜의 종류에 따라 달라진다.

LAN의 응용 분야는 매우 다양하여 개인용 컴퓨터의 효율적인 이용, 사무자동화, 공장자동화, 데이터 처리용 통신망, 연구실 자동화 등 아주 많은 분야에 응용될 수 있다.

9.1.1 IEEE 802 표준

1985년에 IEEE는 서로 다른 회사의 LAN 기기 간에 통신이 가능하도록 하기 위하여 LAN의 표준을 개발하기 시작하였다. 이 표준을 IEEE 802 표준이라고 한다. 이것은 OSI 모델의 어떤 특정 부분의 대안을 개발하려는 것은 아니었다. 대신에 물리 계층과 데이터링크 계층의 기능에 관해 기술하는 한 가지 방법과 LAN 프로토콜에 대한 상호 연결성을 제공하기 위하여 네트워크 계층을 일부 확장한 것이었다. 즉 IEEE 802 표준은 OSI 모델의 처음 두 계층과 세 번째 계층의 일부를 다룬 것이다.

OSI 모델과 IEEE 802 표준의 관계를 (그림 9-1)에 나타내었다. IEEE 802 표준은 데이터링크 계층을 두 개의 부계층(sublayer)인 LLC(Logical Link Control)와 MAC(Medium Access Control)으로 세분화 하였다. IEEE 802 표준은 2개의 부계층과 더불어 네트워크 간 연결을 관리하는 부분을 포함하고 있다. 이 부분은 서로 다른 LAN 프로토콜 간의 호환성을 보장하고, 호환성이 없는 네트워크 간에 데이터 교환을 가능하게 한다.

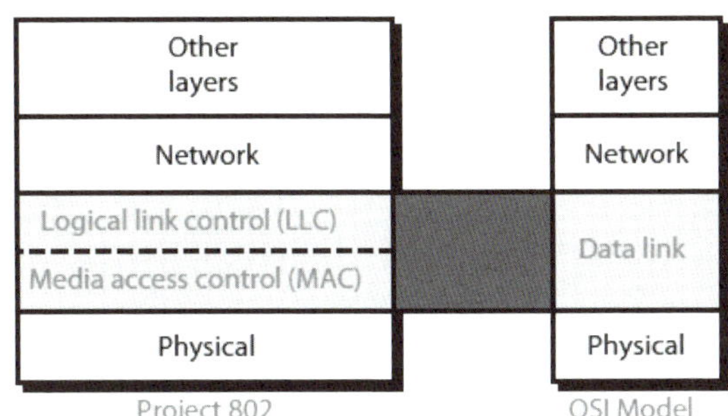

그림 9-1 ｜ IEEE 802 표준과의 관계

IEEE 802 표준의 장점은 모듈 방식에 있다. LAN 관리에 필요한 기능을 세분화함으로써 일반적인 부분은 표준화하고, 특별한 부분은 분리할 수 있게 되어 있다. 각 부분은 (그림 9-2)와 같이 802.1(Internetworking), 802.2(LLC), 802.3(Ethernet), 802.4(Token Bus), 802.5(Token Ring), 802.6(DQDB) 등과 같이 번호로 구분되어 있다.

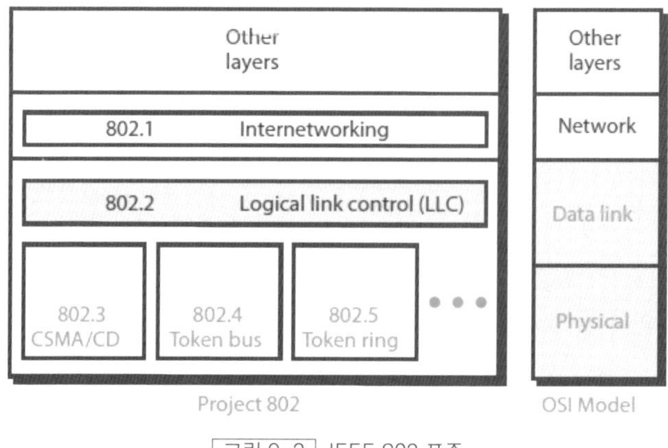

그림 9-2 │ IEEE 802 표준

- IEEE 802.1 : 802.1은 LAN의 네트워크 간 연결을 담당한다. 이것은 서로 다른 네트워크 구조 간에 있을 수 있는 비호환성의 문제를 기존의 주소지정, 접속 메커니즘, 오류 회복 메커니즘 등을 변경하지 않고 해결하는 것이다.

- LLC(Logical Link Control) : LLC는 IEEE 802 데이터링크 계층의 상위 부계층으로 모든 LAN 프로토콜에 있어서 공통이다. LLC는 네트워크 계층과 MAC 계층 사이의 인터페이스 역할을 한다. LLC는 상위 계층 프로토콜의 흐름 제어와 오류 제어를 제공하는 것을 목적으로 한다. 만약 LAN이 독립된 시스템에서 사용된다면 LLC는 응용 계층 프로토콜의 오류 제어나 흐름 제어를 제공하기 위하여 필요할 것이다. 그러나 IP와 같은 대부분의 상위 계층은 LLC의 서비스를 사용하지 않는다.

- MAC(Medium Access Control) : MAC의 역할은 공유 매체에 대한 충돌을 해결하는 것이다. MAC은 정보를 한 지점에서 다른 지점으로 옮기는 데 필요한 동기화, 플래그, 흐름 제어, 오류 제어 규격을 포함하고 있으며, 또한 패킷을 받아서 경로를 지정하기 위하여 다음 통신국의 물리 주소를 포함하고 있다. MAC 프로토콜은 그것을 사용하는 LAN(이터넷, 토큰 링, 토큰 버스)에 따라 달라진다.

LAN은 하나의 통신 회선에 많은 노드가 연결되어 공용으로 사용하는 구조이다. 따라서 여러 개의 단말이 동시에 데이터를 전송하고자 한다면 문제가 발생할 수 있으므로 이를 제어할 수 있는 방법이 필요하다. LAN에서는 이러한 매체 접속 방식에 따라 CSMA/CD(Carrier Sense Multiple Access with Collision Detection), 토큰 버스(token bus) 방식, 토큰링(token ring) 방식 등으로 나눌 수 있다. 여기서 토큰은 특정한 비트 패턴으로 된 제어 패킷이다. 토큰 링 방식과 토큰 버스 방식은 공유하는 통신 회선에 대한 제어신호를 각 노드 간에 순차적으로 이동시키는 토큰 패싱(token passing) 방식으로서, 이를 링형에 적용하면 토큰 링 방식이고, 버스형에 적용하면 토큰 버스 방식이 된다.

9.1.2 초기 이더넷

이더넷(Ethernet)은 1973년 미국 제록스(Xerox) 사가 동축 케이블을 매체로 하여 개발한 버스형 LAN이다. 그 후에 DEC(Digital Equipment Corporation), Intel, Xerox가 연합하여 DIX 표준을 마련하였고 1985년 IEEE가 802.3으로 표준화하였다.

IEEE 802.3 표준은 변조(modulation)를 사용하지 않는 기저대역 전송(baseband transmission)과 변조를 사용하는 광대역 전송(broadband transmission)으로 나눌 수 있다. 기저대역 전송의 경우 디지털 신호가 직접 전송 매체에 실리며, 하나의 전송 매체에서는 하나의 채널만 가능하다. 이에 비하여 광대역 전송은 반송파의 주파수 간격에 따라 하나의 전송 매체가 여러 개의 채널로 나누어진다.

IEEE는 기저대역 LAN을 '10BASE5', '10BASE2', '10BASE-T' 등으로 표기하였다. 표기 방식은 (그림 9-3) 과같이, 첫 번째 숫자(1, 10, 100)는 단위를 Mbps로 하는 데이터 전송률을 나타내고, 중간의 BASE는 기저대역 LAN을 BROAD는 광대역 LAN을 나타낸다. 마지막의 숫자 또는 문자(2, 5, T)는 최대 케이블 길이나 케이블 유형을 나타낸다. 광대역 LAN은 '10BROAD36' 하나만을 표준으로 지정하였다.

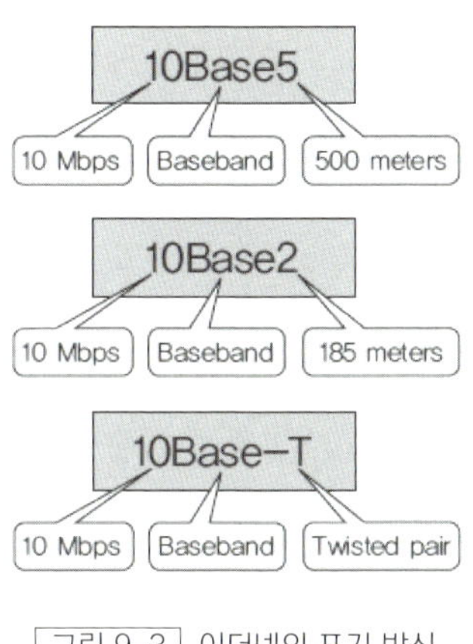

그림 9-3 │ 이더넷의 표기 방식

IEEE 802 표준의 범위가 OSI 모델의 데이터링크 계층에 집중되어 있지만, 802 표준은 MAC 계층에서 정의된 각 프로토콜에 대한 물리적인 규격도 규정하였다. 모든 이더넷 LAN은 물리적으로 버스형 또는 스타형 토폴로지로 구현될 수 있지만 논리적으로는 버스로 구성된다. 각 프레임은 링크 상의 모든 통신국에 전송되지만, 해당 목적지 주소를 가진 통신국만 수신하게 된다.

- 10BASE5 : Thick Ethernet : 이더넷 802.3 모델에서 규정한 첫 번째 물리적인 표준안은 10BASE5 또는 'Thick Ethernet', 'Thick-net'이라고 한다. 'Thick Ethernet', 'Thick-net'이라는 이름은 사용하는 동축

케이블의 굵기에서 나온 것이다. 10BASE5는 기저대역 신호를 사용하여 10Mbps의 데이터 전송률을 제공하고, 최대 500m의 세그먼트 길이를 갖는 버스형 LAN이다.

- 10BASE2 : Thin Ethernet : IEEE 802 계열로 규정된 두 번째 이더넷 구현을 10BASE2 또는 'Thin Ethernet', 'Thin-Net'이라고 한다. 10BASE2는 10BASE5와 동일한 데이터 전송률을 제공하지만, 사용하는 케이블이 10BASE5보다 얇은 동축 케이블을 사용하여 가격이 훨씬 저렴하다. 10BASE2는 10BASE5와 같이 버스형 LAN이다. Thin Ethernet의 장점은 설치의 용이성과 낮은 비용이다. 단점은 세그먼트의 최대 길이가 185m로 짧고, 단말기의 수용 능력이 적다는 것이다.

- 10BASE-T : IEEE 802.3 계열 중 가장 많이 사용되었던 표준은 스타형 LAN인 10BASE-T이다. 이 스타형 LAN은 동축 케이블 대신 UTP 케이블을 사용한다. 10BASE-T는 10Mbps의 데이터 전송률과 100m까지의 세그먼트 길이를 지원한다. 10BASE-T는 독립적인 송수신기 대신에 각각의 통신국들을 연결할 수 있는 포트를 가진 지능형 허브(hub)를 사용한다. 허브는 연결된 각 통신국에서 보내는 모든 프레임을 전송한다.

9.1.3 CSMA/CD 매체 접속 방식

CSMA/CD 방식은 주로 버스 형태의 망 구조에 사용하며, 각 노드는 데이터를 전송하기 전에 통신회선이 다른 노드에서 사용하고 있는가 아닌가를 검사하여 사용하고 있으면 송신을 잠시 기다리고, 비어 있으면 데이터를 전송하는 방식이다. 그러나 이 방식은 하나의 공통 회선을 사용하므로 회선에 두 개 이상의 데이터가 존재할 경우 충돌(collision)이 발생된다.

충돌은 송신 측에서 전송된 데이터가 수신 측에 도착하기 전에 다른 노드가 데이터를 전송하면 발생하거나, 하나의 노드에서 데이터 전송이 완료된 후 모든 노드에서 동시에 데이터를 전송하려고 할 때 발생한다. 이때에 충돌이 일어난 경우 회선을 사용할 수 없기 때문에 이를 보완하여 전송 중에 충돌이 발생하면 즉시 검출하여 데이터 송신을 중단하고 일정 시간만큼 기다린 후 다시 전송을 시작하는 방식이 CSMA/CD 방식이다. 즉, 전송하고자 하는 노드에서 전송회선의 상태를 감시하다가 전송회선이 비어 있는 경우 데이터를 전송하는 CSMA 방식에 전송 후에도 계속 전송회선에서 충돌의 발생을 감시하는 기능을 추가한 방식이 CSMA/CD 방식이다.

(1) CSMA/CD의 동작 과정

CSMA/CD의 동작은 한 대의 차만 통과할 수 있는 좁은 골목길을 차로 통과하는 과정으로 비유할 수 있다. 골목길을 통과하려는 차는 반대쪽에서 차가 오는지 안 오는지를 살핀 다음 차가 없으면 골목길에 진입하고, 차가 오고 있으면 기다려야 한다. 그런데 양쪽에서 동시에 두 대의 차가 골목길을 통과하려고 할 때 충돌이 일어난다. 두 대의 차 모두 골목길을 살펴보면 아무 차도 없으므로 골목길에 진입하게 되고, 중간에서 부딪히게 되는 것이다.

통신회선이 사용 중이 아님을 아는 두 통신국이 거의 동시에 데이터 프레임의 전송을 시작한 경우 충돌은 피할 수 없는 일이며, 충돌이 감지되면 가장 먼저 충돌을 감지한 통신국이 모든 통신국으로 충돌 신호를 보내고, 데이터를 전송 중이던 통신국은 즉시 데이터 전송을 중단한다. 이와 같은 CSMA/CD의 동작 과정을 (그림 9-4)에 나타내었다.

이러한 CSMA/CD 방식은 다음과 같은 특징을 갖는다. 첫째, 노드가 상위 계층으로부터 데이터를 받아 전송을 완료할 때까지의 시간은 확률적으로 변화한다. 둘째, 모든 노드의 동작은 수동적이기 때문에 노드의 장애가 전체적인 장애가 될 가능성이 적다. 셋째, 채널로 전송된 데이터는 모든 노드에서 수신이 가능하다. 넷째, 모든 노드는 대등한 접근 권리를 갖는다.

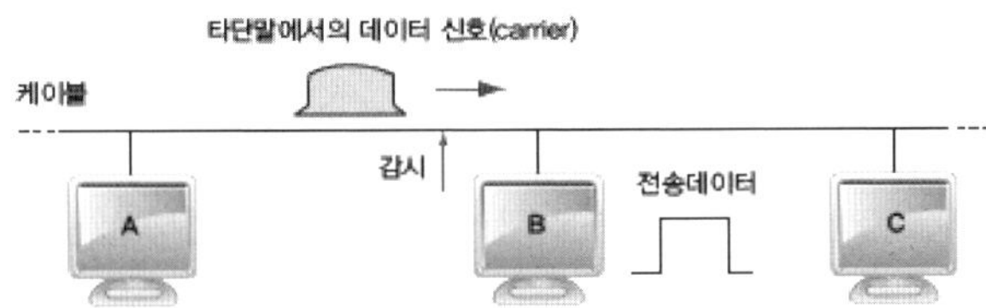

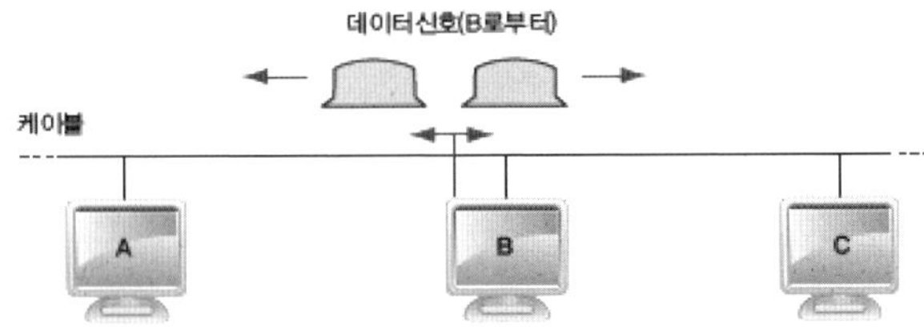

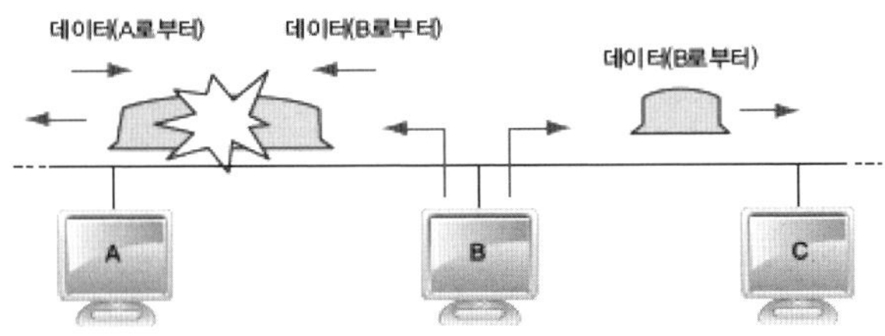

그림 9-4 │ CSMA/CD 방식의 동작 과정

(2) 지속 방식

CSMA/CD에서 통신국이 회선이 사용 중인지 아닌지를 검사하였을 때 회선이 사용 중인 경우, 회선이 빌 때까지 기다려야 한다. 이 같은 경우 통신국이 기다리는 방식을 지속 방식(persistent method)이라고 한다. 지속 방식에는 '비지속(non-persistent) 방식', '1-지속(1-persistent) 방식', 'p-지속(p-persistent) 방식'이 있다.

비지속 방식은 전송할 프레임이 있는 통신국이 회선을 감지하다가 회선이 사용 중이면 회선 감지를 중지하고 다른 일을 수행한다. 그리고 임의의 시간 후에 다시 회선을 감지하는 방법이다. 비지속 방식은 두 개 이상의 통신국이 같은 시간을 대기하다가 동시에 전송할 확률이 낮기 때문에 충돌의 위험을 낮춘다. 그러나 이 방식은 전송할 프레임이 있는 통신국이 있음에도 불구하고 회선이 휴지 상태에 있을 수 있기 때문에 회선의 효율이 낮아진다.

1-지속 방식은 통신국이 회선을 감지하다가 회선이 사용 중이면 회선이 빌 때까지 계속해서 회선을 감지하는 방식이다. 계속해서 회선을 감지하고 있다가 회선이 비게 되면 즉시 전송한다. 이 방식은 회선이 휴지 상태일 때마다 1의 확률을 가지고 프레임을 전송하기 때문에 1-지속 방식이라고 한다. 대부분의 CSMA/CD 방식에서 1-지속 방식을 사용한다.

p-지속 방식은 회선이 사용 중이면 역시 계속 감지하다가 회선이 휴지 상태가 되면 p의 확률로 전송한다. p-지속 방식은 위의 두 가지 방식의 장점을 합한 것으로 충돌의 위험을 줄이면서 회선의 효율을 높인다.

9.1.4 이더넷의 프레임 형식

IEEE 802.3 프레임은 (그림 9-5)와 같이, 프리앰블(Preamble), SFD(Start Frame Delimiter), DA(Destination Address), SA(Source Address), Length/Type, Data, CRC(Cyclic Redundancy Check)의 7개의 필드로 구성된다.

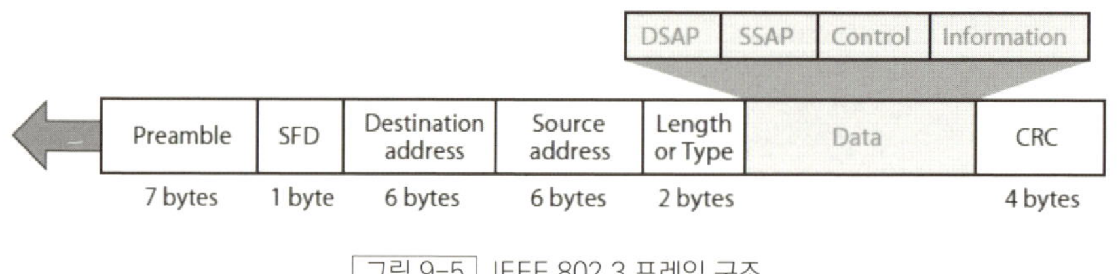

그림 9-5 | IEEE 802.3 프레임 구조

• Preamble : 802.3 프레임의 첫 번째 필드는 7바이트(56비트)로 프레임이 도착한 것을 수신 측에 알리고, 입력 타이밍을 동기화 할 수 있도록 '0'과 '1'의 반복으로 구성된다. HDLC는 경고, 타이밍, 시작 동기화의 3가

지 기능을 플래그라는 하나의 필드에 포함시켰는데, IEEE 802.3은 이를 Preamble과 SFD로 나누었다.

- SFD(Start Frame Delimiter) : 두 번째 필드는 1바이트의 10101011로 프레임의 시작을 알리는 것이다. SFD는 수신기에 바로 다음에 주소와 데이터가 이어진다는 것을 알린다.
- DA(Destination Address) : 목적지 주소 필드는 6바이트로 되어있으며, 다음 목적지의 물리 주소를 가리킨다.
- SA(Source Address) : 발신지 주소 필드도 6바이트로 프레임을 전송하는 장치의 물리 주소를 가리킨다.
- Length/Type : 발신지 주소 다음의 2바이트는 길이 또는 종류 필드이다. 원래의 이더넷은 이 필드를 상위층 프로토콜의 종류를 정의하기 위한 필드로 사용하였다. IEEE 표준에서는 뒤에 오는 데이터 필드의 길이를 나타내는 데 사용한다.
- Data : 이 필드는 상위층의 프로토콜로부터 캡슐화된 데이터를 운반한다. 데이터 필드는 최소 46바이트에서 최대 1,500바이트의 크기를 갖는다.
- CRC(Cyclic Redundancy Check) : 마지막 필드로 오류 검출 정보가 들어 있다. 이더넷은 CRC-32를 사용한다.

이더넷은 (그림 9-6)과같이 프레임의 최소와 최대 길이가 제한되어 있다. 최솟값 제한은 CSMA/CD의 정확한 동작을 위해 요구된다. 만약 물리층에서 통신국의 외부로 프레임 하나를 모두 보내기 전에 충돌이 발생하면, 이 것은 모든 통신국에 의해 반드시 감지된다. 그러나 충돌이 검출되기 전에 전체 프레임의 송신이 끝나 버리면 이 것은 문제가 된다. 이렇게 되면 MAC 계층은 목적지에 프레임이 잘 도착했다고 생각하고 프레임을 폐기한다. 프 레임이 작으면 더 빨리 전송되기 때문에 프레임 길이가 줄어들면 이 상황은 더 악화된다. 그러므로 표준에서는 이 같은 상황을 피하기 위하여 모든 10Mbps 이더넷 LAN에서 최소 프레임 길이를 64바이트(512비트)로 규정하 고 있다(프리앰블이나 SFD 필드 제외).

따라서 이더넷 프레임은 최소 길이가 64바이트(512비트)가 되어야 한다. 여기에는 헤더와 트레일러가 포함되 어 있다. 헤더는 6바이트의 발신지 주소와 6바이트의 목적지 주소, 2바이트의 길이/종류 필드이고, 트레일러는 4 바이트의 CRC이다. 그러므로 헤더와 트레일러의 총길이는 18바이트이다. 따라서 상위 계층에서 전달된 데이터 의 최소 길이는 64-18 = 46바이트가 된다. 상위 계층의 패킷이 46바이트보다 작으면 채우기(padding)를 통해 서 최솟값을 맞춘다. 표준에서는 유료 부하(payload)의 최대 길이를 1,500바이트로 정하고 있다.

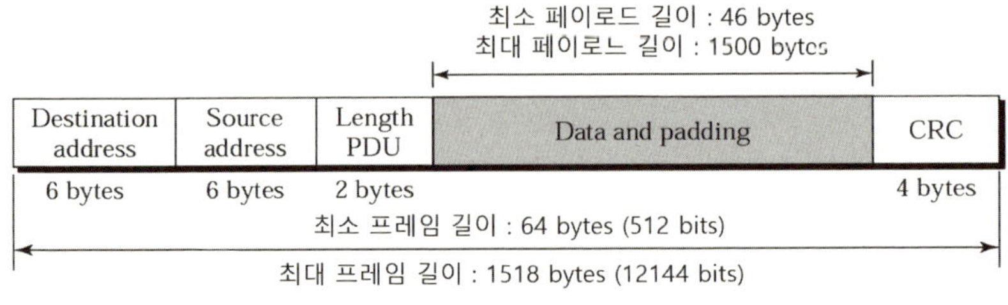

그림 9-6 │ 이더넷의 최소와 최대 길이

9.1.5 개선된 이더넷

1990년대 들어 멀티미디어 서비스의 확산과 함께 대역폭에 대한 수요가 급격하게 증가하면서 초기 이더넷은 더 고속의 이더넷으로 개선된다. 개선된 이더넷은 100Mbps급의 패스트 이더넷(Fast Ethernet)과 Gbps급의 기가비트 이더넷(Gigabit Ethernet), 10기가비트 이더넷이 있다.

패스트 이더넷과 기가비트 이더넷은 IEEE 802.3 이더넷 프레임과 CSMA/CD MAC을 사용하는 초기 이더넷과 완벽하게 호환된다. 단말들은 동축 케이블 대신 UTP(Unshielded Twisted Pair)나 광섬유를 이용하여 반이중 통신의 허브나 전이중 통신을 지원하는 스위치에 연결된다.

리피터나 허브에서 채택하고 있는 CSMA/CD 방식에서 중요한 점은 공유 매체에 전송하는 도중에 충돌 사실을 감지해야 패킷 전송에 문제가 발생했다는 사실을 알게 되어 재전송할 수 있다는 것이다. 따라서 고속 이더넷에서와 같이 패킷 전송 소요 시간이 짧아지면 자신의 패킷 충돌을 확인하기가 어려워진다. 패스트 이더넷에서는 이더넷의 최소 패킷 길이인 64바이트를 그대로 유지하는 대신, UTP의 배선 길이를 100m 이내로 제한하여 이를 해결하였다.

기가비트 이더넷의 경우는 패스트 이더넷보다 10배 빠르게 전송하기 때문에 배선 길이가 1/10로 짧아져야 한다. 그런데 10m 이내로의 제한은 기존에 설치된 케이블을 사용할 수 없는 비현실적인 방안이어서, 배선 길이를 100m로 유지하는 대신 64바이트의 최소 패킷 길이를 512바이트로 연장하였다. 즉 512바이트보다 짧은 패킷은 CRC 필드 다음에 캐리어 연장 필드(carrier extension field)를 추가하여 512바이트가 되게 하였다. 광섬유로 배선하는 경우에도 같은 이유로 패스트 이더넷은 400m 이내로, 기가비트 이더넷은 550m로 배선 길이를 제한한다.

리피터나 허브 없이 스위치만으로 구성된 고속 이더넷에서는 단말 상호 간에 송신과 수신을 위한 별도의 채널이 설정되어 전이중 방식으로 통신한다. 각 단말이 스위치에 접속되어 일대일로 연결된 상태이므로 MAC이 필요 없고 패킷의 충돌도 발생되지 않는다. 따라서 64바이트의 최소 패킷 길이를 그대로 사용하여도 문제가 발생하지 않는 것은 물론 배선 길이에 대한 제약도 크게 완화된다. 예를 들어 기가비트 이더넷 NIC(Network Interface Card)가 설치된 서버와 패스트 이더넷 NIC가 설치된 단말이 전이중 방식으로 통신하는 경우, 두 NIC 사이에 있는 스위치들에 의해 이 두 NIC들을 연결하는 독점적인 송수신 채널이 설정되고, 가능한 최고 속도인 100Mbps에 맞춰 통신한다.

(1) 패스트 이더넷

초기 이더넷과의 호환을 위해 패스트 이더넷은 초기 이더넷의 MAC 프로토콜과 프레임 형식을 사용한다. 패스트 이더넷의 전송 매체로는 TP와 광섬유 케이블이 사용된다. '100Base-T'는 TP 전송 매체를 사용하는 패스트 이더넷을 총칭하는 것으로 다시 '100Base-TX'와 '100Base-T4'로 세분화된다. 그리고 '100Base-FX'는 광섬유 케이블을 전송매체로 사용하는 패스트 이더넷 규격이다.

'100Base-TX'는 패스트 이더넷 규격 중 가장 널리 사용되는 것으로 두 쌍의 Category 5 UTP 또는 STP를 이용하며 세그먼트의 최대 길이는 100m이다. '100Base-T4'는 패스트 이더넷의 초기 규격으로 4쌍의 Category 3 UTP가 사용된다. 2쌍의 멀티모드 광섬유 케이블을 사용하는 '100Base-FX'의 세그먼트 길이는 반이중 링크인 경우는 약 400m 그리고 전이중 링크인 경우는 약 2,000m가 된다. 값이 보다 비싼 단일 모드 광섬유 케이블을 사용하면 세그먼트의 길이는 확장될 수 있다.

(2) 기가비트 이더넷

대역폭 요구가 증가함에 따라 쓰리콤(3Com)을 비롯한 네트워크 업체들은 기가비트 이더넷 연맹(Gigabit Ethernet alliance)을 결성하였고, IEEE도 이더넷 표준을 기가비트 속도로 확장하였다. 새로운 표준은 1Gbps의 대용량 대역폭을 제공하며 기존의 10/100Mbps 이더넷과 호환된다. 기가비트 이더넷은 패스트 이더넷에 비해 설치비용은 더 들지만 성능이 크게 향상되었고, 수없이 많은 기존의 이더넷 노드와 호환성을 유지하는 큰 장점을 가지고 있다.

기가비트 이더넷은 크게 '1000Base-X' 계열과 '1000Base-T'로 구분되며, 전자는 다시 '1000Base-CX', 'SX', 'LX'의 3가지로 나뉜다. 구리선을 이용한 기가비트 전송에는 '1000Base-T'와 '1000Base-CX'가 사용되고, 광케이블을 사용하는 방식 중 '1000Base-SX'는 단거리용, '1000Base-LX'는 장거리용이다.

(3) 10기가비트 이더넷

10기가비트 이더넷은 이더넷 기술을 이용하여 기가비트 이더넷의 10배의 전송 속도를 구현한 기술로 2002년 최초 규격이 제정되었다. 10기가비트 이더넷의 프레임 형식은 기존 이더넷의 형식과 동일하다. 그러나 기가비트 이더넷에서까지 지원되었던 CSMA/CD 프로토콜을 이용한 반이중 통신은 더 이상 지원하지 않게 되었다.

10기가비트 이더넷의 전송매체로는 광케이블과 일반 케이블(비광케이블)이 사용되는데, 광케이블을 사용하는 물리 계층 규격으로는 '10GBase-SR(short range)', '10GBase-LR(long range)', '10GBase-LRM(long reach multimode)', '10GBase-ER(extra range)', 그리고 '10GBase-LX4'가 있다. 일반 케이블을 사용하는 물리 계층 규격으로는 '10GBase-CX4'와 '10GBase-T'가 있다. 동축 케이블과 유사한 Twinaxial 케이블을 이용한 '10GBase-CX4'는 약 15m의 전송 거리를 갖는 데 비해, UTP 또는 STP를 이용하는 '10GBase-T'의 전송 거리는 100m 정도가 된다.

LAN은 컴퓨터가 제조 과정을 제어하는 공장 자동화와 같은 유형의 응용에 사용할 수 있다. 이러한 응용에는 최소 지연시간을 제공하는 실시간(real-time) 처리가 요구된다. 작업의 처리는 조립 라인을 따라 움직이는 객체와 같은 속도로 이루어져야 한다. 이더넷은 이러한 목적에 적합한 프로토콜이 아니다. 그 이유는 충돌의 수를 예측할 수 없고 제어 센터에서 조립 라인에 있는 컴퓨터에 보내는 데이터의 지연시간이 일정하지 않기 때문이다.

9.2.1 토큰 버스 : IEEE 802.4

토큰 버스 방식은 토큰이 버스 구조의 노드로 형성된 논리적인 링 구조를 따라 돌며, 토큰을 가진 노드는 특정 시간 동안 통신회선을 점유하여 패킷을 전송할 수 있다. 토큰을 가진 노드가 전송을 마쳤거나, 일정한 시간이 지나면 토큰은 논리적인 순서대로 다음 노드로 넘어간다. 이때 토큰은 물리적인 노드의 위치와 상관없이 논리적인 노드의 순서에 따라 순환하게 된다. 따라서 토큰링 방식과의 차이점은 토큰에 이전 노드(predecessor)와 다음 노드(successor)의 주소가 부여되어야 하고, 토큰은 논리적 링의 위치와 관계없이 모든 노드에서 가질 수 있으며, 전송 중에 토큰 표시가 변경되지 않기 때문에 중계기의 기능이나 송신 데이터의 삭제 기능이 불필요하다. 또한 노드의 추가와 삭제의 경우 논리적 링의 수정이 필요하다. 토큰 버스 방식은 IEEE 802.4로 표준화되었다.

토큰 버스 방식은 통신량을 조절하여 전송이 가능하고, 높은 부하에서도 CSMA/CD 방식에 비해 안정되며, 접근시간이 대체적으로 일정하다는 장점을 가진다. 그러나 너무 복잡하여 가격이 비싸고 통신량이 적을 때 토큰을 옮기는데 생기는 과부하의 비중이 커지고, 평균 대기시간이 길다는 것이 단점이다. (그림 9-7)에 토큰 버스 방식의 동작 과정을 보였다.

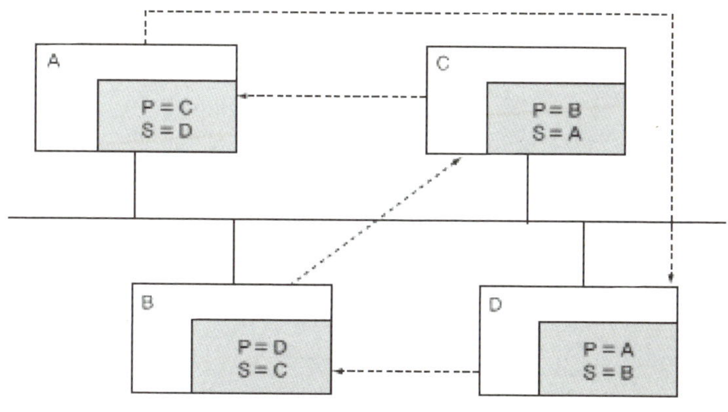

그림 9-7 토큰 버스 방식의 동작 과정

9.2.2 토큰 링 : IEEE 802.5

토큰 링 방식은 통신회선으로 토큰이 각 노드를 순차적으로 옮겨가며 데이터를 전송하는 방식이다. 이때 토큰이 통과하는 순서는 링 상의 노드 위치와 일치하기 때문에 토큰에는 별도의 주소 정보가 필요 없다. 각 노드는 토큰의 수신을 조사하여 송신할 데이터가 없으면 다음 노드에 해당 토큰을 통과시킨다. 또 데이터를 수신하면 그대로 다음 노드로 보내고, 자기 노드에 해당하는지를 조사한 후 만약 자기 노드이면 데이터를 수신한다.

송신 데이터가 있는 경우와 없는 경우를 나타내기 위한 토큰에는 프리 토큰(free token)과 비지 토큰(busy token)이 있다. 만약 송신 데이터가 있는 노드에서는 프리 토큰을 받아 비지 토큰으로 바꾼 다음 데이터를 전송하고, 전송이 종료되면 이를 다시 프리 토큰으로 바꾸어 다음 노드로 전송한다. 전송을 원하는 노드가 있을 때 만약 프리 토큰이 없으면 계속 기다려야 한다. 이에 대한 동작 과정을 (그림 9-8)에 나타내었다.

이와 같이 데이터를 송수신하는 토큰 링 방식은 앞에서 언급하였듯이 링 상의 노드 위치와 동일한 순서로 통과하기 때문에 토큰에 별도의 주소 정보가 필요 없다. 토큰이 유실되거나 비지 토큰이 계속 링을 돌 수 있는데, 이를 방지하기 위해 토큰을 감시하는 노드를 두어 유실되었을 경우 새로운 프리 토큰을 생성시켜 줄 수 있다. 그러나 토큰에 이상이 생겼을 경우 시스템의 작동이 어려운 단점이 있다. 토큰 링은 STP 케이블을 사용하여 최고 16Mbps까지의 데이터 전송률을 지원한다. 토큰 링은 IEEE 802.5로 표준화되었다.

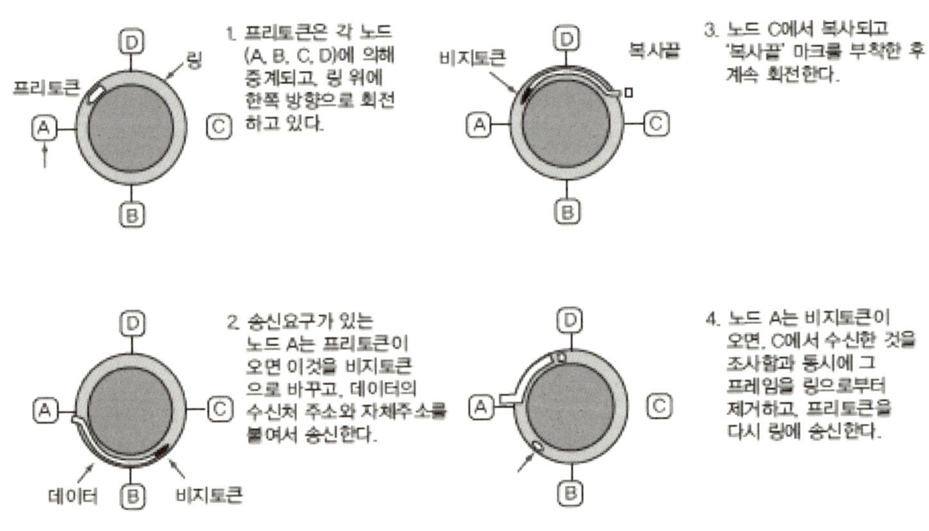

그림 9-8 토큰 링 방식의 동작 과정

9.2.3 FDDI

LAN의 보급이 증가함으로써 LAN의 기간망으로서 역할뿐만 아니라 교환 기능도 갖춘 고속 LAN이 등장하게 되었고, 대표적인 고속 LAN으로는 FDDI(Fiber Distributed Data Interface)가 있다. FDDI는 여러 개의 중, 저속 LAN 간을 중계하는 기간 LAN, 호스트 컴퓨터 간을 연결하여 대용량 데이터를 전송하는 단일 LAN, 워크스테이션 간을 고속으로 연결하는 프론트 LAN 등에 이용할 수 있다. 그 예로는 고층 건물과 넓은 구내 등에서 각 층 또는 건물마다 설치되어 있는 LAN들을 서로 연결하여 전체를 대규모 LAN으로 만드는 것이다. FDDI로 구성된 기간 LAN의 예를 (그림 9-9)에 나타내었다.

일반적으로 FDDI의 네트워크는 100Mbps의 전송 속도를 제공하는 2개의 링으로 구성되어 있다. 보통은 1차 링을 사용하지만, 전송로에 고장이 생겼을 때 2차 링을 사용한다. FDDI는 총 500개의 노드를 연결할 수 있고, 노드 간의 거리는 2Km 이내로 제한되어 있다.

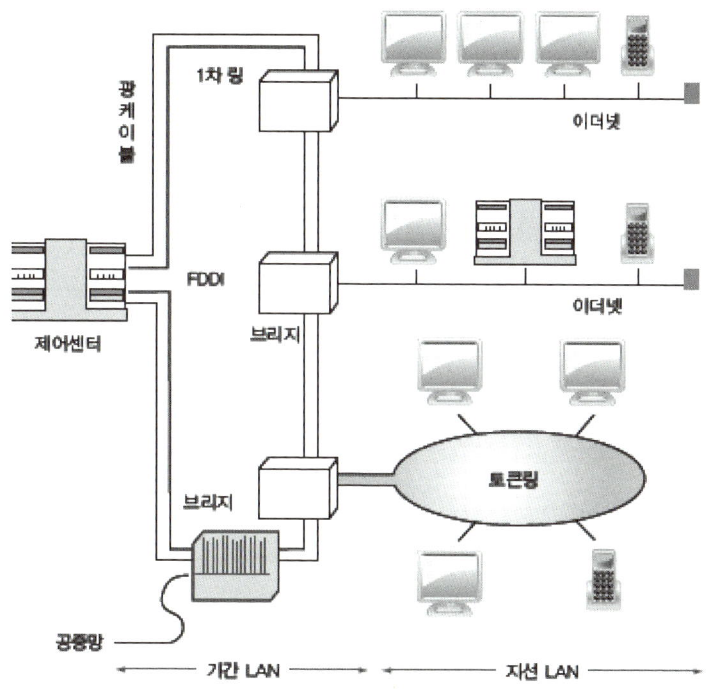

그림 9-9 | FDDI로 구성된 기간 LAN의 예

9.2.4 DQDB

DQDB(Distributed-Queue Dual Bus) 프로토콜은 IEEE 802.6에서 규정한 MAN(Metropolitan Area Network) 표준의 일부분이며 이중 버스 구조로 되어 있다.

DQDB는 (그림 9-10)과같이, 서로 방향이 다르고 한쪽으로만 신호가 흐르는 두 개의 논리적인 버스로 구성되어 있다. 링과 같이 보이지만 버스의 양 끝이 서로 연결되어 있지 않으므로 링은 아니다. 또한 노드 사이를 점대점으로 연결한 링크들이 서로 이어진 형태이므로 엄밀한 의미에서는 버스형이라고도 할 수 없으나, 마치 CSMA/CD를 사용하는 버스에서처럼 다중 접속 방송 기능도 제공하므로 가상적인 버스 형태로 본다. 점대점 연결은 FDDI에서와 같이 광섬유로 LAN을 구축하기 위한 것이다.

FDDI가 데이터뿐만 아니라 음성 서비스도 제공하지만, 초기에는 주로 고속의 데이터 전송을 위해 사용된 반면에, DQDB는 영상 서비스를 위한 MAN용으로 개발되었다. 즉 멀티미디어 서비스를 지원하는 B-ISDN과 호환될 수 있도록 모든 정보를 53바이트의 ATM 셀 규격에 맞추어 전송한다.

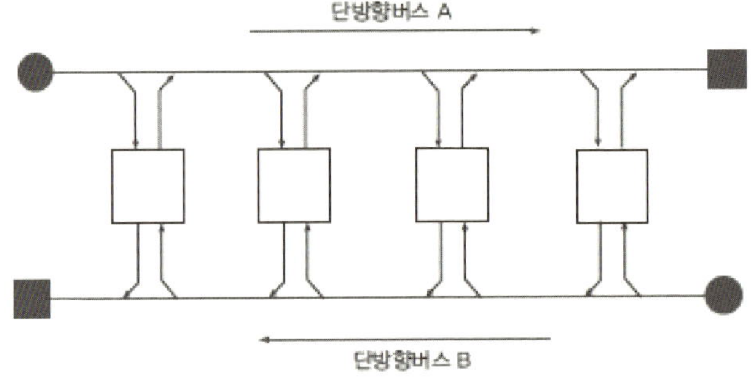

그림 9-10 DQDB의 이중 버스 구조

9.3　무선 LAN

최근 회로 및 부품 기술의 발달과 허가 없이 사용할 수 있는 주파수 대역의 공개, 그리고 휴대용 컴퓨터로 통신하고자 하는 욕구로 말미암아 무선 LAN(WLAN : Wireless LAN)에 대한 관심이 증가하고 있으며, 이로 인해 많은 무선 LAN 제품들이 개발되고 있다. 특히 유선 LAN의 선로 유지보수, 증설, 단말 장비의 이전 등의 어려움을 해소하기 위해 무선 LAN에 대한 필요성이 증대되고 있다.

대역확산과 비인가 협대역 무선 LAN은 ISM(Industrial, Scientific and Medical) 밴드를 사용하며, 적외선 LAN은 가시광선 바로 아래의 주파수 대역을 사용한다. 산업, 과학, 의료의 용도로 지정된 ISM 대역은 2.4~2.484GHz, 5.725~5.850GHz의 주파수 대역을 포함한다. ISM 대역을 사용할 경우, 주파수 사용 승인을 받을 필요가 없다는 장점으로 인해 많은 제품이 이 대역을 사용하고 있다. 그러나 무선 LAN 제품들이 비인가 대역을 사용하고 자신의 제품에 의존적인 형태로 구현함으로써 다른 회사 제품과의 호환성에 문제점을 유발하게 되었다. 이를 해결하기 위해 IEEE에서는 802.11 위원회를 설치하고 무선 LAN 표준을 제정하였다.

와이파이(Wi-Fi)는 무선랜 기기들의 상호 운용성을 보장하여 무선랜을 널리 보급하기 위한 단체인 와이파이 협회(Wi-Fi Alliance)의 상표명으로, IEEE 802.11 기반의 무선랜 연결과 장치 간 연결 등을 지원하는 기술을 의미한다. 즉 IEEE 802.11 표준과 와이파이는 거의 같은 의미로 사용되고 있지만, IEEE 802.11 표준이 무선랜의 전반적인 기술을 다루고 있다면 와이파이는 무선 기기와 AP(Access Point) 간의 통신에 집중된 기술을 다루고 있다고 할 수 있다.

9.3.1 무선 LAN의 개요

무선 LAN은 적외선 LAN, 협대역 마이크로웨이브 LAN, 대역확산 LAN 등으로 나눌 수 있다. 적외선 LAN은 크게 레이저를 사용하는 방법과 LED를 사용하는 방법으로 나눌 수 있다. 레이저를 사용하는 방법인 경우 적외선을 매우 밀집된 빔으로 전송하여 변조가 용이하고, 또한 멀리까지 도달할 수 있어서 실외에서의 응용에 널리 사용된다. 이에 비하여 LED를 사용하는 방법인 경우 레이저보다 강도가 약하고 신호가 물체를 통과할 수 없어 제한된 범위에서만 사용이 가능하기 때문에 실내에서의 응용에 널리 사용되고 있다. 또한 전자기 간섭이 적고 속도가 빠르다는 장점을 가지고 있다.

마이크로웨이브(microwave)는 라디오파(radio wave)와 적외선의 중간 주파수 대역을 가지며 무선 LAN의 최대 주파수는 18~19GHz이다. 일반적으로 전자기적 스펙트럼상에서 높은 주파수를 사용하기 때문에 직진성 기반의 기술이며, 이 대역을 사용하는 전자기적 장치가 거의 없어서 간섭이 없다는 장점이 있다. 그러나 신호가 송신 측에서 수신 측까지 여러 경로를 통해서 전달되는 단점을 가지고 있다. 수신기 주위의 가구나 칸막이벽 등에 의해 생기는 페이딩 현상과 신호가 벽에서 반사됨에 따라 생기는 다중 경로 페이딩으로 인하여 수신 측에서는 경로에 따라 달라진 전송 신호들을 복합해서 수신하게 된다.

대역확산 방법은 도청 방지를 위하여 송신 단의 주파수가 고정되어 있지 않고 자연적으로 생기는 잡음이나 고의적인 전자방해 같은 간섭에 강하다. 이러한 이유 때문에 주로 군사용으로 사용하고 있으며, 보안을 유지해야 하는 상업적인 응용에 많이 사용되고 있다. 대역확산은 대역폭에 할당된 규정 출력을 만족시켜 주기 위하여 넓은 대역에 걸쳐 에너지를 퍼뜨림으로써 해결한다. (그림 9-11)에서 보는 바와 같이 일반적인 전파 방법은 신호를 인식할 수 있는 크기로 전송하는 것이지만 대역확산 기술은 신호를 넓은 대역에 퍼뜨려 전송한다.

대역확산 방식은 DSSS(Direct Sequence Spread Spectrum) 방식과 FHSS(Frequency Hopping Spread Spectrum) 방식으로 나눌 수 있다. 직접 시퀀스 대역확산은 데이터의 대역폭과 관계있는 매우 넓은 대역폭을 가지는 원신호를 변조함으로써 확산한다. 이 방식은 CDMA(Code Division Multiple Access) 기술에 의해 여러 명의 사용자가 같은 주파수를 공유할 수 있도록 해준다. 주파수 도약 방식은 직접 시퀀스 방식보다 간섭현상에 대해 강하다.

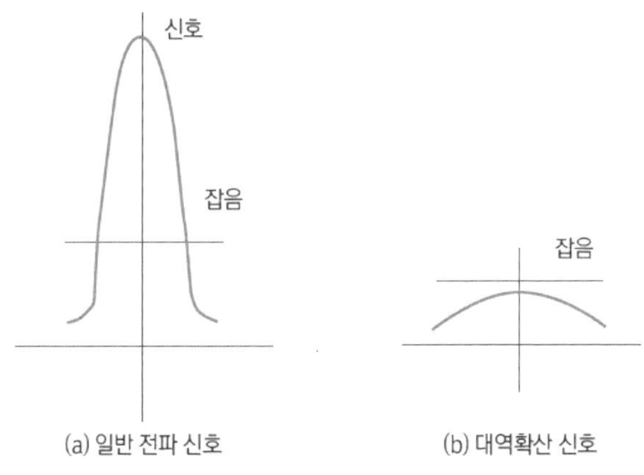

그림 9-11 대역확산 신호의 개념

〈표 9-1〉에 무선 LAN의 종류와 특성을 정리하였다.

표 9-1 무선 LAN의 종류와 특성

구 분	적외선	협대역 마이크로웨이브	대역확산
주파수	3×10^{14}Hz	18.825~19.205GHz	902~928MHz 2.4~2.4835GHz 5.725~5.825GHz
최대거리	9~24m	12~39m	32~240m
가시선	예	아님	아님
전송출력	적용불가	25mW	1W 이하
전송효율	50~100%	33%	20~50%
FCC 승인여부	비승인	승인	비승인
장 점	• 고속성, 무간섭 • 동일지역에 다중 LAN 공존가능 • FCC 승인 불필요	• 전송시 고체 통과 • 간섭 없음 • 동일지역에 다중 LAN 공존 가능	• 보안성 우수 • FCC 승인 불필요 • 전송시 고체 통과
단 점	• 전송시 고체 통과 못함 • 다른 방식보다 운용범위가 좁음	• FCC 승인 필요	• 속도가 가장 느림 • 다른 무선신호의 간섭받음

최근에는 가시광선을 이용하여 무선 LAN이 가진 통신 거리와 속도의 한계를 극복하고자 하는 '라이파이(Li-Fi)'라는 기술이 등장하여 주목을 받고 있다. 라이파이는 2011년 영국 에든버러 대학교의 헤럴드 하스(Harald Haas) 교수가 처음으로 제안한 개념으로, 빛을 의미하는 영단어 라이트(Light)와 와이파이(Wi-Fi)의 합성어이다. 이는 와이파이를 이을 새로운 근거리 통신 기술로써 잠재력을 가졌다는 의미에서 붙여진 이름으로, 와이파이가 전파를 사용하는 방식이라면, 라이파이는 가시광선을 사용하여 정보를 전송하는 기술이다.

라이파이는 LED 전구의 깜빡임을 이용해 데이터를 전송한다. 모든 디지털 데이터는 0과 1의 조합으로 이루어진 이진법을 통해 송수신되는데, LED 전구는 ON/OFF를 통해 0과 1 조합을 만들어내 무선 송신기 역할을 하고, 이를 읽어낸 수신기에 의해 데이터가 전기 신호로 변환되는 원리이다.

이처럼 빛의 영역 대의 주파수를 이용하는 라이파이는 한정된 주파수를 사용하는 기존의 무선통신 기술 대비 훨씬 더 넓은 영역의 주파수를 사용할 수 있다. 가시광선의 주파수 영역은 380THz~750THz로 무선통신 전체 주파수보다도 무려 1만 배 이상 넓다.

9.3.2 무선 LAN 표준 : IEEE 802.11

IEEE 802.11은 1997년에 채택된 WLAN에 관한 표준 규격이다. IEEE 802.11이 최초로 표준 인증을 받은 이래 기존 기술에 대한 대폭적인 기능 향상을 도모하여 여러 가지 개선안이 등장하였다. 최초 표준안인 IEEE 802.11과 구분하기 위해 개선안들은 IEEE 802.11x(a, b, c, ...) 등으로 표시되는데, 이를 전체적으로 IEEE 802.11 계열로 부르기도 한다.

- IEEE 802.11b : IEEE 802.11b는 2.4GHz ISM 대역을 사용하는 WLAN 표준으로 1999년 9월에 승인되었고, HR-DSSS(High Rate Direct Sequence Spread Spectrum) 방식을 통하여 최대 11Mbps의 전송 속도를 제공한다. CCK(Complementary Code Keying)라는 부호화 방법을 사용하는 것을 제외하고는 HR-DSSS는 DSSS와 유사하다. IEEE 802.11b에 기반한 제품들은 IEEE 802.11 DSSS 표준에 기반한 기존 제품들과 상호 호환성을 가지며 초기 WLAN 활성화에 크게 기여하였다.

- IEEE 802.11a : IEEE 802.11a는 고속 WLAN의 표준으로 1999년 9월 IEEE 802.11b와 거의 동시 채택되었으며, 5.8GHz ISM 대역에서 OFDM(Orthogonal Frequency Division Multiplexing) 기술을 적용하여 최대 54Mbps 전송 속도를 제공한다. IEEE 802.11a는 고속 WLAN을 공중망과 연동하여 광대역 무선 서비스를 제공할 수 있도록 함과 동시에 유럽의 HIPERLAN 시리즈와의 호환을 염두에 두고 있었다. 그러나 5.8GHz 대역의 높은 주파수 대역을 사용하는 802.11a는 802.11b에 비해 라디오 전파 환경이 불리하고 고속의 전송 속도를 위한 서비스 영역의 축소로 802.11b에 비해 구축 비용이 더 많이 소요된다.

- IEEE 802.11g : 고속 WLAN의 표준으로 제정된 IEEE 802.11a는 5GHz 대역을 대상으로 하여 이미 무선 LAN 시장의 상당 부분을 차지하고 있던 2.4GHz 대역의 IEEE 802.11b 기반 제품과의 호환성 문제가 있었다. 802.11g는 2.4GHz 대역에서 802.11a와 비슷한 54Mbps 속도 지원을 목적으로 2003년 제정된 표준안이다. 802.11g의 물리 계층은 OFDM 기술을 사용한다. IEEE 802.11g는 IEEE 802.11b/a와의 호환성이 보장된다.

- IEEE 802.11n : IEEE 802.11n은 2009년에 승인되었고, 600Mbps 정도의 전송 속도를 제공한다. 이와 같은 고속 전송을 위해 다중 안테나를 이용하여 주파수 효율을 증가시키는 MIMO(Multiple Input Multiple Output) 방식, 적응적 OFDM 기술 등을 적용하고 있다.

- IEEE 802.11ac : 802.11ac는 현재 광범위하게 사용되는 802.11n 기술보다 무선 전송 속도를 Gbps까지 높이기 위한 규격으로 802.11n의 채널 결합 기술과 MIMO을 대폭 발전시킨 표준이다. 802.11ac는 압축되지 않은 HD 동영상을 전송하는 것을 목표로 한다.

- IEEE 802.11ax : 802.11ac의 후속 표준으로, 802.11ac의 단점인 약한 무선망 출력을 개선하고 넓은 범위

에서 많은 기기가 동시 접속을 할 경우에도 최상의 QoS(망품질 제어) 속도를 보장할 수 있도록 개발된 표준이다.

〈표 9-2〉에 IEEE 802.11 계열의 표준 규격을 정리하였다.

표 9-2 IEEE 802.11 계열 표준안

표준안	제정시기	전송 속도	대 역	변조 방식	비 고
IEEE 802.11	1997년	2Mbps	2.4GHz	FHSS, DSSS, IR	
IEEE 802.11a	1999년	54Mbps	5GHz	OFDM	
IEEE 802.11b	1999년	11Mbps	2.4GHz	HR-DSSS	
IEEE 802.11g	2003년	54Mbps	2.4GHz	OFDM/DSSS	
IEEE 802.11n	2009년	600Mbps	2.4GHz	OFDM	Wi-Fi 4
IEEE 802.11ac	2014년	6.9Gbps	5GHz	OFDM	Wi-Fi 5
IEEE 802.11ax	2019년	10Gbps	2.4/5 GHz	OFDM	Wi-Fi 6

IEEE 802.11 네트워크 환경은 인프라(Infrastructure) 방식과 애드 혹(Ad-Hoc) 방식으로 구성할 수 있다. 핫 스팟(hot spot)에 여러 대의 클라이언트가 접속해 네트워크를 구성한다면 인프라망(하부구조 네트워크)이라고 부르고, 각 클라이언트가 핫 스팟 없이 서로 데이터를 주고받는다면, 애드 혹 네트워크라고 부른다. 보통 인프라 망에는 핫 스팟이 필요하므로 초기 설치 비용이 많이 들지만, 더 많은 클라이언트를 받아들일 수 있고 더 넓은 접속 반경을 제공해 주기 때문에 자주 쓰인다.

9.3.3 무선 LAN의 MAC 계층

IEEE 802.11 계열의 MAC 표준안은 DCF(Distributed Coordination Function)와 PCF(Point Coordination Function)의 2개의 부계층을 정의하고 있다. DCF는 이더넷과 유사한 반송파 감지 메커니즘을 이용하여 노드들의 데이터 전송에 관한 결정을 분산하여 수행한다. 즉 경쟁에 의해 채널 접근을 제어하는 방식이다. PCF는 AP(Access Point)에 의해 노드들의 데이터 전송이 중앙에서 제어되는 방식이다. 표준안에서는 DCF를 기본으로 하고 PCF는 선택사항으로 되어 있다.

DCF에서는 CSMA/CA(Carrier Sense Multiple Access with Collision Avoidance)라는 제어 방식을 사용하는데, 이것은 유선 LAN에서 사용하는 CSMA/CD의 변형이다. 즉 유선에서 사용하는 CSMA/CD는 버스에 흐

르는 전류의 변화로 패킷의 충돌을 검출할 수 있지만, 무선에서는 충돌 여부를 검출할 수 없기 때문에 아예 충돌을 회피하는 방법을 사용한다.

CSMA/CA의 동작 과정을 (그림 9-12)에 보였다.

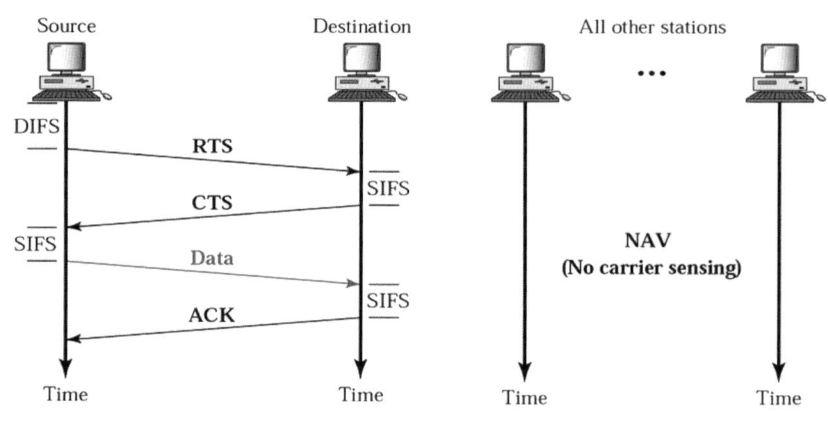

그림 9-12 CSMA/CA의 동작 과정

- 1단계 : 프레임을 보내기 전에 발신국은 반송 주파수의 에너지 레벨을 감지함으로써 매체를 감시한다. 매체가 사용 중이면 발신국은 매체가 유휴상태가 될 때까지 매체를 모니터한다. 매체가 유휴상태이면 발신국은 DIFS(Distributed InterFace Space)라고 부르는 시간 동안 기다린 후에, RTS(Request To Send) 제어 프레임을 수신국에게 보낸다.
- 2단계 : RTS 프레임을 받은 수신국은 SIFS(Short InterFace Space)라고 하는 짧은 시간 동안 기다렸다가 발신국에 CTS(Clear To Send) 제어 프레임을 보낸다. 이 제어 프레임은 수신국이 데이터를 받을 준비가 되었다는 것을 발신국에게 알리는 것이다.
- 3단계 : CTS를 수신한 발신국은 SIFS 동안 기다린 후에 보내고자 하는 데이터를 수신국에게 보낸다.
- 4단계 : 데이터를 수신한 수신국은 SIFS 동안 기다린 후 ACK를 발신국에 보낸다.

이 프로토콜에서는 ACK가 반드시 필요하다. 그 이유는 수신국이 데이터를 잘 받았는지를 발신국이 알 수 있는 방법이 없기 때문이다. CSMA/CD에서는 충돌이 발생하지 않은 것이 데이터가 잘 도착하였다는 것을 발신국에 알려주는 표시가 된다.

어느 한 통신국이 접속 권한을 가지고 있을 때 어떻게 다른 통신국이 데이터를 보내지 않고 기다리고 있을까? 즉 이 프로토콜의 충돌 회피가 어떻게 이루어질까? 그 핵심은 NAV(Network Allocation Vector)라고 하는 특징에 있다. 한 통신국이 RTS 프레임을 보낼 때, 이 프레임에는 채널 점유 시간이 포함되어 있다. 이 RTS를 수신한 모든 통신국은 NAV라고 하는 타이머를 생성한다. 이 타이머가 종료된 후에야 채널의 사용 유무를 검사한다. 즉 RTS에 표시된 채널 점유 시간 동안에는 다른 통신국이 전송하지 않음으로 충돌을 회피하는 것이다.

동시에 두 개 이상의 통신국이 RTS 프레임을 보내면 충돌이 발생한다. 이 같은 경우에는 수신국으로부터 CTS를 받지 못하게 되므로, 발신국은 CTS 프레임을 수신하지 못하면 RTS 프레임에 충돌이 발생한 것으로 간주하고 일정 시간 동안 기다렸다가 다시 RTS 프레임을 송신한다.

가까운 미래에 소비자는 TV 셋, DVD 플레이어, MP3 플레이어, 음악 관련 기기, 게임기 등과 같은 소비자 전자장치들과 사회 인프라를 구성하는 중요 시설물들은 물론 주방용품을 포함한 소비자 주변의 신변 잡화에까지도 무선통신 기능이 내장된 제품들을 경험하게 될 것이다. 이와 같이 각종 사물에 컴퓨터 칩과 통신 기능을 내장하여 이것들을 인터넷에 연결하는 기술을 사물인터넷(IoT : Internet of Things)이라고 한다. 이러한 기술의 중심에는 근거리 무선통신 기술인 WPAN(Wireless Personal Area Network)이 큰 역할을 할 것으로 보인다.

무선 개인 통신 WPAN은 무선 기반의 편리성과 이동성을 보장하고 언제, 어디서나 사용자 맞춤형 서비스를 제공하는 유비쿼터스 네트워크의 핵심 기술이다. 이 기술은 10m 내외의 비교적 단거리에서 디바이스 간의 무선 연결을 통하여 다양한 정보를 전달할 수 있다. 특히 저전력, 소형, 저가격으로 저속(Kbps)에서부터 초고속(Gbps)에 이르기까지 다양한 형태의 속도를 제공하며, 홈, 사무실, 병원 등과 같은 실내 환경뿐만 아니라 외부망과 연동되어 원격지에서도 사용자의 필요에 따라 원하는 서비스를 제공할 수 있는 인프라를 제공한다. 원거리에서 전기나 수도, 가스 등의 사용량을 원격으로 검침하는 TMS(Tele-Metering System) 등이 WPAN의 대표적인 응용 분야이다.

IEEE 802.15 WPAN WG(Working Group)은 1998년 1월에 그 발족을 위한 초안 작업을 시작하여 1999년에 정식 활동을 시작한 근거리 무선통신 기술의 표준화 작업반이다. 설립 당시에 제시되었던 응용 분야를 살펴보면, 협업을 통한 유지보수 기능, 보행자, 의료 센싱, 그리고 데이터의 동기화 등이 논의되었고, 무선통신 기술로 연결될 기기의 예로는 컴퓨터, PDA 혹은 HPC(Handheld PC), 프린터, 마이크, 스피커, 바코드 리더, 센서, 디스플레이, 호출기, 그리고 이동통신 단말기 등을 제시하였다. 그리고 이와 같은 네트워킹 기능은 기기의 가격에 비해 매우 작은 비용으로 구현을 가능하게 하는 것이 목적이었다.

IEEE 802.15 표준화 그룹에서는 가장 먼저 블루투스(Bluetooth) 프로토콜이 IEEE Std 802.15.1-2002로 표준화되었는데, 이를 위해서 IEEE 802 워킹 그룹들은 특정 관심그룹으로 비독점 라이센스를 받고, 이를 기초로 IEEE 802.15.1을 개발하는 작업에서부터 IEEE 802.15.1 블루투스 표준화 규격에까지 상당한 기여를 했다. 또한 802.15 워킹 그룹은 IEEE 802.11b 무선 LAN과 블루투스의 공존을 위한 권고사항을 개발하기 위한 작업을 수행하였고, 이러한 노력의 결과로 IEEE Std 802.15.2 TM-2003이 만들어지게 되었다.

또한 IEEE 802.15에서는 고속 WPAN(IEEE Std 802.15.3 TM-2003)과 저속 WPAN(IEEE Std 802.15.4 TM-2003)의 두 가지 WPAN 기술 표준이 완료되었으며, UWB(Ultra-Wideband) 기술을 물리 계층에 적용하여 이전에 보였던 어떤 기술보다도 뛰어난 성능을 보장하는 WPAN 기술로 발전시키는 작업을 진행해 왔다. 최근에는 이와 더불어 능동적이고도 자유로운 노드들 사이의 네트워크 연결성을 다루는 IEEE 802.15.5 메쉬(mesh)

와 인체를 중심으로 장치들을 연결하는 IEEE 802.15.6 BAN(Body Area Network)에 대한 표준화 그룹이 만들어져, 보다 다양한 방향에서 WPAN 기술 표준화가 확대 진행되고 있다.

9.4.1 블루투스(Bluetooth)

IEEE 802.15.1 기술은 'Bluetooth SIG(Special Interest Group)'에서 표준화한 블루투스 기술을 그대로 IEEE 802.15 Working Group에서 수용한 근거리 무선통신 기술이다. 블루투스는 10세기경 덴마크와 노르웨이를 통일한 덴마크 왕의 이름에서 유래한 것으로, 2.4GHz의 비인가 ISM(Industrial, Scientific and Medical) 주파수 대역을 사용해서 10m 이내의 개인 거리 내에서 다양한 기기 간에 통신할 수 있도록 하는 저전력, 저가의 무선통신 시스템이다.

원래는 복잡한 유선 케이블을 무선으로 대체할 목적으로 시작되었지만, 늘어나는 개인 휴대용 디지털 기기들, 개인 이동통신 기기들, 컴퓨터들, 가전기기 간의 멀티미디어 데이터 송수신을 무선으로 할 수 있도록 하는 기술로 발전하였다. 블루투스는 듀플렉스 방식으로 TDD(Time Division Duplex) 방식을 사용하며, 주파수 도약대역확산(Frequency Hopping Spread Spectrum) 기술을 사용한다.

초기에는 Ericsson, Nokia, IBM, Intel, Toshiba 등의 5개 사가 프로모터 사로 주축이 되어 'Bluetooth SIG'를 결성하였으며, 이후, 마이크로소프트, 3Com, Lucent Technologies, 모토로라의 4개 사가 프로모터 사로 추가되었으며, 블루투스 규격의 제정, 보완 및 상호 접속성 인증을 주도하였다. 1999년 6월에 처음으로 'Bluetooth Specification version 1.0'을 발표하였으며, 2004년 11월에는 데이터 전송 속도가 최대 3Mbps까지 가능한 'version 2.0+EDR(enhanced data rate)' 규격을 발표하였다.

2009년 4월에 블루투스 3.0이 발표되었다. 블루투스 3.0의 큰 특징은 802.11 PAL(Protocol Adaptation Layer)를 채용해서 속도를 최대 24Mbps로 향상시켰다. 그리고 블루투스 기기 간에 대용량 그림, 동영상, 파일을 주고받게 되었다. PC를 모바일 기기와 동기화를 할 수 있고 프린터나 PC로 많은 사진을 내려받을 수 있다. 추가된 점으로 내장된 전력 관리 기능을 통해 전력 소모를 크게 줄일 수 있다.

블루투스의 프로토콜 스택은 (그림 9-13)과 같으며, 각각의 기능은 다음과 같다.

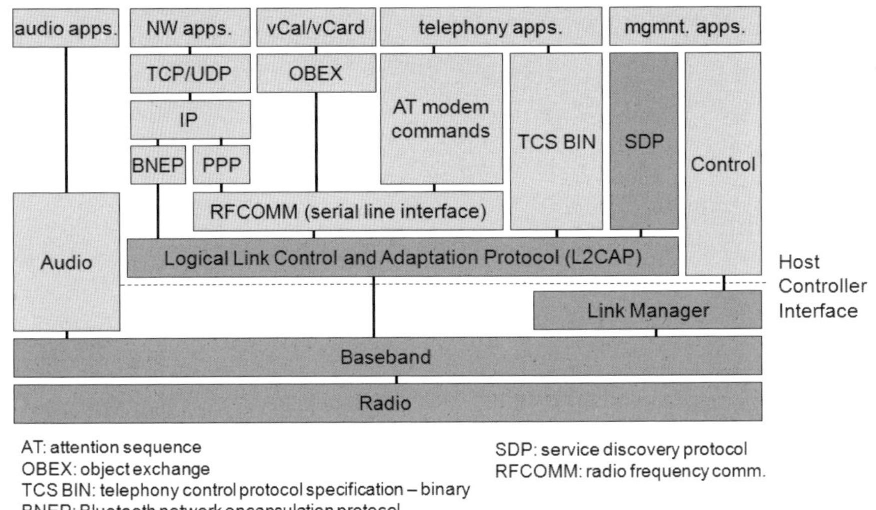

그림 9-13 블루투스 프로토콜 스택

- RF : 무선 계층은 인터넷 모델의 물리 계층과 비슷하다. 이 계층에서는 사용 주파수, 변조 방식, 전송 전력 등과 같은 무선 인터페이스 규격을 정의한다.

- Baseband : 기저대역 계층은 기본 연결 설정, 패킷 포맷, 타이밍, 기본 QoS 파라메터 등을 기술한다.

- Link Manager Protocol : 링크 관리 프로토콜은 서로 다른 디바이스 간에 링크 관리 기능을 수행한다. 즉 링크의 설정, 링크 제어 및 구성, 인증, 데이터 암호화, 저전력 모드 관리 등의 기능을 수행한다.

- L2CAP(Logical Link Control and Adaptation Protocol) : 기저대역 계층에 대한 링크 기능을 제공한다. 상위 레벨 프로토콜에 다중화 기능, 패킷의 단편화와 재조립, QoS, 그룹 관리 기능 등을 제공한다.

- RFCOMM(RF Communication) : 케이블 대체 프로토콜로 L2CAP 상에서 가상의 직렬 포트를 구성하여, 직렬 포트를 대신하는 (emulation) 기능을 수행한다.

- SDP(Service Discovery Protocol) : 서비스 발견 프로토콜은 휴대형 블루투스 디바이스에서 어떤 서비스가 이용 가능한 가를 찾도록 해주는 기능을 제공한다.

9.4.2 UWB

IEEE 802.15.3a High Rate UWB 기술은 IEEE 802.15.3 규격에서 정의한 MAC 기술을 그대로 사용하면서 3.1GHz부터 10.6GHz까지의 광대역 중에서 WLAN이 사용하는 5GHz 대역(5.150~5.825GHz)을 제외한 나머지 대역을 사용하여 최대 400Mbps의 데이터통신을 가능하게 하는 시스템에 대한 규격이다.

UWB의 개념은 약 100년 전에 마르코니에 의해 고안되었는데, 현재 임펄스 방식의 UWB 기술은 1980년대와 1990년대에 개발된 것이 주류이다. 본래 군사 통신용 시스템으로 비밀통신 및 레이더 기술로 개발되었으며, 군사용 외에 상업적 용도로 UWB가 허가되어 있지 않았다. 2002년 2월에 미국 FCC는 Part 15 규정에서 -41.3dBm/MHz의 평균 방사 제한을 정하고, 비허가 기저대역 상에서는 7500MHz(3100~10,600MHz)의 초광대역을 통해 동작하는 것을 허가하도록 개정하였다.

사실 IEEE 802에서는 2002년 3월 PAR(Project Authorization Request)가 제출된 이후 다양한 회사들로부터 802.15.3a에 31개의 프로토콜이 제안되었으나, 그 프로토콜의 수는 표준화 그룹 내 변별과정을 거쳐 두 개의 주요한 기술로 빠르게 압축되었다.

첫 번째 주요 제안은 임펄스 기반의 UWB 기술로, 높은 확산 대역 처리 이득을 이끌어내는 24chips/symbol의 DS-SS를 이용한 BPSK와 QPSK 변조를 사용한다. 이때 5GHz 지역의 UNII 주파수를 제외한 FCC에 의해 허가된 전체 대역을 사용하며, FCC 규정을 만족시키기 위한 제한에 따른 기저대역 신호는 1.368GHz 또는 2.736GHz가 될 수 있다.

두 번째 주요 제안은 이미 제안된 몇몇 제안을 합한 다중 반송파 전송 기술을 기반으로 한 OFDM(Orthogonal Frequency Division Multiplex)의 UWB 기술이다. 이 제안에 따르면 신호의 대역은 528MHz이고, 전체 7.5GHz의 넓은 대역을 다중 접근이 용이하도록 만든 작은 대역들 사이에 주파수 도약으로 네 개의 작은 대역으로 나눠지게 하는 방식으로 부반송파인 캐리어들로 하여금 128-point FFT가 뒤따르는 QPSK 변조로 UWB 신호를 생성한다. 첫 번째 제안처럼 이 제안 또한 5GHz UNII 대역을 이용하는 것을 피하도록 하고 있다.

IEEE 802.15.3a 작업그룹에서는 수년간 이들 두 가지 기술에 대한 성능 우위 비교를 통하여 단일 표준화 안을 만들려고 했다. 그러나 인텔 중심의 멀티밴드 OFDM 방식의 MBOA 진영과 Motorola 중심의 임펄스 DS-UWB 기술이 팽팽하게 대립되다가 2006년 1월 하와이 회의에서 최종적으로 이 표준화 그룹이 해체되면서 IEEE SA 산하에서의 고속 UWB 표준화는 실패한 셈이 되었다. 현재는 UWB 포럼에서 임펄스 방식의 DS-UWB 기술이 단체 표준으로 제정 중이며, MBOA의 Multi-Band OFDM 기술은 ECMA(European Computer Manufactures Association)에서 표준화를 완성하여 현재 ISO/IEC JTC1 SC6에 Fast Track으로 그들의 표준을 국제표준으로 추진 중이다.

9.4.3 ZigBee

IEEE 802.15.4는 새롭고 빠르게 성장하는 무선 센서 시장에서 강력한 경쟁자로서 다양한 시나리오에 따른 많은 응용을 내놓고 있다. 802.15.4 제품은 두 개의 AA 배터리를 장착하고 1년 동안 동작할 수 있으며, 이는 저속 WPAN에 내장된 장치 형태로 사용된다. 즉, PIR(Passive Infrared) 센서, Cordless 스위치, 지능형 원격 제어와 보안, 조명과 난방, 환기, 에어콘 제어기, TMS(Tele-Metering System) 등이 대표적인 응용 분야이다. 또한 이들과 유사한 센서들은 그들의 세심한 움직임을 감시하기 위해 빌딩 및 다리 그리고 여타 다른 구조물 상에서 인프라 감시용으로 사용될 수 있다. 이러한 무선 센서들은 산업 제어와 감시, 지능형 농업, 공급망 관리와 자산 추적, 건강 모니터링, 보안 및 군사용 감지 등에 사용될 수 있다.

IEEE 802.15.4 기술은 유비쿼터스 센서 네트워크(USN)의 구현에 가장 많은 관심을 끌고 있는 무선 네트워크 프로토콜로서 PHY와 MAC을 정의하고 있다. PHY 계층과 MAC 계층의 표준을 다루는 IEEE 802.15.4 표준화 작업은 2004년 완료되었고, 응용 서비스를 위한 시스템 개발에 필요한 상위 계층에 대한 표준화 작업은 ZigBee Alliance에서 담당하고 있다.

IEEE 802.15.4 기술은 250Kbps, 40Kbps, 그리고 20Kbps의 전송 속도 지원, 성형 또는 점대점 동작 지원, 16비트 또는 64비트 주소 할당, CSMA/CA를 이용한 채널 접속, 전송 신뢰성 보장을 위한 ACK 프로토콜 지원, 저전력 소모, 2,450MHz 대역에서 16개 채널, 915MHz 대역에서 10개 채널, 그리고 868MHz 대역에서 1개의 채널 사용이 가능하다는 특징을 가지고 있다.

ZigBee 프로토콜은 IEEE 802.15.4 WPAN의 MAC 위에 올라가는 네트워크 계층과 응용 계층, 그리고 정보보호 기술에 대한 표준이다. ZigBee 프로토콜을 제정하는 ZigBee Alliance는 IEEE 802.15.4 표준을 기반으로 그 상위 계층의 표준을 제정하기 위해 결성된 사실상 표준화 그룹으로서 수개월로부터 수년까지의 배터리 수명을 갖는 낮은 데이터 전송률의 솔루션을 개발하고 있다. Bluetooth와 비교해 볼 때 ZigBee는 보다 싼 가격과 낮은 데이터 전송률, 그리고 이를 활용한 저전력 소모의 특징을 지니고 있으며, 성형은 물론 메쉬 등과 같은 다수의 토폴로지를 갖는 네트워크에도 적용이 가능하다.

ZigBee의 표준을 정의하기 위하여 세계의 여러 업체가 멤버로서 참여하고 있으며, 몇 개의 업체들이 현재 ZigBee 표준에 부합한 시제품을 내놓고 있다. IEEE 802.15.4에서는 MAC과 PHY에 대한 표준화에 대한 역할을 담당하고 있고 현재 표준화가 완료된 상태이며, ZigBee Alliance의 경우 보안(security), 네트워크 계층, 응용 계층, 마케팅 그리고 세부 프로파일에 대한 표준화 작업을 담당하고 있다.

SUMMARY

- IEEE 802 표준의 목적은 서로 다른 회사에서 만들어진 LAN들이 호환될 수 있도록 표준을 정하는 것이다.

- IEEE 802 표준은 데이터링크 계층을 2개의 부계층, 즉 LLC(Logical Link Control)와 MAC(Medium Access Control)으로 세분화하였다.

- CSMA/CD에서 각 통신국은 데이터를 전송하기 전에 매체를 살펴보고 매체가 사용 중이면 기다리고, 매체가 비어 있으면 전송한다. 충돌이 발생하면 즉시 전송을 중지하고 임의의 시간 동안 기다렸다가 다시 시작한다.

- 이더넷의 전송 속도는 초기 10Mbps부터 시작하여, 패스트 이더넷은 100Mbps, 기가비트 이더넷은 1Gbps, 10기가비트 이더넷은 10Gbps로 발전하였다.

- 공장자동화 등과 같이 일정한 지연을 요구하는 응용에 사용하기 위하여 토큰 제어 방식의 LAN이 개발되었다.

- 토큰 제어 방식의 LAN에는 IEEE 802.4로 표준화된 토큰 버스 방식과 IEEE 802.5로 표준화된 토큰 링 방식, IEEE 802.6으로 표준화된 DQDB, 그리고 FDDI 등이 있으나 이더넷에 밀려 최근에는 거의 사용되지 않는다.

- 무선 LAN은 IEEE 802.11로 표준화되었으며, 이 802.11 표준은 서로 다른 전송률과 변조 기술을 가진 여러 물리층을 정의한다.

- IEEE 802.11 계열의 MAC에서 DCF는 경쟁에 의해 채널 접근을 제어하는 방식으로 CSMA/CA라는 제어 방식을 사용하며, PCF는 노드들의 데이터 전송이 AP에 의해 중앙에서 제어되는 방식이다.

- 무선 개인 통신 WPAN은 10m 내외의 비교적 단거리에서 디바이스 간의 무선 연결을 통하여 다양한 정보를 전달할 수 있는 근거리 무선통신 기술이다.

- 블루투스는 2.4GHz의 비인가 ISM 주파수 대역을 사용해서 복잡한 유선 케이블을 무선으로 대체할 목적으로 10m 이내의 개인 거리 내에서 다양한 기기 간에 통신할 수 있도록 하는 저전력, 저가의 무선 통신 시스템이다.

9.1 이더넷 LAN

[9-1] LAN의 한 종류인 100Base-T 네트워크에서 사용되는 전송 매체는?

〈정보처리산업기사 2024/7, 2023/5, 2023/3, 2022/3, 2018/4〉

① Coaxial cable　　② Optical cable
③ UTP cable　　④ Microwave cable

[9-2] IEEE 802.3 LAN에서 사용되는 전송매체 접속 제어(MAC) 방식은?　〈정보처리기사 2024/6, 2024/3, 2022/7, 2021/3, 2018/8, 2018/4, 2015/8, 정보통신기사 2019/6 2015/3〉

① CSMA/CD　　② Token Bus
③ Token Ring　　④ Frame Relay

[9-3] 다음 중 10BaseT 이더넷의 표기 방법에 대한 설명으로 옳지 않은 것은?　〈정보통신기사 2024/3〉

① 전송 속도가 10[Mbps]이다.
② 광대역(Broadband) 전송을 사용한다.
③ 전송 매체가 트위스트 페어 케이블이다.
④ 최대 전송 거리가 100미터 이내이다.

[9-4] 다음 중 구내 정보 통신망(LAN) 전송로 규격의 하나인 1000BASE-T 규격에 대한 설명으로 틀린 것은?

〈정보통신기사 2023/10, 정보처리기사 2018/8, 2016/3〉

① 최대 전송 속도는 1000Kbps이다.
② 베이스 밴드 전송 방식을 사용한다.
③ 전송 매체는 UTP(꼬임 쌍선)이다.
④ 주로 이더넷(Ethernet)에서 사용된다.

[9-5] 다음 중 다중 접속 방식 중 하나인 CSMA/CD 방식에 관한 설명으로 옳지 않은 것은?

〈정보통신산업기사 2023/10〉

① 단말기 사이에 신호 충돌이 없다.
② 버스형 토폴로지에 이용된다.
③ 제록스가 개발한 이더넷의 IEEE 802.3 표준이다.
④ 동축 케이블을 사용할 수 있다.

[9-6] 다음은 유선 LAN IEEE 802.3(CSMA/CD) MAC 부계층의 프레임 포맷이다. 구성 요소와 크기로 옳지 않은 것은?　〈정보통신산업기사 2023/10〉

① DA(수신 주소):6[byte]　② SA(발신 주소):6[byte]
③ Len/Type:2[byte]　④ Data:32[byte]

[9-7] OSI 데이터 링크 계층에서 사용되는 전송 메커니즘인 이더넷 프레임의 Data 필드에 포함된 가변 길이의 전송 데이터 크기의 최댓값은 1,500이다. Data와 Padding을 합한 데이터의 최소 크기는?

〈정보통신산업기사 2023/10〉

① 46[byte]　　② 48[byte]
③ 50[byte]　　④ 52[byte]

[9-8] 이더넷에서 장치가 매체에 접속하는 것을 관리하는 방법으로 데이터 충돌을 감지하고 이를 해소하는 방식을 무엇이라 하는가?　〈정보통신기사 2023/6〉

① CRC(Cyclic Resundancy Check)
② CSMA/CD(Carrier Sense Multiple Access/ Collision Detection)
③ FCS(Frame Check Sequency)
④ ZRM(Zmanda Recovery Manager)

정답 9-1 ③　9-2 ①　9-3 ②　9-4 ①　9-5 ①　9-6 ④　9-7 ①　9-8 ②

[9-9] 다음 중 100Base-TX의 이더넷 규격에서 이용하는 케이블은? 〈정보통신산업기사 2023/6〉

① 카테고리 3 이상의 UTP 케이블
② 카테고리 5 이상의 UTP 케이블
③ 동축 케이블
④ 광섬유

[9-10] 각 노드에서 발생한 송신 요구가 충돌을 일으킬 경우, 재전송하거나 충돌 회피를 위해 CSMA/CD 방식을 사용하는 LAN의 형태(Topology)는?
〈정보통신산업기사 2023/6〉

① BUS 형
② Star 형
③ Ring 형
④ Loop 형

[9-11] 데이터링크 계층에서 사용되는 전송 메카니즘인 이더넷 프레임에 사용되는 MAC(Media Access Control) 주소의 길이는? 〈정보통신산업기사 2023/6〉

① 4바이트
② 6바이트
③ 8바이트
④ 12바이트

[9-12] 10BaseT 근거리 통신망의 특성을 올바르게 나타낸 것은? 〈정보통신기사 2023/3, 정보처리산업기사 2019/8〉

① 10Mbps, Baseband, Twisted pair cable
② 10Gbps, Baseband, Twisted pair cable
③ 10Gbps, Broadband, Coaxial cable
④ 10Mbps, Broadband, Coaxial pair cable

[9-13] 다음 그림은 16진수 열두 자리로 표기된 MAC 주소를 나타낸다. 모든 필드가 FFFF, FFFF, FFFF로 채워져 있을 때 이에 해당되는 MAC 주소는?
〈정보통신기사 2023/3〉

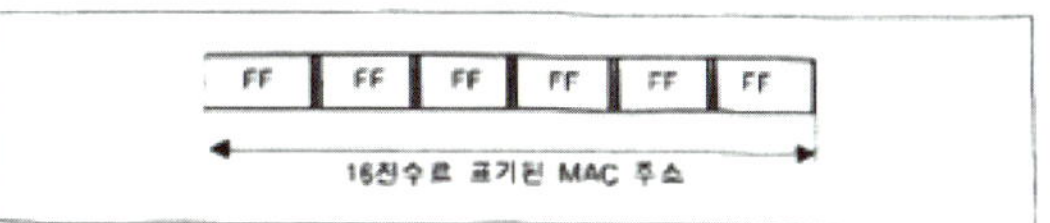

① 유니캐스트 주소
② 멀티캐스트 주소
③ 브로드캐스트 주소
④ 멀티브로드캐스트 주소

[9-14] IEEE 802.2 표준으로 정의되어 있고, 다양한 MAC 부계층과 양 계층 간의 접속을 담당하는 계층은?
〈정보통신기사 2023/3〉

① PHY 계층
② DLL 계층
③ LLC 계층
④ IP 계층

[9-15] 이더넷의 국제 표준은 무엇인가?
〈정보통신산업기사 2023/3〉

① IEEE 802.11 시리즈
② IEEE 802.13 시리즈
③ IEEE 802.3 시리즈
④ IEEE 802.15 시리즈

[9-16] 10기가비트 이더넷(10 Gigabit Ethernet)의 설명 중 틀린 것은? 〈정보통신기사 2022/10〉

① 카테고리 3, 4, 5인 UTP 케이블 모두 사용 가능하다.
② LAN뿐만 아니라 MAN이나 WAN까지도 통합하여 응용할 수 있다.
③ 기가비트 이더넷보다 성능이 최대 10배 빠른 백본 네트워크이다.
④ IEEE 802.3 위원회에서 표준화하였다.

정답 9-9 ② 9-10 ① 9-11 ② 9-12 ① 9-13 ③ 9-14 ③ 9-15 ③ 9-16 ①

[9-17] LAN의 채널 접근 방식에 따른 분류 가운데 무엇에 대한 설명인가? 〈정보통신기사 2022/10〉

> - 1976년 미국 제록스에서 이더넷을 처음 개발한 후 제록스, 인텔, DEC가 공동으로 발표한 규격이다.
> - 채널을 사용하기 전에 다른 이용자가 해당 채널을 사용하는지 점검하는 것으로, 채널 상태를 확인해 패킷 충돌을 피하는 방식이다.
> - 데이터 전송이 필요할 때, 임의로 채널을 할당하는 랜덤 할당 방식으로 버스형에 이용된다.

① CSMA/CD
② 토큰 버스
③ 토큰 링
④ 슬롯 링

[9-18] 10Base-5 이더넷의 기본 규격으로 맞는 것은? 〈정보통신기사 2022/6〉

① 전송 매체가 꼬임선이다.
② 전송 속도가 10[Mbps]이다.
③ 전송 최대 거리가 50[m]이다.
④ 전송 방식이 브로드밴드 방식이다.

[9-19] 다음 중 다원접속 기술 방식이 <u>다른</u> 것은? 〈정보통신기사 2022/3〉

① Token
② Polling
③ CSMA/CD
④ Round-robin

[9-20] Ethernet에서 사용되는 매체 접속 프로토콜은? 〈정보통신기사 2021/10, 정보처리산업기사 2015/5〉

① CSMA/CD
② Polling
③ Token Passing
④ Slotted Ring

[9-21] 다음 중 CSMA/CD 방식에 관한 특징으로 <u>틀린</u> 것은? 〈정보통신기사 2021/6, 2018/3, 2016/3〉

① 노드 수가 많고, 각 노드에서 전송하는 데이터양이 많을수록 효율적인 전송이 가능하다.
② 데이터 전송이 필요할 때 임의로 채널을 할당하는 랜덤 할당 방식이다.
③ 통신 제어 기능이 단순하여 적은 비용으로 네트워크화할 수 있다.
④ 채널로 전송된 프레임을 모든 노드에서 수신할 수 있다.

[9-22] LAN(Local Area Network)에서 CSMA/CD 방식에 대한 설명 중 <u>틀린</u> 것은? 〈정보처리산업기사 2021/5, 2018/4〉

① IEEE 802.3의 표준규약이다
② 버스형에 일반적으로 이용된다.
③ 트래픽 양이 증가할수록 채널 이용 효율이 상승한다.
④ 다중 충돌 접근 기법이라고도 한다.

[9-23] 10Base-5 이더넷의 기본 규격으로 옳은 것은? 〈정보통신기사 2021/3〉

① 전송 매체가 꼬임선이다.
② 전송 속도가 10[Kbps]이다.
③ 전송 최대 거리가 500[m]이다.
④ 전송 방식이 브로드밴드 방식이다.

[9-24] LAN에서 사용되는 매체 액세스 제어 기법과 관련이 <u>없는</u> 것은? 〈정보처리산업기사 2020/10, 2019/8, 2018/3, 2015/8〉

① TOKEN-BUS
② XSMA
③ CSMA/CD
④ TOKEN-RING

정답 9-17 ① 9-18 ② 9-19 ③ 9-20 ① 9-21 ① 9-22 ③ 9-23 ③ 9-24 ②

[9-25] 근거리 통신망(LAN)에서 사용되는 이더넷 프레임(Ethernet Frame)의 목적지 주소 크기와 출발지 주소 크기의 합은 얼마인가? 〈정보통신기사 2020/9, 2018/6〉

① 6[bits] ② 12[bits]
③ 64[bits] ④ 96[bits]

[9-26] 10Base-5 이더넷의 기본 규격에 대한 설명으로 틀린 것은?

〈정보통신기사 2020/6, 2019/3, 2016/3, 정보처리기사 2017/8〉

① 전송 속도가 10[Mbps]이다.
② 기저대역 전송을 행한다.
③ 전송매체가 동축 케이블이다.
④ 전송 거리가 최장 5[km]이다.

[9-27] 다음이 설명하고 있는 LAN의 매체 접근 제어 방식은? 〈정보처리기사 2020/6, 2015/3〉

> - 버스 또는 트리 토폴로지에서 가장 많이 사용된다.
> - 전송하고자 하는 스테이션이 전송 매체의 상태를 감지하다가 유휴(idle) 상태인 경우 데이터를 전송하고, 전송이 끝난 후에도 계속 매체의 상태를 감지하여 다른 스테이션과의 충돌 발생 여부를 감시한다.

① CSMA/CD ② Token bus
③ Token ring ④ Slotted ring

[9-28] LAN 방식인 "10BASE-T"에서 "10"이 가리키는 의미는? 〈정보처리기사 2019/8, 2018/4〉

① 케이블의 굵기가 10㎜이다.
② 데이터 전송 속도가 10Mbps이다.
③ 접속할 수 있는 단말의 수가 10대이다.
④ 배선할 수 있는 케이블의 길이가 10m이다.

[9-29] CSMA/CD 방식에 대한 설명으로 맞지 않는 것은? 〈정보통신기사 2019/6〉

① 충돌이 발생하면 데이터 전송을 중단하고 일정 시간 대기 후 재전송하는 방식이다.
② 랜덤 할당 방식에 의한 전송 매체 액세스 방식이다.
③ 채널의 사용 권한이 이용자들에게 균등하게 분배되는 방식이다.
④ 여러 개의 노드가 하나의 통신회선에 접속되는 버스형에 주로 많이 사용된다.

[9-30] 고속 이더넷 100Base-FX의 전송 매체로 옳은 것은? 〈정보통신기사 2019/6〉

① 광섬유 케이블
② 카테고리 3인 UTP 케이블
③ 카테고리 4인 UTP 케이블
④ 카테고리 5인 UTP 케이블

[9-31] 100BASE-T라고도 불리는 이더넷의 고속 버전으로 CSMA/CD 방식을 사용하며, 100Mbps의 전송 속도를 지원하는 이더넷은? 〈정보처리기사 2019/3〉

① Fast Ethernet ② Thick Ethernet
③ Thin Ethernet ④ Gigabit Ethernet

[9-32] 다중 접근 제어 방식 중 경쟁 방식(Contention)과 거리가 먼 것은? 〈정보통신기사 2018/6〉

① ALOHA
② CSMA/CD
③ CSMA/CA
④ Poling

[9-33] LAN에 사용되는 프로토콜 계층 구조로 올바른 것은? (LLC : Logical Link Control, MAC : Medium Access Control) 〈정보통신기사 2017/9〉

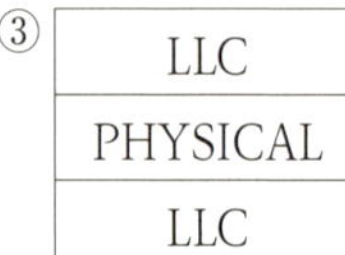

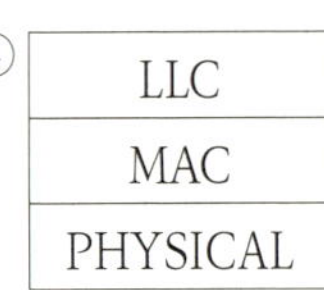

[9-34] 다음 중 자유경쟁으로 채널 사용권을 확보하는 방법으로 노드 간의 충돌을 허용하는 네트워크 접근 방법은? 〈정보처리기사 2016/8〉

① Slotted Ring
② Token Passing
③ CSMA/CD
④ Polling

[9-35] ISO에서 제안한 LAN 프로토콜 중 논리링크 제어 및 매체 액세스 제어를 기술하고 있는 계층은 OSI의 어느 계층에 해당하는가? 〈정보통신산업기사 2015/6〉

① 물리 계층
② 데이터링크 계층
③ 네트워크 계층
④ 전송 계층

[9-36] 미국표준협회(ANSI)에서 개발된 근거리 통신망(LAN) 기술로서, IEEE 802.5 토큰링에 기초를 둔 광섬유 토큰링 표준방식은? 〈정보통신기사 2021/10〉

① FDDI(Fiber Distributed Data Interface)
② Fast Ethernet
③ Gigabit Ethernet
④ Frame Relay

[9-37] 다음 중 고속 LAN으로 대학 캠퍼스나 공장같이 한곳에 모여 있는 LAN들을 연결하는 데 주로 사용되는 것은? 〈정보통신기사 2021/6, 2019/10, 2018/10, 2017/9〉

① FDDI
② ASK
③ QAM
④ FSK

[9-38] IEEE 802 시리즈의 표준화 모델이 옳게 짝지어진 것은? 〈정보처리산업기사 2021/5, 정보처리기사 2020/8〉

① IEEE 802.2 – 매체 접근 제어(MAC)
② IEEE 802.3 – 광섬유 LAN
③ IEEE 802.4 – 토큰 버스(Token Bus)
④ IEEE 802.5 – 논리링크 제어(LLC)

[9-39] 다음 중 근거리 통신망(LAN)에서 사용되는 채널 할당 방식에서 요구할당 방식에 해당되는 것은? 〈정보통신기사 2021/3〉

① ALOHA
② TDM
③ CSMA/CD
④Token Bus

정답 9-32 ④ 9-33 ④ 9-34 ③ 9-35 ② 9-36 ① 9-37 ① 9-38 ③ 9-39 ④

[9-40] LAN의 매체 접근 제어 방식 중 Token Passing 방식에 사용되는 Token의 기능으로 맞는 것은?

〈정보처리산업기사 2021/3, 2016/3〉

① 채널의 사용권　　　② 노드의 수
③ 전송 매체　　　　　④ 패킷 전송량

[9-41] 근거리 통신망(LAN)의 매체 접근 제어(Media Access Control) 프로토콜 중 패킷 충돌이 발생하지 않는 방식은?　　　　〈정보통신기사 2020/5〉

① CSMA/CD　　　　② Slotted ALOHA
③ ALOHA　　　　　④ Token Ring

[9-42] IEEE 802.5는 무엇에 대한 표준인가?

〈정보처리기사 2019/8, 2016/3〉

① 이더넷　　　　　② 토큰링
③ 토큰 버스　　　　④ FDDI

[9-43] 토큰링 방식에 사용되는 네트워크 표준안은?

〈정보처리기사 2019/3〉

① IEEE 802.2　　　② IEEE 802.3
③ IEEE 802.5　　　④ IEEE 802.6

[9-44] IEEE 802 표준의 권고안이 잘못 연결된 것은?

〈정보통신기사 2018/6〉

① IEEE 802.1 : 상위 계층 인터페이스
② IEEE 802.2 : 논리 연결 제어
③ IEEE 802.3 : 이더넷
④ IEEE 802.4 : 토큰링

[9-45] 다음 중 MAN에서 DQDB에 관한 IEEE 표준은?

〈정보처리산업기사 2017/8〉

① IEEE 801.1　　　② IEEE 902.3
③ IEEE 802.6　　　④ IEEE 832.8

[9-46] LAN 엑세스 제어 방법에서 통신회선에 대한 제어신호가 논리적으로 형성된 공통선 상에서 번호를 할당함에 따라 각 노드 간을 옮겨가면서 데이터를 전송하는 방식은?　　　　〈정보통신기사 2017/3〉

① CSMA/CD　　　　② 토큰 버스
③ 토큰 링　　　　　④ FDDI

[9-47] IEEE 802.6으로 공표된 분산형 예약방식의 프로토콜은?　　　　〈정보처리산업기사 2017/3〉

① FDDI　　　　　② DQDB
③ QAM　　　　　④ LAN

[9-48] IEEE 802.4의 표준안 내용으로 맞는 것은?

〈정보처리기사 2016/8〉

① 토큰 버스 LAN　　② 블루투스
③ CSMA/CD LAN　　④ 무선 LAN

[9-49] 광섬유를 전송매체로 100[Mbps]의 전송 속도를 제공하는 두 개의 링 구조로 이루어진 것은?

〈정보통신산업기사 2015/10〉

① ADSL　　　　　② HDSL
③ VDSL　　　　　④ FDDI

[9-50] 다음 중 근거리 통신망(LAN)에서 사용하는 프로토콜이 아닌 것은?　　　　〈정보통신기사 2015/6〉

① CSMA/CD　　　　② Token Ring
③ ALOHA　　　　　④ BGP

정답 9-40 ①　9-41 ④　9-42 ②　9-43 ③　9-44 ④　9-45 ③　9-46 ②　9-47 ②　9-48 ①　9-49 ④　9-50 ④

9.3 무선 LAN

[9-51] 2.4GHz 대역과 5GHz 대역 2개의 채널을 점유해 사용하며, 최고 600Mbps까지의 속도를 지원하는 무선랜 표준은? 〈정보보안기사 2024/6〉

① 802.11a   ② 802.11b
③ 802.11g   ④ 802.11n

[9-52] 다음 설명에 해당하는 방식은? 〈정보처리기사 2024/3, 2021/5〉

> - 무선 랜에서 데이터 전송 시, 매체가 비어 있음을 확인한 뒤, 충돌을 회피하기 위해 임의 시간을 기다린 후 데이터를 전송하는 방법이다.
> - 네트워크에 데이터의 전송이 없는 경우라도 동시 전송에 의한 충돌에 대비하여 확인 신호를 전송한다.

① STA   ② Collision Domain
③ CSMA/CA   ④ CSMA/CD

[9-53] 주파수 대역 분류 중 ISM(Industrial Scientific and Medical) Band에 대한 설명으로 틀린 것은? 〈정보통신기사 2023/10〉

① Bluetooth, ZigBee, WLAN 등 근거리 통신망에서 많이 활용된다.
② 같은 ISM 주파수 대역을 사용하는 무선 장치 간 상호 간섭에 대한 문제 해결을 위해 주파수 간섭 회피 기술을 사용한다.
③ ITU-T에서 통신 용도가 아닌 산업, 과학, 의료 분야를 위해 사전 허가 없이 사용 가능한 공용 주파수 대역이다.
④ ISM 밴드는 주파수를 사전에 분배하여 사용하고 신뢰성 있는 통신을 위해 단말기는 고출력, 고전력 송신기를 사용한다.

[9-54] WLAN(Wireless Local Area Network)의 MAC 알고리즘으로 옳은 것은? 〈정보통신기사 2023/10, 2022/6, 2015/6, 정보처리기사 2019/8〉

① FDMA(Frequency Division Multiple Access)
② CDMA(Code Division Multiple Access)
③ CSMA/CA(Carrier Sense Multiple Access Collision Avoidance)
④ CSMA/CD(Carrier Sense Multiple Access Collision Detection)

[9-55] IEEE에서 제정한 무선 LAN의 표준은? 〈정보통신기사 2023/3, 2020/6, 정보처리기사 2018/3, 정보처리산업기사 2016/3〉

① IEEE 802.3   ② IEEE 802.4
③ IEEE 802.9   ④ IEEE 802.11

[9-56] 발광다이오드(LED)에서 나오는 빛의 파장을 이용해 빠른 통신 속도를 구현하는 기술은? 〈정보처리산업기사 2022/6, 2021/5, 2019/3〉

① LAN   ② MCC
③ Li-Fi   ④ SAA

[9-57] 다음 WLAN 규격 중 가장 속도가 빠른 규격은? 〈정보통신기사 2022/3, 정보통신산업기사 2018/4〉

① IEEE 802.11a   ② IEEE 802.11b
③ IEEE 802.11g   ④ IEEE 802.11n

정답   9-51 ④   9-52 ③   9-53 ④   9-54 ③   9-55 ④   9-56 ③   9-57 ④

[9-58] 빈칸에 들어갈 용어를 바르게 짝지은 것은?

〈정보보안기사 2019/3〉

> 802.11 무선 표준에서는 무선랜의 구성에 따라 2개의 구성 유형이 제시되고 있다. 첫 번째는 (ㄱ) 모드로 무선 AP와 무선 단말기로 구성되는 방식이고, 두 번째는 무선 단말기 사이에 직접 통신이 이뤄지는 (ㄴ) 모드이다.

① ㄱ WLAN ㄴ Broadcast
② ㄱ Infrastructure ㄴ Ad Hoc
③ ㄱ APD ㄴ Peer to Peer
④ ㄱ VPN ㄴ Peer to Peer

[9-59] 무선 LAN의 매체 접근 제어 방식 중 경쟁에 의해 채널 접근을 제어하는 것은?

〈정보처리기사 2018/8, 2015/8〉

① PSK　　　　　② ASK
③ DCF　　　　　④ PCF

[9-60] IEEE 802.11 표준화 규격 중 가장 높은 속도를 지원하는 것은? 　〈정보처리산업기사 2018/8〉

① IEEE 802.11a　　　② IEEE 802.11b
③ IEEE 802.11g　　　④ IEEE 802.11ac

[9-61] 무선접속 장치가 설치된 곳을 중심으로 일정 거리 이내에서 PDA나 노트북, 스마트폰을 이용하여 초고속 인터넷을 이용할 수 있는 서비스를 무엇이라 하는가?

〈정보통신기사 2018/6〉

① RFID　　　　　② Bluetooth
③ SWAP　　　　　④ WiFi

9.4 무선 개인 통신 WPAN

[9-62] 다음 중 WPAN(Wireless Personal Area Network) 방식이 <u>아닌</u> 것은?

〈정보통신기사 2023/6, 2020/5, 2018/10, 2017/5,
정보통신산업기사 2022/6, 2018/4〉

① Zigbee
② Bluetooth
③ UMB(Ultra Wide Band)
④ BWA(Broadband Wireless Access)

[9-63] 다음 보기 중 기저대역(Baseband) 무선 전송 기술방식으로 응용되는 UWB(Ultra Wide Band) 방식의 설명으로 옳은 것을 모두 선택한 것은?

〈정보통신기사 2022/10〉

> ㄱ. 매우 짧은 펄스폭의 변조 방식인 PPM(Pulse Position Modulation)을 이용한 단거리 고속 무선 통신 기술이다.
> ㄴ. 송신기 제작이 쉽고, 저렴한 가격으로 구현이 가능하며, 회로의 크기가 작다.
> ㄷ. 대용량의 데이터를 저전력 소모하에 고속으로 전송이 가능하다.
> ㄹ. 반송파를 이용하지 않고, 기저대역(Baseband) 상태에서 수 GHz 이상의 넓은 주파수 대역과 매우 높은 스펙트럼 밀도로 전송한다.

① ㄱ　　　　　② ㄱ, ㄴ
③ ㄱ, ㄴ, ㄷ　　　④ ㄱ, ㄴ, ㄷ, ㄹ

정답 9-58 ②　9-59 ③　9-60 ④　9-61 ④　9-62 ④　9-63 ③

[9-64] 다음 중 ZigBee 통신 방식의 특징으로 옳지 않은 것은?　〈정보통신기사 2022/3, 2020/6〉

① 저전력 구내 무선 통신 기술이다.
② 근거리 고속 통신에 적합하다.
③ 성형, 망형 등 다양한 네트워크 토폴로지를 지원한다.
④ 네트워크의 안정성을 요구하는 RF 애플리케이션에 사용된다.

[9-65] 다음 내용에 해당하는 것은?　〈정보통신기사 2021/3, 2018/6, 2016/10〉

> IEEE 802.15.4 표준 기반 저전력으로 지능형 홈네트워크 및 산업용 기기 자동차, 물류, 환경 모니터링, 휴먼 인터페이스, 텔레매틱스 등 다양한 유비쿼터스 환경에 응용이 가능하다.

① Bluetooth　　　　② Zigbee
③ NFC　　　　　　④ RFID

[9-66] 무선 네트워크 기술인 블루투스(Bluetooth)에 대한 표준 규격은?　〈정보처리산업기사 2020/10, 2019/4〉

① IEEE 801.9
② IEEE 802.15.1
③ IEEE 802.10
④ IEEE 809.5.1

[9-67] 블루투스(Bluetooth)의 프로토콜 스택에서 물리 계층을 규정하는 것은?　〈정보처리기사 2018/8, 2016/3〉

① RF　　　　　　② L2CAP
③ HID　　　　　④ RFCOMM

[9-68] 블루투스에 사용되는 TDD(Time Division Duplex)-TDMA 방식에 대한 설명으로 틀린 것은?　〈정보통신기사 2018/6〉

① 송신자와 수신자가 데이터를 송신하고 수신할 수 있지만, 동시에 이루어지지 않는다.
② 송신자와 수신자의 각 방향에 대한 통신은 서로 다른 주파수 도약을 사용한다.
③ 전이중 양방향 통신방식의 한 종류이다.
④ 서로 다른 반송 주파수를 사용하는 워키토키와 유사하다.

[9-69] 무선 이어폰은 전화기를 호주머니나 가방에 넣어둔 채로 전화를 걸거나 받을 수 있고, 음악도 들을 수 있다. 이와 같이 근거리에서 2.4[GHz] 주파수 대역을 이용하여 휴대기기 간 연결을 도와주는 기술은 무엇인가?　〈정보통신기사 2018/3〉

① Bluetooth
② Zigbee
③ NFC
④ RFID

[9-70] 다음 중 블루투스에 대한 설명으로 가장 거리가 먼 것은?　〈정보통신기사 2017/3〉

① 2.4[GHz] 주파수 대역폭을 사용한다.
② 저가격, 저전력 무선 구현을 지원한다.
③ 블루투스 규격은 크게 코어 규격과 프로파일 규격으로 구분한다.
④ 주 변조 방식은 PSK이다.

정답　9-64 ②　9-65 ②　9-66 ②　9-67 ①　9-68 ③　9-69 ①　9-70 ④

[9-71] 근거리 무선 통신 규격 중 반경 10~100[m] 안에서 컴퓨터, 프린터, 휴대폰, PDA 등 정보통신 기기는 물론 각종 디지털 가전제품 간의 통신에 물리적인 케이블 없이 무선으로 고속의 데이터를 주고받을 수 있는 기술은 무엇인가? 〈정보통신기사 2017/3〉

① Zigbee
② Bluetooth
③ UWB
④ Home RF

[9-72] 각종 사물에 컴퓨터 칩과 통신 기능을 내장하여 인터넷에 연결하는 기술은? 〈정보처리산업기사 2017/3〉

① IoT
② PSDN
③ ISDN
④ IMT-2000

[9-73] IEEE 802.15 규격의 범주에 속하며 사용자를 중심으로 작은 지역에서 주로 블루투스 헤드셋, 스마트 워치 등과 같은 개인화 장치들을 연결시키는 무선 통신 규격은? 〈정보처리산업기사 2016/5〉

① WPAN   ② VPN
③ WAN   ④ WLAN

[9-74] 다음 중 근거리 무선 접속 방식으로 저전력을 사용하는 이동 통신 방식은 어느 것인가?

〈정보통신산업기사 2015/10〉

① Zigbee   ② WiFi
③ WCDMA   ④ WiBro

정답 9-71 ② 9-72 ① 9-73 ① 9-74 ①

학습목표

- PSTN, xDSL, PSDN, X.25에 대하여 설명할 수 있다.
- VAN의 정의와 특징 그리고 Frame Relay에 대하여
  설명할 수 있다.
- ISDN의 서비스, 기능 그룹, 채널 구조에 대하여
  설명할 수 있다.
- 비동기 전송 방식인 ATM의 원리 및 특성에 대하여
  설명할 수 있다.
- 이동통신 시스템의 구성 요소, 주요 기술, 세대별
  특징을 설명할 수 있다.
- 이동 인터넷 WAP에 대하여 설명할 수 있다.

한권으로 끝내는 데이터통신과 정보통신

10

WAN 기술

WAN(Wide Area Network)은 LAN을 보다 큰 영역으로 확장한 것이다. 이러한 요소는 많은 부분에서 WAN을 LAN과 매우 다르게 만든다. 첫째로 WAN은 일반적으로 네트워크 제공자라고 부르는 통신회사에 의해 제공된다. LAN은 개개의 조직이 구축하고 운용하는 데 비해 WAN은 이러한 통신회사에 의해 제공된 서비스를 이용한다. 둘째로 WAN은 LAN과는 다른 토폴로지를 가지고 있다. WAN은 종단 장치 간의 다대다 연결을 생성하기 위해 교환기(switch)를 중간 노드로 사용한다.

10.1.1 PSTN과 xDSL

(1) PSTN

공중 전화 교환망인 PSTN(Public Switched Telephone Network)은 1876년 벨(Alexander Graham Bell)이 전화를 발명한 이래로 계속 발전해 온 회선 교환망으로, 음성 위주의 공중 전화망이다. PSTN은 사용자를 전자교환기로 연결하여 전화와 같은 음성 서비스를 제공하는 통신망이다.

PSTN은 크게 가입자선, 트렁크(Trunk), 교환국으로 구성된다.

- 가입자선(Subscriber Line) : 가입자의 전화기를 전화국에 있는 교환기와 연결하는 전송로로 주로 TP가 사용된다. 로컬 루프(local loop)라고도 부르며 전송은 아날로그 방식을 사용한다. 현재 PSTN은 가입자선 이외의 모든 부분이 디지털화 되어있어서, 이 부분을 '마지막 1마일(last one mile)'이라고 한다. 이 부분을 디지털화하고자 하는 것이 DSL(Digital Subscriber Line) 기술이다.
- 트렁크(Trunk) : 전화국 간을 연결하는 망으로 '국간망'이라고도 한다. 트렁크는 대부분 다수의 회선을 다중화한 전송로가 사용되고, 전송 매체로는 동축 케이블, 광케이블, 무선 등이 사용된다.
- 교환국(Switching Office) : 가입자선을 통하여 가입자의 전화기를 연결하거나 교환기 간을 연결하는 전화국이다. 전화국은 가입 전화를 직접 수용하는 단국(End Office), 단국을 몇 개 모아서 대도시에 두는 중심국(Toll Office), 중심국들을 연결하는 총괄국(Regional Office) 등으로 구성된다.

(2) xDSL

PSTN은 음성 전화용으로 설계되었지만, 데이터통신의 초기에 가장 많이 구축된 망이었으므로 이를 데이터통신에 이용하려는 여러 가지 기술들이 개발되었다. 모뎀을 이용하는 방법이 널리 사용되었으며 보다 고속의 데이터통신을 위한 기술이 DSL(Digital Subscriber Line)이다.

DSL의 가장 큰 장점은 일반 전화선, 즉 구리선을 사용하면서도 Mbps급의 데이터 전송 속도를 제공한다는 것이다. 즉, 가정마다 광케이블을 설치하지 않고도 비동기 전송망에 버금가는 네트워크를 구축할 수 있다. DSL은 주문형 비디오(VOD), 인터넷 접속 및 영상회의 등 멀티미디어 응용을 지원한다.

xDSL은 전화 회선의 가입자 측과 전화망의 교환기 전단에 xDSL 모뎀을 연결하여 160Kbps에서부터 52Mbps까지의 고속 데이터통신을 할 수 있도록 하는 기술이다. xDSL은 데이터 전송 속도에 따라 비대칭(Asymmetric DSL : ADSL), 고속(High bit-rate DSL : HDSL), 대칭(Symmetric DSL : SDSL), 초고속(Very high speed DSL : VDSL) 등이 있으며, xDSL은 이들을 총칭하는 용어이다.

- ADSL : ADSL(Asymmetric Digital Subscriber Line)은 비대칭형 디지털 가입자망이라는 뜻으로 기존 전화선을 통해 일반 음성통화는 물론 데이터 통신을 고속으로 이용할 수 있는 기술이다. 전송 속도는 전화국으로부터 가입자로 오는 하향 링크(down link)의 경우 최고 9Mbps, 가입자로부터 전화국으로 가는 상향 링크(up link)는 640Kbps 정도이다. ADSL은 이와 같이 상향과 하향의 속도 차이 때문에 비대칭형이란 수식어가 붙었다. ADSL은 케이블 모뎀과는 달리 이용자가 증가해도 일정한 통신 속도를 유지할 수 있는 안정된 통신 서비스로 각광을 받았다. 또한 투자비 절감으로 저렴한 가격에 서비스를 이용할 수 있으며, 기존 전화선이나 전화기를 그대로 사용하면서도 고속 데이터통신이 가능할 뿐 아니라, 데이터통신이나 일반전화를 동시에 이용할 수 있다. 이는 한 개의 전화선에서 전화는 낮은 주파수를, 데이터통신은 높은 주파수를 사용하는 원리를 이용하기 때문에 혼선이 일어나지 않고 통신 속도도 떨어지지 않는다. 또한 데이터 회선 구성 시 추가 케이블을 시공한다거나 새롭게 시설을 구축할 필요가 없다는 것도 ADSL의 장점이다. ADSL은 인터넷, VOD, 홈쇼핑과 같은 비대칭형 서비스들에 적합하다.
- HDSL : HDSL(High bit rate DSL)은 고속 디지털 가입자 장치라는 뜻으로 기존 가입자 전화 선로를 이용해 별도의 중계 장치 없이 T1급(1.544Mbps)이나 E1급(2.048Mbps)의 고속 전송을 가능하게 해주는 장비를 말한다. HDSL은 ADSL과 달리 상·하향 링크의 데이터 속도가 같은 대칭형이어서 T1급이나 E1급의 전용회선 서비스에 이용되며 광케이블을 통해 T1/E1급 전용회선을 구축하는 데 소요되는 시간과 비용을 훨씬 줄일 수 있는 장점이 있다.
- SDSL : SDSLSymmetric DSL)은 전송 속도와 수신 속도가 같다는 점에서 HDSL과 비슷하지만, TP가 하나라는 점에서 구별된다. 단일 TP를 사용하기 때문에 HDSL보다 운영 거리가 제한된다. SDSL에서는 사용할 수 있는 실제 한계 거리는 3Km이다. SDSL은 사내 화상회의나 원격 LAN 접속 등에 사용할 수 있다.
- VDSL : VDSL(Very high speed DSL)은 ADSL의 기술을 응용한 것으로 송·수신 간의 속도가 다른 비대칭형이며, 하향 링크에서 최대 52Mbps 정도의 속도를 낼 수 있으므로 매우 빠른 기술이다. 또한 여분의 대역

폭으로 HDTV 프로그램을 전송할 수 있다. VDSL은 공공 네트워크나 기업용 데이터 서비스와 같이 저렴하면서도 대용량 데이터 처리가 필요한 곳이나 소규모 캠퍼스 및 사무실 빌딩 네트워크 등 기존 LAN 시설을 바꾸지 않고 확장을 통해 성능 개선이 요구되는 곳에 적합하다.

10.1.2 PSDN과 X.25

(1) 패킷교환망 PSDN

공중 데이터 교환망인 PSDN(Public Switched Data Network)은 불특정 다수의 이용자 상호 간의 교환 접속을 위해 데이터 전송 서비스를 제공하는 통신망이다. 데이터를 패킷 단위로 송수신하므로 패킷교환망이라고도 한다.

패킷교환망에서 패킷이 적절한 경로를 통해 오류 없이 목적지까지 정확하게 전달되기 위한 주요 기능을 정리하면 다음과 같다.

- 패킷 다중화 : 물리적으로는 한 개의 통신 회선을 사용하면서도 패킷마다 논리 채널(가상 회선) 번호를 붙여 동시에 다수의 상대 단말과 통신이 가능하도록 하는 기능이다.
- 경로 배정(Routing) : 출발지에서 목적지까지 이용 가능한 전송 경로를 탐색한 후 가장 효율적인 전송 경로를 선택하는 기능이다. 경로 설정을 결정하는 요소로는 성능 기준, 경로의 결정 시간과 장소, 정보 발생지, 경로 정보의 갱신 시간 등이 있다.
- 논리 채널 : 송수신 단말기 사이에 논리 채널(가상 채널)을 설정하는 기능이다.
- 순서 제어 : 패킷을 여러 경로를 통해서 전송할 때 패킷의 순서가 송신 측에서 보낸 순서와 다르게 수신되는 것을 방지하기 위한 기능이다.
- 트래픽 제어(Traffic control) : 네트워크의 보호, 성능 유지, 네트워크 자원의 효율적인 이용을 위하여 전송되는 패킷의 양을 조절하는 기능으로, 흐름 제어(flow control), 혼잡 제어(congestion control), 교착상태 회피(deadlock avoidance) 등의 방법이 있다. 흐름 제어는 송신국과 수신국 간의 처리 속도를 조절하여 버퍼의 오버플로우(overflow)를 방지하기 위한 기능이다. 혼잡 제어는 네트워크 내의 패킷 수를 조절하여 네트워크의 오버플로우를 방지하는 기능이다. 즉 흐름 제어가 통신국의 버퍼의, 오버플로우를 방지하는 기능이라면 혼잡 제어는 네트워크의 오버플로우를 방지하는 기능이다. 교착상태란 패킷들을 축적하는 교환기 내의 기억공간이 꽉 차 있을 때 다음 패킷들이 기억공간에 들어가기 위하여 무한정 기다리는 현상을 말한다. 이를 방지하기 위해서는 패킷이 같은 목적지를 갖지 않도록 할당하고, 교착상태 발생 시에는 그 장치를 선택하여

패킷 버퍼를 폐기한다.

- 오류 제어 : 오류를 검출하고 정정하는 기능이다.

(2) X.25

패킷교환망을 대상으로 하는 DTE-DCE 간의 인터페이스를 규정하는 프로토콜이 X.25이다. X.25는 1976년 ITU-T가 개발한 프로토콜이다. ITU-T 표준에서 제시한 X.25의 공식적인 정의는 공중 데이터 네트워크에서 패킷 방식으로 단말 장치를 운용하기 위한 DTE와 DCE 간의 인터페이스이다. 비공식적으로 X.25는 WAN에서 사용되는 패킷 교환 프로토콜이라고 한다.

X.25는 패킷 방식의 단말 장치가, 데이터 교환을 위하여 패킷 네트워크에 연결하는 방법을 규정하고 있다. X.25는 연결 설정, 유지, 연결 해제에 필요한 절차, 예를 들면 연결 설정, 데이터 교환, 확인응답, 흐름 제어, 데이터 제어 등을 설명하고 있다. 또한 수신자 부담(reverse charge), 호출 지정(call direct), 지연 제어(delay control) 등과 같은 기능을 제공하기 위하여, 설비(facility)라고 부르는 서비스 집합을 기술하고 있다.

X.25는 사용자 DTE가 네트워크를 통하여 통신하는 방법과 DCE를 이용하여 네트워크에 패킷을 보내는 방법이 규정되어 있다. X.25는 패킷 교환을 위해 가상 회선 방식을 사용하고, 다중 패킷을 위해 비동기식 TDM 방식을 사용한다.

(그림 10-1)은 X.25의 개념을 나타내고 있다. X.25는 종단 대 종단 프로토콜이지만, 네트워크를 통한 실제 패킷의 이동은 보이지 않는다. X.25는 네트워크를, 각 패킷이 수신 DCE까지 가면서 통과하는 구름과 같은 것으로 간주한다.

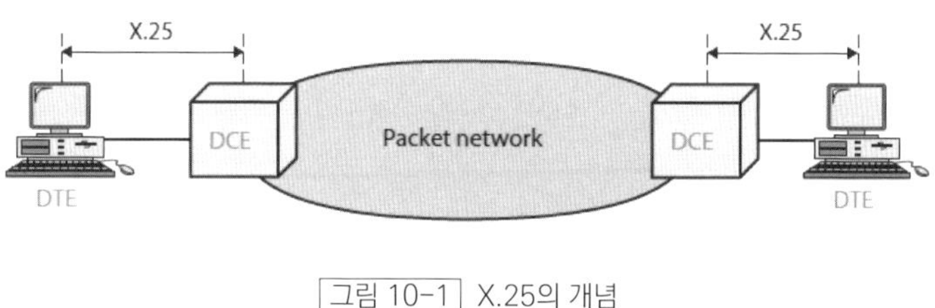

그림 10-1 X.25의 개념

X.25 프로토콜은 (그림 10-2)와 같이 물리 계층, 데이터링크 계층, 패킷 계층으로 구성되어 있다. X.25에서는 OSI 모델의 네트워크 계층을 패킷 계층이라고 부른다. (그림 10-2)에 X.25 계층에서 사용하는 프로토콜들을 나타내었다.

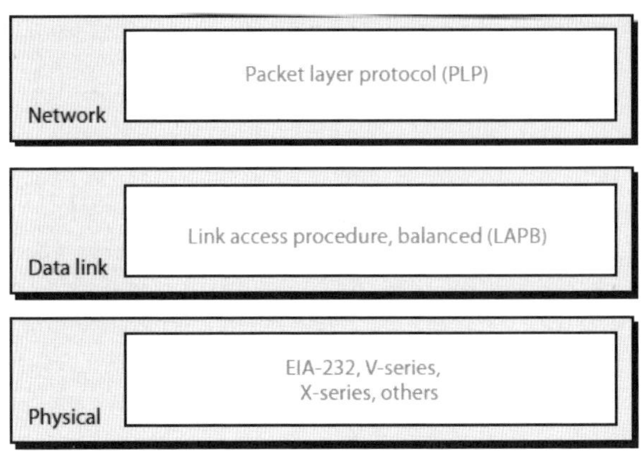

그림 10-2 │ X.25 계층의 프로토콜

- 물리 계층 : X.25는 물리 계층에서 ITU-T에서 규정한 X.21(또는 X.21bis) 프로토콜을 사용한다. X.21은 공중 데이터 교환망(PSDN)에서 동기식 전송을 위한 DTE와 DCE 사이의 접속 규격이다. X.21은 X.25를 지원할 수 있는 다른 물리 계층 프로토콜, 예를 들면 EIA-232 등과 유사하다.

- 데이터링크 계층 : X.25는 HDLC의 부분 집합인 LAPB(Link Access Procedure Balanced)라는 비트 중심의 데이터링크 제어 프로토콜을 사용한다.

- 패킷(네트워크) 계층 : X.25의 패킷 계층에서 사용하는 프로토콜이 PLP(Packet Layer Protocol)이다. 이 계층은 연결 설정, 데이터 전송, 연결 해제 기능을 담당한다. 사용자 데이터와 시스템 데이터는 상위 계층에서 받는다. PLP에서는 데이터를 PLP 패킷으로 변환하기 위해 제어정보가 들어 있는 헤더가 덧붙여진다. PLP 패킷은 LAPB 정보 프레임으로 캡슐화되어 차례대로 LAPB 계층을 통과하여, 네트워크로 전송되기 위해 물리층으로 보내진다.

PLP 패킷에는 정보 패킷과 제어 패킷이 있다. 이 두 가지 패킷 형식은 정보 패킷이 상위 계층으로부터 받은 사용자 데이터를 포함한다는 것 외에는 서로 동일하다. 제어 패킷은 사용자 데이터를 포함하지 않지만, 네트워크 운용에 필요한 정보 필드를 포함할 수도 있다.

X.25는 가상 회선 패킷 교환 방식을 사용한다. X.25의 가상 회선 서비스는 두 종류의 가상 회선, 즉 가상 호인 VC(Virtual Call)와 영구적 가상 회선, 즉 PVC(Permanent Virtual Circuit)를 제공한다. VC는 호 설정(call setup)과 호 해제(call clearing) 과정을 사용하여 가상 회선을 동적으로 설정하는 것으로 교환 가상 회선, 즉 SVC(Switched Virtual Circuit)이라고도 한다. PVC는 네트워크가 배정한 고정된 가상 회선으로 호 설정과 호 해제 과정이 수행되지 않는다.

패킷교환망에 단말을 연결하려고 할 때, X.25를 지원하는 패킷형 단말기(PDTE)는 그대로 접속할 수 있지만 X.25를 지원하지 않는 비패킷형 단말기(CDTE)는 (그림 10-3)과같이 중간에 PAD(Packet Assembly Disassembly)가 필요하다. 여기에서 PAD는 X.25 패킷교환망에 비패킷형 단말기를 접속할 수 있게 해주는 프로토콜 변환기이다.

ITU-T에서는 PAD와 관련된 3가지 권고안인 'X.3', 'X.28', 'X.29'를 발표하였다. 'X.3'은 PAD의 동작과 기능을 정의하고 있으며, 'X.28'은 비패킷형 단말기와 PAD 간에 접속 및 데이터 교환 절차를 규정하고 있고, 'X.29'는 패킷형 단말기가 어떻게 PAD와 통신할 것인지를 규정하고 있다.

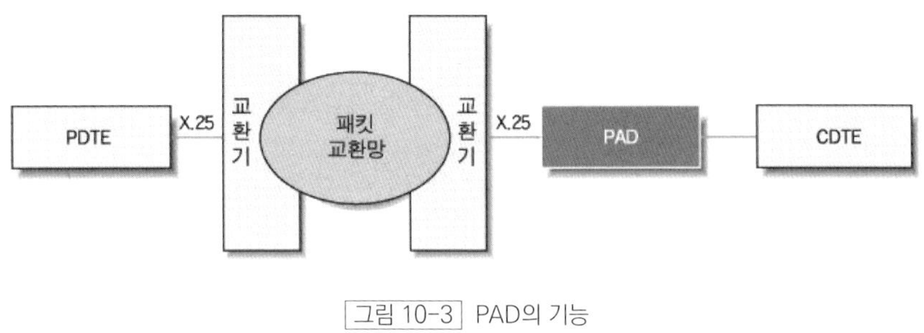

그림 10-3 | PAD의 기능

인터넷이 활성화되기 이전에 설계된 X.25는 3계층으로 구성되어 있어서 IP와 충돌을 일으킨다. 이것은 마치 차를 가진 사람이 한 장소에서 다른 장소로 가기 위해서 자기 차를 트럭에 싣고 가는 것과 유사하다. 또 다른 문제는 X.25가 전송 매체가 매우 신뢰적이지 못할 때 설계되었다는 것이다. 이 때문에 X.25는 데이터링크 계층과 네트워크 계층에서 오류 검출과 오류 정정 기능을 수행한다. 이것은 전송을 매우 느리게 만들고 오늘날과 같이 오류가 거의 발생하지 않는 전송 매체에서는 낭비가 된다. 따라서 X.25는 최근 거의 사용되지 않는다.

(3) ITU-T 권고안

ITU(International Telecommunication Union)는 UN(United Nations)의 산하 기구로, 전기통신 서비스의 국가 간 상호접속을 용이하게 하기 위하여 설립된 국제기구이다. ITU는 크게 'ITU-T', 'ITU-R', 'ITU-D' 3개의 분야로 구성되어 있다. 이 중에서 전기통신 분야를 담당하는 'ITU-T(ITU Telecommunication Standardization Sector)'와 무선통신 분야를 담당하는 'ITU-R(ITU Radiocommunication Sector)'은 1993년 'CCITT(International Telephone and Telegraph Consultative Committee)'와 'CCIR(International Radio Consultative Committee)'에서 이름을 바꾼 것이다.

ITU의 표준화 활동을 통해 만들어지는 표준은 ITU 권고안(Recommendations)이라 하며 일반적으로 ITU 국제표준이라고도 부른디.

- G 시리즈 : 전송 시스템과 미디어, 디지털 시스템과 네트워크에 관한 권고안
- H 시리즈 : 오디오 비주얼 시스템과 멀티미디어 시스템에 관한 권고안
- I 시리즈 : ISDN 표준화를 위한 권고안
- X 시리즈 : 공중 데이터 교환망(PSDN)을 통한 데이터 전송을 위한 권고안
- V 시리즈 : 공중 전화 교환망(PSTN)을 통한 데이터 전송을 위한 권고안
- T 시리즈 : 텔레매틱스 서비스를 위한 권고안

ITU-T의 X 시리즈 권고안은 공중 데이터 교환망(PSDN)에서 데이터 전송을 위한 표준들로 〈표 10-1〉에 주요 권고안의 내용을 정리하였다.

표 10-1 ITU-T X 시리즈 주요 권고안

권고안	설 명
X.3	공중 데이터 교환망에서의 패킷 분해, 조립 장치
X.20	공중 데이터 교환망에서 비동기 전송을 위한 DTE/DCE 접속 규격
X.21	공중 데이터 교환망에서 동기식 전송을 위한 DTE/DCE 접속 규격
X.24	공중 데이터 교환망에서 사용되는 DTE/DCE 간의 상호접속 회로에 대한 정의
X.25	공중 데이터 교환망에서 패킷형 단말기를 위한 DTE/DCE 접속 규격
X.28	비패킷형 DTE와 PAD 사이의 인터페이스
X.29	패킷형 DTE와 PAD 사이에 제어 정보 및 데이터 교환에 대한 절차
X.75	패킷 교환 공중 데이터 네트워크 상호 간의 접속을 위한 노드 사이의 프로토콜 (두 개의 X.25 네트워크를 연결하는 인터페이스)

10.2.1 VAN

부가가치통신망 VAN(Value Added Network)은 공중 통신 사업자로부터 통신회선을 임대하여 하나의 사설망을 구축하고, 이를 통해 정보의 축적, 가공, 변환 처리 등과 같은 부가가치를 첨가하여 불특정 다수를 대상으로 서비스를 제공하는 통신망이다. VAN은 패킷 교환 방식을 사용한다.

VAN은 미국 연방통신위원회 FCC(Federal Communications Commission)가 1973년 프로토콜을 변환할 수 있는 패킷 교환 서비스를 사업으로 인가함으로써 등장하였다. 사무자동화의 고도화, 전기통신 기술의 발달, 정보처리 산업의 발달, 정보 전달 수단의 발전, 컴퓨터 이용 기술의 발달 등으로 탄생한 것이 VAN이다. VAN은 기본 통신 서비스에 부가가치를 부여하여 서비스를 제공하는 것이다. 미국에서 1975년 서비스를 개시한 'Telenet'과 1977년 서비스를 개시한 'Tymnet' 등이 여기에 해당한다. 우리나라에서는 신용카드 결제망이 대표적인 VAN 서비스이다.

VAN을 사용하면, 네트워크에서 이기종 호스트 컴퓨터 사이의 접속이나, 단말기에 접속하는 프로토콜을 변환하여 호스트 컴퓨터의 부하를 줄일 수 있고, 다른 업종이나 기업 간의 접속으로 새로운 사업을 발굴할 수 있다. 또한 데이터통신의 효율성을 향상하고, 통신비용을 절감하며, 회선을 확장·변경·운용하는 등의 관리를 목적으로 VAN을 사용한다.

VAN의 기능은 (그림 10-4)와 같이 기본적으로 3계층으로 분류하지만, 넓은 의미에서는 정보처리 계층까지 포함하여 4계층으로 분류한다.

- 기본 통신 계층(전송 기능) : 사용자가 단순히 정보를 전송할 수 있도록 물리적 회선을 제공하는 VAN의 가장 기본적인 기능이다.

- 통신망 계층(교환 기능) : 네트워크 계층에 해당하는 것으로 가입된 사용자들을 서로 연결시켜 사용자 간의 정보 전송이 가능하도록 제공하는 서비스이다. 패킷 교환 방식을 이용한다.

- 통신 처리 계층(통신 처리 기능) : 전자우편과 전자사서함 서비스와 같이 송신자의 메시지를 시스템에 저장한 후 수신자에게 전송하는 축적교환 기능과 전송 속도, 코드, 포맷, 프로토콜 등을 변환하는 변환 기능을 이용하여 서로 다른 기종 간에 또는 다른 시간대에 통신이 가능하도록 제공하는 서비스이다. 통신 처리 기능은 〈표 10-2〉와 같이 축적교환 기능과 변환 기능으로 구분할 수 있다.

- 정보처리 계층(정보처리 기능) : 온라인 실시간 처리, 원격 일괄 처리, 시분할 시스템 등을 이용하여 급여 관리, 판매 관리 데이터베이스 구축, 정보 검색, 소프트웨어 개발 등의 응용 소프트웨어를 처리하는 기능이다.

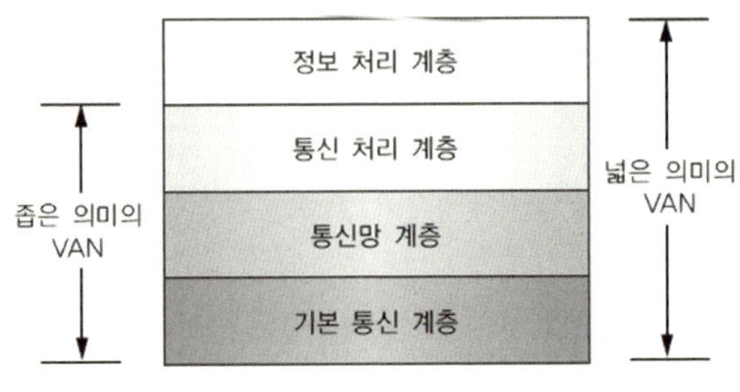

그림 10-4 │ VAN의 계층 구조

표 10-2 │ VAN의 통신처리 기능

구 분	서비스	기 능
축적 교환 기능	전자 사서함	상대방이 부재중이더라도 나중에 확인해 볼 수 있도록 정보 메시지를 축적하고 검색 서비스를 제공하는 기능
	데이터 교환	데이터 축적 기능을 이용하여 송수신자 사이의 데이터 교환을 수행하는 기능
	동보 통신	한 단말기에서 여러 단말기로 같은 내용을 동시에 전송하는 기능
	정시 수집	정해진 시간에 VAN이 송신자로부터 정보를 받는 기능
	정시 배달	정해진 시간에 VAN에 축적되어 있는 정보를 수신자에게 송신하는 기능
변환 기능	속도 변환	축적 기능을 이용하여 속도가 빠른 컴퓨터로부터 데이터를 받아들여 축적한 후 상대 방 단말기의 속도에 맞추어 보내주는 기능
	프로토콜 변환	서로 다른 네트워크 간에 또는 서로 다른 기종의 단말기 간에 통신이 가능하도록 통신 절차를 변환하는 기능
	코드 변환	송신 측과 수신 측이 사용하는 문자 코드 체계를 상호 변환하는 기능
	포맷 변환	서로 다른 데이터 표현 형식(포맷)을 상호 변환하는 기능
	미디어 변환	텍스트, 음성, 영상 등을 상호 변환하는 기능

10.2.2 프레임 릴레이

'X.25'는 오류 확인과 흐름 제어 기능을 제공한다. 패킷은 경로상에 있는 각 노드에서 정확성을 확인한다. 각 노드는 다음 노드로부터 프레임 수신을 확인받을 때까지 프레임의 복사본을 저장하고 있다. 이러한 노드 대 노드 확인은 OSI 모델의 데이터링크 계층에서 구현된다. 'X.25'는 여기에 그치지 않고 네트워크 계층에서도 발신지에 서 수신지까지의 오류를 검사한다. 발신지는 최종 목적지로부터 수신 확인을 받을 때까지 패킷 사본을 유지한다.

'X.25' 네트워크의 트래픽은 서비스의 완전한 신뢰성을 보장하기 위하여 오류 검사를 수행한다.

(그림 10-5)는 발신지에서 수신지까지 하나의 패킷 전송에 요구되는 트래픽을 보여주고 있다. 흰색 상자는 데이터와 데이터링크 계층의 ACK를 나타낸다. 짙은 색 상자는 네트워크 계층의 ACK를 나타낸다. 전체 네트워크의 1/4(25%)이 메시지 데이터에 해당하며, 나머지는 신뢰성을 제공하기 위한 정보이다. 이러한 트래픽은 'X.25'가 개발된 시점에서 사용된 전송 매체가 오늘날의 것보다 오류 발생률이 높았기 때문에 필요한 것이었다.

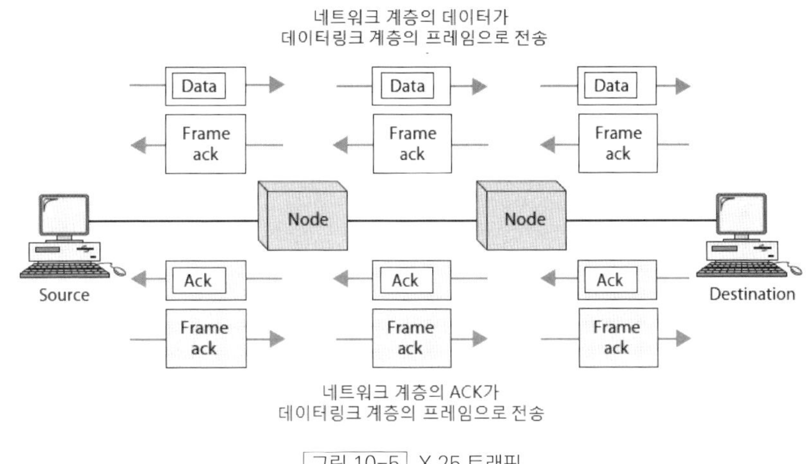

그림 10-5 | X.25 트래픽

그렇지만 이러한 오버헤드는 대역폭을 많이 차지하기 때문에, 대역폭이 제한되어 있는 대부분의 경우에 데이터 전송률이 급격하게 줄어들게 된다. 그리고 각 통신국의 ACK를 기다리는 동안 프레임의 복사본을 저장하고 있어야 하기 때문에 트래픽의 병목현상이 발생하고 속도가 떨어진다.

프레임 릴레이(Frame Relay)는 데이터링크 계층에서의 오류 검사나 ACK를 제공하지 않는다. 대신에 모든 오류 검사는 프레임 릴레이 서비스를 이용하는 네트워크 계층과 전송 계층 프로토콜이 담당한다. (그림 10-5)에 나타난 복잡한 상황 대신에 (그림 10-6)과같이 단순한 전송을 수행하게 된다.

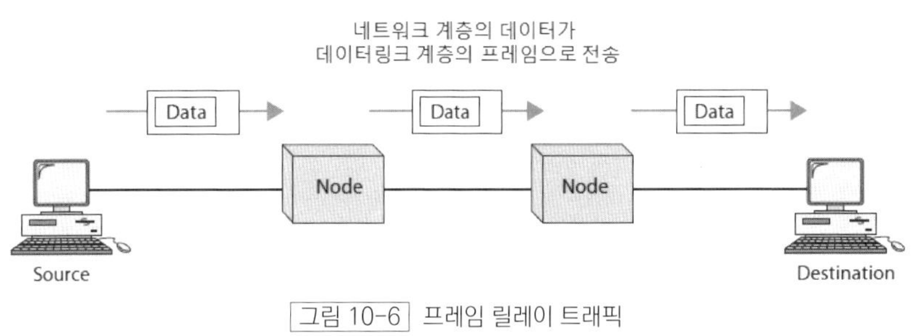

그림 10-6 | 프레임 릴레이 트래픽

    프레임 릴레이는 데이터링크 계층의 패킷을 중계하며, 각각 다른 채널을 이용하여 사용자 정보와 호 제어 정보를 송수신하는 프로토콜이다. 또한 고속의 대용량 서비스와 광역의 데이터 교환 서비스가 가능하며, 1.5~2Mbps 속도로 패킷을 전송한다.

    프레임 릴레이는 'X.25 프로토콜'의 문제점을 개선하기 위하여 ITU와 ANSI에서 개발하였다. 처음에는 ISDN용 데이터 전송 프로토콜로 개발되었으나 점차 독립적으로 서비스할 수 있는 방향으로 성능이 개선되었다.

    프레임 릴레이는 데이터 패킷과 제어 패킷을 각각 다른 채널로 전송함으로써 데이터를 고속으로 전송할 수 있고 네트워크 기능도 단순하다. 또 'X.25'보다 유연하게 통신을 처리할 수 있으며 전송 지연도 줄어들었고, 단위 시간당 처리량도 늘어났다. 데이터가 제대로 전송되는지는 망 내에서 확인할 수 없으므로 단말기 간에 직접 오류 제어와 순서 제어를 수행한다. 프레임 릴레이는 음성이나 이미지 전송 등에는 적합하지 않고 LAN에서 고속으로 데이터를 전송하는 데 적합하다.

초기의 통신망들은 전화 교환망, 패킷교환망, 팩시밀리 교환망 등과 같이 통신 서비스마다 각각의 통신망 형태로 구성되는 것이 일반적이었다. 이와 같이 다양하게 요구되는 여러 가지 서비스에 대하여 개별적인 통신망을 구성하게 되어 통신망 구조가 더욱 복잡해지고 또한 경제적인 면에서 비효율적이다.

종합정보통신망 ISDN(Integrated Services Digital Network)이란 (그림 10-7)과같이 음성 전화, 데이터통신, 화상통신 등의 다양한 정보 통신 서비스를 하나의 통신망을 이용하여 종합적으로 정보를 제공할 수 있도록 이용자 간에 디지털 접속 기능을 갖는 종합적인 서비스 통신망이다.

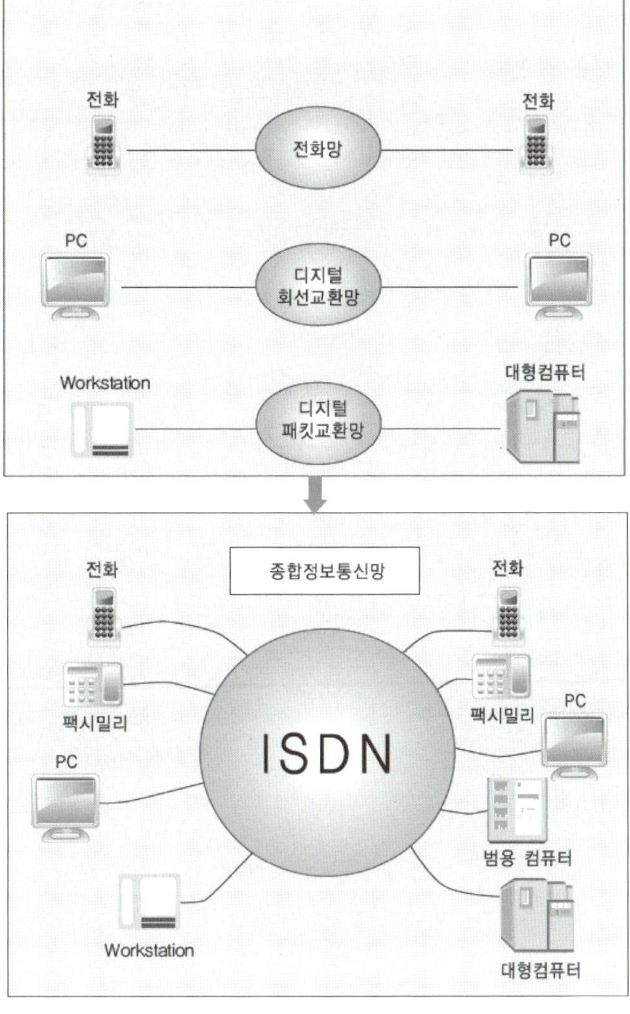

그림 10-7 ISDN의 개념

ISDN은 기본 전송 속도에 따라 64K~2Mbps급의 협대역 ISDN(N-ISDN)과 155~600Mbps급의 광대역 ISDN(B-ISDN)으로 구분한다.

10.3.1 N-ISDN

N-ISDN을 통하여 제공되는 다양한 통신 서비스는 음성 서비스와 비음성 서비스로 크게 나눌 수 있다. 기존의 전화망에서는 전화기를 통해 음성을 단순히 전달하는 서비스가 주종을 이루어 왔으나, N-ISDN에서는 필요할 경우 음성을 저장 및 처리하는 음성우편 등의 고품질의 다양한 서비스가 제공된다. 또한 음성 서비스 외에 비디오텍스(videotex), 텔레텍스트(teletext), 팩시밀리, 영상 회의, 전자 사서함, 데이터통신 서비스 등의 비음성 서비스가 제공된다. N-ISDN의 기본 전송 속도는 64Kbps로 회선 및 패킷 전송을 지원한다. 이는 음성 이외에 데이터, 정지화상, 팩시밀리 등의 정보 전송이 가능하지만, 동영상, 고속 고용량 데이터 전송 등 64Kbps 이상의 전송 속도를 필요로 하는 경우에는 한계가 있다.

(1) N-ISDN 서비스

N-ISDN에서 제공하는 서비스는 그 속성에 따라 OSI 7계층 중 하위 계층(계층 1~3)에서 제공하는 베어러 서비스(bearer service)와 하위 계층과 상위 계층(계층 4 ~7) 및 통신망 운영과 관련된 특성들을 갖는 텔레 서비스(tele-service)로 나눌 수 있다. 그리고 기본적인 통신 서비스에 기능 추가 또는 변형에 의해서 부가서비스가 제공될 수 있다.

- 베어러 서비스(Bearer Service) : N-ISDN에서 제공하는 베어러 서비스는 OSI 하위 3개 계층(물리 계층, 데이터링크 계층, 네트워크 계층)에서 지원하는 서비스이다. 이 전송 서비스는 회선 방식 및 패킷 방식 서비스가 있다. 회선 방식 서비스는 음성 서비스를 위한 64Kbps, 영상 전화, 화상회의 등을 위한 p×64Kbps 디지털 서비스, H0 채널을 사용한 384Kbps 디지털 서비스, H11 채널을 사용한 1,536Kbps 디지털 서비스(북미, 일본), H12 채널을 사용한 1,920Kbps 디지털 서비스(유럽) 등이 있다. 패킷 방식 서비스는 비연결형 패킷 방식 서비스와 영구 가상 회선 패킷 방식 서비스가 있다.
- 텔레 서비스(Tele-Service) : N-ISDN에서 제공하는 텔레 서비스는 OSI 상위 4개 계층(전송 계층, 세션 계층, 표현 계층, 응용 계층)까지도 지원하는 서비스로서, 이 텔레 서비스로는 음성통신, 문자다중 방송(teletext), 팩시밀리, 문자와 정지화상(videotex), 텔렉스 서비스 등이 제공된다.
- 부가서비스(Supplementary Service) : ISDN 부가서비스는 음성, 데이터, 텍스트 및 영상 등의 기본 서비

스에 추가되어 응용성과 편리성을 향상하는 서비스로 부가서비스 자체로는 독립적인 서비스로 존재할 수 없다. 회선 교환 서비스에는 번호 표시 서비스, 호출 제공 서비스, 복수 통화 서비스, 특정 그룹 서비스, 부가 정보 서비스 등이 있다. 패킷 교환 서비스에는 그룹 내 가입자 사이만의 통신을 제공하는 폐쇄 사용자 그룹 서비스, 착신 측에서 요금 부담하는 착신 과금 서비스, 착신 전용 논리 채널, 발신 전용 논리 채널 서비스 등이 있다.

(2) N-ISDN 채널 종류와 접속 구조

ISDN에는 여러 종류의 전송 속도를 갖는 서비스를 제공하므로 다양한 대역폭의 채널이 요구된다. 가입자 단말 장치에서 ISDN 교환기까지 디지털 신호 및 디지털 데이터 정보를 전달하는 채널은 용도에 따라 요구되는 용량이 다를 것이며, ITU-T에서는 인터페이스의 채널로 임의의 정보 전송에 사용되는 정보채널로서 기본 채널인 B 채널(64Kbps), 고속 채널인 H 채널(384Kbps, 1,536Kbps, 1,920Kbps), 제어 정보를 전송하는 D 채널(16Kbps, 64Kbps)이 있다.

- B 채널 : B 채널은 64Kbps의 전송 속도를 갖는 기본적인 사용자 정보채널로써 가입자 정보를 회선 방식으로 처리하기 위한 회선교환 방식, 패킷 교환, 전용선의 3가지 통신모드에 이용된다. ISDN에서는 B 채널을 기본으로 하고 B 채널 단위로 교환 접속 기능을 수행한다. B 채널은 64Kbps로 PCM 부호화된 디지털 음성, 64Kbps 이하의 데이터 정보 및 혼합 정보 등에 이용될 수 있다.
- D 채널 : D 채널은 신호정보를 전달하기 위한 신호 채널로 호출 제어, 가입자 대 가입자의 신호 정보의 전달 외에도 패킷 교환용 저속 가입자 데이터 등을 전송하는 데 사용된다. D 채널의 전송 속도는 16Kbps와 64Kbps가 있다.
- H 채널 : H 채널은 고속 팩시밀리, 비디오, 고품질 오디오, 화상회의 등과 같은 대용량 데이터를 고속으로 전송하기 위한 고속 데이터 채널이다. 다양한 전송 속도를 수용하기 위해 'H0', 'H11', 'H12' 등의 채널 형태가 있다. 'H0' 채널은 전송 속도가 384Kbps이며, 이 채널은 B 채널 6개와 같다. 'H11' 채널은 전송 속도가 1,536Kbps이며, B 채널 24개, 'H0' 채널 4개와 같다. 'H12' 채널은 전송 속도가 1,920Kbps이며, B 채널 30개, H0 채널 5개와 같다. 이들 각 채널에 대한 채널 속도 및 용도를 〈표 10-3〉에 정리하였다.

표 10-3 | ISDN 채널형태 및 용도

채널형태		채널속도	용 도	비 고
B		64Kbps	가입자 정보채널 가입자 정보량 : 8, 16, 32, 64Kbps	정보용 채널
D		16 또는 64Kbps	회선교환의 신호채널	제어신호용 채널
H	H0	384Kbps	고속팩시밀리 화상회의 고속데이터, 고감도 오디오	정보용 채널
	H11	1,536Kbps		
	H12	1,920Kbps		

ISDN의 접속 채널은 가입자의 정보처리를 위한 B 채널 또는 H 채널, 제어신호를 위한 D 채널들이 혼합된 전송 구조로 제공된다. 이 구조는 주로 적은 용량의 정보처리를 하는 일반 사용자들이 많이 사용하는 기본 접속(BRI : Basic Rate Interface)과 대용량 전송(디지털 사설 교환기나 LAN)을 요구하는 1차군 접속(PRI : Primary Rate Interface)의 두 가지 형태가 주로 이용된다.

- BRI(Basic Rate Interface) : 기본 접속의 구성은 전이중 통신(full-duplex) 64Kbps B 채널 2개와 전이중 통신 16Kbps D 채널 1개, 즉 '2B+D'로 이루어져 있으며, 가입자가 이용할 수 있는 전체 속도는 144Kbps(2×64Kbps+16Kbps)가 된다. 그리고 프레이밍, 동기 및 다른 부가 비트가 추가되어 기본 접속의 실제 전송 속도는 192Kbps가 된다. 기본 접속의 경우 2개의 B 채널을 이용하여 2대의 전화를 또는 전화와 팩시밀리를 동시에 쓸 수 있다. 또한 D 채널을 이용하여 PC를 동시에 이용할 수 있다.

- PRI(Primary Rate Interface) : 1차군 접속은 '23B+D' 또는 '30B+D'의 접속 구조를 갖는 고속 데이터 전송용 접속이다. 이 중에서 미국, 캐나다, 일본 등에서는 B 채널 23개와 D 채널(64Kbps) 1개(23B+D)로 구성되어 1,536Kbps가 되며, 유럽에서는 B 채널 30개와 D 채널 1개(30B+D)로 구성되어 1,984Kbps가 된다. 또한 B 채널과 H 채널을 다양하게 조합하여 사용한다. 자세한 접속 구조는 〈표 10-4〉에 정리하였다.

표 10-4 | ISDN의 접속점 S, T에서의 접속 구조

액세서	기본 액세서	일차군 액세서	
	144Kbps	1,536Kbps	1,984Kbps
B 채널 구조	B+B+D(16)	23B+D(64)	30B+D(64)
H0 채널 구조	-	$4H_0$	$5H_0$+D(64)
H11 채널 구조	-	H_{11}	H_{12}+D(64)
혼합 구조	-	nB+mH_0+D(64) nB+mH_0	nB+mH_0+D(64) nB+mH_0

10.3.2 B-ISDN과 ATM

1980년 중반 이후로 개인용 컴퓨터(PC)와 중대형 컴퓨터가 급속하게 보급되었으며, 또한 정보통신 기술의 발달로 인해 음성, 문자 및 영상정보 서비스와 같은 멀티미디어 서비스를 많이 요구하게 되었다. 협대역(주파수대의 폭이 좁은 대역) ISDN은 기존의 64Kbps급의 협대역 통신 서비스에 한정되어 전화, 팩시밀리, 화상전화, 화상회의 등 비교적 간단한 영상정보를 제공할 수 있으나, 비디오, 영화와 같은 동영상 정보에 대한 서비스 구현이 힘들게 되었다. B-ISDN은 (그림 10-8)에서와 같이 광대역 전송 및 교환 기술을 기초로 하여 집중 또는 이산되어 있는 가입자 및 서비스 제공자들을 연결하여 수 Kbps에서 수백 Mbps에 이르는 폭넓은 대역 분포를 갖는 각종 서비스를 종합적으로 제공하는 디지털 통신망이다. 이와 같이 대용량 고속 전송을 필요로 하는 영상정보 서비스를 광대역 서비스라고 하는데, ITU-T에서는 2Mbps 이상의 전송 속도를 요구하는 서비스를 광대역 서비스라고 규정한다.

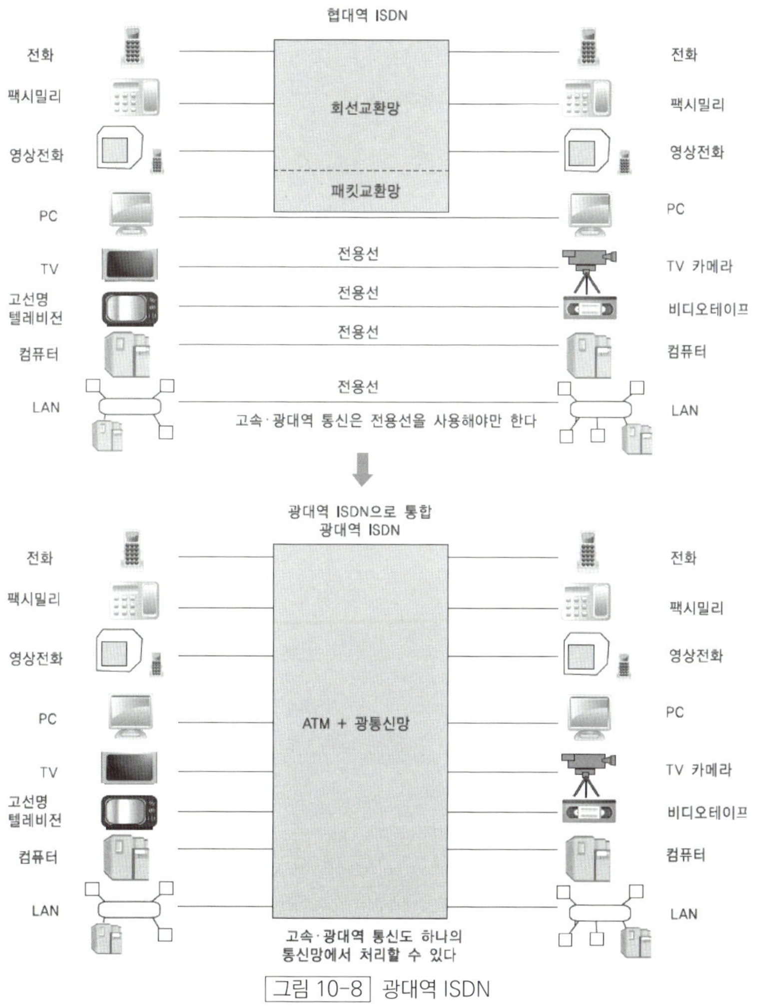

그림 10-8 광대역 ISDN

이런 요구로 개발된 교환 기술이 비동기 전달 모드 ATM(Asynchronous Transfer Mode)에 기반을 둔 교환 기술이다. B-ISDN에서는 음성 혹은 비음성의 다양한 데이터를 저속에서 초고속까지의 전송 속도를 효과적으로 제공하기 위하여 ATM 셀(cell)로 교환 처리하고, ATM 셀들은 동기식 광통신망을 통해 고속 전송하도록 권고하고 있다.

B-ISDN은 전화, 데이터, 팩시밀리, 전자우편 등의 협대역 서비스와 고속 데이터 전송, 영상 전화, CATV, HDTV, 영상 우편, 영상 회의 등의 광대역 서비스들을 대상으로 한다.

B-ISDN이 제공하는 서비스들은 다양한 특징을 갖기 때문에 B-ISDN을 구현하기 위해서는 여러 가지 기초 기술의 발전이 필요하다. 먼저 고속 및 광대역 서비스 신호들이 주축을 이루게 되므로 고속 처리 및 소자 기술이 필요하고, 광대역 전송 및 교환 기술이 요구된다. 또한 B-ISDN의 주요 서비스는 주로 영상정보 서비스이므로 영상 데이터 처리 기술 및 장치의 개발이 필요하다. 또한 저속 및 고속의 서비스, 회선 모드 및 패킷 모드 서비스 등의 서비스들이 공존하므로 이에 상응하는 통신망 기술이 요구된다. 광대역 서비스들이 갖는 다양한 특징들을 통합 수용하는 수단으로 B-ISDN에서는 ATM 방식을 사용한다.

광대역 서비스를 전송 및 교환하기 위해서, 기존의 동기식 전송 방식인 STM(Synchronous Transfer Mode)에 따라 고정된 대역을 설정하여 서비스하는 것은 매우 비효율적이다. ATM은 액세스하는 채널의 정보 유·무에 따라 필요시에만 채널이 할당되므로 고정적으로 채널이 할당되는 STM에 비하여 전송 효율이 증가되고, 또한 채널 속도의 가변성으로 인하여 다양한 속도의 광대역 서비스가 가능한 장점이 있다. 그러나 헤더의 추가에 따른 처리 기능이 요구되는 단점도 있다. ATM에서는 셀들을 비동기 시분할 다중화를 통해서 다중화하기 때문에 비동기식이라고 한다.

B-ISDN에서는 일정한 크기를 갖는 패킷들의 연속적인 흐름에 의해서 정보가 전달되는데, 이 고정된 크기의 패킷을 셀(cell)이라고 한다. ATM 셀의 구조는 (그림 10-9)에서와 같이 5바이트의 헤더와 48바이트의 정보로 구성되어 총 53바이트의 고정된 길이를 갖는다.

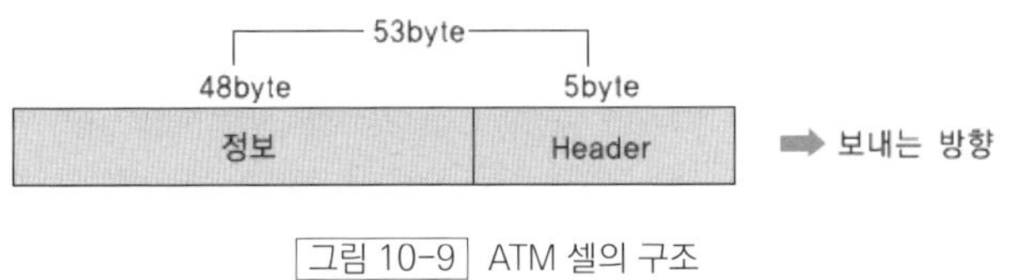

그림 10-9 ATM 셀의 구조

ATM의 원리는 패킷 교환과 회선교환의 장점을 살리며 패킷 교환의 단점을 보완하는 방향으로부터 시작되었다. 전자에 해당하는 것으로는 사용자 정보를 셀이라 불리는 고정적 단위 길이의 패킷으로 나누고, 사용자 정보의 전송량에 따라 셀을 동적으로 할당하여, 셀 헤더의 논리 채널 번호와 논리 경로 번호의 다중화 및 라우팅을 수행하게 된다. 후자에 해당하는 것으로는 광섬유 기술의 발달로 저렴한 가격의 품질 좋은 고속 전송로를 확보할 수 있으며, 150Mbps급의 CMOS 스위치용의 LSI 기술이 제공되므로 소프트웨어의 도움 없이 고속 스위칭이 가능하다는 점을 바탕으로 흐름 제어와 오류 제어를 단말 간 처리하게 하여 망 내에서의 프로토콜 처리를 간략화하고, 호 설정 시 연결지향(connection-oriented)의 논리 채널 및 논리경로 번호를 부여하여 셀 헤더의 하드웨어적 처리만으로 교환을 수행하게 된다.

따라서 ATM 교환은 기존 회선 교환이나 패킷 교환과는 달리 다음과 같은 특성을 갖게 되었다. 모든 서비스 정보를 셀에 의해 통일적으로 다루게 되어 서비스의 추가에 유연하게 대처할 수 있다. 셀의 동적 할당으로 통계적 다중화가 이루어져 전송망의 사용이 효율적으로 되었으며, 고정 단위 길이의 특성에 따라 고속화 및 병렬 처리가 가능하게 되었다. 전송 속도의 유연성이 확보되어 통신 중 속도 변환 및 대역의 동적 할당이 가능하므로, 고정 및 가변 전송 속도를 갖는 서비스도 수용할 수 있다. 망 내에서는 셀 헤더의 채널 식별, 다중화, 라우팅 등의 셀 전송에 필요한 최소한의 기능으로 단일 교환 기능을 수행하며, 사용자와 망 간 또는 망과 망 간의 동일 접속을 실행함으로써 경제적인 통신망의 구축이 가능하다.

ATM 프로토콜은 물리 계층, ATM 계층, ATM 적응 계층을 포함하는 계층 구조를 채택하고 있다.

- 물리계층(Physical Layer) : ATM의 물리 계층은 PMD(Physical Medium Dependent) 부계층과 TC(Transmission Convergence) 부계층으로 구성되어 있다. PMD 부계층은 물리 매체와 비트 전송에 관련된 기능을 제공하고, TC 부계층은 ATM 셀 시퀀스를 물리 매체를 통해 송수신되는 비트 시퀀스로 변환하는 기능을 제공한다.

- ATM 계층(ATM Layer) : ATM 계층은 ATM 셀의 헤더를 생성하고 관리하는 기능을 제공한다. 상위 계층에서 데이터를 수신하면 여기에 5바이트의 헤더를 첨가하여 이를 다시 물리 계층으로 전달한다. 수신 측의 ATM 계층은 53바이트의 셀에서 5바이트로 구성된 헤더를 제거하고, 사용자 데이터 부분을 상위 계층인 AAL로 전달하는 역할을 한다.

- ATM 적응 계층(ATM Adaptation Layer) : ATM 적응 계층, 즉 AAL은 패킷 네트워크와 같은 기존의 네트워크가 ATM 장비에 연결될 수 있도록 한다. AAL은 상위 계층의 서비스로부터 데이터를 받아서 48바이트의 고정된 크기로 분할하는 기능을 수행한다. AAL은 SAR(Segmentation and Reassembly) 부계층과 CS(Convergence Sublayer)로 나누어져 있다. SAR 부계층은 상위 계층에서 전달된 사용자 데이터를 48바이트 크기로 분할하는 기능을 수행한다. CS는 상위 계층으로부터 받은 데이터를 SAR 부계층으로 전달하는 역할을 한다.

이동통신(mobile communications)이란 보행자, 자동차, 열차, 선박, 항공기 등과 같은 이동체를 대상으로 하는 통신으로 통신 상대방 중 한쪽 또는 양쪽 모두가 움직이고 있는 경우를 말한다. 즉 이동체와 고정된 지점 간 또는 이동체 상호 간을 연결하는 통신 방식이다.

통신에 있어서 끈으로부터 벗어나기(tetherless) 위한 노력은 1897년 마르코니(G. Marconi)가 전파를 사용한 무선 전신을 개발한 이후로 꾸준히 계속되고 있다. 이러한 요구는 앞으로도 계속될 것이며, 실제로 전 세계적으로 이동전화 가입자 수가 유선 전화 가입자 수를 넘어섰다.

이동통신 산업은 최근 폭발적인 성장을 거듭해 왔다. 1980년대 초까지만 해도 이동통신이 오늘날과 같이 급속히 보급되리라고는 누구도 예상하지 못했다. 이렇게 되기까지는 RF 회로 기술의 발달과 배터리 기술 그리고 디지털 기술, 특히 VLSI 기술과 디지털 신호 처리 기술의 눈부신 발전이 있었기 때문이다.

10.4.1 이동통신 시스템의 구성 요소와 주요 기술

이동통신은 1900년대 초에 해상 선박의 안전 운행과 긴급 통신용으로 무선 전신이 사용되기 시작하여 제1차 세계대전 후에는 무선 전신에서 무전기로, 제2차 세계대전 후에는 해상용에서 육상용으로 발전해 왔다. 초기의 육상용 이동통신은 차량을 대상으로 한 차량 전화였다.

최초의 차량 전화 시스템은 1921년 미국 디트로이트 경찰국의 순찰차에 설치하여 사용한 것으로 전화기가 커서 사용이 불편하고 자동차의 배터리를 과다하게 소모하는 비효율적인 장치였지만, 이동성을 확보해야 하는 순찰차와 소방차 등에 설치되어 사용되었다. 초기의 서비스는 전화기를 이용했다기보다는 무전기를 이용했다고 보는 편이 어울리며, 직접 다이얼을 돌릴 수 없었고, 교환을 통해야만 상대방과 통화가 가능하였다.

1934년에는 미국의 194개 도시의 경찰과 58개의 주 경찰국에서 진폭 변조(AM : Amplitude Modulation) 방식의 시스템을 운용하였다. 1935년 암스트롱(Edwin Armstrong)이 주파수 변조(FM : Frequency Modulation) 방식을 개발한 이후로 FM은 차량 전화 시스템의 주된 변조 방식으로 사용되었다. 1940년경에는 미국의 모든 경찰이 FM으로 시스템을 전환하였으며, 2차 세계대전 중 군사용으로 급격한 발전을 이루었다. 그러나 이때까지는 경찰서, 소방서, 군대 등의 특수한 계층에서만 사용되는 것이었다.

실제 일반인이 자동차에서 이동 중에 다른 사람과 통화할 수 있는 최초의 이동전화 서비스는 1946년 미국의 세인트루이스에서 시작되었다. 이 시스템은 FM 방식으로 150MHz 대역에서 운용되었으며, 교환원을 통하여 공중 전화망(PSTN)과 접속되는 수동 접속식이었다. 각 도시에서 3개의 채널만을 사용하였기 때문에 동시 통화는

6명만이 가능하였으므로 통화 시간을 많이 점유할 수 없었다. 또한 한쪽에서 말할 동안에는 상대편은 듣기만 할 수 있는 반이중(half-duplex) 통신 방식이었다.

1964년 개발된 IMTS(Improved Mobile Telephone Service)는 교환원을 거치지 않는 자동다이얼 방식을 도입하였으며 동시에 대화를 나눌 수 있는 전이중(full-duplex) 통신 방식을 사용하였다.

이상과 같은 초기의 이동전화 시스템은 (그림 10-10)과같이 고출력의 단일 대형 무선 기지국 단위로 운용되었으며, 서비스 영역은 반경 수십 Km로 송신기의 출력에 따라서 결정되었다. 이때에는 전파의 음영지역이 발생하여도 거의 해결 방법이 없었으며, 수용할 수 있는 가입자의 수도 한계가 있어서, 수요가 많은 도심지역에서는 이동전화의 개통을 위해 대기 순서를 정해놓고 기다려야만 했다.

또한 통화자가 자신이 속해 있는 무선 기지국에서 멀리 떨어져 있을수록 혼선도 심해지고 접속도 곤란하였으며, 다른 기지국의 서비스 지역으로 이동하게 되면 그 지역의 주파수로 전환하지 않으면 통화가 불가능하였다. 따라서 한 지역에서 통화하는 도중에 그 지역을 벗어나면 통화가 끊어지는 불편함이 있었다.

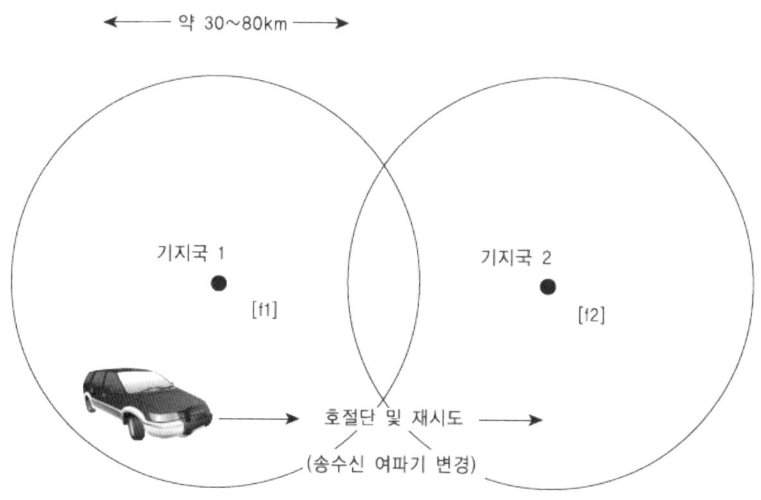

그림 10-10 초기의 이동전화 시스템의 구성

이러한 문제점들을 해결하기 위하여 1960년대에 AT&T Bell 연구소를 중심으로 셀룰러(cellular) 방식의 이동전화를 개발하였다. 셀룰러 방식의 개념은 전체 서비스 영역을 셀(cell)이라는 작은 영역으로 분할하고 각 셀에 있는 소규모의 무선기지국들을 중앙의 교환시스템과 유선으로 연결하여 집중적으로 제어함으로써 가입자가 셀

간을 이동하면시도 통화가 끊기지 않고, 계속할 수 있도록 하는 것이다.

이렇게 하면 송신기 간의 간섭이 일어나지 않을 만큼 충분히 거리가 떨어져 있으면 같은 주파수를 재사용할 수 있게 된다. 이러한 기본 아이디어는 텔레비전 방송국과 라디오 방송국을 지역에 할당할 때와 같은 방식으로 같은 주파수 대역을 다른 지역에 지정하여 사용하는 것과 같다. 이와 같은 셀룰러 방식은 AT&T가 1968년 FCC(Federal Communication Commission)에 제안하였지만, 그 당시 기술로는 구축할 수 없었으며, 1970년대 후반에야 실현이 가능하였다. 이 셀룰러 개념은 이후 모든 이동통신 시스템의 기초가 되었다.

셀룰러 이동전화 시스템은 단말기의 사용 주파수가 특정 채널로 고정된 것이 아니라 기지국에서 제어 채널을 통하여 지정해 주는 통화 채널에 따라 단말기가 해당 주파수를 자동으로 동조시킨다. 따라서 인접한 셀은 간섭을 피하고자 다른 주파수를 사용해야 하지만, 일정 간격 이상 떨어져 있는 셀 간에는 같은 주파수를 재사용할 수 있다. 또 셀과 셀 간을 이동 중인 가입자가 지속적인 통화를 할 수 있게 하려고 단말기가 이동하는 데에 따라 교환기는 제어 채널이나 통화 채널을 통제하여 단말기를 적절한 주파수로 자동 전환한다.

이와 같은 셀룰러 방식을 사용하면 여러 가지 장점이 있는데 그중에서 가장 중요한 것은 어느 정도 거리가 떨어진 셀에서는 같은 주파수를 다시 사용할 수 있다는 것이다. 또 하나의 장점은 셀의 크기가 작으므로 낮은 출력의 송신기를 사용할 수 있다는 것이다.

그러나 이동국이 여러 셀을 지나게 되는 경우가 자주 발생하게 되므로 이동국의 접속을 한 셀에서 다른 셀로 옮기는 제어가 필요하게 된다. 이러한 제어를 핸드오프(handoff) 또는 핸드오버(handover)라고 한다. 또 기존의 방식에 비해 같은 지역을 다수의 기지국으로 분할하였기 때문에 기지국의 수가 늘어나게 되고, 그들을 서로 연결하는 유선망의 복잡도가 다소 증가하게 된다.

(1) 셀룰러 시스템의 구성 요소

셀룰러 이동전화 시스템은 (그림 10-11)과같이 가입자가 사용하는 이동국(MS : Mobile Station), 이동국과 무선으로 연결되는 기지국(BS : Base Station), 그리고 각 기지국과 유선으로 연결된 이동전화 교환국(MSC : Mobile Switching Center 또는 MTSO : Mobile Telephone Switching Office)으로 구성되어 있다. 공중전화 교환망(PSTN) 또는 다른 망과의 접속은 이동전화 교환국을 통하여 이루어진다.

이동국은 서비스 영역 내에서 이동하는 무선 가입자 단말기로 기지국과 무선 채널을 이용하여 통신하며, 송수신 장치와 제어장치, 안테나 장치 등으로 구성된다. 단말기와 기지국 간의 음성과 신호정보는 무선 채널을 통해서 전송된다.

기지국은 이동국과 이동전화 교환국 사이에 위치하여 이동국과의 무선 전송과 교환국과의 유선 전송에 적합하도록 신호를 변환하는 역할을 한다. 기지국은 이동전화 교환국의 요청에 따라 통화 중인 이동국의 신호강도를 측정하여 제공함으로써, 이동전화 교환국이 그 이동국의 이동 상황을 파악하는 데 도움을 준다. 기지국과 이동전화 교환국 간의 음성 및 신호정보의 전송은 유선의 통신 회선과 데이터링크를 사용한다.

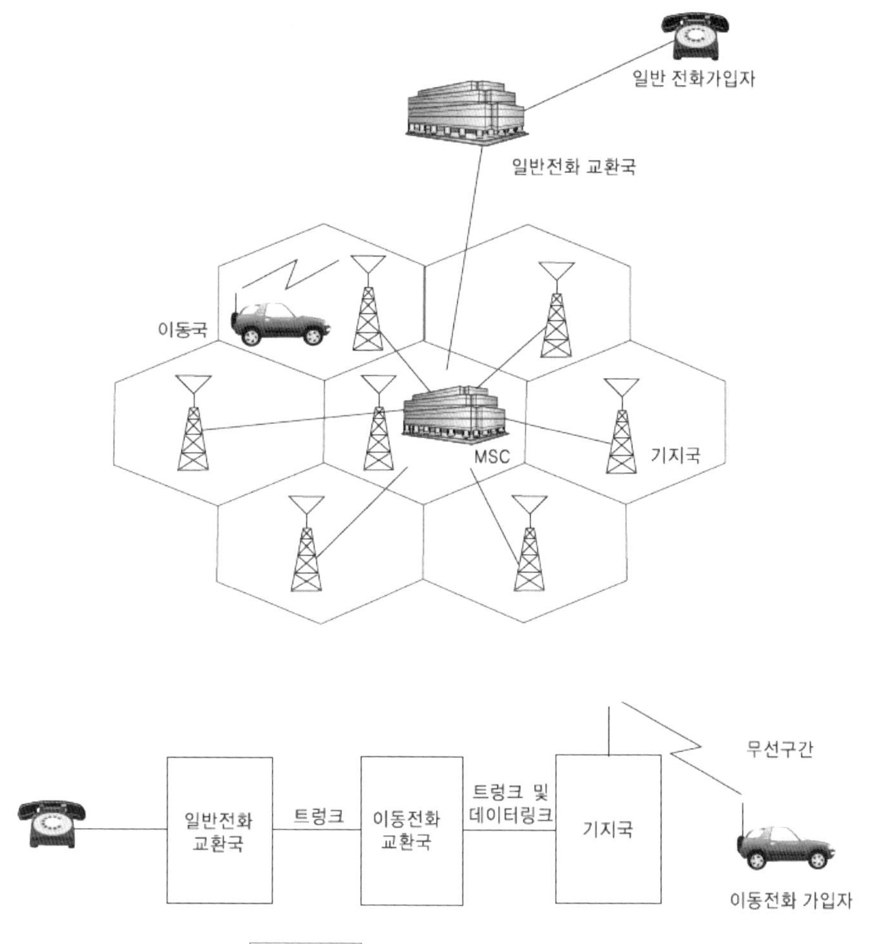

그림 10-11 셀룰러 이동전화 시스템의 구성

이동전화 교환국은 공중전화 교환망과 이동통신망 간의 인터페이스 역할을 하고, 각 기지국에 할당된 채널을 관리하고 통제하는 중앙 제어장치의 역할을 수행한다. 또한 요금 계산 및 이동국의 감시 기능과 신호 처리 기능을 수행한다. 이동전화 교환국은 이동전화 가입자 상호 간 또는 일반전화 가입자와 이동전화 가입자 간의 통화가 이루어지도록 통화 회선을 연결하며, 교환국과 기지국 간에는 데이터링크를 이용하여 각종 신호정보를 주고받는다.

이동국과 기지국 사이의 통신에는 4개의 서로 다른 채널을 사용한다. 먼저 호(call)를 설정하거나 위치 정보 등을 위한 제어 채널(control channel)이 있다. 이 제어 채널은 이동국의 전원이 켜져 있으면 항상 기지국과 정보를 주고받게 된다. 제어 채널을 통하여 호접속이 이루어진 다음에는 통화 채널(traffic channel)을 통해 통화가 이루어진다. 이 통화 채널을 음성 채널(voice channel)이라고도 한다.

또 이동국과 기지국이 각각 동시에 송신과 수신이 가능한 전이중(full duplex) 통신을 위하여 두 개의 분리된 채널이 할당된다. 기지국에서 이동국으로 정보를 전송하는 채널을 하향 링크(downlink) 또는 순방향 채널(forward channel)이라 하며, 이동국에서 기지국으로 정보를 전송하는 채널을 상향 링크(uplink) 또는 역방향 채널(reverse channel)이라고 한다.

이와 같이 전이중 통신을 위하여 2개의 채널을 사용하는 방식에는 주파수를 달리하는 주파수분할 이중화(FDD : Frequency Division Duplex)와 시간을 분할하는 시분할 이중화(TDD : Time Division Duplex)가 있다.

주파수분할 이중화를 사용하는 경우 기지국에서는 두 개의 분리된 채널을 사용하기 위하여 송신 안테나와 수신 안테나를 구별하여 사용한다. 그러나 이동국에서는 하나의 안테나가 송수신 겸용으로 사용되기 때문에, 두 주파수를 분리해 주는 듀플렉서를 사용하게 된다.

시분할 이중화의 개념은 하나의 통신채널 시간대를 다르게 하여 사용하는 것이다. 따라서 일정 시간 동안에는 채널을 기지국에서 이동국으로 전송하는 데 사용하고, 다른 시간에는 이동국에서 기지국으로의 통신에 채널을 사용한다. 그러므로 엄밀하게는 동시에 송수신이 이루어지는 것은 아니다. 시분할 이중화를 사용하려면 디지털 형식의 정보와 디지털 변조 그리고 고도의 시간 정확성이 요구된다. 따라서 이 방식은 최근에 사용되기 시작하였으며, 수 Km의 반경을 가지는 기존의 셀룰러 시스템보다는 실내와같이 좁은 지역에서 운용되는 무선전화나 무선 LAN 등에 사용된다.

(2) 핸드오프

핸드오프(Handoff)는 이동국이 통화하는 중에 셀과 셀 사이의 경계 지점을 통과할 때, 기존의 기지국과 통화 중인 통화 채널을 끊고, 새로운 기지국으로부터 새로운 통화 채널을 할당받아서 통화를 계속할 수 있도록 통화 채널을 자동으로 전환해 주는 것을 말한다.

기존의 방식인 하드 핸드오프(hard handoff)는 우선 사용 중인 통화 채널을 끊은 다음 새로운 통화 채널을 접속하는 것(break before make)으로 셀과 셀 사이의 경계 지점에서 두 개의 통화 채널 간에 핑퐁 현상이 생길 수 있다. 이것은 핸드오프를 관장하는 교환기의 제어 프로세서에 과부하를 일으킨다. 또 핸드오프 상태에 있는 가입자가 듣기에 소리가 순간적으로 끊어지는 현상을 느낄 수 있다.

다른 방법인 소프트 핸드오프(soft handoff) 방법은 기존의 기지국과 새로운 기지국 모두로부터 통화 채널을 동시에 연결하고(make before break), 품질이 더 좋은 쪽을 선별하여 수신한다. 어느 한쪽의 신호 세기가 임계 값 이하로 떨어지면 그 통화 채널을 끊는다. 이 방법을 사용하면 핸드오프 도중에 통화 채널이 끊어지지 않는다. 만약 이동국이 3개의 셀 경계에 있다면 동시에 3개의 통화 채널을 사용하게 된다. 따라서 통화 채널의 사용 효율이 떨어지는 단점이 있다. 그러므로 이 방식은 CDMA와 같은 고용량 시스템에서 채널 효율을 희생하는 대신에 고품질의 서비스를 확보하고자 하는 경우에 사용된다. (그림 10-12)에 소프트 핸드오프의 과정을 보였다.

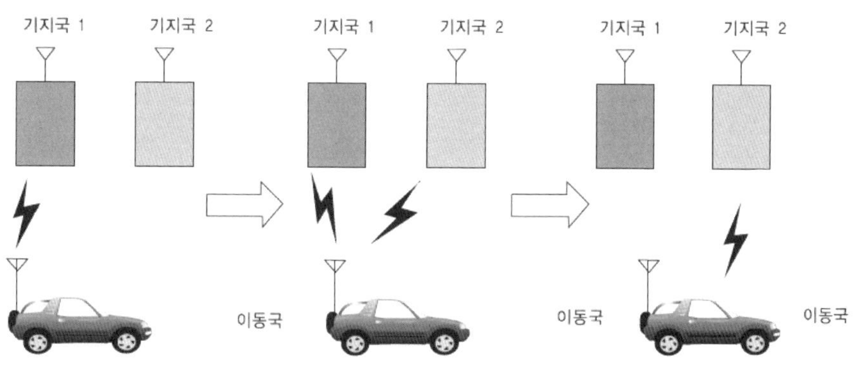

그림 10-12 | 소프트 핸드오프

이와는 달리 이동국이 동일한 기지국 내에서 다른 섹터로 이동할 때 발생하는 핸드오프를 소프터 핸드오프(Softer Handoff)라고 한다. 일반적으로 도심의 기지국은 3개의 섹터로 구성되어 있으며, 각 섹터는 주파수는 같아도 시스템은 별도로 동작한다. 2개의 섹터가 겹치는 구간에서 통화가 일어나면 섹터 간 핸드오프가 발생하며 동작은 소프트 핸드오프와 유사한 방법을 사용한다.

(3) 로밍

로밍(Roaming)이란 단말기가 등록된 시스템의 서비스 지역이 아닌 다른 지역 시스템의 서비스 지역에서도 통화를 가능하게 하는 것이다. 일반적으로 2개 이상의 사업자가 존재할 경우, 가입자가 자기가 가입한 사업자의 관할지역을 벗어나서 통화를 시도하면 정상적인 서비스를 받을 수 없다. 미국 등과 같이 여러 사업자가 지역별로 구분하여 서비스를 제공하는 경우가 여기에 해당된다. 로밍 서비스가 가능하게 하려면 일단 각 사업자 간에 동일한 방식의 시스템을 사용해야 하며, 사업자 간 요금 정산 방법 등의 상호협정과 같은 행정적인 문제를 해결해야 한다.

로밍 서비스는 사업자가 자신의 사업 영역의 제한을 극복하기 위한 적극적인 방법으로 널리 이용되고 있다. 이 서비스는 국제 로밍을 위한 범유럽 표준으로 선정된 GSM에서 활발하게 이용되고 있으며, 미국, 일본 등에서도 사업 지역의 한계를 극복하기 위하여 널리 사용되고 있다. 하지만 우리나라의 경우 한 사업자가 우리나라 전 지역을 서비스 영역으로 하고 있기 때문에 국내에서의 로밍 서비스는 활발하지 못한 편이다.

(4) 위치 등록(Location registration)

시스템 내에 이동국의 위치 정보가 전혀 없는 경우, 하나의 이동국 착신 신호를 연결하기 위해서는 서비스 지역 내의 모든 기지국이 동시에 해당 이동국을 호출하여야 한다. 이러한 호출 방법은 매우 간편하지만, 호출을 위한 신호 트래픽의 폭주 및 부족한 무선 자원의 낭비로 가입자가 많은 경우에는 적절하지 못하다.

따라서 현재 대부분의 시스템에서는 전체 서비스 영역을 몇 개의 위치 영역들로 분할한 다음, 사전에 각 가입자의 위치 정보를 위치 영역 단위로 데이터베이스에 등록하고, 착 신호 연결 시 해당 이동국이 있는 위치 영역 내의 기지국들만이 그 이동국을 호출하는 방법을 사용한다. 이렇게 하려면 시스템은 각 가입자의 위치를 계속 추적하여 해당 데이터베이스에 등록해야 한다.

(5) 다중 접속 기술

다중 접속(multiple access)은 이동통신 시스템에서 단말기들이 상호 간섭 없이 기지국에 접속하기 위한 기술이다. 반면에 다중화(multiplexing)는 기지국에서 여러 단말기로 보내는 정보를 하나로 묶어서 보내는 기술이다. 즉 다중 접속과 다중화는 유사한 기술이며, 보는 관점의 차이에 따라 달라진다. 이동통신에서 사용되는 다중 접속 방식으로는 FDMA, TDMA, CDMA, OFDMA 등이 있다.

- FDMA(Frequency Division Multiple Access) : 각 단말기가 서로 다른 주파수를 사용하는 방식으로 아날로그 시스템에서 사용되었다. 그러나 제한된 주파수 대역에서 아날로그 방식의 이동통신 시스템이 제공할 수 있는 용량이 포화 상태에 이르게 되어 디지털 방식으로의 전환이 불가피하게 되었다.
- TDMA(Time Division Multiple Access) : 주파수를 고정하고, 시간을 분할하여 각각의 채널로 사용하는 방식으로 하나의 프레임을 구성하는 한 주기에서 일련의 타임 슬롯 중 하나가 하나의 채널에 대응된다. TDMA는 가입자 수용 용량이 FDMA 보다 2~3배 증가한다.
- CDMA(Code Division Multiple Access) : FDMA와 TDMA가 할당된 주파수를 협대역 채널로 나눈 후 채널 당 하나 또는 복수의 통화가 이루어지도록 하는 것과는 달리 CDMA는 대역확산(spread sectrum) 기술을 바탕으로 셀룰러 주파수의 전 채널에 걸쳐 다수의 통화가 가능하도록 한 방식이다. CDMA 방식은 이를 위해 각각의 음성 및 데이터 호(call)를 동일한 주파수 스펙트럼 내에서 동시에 전송되는 다수의 호와 구별하

기 위해서 의사잡음 형태인 PN(Pseudo Noise) 코드라고 부르는 고유한 코드를 부여한다. 이 경우 수신기가 올바른 코드만 유지하고 있으면 모든 호 가운데서 원하는 호만을 선택하여 접속할 수 있게 된다. 예를 들어 여러 나라 사람이 모인 장소에서 다른 사람들의 대화에 구애받지 않고, 자신들의 모국어로 대화할 수 있는 상황과 유사하다. 즉 아무리 많은 사람들이 서로 다른 언어로 대화한다고 해도 같은 언어를 사용하는 사람들끼리는 서로의 의사를 충분히 교환할 수 있는 것과 같다.

- OFDMA(Orthogonal Frequency Division Multiple Access) : 기존의 다중 접속 방식이 한 명의 사용자에게 하나의 반송파만을 할당하는 것과는 달리 여러 개의 반송파를 하나의 사용자에게 할당함으로써 고속의 데이터 전송을 가능하게 하는 방법이다. OFDM은 전체 주파수 대역을 직교하는 작은 주파수 대역으로 나누고 한 사용자가 여러 개의 주파수를 사용한다. OFDMA는 3세대의 발전된 시스템인 LTE(Long Term Evolution)와 Wibro, 4세대 시스템인 LTE-Advanced, WiMAX에서 사용되고 있다.

(6) 다이버시티(Diversity)

이동통신 등 무선 전파를 사용하는 환경에서, 전파 경로상의 건물이나 지형 등에 의한 영향으로 다중 경로(multipath) 현상이 생기고, 이는 수신된 신호의 진폭이 변동하는 페이딩(fading) 현상을 초래한다. 페이딩에 의한 전송 품질의 저하를 방지하기 위하여 다이버시티(Diversity) 방식을 사용한다. 다이버시티란 2개 이상의 독립된 전파 경로를 통해 전송된 여러 개의 수신 신호 중에서 가장 양호한 특성을 가진 신호를 이용하는 것으로 다음과 같은 방식들이 있다.

- 공간 다이버시티(Space diversity) : 공간적으로 충분히 떨어진 거리에 2개 이상의 수신 안테나를 이용하여 수신하는 방식이다.
- 편파 다이버시티(Polarization diversity) : 수직 편파와 수평 편파를 따로 수신하는 방법이다. 공간 다이버시티처럼 거리를 유지할 필요는 없다.
- 시간 다이버시티(Time diversity) : 일정한 시간 간격으로 동일한 정보를 여러 번 전송하고, 이를 일정 시간 지연 후에 비교하여 양호한 신호를 선택하는 방식이다.
- 주파수 다이버시티(Frequency diversity) : 동일한 송신 점에서 동시에 서로 다른 둘 이상의 주파수를 방사하는 방식이다. 주파수가 다르므로 감쇠 정도가 다르며, 페이딩의 영향을 적게 할 수 있다. 주파수 차이가 수백 KHz 이상 떨어져야 서로 독립된 페이딩 효과를 얻을 수 있다.
- 각도 다이버시티(Angle diversity) : 지향성이 다른 수신 안테나를 이용하는 방식이다. 다중파 수신 방향의 폭이 넓은 이동국 수신에 적합한 방식이다.

(7) 도플러 효과

도플러 효과(Doppler Effect)는 송신 점의 주파수와 수신 점의 주파수가 정지 상태에서는 동일하지만, 이동할 경우 주파수가 달라지는 현상이다. 이동통신에서 도플러 효과는 빠른 페이딩(fast fading)의 주요 원인이기도 하다. 도플러 효과가 발생하는 원인은 전파가 송수신 간에 가까워지는 방향으로 진행할 경우 파동이 진행 방향으로 압축되고 이에 따라 수신 주파수가 증가하고, 송수신 간에 멀어지는 방향으로 진행할 경우 파동이 진행 방향으로 확대되어 수신되는 주파수가 작아지기 때문이다. 따라서 수신되는 주파수는 도플러 효과에 의해 단말기의 이동 속도에 따라 달라진다.

10.4.2 이동통신 시스템의 세대별 특징

이동통신 시스템은 제1세대라고 할 수 있는 아날로그 시스템에서 제2세대인 디지털 시스템, 제3세대인 IMT-2000(International Mobile Telecommunications 2000)을 거쳐, 4세대 시스템인 IMT-Advanced, 그리고 5세대 시스템인 IMT-2020이 서비스를 개시하였다. 〈표 10-5〉에 세대별 이동통신 기술의 특징을 정리하였다.

표 10-5 세대별 이동통신 기술

구 분	제1세대	제2세대	제3세대	제4세대	제5세대
표준 기술	AMPS, TACS, NMT	TDMA, CDMA, GSM, PDC	WCDMA, cdma2000	LTE-Advanced, IEEE 802.16m	LTE-A Pro, New Radio
전송 속도	10 kbps 이하	14.4~64 kbps	144 kbps ~ 2 Mbps	100M~1Gbps	20Gbps
주요 서비스	음성	음성 단문 메시지 저속 인터넷	음성 고속 인터넷 동영상 통화	고품질의 멀티미디어	초고속, 초저지연 서비스
상용화 시기	1981년	1991년	2000년	2012년	2020년
정식 명칭	-	-	IMT-2000	IMT-Advanced	IMT-2020

(1) 제1세대 : 아날로그 시스템

제1세대인 아날로그 이동전화는 1978년 미국의 AT&T사가 시카고 지역에서 2,000 가입자를 대상으로 800MHz 대역에서 AMPS(Advanced Mobile Phone Service)라는 이름으로 실용화하였다. 이 AMPS는 1983년 본격적으로 상용화되었다. 일본에서는 1979년 NTT 시스템이, 유럽에서는 스웨덴, 노르웨이의 NMT(Nordic Mobile Telephone), 영국의 TACS(Total Access Communication System) 등이 상용화되었다. 우리나라에서는 1984년 당시 한국이동통신(현 SK Telecom)이 AMPS 방식으로 본격적인 서비스를 개시하였다.

(2) 제2세대 : 디지털 시스템

아날로그 방식에 비하여 주파수 자원을 더 효율적으로 이용할 수 있고 서비스의 다양화 및 고도화를 이룩할 수 있는 디지털 셀룰러 이동전화는 1992년 유럽에서 TDMA(Time Division Multiple Access) 방식인 GSM(Global System for Mobile Communication)이 제일 먼저 상용화되었으며 1993년에 미국의 디지털 셀룰러 시스템인 'IS-54'와 일본의 PDC(Personal Digital Cellular) 방식이 상용화되었다.

1993년 미국에서는 Qualcomm사에서 제안한 CDMA(Code Division Multiple Access) 방식을 'IS-95'로 표준화하였다. 우리나라에서는 1996년 세계 최초로 이 CDMA 방식의 상용서비스를 개시하였다.

GSM 방식은 2.5세대인 GPRS(General Packet Radio Service) 방식을 거쳐 비동기식 IMT-2000인 WCDMA(Wideband CDMA)로 발전하였으며, WCDMA 신규 주파수 대역을 확보하지 못한 사업자와 기존 GSM 망의 활용을 위한 방안으로써 EDGE(Enhanced Data Rates for GSM Evolution) 방식이 2004년에 상용화가 되었다. WCDMA 방식은 HSDPA(High Speed Download Packet Access), HSUPA(High Speed Upload Packet Access)로 진화하면서 규모의 경제와 지역적 호환성 면에서 동기식 IMT-2000 대비 우월한 경쟁력을 확보하였다.

'IS-95A' CDMA 방식은 2.5세대에 해당하는 'IS-95B' 방식을 거쳐 동기식 IMT-2000 방식인 cdma2000과 EV-DO(Evaluation Data Only), EV-DV(Evaluation Data and Video) 방식으로 진화하였다.

제1세대 아날로그 이동통신 시스템은 한정된 시스템 수용량, 도청이나 도용 방지에 대한 취약점, 그리고 보다 강화된 기능 등을 제공하는 데에 한계가 노출되었다. 제2세대 시스템은 이러한 문제점들을 보완하기 위하여 제안되었으며, 매우 성공적이었다. 'IS-95'와 GSM 그리고 'IS-136'은 훨씬 증가된 수용량과 통화 기능을 제공하는, 보다 안정된 시스템들이다. 그러나 이들 시스템은 음성 서비스에는 적합하지만, 데이터통신에는 적합하지 못하다. 전자상거래와 멀티미디어 통신과 같은 인터넷 환경에서 이러한 특성은 결정적인 취약점이 되었다.

(3) 제3세대 : IMT-2000

제3세대 이동통신은 ITU가 1999년 IMT-2000 시스템으로 비동기 방식인 WCDMA와 동기 방식인 cdma2000을 비롯하여 총 5개의 무선 접속 기준을 승인하면서 시작되었다. 제3세대 이동통신은 기존 제2세대 이동통신이 음성과 저속의 데이터 서비스를 제공하는 것과 달리 인터넷 접속을 포함하는 고속의 데이터 및 멀티미디어 콘텐츠를 제공할 수 있는 서비스이다.

IMT-2000으로 불리는 3세대 시스템은 국제적인 로밍이 가능하고, 데이터 전송 속도를 정지 시 2Mbps, 보행 시 384Kbps, 고속 이동 시 144Kbps까지 제공하며, 음성 서비스, 고속 데이터 서비스, 동영상 서비스를 제공하는 이동통신 시스템의 실현을 목적으로 하였다.

이동통신 부문에서 경쟁의 시작은 제2세대(2G)부터 시작한다. 1990년대 중반 아날로그에서 디지털로 이동통신이 전환되면서 유럽을 중심으로 비동기식 전송망 기술을 기반으로 하는 GSM과 우리나라와 미국을 중심으로 동기식의 CDMA가 제2세대 서비스로 서로 간 경쟁이 전개되었다. 특히 우리나라가 세계 최초로 상용화시킨 CDMA는 기존 유럽 중심의 GSM에 대항해 독자적 기술 표준으로 자립하게 되었다.

제3세대 시스템의 표준화 작업을 추진하기 위해 세계 표준화 단체들은 WCDMA 기술을 주축으로 한 유럽 중심의 3GPP(The 3rd Generation Partnership Project)라는 단체와 cdma2000을 표준화하기 위한 미국 중심의 3GPP2(The 3rd Generation Partnership Project 2)라는 단체로 재집결하였다.

결국 IMT-2000 표준은 미국 방식의 cdma2000과 유럽 방식의 WCDMA로 양분되었으며 우리나라에서는 정확한 표현은 아니지만 동기식과 비동기식이라는 이름으로 불리게 된다. 동기식과 비동기식의 차이점은 단말기가 기지국과 동기를 맞출 때 GPS를 사용하느냐, 사용하지 않느냐의 차이이다. 동기 방식에서 기지국 확인 및 기지국 간 핸드오프를 위한 시간 동기는 GPS 신호를 이용한 동기 방식을 사용하는 것에 비하여 비동기 방식은 기지국 고유의 스크램블 코드를 이용해서 각 기지국의 확인 및 핸드오프를 하므로 각 기지국이 시간적으로 동기를 맞추지 않아도 된다. WCDMA는 GPS 신호가 미국 국방성이 운용하는 GPS 위성에 의존해야 하는 단점과 지적소유권 문제 등으로 GPS를 이용하지 않도록 개발된 기술이다.

비동기식의 3GPP 계열의 GSM은 IMT-2000을 기치로 WCDMA로 진화하게 되었으며, 국내를 비롯해 대부분의 국가에서 3세대 이동통신 서비스로 채택하여 주파수를 분배하고 사업자를 선정하였다. 그러나 WCDMA 기술은 당초 기대와는 달리 영상통화나 급증하는 무선 데이터 수요에 대응하기에는 제약이 있으며 킬러 서비스 부재, 무선 데이터의 높은 비용 구조의 한계점을 나타내 대부분의 국가에서 상용화가 지연되거나 서비스 확산이 이루어지지 못했다.

(4) 제4세대 : IMT-Advanced

WCDMA 기술은 2000년대 중반 HSDPA(High Speed Down-link Packet Access)로 진화하면서 하향 전송 속도가 기존 WCDMA에 비해 획기적으로 빨라지면서 새로운 전기를 맞게 된다. 이에 2006년 국내에서 거의 세계 최초로 HSDPA 서비스가 제공되었으며, 유럽을 중심으로 주요 국가에서는 HSDPA 상용화가 진전되면서 2G 대부분이 3G로의 세대 간 전환이 이루어졌다. 2008년 이후 HSDPA는 상향 속도를 개선한 HSUPA(High Speed Up-link Packet Access)로, 그리고 HSPA+와 LTE(Long Term Evolution)로 발전하였다.

동기식 계열의 'cdma2000'은 EV-DO(Evaluation Data Only), EV-DV(Evaluation Data and Video) 방식으로 진화하였다. 또한 퀄컴은 독자적으로 4세대 표준을 목표로 UMB(Ultra Mobile Broadband)라는 기술 개발을 추진하였다. 그러나 퀄컴은 2008년 말 UMB 개발을 포기하고 LTE 진영으로 합류했다.

그런데 국내에서 세계 최초로 개발되어 2006년 상용화가 된 WiBro(mobile WiMAX)가 4세대 표준화 경쟁에서 LTE의 경쟁 기술이 되었다. 와이브로(WiBro)는 인터넷 서비스가 무선랜과 같이 무선 환경에서 제공되면서 초고속 인터넷처럼 광대역 인터넷 접속을 가능하게 한다는 의미로써, 'Wireless Broadband'의 줄임말이다. 와이브로는 포화 상태의 이동통신 및 3세대 이동통신 기술의 한계를 극복하기 위해 한국전자통신연구원(ETRI)과 삼성전자가 HPi(High-speed Portable internet)라는 이름으로 개발한 기술이다.

이후 삼성전자와 인텔이 WiMAX(Worldwide Interoperability for Microwave Access)라는 이름으로 공동 개발을 추진하여 와이브로 기술이 IEEE 802.16e의 국제 표준이 되었다. 또한 2007년 국제 표준 기구인 'ITU-R'에 의해 제3세대 이동통신의 6번째 기술 표준으로 승인되었다.

'ITU-R'은 2005년 말 4세대 이동통신의 공식 명칭을 'IMT-Advanced'로 정의하였으며, 2012년 1월 'IMT-Advanced' 표준 기술로, 3GPP 계열의 'LTE-Advanced'와 'WiBro'가 진화한 IEEE 802.16m의 'WiBro-Evolution'을 확정하였다.

4세대 이동통신인 'IMT-Advanced'는 3G 이동통신인 'IMT-2000'의 진화와 새로운 개념의 차세대 이동통신을 아우르는 개념이다. 'IMT-Advanced'는 고속 이동 환경에서 100Mbps, 고정 또는 저속 이동 환경에서 1Gbps의 데이터 전송 속도로 비대칭 및 대칭적 패킷과 방송 서비스를 포함한 다양한 서비스를 IP 기반으로 제공한다.

(5) 제5세대 : IMT-2020

5세대 이동통신은 최대 속도가 20Gbps, 최저 다운로드 속도가 100Mbps로, 4세대 이동통신인 LTE에 비해 속도가 20배 정도 빠르고, 지연시간은 10배 빠르며, 100배 이상의 동시 접속 용량을 제공하는 이동통신 기술이다. 5G는 저속 광역망에 6GHz 이하 주파수 대역과 초고속 근거리망에 24GHz 이상의 밀리미터파를 사용한다. 우리나라에서는 3.5GHz와 28GHz 대의 주파수를 할당받았다.

5G는 초고화질 영상이나 3D 입체영상, 360도 풀영상, 홀로그램 등 대용량 데이터 전송에 적합하다. 5G는 초고속, 초저지연, 초연결 등의 특징을 가지며, 이를 토대로 4차 산업혁명의 핵심 기술인 가상현실(VR : Virtual Reality), 증강현실(AR : Augmented Reality), 자율주행, 사물인터넷(IoT : Internet of Things) 기술 등을 구현할 수 있다.

특히 앞의 CDMA(2세대), WCDMA(3세대), LTE(4세대)가 휴대폰과 연결하는 통신망에 불과했던 반면 5G는 휴대폰의 영역을 넘어 모든 전자 기기를 연결하는 기술이다. 그로 인해 5G는 가상현실(VR), 사물인터넷(IoT), 인공지능(AI), 빅데이터 등과 연계해 스마트 팩토리, 원격의료, 무인 배달, 클라우드·스트리밍 게임까지 다양한 분야에서 엄청난 변화를 일으킬 것으로 전망된다.

10.4.3 이동 인터넷 WAP

이동 인터넷(Mobile Internet)은 이동통신망에서 무선 인터페이스와 플랫폼을 강화하여 이동전화를 비롯한 이동단말기를 통하여 이동 중에도 인터넷 서비스를 사용할 수 있도록 하는 것이다.

이동 인터넷은 무선 인터넷(Wireless Internet)이라는 용어와 구별할 필요가 있다. 무선 인터넷이란 선이 없이 무선 단말기나 무선 모뎀 등을 이용하여 인터넷에 접속하는 것을 의미한다. 이에 비해 이동 인터넷은 무선이라는 의미에 추가해서 단말의 이동성까지 포함된 더 구체적인 개념이다. 따라서 이동성 개념이 거의 없는 무선랜, 무선 가입자망(Wireless Local Loop) 등은 무선 인터넷에 속하지만, 이동 인터넷에는 포함되지 않는다.

무선 인터넷은 그 진화의 관점에서 볼 때 두 가지 방향으로 나누어 볼 수 있다. 하나는 기존 무선랜으로부터 시작하여 이들이 유선망을 통해 결합해 가면서 서비스 범위를 넓혀 나가는 접근법이고, 다른 하나는 기존의 음성 통화 위주의 셀룰러 망에서 무선 인터페이스 부분을 강화하여 인터넷 서비스를 지원해 나가는 방식이다. 전자에 대응되는 시스템이 이동 IP(Mobile IP)이고, 후자가 이동 인터넷 즉 휴대전화를 통한 인터넷 접속을 의미한다. 이동 인터넷의 표준으로는 폰닷컴(Phone.com)사의 WAP(Wireless Application Protocol), NTT 도코모(DoCoMo)사의 i-mode, 마이크로소프트(Microsoft)사의 Mobile Explorer 등이 있다.

이동 인터넷은 이동전화나 PDA 등을 이용하여 언제 어디서나 인터넷에 접속하는 것을 가능하게 한다. 기존의 웹 기반 서비스를 지원하기 위한 언어인 HTML(Hyper Text Markup Language)로는 메모리, 저장장치, 화면 등에서 제한된 성능을 가진 휴대용 무선장비에서 정보를 효율적으로 나타낼 수 없다.

1990년대 후반 이동통신망에서 인터넷 서비스를 제공할 수 있도록 폰닷컴사에서 HDTP(Handheld Device Transport Protocol)와 HDML(Handheld Device Markup Language)를 개발하는 등, 여러 업체에서 각기 다른 언어와 프로토콜을 개발하였으나, 이들 간에 심각한 호환성 문제가 발생하였다. 이에 1997년 에릭슨, 노키아, 모토롤라, 오픈 웨이브 등의 업체들이 공통 규격을 제정하기 위하여 WAP 포럼을 결성하였다.

WAP 포럼의 목적은 기존의 이동 전화용 장비는 물론 다른 무선 통신망 기술과 장비들에서도 인터넷 서비스를 이용할 수 있도록 무선 프로토콜 및 브라우징과 관련된 기술을 개발하는 것이다. 이후 WAP 포럼은 이동 인터넷 서비스를 위한 기술 표준 제정기관인 OMA(Open Mobile Alliance)로 흡수 통합되었다.

WAP은 1998년 초기 버전인 WAP 1.0이 발표된 이후 계속 업그레이드 되었고(총칭하여 WAP 1.x로 표기), 2001년에는 'WAP 2.0'이 발표되었다. 'WAP 1.x'는 열악한 무선 환경에 최적으로 대응하기 위하여 게이트웨이를 두고, 서버로부터 유선망을 통해 다운받은 컨텐츠를 압축한 후, 무선 구간에서 HTTP와는 다른 프로토콜을 사용하여 이동장비의 브라우저로 전송한다. 'WAP 1.x'는 WAP 프로토콜 스택과 WML(Wireless Markup Language)을 기본으로 하고 있다. 무선 구간의 속도 증가로 컨텐츠 압축의 필요성이 감소되었고, 보안 문제를 위하여 별도의 WAP 프로토콜 스택 대신에 기존의 유선 웹과 유사한 프로토콜을 사용한 'WAP 2.0'에서는 게이트웨이의 기능이 대폭 축소되었다.

WAP 계열과 반대로 웹의 기본 요소인 HTML과 HTTP를 그대로 이용하고자 하는 진영이 있다. 기존 HTML에다 이동전화 환경에 적합하도록 태그를 추가하여 고유의 규격을 사용하는 경우이다. NTT DoCoMo사의 c-HTML(compact-HTML)과 마이크로소프트사의 m-HTML(mobile-HTML)이 이에 해당한다. 이러한 방식에서는 이동전화 또는 장비에 해당 언어를 지원하는 브라우저가 내장되어야 하며, 서로 간에는 호환성이 없다.

SUMMARY

- 디지털 가입자망(DSL)은 데이터, 음향, 영상, 멀티미디어의 고속 전송을 위해 기존의 전화망을 사용하는 기술로 ADSL, HDSL, SDSL, VDSL 등이 있다.

- X.25는 공중망에서 패킷 방식의 단말 동작을 위한 DTE와 DCE 간의 데이터 전송 절차를 규정하는 프로토콜로, 물리 계층, LAPB 계층, 패킷 계층으로 구성된다.

- VAN은 통신 사업자로부터 통신 회선을 임대하여 하나의 사설망을 구축하고 이를 통해 정보의 축적, 가공, 변환 처리 등과 같은 부가가치를 첨가하여 불특정 다수를 대상으로 서비스를 제공하는 패킷 통신망이다.

- 프레임 릴레이는 프레임이라는 데이터 단위를 사용하여, X.25 패킷 교환의 장점인 통계적 다중화 방식의 효율성과 회선 교환 방식의 장점인 고속 전송 특성을 결합하여 개발된 높은 처리 능력을 갖는 프로토콜이다.

- ISDN은 통합된 디지털 네트워크를 통해 사용자에게 디지털 서비스를 제공하는 것으로, 가입자 데이터 용인 B 채널, 제어신호 용인 D 채널, 고속데이터 전송용인 H 채널과 같은 세 종류의 채널이 있다.

- 광섬유 매체를 사용하는 B-ISDN은 600Mbps의 데이터율을 제공하여, 기존의 N-ISDN에 비해 매우 대용량의 고속 데이터 전송을 제공한다.

- ATM은 데이터를 작고 고정된 크기의 셀로 만들어 전송하는 셀 교환 프로토콜로, 가변 길이의 패킷에서 발생하는 다양한 지연시간을 없앨 수 있어서 실시간 전송도 가능하게 만든 프로토콜이다.

- ATM은 물리 계층, ATM 계층, ATM 적응 계층(AAL)을 정의한다.

- 이동통신(mobile communications)은 통신 상대방 중 한쪽 또는 양쪽 모두가 움직이고 있는 경우, 즉 이동체와 고정된 지점 간 또는 이동체 상호 간을 연결하는 통신 방식이다.

- 이동전화 시스템은 이동국(MS), 기지국(BS), 이동전화 교환국(MSC 또는 MTSO)으로 구성된다.

- 핸드오프(Handoff)는 이동국이 셀과 셀 사이의 경계 지점을 통과할 때 통화 채널을 자동으로 전환해 주는 것이다.

SUMMARY

- 로밍(Roaming)은 단말기가 등록된 시스템의 서비스 지역이 아닌 다른 지역 시스템의 서비스 지역에서도 통화를 가능하게 하는 것이다.

- 이동통신에서 사용되는 다중 접속 방식에는 FDMA, TDMA, CDMA, OFDMA 등이 있다.

- 이동통신 시스템은 1세대인 아날로그 시스템, 2세대인 디지털 시스템, 3세대인 IMT-2000, 4세대인 IMT-Advanced, 5세대인 IMT-2020으로 구분할 수 있다.

- WAP은 이동 단말이나 PDA와 같이 소형 무선 단말기 상에서 인터넷을 이용할 수 있도록 해 주는 프로토콜이다.

10.1 PSTN과 X.25

[10-1] 다음 중 전송 속도가 가장 빠른 디지털 가입자 회선(Digital Subscriber Line) 방식은?

〈정보통신기사 2024/3, 2018/6, 2015/6〉

① ADSL　　　　　　② SDSL
③ VDSL　　　　　　④ HDSL

[10-2] 다음 보기에 대한 설명 중 괄호 안에 들어갈 용어로 옳은 것은?　　　　〈정보통신기사 2023/10〉

> X.25 인터페이스 프로토콜에서 (　　　) 계층은 LAPB(Link Access Procedure Balanced)로 전송 제어 절차를 규정하고, 순서, 오류, 흐름 제어 기능을 한다.

① 네트워크　　　　　② 데이터링크
③ 물리　　　　　　　④ 표현

[10-3] 컴퓨터에서 송출한 데이터를 X.25 패킷에 조립하거나 X.25 패킷교환망에서 도착한 패킷을 분해해서 컴퓨터로 보내는 장치로 옳은 것은?

〈정보통신산업기사 2023/10〉

① PAD　　　　　　② Gateway
③ NAC　　　　　　④ Modem

[10-4] 다음 중 X.25 패킷교환망에서 사용하는 프로토콜에 대한 설명으로 옳지 <u>않은</u> 것은?

〈정보통신산업기사 2023/10〉

① X.25는 패킷단말과 패킷 교환 기간의 인터페이스를 규정하는 프로토콜이다.
② 물리 계층은 상위 계층과 통신할 수 있도록 DTE와 DCE 사이를 접속하는데 필요한 물리적 접속 형성을 정의한다.
③ 데이터링크 계층 프로토콜은 LAPB이며, 오류, 흐름 및 순서 제어 기능을 한다.
④ 네트워크 계층은 응용 데이터를 세그먼트 단위로 분해 및 조립하고 가상 회선을 설정하고 해제한다.

[10-5] 다음 중 X.25 프로토콜에 대한 설명으로 <u>틀린</u> 것은?

〈정보통신산업기사 2023/10〉

① 호스트 시스템과 패킷교환망 간의 인터페이스를 제공한다.
② ISDN의 패킷 교환을 위해 사용된다.
③ OSI 기준 모델보다 먼저 개발되었다.
④ 패킷형 DTE와 PAD 사이에서 제어정보 및 데이터 교환 인터페이스를 규정한다.

[10-6] X.25는 ITU-T 표준으로 호스트 시스템과 패킷교환망 간 인터페이스를 규정하고 있다. 이 기능에 포함되지 <u>않은</u> 것은?　　〈정보처리산업기사 2023/7, 2023/5, 2022/4〉

① 전송 계층　　　　② 물리 계층
③ 프레임 계층　　　④ 패킷 계층

[10-7] ITU-T에서 제정한 표준안으로서 패킷교환망에서 패킷형 단말과 패킷 교환기 간의 인터페이스를 규정하는 프로토콜은 무엇인가?　　〈정보통신기사 2023/3, 2020/5〉

① X.25　　　　　　② X.28
③ X.30　　　　　　④ X.75

정답 10-1 ③　10-2 ②　10-3 ①　10-4 ④　10-5 ④　10-6 ①　10-7 ①

[10-8] 다음 중 X.25 표준에 대한 설명으로 <u>틀린</u> 것은?
〈정보통신기사 2021/10, 2020/5, 2018/10, 2015/10〉

① ITU-T가 개발한 패킷 교환 방식의 장거리 통신망 표준이다.
② X.25 계층 구조는 물리 계층, 프레임 계층, 상위 계층으로 구성되어 있다.
③ 패킷 방식 단말이 데이터 교환을 하기 위해 어떻게 패킷 네트워크에 연결되는가를 정의한다.
④ 패킷의 다중화는 비동기식 TDM을 사용한다.

[10-9] X.25 인터페이스 프로토콜에서 LAPB 방식을 정의하며, ISO 7776에서 제정하였고, HDLC 프로토콜의 일종으로 제어 순서, 오류, 흐름 등을 제어하는 계층은?
〈정보통신기사 2021/6〉

① 네트워크 계층
② 데이터링크 계층
③ 물리 계층
④ 표현 계층

[10-10] 패킷교환망(PSDN)에서 패킷교환망 접속 기능을 갖고 있지 않은 비패킷 단말장치를 패킷교환망으로 접속시켜주는 기능을 수행하는 장치는?
〈정보처리산업기사 2021/3, 2017/8, 2017/5,
정보처리기사 2019/4, 2018/4, 2017/3, 정보통신기사 2018/10〉

① TAD
② RAD
③ PAD
④ WAD

[10-11] 다음 중 xDSL에 대한 설명으로 <u>잘못된</u> 것은?
〈정보통신기사 2020/9, 2017/3〉

① 음성신호와 데이터 신호를 동시 전송하기 위해 송·수신 속도를 같게 한다.
② 전화국과의 거리가 가까울수록 속도를 빠르게 할 수 있다.
③ ADSL, HDSL, SDSL, VDSL 등이 있다.
④ 기존의 전화회선을 이용하면서 주파수 대역폭이 넓은 범위를 사용하는 방식이다.

[10-12] 다음 중 정보통신 기술 분야의 표준화를 담당하는 국제 표준기구는?
〈정보통신기사 2020/6, 2016/5,
정보처리산업기사 2016/5〉

① ITU(International Telecommunication Union)
② IMO(International Maritime Organization)
③ WTO(World Trade Organization)
④ TTA(Telecommunication Technology Association)

[10-13] ITU-T에서 1976년에 패킷교환망을 위한 표준으로 처음 권고한 프로토콜은?
〈정보처리산업기사 2020/8, 2017/5〉

① X.25
② I.9577
③ CONP
④ CLNP

[10-14] ADSL 인터넷 회선에서 가장 큰 주파수 대역을 사용하는 것은?
〈정보통신산업기사 2020/6〉

① POTS
② 상향 스트림
③ 하향 스트림
④ 인밴드 시그널링

정답 10-8 ② 10-9 ② 10-10 ③ 10-11 ① 10-12 ① 10-13 ① 10-14 ③

[10-15] X.25 프로토콜에서 정의하고 있는 것은?

〈정보처리기사 2019/8〉

① 다이얼 접속(dial access)을 위한 기술
② Start-Stop 데이터를 위한 기술
③ 데이터 비트 전송률
④ DTE와 DCE 간 상호접속 및 통신절차 규정

[10-16] 공중 데이터망에서 패킷형 터미널을 위한 DTE와 DCE 사이의 접속 규격을 나타내는 ITU-T 권고안은?

〈정보처리기사 2019/4, 2016/8, 정보처리산업기사 2019/3, 2018/8, 정보통신산업기사 2016/3〉

① X.21
② X.23
③ X.25
④ X.27

[10-17] X.25 프로토콜을 구성하는 계층에 해당하지 않는 것은?

〈정보처리기사 2019/3, 2017/3, 2016/5, 2015/8, 정보처리산업기사 2016/5〉

① 물리 계층
② 링크 계층
③ 논리 계층
④ 패킷 계층

[10-18] 다음 중 ITU-T에 관한 내용과 거리가 먼 것은?

〈정보통신기사 2019/3, 2017/9〉

① CCITT의 후신이다.
② 전기통신 일반에 관한 표준을 제정한다.
③ 무선 통신시스템에 관한 표준을 제정한다.
④ 전화 및 데이터 통신시스템에 관한 표준을 제정한다.

[10-19] X.25 프로토콜의 패킷 계층에서 하나의 전송링크를 통하여 여러 개의 논리적 연결을 제공하는 기능은?

〈정보처리산업기사 2019/3〉

① 흐름 제어
② 에러제어
③ 다중화
④ 리셋과 리스타트

[10-20] 디지털 가입자 회선 기술로서 망 측과 가입자 측에 각각 설치되어 가입사 신로상으로 효율적이 데이터 전송을 위한 것이 <u>아닌</u> 것은?

〈정보통신산업기사 2019/3, 2017/9〉

① HDSL
② ADSL
③ VDSL
④ DSSL

[10-21] X.25에서 오류 제어와 흐름 제어, 가상 회선의 설정과 해제, 다중화 기능, 망 고장 발생 시 회복 메커니즘을 규정하는 계층은?

〈정보처리기사 2018/3〉

① 링크 계층
② 물리 계층
③ 패킷 계층
④ 응용 계층

[10-22] 다음 중 ITU X 계열 권고 내용으로 <u>틀린</u> 것은?

〈정보통신기사 2018/3〉

① X.20 : 공중 데이터망에서 비 동기 전송을 위한 DTE/DCE 간의 접속 규격
② X.21 : 공중 데이터망에서 동기 전송을 위한 DTE/DCE 간의 접속 규격
③ X.24 : 공중 데이터망에서 사용되는 DTE/DCE 간의 상호 접속 회로에 대한 정의
④ X.28 : 불평형 복류 상호접속 회로의 전기적 특성

[10-23] 다음이 설명하고 있는 데이터링크 제어 프로토콜은?

〈정보처리기사 2017/5〉

- HDLC를 기반으로 하는 비트 위주 데이터 링크 제어 프로토콜이다.
- X25 패킷교환망 표준의 한 부분으로 ITU-T에 의해 제정하였다.

① PPP
② ADCCP
③ LAP-B
④ SDLC

정답 10-15 ④ 10-16 ③ 10-17 ③ 10-18 ③ 10-19 ③ 10-20 ④ 10-21 ③ 10-22 ④ 10-23 ③

[10-24] 패킷교환망에서 패킷이 적절한 경로를 통해 오류 없이 목적지까지 정확하게 전달하기 위한 기능으로 옳지 <u>않은</u> 것은?　　　〈정보처리기사 2017/5〉

① 흐름 제어　　　　② 에러 제어
③ 경로 배정　　　　④ 재밍 방지 제어

[10-25] HDLC의 ABM(Asynchronous Balanced Mode) 동작 모드의 부분 집합으로 X.25의 링크 계층에서 사용되는 프로토콜은?　　〈정보처리기사 2016/3〉

① LAPB　　　　② LAPD
③ LAPX　　　　④ LAPM

[10-26] 패킷교환망에서 PAD(Packet Assembly Disassembly) 기능과 그 동작을 제어하는 인자들에 관한 ITU-T 표준은?　　〈정보통신기사 2015/10〉

① X.3　　　　② X.25
③ X.28　　　　④ X.29

[10-27] 다음이 설명하고 있는 것은?

〈정보처리기사 2015/5〉

> CCITT를 대체하기 위해 1993년에 창설되었으며, 국가 간 통신의 호환성을 위해 각 통신 분야의 기술 및 운용에 대한 표준화를 주된 목적으로 하고 있으며 PSDN, ISDN, PSTN 등에 대한 표준화를 담당하고 있다.

① ITU-T　　　　② ISO
③ IEEE　　　　④ ANSI

[10-28] 다음이 설명하는 프로토콜은?

〈정보처리기사 2015/5〉

> - ITU-T에서 정의한 패킷 교환 표준
> - DTE(Data Terminal Equipment)와 DCE(Data Circuit-terminating Equipment) 사이의 인터페이스
> - 물리 계층, 링크 계층, 패킷 계층을 기반으로 하여 광역 네트워크에서 널리 사용

① ATM　　　　② TCP/IP
③ UDP　　　　④ X.25

[10-29] 다음 중 ITU-T 권고안에서 X 시리즈의 내용은?

〈정보처리산업기사 2015/3〉

① PSTN을 이용한 데이터 전송에 관한 사항
② 축적 프로그램 제어식 교환의 프로그램에 관한 사항
③ 공중 데이터 통신망을 이용한 데이터 전송에 관한 사항
④ 전신 데이터의 전송 및 교환에 관한 사항

[10-30] 패킷 교환 방식에 대한 설명으로 <u>틀린</u> 것은?

〈정보처리산업기사 2015/3〉

① 교환기에서 패킷을 일시 저장 후 전송하는 축적교환 기술이다.
② 패킷 처리 방식에 따라 데이터 그램과 가상 회선 방식이 있다.
③ X.25는 패킷형 단말기와 패킷망 간의 접속 프로토콜이다.
④ X.75는 비패킷형 단말과 PAD 간의 접속 프로토콜이다.

정답 10-24 ④　10-25 ①　10-26 ①　10-27 ①　10-28 ④　10-29 ③　10-30 ④

10.2 VAN과 Frame Relay

[10-31] 통신 사업자의 회선을 임차하여 단순한 전송 기능 이상으로 정보의 축적, 가공, 변환 처리 등의 부가 가치를 부여한 데이터 등 복합적인 서비스를 제공하는 정보통신망은? 〈정보통신기사 2022/10, 2017/5, 2015/6, 정보처리기사 2019/4, 2015/8〉

① CATV
② ISDN
③ LAN
④ VAN

[10-32] 다음 중 부가가치통신망(VAN)의 계층 구조가 아닌 것은? 〈정보통신기사 2022/10〉

① 연산 처리 계층
② 정보 처리 계층
③ 통신 처리 계층
④ 네트워크 계층

[10-33] VAN의 서비스 기능 중 통신 처리 기능(통신 처리 계층)으로 틀린 것은? 〈정보통신기사 2021/3〉

① 패킷 교환
② 코드 변환
③ 속도 변환
④ 프로토콜 변환

[10-34] 다음 중 부가가치통신망(VAN)에 특화된 응용 사례와 거리가 먼 것은? 〈정보통신기사 2019/6, 2016/10〉

① 은행 간 현금인출기 공동 이용 서비스
② 신용카드 정보 시스템
③ 국내외 항공사 간 항공권 예약 서비스
④ 전화 서비스

[10-35] 부가가치통신망(VAN)의 출현 배경과 거리가 먼 것은? 〈정보통신기사 2019/3〉

① 정보 저장 용량의 증대
② 아날로그 정보처리 기술의 발달
③ 정보통신 응용 분야의 다양화
④ 정보처리 속도의 향상

[10-36] 다음 중 부가가치통신망(VAN)에 대한 설명으로 틀린 것은? 〈정보통신기사 2016/3〉

① VAN 사용자는 인터넷을 통해서만 VAN 정보에 접속할 수 있다.
② 은행의 본점과 지점 간 또는 다른 은행 간의 자동이체 등은 VAN에서 제공할 수 있는 서비스이다.
③ 최근에는 개방형 구조의 인터넷 기반 B2B, B2C로 발전하고 있다.
④ VAN은 기존 통신망의 통신 기능에 통신 처리 기능, 정보처리 기능을 추가하여 가치를 높이는 통신망이다.

[10-37] VAN의 계층 구조 중 통신 처리 계층의 기능에 해당하는 것은? 〈정보처리산업기사 2015/3〉

① 패킷 교환 방식을 사용하여 교환 기능을 수행한다.
② 필요한 자료를 정보 전송 매체를 통하여 즉시 제공한다.
③ 순수한 정보의 전송만을 수행한다.
④ 축적 기능 및 변환 기능을 수행한다.

정답 10-31 ④ 10-32 ① 10-33 ① 10-34 ④ 10-35 ② 10-36 ① 10-37 ④

10.3 ISDN과 ATM

[10-38] 다음 보기의 괄호( ) 안에 내용으로 적합한 것은?

〈정보통신기사 2023/6〉

ATM 셀의 전체 크기는 (㉠) 바이트로, B-ISDN에서 전송의 기본 단위이다. 크기가 (㉡) 바이트인 헤더와 (㉢) 바이트인 사용자 데이터로 구성된다.

① ㉠ 53, ㉡ 5, ㉢ 48
② ㉠ 53, ㉡ 48, ㉢ 5
③ ㉠ 48, ㉡ 5, ㉢ 43
④ ㉠ 48, ㉡ 43, ㉢ 5

[10-39] 다음 중 광대역 종합정보통신망(B-ISDN)에 대한 설명으로 틀린 것은? 〈정보통신기사 2023/3〉

① ATM 방식
② 회선교환 방식
③ 광전송 기술
④ 양방향 통신

[10-40] 다음 중 광대역 종합정보통신망(B-ISDN)에 대한 설명으로 틀린 것은? 〈정보통신산업기사 2023/3〉

① ATM 교환기 적용을 통해 155.62/622.08[Mbps] 속도로 전송 가능
② 광섬유 케이블을 적용하여 고속 데이터 전송 구현
③ 동기식 다중화 기술인 SDH/SONET 기술 도입
④ 사용자와 네트워크 사이에 기본율 접속(BRI)과 1차 접속(PRI)의 두 가지 채널 접속 규격

[10-41] 다음 설명의 괄호 안에 들어갈 용어로 알맞은 것은? 〈정보통신기사 2022/6〉

광대역 종합정보통신망(B-ISDN)을 구현하기 위하여 ITU-T에서 선택한 전송 기술은 (   )이고, 이 기술의 실제 근간을 이루는 물리적 전송망은 (   ) 이다.

① SDH/PDH, X.25
② ATM, SDH/SONET
③ xDSL, SDH/PDH
④ LAN, X.25

[10-42] ATM에서 기본 패킷 단위인 셀의 크기는?

〈정보통신기사 2022/3〉

① 32바이트
② 53바이트
③ 64바이트
④ 1,024바이트

[10-43] ATM 셀의 헤더 길이는 몇 [byte]인가?

〈정보처리산업기사 2020/6, 2019/4, 2017/8, 2017/3〉

① 2
② 5
③ 48
④ 53

[10-44] 종합정보통신망(ISDN)에서 사용자-망간 인터페이스의 기본 채널 구조인 2B+D의 전송 용량은?

〈정보통신기사 2019/10, 2015/6〉

① 48[kbps]
② 96[kbps]
③ 144[kbps]
④ 192[kbps]

정답 10-38 ① 10-39 ② 10-40 ④ 10-41 ② 10-42 ② 10-43 ② 10-44 ③

[10-45] 비동기 전송모드(ATM)에 대한 설명으로 <u>틀린</u> 것은? 〈정보처리산업기사 2018/8〉

① ATM은 B-ISDN의 핵심 기술이다.
② Header는 5Byte, Payload는 48Byte이다.
③ 정보는 셀(Cell) 단위로 나누어 전송된다.
④ 저속 메시지 통신망에 적합하다.

[10-46] ATM에 사용되는 ATM cell의 헤더와 유료부하(payload)의 크기는 각각 몇 옥텟(octet)인가?

〈정보처리산업기사 2018/3, 정보처리기사 2017/8〉

① Header : 5 옥텟, Payload : 53 옥텟
② Header : 5 옥텟. Payload : 48 옥텟
③ Header : 2 옥텟, Payload : 64 옥텟
④ Header : 6 옥텟, Payload : 52 옥텟

[10-47] 다음 중 ATM(Asynchronous Transfer Mode)에 대한 설명으로 <u>틀린</u> 것은? 〈정보통신기사 2017/5〉

① 전송 용량, 정보의 발생 형태 등이 서로 상이한 정보를 '셀(Cell)'이라고 불리는 고정길이의 블록에 넣어 전송한다.
② 셀 자체의 제어를 위한 5[byte] 길이의 헤더 구조를 가진다.
③ 유료부하(Payload) 공간은 사용자 정보가 실리는 부분으로 53[byte] 길이를 갖는다.
④ 정보 전송의 처리 단위를 "셀"로 규격화함으로써 고속 처리가 가능하다.

[10-48] 다음 중 비동기 전송 방식인 ATM에 대한 설명으로 <u>틀린</u> 것은? 〈정보통신산업기사 2017/3, 2015/3〉

① 다양한 종류의 트래픽을 통합할 수 있다.
② 가변길 이의 셀을 교환한다.
③ 통계적 다중화 방식(STDM)에 의한 효율적인 대역폭의 사용이 가능하다.
④ 셀은 5바이트의 헤더와 48바이트의 페이로드로 구성된다.

[10-49] 다음 중 ISDN의 기본 액세스 인터페이스는?

〈정보처리산업기사 2016/3〉

① B + 2D
② 2(B + D)
③ 2B + D
④ B + D

[10-50] B-ISDN/ATM 프로토콜에 있어서 ATM 계층의 기능은? 〈정보처리기사 2015/8〉

① 가변 길이의 셀로 모든 정보 운반
② 셀 경계 식별
③ 셀 헤더 생성 및 추출
④ 비트 타이밍

[10-51] B-ISDN의 표준 기술로서 데이터를 일정한 크기의 셀(cell)로 분할하여 전송하는 기술은?

〈정보처리산업기사 2015/5〉

① ADSL
② ATM
③ VDSL
④ HDSL

정답 10-45 ④ 10-46 ② 10-47 ③ 10-48 ② 10-49 ③ 10-50 ③ 10-51 ②

10.4 이동통신 시스템

[10-52] 수직안테나와 수평안테나의 조합으로 다른 전파를 발사하여 페이딩을 경감하는 다이버시티는?

〈정보통신기사 2024/3, 2022/3〉

① 공간 다이버시티(Space diversity)
② 편파 다이버시티(Polarization diversity)
③ 주파수 다이버시티(Frequency diversity)
④ 시간 다이버시티(Time diversity)

[10-53] 이동통신시스템에서 단말기가 이동교환기 내에 있는 기지국에서 통화의 단절 없이 동일한 주파수를 사용하는 다른 기지국으로 옮겨 통화하는 경우에 해당되는 Handoff는? 〈정보통신기사 2024/3, 2022/10, 2018/3〉

① Hard Handoff　　② Soft Handoff
③ Dual Handoff　　④ Softer Handoff

[10-54] 이동통신의 세대와 기술이 바르게 짝지어진 것은?

〈정보통신기사 2024/3, 2022/6, 2019/6〉

① 1세대 : GSM　　② 2세대 : AMPS
③ 3세대 : WCDMA　　④ 4세대 : CDMA

[10-55] 여러 사용자가 유효한 부반송파의 부분 집합을 서로 다르게 분할 할당받아 사용하며 LTE에 적용된 다중 접속 방식은? 〈정보통신기사 2023/10, 정보통신산업기사 2023/3〉

① FDMA(Frequency Division Multiple Access)
② TDMA(Time Division Multiple Access)
③ CDMA(Code Division Multiple Access)
④ OFDMA(Orthogonal Frequency Division Multiple Access)

[10-56] 다음 무선 통신 다중 접속 방식 중 가입자 수용 용량이 가장 큰 방식으로 옳은 것은? (단, 무선 통신 조건은 동일하다고 가정한다.) 〈정보통신산업기사 2023/10, 2020/6〉

① FDMA　　② SDMA
③ CDMA　　④ TDMA

[10-57] 다음 CDMA의 특성 중 다른 다중 접속 통신 방식과 비교하였을 때, 옳지 <u>않은</u> 것은?

〈정보통신산업기사 2023/10〉

① 주파수 Offset과 Phase Noise에 민감하다.
② 가입자 수용 용량이 FDMA에 비해 10~20배 크다.
③ FDMA에 비해 넓은 주파수 대역이 필요하다.
④ 전력제어 및 동기화 기술이 필요하다.

[10-58] 다음 중 OFDM 방식에 대한 설명으로 <u>틀린</u> 것은?

〈정보통신산업기사 2023/6〉

① 직교 부반송파를 사용하여 심볼 블록들을 직렬로 전송하는 방법이다.
② 다중 반송 시스템이므로 정보 전송률을 높일 수 있다.
③ FET 알고리즘을 사용하여 효율적으로 구현할 수 있다.
④ 무선LAN, 디지털 방송, 이동통신에 활용되고 있다.

[10-59] 인공위성이나 우주 비행체와 같이 매우 빠른 속도로 운동하는 경우 전파 발진원의 이동에 따라서 수신 주파수가 변하는 현상은?

〈정보통신기사 2023/6, 2021/3, 2019/3, 정보처리산업기사 2017/3〉

① 페이저 현상　　② 플라즈마 현상
③ 도플러 현상　　④ 전파지연 현상

정답 10-52 ②　10-53 ②　10-54 ③　10-55 ④　10-56 ③　10-57 ①　10-58 ①　10-59 ③

[10-60] 이동통신시스템의 주파수 변조 방식인 OFDM (Orthogonal Frequency Division Multiplexing)과 FDM(Frequency Division Multiplexing)을 비교한 설명으로 적합하지 않은 것은? 〈정보통신기사 2023/6〉

① OFDM과 FDM은 정보 전송을 위하여 주파수 대역을 나눈다는 공통점이 있다.
② OFDM 방식에서는 직교성을 사용하여 FDM 방식보다 대역폭 효율이 좋지 않다.
③ FDM 방식은 OFDM 방식과 동일하게 다중 부반송파를 사용한다.
④ FDM 방식은 많은 수의 변복조기가 필요하다.

[10-61] 디지털 이동통신 시스템에서 이동국(단말기)이 자신의 위치와 상태를 교환기에 수시로 알려줌으로써 전체 시스템의 부하를 줄여주고 이동국 착신호의 신뢰성을 증가시키는 것은? 〈정보통신기사 2023/6〉

① 위치 등록
② 전력제어
③ 핸드오프
④ 다이버시티

[10-62] 다중 경로로 인해 페이딩이 발생했을 때 동일 정보를 일정 시간 간격을 두어 반복적으로 보내어 방지하는 방식은? 〈정보통신기사 2023/3〉

① 공간 다이버시티(Space Diversity)
② 주파수 다이버시티(Frequency Diversity)
③ 시간 다이버시티(Time Diversity)
④ 편파 다이버시티(Polarization Diversity)

[10-63] 다음 중 이동통신 시스템의 구성 중 기지국의 주요 기능으로 틀린 것은? 〈정보통신기사 2023/3〉

① 통화 채널 지정, 전환, 감시 기능
② 이동통신 단말기의 위치 확인 기능
③ 통화의 절체 및 통화로 관리 기능
④ 이동통신 단말기로부터의 수신 신호 세기 측정

[10-64] 다음 중 이동통신 시스템에서 전체 가입자의 관리를 책임지는 데이터베이스는? 〈정보통신기사 2022/6, 2018/3〉

① HLR(Home Location Register)
② EIR(Equipment Identity Register)
③ VLR(Visitor Location Register)
④ AC(Authentication Center)

[10-65] 이동 통신 시스템에서 hand off 기능에 대한 설명으로 옳은 것은? 〈정보통신기사 2022/6〉

① 자동 우회 기능 및 통화량의 자동 차단 기능
② 한 서비스 지역 내에서 다수의 사용자가 동시에 통화할 수 있는 기능
③ 사용자가 가입 등록되어 있는 서비스 사업자의 시스템 이외의 시스템에서도 정상적인 서비스를 제공하는 기능
④ 사용자가 현재 서비스를 제공받고 있는 기지국을 벗어나더라도 인접 기지국으로 채널을 자동으로 전환해 주는 기능

정답 10-60 ② 10-61 ① 10-62 ③ 10-63 ③ 10-64 ① 10-65 ④

[10-66] 5세대(5G) 이동통신시스템 기술에 대한 설명으로 틀린 것은?　〈정보통신산업기사 2022/6〉

① LTE-Advanced Pro 기술을 기반으로 3GPP Release 15부터 정의한 것이다.
② 5G ITU 공식 명칭은 IMT-2020이지만 3GPP에서는 NR(New Radio)이라고도 한다.
③ 새로운 주파수 대역으로 1.8GHz 대역과 3.5GHz 대역을 할당하였다.
④ 5G의 서비스특징은 4G 대비 초고속, 초연결, 초저지연으로 표현된다.

[10-67] 다음은 OFDM(Orthogonal Frequency Division Multiplexing) 방식의 특징에 대한 설명이다. 맞지 않는 것은?　〈정보통신산업기사 2022/6〉

① 다중 경로 및 도플러 특성에 강하다.
② 광대역 간섭에 강하다.
③ 복잡한 등화기를 필요로 하지 않는다.
④ 주파수 효율성이 좋다.

[10-68] 이동통신 기지국의 섹터 간 전파가 겹치는 지역에서 통화 전환이 이루어질 때의 핸드오프를 무엇이라고 하는가?　〈정보통신기사 2022/3, 2020/9〉

① 하드 핸드오프(Hard Handoff)
② 소프트 핸드오프(Soft Handoff)
③ 소프터 핸드오프(Softer Handoff)
④ 미들 핸드오프(Middle Handoff)

[10-69] 다음 중 고속의 송신 신호를 다수의 직교하는 협대역 반송파로 다중화시키는 변조 방식은?

〈정보통신기사 2022/3, 2020/6, 2019/10, 2015/10, 2015/3, 정보처리산업기사 2019/8〉

① EBCDIC　　　　② CDMA
③ OTDM　　　　④ OFDM

[10-70] 다음 중 이동통신이나 위성통신에서 사용되는 다원 접속(Multiple Access) 방식에 해당되지 않는 것은?

〈정보통신기사 2022/3, 2017/9, 정보처리산업기사 2021/3, 2020/6, 2019/8, 2017/3, 정보통신산업기사 2017/9, 정보처리기사 2015/3〉

① FDMA　　　　② TDMA
③ CDMA　　　　④ WDMA

[10-71] 다음 중 OFDM 방식을 사용하고 있지 않은 것은?　〈정보통신산업기사 2022/3, 2019/9〉

① 지상파 HDTV
② LTE 이동통신
③ WiFi IEEE 802.11n
④ 지상파 DMB

[10-72] 다음 중 이동통신 시스템에서 기지국의 기능으로 거리가 먼 것은?　〈정보통신산업기사 2021/10〉

① 발·착신 신호 송출 기능
② 가입자의 위치 등록 정보 관리
③ 통화 채널 지정 및 감시 기능
④ 통화 채널의 품질 감시 기능

정답 10-66 ③　10-67 ②　10-68 ③　10-69 ④　10-70 ④　10-71 ①　10-72 ②

[10-73] 다음 중 부호 분할 다원 접속(CDMA) 방식에 대한 설명으로 옳지 <u>않은</u> 것은? 〈정보통신기사 2021/6, 2017/5〉

① 위성통신에서만 사용되고 있는 다원 접속 방식이다.
② 의사 불규칙 잡음 코드를 사용한다.
③ 주파수 도약방식을 사용하므로 페이딩에 강하다.
④ 사용 스펙트럼의 확산으로 인접 주파수 대역에 대한 간섭을 줄일 수 있다.

[10-74] 다음 중 WCDMA 방식에 대한 설명으로 옳은 것은? 〈정보통신기사 2021/3〉

① 주파수 간격은 1.15[MHz]이다.
② GPS로 기지국 간 시간 동기를 맞추어 전송한다.
③ 서로 다른 코드로 기지국을 구분한다.
④ 칩 전송 속도는 5.2288[Mbps]이다.

[10-75] 다음 중 OFDM 방식에 대한 설명으로 거리가 먼 것은? 〈정보통신산업기사 2021/3〉

① 하나의 정보를 여러 개의 반송파(subcarrier)로 분할하여 병렬 전송한다.
② 최대전력 대 평균전력 비(Peak-to-Avarage Power Ratio)의 특성이 좋아 다수의 부반송파 사용이 가능하다.
③ 다중경로 페이딩에 강해 주파수 이용 효율이 좋다.
④ 분할된 반송파 간의 성분 분리를 위한 직교성 부여로 전송 효율이 향상된다.

[10-76] 이동통신망에서 통화 중인 이동국이 현재의 셀에서 벗어나 다른 셀로 진입하는 경우, 셀이 바뀌어도 중단 없이 통화를 계속할 수 있게 해주는 것은? 〈정보처리산업기사 2021/3, 2020/10, 2019/3, 2018/3, 2015/8, 정보통신기사 2018/6〉

① 핸드오프(hand off)
② 다이버시티(diversity)
③ 셀 분할(cell splitting)
④ 로밍(roaming)

[10-77] 이동통신망에서 착·발신되는 신호 처리, 기지국 감시 및 제어, 위치 등록의 기능을 수행하는 구성 요소는? 〈정보통신기사 2020/6〉

① 이동통신 교환기
② 휴대용 단말기
③ BSC
④ HLR/AC

[10-78] 다음 중 이동통신에서 자신이 가입한 서비스 지역을 벗어나서도 자신이 가입했던 서비스 지역에서와 똑같이 서비스를 받을 수 있는 것을 무엇이라고 하는가? 〈정보통신기사 2019/10〉

① 지연확산 ② 도플러 효과
③ 로밍 ④ 동일 채널 간섭

[10-79] 사용자 신호마다 서로 다른 코드를 곱해서 구분하여 보내는 다중 접속 기술은? 〈정보통신기사 2019/3〉

① FDMA ② TDMA
③ CDMA ④ OFDMA

정답 10-73 ① 10-74 ③ 10-75 ② 10-76 ① 10-77 ① 10-78 ③ 10-79 ③

[10-80] 이동통신 시스템 중 GPS(Global Position System)를 기반으로 하는 동기식 이동통신 시스템으로 옳은 것은? 〈정보통신기사 2019/3〉

① AMPS
② GSM
③ CDMA
④ WCDMA

[10-81] 다음 중 제4세대 이동통신 서비스에 가장 가까운 기술 규격은? 〈정보통신기사 2019/3, 2017/9〉

① IMT-2000
② WiFi
③ LTE
④ Bluetooth

[10-82] 하나의 정보를 여러 개의 반송파로 분할하고 분할된 반송파 사이의 주파수 간격을 최소화하기 위해 직교 다중화해서 전송하는 통신 방식으로, 와이브로 및 디지털 멀티미디어 방송 등에 사용되는 기술은? 〈정보처리기사 2019/3, 2016/3, 정보통신기사 2016/10〉

① TDM
② CCM
③ OFDM
④ IHPS

[10-83] 수신 측에 두 개 이상의 안테나를 설치했을 때 이들 안테나에서 동시에 다중 경로 페이딩이 발생하지 않는다는 원리를 이용해 페이딩을 방지하는 다이버시티 기술은? 〈정보처리산업기사 2019/3〉

① 공간 다이버시티
② 시간 다이버시티
③ 지연 다이버시티
④ 측파 다이버시티

[10-84] 다음 중 이동 통신의 무선 다중 접속 방식 중 FDMA 방식의 특징이 아닌 것은? 〈정보통신기사 2018/10〉

① 아날로그 방식이고, 주파수를 이용하여 다중 접속한다.
② 회선용량이 부족하고 간섭에 취약하다.
③ 수신 시에는 필터에 의해 필요한 반송파를 선택한다.
④ 가입자 단위로 서로 다른 코드를 할당하므로 통신의 비밀이 보장된다.

[10-85] 다음 중 스펙트럼 확산 기술에 의해 변조된 신호를 공간적으로 다원 접속하는 방식은? 〈정보통신기사 2018/6〉

① CDMA
② CSMA
③ TDMA
④ FDMA

[10-86] 다음 중 CDMA 방식의 특징으로 거리가 먼 것은? 〈정보통신기사 2018/3〉

① 아날로그 방식보다 10~15배 정도의 용량을 증가시킬 수 있다.
② 통화에 대한 비밀이 보장된다.
③ 여러 가지 다이버시티를 사용하여 페이딩의 최대화로 통화 품질이 양호하다.
④ 전력제어를 통해 간섭을 극복하므로 회선 품질을 좋게 한다.

[10-87] 다음 중 이동전화망의 위치 등록 장치인 HLR(Home Location Register)의 기능이 아닌 것은? 〈정보통신기사 2017/9〉

① 등록 인식
② 위치 확인
③ 채널 할당
④ 단말기 정보 확인

정답 10-80 ③ 10-81 ③ 10-82 ③ 10-83 ① 10-84 ④ 10-85 ① 10-86 ③ 10-87 ③

[10-88] 이동통신 가입자가 셀 경계를 지나면서 신호의 세기가 작아지거나 간섭이 발생하여 통신 품질이 떨어져 현재 사용 중인 채널을 끊고 다른 채널로 절체하는 것을 의미하는 것은? 〈정보처리기사 2017/8〉

① Mobile Control
② Location registering
③ Hand off
④ Multi-Path fading

[10-89] 다중 접속 방식 중 CDMA 방식에 대한 특징으로 틀린 것은? 〈정보처리기사 2017/3〉

① 시스템의 포화 상태로 인한 통화 단절 및 혼선이 적다.
② 실내 또는 실외에서 넓은 서비스 권역을 제공한다.
③ 배경 잡음을 방지하고 감쇄시킴으로써 우수한 통화 품질을 제공한다.
④ 산악 지형 또는 혼잡한 도심지역에서는 품질이 떨어진다.

[10-90] 다음 중 이동통신망에서 기지국 간에 통화 채널을 절체하는 핸드오버 기술 가운데서 소프트 핸드오버(Soft Hand Over)의 가장 큰 장점으로 알맞은 것은? 〈정보통신기사 2016/10〉

① 신호대 잡음비(S/N)가 개선된다.
② 기지국(BS)의 서비스 커버리지가 넓어진다.
③ 통화 채널 용량이 증가한다.
④ 단절이 없이 부드럽게 통화 채널 절체가 이루어진다.

[10-91] 다음 중 이동통신 방식 중의 하나인 LTE(Long Term Evolution) 방식에 대한 설명으로 옳지 <u>않은</u> 것은? 〈정보통신기사 2016/10〉

① WCDMA에서 진화한 기술이다.
② CDMA2000 계열 방식이다.
③ HSPA+와 더불어 3.9세대 무선 이동통신 규격이라고 한다.
④ OFDM과 MIMO는 이 방식에서 사용되는 핵심 기술이다.

[10-92] 이동 단말이나 PDA, 소형 무선 단말기 상에서 인터넷을 이용할 수 있도록 해주는 프로토콜의 총칭은? 〈정보처리기사 2016/5〉

① ASP
② WAP
③ HTTP
④ PPP

[10-93] 동일한 송신 안테나에서 서로 다른 둘 이상의 주파수를 송신하고 주파수에 따른 감쇄 정도가 다른 특성을 이용하여 수신 안테나에서 두 신호를 합성하는 다이버시트 방식은? 〈정보통신산업기사 2016/3〉

① 공간 다이버시티
② 주파수 다이버시티
③ 편파 다이버시티
④ 각도 다이버시티

[10-94] 이동통신 시스템의 구성 요소 중 이동전화 교환국의 기능이 <u>아닌</u> 것은? 〈정보통신산업기사 2015/10〉

① 핸드오버 및 로밍 기능
② 단말기와 이동전화 교환국을 연결하는 기능
③ PSTN 교환기와 연결할 수 있는 기능
④ 기지국에 할당된 채널을 관리 통제하는 기능

정답 10-88 ③   10-89 ④   10-90 ④   10-91 ②   10-92 ②   10-93 ②   10-94 ②

[10-95] 이동통신에서 반사나 회절 등으로 전파의 전송 경로가 다르게 되어 수신 신호의 레벨이 변동이 생기는데 이러한 현상을 무엇이라 하는가? 〈정보통신기사 2015/10〉

① 페이딩 현상　　　② 도플러 현상
③ 채널 간섭 현상　　④ 지연 확산 현상

정답 10-95 ①

학습목표

- 인터넷의 개요와 인터넷의 역사에 대하여 설명할 수 있다.
- 네트워크 연결 장치인 허브, 스위치, 라우터, 게이트웨이에 대하여 설명할 수 있다.
- 라우팅의 기본 개념, 라우팅 방식, 라우팅 프로토콜의 종류에 대하여 설명할 수 있다.
- VoIP의 기술 표준 및 관련 프로토콜, 음성 부호화에 대하여 설명할 수 있다.

한권으로 끝내는 데이터통신과 정보통신

인터넷

11.1.1 인터넷의 개요

인터넷(Internet)은 전 세계적으로 산재해 있는 컴퓨터 간의 정보를 유통하기 위한 '네트워크의 네트워크(Network of networks)'이다. 기술적인 관점에서의 인터넷은 TCP/IP(Transmission Control Protocol/Internet Protocol)에 기반을 둔 컴퓨터 통신망으로 정의된다. 미국 연방 네트워크 위원회 FNC(Federal Networking Council)에서는 인터넷 기반 구조의 관점에서 'TCP/IP에 기반을 둔 유일한 주소 체계로 전 세계적으로 연결되는 범세계적인 정보 시스템'으로 인터넷을 정의하고 있다.

인터넷은 네트워크라는 물리적인 하부구조에 기반을 두고 있으나, 논리적으로는 다양한 구성체 간의 정보교류를 촉진하는 공동체로 볼 수 있다. 즉 인터넷은 전 세계에 걸쳐 수많은 컴퓨터와 네트워크들을 기종에 관계없이 표준화된 규정에 따라 상호 간에 접속을 가능하게 하는 개방성을 제공한다. 특히 한 방향으로만 정보가 전달되는 기존의 TV나 라디오에서와 달리, 인터넷에 접속된 컴퓨터 간에 실시간으로 정보를 주고받게 한다. 최근 들어 급격히 발전하고 있는 멀티미디어 관련 기술은 이와 같은 상호 작용성을 더욱 강화하고 있다. 이런 인터넷의 특성을 이용한 다양한 서비스들이 등장하여 상업적 활동으로 발전하게 되면서 인터넷 비즈니스라는 새로운 사업영역을 탄생시켰다.

인터넷을 구성하는 주요 구성 요소로는 정보 전달에 필수적인 물리적 네트워크, 물리적 네트워크를 통하여 정보를 전달하게 하는 TCP/IP 프로토콜, 호스트에 설치되어 TCP/IP를 통하여 정보를 주고받는 응용 프로그램으로 구분할 수 있다. 정보를 교환하는 응용 프로그램 간에는 요청하는 측을 클라이언트(Client), 제공하는 측을 서버(server)라고 구분하여 부른다.

물리적 네트워크는 이용자가 인터넷 이용이 가능하도록 접속해 주는 인터넷 접속망과 하부 네트워크를 상호 연결해 주는 인터넷 기간망으로 구분할 수 있다. 모뎀을 이용하는 전화선, ADSL, VDSL 등의 초고속 인터넷, LAN 등이 모두 인터넷 접속망에 해당한다.

TCP/IP는 네트워크에 연결된 장비에 내장된 응용 프로그램 간의 정보교환을 지원하기 위한 통신규약이다. 전달 계층의 TCP와 네트워크 계층의 IP가 핵심적인 역할을 하고 있어서 붙은 이름이지만, 실제로는 TCP/IP 아키텍처 상에 포함된 모든 프로토콜을 지칭하는 대표 이름이라는 점을 유의하여야 한다.

인터넷 서비스를 위한 프로그램은 서비스를 요청하는 클라이언트와 클라이언트의 요청에 응답하는 서버로 구분되어 있는데, 웹의 경우 웹 브라우저와 웹 서버가 이에 해당한다. 즉 웹 서버는 웹 브라우저의 요청에 따라 정보를 브라우저로 전달해 주고 웹 브라우저는 전달받은 정보를 약속된 규칙에 따라 화면에 보여준다. 대표적인 웹 서버로는 Apache와 IIS(Internet Information Server) 등이 있으며, 웹 브라우저로는 IE(Internet Explorer),

Fire Fox, Safari, Opera, Chrome 등이 있다.

11.1.2 인터넷의 역사

인터넷은 1969년 미국 국방성(DoD : Department of Defense)의 지원으로 UCLA(University of California at Los Angeles), UCSB(University of California at Santa Barbara), SRI(Stanford Research Institute), University of Utah의 4개 대학의 주 컴퓨터를 연결했던 ARPANET(Advaced Research Projet Agency Network)이라는 네트워크로 시작되었다.

ARPANET은 미 국방성에서 군납업체와 관련 연구기관 사이의 정보교환을 위한 ARPA 프로젝트의 일환으로 추진된 네트워크였다. 컴퓨터 기술의 발전과 LAN을 위시한 여러 형태의 컴퓨터 통신망의 등장으로 컴퓨터를 통한 정보교류가 활성화되기 시작하였고, 이러한 과정에서 ARPANET이 이들 컴퓨터 통신망과 상호 연계되면서 다양한 기종의 컴퓨터 간에 통신을 지원하기 위한 새로운 통신망 구조 및 통신 프로토콜이 필요하게 되었다.

ARPANET 사용자들이 늘어나고 접속을 원하는 컴퓨터 기종이 다양해짐에 따라, 1973년 그때까지 사용하였던 NCP(Network Control Protocol)를 대신할 TCP/IP가 개발되었다. 1983년 TCP/IP가 인터넷의 공식 프로토콜로 채택되었으며, 이것이 바로 오늘날까지도 인터넷에서 사용되고 있는 프로토콜이다. TCP/IP의 개발로 ARPANET 이용이 활발해짐에 따라, 1983년 ARPANET을 군사용인 MILNET과 연구 목적의 ARPANET으로 분리하였으며, 이 연구용 네트워크가 현재 사용되고 있는 인터넷으로 발전하게 되었다. 1986년 미국 과학재단 NSF(National Science Foundation)는 5대 슈퍼컴퓨터 센터 간의 통신을 위한 NSFNET을 만들어 ARPANET에 연결하였다. NSFNET을 이용하여 일반인이 슈퍼컴퓨터를 자유로이 사용할 수 있게 되면서 인터넷에 접속하고자 하는 수요가 급속히 증가하였다. NSF의 지속적인 투자에 힘입어 NSFNET의 전송 속도와 망 관리 기술이 발전하면서, ARPANET은 1990년에 NSFNET에 인터넷 기간망 자리를 넘겨주고 해체되었다. 1995년에 NSFNET은 학술 연구를 위한 연구 기간망으로 자리를 잡았고, 민간 분야의 활용을 위한 일반 인터넷은 인터넷 서비스 사업자인 ISP(Internet Service Provider)들이 주관하여 운용하게 되었다. 이를 기폭제로 유럽과 아시아 등지의 기간 네트워크들도 속속 여기에 연결되어 인터넷은 전 세계를 연결하는 하나의 거대한 네트워크가 되었다.

이렇게 인터넷의 물리적인 확장이 이루어지고 있는 가운데, 1989년 유럽입자물리연구소 CERN에서 전 세계 네트워크를 거미줄처럼 연결하여 쉽게 정보를 찾아볼 수 있는 WWW(World Wide Web)가 개발되었다. WWW의 개발로 기존의 문자 위주의 입출력에서 멀티미디어 정보를 쉽고 편리하게 접할 수 있게 되었다. 이를 이용하여 1993년 미국 일리노이대학에서 최초의 웹 브라우저인 Mosaic를 개발하였다. 이어서 1994년 PC 환경에서 동작하는 웹 브라우저인 Netscape Navigator가 개발되어 선풍적인 인기를 끌게 되자, 마이크로소프트사가 자사의 윈도우즈 운용시스템에 웹 브라우저인 Internet Explorer를 추가하면서 인터넷 이용자의 폭발적인 증가를 가져오게 되었다.

〈표 11-1〉에 인터넷의 발전 과정을 정리하였다.

표 11-1 인터넷의 발전사

연도	내 용
1969년	미국방성 프로젝트의 일환으로 ARPANET 개발
1979년	TCP/IP 프로토콜 개발 완료
1983년	TCP/IP가 ARPANET 등 인터넷의 통신 표준안으로 채택 ARPANET이 연구용 ARPANET과 군사용 MILNET으로 분리
1986년	미과학재단 NSF에서 NSFNET 구축
1989년	유럽입자물리연구소 CERN에서 WWW 개발
1990년	ARPANET 해체, 주된 기능을 NSFNET으로 이관
1993년	최초의 웹브라우저인 Mosaic 개발
1994년	Netscape Navigator 개발
1995년	NSFNET은 연구망 전용으로, 일반 인터넷은 ISP들이 주관

WAN은 도시와 도시, 국가와 국가 등 원격지 사이를 연결하는 통신망이며, 일반적으로 범위가 10km 이상이다. LAN은 동일 건물이나 지역 내에 설치된 컴퓨터, 프린터, 전화, 팩스 등을 유기적으로 공유할 수 있도록 결합한 고속 통신망 시스템이며 사설 통신망이다.

이러한 LAN 또는 WAN과 같은 독립적인 네트워크를 상호 연결하여 만들어진 복잡한 네트워크가 인터네트워크(Internetwork) 이다. 그리고 인터네트워킹(Internetworking)은 인터네트워크를 연결하는 과정 또는 방법을 말한다. 즉 인터네트워킹은 하나의 통신 기준을 바탕으로 종류가 다른 네트워크를 서로 연결하므로, 다양한 하드웨어와 소프트웨어 기술이 필요하다. 이와 같은 인터네트워킹 장비로는 리피터와 허브, 브리지와 스위치, 라우터, 게이트웨이 등이 있다.

인터네트워킹으로 구성된 대표적인 네트워크가 바로 인터넷(Internet)이다. 인터넷은 전 세계에 널리 퍼져있는 LAN과 WAN으로 구성된 네트워크의 네트워크(Network of networks)이다.

LAN은 전송매체가 지원하는 거리보다 더 긴 거리를 연결하여야 하는 경우도 있고, 또는 통신국의 수가 너무 많아서 효율적인 프레임 전달이나 네트워크의 관리가 어려워서 네트워크를 분할할 필요가 있을 수도 있다. 전자의 경우에는 연결 가능한 거리를 늘이기 위하여 리피터(Repeater)라는 장치를 삽입한다. 후자의 경우에는 트래픽 관리를 위하여 브리지(Bridge)라고 부르는 장치를 삽입한다.

데이터나 자원을 서로 교환하기 위하여 두 개 이상의 별도 네트워크를 연결하면 인터넷(Internet)이 된다. 다수의 LAN을 인터넷으로 연결하려면 라우터(Router) 또는 게이트웨이(Gateway)로 부르는 인터네트워킹 장비(Internetworking Device)가 추가로 필요하다. 인터넷은 개별적인 네트워크들의 연결체이다. 인터넷이라는 용어를, 대문자를 사용하는 인터넷(Internet)과 혼동해서는 안 된다. 전자는 네트워크의 연결을 의미하는 공통의 용어이고 후자는 특정한 전 세계적 네트워크의 이름이다.

네트워크 연결 장비들은 리피터(또는 중계기), 브리지, 라우터, 게이트웨이의 네 가지로 분류된다. 이 네 가지 종류의 장치는 각각 OSI 모델의 다른 계층에서 동작한다.

리피터는 단지 신호의 전기적인 부분에만 작동하게 되며 물리 계층에서만 동작한다. 브리지는 주소 프로토콜을 사용하여 단일 LAN의 흐름 제어를 다루며 데이터링크 계층에서 주로 동작한다. 라우터는 두 개의 별도의, 그러나 같은 종류의 LAN 사이의 링크를 제공하는 데 쓰이며 주로 네트워크 계층에서 동작한다. 게이트웨이는 호환성이 없는 LAN이나 응용 간의 변환 서비스를 제공하며, 모든 계층에서 동작한다.

각 인터네트워킹 장치는 (그림 11-1)과같이 주로 동작하는 계층의 하위 계층에서는 모두 동작한다.

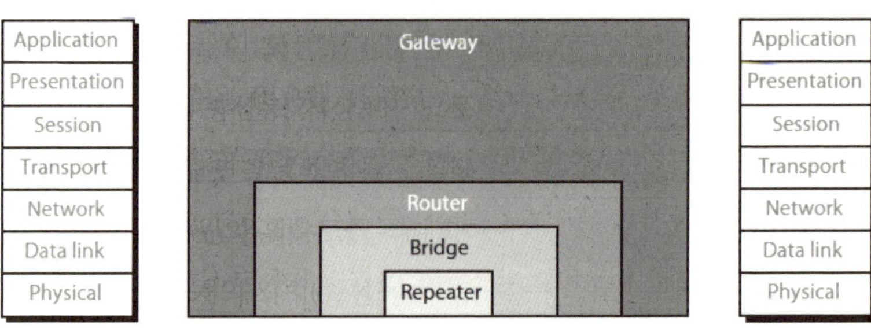

그림 11-1 | 네트워크 연결 장치와 OSI 모델

11.2.1 리피터와 허브

(1) 리피터

리피터(Repeater)는 (그림 11-2)와 같이 OSI 모델의 물리층에서만 동작한다. 하나의 네트워크 내에서 정보를 전달하는 신호들은 데이터 보전이 어려울 정도의 감쇄나 잡음에 의한 간섭이 발생하기까지 일정한 거리를 진행할 수 있다. 링크에 설치된 리피터는 신호가 너무 약해지거나 잡음에 의하여 훼손되기 전에 수신하여 원래의 비트 형태로 재생하며, 재생된 데이터를 링크로 보낸다. 리피터의 역할은 신호를 원래대로 재생하여 목적지에 보다 가까운 지점에서 다시 전송하는 것이다.

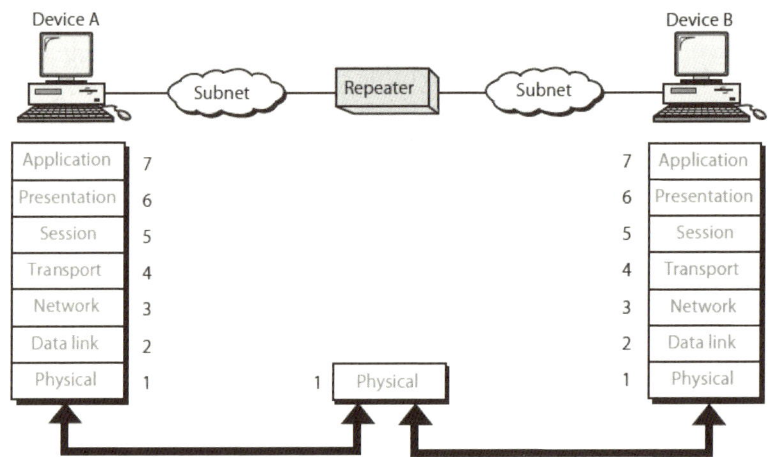

그림 11-2 | OSI 모델에서의 리피터

리피터는 (그림 11-3)과같이 사용자로 하여금 네트워크의 물리적인 길이를 확장할 수 있게 만들 뿐이며 네트워크의 기능은 전혀 변경시키지 않는다. (그림 11-3)에서 리피터에 의하여 연결된 두 부분은 실제로는 하나의 네트워크이다. 만약 통신국 A가 통신국 B로 프레임을 보내면 모든 통신국이 마치 중간에 리피터가 없는 것처럼 그 프레임을 수신한다. 리피터에 의해 생기는 차이란, 결국 통신국 C와 D가 리피터가 없을 때보다 더 깨끗한 프레임의 복사본을 수신하게 된다는 것이다.

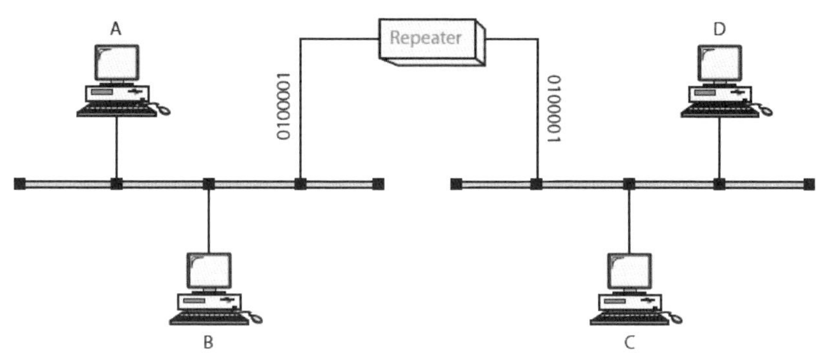

그림 11-3 | 리피터의 사용 예

리피터와 증폭기(Amplifier)는 기능이 서로 다르다. 증폭기는 신호와 잡음을 구별하지 못하며 단순히 모든 입력을 똑같이 증폭한다. 리피터는 신호를 증폭하는 것이 아니고 신호를 재생한다. 리피터는 약해지거나 훼손된 신호를 수신하면 각 비트의 복사본을 원래 송신했던 신호 형태로 다시 만든다.

링크에서 리피터의 위치는 상당히 중요하다. 리피터의 위치는 잡음이 신호의 비트를 바꾸기 전에 신호가 리피터에 도착하도록 정해져야 한다. (그림 11-4)와 같이 작은 잡음은 비트를 바꾸지는 않지만, 비트 전압의 크기를 변화시킨다. 그러나 이 훼손된 비트가 더 멀리 전달될 경우, 누적된 잡음은 비트를 완전히 바꿔 놓을 수도 있다. 그 상황에서는 원래 전압으로의 회복이 불가능하며, 오류가 발생하게 된다. 신호 판독이 어려워지기 전에 링크에 리피터를 설치하면, 리피터는 입력 신호로부터 송신할 당시의 전압을 추정해 내어 신호를 원래대로 만들어낸다.

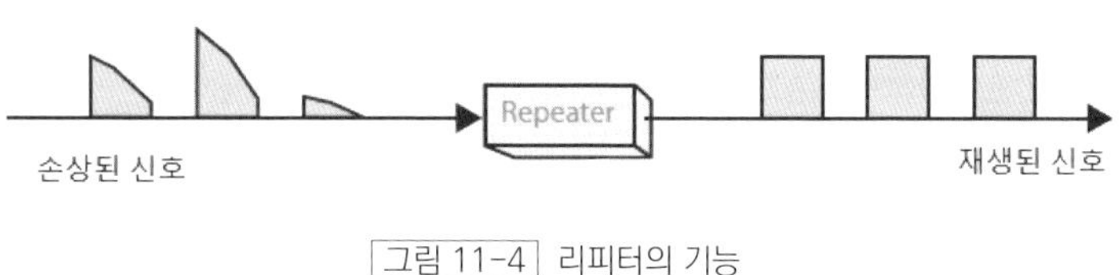

그림 11-4 | 리피터의 기능

(2) 허브

허브(Hub)는 다중 포트 리피터이다. 허브는 물리적으로 스타형 토폴로지에서 단말기들 간을 연결하는 기능을 한다. (그림 11-5)와 같이 허브는 다단 계층으로 연결을 만들 수 있다. 그러나 허브는 하나의 통신국이 프레임을 송신하면 다른 통신국은 프레임을 보낼 수 없기 때문에 연결된 통신국이 많아지면 속도가 느려지게 된다.

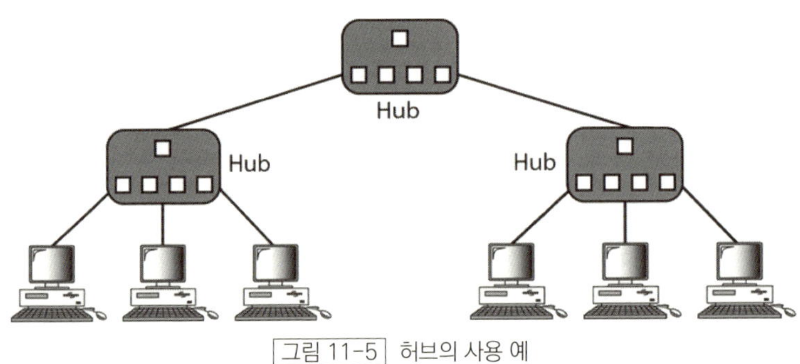

그림 11-5 허브의 사용 예

11.2.2 브리지와 스위치

(1) 브리지

브리지(Bridge)는 (그림 11-6)과같이 OSI 모델의 물리 계층과 데이터링크 계층에서 동작한다. 물리 계층 장비로서는 수신하는 신호를 재생하며 데이터링크 계층 장비로서는 프레임 내에 포함된 발신지와 목적지의 물리 주소(MAC 주소)를 검사할 수 있다.

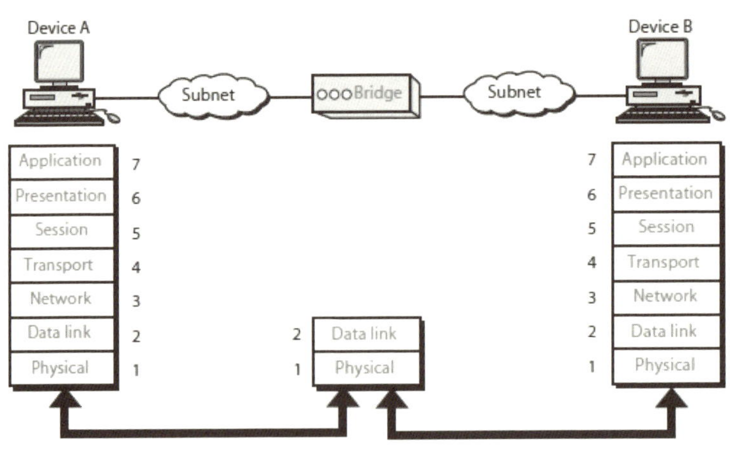

그림 11-6 OSI 모델에서의 브리지

브리지와 리피터가 기능적으로 무엇이 다른가? 브리지는 필터링(Filtering) 기능을 가지고 있다. 브리지는 프레임의 목적지 주소를 검사하여 그 프레임을 어느 포트로 전달해야 하는지를 결정한다. 브리지는 목적지 주소와 전송할 포트를 연결하는 변환 테이블을 가지고 있다. 리피터나 허브를 사용하면 한 통신국이 프레임을 보내면 그 네트워크 내의 다른 모든 통신국은 기다려야 하지만 브리지를 사용하면 세그먼트 별로 동시에 데이터를 보낼 수 있다.

브리지는 데이터링크 계층에서 동작하며 브리지에 연결된 모든 통신국의 물리 주소에 접근할 수 있다. 한 프레임이 브리지에 도착하면, 브리지는 신호를 재생할 뿐만 아니라 목적지 주소를 검사하여 그 주소가 속해 있는 세그먼트로만 재생된 프레임을 보낸다. 브리지가 프레임을 받으면 그 안의 목적지 주소를 읽어서 자기가 가지고 있는 테이블에서 해당 포트를 찾아서 전송한다.

예를 들면 (그림 11-7)의 (a)는 브리지로 연결된 두 개의 세그먼트를 보이고 있다. 여기에서 통신국 A가 통신국 D를 목적지로 하여 프레임을 전송하는 경우를 생각해 보자. 브리지는 목적지 주소를 읽어서 자신이 가진 MAC 테이블과 비교하여 프레임을 어느 포트로 전송할 것인지를 파악한다. 브리지는 통신국 D가 동일한 세그먼트에 있으므로 아래쪽의 세그먼트로는 프레임을 전달하지 않고, 위쪽 세그먼트의 모든 통신국으로 전송하여 통신국 D가 수신하게 된다.

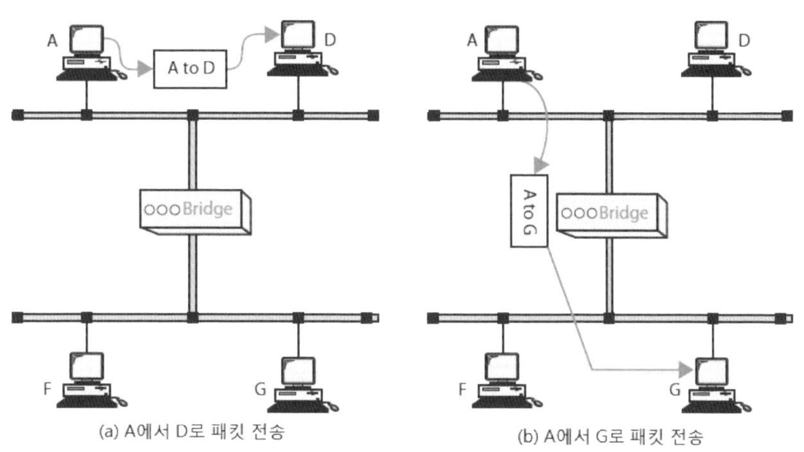

그림 11-7 브리지의 필터링 기능

(그림 11-7)의 (b)에서는 통신국 A에서 보낸 프레임이 통신국 G를 목적지로 하여 전송된다. 브리지는 그 프레임을 통신국 G가 수신할 수 있도록 아래쪽 세그먼트로 중계한다.

브리지는 LAN의 두 세그먼트 사이에 쉽게 설치할 수 있는 '플러그 앤 플레이' 기능을 갖는 투명형(Transparent)

또는 학습형(Learning) 브리지가 주로 사용된다. 브리지의 테이블은 처음에는 비어 있지만 브리지가 프레임을 받고 전달하면 곧 발신지 주소와 도착 인터페이스를 이용하여 MAC 테이블을 만든다. MAC 테이블을 이용하면 목적지 통신국이 어느 세그먼트에 위치하는지를 알 수 있게 된다.

예를 들어 (그림 11-7)에서 통신국 A가 하나의 프레임을 통신국 G로 보낼 때 이 브리지는 A로부터 온 프레임이 위쪽의 세그먼트로부터 왔으며, 따라서 통신국 A는 위쪽 세그먼트에 위치해 있다는 사실을 학습하게 된다. 이후에 언제든 브리지에 목적지가 통신국 A로 지정된 프레임이 도착하면 브리지는 프레임을 위쪽 세그먼트로만 보내야 한다는 것을 알게 된다.

브리지는 각 통신국에서 전송된 첫 번째 프레임으로부터 그 통신국이 어느 세그먼트에 있는지를 학습한다. 결국 브리지는 모든 통신국이 어느 세그먼트에 있는지를 기록한 완전한 테이블을 갖게 된다.

학습형 브리지는 테이블이 완성된 이후에도 이 처리 과정을 계속하여 스스로 최신 정보를 유지한다. 통신국 A를 사용하는 사람이 통신국 G를 사용하는 사람과 사무실을 서로 바꾸었다고 가정하자. 또한 두 사람이 사무실을 옮길 때 자신의 컴퓨터를 가지고 간다고 하자. 이럴 경우 갑자기 두 통신국에 대해 저장되어 있던 세그먼트의 위치들이 달라진다. 그러나 브리지는 항상 수신 프레임들의 송신지 주소를 검사하기 때문에, 브리지는 통신국 A의 프레임들이 아래쪽 세그먼트로부터 오며 통신국 G의 프레임들은 위쪽 세그먼트로부터 온다는 것을 알게 되고, 이 정보에 따라 브리지의 테이블을 변경한다.

(2) 스위치

스위치(Switch)는 효율성이 높은 브리지 기능을 제공하는 장치로 다중 포트 브리지와 같이 동작한다. 스위치는 보통 연결된 각 링크를 위한 버퍼를 갖는다. 스위치가 프레임을 수신하면, 수신 링크의 버퍼에 프레임을 저장하고 나가는 링크를 찾기 위해 목적지 주소를 검사한다. 만약 나가는 링크가 충돌 위험이 없다면, 스위치는 그 특정 링크로 프레임을 보낸다.

스위치는 축적전송(Store-and-forward), 컷쓰루(Cut-through), Fragment Free라는 3가지 방식으로 동작한다. 축적전송 스위치는 전체 프레임이 도착할 때까지 입력 버퍼에 프레임을 저장한다. 반면 컷쓰루 스위치는 목적지 주소까지만 수신하면 바로 출력 버퍼로 프레임을 전송한다. Fragment Free 스위치는 64바이트까지 수신하여 충돌 발생 여부를 확인한 다음 전송한다.

(3) VLAN

VLAN(Virtual LAN)은 2계층 장비인 스위치에서 논리적으로 네트워크를 분리하는 것이다. 일반적으로 스위치는 충돌 영역(Collision domain)을 분리하는 장비이다. 하나의 스위치로 연결된 모든 장비는 동일한 방송 영역(Broadcast domain) 내에 있게 된다. 방송 영역을 분리하려면 라우터를 사용하여야 했다. VLAN은 스위치를 사용하여 방송 영역을 분리하는 것이다. VLAN을 사용하면 네트워크의 보안성이 강화되고, 스위치 네트워크에서 로드 밸런싱이 가능하게 되는 장점이 있다. VLAN은 IEEE 802.1Q로 표준화되어 있다.

VLAN의 종류로는 포트 기반, MAC 기반, 네트워크 주소 기반, 프로토콜 기반 VLAN이 있다.

- 포트 기반 VLAN : 스위치 포트를 각 VLAN에 할당하는 방법으로 Static VLAN이라고도 하며, 가장 일반적이고 흔히 사용되는 방법이다.

- MAC 기반 VLAN : 각 호스트의 MAC 주소를 VMPS(VLAN Mebership Policy Server)에 등록한 후 호스트가 스위치에 접속하면 등록된 정보를 바탕으로 VLAN을 할당하는 방법이다. 조금 번거로운 점은 MAC 주소를 전부 등록해야 한다.

- 네트워크 주소 기반 VLAN : 네트워크 주소별로 VLAN을 구성하여 같은 네트워크에 속한 호스트들 간에만 통신이 되도록 하는 방법이다.

- 프로토콜 기반 VLAN : 같은 통신 프로토콜을 가진 호스트들 간에만 통신이 되도록 하는 방법이다.

11.2.3 라우터

라우터(Router)는 네트워크 계층의 주소를 이용할 수 있으며, 두 개의 네트워크 계층 주소 사이에 가능한 여러 경로 중에서 어떤 경로가 특정한 전송을 위하여 가장 좋은지를 결정할 수 있는 소프트웨어를 가지고 있다. 라우터는 (그림 11-8)과같이 OSI 모델의 물리 계층, 데이터링크 계층, 네트워크 계층에서 동작한다.

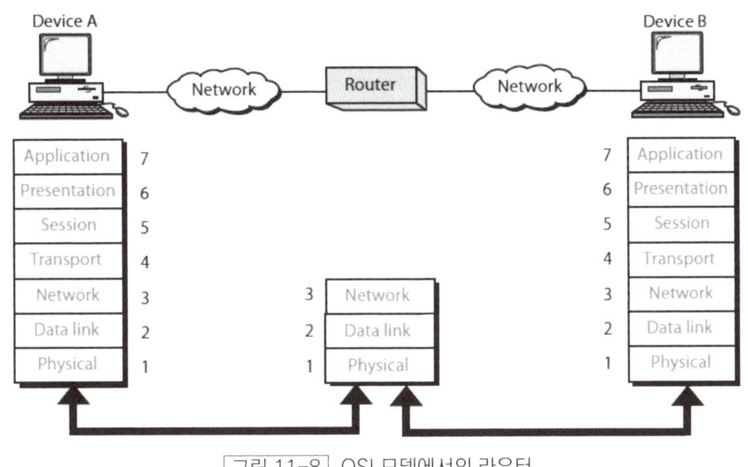

그림 11-8 OSI 모델에서의 라우터

라우터는 여러 개의 상호 연결된 네트워크 사이에서 패킷을 중계한다. 라우터는 하나의 네트워크에서 인터넷 상 다수의 잠재적인 수신 네트워크 중 어느 것으로든 패킷들의 경로를 설정한다. (그림 11-9)는 디섯 개의 네트워크로 구성된 네트워크의 예를 보이고 있다. 한 네트워크의 통신국에서 이웃한 네트워크의 통신국으로 보내진 패킷은 두 개의 네트워크가 공동으로 연결된 라우터로 가며 이 라우터에서 수신지 네트워크로 넘어간다. 만약 송신과 수신 네트워크 양쪽으로 연결된 라우터가 없으면, 송신 라우터는 연결된 네트워크 중 하나를 거쳐 최종 수신지의 방향에 있는 다음 라우터로 패킷을 전송한다. 패킷을 수신한 다음 라우터는 경로상에 있는 그다음 라우터를 향해 최종 수신지에 도착할 때까지 계속 진행한다.

네트워크에서 라우터는 통신국처럼 동작한다. 그러나 한 네트워크의 일원으로만 동작하는 통신국들과는 달리, 라우터는 동시에 두 개 이상의 네트워크 주소와 링크를 가지고 있다.

라우터의 가장 간단한 기능은 하나의 연결된 네트워크로부터 패킷을 수신하여 연결된 또 다른 네트워크로 넘겨주는 것이다. 그러나 만약 수신된 패킷이 이 라우터의 일원이 아닌 네트워크의 노드로 주소가 지정되어 있다면, 라우터는 그 패킷을 위해 연결된 네트워크 중에 어느 것이 가장 좋은 중계점인가를 판단할 능력이 있다. 일단 라우터가 패킷이 이동할 가장 좋은 경로를 식별하면, 라우터는 적절한 네트워크를 통해 패킷을 다른 라우터로 전송한다. 이 패킷을 수신한 라우터는 목적지 주소를 조사하고, 가장 좋은 경로를 찾고, 패킷을 최종 수신지 네트워크로 보내거나 아니면 선택된 경로상의 다음 라우터로 보낸다.

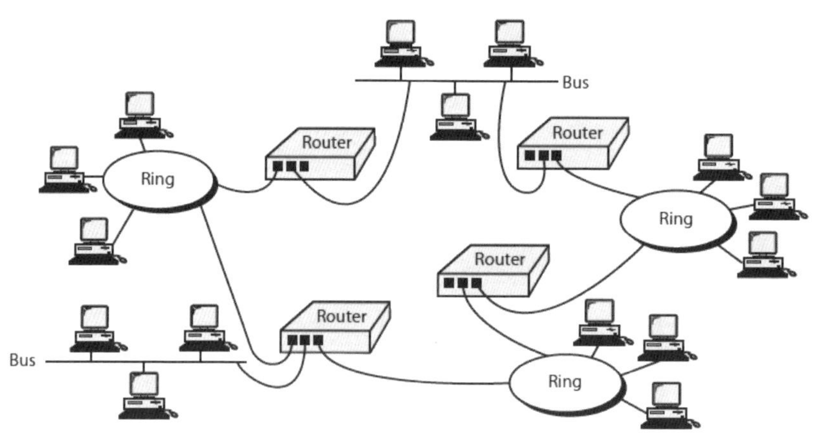

그림 11-9 인터넷에서의 라우터

11.2.4 게이트웨이

게이트웨이(Gateway)는 (그림 11-10)과같이 OSI 모델의 전체 7계층에서 동작한다. 게이트웨이는 프로토콜 변환기(Protocol Converter)이다. 라우터는 단지 동일한 프로토콜을 이용하는 네트워크 간에 패킷을 전송, 수신, 중계하는 반면에 게이트웨이는 한 프로토콜(예를 들어 Apple Talk)의 형태로 된 패킷을 수신하여 다른 곳으로 보내기 전에 다른 프로토콜(예를 들어 TCP/IP)의 패킷 형태로 변환한다.

게이트웨이는 일반적으로 라우터 내에 설치되는 소프트웨어이다. 게이트웨이는 라우터에 연결된 각 네트워크에서 사용되는 프로토콜에 대하여 이해하고 있으므로 한 프로토콜에서 다른 프로토콜로 번역이 가능하다. 변경이 필요한 부분이 단지 패킷의 헤더와 트레일러뿐인 경우도 있다. 다른 경우에는 게이트웨이가 데이터율(Data Rate), 크기, 패킷 형태까지 변경할 수도 있다.

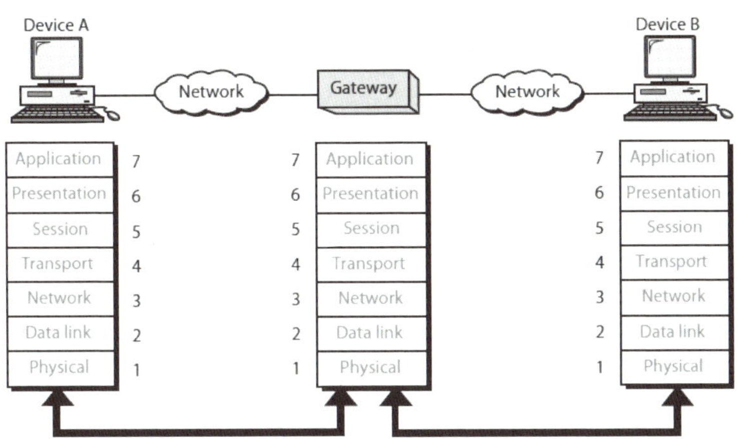

그림 11-10 OSI 모델에서의 게이트웨이

라우팅(Routing)은 패킷을 송신지에서 수신지까지 보내는 여러 경로 중에서 최적의 경로를 선택하는 것이다. 일반적으로 라우팅 기능은 라우터(Router)에 의해서 수행된다. 라우터는 수신된 패킷에서 목적지 주소를 추출하여 자신이 가지고 있는 라우팅 테이블(Routing table)에서 그 주소를 찾은 다음, 지정된 포트로 패킷을 내보내는 과정을 수행한다. 따라서 라우팅 테이블만 있으면 라우터의 동작은 매우 단순한 것이다. 라우팅 테이블에는 목적지 네트워크의 주소, 다음 홉 라우터의 주소, 경로를 선택하는 기준인 메트릭(Metric) 등의 정보가 포함되어 있다.

11.3.1 라우팅 방식의 분류

목적지로 가는 여러 가지 경로 중에서 가장 좋은 경로를 선택하는 방법이 라우팅 방법이다. 경로를 설정하는 요소로는 성능 기준, 경로의 결정 시간과 장소, 정보 발생지, 경로 정보의 갱신 시간 등을 들 수 있다.

경로 설정 방식 중에서 가장 단순한 방법은 플러딩(Flooding)이다. 플러딩이란 입력되는 패킷을 입력되는 포트 이외의 모든 포트로 전달하는 방법을 말한다. 이 방식은 네트워크 정보도 필요 없고 라우팅 테이블도 필요가 없는 매우 간단한 방식이지만 트래픽이 많은 경우에는 비효율적인 방식이다.

또 다른 방법으로는 인접하는 라우터 중 하나를 임의로 선택하여 패킷을 전달하는 임의 경로 설정(Random Routing) 방식도 생각할 수 있지만, 이 역시 비현실적인 방법이다.

라우팅은 또한 적응 라우팅(Adaptive Routing)과 비적응 라우팅(Nonadaptive Routing)으로 분류할 수 있다. 비적응 라우팅은 일단 목적지까지 경로 하나가 선택되면 라우터는 모든 패킷을 선택된 경로를 따라 목적지로 보낸다. 바꾸어 말하면 라우팅 결정은 네트워크의 상태나 접속 형태를 기반으로 이루어지지 않는다.

적응 라우팅은 라우터가 각 패킷(같은 전송에 속하는 패킷들까지도)에 대해 네트워크의 조건과 접속 형태의 변화에 따라 새로운 경로를 선택할 수 있는 것이다. 네트워크 A에서 네트워크 D로 패킷을 보낼 때, 그 시점에서 어떤 경로가 가장 효율적인가에 따라 라우터는 첫 번째 패킷은 네트워크 B를 경유하여, 두 번째 패킷은 네트워크 C를 경유하여, 그리고 세 번째 패킷은 네트워크 Q를 경유하여 보낼 수 있다.

라우팅 방법은 정적 라우팅(Static Routing)과 동적 라우팅(Dynamic Routing)으로 분류할 수도 있다. 정적 라우팅 방법은 고정 경로지정이라고도 하며, 라우팅 정보를 관리자가 수동으로 입력하는 방식이다. 이 방법은 규모가 작은 네트워크에서 주로 사용한다.

동적 라우팅 방식은 라우터가 가지고 있는 라우팅 정보를 다른 라우터들과 서로 교환하여 라우팅 테이블을 자동으로 작성하고 갱신하는 방식이다. 라우터들 사이에서 자동으로 라우팅 테이블을 작성하고 제어하는 절차를 규정하는 것이 라우팅 프로토콜이다. 따라서 일반적으로 라우팅 프로토콜이라고 하면 동적 라우팅 방식을 말하는 것이다.

기본 경로(Default Routes)는 라우팅 테이블을 효율적으로 유지하기 위한 방법으로 사용된다. 라우팅 테이블에 모든 네트워크의 경로를 전부 가지고 있을 수는 없으므로 자신의 라우팅 테이블에 없는 목적지 네트워크에 대한 경로는 기본 라우터에 경로를 질의하기 위한 방법이 기본 경로를 지정하는 것이다. 기본 경로는 수동으로 입력하는 정적 경로일 수도 있고, 라우팅 프로토콜에 의해 학습되는 동적 경로일 수도 있다.

11.3.2 라우팅 프로토콜의 종류

오늘날 인터넷은 너무 광대해서 하나의 라우팅 프로토콜로 모든 라우터의 라우팅 테이블을 갱신하는 작업을 처리할 수 없다. 이러한 이유로 인터넷을 자율 시스템 AS(Autonomous System)로 나눈다. AS는 단일 관리 권한 아래에 있는 네트워크들과 라우터들의 그룹이다. AS 내의 라우팅을 IGP(Interior Gateway Protocol)라고 하고, AS 간의 라우팅을 EGP(Exterior Gateway Protocol)라고 한다. 각각의 AS는 내부의 라우팅을 위하여 하나 이상의 IGP를 채택할 수 있다. 그러나 AS 간의 라우팅을 처리하기 위해서는 오직 하나의 EGP만을 사용해야 한다.

주로 이용되는 라우팅 프로토콜로는 (그림 11-11)과같이 RIP(Routing Information Protocol), OSPF(Open Shortest Path First), BGP(Border Gaeway Protocol) 등이 있다. RIP와 OSPF는 AS 내에서 라우팅 테이블을 갱신하기 위해서 사용되며, BGP는 AS 간의 라우팅을 위하여 사용된다.

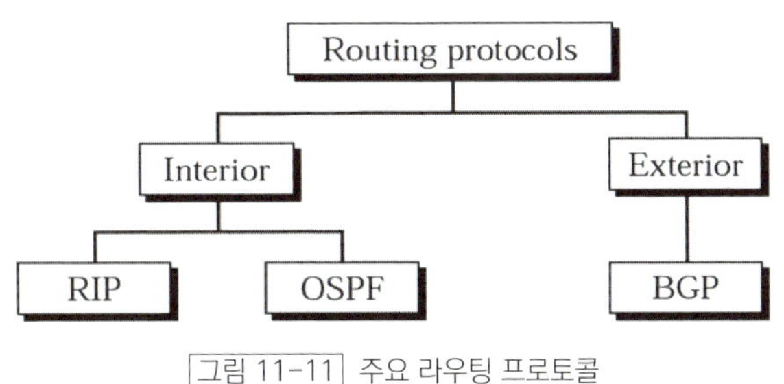

그림 11-11 주요 라우팅 프로토콜

라우터는 한 네트워크에서 패킷을 받아 다른 네트워크로 그 패킷을 건네준다. 보통 한 라우터는 여러 개의 네트워크에 연결된다. 라우터가 패킷을 받았을 때, 그 패킷을 어느 네트워크로 보내야 할 것인가를 결정하는 기준을 메트릭(Metric)이라고 한다. 메트릭은 네트워크를 통과하는 데 소요되는 비용이다. 특정한 경로의 총 메트릭은 그 경로를 구성하는 네트워크의 메트릭 합과 같다. 라우터는 가장 작은 메트릭 값을 가지는 경로를 선택한다.

라우팅 프로토콜에 따라 사용히는 메트릭이 다르다. RIP의 경우 홉(Hop) 수를 메트릭으로 사용한다. 홉 수는 목적지까지 도착하는데 거치는 라우터의 수를 말한다. RIP는 목적지까지 도착하는데 거치는 라우터 수가 가장 적은 경로를 최적의 경로로 선택한다. OSPF는 대역폭의 역수를 메트릭으로 사용한다. 즉 대역폭이 넓으면 메트릭 값이 작아진다. BGP는 관리자에 의해 설정되는 정책(Policy)을 메트릭으로 사용한다.

'RIPv1'은 클래스풀(Classful) 라우팅 프로토콜이며, 'RIPv2'는 클래스리스(Classless) 라우팅 프로토콜이다. 클래스풀 라우팅은 IP 주소를 클래스별로 분류하여, 네트워크 마스크를 미리 약속한 다음 라우팅 정보 교환 시에 따로 네트워크 마스크를 보내지 않는 방법이다. CIDR(Classless Inter Domain Routing)과 같은 클래스리스 라우팅은 IP 주소의 낭비를 막기 위하여 IP 주소를 클래스별로 분류하지 않는다. 따라서 클래스리스 라우팅은 라우팅 정보를 교환할 때 항상 네트워크 마스크를 함께 보내야 한다.

클래스리스 라우팅 프로토콜을 사용하면 하나의 네트워크 주소에서 여러 개의 서브넷 마스트를 사용할 수 있는 VLSM(Variable Length Subnet Mask)을 사용할 수 있으며, 라우팅 테이블의 크기를 줄일 수 있는 경로 요약화 (Route Summarization) 기능도 사용할 수 있다. 'RIPv2', 'EIGRP', 'OSPF' 등과 같은 대부분의 라우팅 프로토콜은 클래스리스 라우팅을 지원한다.

(1) RIP

RIP(Routing Information Protocol)는 AS 내부에서 사용되는 내부 라우팅 프로토콜이다. 이것은 거리 벡터 라우팅(distance vector routing) 알고리즘에 기반하는 간단한 프로토콜로서 라우팅 테이블을 구성하기 위하여 'Bellman-Ford' 알고리즘을 사용한다.

거리 벡터 라우팅은 각 라우터가 주기적으로 이웃 라우터들과 전체 인터넷에 대한 정보를 공유한다. 각 라우터 는 전체 AS에 대한 정보를 이웃 라우터들과 공유한다. 초기에는 라우터의 정보가 매우 빈약할 것이다. 그러나 라 우터가 얼마나 많이 알고 있는가는 중요하지 않으며, 라우터는 자신이 가지고 있는 모든 것을 송신한다. 또한 각 라우터는 자신의 정보를 이웃 라우터에만 전송하며, 일정한 시간마다 계속 전송한다.

거리 벡터 라우팅에서 각 라우터는 목적지 별로 자신이 가지고 있는 라우팅 테이블 상의 거리와 이웃 라우터로 부터 받은 거리를 비교하여, 그 목적지에 도달하는 더 짧은 거리를 다시 구하여 자신의 라우팅 테이블을 갱신한 다. 이렇게 계산된 결괏값이 인접 라우터들끼리 교환되어 다시 수행되는 갱신 과정이 반복되면 점차적으로 모든 라우터의 라우팅 테이블에 있는 목적지까지의 거리가 최단 거리로 수렴하게 된다.

RIP는 메트릭으로 홉 수를 사용하며, 최대 홉 수를 15로 제한하고 있다(16이 무한대). 이것은 15홉을 넘는 경 로는 지원하지 못함을 의미한다. 또한 30초마다 라우팅 정보를 교환한다. 따라서 토폴로지 변화에 대하여 빠른 수렴이 어려운 단점이 있다.

(2) OSPF

OSPF(Open Shortest Path First)는 링크 상태(Link State) 알고리즘을 적용한 대표적인 라우팅 프로토콜로, 링크에서의 전송시간을 링크 비용(거리)으로 사용하여 각 목적지 최단 경로를 'Dijkstra 알고리즘'을 통해서 구한다.

1980년대 중반에 RIP가 이질적이고 규모가 큰 네트워크에서의 라우팅을 수행하는 데 한계점이 노출되면서, IETF가 주도하여 링크 상태 알고리즘에 기반한 라우팅 프로토콜에 대한 표준화를 시작하였고, 그 결과로 OSPF가 탄생되었다.

라우팅 테이블 전체를 주기적으로 교환하는 RIP에 비해서, OSPF는 상대적으로 짧고 간단한 링크 상태 정보를 변화가 발생했을 때만 교환한다. 따라서 OSPF의 정보 교환량이 상대적으로 훨씬 적다. 또한 각 라우터는 파악된 네트워크 토폴로지 위에 효율적인 'Dijkstra 알고리즘'을 직접 적용하기 때문에 빠른 속도로 모든 목적지별 최적 경로를 계산한다. 특히 지역적인 장애 발생이나 복구, 서브 네트워크의 추가 및 삭제, 링크 또는 라우터의 과부하 등 네트워크의 구성과 상태에 대한 변화는 모든 라우터의 라우팅 테이블에 즉각적으로 반영되기 때문에 네트워크가 안정적으로 유지될 수 있다.

또한 OSPF에서 사용하는 메트릭은 전송 지연, 전송 속도 등의 여러 가지 척도 중에서 관리자가 환경에 맞게 선택할 수 있는 융통성을 가지고 있다. 이와 같이 OSPF는 RIP의 여러 가지 문제점을 해결하고 있는 반면에 RIP에 비해 상대적으로 복잡하다. 현재 대부분의 대규모 IP망에서는 OSPF를 채택하고 있고, RIP를 사용하는 망도 OSPF로 빠르게 교체되고 있다.

OSPF에서 각 라우터가 주변 상황을 알리기 위해 라우터 간에 교환하는 정보를 LSA(Link State Advertisement)라 하고, 이들을 플러딩 방식으로 네트워크 전체에 전달하여 네트워크의 전체 지도인 LSDB(Link State Database)를 만든다.

(3) BGP

BGP(Border Gateway Protocol)는 AS 간에 라우팅 정보를 교환하는 외부 라우팅 프로토콜이다. 내부 라우팅은 최적의 경로를 선택하는 것이 목적이기 때문에 거리 벡터나 링크 상태 등의 네트워크 정보를 다른 라우터로 전송한다. 하지만 외부 라우팅에서는 복잡도로 인해 경로의 최적성 여부를 가리지 않고 목적지 네트워크에 도달하는 경로를 구하는 데에만 초점을 맞추고 있다.

BGP는 내부 라우팅에서의 거리 벡터와 링크 상태에 의한 두 방식과는 기본적으로 다른 경로 벡터 라우팅 (Path Vector Routing)에 기반한다. 거리 벡터 라우팅의 구조적인 문제인 저속 수렴과 불안정은 네트워크가 커질수록 더 심각하다. 또한 엄청나게 많은 수의 AS와 라우터로 구성된 인터넷에서 홉 수를 제한하는 것 자체로 패킷이 목적지에 도착하지 못할 수도 있다. 또한 링크 상태 라우팅을 외부 라우팅에 적용하기에는 인터넷의 규모가 너무 크다. 각 라우터의 LSDB가 매우 큰 데다가 'Dijkstra 알고리즘'을 사용하여 최단 경로를 계산하는 데 오랜 시간이 걸리기 때문이다.

경로 벡터 라우팅은 라우터 간에 특정 목적지로 가기 위한 경로 정보를 교환한다. 여기에 거리 벡터나 링크 상태 등의 정보가 포함되지 않는다. 라우터에서 동일한 목적지를 가지는 경로 벡터를 여러 개 수신하였으면 정책적인 결정에 의해 이 중에서 하나의 경로를 선택한다.

VoIP(Voice over Internet Protocol)는 인터넷으로 전화 서비스를 제공하기 위해 개발된 기술로 음성 신호를 디지털화하고 압축한 후 IP 패킷화하여 인터넷으로 전달하는 기술이다. VoIP 기술에 의한 인터넷 전화는 여러 가지 장점이 있는데 그중에서 가장 큰 장점은 저렴한 사용요금이다.

인터넷 전화가 가격 경쟁력을 가지는 가장 큰 이유는 두 가지를 들 수 있다. 첫째로는 이미 설치되어 데이터 전송망으로 이용되고 있는 인터넷 백본망을 그대로 활용할 수 있다는 점이다. 이것은 인터넷 전화가 공중 인터넷망을 이용하기 때문에, 즉 국내의 ISP에 국내 인터넷 전용선을 연결하고 인터넷 전화 장비를 설치하는 것으로 서비스를 제공할 수 있기 때문에, 네트워크 구축에 있어서도 기존 국제전화와 비교하면 1%도 되지 않는 투자비로 서비스를 제공할 수 있다.

둘째는 패킷 전송 방식을 사용하기 때문에 통화 중 회선을 전용하는 기존 전화망보다 훨씬 효율적으로 망을 사용하여 통신 원가를 낮출 수 있게 된다. 그러나, 이 점은 다시 인터넷폰의 성능을 저하하는 요인이 되기도 하여 이를 극복하기 위한 다양한 기술 개발이 요구되며, 가상적으로 또는 실질적으로 실시간 데이터(음성, 영상 등)와 데이터 전송망을 분리해야 한다는 대안도 나오고 있다.

VoIP 기술에 의한 인터넷폰은 가격 경쟁력 외에도 유연한 대역폭 활용, 차별화된 서비스, 다양한 서비스와의 통합이 용이함 등의 장점을 가지고 있으며, 거리에 상관없이 동일한 요금을 적용하는 것이 가능하고 인터넷이 설치된 전 세계 어느 곳에서나 접속하여 사용할 수 있다는 접근 용이성도 장점으로 꼽을 수 있다.

11.4.1 VoIP의 기술 및 프로토콜

VoIP 서비스를 제공하기 위해서는 (그림 11-12)와 같이 인터넷망과 공중전화망인 PSTN과의 연동이 필요하다. 이와 같이 서로 다른 네트워크 간의 연동은 게이트웨이에 의해서 수행되며, 공중전화망과 인터넷망의 연동에서는 (그림 11-12)와 같이 시그널링의 변환을 제공하는 SG(Signaling Gateway)와 음성과 비디오 같은 미디어 전송 형태를 변환해 주는 MG(Media Gateway), 그리고 이들과 전체적인 시그널링 제어를 관장하는 MGC(Media Gateway Controller)로 기능상 구분되어 있다.

VoIP 서비스를 위한 호 처리 표준 프로토콜은 (그림 11-12)와 같이 ITU-T가 정의한 H.323과 IETF의 SIP(Session Initiation Protocol)가 있다. 초기 시장에서는 ITU-T의 'H.323'이 검증이 완료된 기술로 호처리 프로토콜의 대부분을 차지하고 있었으나, SIP가 새로운 인터넷 서비스를 적용하고, 인터넷의 진화와 함께 발전하는데 유리하다는 관점에서 호 설정 프로토콜로 많이 채택되고 있다.

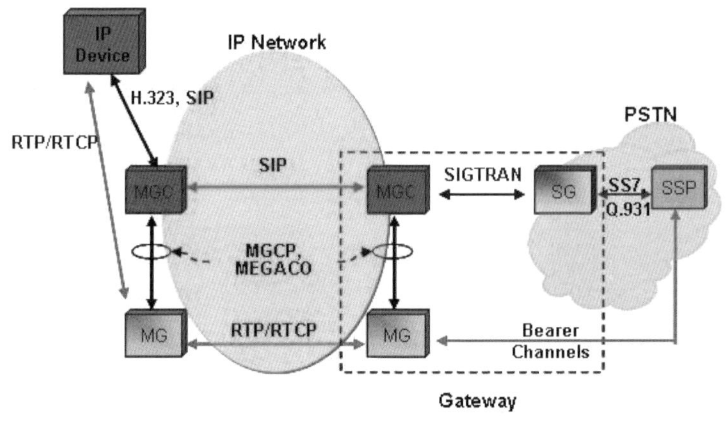

그림 11-12 | VoIP 관련 프로토콜

(1) H.323

'H.323'은 LAN 환경에서 단말기들 사이에 멀티미디어 통신을 하기 위한 호환성을 제공해 주기 위한 ITU-T 권고안이다. 'H.323' 프로토콜은 ITU-T SG(Study Group) 16에서 작업한 멀티미디어 단말, 시스템 및 서비스에 대한 표준 규격이며, 1996년 최초 버전이 공개되었다.

원래 ISDN 기반 프로토콜이었던 H.323은 음성/비디오/멀티미디어 서비스가 네트워크를 통해 운영될 수 있다는 것을 보여주지만, LAN과 인터넷과 같은 QoS를 보증하지는 않는다. 주로 LAN을 통한 멀티미디어 통신을 위한 터미널, 장비, 서비스 등을 규정하며, 압축, 콜 컨트롤, IP 패킷의 암호화 등도 포함된다.

'H.323' 표준에 근거한 VoIP 서비스는 음성 통화의 에코 제거, 연결 중의 QoS 보장을 위한 음성의 활동/휴지 중의 잡음 탐지 등의 특징을 갖는다. 따라서 음성 트래픽이 대역폭이 낮은 네트워크나 인터넷을 통해 전달될 때 가장 적합하게 활용될 수 있다. 단점은 전통적인 전화의 특징을 보완하기 위해 복잡하고 독점적인 구조를 가진다는 점이다.

(2) SIP

SIP(Session Initiation Protocol)는 ITU-T의 'H.323'에 대응되는 프로토콜로, IETF MMUSIC(Multiparty Multimedia Session Control) 워킹 그룹에서 개발해 1999년 3월 표준화됐다. 멀티미디어 세션 또는 콜을 제어하는 프로토콜로 기존 H.323보다 작고 가벼워 간결한 호 설정을 제공한다.

단말 간 또는 사용자 간의 VoIP 서비스뿐 아니라 다양한 서비스의 호 설정을 해주는 피어(Peer) 레벨 콜 컨트롤 프로토콜이다. 따라서 모든 인터넷 단말기, 애플리케이션 서비스, 모든 네트워크 장비의 구성 요소로 포함돼

호 설정, 호 관리, 애플리케이션 서비스 요청 등의 서비스를 수행할 수 있다. 'H.323'과 비교 시 용량, 확장성, 개발 부분이 편리하다는 이점이 있다.

SIP의 기본 기능은 PC, 인터넷 전화기, PDA, 휴대전화와 같이 음성통신이 가능한 VoIP 단말 간에 호를 설정하는 것이다. SIP는 간단한 텍스트 기반 애플리케이션 계층의 제어 프로토콜로 구현이 쉽고 다른 서비스와 호환이 용이하다. HTTP와 같은 텍스트 기반의 프로토콜은 전자우편과 유사한 주소 체계 형태의 동일 식별자(Same Identifier)를 이용해 언제, 어디서나 음성 통화 서비스를 비롯한 전자우편, 인스턴트 메시지 서비스 등을 제공받도록 해준다. 따라서 네트워크 디버깅 등이 쉽게 이뤄지며, SIP 기반 VoIP 시스템을 통해 Megaco/H.248 기반 시스템을 통합할 수 있다.

(3) MEGACO/H.248

호 처리에 관한 모든 기능이 게이트웨이에 집중된 H.323보다, 효율적으로 대용량의 게이트웨이를 관리하기 위한 프로토콜로 제안된 것이 MGCP(Media Gateway Control Protocol)이다. MGCP는 호 제어 기능이 게이트웨이 외부에 있는 호 에이전트에 의해 수행된다는 분리된 호 제어구조를 가정한다. 이러한 방식은 호 처리를 집중화시켜 대용량 처리를 가능케 하는 것이다. MGCP는 IETF에서 발표한 프로토콜이고, 'ITU-T'는 'H.248'에서 권고하고 있었으나, 'ITU-T'와 'IETF'에서 공동으로 MEGACO(MEdia GAteway COntrol)/H.248 프로토콜을 제안하고 있다.

MEGACO/H.248은 다수 사용자에게 전송되는 미디어를 제어하기 위한 프로토콜이며 소프트 스위치 또는 MGC(Media Gateway Controller)가 MG(Media Gateway)를 제어할 때 사용된다. MEGACO 프로토콜은 주종(Master/Slave) 방식으로 동작한다.

IETF의 MGCP가 음성 정보 제어 기능만을 제공하는 것에 비하여, MEGACO/H.248의 경우 음성 및 멀티미디어 제어 기능을 가지고 있으며 신텍스(Syntax)의 기술이 보다 정확한 점, 텍스트와 2진 부호화를 모두 지원하는 점, 지속적인 패키지의 표준화가 진행되고 있는 등의 상대적인 우수성을 가지고 있다.

(4) SIGTRAN

SIGTRAN(SIGnaling TRANsport)은 IP 망을 통해 PSTN 신호 프로토콜을 전송하기 위한 프로토콜 스택으로서 SG(Signaling Gateway)와 MGC(Media Gateway Controller)간에 사용된다. SG는 SCN(Switched Circuit Network)으로부터의 신호를 IP 패킷으로 캡슐화해서 IP로 전달하고 IP 패킷의 신호를 MTP(Message Transfer Part)를 이용해서 SCN으로 전달한다.

11.4.2 VoIP의 음성 부호화

원천 부호화(Source Coding)는 PCM으로 아날로그 데이터를 디지털 신호로 바꾼 다음 이 디지털 신호를 보다 효율적으로 전송하기 위해 압축하는 데 그 목적이 있다. 원천 부호화는 압축하는 정보의 종류에 따라 음성 부호화(Speech Coding)와 영상 부호화(Image Coding)로 구별된다.

일반적으로 아날로그 음성 파형을 디지털화하는 음성 부호화 기술을 크게 분류하면 세 가지로 나눌 수 있다. 첫 번째는 음성 파형을 샘플링하여 양자화하는 파형 부호화(Waveform Coding) 방식이고, 두 번째는 음성의 주기와 성도의 계수 등 음성의 특징만을 추출하여 전송하고 수신 측에서 음성을 재생하는 보코딩(Vocoding : Voice Coding) 방식이며, 세 번째는 파형 부호화 방식과 보코딩 방식의 장점만을 사용하는 혼합 부호화(Hybrid Coding) 방식이다.

파형 부호화 방식은 전송 속도가 16~64Kbps로 비교적 높지만 음질이 우수하여 일반 음성통신에 많이 사용되고 있다. 보코딩 방식은 전송 속도가 50bps에서 4.8Kbps로 매우 낮지만 장치가 복잡하고 음질이 낮다. 혼합 부호화 방식은 전송 속도가 4.8~16Kbps이고 음질도 중간 정도의 특성을 가지고 있다.

파형 부호화 방식으로는 PCM(Pulse Code Modulation), DM(Delta Modulation), DPCM(Differential PCM), ADPCM(Adaptive Differential PCM) 등이 있다. 64Kbps의 PCM은 1971년 'ITU-T'가 'G.711'로 표준화했으며, 32Kbps의 ADPCM은 1988년에 'G.721'로 표준화했다.

보코딩은 사람의 음성 신호의 생성 모델에 근거하여 음성 신호로부터 여기원(excitation)과 성도(vocal tract)의 특성 파라미터를 추출하고, 합성 시에는 이 두 가지 특성 파라미터를 이용하여 다시 원래의 음성을 복원하는 방법이다. 보코딩은 신호 파형의 모양을 재생하는 것이 아니라 사람의 귀로 듣는 데 있어서 원래의 신호와 차이가 없도록 소리(Sound)만을 재생한다.

대표적인 보코딩 방식으로 LPC(Linear Predictive Coding), 즉 선형 예측 부호화의 원리를 이용한 방식이 있다. LPC의 원리는 일반적으로 음성 신호와 같이 상호 관계가 강한 신호는 일정한 수의 이전 샘플들로부터 다음 샘플의 값을 예측할 수 있다는 것이다. 즉 이전 샘플값들의 선형 결합으로 다음 샘플의 값을 계산하는 것이다.

혼합 부호화 방법은 파형 부호화 방법과 보코딩 방법의 장점을 결합한 방법으로, 보코딩 방법에서 사용하는 음성 생성 모델을 그대로 적용하여 성도의 특성을 표본화 및 양자화를 하고, 또한 성도의 특성이 제거된 예측 오차 신호(여기원 신호)를 최대한 그 모양을 그대로 유지하면서 전송하고자 하는 방법이다.

VoIP에서 가장 많이 사용하는 대표적인 방식으로는 'G.729'로 표준화된 8Kbps의 CS-ACELP(Conjugate Structure Algebraic Code Excited Linear Prediction)와 'G.723.1'로 표준화된 6.3Kbps의 MP-MLQ(Multi Pulse Multi Level Quantization) 등이 있다.

SUMMARY

- 인터넷은 TCP/IP에 기반을 둔 유일한 주소 체계로 전 세계적으로 연결되는 범세계적인 컴퓨터 네트워크이다.

- 인터넷의 시초는 1969년 미 국방성이 개발한 ARPANET이다.

- 네트워크 연결 장치인 인터네트워킹 장치로는 중계기(Repeater), 허브(Hub), 브리지(Bridge), 스위치(Switch), 라우터(Router), 게이트웨이(Gateway) 등이 있다.

- 라우팅은 발신지에서 목적지까지 가는 여러 경로 중에서 최적의 경로를 선택하여 패킷을 전송하는 것이다.

- 라우터는 라우팅을 수행하는 장비로, 수신된 패킷의 목적지 주소를 자신의 라우팅 테이블에서 찾아서 지정된 포트로 전송하는 기능을 수행한다.

- 라우터들은 라우팅 프로토콜을 이용하여 서로의 정보를 주고받아서 라우팅 테이블을 만들고 유지 보수한다.

- 라우팅 프로토콜은 AS 내에서 동작하는 IGP와 AS 간의 라우팅을 담당하는 EGP로 나눌 수 있다. IGP로는 RIP와 OSPF가 있으며, EGP로는 BGP가 대표적인 프로토콜이다.

- RIP는 홉 카운트를 메트릭으로 사용하는 거리 벡터 라우팅 프로토콜이고, OSPF는 대역폭을 메트릭으로 사용하는 링크 상태 라우팅 프로토콜이며, BGP는 경로 벡터 라우팅을 사용하는 도메인 간 라우팅 프로토콜이다.

- VoIP는 인터넷망인 IP 네트워크에서 음성을 패킷 형태로 전송하는 기술이다.

- VoIP 관련 프로토콜로는 H.323, SIP, MGCP, Megaco/H.248, SIGTRAN 등이 있다.

- 음성 부호화 기술에는 파형 부호화(Waveform Coding), 보코딩(Vocoding : Voice Coding), 혼합 부호화(Hybrid Coding) 방식 등이 있다.

11.2 인터네트워킹 장비

[11-1] 다음 중 OSI 참조모델에서 서로 다른 프로토콜을 사용하는 통신망 간의 상호접속을 위해 프로토콜 변환 기능을 제공하는 장치는?

〈정보처리기사 2024/6, 정보통신기사 2023/10, 2022/6,
정보통신산업기사 2022/3, 2021/3, 2018/3, 정보처리산업기사 2016/5〉

① Bridge   ② Router
③ Repeater   ④ Gateway

[11-2] 다음 내용에서 설명하고 있는 장치는?

〈정보보안기사 2024/3〉

> - 2계층 장치이다.
> - 수신한 프레임을 재생(복제)해 전송하는 기능도 있다.
> - MAC 주소를 참조해 프레임의 전송할 포트를 결정한 후 프레임을 전달하는 기능도 있다.

① 허브   ② 리피터
③ 라우터   ④ 브리지

[11-3] L2 스위치가 이더넷 프레임을 전달하기 위해 사용하는 MAC(Media Access Control) 주소 테이블에 가지고 있는 정보로 맞는 것은? 〈정보통신산업기사 2023/10〉

① IP 주소, 포트 번호
② VLAN ID, IP 주소
③ URL, IP 주소
④ MAC 주소, 포트 번호

[11-4] 네트워크 장비에 대한 설명으로 옳지 <u>않은</u> 것은?

〈정보처리기사 2023/7, 2022/7〉

① 브라우터는 전송되는 신호가 전송 선로의 특성 및 외부 충격 등의 요인으로 인해 원래의 형태와 다르게 왜곡되거나 약해질 경우 원래의 신호 형태로 재생하여 다시 전송하는 역할을 수행한다.
② 브리지는 LAN과 LAN을 연결하거나 LAN 안에서의 컴퓨터 그룹을 연결하는 기능을 수행하며, 데이터링크 계층 중 MAC 계층에서 사용된다.
③ 스위치는 LAN과 LAN을 연결하여 훨씬 더 큰 LAN을 만드는 장치로, OSI 7계층의 2계층에서 사용된다.
④ 라우터는 LAN과 LAN의 연결 기능에 데이터 전송의 최적 경로를 선택할 수 있는 기능이 추가된 것으로, 서로 다른 LAN이나 LAN과 WAN의 연결 기능도 수행하고, OSI 7계층의 네트워크 계층에서 동작한다.

[11-5] 다음 중 네트워크 장비인 라우터에 대한 설명으로 <u>틀린</u> 것은? 〈정보통신산업기사 2023/6, 2021/6, 2017/3〉

① 네트워크 계층에서 동작한다.
② 서로 다른 네트워크 간의 연결을 위해 사용된다.
③ 하나의 네트워크 세그먼트 안에서 크기를 확장한다.
④ 서로 다른 VLAN 간의 통신을 가능하게 해준다.

[11-6] VLAN은 OSI 참조모델 7계층 중 어느 계층에 속하는 기술인가? 〈정보통신산업기사 2023/6〉

① 3계층   ② 4계층
③ 1계층   ④ 2계층

정답 11-1 ④   11-2 ④   11-3 ④   11-4 ①   11-5 ③   11-6 ④

[11-7] 서로 다른 네트워크 구조를 갖는 컴퓨터 간 데이터를 송·수신할 경우, 이기종 간을 상호 접속하여 통신이 가능하도록 해주는 인터네트워킹 장비가 <u>아닌</u> 것은?

〈정보통신기사 2023/6, 2018/10, 정보통신산업기사 2019/9〉

① Transceiver　　　② Repeater
③ Hub　　　　　　④ Router

[11-8] 다음 중 LAN의 구성 요소로 <u>틀린</u> 것은?

〈정보통신기사 2023/3, 2021/3〉

① 전송 매체　　　　② 패킷 교환기
③ 스위치　　　　　④ 네트워크 인터페이스 카드

[11-9] 다음 중 라우터의 내부 물리적 구조에 포함되지 않는 것은?　　〈정보통신기사 2023/3, 2017/5〉

① GPU　　　　　　② CPU
③ DRAM　　　　　④ ROM

[11-10] 다음에서 설명하는 장치의 이름으로 옳은 것은?

〈정보통신기사 2023/3〉

> - OSI 모델의 물리 계층, 데이터 링크 계층, 네트워크 계층의 기능을 지원하는 장치
> - 자신과 연결된 네트워크 및 호스트 정보를 유지하고 관리하며, 어떤 경로를 이용해야 빠르게 전송할 수 있는지를 판단하는 장치

① Gateway　　　　② Repeater
③ Router　　　　　④ Bridge

[11-11] 하나의 VLAN에서 다른 VLAN으로 패킷을 전송하기 위해 필요한 장비는?　〈정보통신산업기사 2023/3〉

① 허브　　　　　　② 리피터
③ 브리지　　　　　④ 라우터

[11-12] 다음 중 라우터에 대한 설명으로 <u>틀린</u> 것은?

〈정보통신산업기사 2023/3〉

① 서로 다른 네트워크 간 통신하는 데 사용하는 장치
② 오류 패킷의 폐기 기능과 혼잡을 제어하는 기능을 수행
③ 내부 망의 전체 대역폭을 각 컴퓨터 노드 수만큼 나누어 사용하는 기능
④ 데이터가 수신지까지 갈 수 있는 경로를 검사하여 경로를 선택하는 기능

[11-13] 다음 중 라우터의 역할로 옳은 것은?

〈정보통신산업기사 2023/3〉

① 도메인 크기 증가
② 경로 결정과 스위칭
③ IP 주소로부터 MAC 주소 찾기
④ MAC 주소로부터 IP 주소 찾기

[11-14] 인터넷망에서 노드 역할을 하고 있는 Router의 기능은 OSI 7 Layer의 참조모델에서 보면, 어떤 계층의 기능을 주로 수행하는가?　〈정보통신산업기사 2023/3, 2021/6〉

① 데이터링크 계층　　② 네트워크 계층
③ 전송 계층　　　　　④ 응용 계층

정답 11-7 ①　11-8 ②　11-9 ①　11-10 ③　11-11 ④　11-12 ③　11-13 ②　11-14 ②

[11-15] 장비 간 거리가 증가하거나 케이블 손실로 인한 신호 감쇄를 재생시키기 위한 목적으로, 비트의 신호 세기를 강화시켜 재전송시켜주는 네트워크 장치는?
〈정보통신기사 2022/10, 2020/5〉

① Repeater　　② Bridge
③ Router　　④ Gateway

[11-16] 스위치 전송 방식 중에서 목적지 주소만 확인하고 전송을 진행하는 방식은? 〈정보통신기사 2022/10〉

① Store and forward 방식
② Cut-through 방식
③ Fragment-free 방식
④ Fittering 방식

[11-17] 다음 중 라우터에 대한 설명으로 옳은 것은?
〈정보통신기사 2022/10〉

① OSI 3계층 레벨에서 프로토콜 처리 능력을 갖는 Network 간 접속 장치이다.
② 단말기 사이의 거리가 멀어질수록 감쇄되는 신호를 재생시키는 장비이다.
③ OSI 2계층에서 LAN을 상호 연결하여 프레임을 저장하고 중계하는 장치이다.
④ OSI 4계층 이상에서 동작하며, 서로 다른 데이터 포맷을 가지는 정보를 변환해 준다.

[11-18] 다음 중 스위치와 허브에 대한 설명으로 올바른 것은? 〈정보통신기사 2022/6〉

① 전통적인 케이블 방식의 CSMA/CD는 허브라는 장비로 대체되었다.
② 임의의 호스트에서 전송한 프레임은 허브에서 수신하며, 허브는 목적지로 지정된 호스트에만 해당 데이터를 전달한다.
③ 허브는 외형적으로 스타형 구조를 갖기 때문에 내부의 동작 역시 스타형 구조로 작동되므로 충돌이 발생하지 않는다.
④ 스위치 허브의 성능 문제를 개선하여 허브로 발전하였다.

[11-19] 다음 중 OSI 7 Layer의 물리 계층(1계층) 관련 장비는? 〈정보통신기사 2022/6, 2022/3〉

① 리피터(Repeater)　　② 라우터(Router)
③ 브리지(Bridge)　　④ 스위치(Switch)

[11-20] 다음 중 VLAN의 종류로 거리가 먼 것은?
〈정보통신기사 2022/6, 2016/3, 정보통신산업기사 2020/6,
정보처리기사 2018/8〉

① 프로토콜 기반 VLAN
② MAC 기반 VLAN
③ 네트워크 주소 기반 VLAN
④ Node 기반 VLAN

정답　11-15 ①　11-16 ②　11-17 ①　11-18 ①　11-19 ①　11-20 ④

[11-21] HUB에 대한 설명으로 맞는 것은?

〈정보통신기사 2022/6, 2020/5, 2017/9〉

① 근거리 통신망(LAN)과 단말 장치를 접속하는 장치
이다.
② 근거리 통신망(LAN)과 외부 네트워크를 연결하여
다중경로를 제어하는 장치이다.
③ OSI 7 Layer에서 2계층의 기능을 담당하는 장치이다.
④ 아날로그 선로에서 신호를 분배, 접속하는 중계
장치이다.

[11-22] 다음 중 LAN 장비에서 네트워크 계층의
연결 장비인 것은?

〈정보통신기사 2022/6, 2020/6, 2019/10, 2017/9, 2015/3〉

① Router　　　　　② Bridge
③ Repeater　　　　④ Hub

[11-23] 다음 중 라우터(Router)에 대한 설명으로 알맞은
것은?

〈정보통신산업기사 2022/6〉

① 통신망의 병목현상을 줄이고자 서로 다른 물리적
매체로 구성된 통신망을 연결할 때 사용한다.
② 디지털 신호를 아날로그 전송회선에 적합하도록 변조
하여 수신 측에 원래의 신호로 변환하는 것이다.
③ 두 개의 근거리 통신망(LAN)을 서로 연결해 주는
통신망 연결 장치이다.
④ 어떤 통신망 내에서의 트래픽 흐름의 경로를 결정하여
메시지 전달을 신속히 처리하기 위한 장치이다.

[11-24] WAN, MAN, LAN 등의 서로 다른 네트워크
간에 통신하는 장치로 맞는 것은?

〈정보통신산업기사 2022/6, 2019/9〉

① 라우터　　　　　② 스위치
③ 브리지　　　　　④ 허브

[11-25] 다음 중 Port 기반 VLAN의 구성에 대한 설명
으로 맞는 것은?

〈정보통신산업기사 2022/6〉

① 스위치 포트를 각 VLAN에 할당하는 것으로 가장
많이 사용한다.
② 호스트들의 MAC Address를 모두 등록해야 하므로
자주 사용되지 않는다.
③ 다른 VLAN과 통신하려면 라우터를 이용한다.
④ 같은 통신 프로토콜(TCP/IP, IPX/SPX 등등)을 가진
호스트끼리만 통신이 가능하다.

[11-26] 네트워크상에 발생한 트래픽을 제어하며, 네트
워크상의 경로 설정 정보를 가지고 최적의 경로를 결정
하는 장비는?

〈정보통신기사 2022/3,
정보통신산업기사 2021/3, 2018/3, 2015/6〉

① 브리지(Bridge)　　② 라우터(Router)
③ 리피터(Repeater)　④ 허브(Hub)

[11-27] 다음 장비 중 네트워크 계층 장비를 바르게
설명한 것은?

〈정보보안기사 2022/3〉

① 리피터 : 불분명해진 네트워크 신호 세기를 다시 증가
시키기 위한 장비이다.
② 더미 허브 : 데이터를 보낼 때 모든 곳에 데이터를
똑같이 복사해서 보낸다.
③ 브리지 : 랜과 랜을 연결하는 네트워크 장치이다.
④ 라우터 : 서로 다른 프로토콜을 사용하는 네트워크를
연결해 주는 장비이다.

정답 11-21 ①　11-22 ①　11-23 ④　11-24 ①　11-25 ①　11-26 ②　11-27 ④

[11-28] 다음 중 물리계층 장비에 대한 설명으로 옳지 않은 것은? 〈정보통신산업기사 2022/3, 2016/6〉

① 네트워크 장비 간의 실제 전기적인 전송을 담당한다.
② 리피터는 물리적인 신호를 다시 증폭하는 역할을 한다.
③ 허브는 네트워크에 다수의 단말을 연결할 때 사용된다.
④ 브리지는 두 개의 근거리 통신망(LAN)을 서로 연결해 주는 통신망 연결 장치이다.

[11-29] VLAN에서 트래픽을 전달하도록 설계된 표준 프로토콜로 옳은 것은? 〈정보통신산업기사 2021/10, 2020/3〉

① ISL
② VNET
③ 802.1Q
④ 802.11A

[11-30] 두 개의 랜을 연결하여 확장된 랜을 구성하는 데 사용되며, ISO 7 layer의 2계층에서 이용되는 장비는? 〈정보통신산업기사 2021/10, 2020/3, 2015/3, 정보통신기사 2020/6〉

① 게이트웨이
② 리피터
③ 라우터
④ 브리지

[11-31] 다음 중 동적(Dynamic) VLAN을 구성하는 기준이 되는 것은? 〈정보통신기사 2021/6〉

① 스위치 포트
② 라우터 포트
③ MAC 주소
④ IP 주소

[11-32] 전송 장비인 허브(Hub)를 사용하는 이유가 아닌 것은? 〈정보통신기사 2021/6〉

① 단순히 Segment와 Segment 연결을 위해서만 사용한다.
② 네트워크 관리가 용이하다.
③ 병목현상을 어느 정도 줄여준다.
④ 다른 네트워크의 네트워크 장비와 연결가능 하도록 한다.

[11-33] LAN 장비에서 허브의 종류가 아닌 것은? 〈정보통신산업기사 2021/6〉

① 더미 허브(Dummy Hub)
② 스태커블 허브(Stackable Hub)
③ 라우터 허브(Router Hub)
④ 인텔리전트 허브(Intelligent Hub)

[11-34] 둘 이상의 서로 다른 네트워크에 접속하여 서로 간에 데이터를 주고받을 수 있도록 경로 선택, 혼잡 제어, 패킷 폐기 기능을 수행하는 것은? 〈정보처리산업기사 2020/8〉

① Hub
② Repeater
③ Router
④ Bridge

[11-35] 다음 중 라우터의 주요 기능이 아닌 것은? 〈정보통신기사 2020/6〉

① 경로 설정
② IP 패킷 전달
③ 라우팅 테이블 갱신
④ 폭주 회피 라우팅

[11-36] 다음 중 라우터의 주요 기능으로 틀린 것은? 〈정보통신기사 2020/5〉

① 프로토콜 변환
② 최적 경로 선택
③ 이중 네트워크 연결
④ 네트워크 혼잡상태 제어

정답 11-28 ④　11-29 ③　11-30 ④　11-31 ③　11-32 ①　11-33 ③　11-34 ③　11-35 ④　11-36 ①

[11-37] 다음 중 VLAN의 설명으로 옳은 것은?

〈정보통신기사 2020/5, 2015/6〉

① 유니캐스트 도메인(Unicast Domain)을 분리한다.
② 브로드캐스트 도메인(Broadcast Domain)을 분리한다.
③ 애니캐스트 도메인(Anycast Domain)을 분리한다.
④ 멀티캐스트 도메인(Multicast Domain)을 분리한다.

[11-38] 다음 중 계층별로, 일반적으로 소요될 인터네트워킹 장비를 알맞게 구성한 것은?

〈정보통신산업기사 2020/3〉

상위 계층	ⓐ	상위 계층
네트워크 계층	ⓑ	네트워크 계층
데이터링크 계층	ⓒ	데이터링크 계층
물리 계층	ⓓ	물리 계층

① ⓐ 리피터, ⓑ 브리지
② ⓑ 브리지, ⓒ 라우터
③ ⓒ 라우터, ⓓ 게이트웨이
④ ⓐ 게이트웨이, ⓓ 리피터

[11-39] 다음은 정보통신 네트워크의 장치에 관한 설명이다. 그중 라우터에 해당 되는 것은?

〈정보통신기사 2019/10, 2018/3〉

① 복수 개의 네트워크를 연결하는 데 사용하는 장치이다.
② 데이터의 송수신 처리를 담당하는 장치이다.
③ 송·수신 과정에서 데이터를 패킷으로 조립하거나 분해하는 장치이다.
④ 양측 단말기 간 링크 조건을 설정하는 장치이다.

[11-40] 물리적으로 동일한 네트워크에 연결되어 있지만 논리적으로 새로운 그룹을 만들어서 각각의 그룹 내에서만 통신이 가능하도록 구성되어 있는 것을 무엇이라 하는가?

〈정보통신산업기사 2019/9, 2017/6〉

① GSM　　　　　　② VLAN
③ GPRS　　　　　④ DECT

[11-41] 스위치 장비가 동작하는 방식 중 전체 프레임을 모두 받고 오류 검출 후 전달하는 방식은?

〈정보보안기사 2018/9, 2017/3〉

① Cut-through 방식
② Fragment-Free 방식
③ Direct Switching 방식
④ Store and Forward 방식

[11-42] 다음 중 리피터와 브리지에 대한 설명으로 맞지 <u>않은</u> 것은?　　〈정보통신기사 2018/6, 2015/10〉

① 리피터는 하나의 LAN의 세그먼트를 연결한다.
② 리피터는 모든 프레임을 내보내며 필터링 능력을 갖고 있지 않다.
③ 브리지는 필터링 결정에 사용되는 테이블을 가지고 있다.
④ 브리지는 프레임의 물리적 주소(MAC address)를 변경한다.

[11-43] 다음 중 발신지에서 목적지까지 인터네트워크를 경유하여 정보를 전송 중계하는 장치는?

〈정보통신기사 2017/9〉

① 라우터　　　　　② 리피터
③ 허브　　　　　　④ 브리지

[11-44] 다음 중 OSI 7계층과 네트워크 기기 간의 연결이 올바른 것은? 〈정보통신산업기사 2017/3, 2015/6〉

① Transport Layer – Repeater
② Network Layer - Hub
③ Data Link Layer – Bridge
④ Physical Layer - Router

[11-45] L2 스위치의 기본 기능이 아닌 것은? 〈정보처리산업기사, 2017/3〉

① Address Learning
② Filtering
③ Forwarding
④ Routing

[11-46] 다음 중 프로토콜이 서로 다른 LAN을 연결하거나 LAN을 WAN에 접속할 경우에 사용하며, 동일한 망(Network) 내에서 주고받는 데이터를 망 내에서만 전송되도록 제한을 가하여 불필요한 작업량을 제거하여 주는 장비로 맞는 것은? 〈정보통신산업기사 2016/10〉

① 허브(Hub)
② 리피터(Repeater)
③ 스위치(Switch)
④ 라우터(Router)

[11-47] 네트워크에 존재하는 많은 종류의 장비 중 리피터(Repeater)에 대한 설명으로 잘못된 것은? 〈정보보안기사 2016/9〉

① 물리 계층에서 동작하는 장비이다.
② 감쇄되는 신호를 증폭하고 재생하여 전송한다.
③ 연속적으로 2개 이상의 케이블을 연결함으로써 케이블의 거리 제한을 극복한다.
④ 이더넷 멀티포트 리피터(Ethernet Multi-port Repeater) 또는 연결 집중 장치라고도 불린다.

[11-48] 다음 중 VLAN(Virtual LAN)에 대한 설명으로 틀린 것은? 〈정보통신기사 2016/3〉

① 한 대의 스위치를 마치 여러 대의 분리된 스위치처럼 사용한다.
② 여러 개의 네트워크 정보를 하나의 포트를 통해 전송할 수 있는 기술을 제공한다.
③ IEEE 802.1p은 VLAN 국제 표준 규격이다.
④ 더 작은 LAN으로 세분화시켜 과부하 감소가 가능하다.

[11-49] 다음 중 LAN 장비에서 물리층과 데이터링크층의 연결 장비가 아닌 것은? 〈정보통신기사 2015/3〉

① Router
② Bridge
③ Repeater
④ Hub

[11-50] 네트워크 기기에 대한 설명이다. 괄호 안에 들어갈 알맞은 네트워크 장비는 어느 것인가? 〈정보통신산업기사 2015/3〉

( )는 서로 다른 통신망(네트워크)을 중계해 주는 장치로 보내지는 송신 정보에서 주소를 읽어, 가장 적절한 통신 선로를 지정하고, 다른 통신망으로 전송하는 장치이다.

① Bridge
② Router
③ Repeater
④ Switch

정답 11-44 ③ 11-45 ④ 11-46 ④ 11-47 ④ 11-48 ③ 11-49 ① 11-50 ②

11.3 라우팅 프로토콜

[11-51] 다음 지문은 라우팅에 관한 설명이다. 빈칸에 들어갈 내용을 순서대로 나열한 것은?

〈정보보안기사 2024/9, 2020/9〉

> (가)는 입력된 패킷의 목적지 IP를 바탕으로 (나)에 등록된 서브넷 정보와 일치하는 레코드의 인터페이스 정보와 게이트웨이 정보를 확인하여 패킷을 (나)에 전달한다. (가)에서 패킷을 수신하면 (나) 상의 상대방 네트워크 IP 주소를 검색하여 패킷을 어디로 보낼 것인가를 결정하는데, 라우터에 (다)가 설정되어 있으면, (나) 상에서 등록되어 있지 않은 목적지 IP 주소들에 대해서는 설정 된 경로로 전송하게 된다.

① (가) 라우터 (나) 라우팅 테이블 (다) Static Route
② (가) 라우터 (나) 라우팅 테이블 (다) Default route
③ (가) 스위치 (나) 목적지 테이블 (다) Static Route
④ (가) 스위치 (나) 목적지 테이블 (다) Default Route

[11-52] 라우팅(Routing) 프로토콜이 <u>아닌</u> 것은?

〈정보처리산업기사 2024/7, 2024/3, 2023/5, 2022/3, 2020/10, 2019/8, 2017/3, 정보통신산업기사 2022/6, 정보통신기사 2019/3, 2015/3, 정보처리기사 2018/8, 2018/3〉

① RIP
② IGRP
③ OSPF
④ SMTP

[11-53] 다음 중 링크 상태 기반 라우팅 알고리즘이 수행하는 동작 설명으로 <u>틀린</u> 것은?

〈정보통신기사 2023/10〉

① 주변 라우터에 측정된 링크 상태 분배
② 주변 라우터에 자신의 호스트 리스트 분배
③ 주변 라우터 각각에 대한 지연시간 측정
④ 주변 라우터를 인지하고 그들의 네트워크 주소 숙지

[11-54] 다음 중 라우팅 프로토콜에 대한 설명으로 <u>틀린</u> 것은?

〈정보보안기사 2023/9〉

① RIP(Routing Information Protocol)는 소규모 네트워크에 적합하다.
② RIP는 전통적인 Distance Vector Algorithm을 사용한다.
③ OSPF(Open Shortest Path First) 프로토콜은 수평적 구조로 네트워크 구성이 가능하여 대규모 네트워크에 적합하다.
④ IGRP(Interior Gateway Routing Protocol)는 자율 시스템 내의 라우팅 데이터를 교환할 목적으로 사용하기 위해 개발되어 네트워크의 규모가 크고 복잡하더라도 안정적으로 동작할 수 있게 되어 있다.

[11-55] 다음 중 라우팅 정보 프로토콜(RIP: Routing Information Protocol)의 단점이 <u>아닌</u> 것은?

〈정보통신산업기사 2023/6〉

① 홉수가 15보다 큰 네트워크에서는 사용할 수 없다.
② 장애 발생을 감지하기 위해서는 홉수를 16까지 증가해야 한다.
③ 거리 벡터 알고리즘 사용으로 라우팅 테이블이 복잡하다.
④ 라우팅 테이블 갱신 속도가 늦어 특정 경로에 루프가 생길 수 있다.

[11-56] IP 기반 네트워크의 OSPF(Open Shortest Path First)에서 갱신 정보를 인접 라우터에 전송하고 인접 라우터는 다시 자신의 인접 라우터에 갱신 정보를 즉시 전달하여 갱신 정보가 네트워크 전역으로 신속하게 전달되도록 하는 과정은?

〈정보통신기사 2023/6〉

① 플러딩(Flooding)
② 경로 태그(Route Tag)
③ 헬로우(Hello)
④ 데이터베이스 교환(Database Exchange)

정답 11-51 ② 11-52 ④ 11-53 ② 11-54 ③ 11-55 ③ 11-56 ①

[11-57] 다음 중 라우팅(Routing)에 대한 설명으로 틀린 것은? 〈정보통신기사 2023/3, 2016/5〉

① 라우팅 알고리즘에는 거리 벡터 알고리즘과 링크 상태 알고리즘이 있다.
② 거리 벡터 알고리즘을 사용하는 라우팅 프로토콜에는 RIP, IGRP가 있다.
③ 링크 상태 알고리즘을 사용하는 대표적인 라우팅 프로토콜로는 OSPF프로토콜이 있다.
④ BGP는 플러딩을 위해서 D class 의 IP 주소를 사용하여 멀티캐스팅을 수행한다.

[11-58] 다음 중 라우팅의 역할에 대한 설명으로 옳은 것은? 〈정보통신산업기사 2023/3, 정보통신기사 2017/5〉

① 하나의 데이터 회선을 사용하여 동시에 많은 상위 프로토콜 간의 데이터 전송을 수행하는 기능이다.
② 네트워크 전송을 위해 물리 링크들을 임시적으로 연결하여 더 긴 링크를 만드는 기능이다.
③ 수신지의 네트워크 주소를 보고 다음으로 송신되는 노드의 물리 주소를 찾는 기능이다.
④ 송신지에서 수신지까지 데이터가 전송될 수 있는 여러 경로 중 가장 적절한 전송 경로를 선택하는 기능이다.

[11-59] 다음 중 IGP(Interior Gateway Protocol)로 사용하지 않는 라우팅 프로토콜은 어느 것인가? 〈정보통신기사 2022/10〉

① RIP(Routing Information Protocol)
② BGP(Border Gateway Protocol)
③ IGRP(Interior Gateway Routing Protocol)
④ OSPF(Open Shortest Path First)

[11-60] 다이스트라(Dijkstra) 알고리즘을 사용하는 라우팅 프로토콜에 대한 설명으로 틀린 것은? 〈정보보안기사 2022/6〉

① 대규모 망에 적합한 알고리즘이다.
② 거리 벡터 알고리즘이다.
③ OSPF에서 사용된다.
④ 링크 상태 알고리즘이다.

[11-61] 인터넷 네트워크의 자율시스템(Autonomous System)에 관한 설명으로 옳은 것은? 〈정보통신기사 2022/6〉

① 내부에서 사용하게 되는 라우팅 프로토콜을 IGP(Interior Gateway Protocol)라 하는 데 대표적인 것은 RIP와 OSPF가 있다.
② 대표적인 AS간 라우팅 프로토콜은 EGP(Exterior Gateway Protocol)가 있는데 EGP 이전에는 BGP가 이용되었다.
③ EGP(Exterior Gateway Protocol)는 RIP나 OSPF와 같게 기본 통신을 TCP 연결을 맺어서 동작한다.
④ EGP(Exterior Gateway Protocol)는 목적지에 도달하기 위해 경유하는 자율 시스템의 순서를 전송하여 이용하게 되므로 RIP에서의 문제점을 해결한다.

[11-62] RIP 라우팅 프로토콜에 대한 설명으로 틀린 것은? 〈정보처리기사 2022/4〉

① 경로 선택 메트릭은 홉 카운트(hop count)이다.
② 라우팅 프로토콜을 IGP와 EGP로 분류했을 때 EGP에 해당한다.
③ 최단 경로 탐색에 Bellman-Ford 알고리즘을 사용한다.
④ 각 라우터는 이웃 라우터들로부터 수신한 정보를 이용하여 라우팅 표를 갱신한다.

정답 11-57 ④   11-58 ④   11-59 ②   11-60 ②   11-61 ①   11-62 ②

[11-63] 비 적응 경로 배정(routing) 방식인 플러딩(flooding)에 대한 설명으로 옳은 것은?

〈정보통신기사 2022/3, 정보처리기사 2016/5, 2015/3〉

① 각 노드에 들어오는 패킷을 도착된 링크를 제외한 다른 모든 링크로 복사하여 전송하는 방식이다.
② 네트워크의 모든 근원지, 목적지 노드의 쌍에 대해서 한 경로씩을 미리 결정해 두는 방식이다.
③ 네트워크의 변화하는 상태에 따라 반응하여 경로를 결정한다.
④ 단순성과 견고성을 띠면서 트래픽의 부하를 훨씬 적게 한 방식으로 노드는 들어온 패킷에 대해 나가는 경로를 무작위로 1개만을 선택한다.

[11-64] 다음 중 RIP(Routing Information Protocol)의 동작 특성이 <u>아닌</u> 것은? 〈정보통신기사 2022/3〉

① Distance Vector 알고리즘을 사용하여 최단 경로를 구한다.
② 링크 상태 라우팅에 근거를 둔 도메인 내 라우팅 프로토콜이다.
③ 라우팅 정보의 기준인 서브네트워크의 주소는 클래스 A, B, C의 마스크를 기준으로 라우팅 정보를 구성한다.
④ 자신이 갖고 있는 라우팅 정보를 RIP 메시지로 작성하여 인접해 있는 모든 라우터에 주기적으로 전송한다.

[11-65] RIP(Routing Information Protocol)는 Distance Vector 라우팅 알고리즘을 사용하고, 30초마다 모든 전체 라우팅 테이블을 Active Interface로 전송한다. 원격 네트워크에서 RIP에 의해 사용되는 최적의 경로 결정 방법은 무엇인가? 〈정보보안기사 2022/3〉

① Hop count　　　　② Routed information
③ TTL(Time To Live)　　④ Link length

[11-66] AS(Autonomous System) 내부에서 사용하는 라우팅 프로토콜이 <u>아닌</u> 것은? 〈정보통신산업기사 2022/3〉

① RIP(Routing Infomation Protocol)
② IGRP(Interior Gateway Routing Protocol)
③ OSPF(Open Shortest Path First)
④ BGP(Border Gateway Protocol)

[11-67] IP 통신망의 경로 지정 통신 규약의 하나로서 경유하는 라우터의 대수(또는 홉)에 따라 최단 경로를 동적으로 결정하는 거리 벡터 알고리즘을 사용하는 프로토콜은? 〈정보통신산업기사 2022/3, 정보통신기사 2018/10, 2016/10〉

① RIP(Routing Information Protocol)
② OSPF(Open Shortest Path First)
③ BGP(Border Gateway Protocol)
④ DHCP(Dynamic Host Configuration Protocol)

[11-68] 다음 중 동적 라우팅(Dynamic Routing)에 사용되는 프로토콜은? 〈정보통신기사 2021/3〉

① HTTP　　　　　② PPP
③ OSPF　　　　　④ SMTP

[11-69] 라우팅 프로토콜인 OSPF(Open Shortest Path First)에 대한 설명으로 옳지 <u>않은</u> 것은?

〈정보처리기사 2021/5, 2018/4, 2017/8〉

① 멀티캐스팅을 지원한다.
② 거리 벡터 라우팅 프로토콜이라고도 한다.
③ 네트워크 변화에 신속하게 대처할 수 있다.
④ 최단 경로 탐색에 Dijkstra 알고리즘을 사용한다.

[11-70] 다음 중 VLSM을 지원하는 내부 라우팅 프로토콜이 <u>아닌</u> 것은? 〈정보통신기사 2020/9〉

① RIP v1　　　　　② EIGRP
③ OSPF　　　　　④ Integrated IS-IS

정답 11-63 ①　11-64 ②　11-65 ①　11-66 ④　11-67 ①　11-68 ③　11-69 ②　11-70 ①

[11-71] RIP(Routing Information Protocol)에 대한 설명으로 <u>틀린</u> 것은? 〈정보처리기사 2020/8, 2018/4〉

① 거리 벡터 라우팅 프로토콜이라고도 한다.
② 최대 홉 카운트를 115홉 이하로 한정하고 있다.
③ 최단 경로 탐색에는 Bellman-Ford 알고리즘을 사용한다.
④ 소규모 네트워크 환경에 적합하다.

[11-72] 최대 홉 수를 15로 제한한 라우팅 프로토콜은? 〈정보처리기사 2020/6〉

① RIP
② OSPF
③ Static
④ EIGRP

[11-73] Link State 방식의 라우팅 알고리즘을 사용하며, 대규모 네트워크에 적합한 라우팅 프로토콜은?

〈정보처리산업기사 2020/6, 2017/5,
정보처리기사 2019/8, 2019/4, 2018/3, 2015/5〉

① RIPv2
② OSPF
③ RIP
④ EIGRP

[11-74] 라우팅 프로토콜에 대한 설명으로 틀린 것은? 〈정보통신산업기사 2020/6〉

① 라우팅은 패킷이 어떤 경로를 통해 가게 할 것인지를 결정한다.
② RIP는 전송 경로가 멀어도 전송 품질이 좋은 경로로 라우팅한다.
③ 정적 라우팅은 입력된 정보가 재입력 하기 전까지 변하지 않는다.
④ 동적 라우팅은 인접한 라우터들 사이에서 네트워크 정보를 교환한다.

[11-75] 다음 중 자율 시스템(AS:Autonomous System)에 대한 설명으로 <u>틀린</u> 것은? 〈정보통신기사 2019/6〉

① 인터넷상에서 자율 시스템이라 함은 관리적 측면에서 한 단체에 속하여 관리되고 제어됨으로써, 동일한 라우팅 정책을 사용하는 네트워크 또는 네트워크 그룹을 말한다.
② 라우팅 도메인으로도 불리며, 전 세계적으로 유일한 자율시스템번호, ASN(Autonomous System Number)을 부여받는다.
③ 한 자율 시스템 내에서의 IP 네트워크는 라우팅 정보를 교환하기 위해 내부 라우팅 프로토콜인 IGP(Interior Gateway Protocol)를 사용한다.
④ 타 자율 시스템과의 라우팅 정보 교환을 위해서는 외부 라우팅 프로토콜인 EIGRP(Enhanced Interior Gateway Roution Protocol)를 사용한다.

[11-76] 패킷교환망의 기능 중 경로 배정 방법이 <u>아닌</u> 것은? 〈정보처리기사 2019/4〉

① 고정경로 배정 방식
② 우회경로 배정 방식
③ 플러딩 방식
④ 적응경로 배정 방식

[11-77] 라우팅 프로토콜 중 Distance Vector 방식이 <u>아닌</u> 것은? 〈정보처리산업기사 2019/4〉

① RIP
② BGP
③ EIGRP
④ OSPF

[11-78] 최단 경로 탐색에는 Bellman-Ford 알고리즘을 사용하는 거리 벡터 라우팅 프로토콜은? 〈정보처리기사 2019/3〉

① ICMP
② RIP
③ ARP
④ HTTP

정답 11-71 ② 11-72 ① 11-73 ② 11-74 ② 11-75 ④ 11-76 ② 11-77 ④ 11-78 ②

[11-79] 다음 중 RIP의 특징으로 <u>틀린</u> 것은?

〈정보통신기사 2019/3〉

① 라우팅 정보 전달 방식은 브로드캐스트 방식이다.
② 한 번에 전송 가능한 경로 정보의 크기는 512[kbyte]이다.
③ 경로 설정 알고리즘은 거리 벡터 알고리즘을 사용한다.
④ 경로 정보에는 서브넷 마스크 값이 포함된다.

[11-80] 라우팅 테이블이 가지고 있는 경로 정보의 세 가지 요소가 <u>아닌</u> 것은?　〈정보처리기사 2018/3〉

① 다음 홉
② 메트릭
③ 수신지 네트워크 주소
④ 디폴트 게이트웨이

[11-81] 동적 라우팅 프로토콜(Dynamic Routing Protocol)에서 사용하는 알고리즘이 <u>아닌</u> 것은?

〈정보통신산업기사 2017/9〉

① 거리 벡터 알고리즘(Distance Vector Algorithm)
② 링크 상태 알고리즘(Link State Algorithm)
③ 패스 벡터 알고리즘(Path Vector Algorithm)
④ 디폴트 상태 알고리즘(Default State Algorithm)

[11-82] 다음에서 설명하는 라우팅 프로토콜은 무엇인가?　〈정보통신산업기사 2017/6〉

> - 내부 라우팅 프로토콜의 일종이다.
> - 경로 결정을 위해 거리 벡터 알고리즘을 사용한다.
> - 여러 한계에도 불구하고 설정하기 쉽고 간단해서 널리 사용된다.

① RIP(Routing Information Protocol)
② IGRP(Interior Gateway Routing Protocol)
③ OSPF(Open Shortest Path First)
④ BGP(Border Gateway Protocol)

[11-83] 정적 라우팅에 대한 다음 설명 중 가장 <u>부적절</u>한 것은?　〈정보보안기사 2017/3〉

① 관리자가 수동으로 테이블에 각 목적지에 대한 경로를 입력한다.
② 라우팅 경로가 고정된 네트워크에 적용하면 라우터의 직접적인 처리 부하가 감소한다.
③ 보안이 중요한 네트워크인 경우 정적 라우팅을 선호하지 않는다.
④ 네트워크 환경 변화에 능동적인 대처가 어렵다.

[11-84] 패킷을 목적지까지 전달하기 위해 사용되는 라우팅 프로토콜은?　〈정보처리기사 2016/8〉

① ICMP
② RIP
③ ARP
④ HTTP

[11-85] RIP의 한계를 극복하기 위해 IETF에서 고안한 것으로 네트워크의 변화가 있을 때만 갱신함으로 대역을 효과적으로 사용할 수 있는 라우팅 프로토콜은?

〈정보처리기사 2016/5〉

① BGP
② IGRP
③ OSPF
④ RTP

[11-86] 다음의 라우팅 프로토콜 중 AS 사이에 구동되는 라우팅 프로토콜은 무엇인가?

〈정보보안기사 2016/4, 정보통신산업기사 2015/3〉

① OSPF
② RIP
③ BGP
④ IGRP

정답　11-79 ④　11-80 ④　11-81 ④　11-82 ①　11-83 ③　11-84 ②　11-85 ③　11-86 ③

[11-87] RIP(Routing Information Protocol)에 대한 설명으로 <u>틀린</u> 것은? 〈정보처리기사 2015/8〉

① RIP은 거리 벡터 기반 라우팅 프로토콜로 홉수를 기반으로 경로를 선택한다.
② 계층적 주소 체계를 기반으로 링크 상태 정보의 갱신 비용을 줄인 방법이다.
③ 최대 15홉 이하 규모의 네트워크를 주요 대상으로 하는 라우팅 프로토콜이다.
④ 최적의 경로를 산출하기 위한 정보로서 홉(거릿값)만을 고려하므로, RIP를 선택한 경로가 최적의 경로가 아닌 경우가 많이 발생할 수 있다.

[11-88] 다음의 내용을 가장 잘 설명하는 것은? 〈정보통신기사 2015/3〉

> 다수의 C 클래스 네트워크를 하나의 그룹으로 묶고, 이 그룹 정보를 인터넷 라우터에 하나의 요약된 정보로 이용하도록 하여 전체적으로 라우팅 테이블 크기를 줄일 수 있다.

① CIDR
② 사설 어드레싱(Private Addressing)
③ NAT
④ IPv6

11.4 VoIP

[11-89] 다음 중 멀티미디어 화상회의 데이터를 TCP/IP와 같은 패킷망을 통해 전송하기 위한 ITU-T의 표준은?
〈정보통신기사 2024/3, 2022/10, 2020/9, 2017/5〉

① H.221 ② H.231
③ H.320 ④ H.323

[11-90] 다음 중 통신 신호의 부호화 방식이 <u>다른</u> 것은?
〈정보통신기사 2023/10〉

① DPCM(Differential Pulse Code Modulation)
② APCM(Adaptive Pulse Code Modulation)
③ APC(Adaptive Predictive Coding)
④ ADM(Adptive Delta Modulation)

[11-91] 다음 중 VoIP 서비스를 위해 단말 간 호 제어 기능을 제공하는 프로토콜은? 〈정보통신산업기사 2023/10, 2023/6〉
① SIP ② UD ③ H.263 ④ H.264

[11-92] 음성 신호를 패킷 데이터로 변환하여 인터넷망에서 전화 서비스를 제공하는 것은?

〈정보통신산업기사 2022/6, 2021/3, 2018/4, 2015/10, 정보통신기사 2021/6, 2018/6, 정보처리산업기사 2017/8〉

① VoIP ② DMB ③ WiBro ④ VOD

[11-93] 다음 중 음성의 디지털 부호화 기술 중에서 파형 부호화 방식(waveform coding)이 <u>아닌</u> 것은?
〈정보통신산업기사 2022/6, 2019/9, 2017/3, 정보처리기사 2016/8〉

① LPC ② PCM ③ DPCM ④ DM

[11-94] 다음 중 원천 부호화(Source Coding) 방식에 속하지 <u>않는</u> 것은?
〈정보통신산업기사 2021/6, 정보처리기사 2018/8, 2016/3〉

① DPCM ② DM ③ LPC ④ FDM

정답 11-87 ② 11-88 ① 11-89 ④ 11-90 ③ 11-91 ① 11-92 ① 11-93 ① 11-94 ④

[11-95] 다음 중 VoIP 서비스에 대한 설명으로 <u>틀린</u> 것은? 〈정보통신산업기사 2021/6, 2016/10, 2015/6〉

① 음성과 데이터를 하나의 망으로 전송한다.
② 인터넷 프로토콜과 연계하여 다양한 부가서비스의 제공이 가능하다.
③ 인터넷망을 이용하므로 통신 요금이 저렴하다.
④ 각각의 통화는 회선을 독점으로 점유하기 때문에 대역폭 사용이 비효율적이다.

[11-96] 다음 설명 중 <u>틀린</u> 것은? 〈정보통신기사 2021/3〉

① ADM은 양자화기의 스텝 크기를 입력 신호에 따라 적응시키는 방법이다.
② PCM은 연속적인 아날로그 신호를 일정한 간격으로 샘플링 하는 방법이다.
③ DM은 예측값과 측정값의 차이를 양자화하는 변조 방법이다.
④ DPCM은 진폭값과 예측값과의 차이만을 양자화하는 방법이다.

[11-97] PCM은 어떤 디지털 부호화 기술을 사용하는가? 〈정보통신산업기사 2020/3〉

① 압축 부호화 방식　　② 보코딩 방식
③ 채널 부호화 방식　　④ 파형 부호화 방식

[11-98] 다음 중 예측 양자화를 사용하지 <u>않는</u> 것은? 〈정보통신산업기사 2020/3〉

① DPCM　　② DM　　③ PCM　　④ ADM

[11-99] VoIP 기술의 특징을 설명한 것으로 옳지 <u>않은</u> 것은? 〈정보통신기사 2018/6〉

① PSTN에 비해 요금이 저렴하다.
② 이미 구축된 인터넷 장비를 활용함으로써 구축 비용이 상대적으로 적게 들어간다.
③ 인터넷과 연계된 다양한 부가서비스 기능이 가능하다.
④ 기능 및 동작이 PSTN에 비해 단순하고, 보안에 강하다.

[11-100] 디지털 부호화 기술에서 음성 신호의 통계적 특성을 이용하여 적응적으로 예측하고 양자화하는 방식은? 〈정보처리기사 2017/8〉

① AM　　② FM　　③ PM　　④ ADPCM

[11-101] 다음 중 VoIP 기술의 구성 요소로 <u>틀린</u> 것은? 〈정보통신기사 2017/5, 2016/3〉

① 미디어 게이트웨이　　② 시그널링 서버
③ IP 터미널　　④ 구내 교환기

[11-102] 인터넷망(IP Network)과 유선 전화망(PSTN) 간을 상호 연동하는 데 사용되는 시그널링 프로토콜은? 〈정보처리기사 2017/3〉

① ISDN　　② R2 CAS
③ H.323　　④ SIGTRAN

[11-103] 광대역 통합 네트워크에서 VoIP 서비스를 제공하기 위한 프로토콜이 <u>아닌</u> 것은? 〈정보처리기사 2017/3〉

① SIP　　② R2 CAS
③ H.323　　④ Megaco

정답 11-95 ④　11-96 ③　11-97 ④　11-98 ③　11-99 ④　11-100 ④　11-101 ④　11-102 ④　11-103 ②

[11-104] VoIP 서비스의 핵심 기술로 옳지 <u>않은</u> 것은?

〈정보통신기사 2016/10〉

① H.323　　　　　　② H.264
③ SIP　　　　　　　④ MGCP

[11-105] H.323 또는 SIP(Session Initiation Protocol)의 프로토콜을 이용하여 인터넷상에서 음성 전화 서비스를 제공하는 것을 무엇이라 하는가?

〈정보통신기사 2016/3〉

① VoIP　　　　　　② Zigbee
③ Bluetooth　　　　④ WPAN

정답 11-104 ②　 11-105 ①

- TCP/IP 각 계층의 주요 프로토콜에 대하여 설명할
  수 있다.
- IPv4의 주소 체계, 서브네팅, 데이터그램 형식에
  대하여 설명할 수 있다.
- IPv6의 특징과 주소 형식, 그리고 IPv4에서 IPv6로의
  전환 방식에 대하여 설명할 수 있다.
- ARP, RARP, ICMP, IGMP에 대하여 설명할 수 있다.

정보처리기사 | 정보통신기사 | 정보보안기사 대비

한권으로 끝내는 데이터통신과 정보통신

12

TCP/IP : 1부

TCP/IP는 4개의 계층(네트워크 접속 계층, 인터넷 계층, 전송 계층, 응용 계층)으로 이루어진 계층적 프로토콜이다. 네트워크 접속 계층을 링크 계층이라고도 부르며, OSI 7계층과의 호환을 위하여 이 계층을 물리 계층과 데이터링크 계층으로 나누어 5개의 계층으로 설명하기도 한다. (그림 12-1)은 TCP/IP의 각 계층의 주요 프로토콜을 보인 것이다.

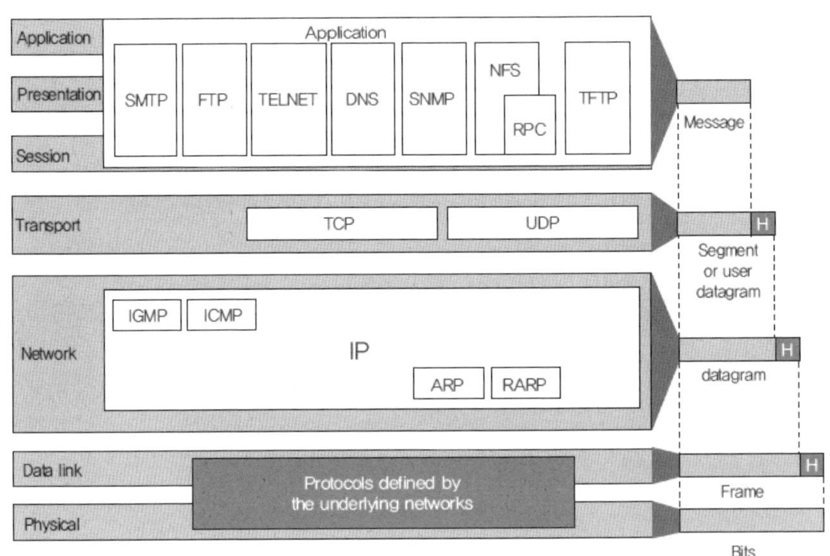

그림 12-1 TCP/IP 구조와 OSI 모델의 비교

TCP/IP는 네트워크 접속 계층에 대해서는 어떤 특정 프로토콜을 규정하지 않고 모든 표준과 기술의 프로토콜을 지원하고 있다. 이 계층은 단위 네트워크 내에서의 데이터 전송을 담당한다. OSI 모델에서의 물리 계층과 데이터링크 계층이 여기에 속한다. LAN에서는 LLC(Logical Link Control) 및 MAC(Medium Access Control) 계층의 기능을 제공한다. 따라서 이더넷, 토큰링, FDDI와 같은 LAN 프로토콜과 X.25와 같은 WAN 프로토콜 등이 이 계층에 해당한다.

TCP/IP의 인터넷 계층에는 핵심적인 프로토콜로 IP(Internet Protocol)가 있으며, 이를 보완하기 위한 ARP, RARP, ICMP, IGMP 등의 프로토콜이 있다. TCP/IP의 전송 계층은 전통적으로 TCP와 UDP(User Datagram Protocol)의 2가지 프로토콜을 정의한다. 응용 계층에는 FTP, TELNET, SMTP, DNS, SNMP 등 여러 가지 프로토콜을 지원한다.

12.1.1 IPv4 주소 체계

인터넷에 접속하여 다른 컴퓨터와 통신을 하기 위해서는 인터넷에 접속해 있는 수많은 컴퓨터 중에서 원하는 컴퓨터를 정확히 확인하여 접속하여야 한다. 따라서 특정 컴퓨터를 확인하는 방법이 필요하고, 이를 위하여 인터넷에 접속하는 모든 컴퓨터는 우편 시스템의 주소와 같이, 자신만을 지정하는 유일한 주소를 가져야 한다.

이와 같이 인터넷상에서 정의되는 각 호스트의 주소를 IP 주소라고 하는데, 실제 주소는 8비트짜리 필드 4개로 구성되어 전부 32비트의 2진수로 표현된다. 2진수로 표현되는 IP 주소는 사람이 사용하는 데 불편하므로 (그림 12-2)와 같이 8비트씩 나누어 10진수로 바꾼 다음 점을 찍어 구분하는 점-10진(Dotted-Decimal) 표기법을 사용한다. 또한 10진수 숫자도 기억하기 쉽지 않기 때문에 IP 주소를 아예 문자로 바꾸어 사용하는데 이것을 도메인 이름(Domain Name)이라고 한다.

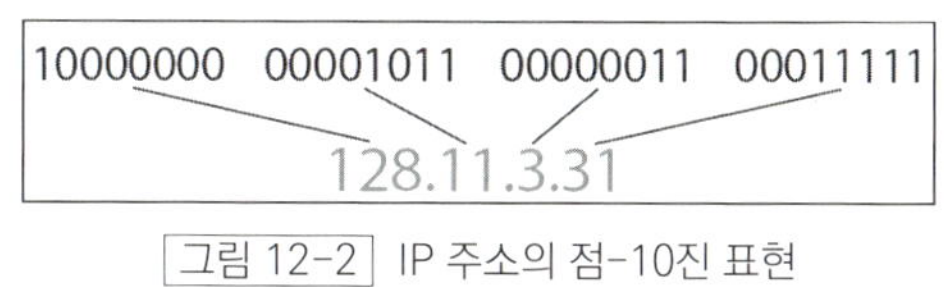

그림 12-2 | IP 주소의 점-10진 표현

점-10진 표기나 도메인 이름은 2진수로 주어지는 IP 주소 대신에, 이용자의 편의를 위하여 만들어진 것일 뿐이므로, 실제 인터넷상에서 원하는 컴퓨터를 찾아가기 위해서는 2진수로 주어지는 IP 주소가 필요하다. 따라서 연결을 원하는 도메인 이름이 주어지는 경우에, 이에 해당하는 실제 IP 주소를 확인해야 하는데, 이 같은 기능을 제공하는 응용이 DNS(Domain Name System)이다.

인터넷 주소는 (그림 12-3)과같이 네트워크 부분(Netid)과 호스트 부분(Hostid)의 2개의 필드로 구성된다. IP 주소는 클래스에 따라 각 필드의 길이가 달라진다.

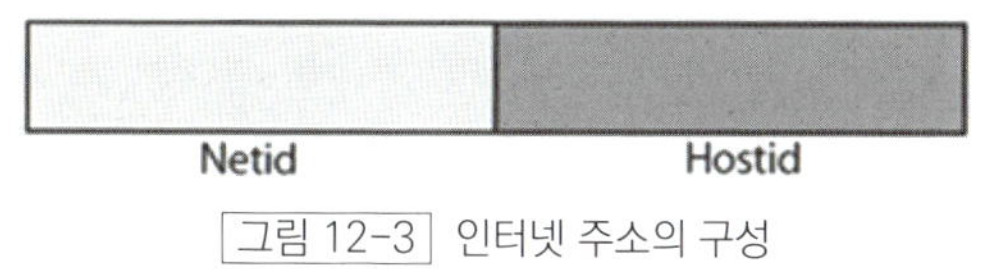

그림 12-3 | 인터넷 주소의 구성

IP 주소에서 어디까지가 네트워크 주소이고 어디서부터 호스트 주소인가를 알려주는 것이 서브넷 마스크(Subnet Mask)이다. IPv4에서 서브넷 마스크는 IPv4 주소와 같이 32비트로 구성되어 있으며 연속된 1과 연속된 0으로 구성된다. 앞쪽의 연속된 1이 네트워크 주소를 가리키고 뒤쪽의 연속된 0이 호스트 주소를 가리킨다.

서브넷 마스크는 점-10진 표현법으로 표기할 수도 있고, $/n$과 같이 1의 개수를 나타낼 수도 있다.

인터넷에서 라우터가 패킷의 경로를 지정할 때, 중간의 라우터들은 패킷의 목적지 주소 중에서 네트워크 부분만을 보고 경로를 지정한다. 목적지 주소의 호스트 부분은 마지막 라우터에서만 참조된다. 따라서 각 라우터는 목적지 주소 중에서 네트워크 부분과 호스트 부분을 분리하여야 하는데, 이때에 필요한 것이 서브넷 마스크이다. 즉 IPv4 주소와 서브넷 마스크를 AND 연산하면 네트워크 부분을 추출할 수 있으며, 이 과정을 마스킹(Masking)이라고 한다.

12.1.2 IPv4 주소의 클래스

전 세계의 컴퓨터를 연결하려면 막대한 수의 주소가 필요한데, 이를 수용하기 위하여 클래스 유형으로 구분하였다. (그림 12-4)와 같이 5개의 클래스가 있으며 각 클래스는 유형에 따른 기관을 구분하도록 설계되었다.

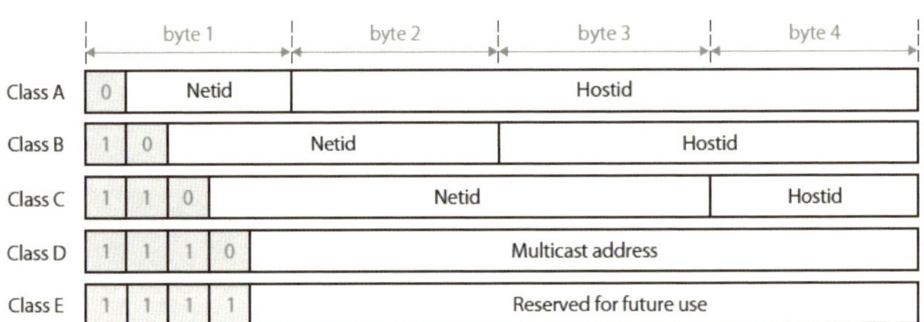

그림 12-4 │ IPv4 주소의 클래스

A 클래스는 netid가 1바이트이고 hostid가 3바이트이다. 이러한 분할은 A 클래스 네트워크가 B 클래스나 C 클래스 네트워크보다 더 많은 호스트를 수용할 수 있다는 것을 의미한다. B 클래스는 netid가 2바이트이고 hostid가 2바이트이다. C 클래스는 netid가 3바이트이고 hostid가 1바이트이다. D 클래스는 멀티캐스트 주소용으로 예약되어 있다. 멀티캐스팅은 데이터그램의 복사본을 개별 호스트가 아닌 선택된 호스트의 그룹으로 전송할 수 있게 해준다. 이것은 브로드캐스팅과 유사하지만, 브로드캐스팅에서는 패킷을 모든 목적지로 전송하는 반면에 멀티캐스팅에서는 선택된 호스트들에게만 전송이 이루어진다. E 클래스 주소는 향후의 사용을 위하여 예비되어 있다.

점-10진법으로 표기된 IPv4 주소의 첫 번째 바이트를 보면 그 주소가 어느 클래스에 속하는지를 구분할 수 있다. (그림 12-5)에 IPv4 주소의 클래스 범위를 정리하였다.

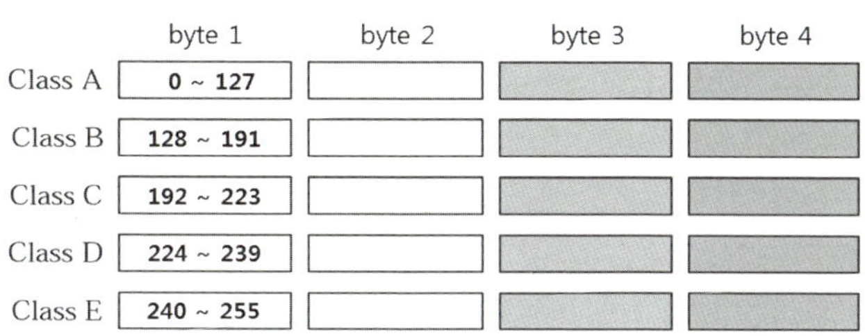

그림 12-5 IPv4 주소의 클래스 범위

(그림 12-6)은 IP 주소의 전체 주소 공간에서 각 클래스의 주소 할당을 보인 것이다.

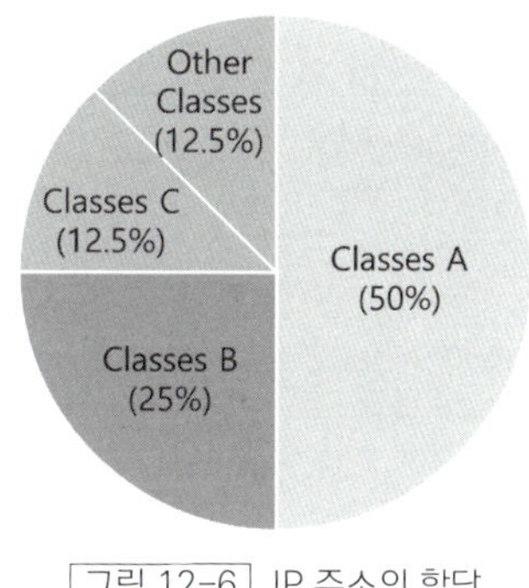

그림 12-6 IP 주소의 할당

12.1.3 특수 용도 주소

(1) 네트워크 주소와 브로드캐스트 주소

하나의 네트워크 주소에는 특정 호스트에 할당할 수 없는 2가지 특수한 주소가 있다. (그림 12-7)과같이 hostid가 모두 0인 주소는 네트워크 전체를 대표하는 네트워크 주소이고, hostid가 모두 1인 주소는 그 네트워크 내의 모든 호스트를 가리키는 브로드캐스트(Broadcast) 주소이다.

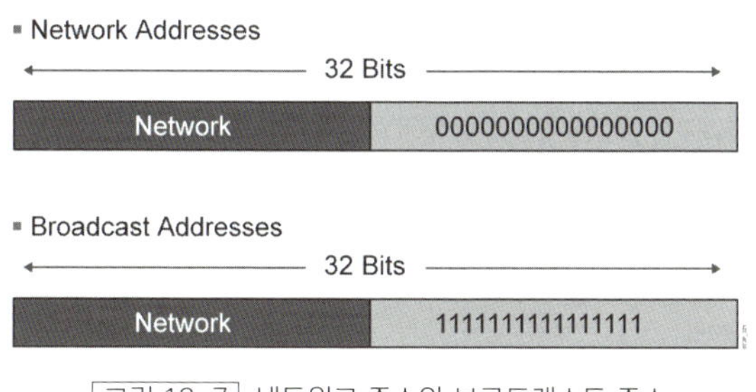

그림 12-7 네트워크 주소와 브로드캐스트 주소

예를 들어 A 클래스 네트워크인 '10.0.0.0'은 '10.1.2.3' 호스트 등을 포함하는 해당 네트워크의 주소가 된다. 라우터는 목적지 네트워크의 위치를 찾기 위해서 라우팅 테이블을 검색할 때 네트워크 주소를 사용한다. B 클래스 네트워크 주소의 예로는 '172.16.0.0'을 들 수 있다. 이 주소는 특정한 장비의 주소로는 사용되지 않는다. '172.16.16.1'이라는 주소를 예로 들면 172.16이 네트워크 주소이고 '16.1'은 호스트 주소가 된다.

데이터를 네트워크의 모든 장비로 보내고 싶으면 네트워크 브로드캐스트 주소를 사용한다. 브로드캐스트 IP 주소는 호스트 부분이 모두 1인 주소이다. 예를 들어 '172.16.0.0' 네트워크에 속한 모든 호스트에게 데이터를 보내려면 '172.16.255.255'를 목적지 주소로 사용하면 된다.

어떤 네트워크의 IP 주소가 k비트의 hostid를 가지고 있으면 주소의 총 개수는 '2^k개'가 되지만, 할당할 수 있는 호스트의 수는 네트워크 주소와 브로드캐스트 주소를 제외한, 즉 총 주소 수에서 '2'를 뺀 '2^k-2개'가 된다. 즉 C 클래스 주소 하나를 배정받으면, '2^8=256개'의 주소가 있지만, 연결할 수 있는 호스트의 수는 '2^8-2개', 즉 '254개'가 된다. 하나의 B 클래스 주소에 연결할 수 있는 최대 호스트 수는 '2^{16}-2=65,534개'가 되며, 하나의 A 클래스 주소에는 최대 '2^{24}-2=16,777,214개'의 호스트를 연결할 수 있다.

(2) 공인 주소와 사설 주소

일반적으로 네트워크는 인터넷을 통해 서로 연결되지만, 어떤 네트워크는 실험실 등에서 실험을 목적으로 외부 네트워크와 연결하지 않고 자체적으로만 연결되는 사설 네트워크로 구축할 필요도 있다. 따라서 이 두 종류의 네트워크를 지원하기 위해서 공인 IP 주소와 사설 IP 주소가 필요하다.

인터넷에서 주소가 중복되면 패킷은 정상적으로 전달될 수 없다. 따라서 주소의 유일성을 확보하기 위한 메커니즘이 필요하다. 이를 주관하는 조직은 원래 InterNIC(Internet Network Information Center)이었지만, 지금은 IANA(Internet Assigned Numbers Authority)가 이 업무를 이어받았다. IANA는 공개적으로 사용되는 주소가 중복되지 않도록 IP 주소를 관리한다.

인터넷 호스트의 IP 주소는 전 세계적으로 고유해야 하지만, 인터넷에 연결되지 않은 사설 호스트도 해당 사설 네트워크에서 유효한 주소를 사용할 수 있다. 물론 해당 사설 네트워크 안에서는 고유한 주소를 사용하여야 한다. 많은 사설 네트워크가 공개 네트워크와 함께 사용되고 있기 때문에 사설 IP 주소도 일정한 규칙에 따라 관리할 필요가 있다. 이에 따라 IETF(Internet Engineering Task Force)는 사설 및 내부 사용을 위해 〈표 12-1〉과 같이 세 블록의 IP 주소, 즉 1개의 A 클래스 주소, 16개의 B 클래스 주소, 256개의 C 클래스 주소를 정의하였다. 이 세 범위에 속한 주소는 인터넷 백본으로 라우팅되지 않는다. 인터넷 라우터는 이 사설 주소를 버리도록 설정된다.

비공개 인트라넷 주소를 지정해야 할 경우에 전 세계적으로 고유한 주소 대신에 사설 주소를 사용할 수 있다. 사설 주소를 사용해서 인터넷에 네트워크를 연결하고 싶다면 사설 주소를 공인 주소로 변환하여야 한다. 이러한 변환 과정을 NAT(Network Address Translation)라고 한다. 라우터도 NAT를 수행하는 네트워크 장비 중의 하나이다.

표 12-1 사설 IP 주소

클래스	사설 주소의 범위
A	10.x.x.x
B	172.16.x.x ~ 172.31.x.x
C	192.168.x.x

(3) 현재 네트워크에 있는 호스트 주소와 루프백 주소

IP 주소가 모두 0이면, 현재 네트워크에 있는 이 호스트를 의미한다(This Host On This Network). 이것은 자신의 IP 주소를 모르는 호스트가 부팅할 때 사용한다. 이 호스트는 자신의 주소를 찾기 위하여 발신지 주소로 '0.0.0.0' 주소를 사용하고 목적지 주소로 모두 '1'인 '255.255.255.255' 주소를 사용하여 부트스트랩 서버에게 IP 패킷을 전송한다. 이 주소는 발신지 주소로만 사용할 수 있다. 이 주소는 A 클래스 주소이다.

네트워크 ID가 모두 0인 IP 주소는 현재 네트워크에 있는 특정 호스트를 의미한다(Specific Host On This Network). 이것은 동일한 네트워크에 있는 다른 호스트에게 메시지를 보낼 때 사용한다. 이 주소를 가진 패킷은 라우터에 의해 차단되기 때문에 패킷을 로컬 네트워크로 제한하고자 할 때 사용한다. 이 주소 또한 A 클래스 주소이다.

첫 번째 바이트가 127인 IP 주소는 루프백(Loopback) 주소로 사용된다. 이 주소는 컴퓨터에 설치된 소프트웨어를 시험하기 위하여 사용한다. 이 주소를 사용하면, 패킷은 시스템 밖으로 나가지 않고 단순히 프로토콜 소프트웨어로 반환된다. 따라서 IP 소프트웨어를 시험하기 위하여 사용한다. 예를 들어 Ping과 같은 응용 프로토콜은 IP 소프트웨어가 패킷을 받아서 처리하는지를 알아보기 위해서 목적지 주소로 루프백 주소를 갖는 패킷을 보낸다. 이 주소는 목적지 주소로만 사용될 수 있다. 이 주소도 A 클래스 주소이다.

12.1.4 서브네팅

IPv4에서 주소를 식별하는 방법과 주소 계층이 개발될 때, 2단계 주소(네트워크 부분과 호스트 부분)만으로 충분할 것으로 생각하였다. A, B, C 클래스 주소들은 기본 마스크를 갖게 됐는데, 이것은 미리 지정하여 마스크를 따로 설정하지 않도록 하기 위해서였다.

네트워크에 연결된 장비의 수가 늘어나면서, 2단계 주소 방식이 네트워크 주소를 효율적으로 활용하지 못하는 방법임을 알게 되었다. 이 문제를 극복하기 위해서 서브넷을 추가하는 3단계 어드레싱 방법이 개발되었다. 서브넷 주소를 생성하기 위하여, 기존 호스트 부분에서 비트를 빌려와 서브넷 필드로 활용한다.

서브넷 마스크는 32비트 값으로, 1인 부분이 네트워크 ID이고 0인 부분이 호스트 ID를 가리키고 있다. 서브넷 마스크는 1과 0이 연속적으로 배열되어야 한다. 호스트 부분에서 1비트를 빌려서 서브넷 ID로 사용하면 2^1, 즉 2개의 서브넷이 생성된다. 다시 말하면 원래의 네트워크를 2개의 서브넷으로 나누게 된다. 2비트를 빌려오면 2^2, 즉 4개의 서브넷이 생성되며, 3비트를 빌려오면 2^3, 즉 8개의 서브넷이 생성된다. s개의 비트를 빌려오면 2^s개의 서브넷이 생성된다.

(그림 12-8)은 A 클래스, B 클래스, C 클래스 주소를 위한 기본 마스크값을 나타낸 것이다. 이 서브넷 마스크는 마스크 부분을 위해 일련의 1의 값을, 그리고 이를 제외한 나머지 부분들은 모두 0의 값을 갖는다.

```
A 클래스 주소의 예(10진수) :      10.0.0.0
A 클래스 주소의 예 (2진수) :      00001010.00000000.00000000.00000000
A 클래스의 기본 마스크(2진수) :   11111111.00000000.00000000.00000000
A 클래스의 기본 마스크 (10진수) : 255.0.0.0
기본 클래스풀 프리픽스 길이 :     /8

B 클래스 주소의 예(10진수) :      172.16.0.0
B 클래스 주소의 예 (2진수) :      10010001.10101000.00000000.00000000
B 클래스의 기본 마스크(2진수) :   11111111.11111111.00000000.00000000
B 클래스의 기본 마스크 (10진수) : 255.255.0.0
기본 클래스풀 프리픽스 길이 :     /16

C 클래스 주소의 예(10진수) :      192.168.42.0
C 클래스 주소의 예(2진수) :       11000000.10101000.00101010.00000000
C 클래스의 기본 마스크(2진수) :   11111111.11111111.11111111.00000000
C 클래스의 기본 마스크(10진수) :  255.255.255.0
기본 클래스풀 프리픽스 길이 :     /24
```

그림 12-8 │ A, B, C 클래스의 기본 서브넷 마스크값

예를 들어 A 클래스에서 기본 서브넷 마스크값은 점-10진 표현으로 '255.0.0.0'이고, 2진수로는 '11111111

0000000000000000000000000'이며, 이를 간단하게 /8로 표현할 수도 있다. 이 세 가지 표현 모두 같은 의미를 가진다.

슬래시(/) 다음에 이진수 1의 개수를 표기하는 방법을 프리픽스(Prefix) 표기법이라고 한다. 프리픽스 표기법은 CIDR(Classless Inter Domain Routing) 표기법 또는 슬래시 마스크라고도 부른다. 만약 A 클래스의 두 번째 옥텟에서 3비트를 서브넷 ID로 빌리면 서브넷 마스크는 '11111111111000000000000000000000'가 되며, 점-10진 표기법으로는 '255.224.0.0'이 되고, CIDR 표기법으로는 /11이 된다.

하나의 클래스풀 네트워크 내에서 하나의 서브넷 마스크만을 사용하는 경우를 FLSM(Fixed Length Subnet Mask)이라고 하며, 두 개 이상의 서브넷 마스크를 사용하는 경우를 VLSM(Variable Length Subnet Mask)이라고 한다. VLSM을 사용하면 IP 주소의 낭비를 줄일 수 있고, 더 많은 서브넷을 확보할 수 있다.

예를 들어 '192.168.1.222/28'이라는 IP 주소가 소속되어 있는 네트워크의 주소 범위를 계산하여 보자. 먼저 (그림 12-9)와 같이 IP 주소와 서브넷 마스크를 2진수로 변환한다. 다음에 IP 주소와 서브넷 마스크를 AND 연산하면 (그림 12-9)의 네 번째 행과 같이 서브넷 주소를 계산할 수 있다. AND 연산은 입력 두 비트가 모두 1일 때에만 1을 출력하며 둘 중 하나만 '0'이어도 '0'을 출력하는 연산이다.

(그림 12-9)에서 보듯이 예제의 경우에는 처음 3개의 옥텟은 2진수로 변환할 필요가 없다. 서브넷 마스크가 모두 1인 옥텟, 즉 255인 옥텟과 AND 연산을 하면 자기 자신이 나오기 때문이다. 즉 예제에서는 4번째 옥텟에서 IP 주소 '222'와 서브넷 마스크 '240'을 2진수로 변환한 다음 AND 연산을 하면 '208'이 나온다. 따라서 IP 주소 '192.168.1.222/28'의 서브넷 주소는 '192.168.1.208'이 된다. 여기에서 호스트 ID 부분을 모두 1로 설정하면 '192.168.1.223'이 되고 이 주소가 브로드캐스트 주소가 된다. 따라서 이 네트워크에서 호스트에 할당할 수 있는 IP 주소의 범위는 '192.168.1.209~192.168.1.222'가 된다. 이 예는 원래 C 클래스 주소인 '192.168.1.0/24' 네트워크를 /28로 서브네팅한 것이다.

IP 주소(10진수)	192	168	1	222	
IP 주소(2진수)	11000000	10101000	00000001	11011110	
서브넷마스크	11111111	11111111	11111111	11110000	/28
서브넷(2진수)	11000000	10101000	00000001	11010000	= 208
서브넷(10진수)	192	168	1	208	
브로드캐스트 주소	192	168	1	11011111	= 223
브로드캐스트 주소	192	168	1	223	

그림 12-9 | IP 주소의 주소 범위 계산

또 하나의 예로 C 클래스인 '200.1.1.0/24' 네트워크를 FLSM 방식을 사용하여 10개의 서브넷으로 나누는 경우를 생각해 보자. 10개의 서브넷으로 분할하려면 서브넷 비트가 4비트가 필요하게 된다. 즉 /28로 서브네팅을 하면 16개의 서브넷으로 나누어지는데 그중에서 10개를 사용하는 것이다. '/28'로 서브네팅을 하면 남은 호스트 비트는 '32-28=4비트'가 되므로 각 서브넷은 '2^4=16개'의 주소를 가지게 된다. 따라서 16개의 서브넷을 정리하면 〈표 12-2〉와 같이 16의 배수로 증가한다.

표 12-2 │ C 클래스 주소의 서브네팅 예

순서	서브넷 주소	브로드캐스트 주소
1	200.1.1.0/28	200.1.1.15/28
2	200.1.1.16/28	200.1.1.31/28
3	200.1.1.32/28	200.1.1.47/28
4	200.1.1.48/28	200.1.1.63/28
5	200.1.1.64/28	200.1.1.79/28
6	200.1.1.80/28	200.1.1.95/28
7	200.1.1.96/28	200.1.1.111/28
8	200.1.1.112/28	200.1.1.127/28
9	200.1.1.128/28	200.1.1.143/28
10	200.1.1.144/28	200.1.1.159/28
11	200.1.1.160/28	200.1.1.175/28
12	200.1.1.176/28	200.1.1.191/28
13	200.1.1.192/28	200.1.1.207/28
14	200.1.1.208/28	200.1.1.223/28
15	200.1.1.224/28	200.1.1.239/28
16	200.1.1.240/28	200.1.1.255/28

여기에서 서브넷 비트가 모두 0인 주소를 서브넷 제로하고 한다. 즉 〈표 12-2〉의 예에서 '200.1.1.0/28'은 서브네팅을 하지 않은 디폴트 네트워크인 '200.1.1.0/24'와 혼돈될 수 있다. 따라서 네트워크를 서브넷으로 분할한 후에 가능하면 서브넷 제로는 사용하지 않는다. 그러나 네트워크 주소가 부족하면 서브넷 제로도 사용할 수 있다. 이렇게 서브넷 제로를 사용할 수 있도록 하는 라우터의 명령어가 'ip subnet-zero'이며, 요즘의 라우터는 이 명령어가 디폴트로 선언되어 있다.

TCP/IP의 인터넷 계층은 OSI 모델의 네트워크 계층에 해당하는 라우팅 기능을 담당한다. 전송 계층에서 내려온 세그먼트를 패킷망에서 취급할 수 있는 크기의 패킷으로 분할하여 데이터그램 방식으로 전달하고, 이 패킷들에 오류 제어나 흐름 제어를 하지 않는다. 즉 인터넷 계층은 패킷이 여러 종류의 네트워크를 가로질러 가면서 목적지에 도착하기까지의 전송 과정만을 담당한다. 일반적으로 네트워크를 구성하는 노드뿐만 아니라 망간의 연결 역할을 하는 라우터에도 인터넷 계층의 라우팅 기능이 구현되어 있다.

TCP/IP의 인터넷 계층에는 (그림 12-10)과같이, 핵심 기능인 라우팅을 위한 프로토콜로 IP가 있으며 이를 지원하기 위한 프로토콜로 ICMP(Internet Control Message Protocol), ARP(Address Resolution Protocol), RARP(Reverse ARP), IGMP(Internet Group Management Protocol) 등이 있다.

그림 12-10 TCP/IP의 인터넷 계층 프로토콜

12.2.1 IPv4

IP(Internet Protocol)는 TCP/IP에서 사용하는 전송 메커니즘으로, 최선 노력의 전달 서비스(Best-Effort Delivery Service)이다. 여기에서 '최선 노력'이라는 용어는 오류 검사나 추적을 제공하지 않는다는 것을 의미한다. 이러한 프로토콜을 신뢰성을 제공하지 않는 비연결형 프로토콜이라고 한다. 즉 IP는 목적지까지 전송이 이루어지도록 최선을 다하지만 완전하게 이루어진다는 보장은 하지 않는다. 이러한 특성은 편지를 보내는 우편 제도와 유사하다. 우리가 보내는 보통 우편은 목적지까지 가능한 한 배달은 하지만 여러 가지 이유로 분실될 수도 있으며 이를 우체국에서 보장해 주지는 않는다.

IP는 데이터그램(Datagram) 이라고 부르는 패킷으로 데이터를 전송한다. 각 데이터그램은 개별적으로 전송되며, 각기 서로 다른 경로로 보내질 수 있으므로 순서대로 도착하지 않거나 중복되어 도착할 수도 있다. IP는 경로를 기억하지 않으며, 데이터그램이 목적지에 도착한 다음 다시 순서를 정렬하는 기능도 없다.

그러나 이러한 IP의 제한된 기능을 약점으로만 볼 수는 없다. IP는 최소한의 전송 기능만을 제공하고, 주어진 응용을 위해 필요한 다른 기능은 사용자가 자유롭게 추가할 수 있도록 함으로써 최대한의 효율성을 제공하는 장점을 가지고 있다.

IP 계층의 패킷을 데이터그램이라고 한다. (그림 12-11)은 IPv4 데이터그램의 형식을 나타내고 있다. 데이터 그램은 헤더와 데이터의 두 부분으로 구성된 가변 길이의 패킷이다. 헤더는 20바이트에서 60바이트까지 될 수가 있으며, 여기에는 경로 설정과 전달에 필요한 정보를 포함하고 있다. 편지에 비유하면 헤더는 편지봉투에 해당하고 데이터는 봉투 안의 편지지에 해당한다.

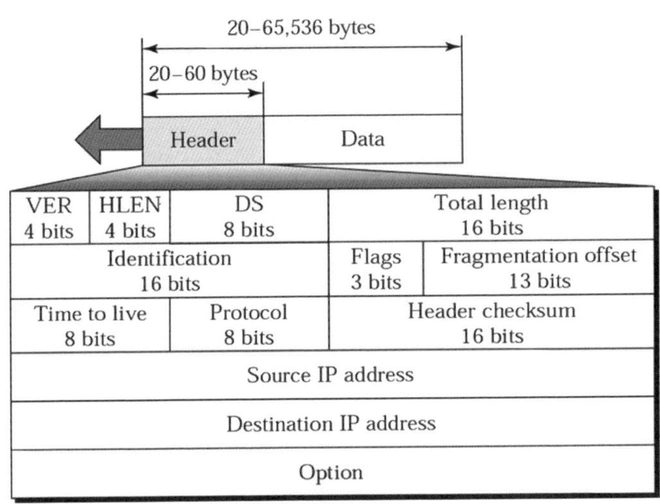

그림 12-11 | IPv4 데이터그램의 형식

헤더를 구성하는 각 필드의 기능은 다음과 같다.

- VER(Version) : 첫 번째 필드는 IP의 버전을 나타낸다. IPv4는 2진수 '0100'이다.
- HLEN(Header Length) : 헤더 길이 필드는 헤더의 길이를 4바이트의 배수로 표시한다. 이 필드는 4비트이 므로 최대 '60(=4×15)' 바이트이다.
- Service type : 서비스 유형 필드는 데이터그램을 처리하는 방법을 나타낸다. 여기에는 데이터그램의 우선 순위를 나타내는 비트가 포함되어 있다. 또한 단위 시간당 처리량, 신뢰성, 지연과 같은 송신자가 원하는 서비스 유형을 지정하는 비트를 포함할 수 있다.
- Total Length : 전체 길이 필드는 IP 데이터그램의 전체 길이를 나타낸다. 이 필드는 2바이트로 최대 '65,536' 바이트까지 나타낼 수 있다.
- Identification : 식별자 필드는 단편화에 이용된다. 데이터그램이 다른 네트워크를 통과할 때 네트워크 프레임의 크기를 맞추기 위하여 단편으로 나누어질 수 있다. 단편화가 이루어지면 각 단편은 이 필드의 순서

번호로써 식별된다.

- Flags : 플래그 필드에 있는 비트는 단편화를 할 수 있는가, 할 수 없는가와 데이터그램이 처음, 중간, 마지막 단편인지를 표시한다.

- Fragmentation offset : 단편화 오프셋은 단편화가 될 때 원래 데이터그램 내의 데이터의 위치를 나타내는 포인터이다.

- TTL(Time To Live) : 수명 필드는 목적지를 찾지 못한 데이터그램이 네트워크를 무한정 돌아다니는 것을 방지하기 위하여 사용하는 것이다. 발신지 호스트는 데이터그램이 생성되면 이 필드에 초깃값을 설정한다. 그런 다음 데이터그램이 인터넷을 통해 전달되는 동안에 각 라우터는 이 값을 1씩 감소시키고 이 값이 0이 되면 그 데이터그램을 폐기한다.

- Protocol : 프로토콜 필드는 데이터 부분에 있는 데이터가 어떤 상위 계층 프로토콜을 사용하는지를 나타낸다. 이 값이 '1'이면 ICMP를, '2'이면 IGMP를, '6'이면 TCP를, '17'이면 UDP를, '89'이면 OSPF를 나타낸다.

- Header checksum : 헤더 검사합 필드는 헤더의 무결성을 검사하기 위하여 사용되는 필드로, 헤더만을 검사하며 데이터 부분은 검사하지 않는다.

- Source address : 발신지 주소 필드는 4바이트의 인터넷 주소로 데이터그램의 발신지를 나타낸다.

- Destination address : 목적지 주소 필드는 4바이트의 인터넷 주소로 데이터그램의 최종 목적지를 나타낸다.

- Option : 선택사항 필드는 IP 데이터그램에 대한 여러 가지 기능을 제공한다. 이것은 경로 설정, 타이밍, 관리, 정렬을 제어하는 필드를 가지고 있다.

12.2.2 IPv6

1980년대 말부터 인터넷 주소의 부족과 다양한 고속 응용 서비스의 등장에 따른 네트워크 기능 추가에 대한 필요성이 제기되기 시작하였다. 이에 따라 1990년대 초부터 IETF(Internet Engineering Task Force)에서 'IPv4'의 개정 버전에 대한 표준화 작업을 시작하여 1995년에 첫 버전을 공표하였다.

'IPv4'는 잘 설계되었지만, 데이터통신은 1970년 'IPv4'가 사용된 이래 계속 발전하고 있다. 'IPv4'는 빠른 속도로 성장해 가고 있는 인터넷에 맞지 않는 몇 가지 문제점을 가지고 있다. 첫째로 'IPv4'는 네트워크 주소 (Netid)와 호스트 주소(Hostid)와 같은 두 계층의 주소 체계를 가지고 5개의 클래스(A, B, C, D, E)로 나뉘어 있다. 이러한 주소 공간의 사용은 비효율적이다. 둘째로 인터넷은 실시간 오디오와 비디오 정보를 수용해야 한다.

이런 형태의 전송은 'IPv4' 설계에서 고려되어 있지 않은 최소 지연 방안과 자원 예약이 있어야 한다. 또한 인터넷은 일부 응용의 데이터에 대한 암호화와 인증을 제공하여야 한다. 'IPv4'는 암호화와 인증을 제공하지 않았다.

이러한 결점을 보완하기 위하여 'IPv6'가 제안되었다. 'IPv6'에서는 인터넷의 빠른 성장을 수용하기 위하여 많은 부분이 변경되었다. IP 주소의 길이와 형식, 그리고 패킷 형식이 변경되었다. 'IPv4'에 대하여 'IPv6'가 가지고 있는 장점을 요약하면 다음과 같다.

- 더 큰 주소 공간 : 'IPv6'의 주소는 128비트를 사용한다. 이것은 32비트를 사용하는 'IPv4'에 비해 주소 공간이 엄청나게 증가한 것이다.

- 더 나은 헤더 형식 : 'IPv6'는 주소의 선택사항 부분을 기본 헤더에서 분리하여 필요할 때 기본 헤더와 상위 계층 데이터 사이에 따로 삽입하여 사용하는 새로운 형식을 사용한다. 이렇게 하면 라우터가 선택사항을 검사하지 않아도 되기 때문에 라우팅 처리가 간단해지고 속도가 향상된다.

- 새로운 선택사항들 : 'IPv6'는 추가적인 기능을 위해 새로운 선택사항을 가지고 있다.

- 확장을 위한 승인 : 'IPv6'는 새로운 기술이나 응용에 의해 요구되면 프로토콜의 확장이 가능하도록 설계되었다.

- 자원 할당의 지원 : 'IPv6'에서는 서비스 유형(Type Of Service) 필드가 없어지고, 발신지가 패킷의 특별한 처리를 요구할 수 있도록 흐름 표지(Flow Label)라고 부르는 방법이 추가되었다. 이 방법은 실시간 오디오나 비디오와 같은 트래픽을 지원하는 데 사용될 수 있다.

- 강화된 보안의 지원 : 'IPv6'에서 암호화와 인증은 패킷의 기밀성(Confidentiality)과 무결성(Integrity)을 제공한다.

'IPv6'의 적용은 느리게 진행되고 있다. 그 이유는 비클래스(Classless) 주소지정과 내부에서는 사설 주소를 사용하고 외부로 나갈 때에는 이 사설 주소를 공인 주소로 바꾸어 주는 NAT(Network Address Translation)와 같은 방안들로 인하여 'IPv6' 개발의 원래 동기이었던 'IPv4' 주소의 부족이 어느 정도 해결되고 있기 때문이다. 하지만 궁극적으로는 'IPv6'으로의 전환은 불가피해 보인다.

(1) IPv6 주소

IPv6 주소는 (그림 12-12)와 같이 16바이트(128비트)의 길이를 갖는다. 'IPv6' 주소를 사람이 보다 읽기 쉽게 하기 위하여 16진수 콜론 표기를 정의한다. 이러한 표기 방식에서는 128비트를 2바이트 길이씩 8부분으로 나눈다. 16진수 표기에서 2바이트는 4개의 16진수로 표기된다. 따라서 주소 체계는 32개의 16진수로 구성되는데, 이는 4개의 16진수마다 콜론으로 분리된다.

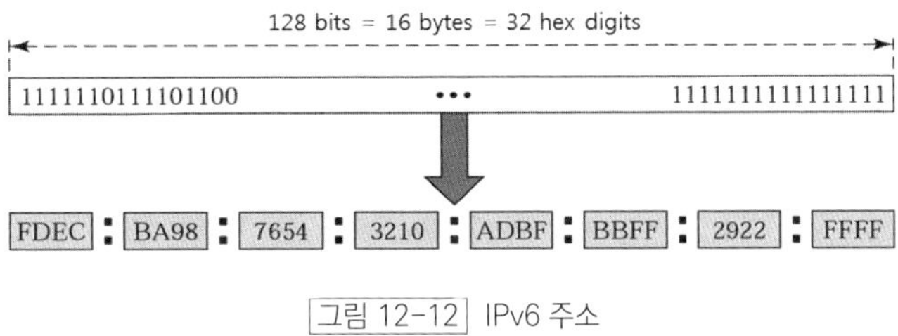

그림 12-12 IPv6 주소

16진수 형식으로 표현된 'IPv6' 주소는 매우 길기는 하지만, 많은 수의 '0'을 포함하고 있다. 이런 경우 주소를 간단하게 하기 위하여 '0'을 생략할 수 있다. 섹션(두 개의 콜론 사이에 있는 4개의 숫자)의 앞에 있는 '0'은 생략할 수 있다. 그러나 섹션의 뒤에 붙는 '0'은 생략할 수 없다. (그림 12-13)에 이러한 생략의 예를 나타내었다. (그림 12-13)에서 보듯이 0074는 74로 표기할 수 있으며, '000F'는 'F'로, '0000'은 '0'으로 표현할 수 있다. 그러나 '3210'은 '321'로 축약할 수 없다는 것에 유의하여야 한다.

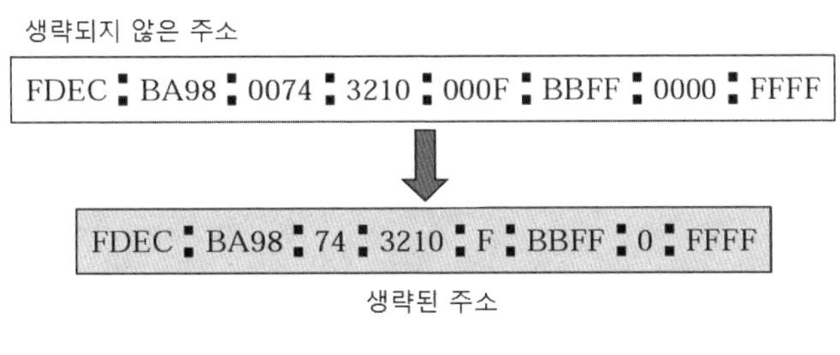

그림 12-13 IPv6 주소의 생략

연속되는 섹션이 '0'으로만 구성되어 있다면 더욱 많은 생략이 가능하다. '0'을 모두 생략하고 두 개의 콜론으로 대체할 수 있다. (그림 12-14)에 이러한 생략의 예를 보였다. 단 이러한 생략은 주소 당 한 번만 가능하다는 것을 유의하여야 한다. (그림 12-14)와 같이 '0'을 포함하고 있는 섹션들이 두 부분 존재하는 경우에는 그들 중에서 단지 한 부분만 생략이 가능하다.

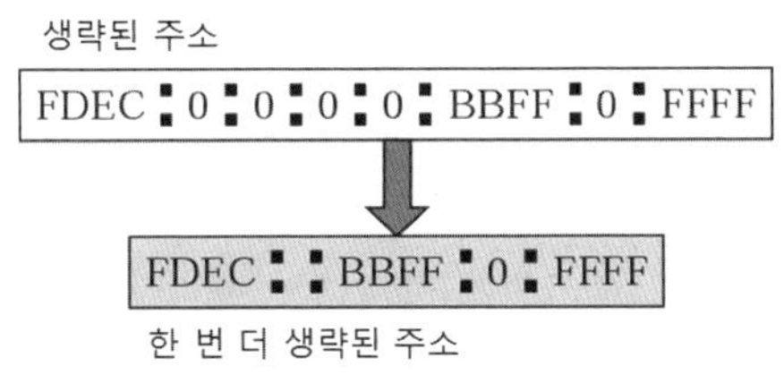

그림 12-14 연속적인 0을 가진 IPv6 주소의 생략

(2) IPv6 주소의 종류

'IPv6'는 유니캐스트, 애니캐스트, 멀티캐스트의 3가지 유형의 주소를 정의한다.

- Unicast Address : 유니캐스트 주소는 하나의 목적지 컴퓨터를 지정한다. 유니캐스트로 전송된 패킷은 특정한 컴퓨터에만 전달된다.

- Anycast Address : 애니캐스트 주소는 같은 접두사(Prefix)를 가지고 있는 한 그룹의 컴퓨터를 지정한다. 예를 들어 물리적 네트워크에 연결된 모든 컴퓨터는 같은 접두 주소를 공유한다. 애니캐스트 주소로 전송된 패킷은 가장 가깝거나 가장 쉽게 접속할 수 있는 그룹의 멤버 중 하나에게 전송된다. 전화에서 사용되는 대표 번호와 유사한 개념이다.

- Multicast Address : 멀티캐스트 주소는 같은 접두사를 공유할 수도 있고 아닐 수도 있으며, 같은 물리적 네트워크로 연결되어 있을 수도 있고 아닐 수도 있는 컴퓨터들의 그룹이다. 멀티캐스트 주소로 전송된 패킷은 그 그룹의 각 소속원에게 모두 전달된다.

(3) IPv6 데이터그램 형식

'IPv6'의 데이터그램은 (그림 12-15)와 같이 필수적인 기본 헤더(Base Header)와 따라오는 페이로드로 구성된다. 페이로드는 선택적인 확장 헤더(Extension Header)와 상위 계층 데이터의 두 부분으로 구성되어 있다. 기본 헤더는 40바이트를 차지하며 확장 헤더와 상위 계층 데이터는 최대 65,535바이트까지 포함할 수 있다.

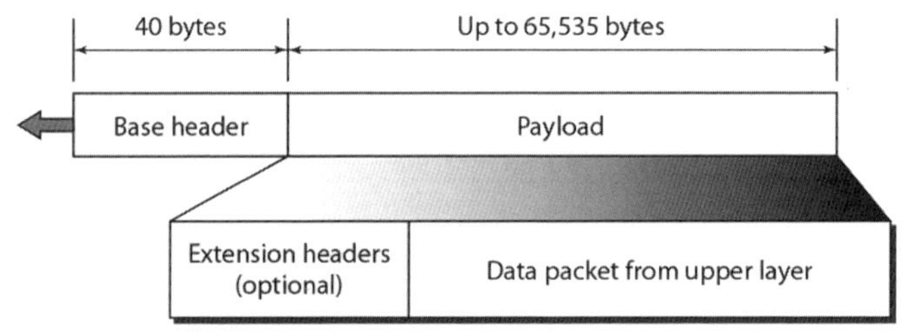

그림 12-15 | IPv6 데이터그램의 구조

기본 헤더(Base Header)는 (그림 12-16)과 같이 8개의 필드로 구성되어 있다.

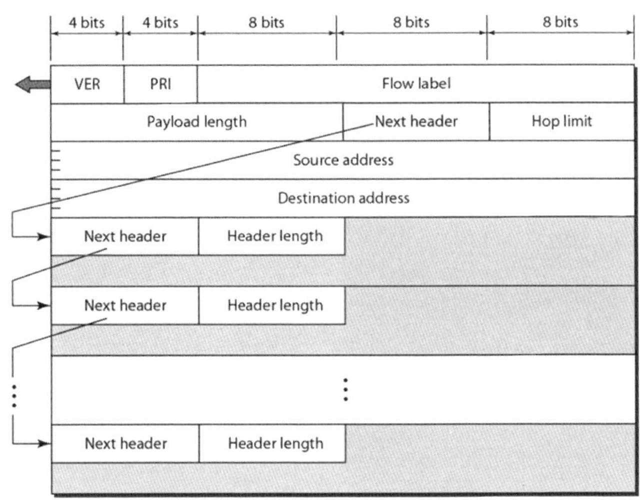

그림 12-16 │ IPv6 데이터그램의 기본 헤더 형식

- VER(Version) : 버전 필드는 4비트이며, IP의 버전 번호를 나타낸다. 'IPv6'에서 이 필드의 값은 2진수로 '0110'이다.
- PRI(Priority) : 우선순위 필드는 4비트이며, 트래픽 혼잡에 대한 패킷의 우선순위를 정의한다.
- Flow label : 흐름표지 필드는 3바이트(24비트)이며, 데이터의 특정한 흐름을 위한 특별한 처리를 제공하기 위하여 설계되었다.
- Payload length : 페이로드 길이 필드는 2바이트(16비트)이며, 기본 헤더를 제외한 IP 데이터그램의 길이를 나타낸다.
- Next header : 다음 헤더 필드는 1바이트(8비트)이며, 기본 헤더를 뒤따르는 헤더를 정의한다. 다음 헤더는 IP가 사용하는 선택적인 확장 헤더의 하나이거나, UDP나 TCP와 같은 캡슐화된 패킷의 헤더이다. 각 확장 헤더도 이 필드를 포함한다. 'IPv4'에서는 이 필드를 프로토콜 필드라고 불렀다.
- Hop limit : 홉 제한 필드는 1바이트(8비트)이며, 'IPv4'의 TTL 필드와 같은 목적으로 사용된다.
- Source address : 발신지 주소 필드는 16바이트(128비트)이며, 데이터그램의 최초 발신지를 나타내는 인터넷 주소이다.
- Destination address : 목적지 주소 필드는 16바이트(128비트)이며, 데이터그램의 최종 목적지를 나타내는 인터넷 주소이다.

기본 헤더의 길이는 40바이트로 고정되어 있다. 그러나 IP 데이터그램에 보다 많은 기능을 제공하기 위하여 기본 헤더 뒤에 6개까지의 확장 헤더를 둘 수 있다. 'IPv4'와 'IPv6'의 헤더를 비교하면 다음과 같다.

- 'IPv6'는 헤더의 길이가 고정되어 있기 때문에, 'IPv6'에서는 헤더 길이(Header Length) 필드가 삭제되었다.
- 'IPv6'에서는 서비스 유형(Service Type) 필드가 삭제되었다. 우선순위(Priority)와 흐름표지(Flow Label) 필드가 서비스 유형 필드의 기능을 대신하고 있다.
- IPv6에서는 전체 길이(Total Length) 필드가 삭제되고, 페이로드 길이(Payload Length) 필드로 대체되었다.
- IPv6의 기본 헤더에서는 식별자(Identification), 플래그(Flag), 오프셋(Offset) 필드가 삭제되고, 이들은 확장 헤더(Extension Header)에 포함되었다.
- IPv6에서는 TTL 필드를 홉 제한(Hop Limit) 필드로 부른다.
- IPv6에서는 프로토콜 필드가 다음 헤더(Next Header) 필드로 대체되었다.
- IPv6에서는 헤더 검사합(Header Checksum) 필드가 삭제되었다. 검사합은 상위 계층 프로토콜에서 계산한다.
- IPv6에서는 선택사항(Option) 필드를 확장 헤더(Extension Header)로 구현한다.

〈표 12-3〉에 IPv6 헤더와 IPv4 헤더의 변경 사항을 정리하였다.

표 12-3 IPv4 헤더와 IPv6 헤더의 비교

IPv4 헤더	IPv6 헤더
Header Length	삭제
Service Type	Priority, Flow Label
Total Length	Payload Length
Identification, Flags, Fragmentation offset	Extension Header
TTL(Time To Live)	Hop Limit
Protocol	Next Header
Header Checksum	삭제
Option	Extension Header

(4) IPv4에서 IPv6로의 전환 방안

인터넷에는 대단히 많은 시스템이 존재하기 때문에, 'IPv4'에서 'IPv6'으로의 전환이 갑자기 발생할 수는 없다. 인터넷의 모든 시스템이 'IPv4'에서 'IPv6'으로 바뀌기까지는 상당한 시간이 필요하다. 'IPv4'와 'IPv6' 시스템 사이에 문제가 발생하지 않도록 하기 위해서는 이 전환이 부드럽게 진행되어야 한다. IETF에서는 보다 부드러운 전환을 위하여 (그림 12-17)과 같은 3가지 방안을 개발하였다.

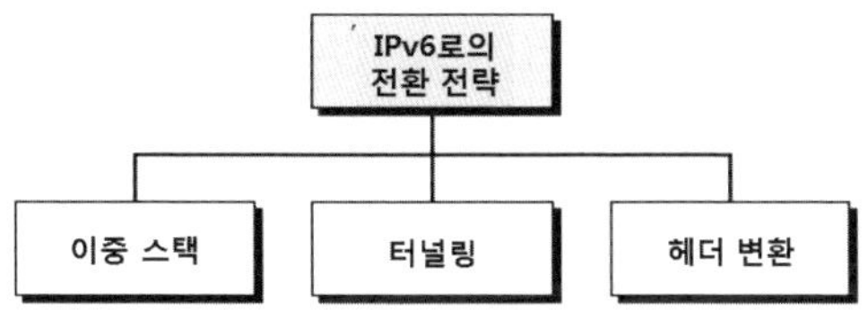

그림 12-17 3가지 전환 방안

- 이중 스택(Dual Stack) : 이중 스택은 모든 호스트가 완전히 'IPv6'으로 전환되기 전까지는 이중 스택 프로토콜을 가지도록 권고된다. 다시 말해서 통신국은 모든 인터넷이 'IPv6'을 사용할 때까지 'IPv4'와 'IPv6'이 동시에 동작하여야 한다. (그림 12-18)은 이중 스택 구성의 배치를 나타내고 있다. 목적지에 패킷을 보낼 때 어떤 버전을 사용할 것인가를 결정하기 위해 발신지 호스트는 DNS에 질의를 한다. 만일 DNS가 'IPv4' 주소를 보내오면 발신지 호스트는 'IPv4' 버전의 패킷을 송신하고, 'IPv6' 주소를 보내오면 'IPv6' 버전의 패킷을 송신한다.

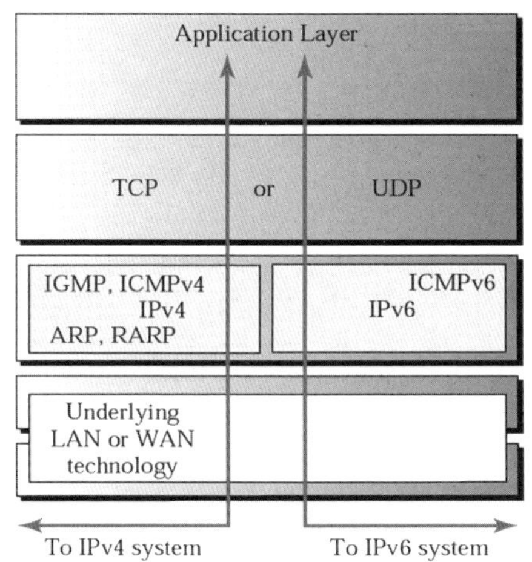

그림 12-18 이중 스택

- 터널링(Tunneling) : 터널링은 'IPv6'를 사용하여 상호 통신을 원하는 두 컴퓨터가 'IPv4'를 사용하는 지역에 패킷을 통과시켜야 할 때 사용되는 방법이다. 그 네트워크 지역을 통과하기 위해 패킷은 'IPv4' 주소 하나를 가져야만 한다. 그래서 (그림 12-19)와 같이 'IPv4' 지역에 들어올 때 'IPv6' 패킷은 'IPv4' 패킷으로 캡슐화되고 그 지역을 벗어날 때 다시 'IPv6' 패킷이 된다. 이것은 마치 'IPv6' 패킷이 한 종단에서 터널에 들어가고 다른 종단에서 나타나는 것처럼 보인다.

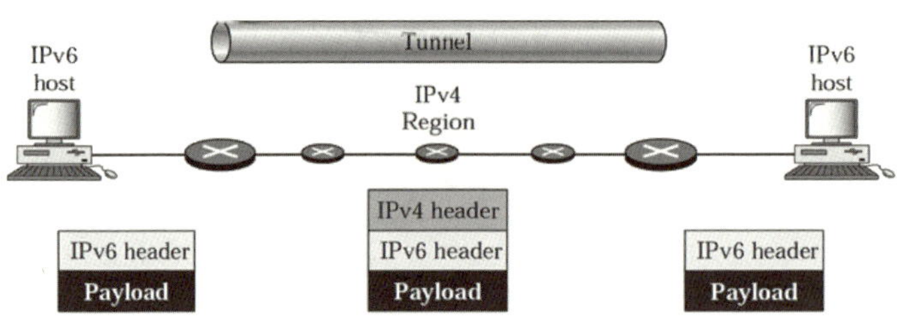

그림 12-19 터널링

- 헤더 변환(Header translation) : 헤더 변환 방법은 대부분의 인터넷은 'IPv6'을 사용하고 있으나, 여전히 몇몇 시스템들이 'IPv4'를 사용하고 있을 때 유용한 방법이다. 송신자는 'IPv6'을 사용하기를 원하나 수신자가 'IPv6'을 이해하지 못하는 경우이다. 수신자는 'IPv4' 패킷 형식만을 이해할 수 있으므로 터널링은 아무런 역할을 할 수 없다. 이러한 경우에는 (그림 12-20)과같이 헤더의 형식을 헤더 변환 방법에 의해 완전히 바꾸어야 한다.

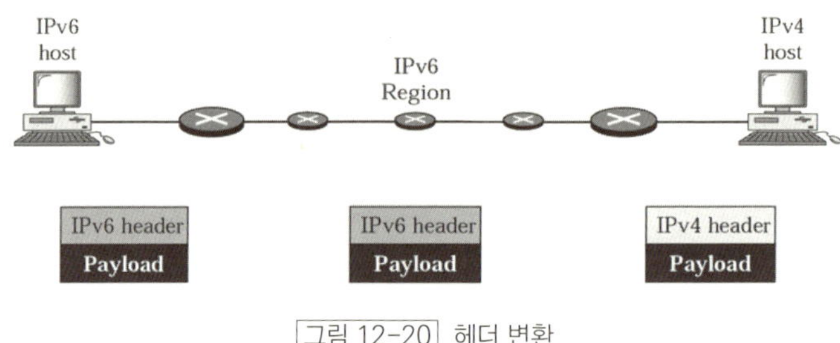

그림 12-20 헤더 변환

12.2.3 ARP

ARP(Address Resolution Protocol)는 IP 주소를 물리 주소로 변환하는 프로토콜이다. LAN과 같은 네트워크에서 링크 상의 각 장치는 NIC(Network Interface Card)의 물리 주소 또는 MAC 주소에 의해 구분된다. ARP는 인터넷 주소를 알고 있을 때 노드의 물리 주소를 찾는 데 사용된다.

물리 주소는 내부적으로 사용되는 주소로서 쉽게 변경할 수 있다. 예를 들면 특정 호스트의 NIC가 고장이 나면 물리 주소는 바뀌게 된다. 그러나 IP 주소는 전 세계적으로 공인된 주소이다. ARP는 인터넷 주소를 알고 있을 때 노드의 물리 주소를 찾는 데 사용된다.

ARP는 (그림 12-21)과같이 ARP 요청 패킷(Request Packet)을 네트워크로 방송한다. 네트워크의 모든 호스트는 ARP 요청 패킷을 수신하지만, 해당 수신자만이 인터넷 주소를 인식하고 자신의 물리 주소를 ARP 응답 패킷(Reply packet)에 포함해서 되돌려 보낸다. ARP 패킷의 Opcode 필드가 '1'이면 ARP 요청 패킷이고, '2'이면 ARP 응답 패킷이다.

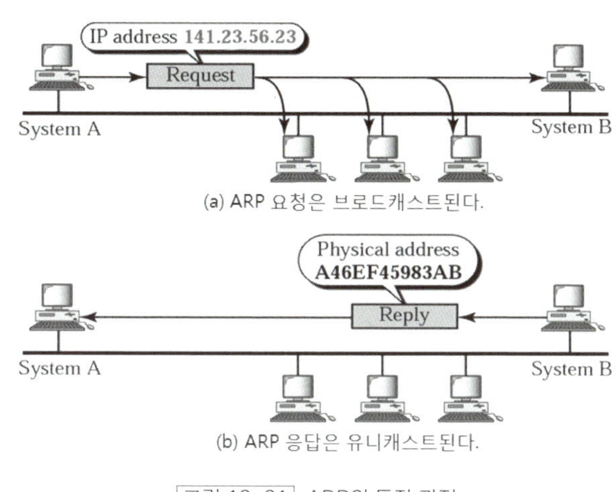

(a) ARP 요청은 브로드캐스트된다.

(b) **ARP** 응답은 유니캐스트된다.

그림 12-21 ARP의 동작 과정

12.2.4 RARP

RARP(Reverse ARP)는 호스트의 물리 주소를 알고 있을 때 IP 주소를 알려주는 프로토콜이다. 이 프로토콜은 컴퓨터가 처음으로 네트워크에 접속될 때 또는 하드디스크 등과 같은 보조기억장치가 없어서 IP 주소를 저장하고 있지 않은 컴퓨터가 부팅되었을 때 IP 주소를 획득하기 위하여 사용된다.

RARP는 ARP와 같이 동작한다. 인터넷 주소를 검색하려는 호스트는 물리 주소를 포함한 RARP 요청 패킷을 네트워크상의 모든 호스트에게 방송한다. 네트워크에 있는 해당 호스트는 RARP 응답 패킷으로 호스트의 인터넷 주소를 알려준다.

12.2.5 ICMP

ICMP(Internet Control Message Protocol)는 데이터그램에 문제가 발생한 경우, 그 데이터그램을 송신한 송신자에게 그 문제점을 알려주는 프로토콜이다. IP 프로토콜에서는 오류 보고와 오류 수정 기능, 호스트와 관리 질의를 위한 메커니즘이 없기 때문에 ICMP는 이를 보완하기 위하여 설계되었다.

링크를 사용할 수 없거나 장치에 화재가 발생하는 등의 비정상적인 상황이나 또는 네트워크의 혼잡 때문에 데이터그램의 경로를 지정하거나 전송할 수 없으면 ICMP는 원래의 발신지에 이 상황을 알린다. ICMP는 목적지가 도달 가능하고 응답이 가능한지를 시험하기 위하여 'Echo test/reply'를 사용한다. 또한 ICMP는 제어와 오류 메시지도 처리하는데, 문제점을 보고하는 기능만 있고 오류를 복구하지는 않는다. 복구에 대한 책임은 송신자에게 있다.

ICMP는 네트워크 계층 프로토콜이다. 그러나 이 프로토콜의 메시지는 직접 데이터링크 계층으로 전달되지는 않는다. 대신 메시지는 하위 계층으로 가기 전에 (그림 12-22)와 같이 IP 데이터그램 내에 캡슐화된다.

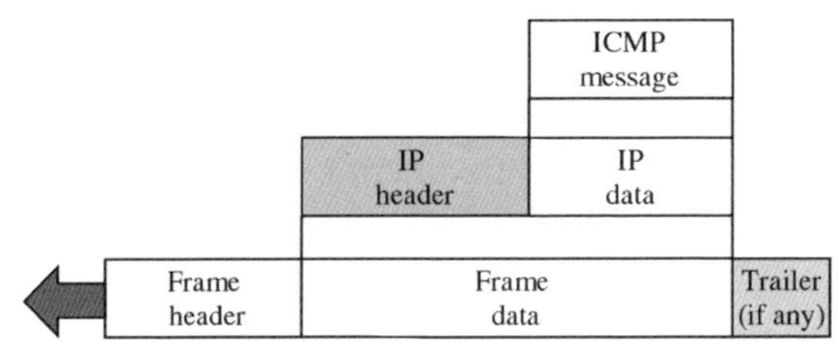

그림 12-22 | ICMP 패킷의 캡슐화

ICMP 메시지는 크게 오류 보고(Error-Reporting) 메시지와 질의(Query) 메시지로 나눌 수 있다. 오류 보고 메시지는 라우터나 목적지 호스트가 IP 패킷을 처리하는 도중에 발견하는 문제를 보고한다. 질의 메시지는 쌍으로 발생하는데, 호스트나 네트워크 관리자가 다른 호스트로부터 특정 정보를 획득하기 위하여 사용된다.

ICMP 메시지는 (그림 12-23)과같이 8바이트의 헤더와 가변 길이의 데이터 부분으로 구성된다. 헤더의 일반 형식은 각 메시지가 다르지만, 처음 4바이트는 모두 공통이다. 첫 번째 필드인 ICMP 유형(Type)은 메시지의 유형을 나타낸다. 코드(Code) 필드는 특정 메시지 유형의 이유를 지정한다. 마지막 공통 필드는 검사합 필드이다. 헤더의 나머지 부분은 각 메시지가 다르다.

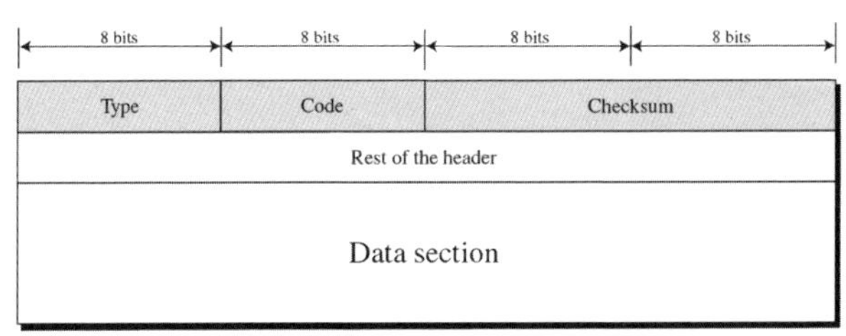

그림 12-23 | ICMP 메시지의 형식

ICMP 메시지는 〈표 12-4〉와 같이, 오류 보고(Error-reporting) 메시지와 질의(Query) 메시지로 분류할 수 있다.

표 12-3 ICMP 메시지

분 류	타 입	메시지
Error-reporting Messages	3	Destination unreachable
	4	Source quench
	11	Time exceeded
	12	Parameter Problem
	5	Redirection
Query Messages	8, 0	Echo Request and Reply
	13, 14	Timestamp Request and Reply
	17, 18	Address-Mask Request and Reply
	10, 9	Router Solicitation and Advertisement

오류 보고 메시지는 라우터나 목적지 호스트가 IP 패킷을 처리하는 도중에 발견하는 문제를 최초의 발신지로 보고한다. 수정은 상위 계층 프로토콜에서 수행한다.

- 목적지 도달 불가능(Destination unreachable) : 라우터가 데이터그램을 라우팅할 수 없거나 호스트가 데이터그램을 전달할 수 없을 때, 데이터그램을 폐기하고 발신지로 목적지 도달 불가능 메시지를 보낸다.
- 발신지 억제(Source quench) : 라우터나 호스트가 혼잡으로 인하여 데이터그램을 폐기하면 발신지로 source quench 메시지를 보낸다.
- 시간 초과(Time exceeded) : 라우터가 TTL 값이 '0'이 되는 데이터그램을 받으면 폐기하고, 발신지로 시간 초과 메시지를 보낸다. 목적지 호스트는 첫 번째 단편이 도착한 다음, 타이머가 만료된 후에도 모든 단편이 도착하지 않으면 모두 폐기하고 발신지로 시간 초과 메시지를 보낸다.
- 매개변수 문제(Parameter Problem) : 라우터나 목적지 호스트가 데이터그램의 필드에서 불명확하거나 빠진 값을 발견하게 되면 데이터그램을 폐기하고 발신지로 매개변수 문제 메시지를 보낸다.
- 재지정(Redirection) : 호스트가 데이터그램을 틀린 라우터로 보낸 경우, 라우터는 이 데이터그램을 올바른 라우터로 보내고 호스트로 재지정 메시지를 보낸다.

질의 메시지는 쌍으로 발생하는 데 호스트나 네트워크 관리자가 다른 호스트로부터 특정 정보를 획득하기 위하여 사용된다.

- 에코 요청 및 응답(Echo Request and Reply) : 네트워크 관리자가 IP 프로토콜의 동작 상태를 점검하기 위하여 사용하는 것으로, 대표적인 응용이 Ping(Packet Internet Groper)이다.

- 시간 요청 및 응답(Timestamp Request and Reply) : IP 데이터그램이 두 시스템(호스트나 라우터) 사이를 지나가는 데 필요한 왕복 시간(Round-trip Time)을 결정하는 데 사용한다.

- 주소 마스크 요청 및 응답(Address-Mask Request and Reply) : 호스트가 네트워크 마스크를 요청하기 위하여 사용한다.

- 라우터 간청 및 광고(Router Solicitation and Advertisement) : 라우터 간청은 호스트가 자신의 네트워크에 연결된 라우터의 주소를 요청하는 데 사용하며, 라우터 광고는 라우터가 자신의 주소를 주기적으로 방송하는 것이다.

12.2.6 IGMP

IGMP(Internet Group Management Protocol)는 일단의 그룹 수신자들에게 메시지를 동시에 전송하기 위하여 사용되는 프로토콜이다. IP는 유니캐스팅과 멀티캐스팅을 수행할 수 있다. 유니캐스팅은 하나의 수신자와 하나의 송신자 사이의 통신이다. 이것은 일대일 통신이다. 그러나 때때로 몇몇 과정은 같은 메시지를 동시에 여러 수신자에게 보내는 것이 필요하다. 이것을 멀티캐스팅이라고 부르며 일대다 통신이다. 여러 가지 응용에서 멀티캐스팅을 사용한다. 예를 들면 원격교육이나 VOD(Video On Demand) 등이 좋은 예이다.

인터넷에서 멀티캐스트를 하기 위해서는 멀티캐스트 패킷을 라우트할 수 있는 라우터들이 필요하다. 이 라우터들의 라우팅 테이블은 멀티캐스트 라우팅 프로토콜에 의해 갱신되어야 한다.

IGMP는 멀티캐스트 라우팅 프로토콜이 아니라 그룹 멤버십을 관리하는 프로토콜이다. 어떠한 네트워크에도 멀티캐스트 패킷을 호스트나 다른 라우터에 분배하는 한 개 이상의 라우터가 있다. IGMP 프로토콜은 멀티캐스트 라우터에 네트워크에 연결된 호스트나 라우터들의 멤버십 상태에 대한 정보를 제공한다.

멀티캐스트 라우터는 다른 그룹으로부터 매일 수천 개의 멀티캐스트 패킷을 수신할 수 있다. 만약 라우터가 호스트의 멤버십 상태에 대한 정보를 가지고 있지 않다면 이 라우터는 패킷들을 브로드캐스트 하여야 한다. 이렇게 되면 많은 트래픽이 발생하게 되고 대역폭이 낭비된다. IGMP는 멀티캐스트 라우터가 호스트의 멤버십 리스트를 생성하고 갱신하는 것을 돕는다.

SUMMARY

- TCP/IP는 5계층의 프로토콜 집합으로 하위 4계층은 OSI 모델과 일치한다. 가장 상위 계층인 응용 계층은 OSI의 상위 3개의 계층에 해당한다.

- 'IPv4' 주소는 32비트이며, 5개의 클래스로 구분하는데 A, B, C 클래스는 크기에 따라 기관에 할당하는 주소이고, D 클래스는 멀티캐스트용이며, E 클래스는 예비용이다.

- IP는 네트워크 계층에 해당한다. IP는 비신뢰성의 비연결형 프로토콜이다.

- 'IPv6'는 128비트로 풍부한 주소 공간을 가지고 있으며, 호스트 자동 설정, 보안성 강화, 실시간 통신 및 자원 예약 기능을 지원하는 특징이 있다.

- 'IPv4'에서 'IPv6'으로 전환하기 위한 세 가지 방안으로 이중 스택, 터널링, 헤더 변환 방법이 있다.

- ARP는 한 장치의 IP 주소를 알고 있을 때, 그 장치의 MAC 주소를 찾는 프로토콜이며 RARP는 MAC 주소를 알 때 IP 주소를 찾는 프로토콜이다.

- ICMP는 IP 층에서 제어와 오류 메시지를 처리한다.

- IGMP는 일단의 그룹 수신자들에게 메시지를 동시에 전송하기 위하여 사용되는 프로토콜로 그룹 멤버십을 관리하는 프로토콜이다.

12.1 IPv4 주소와 서브네팅

[12-1] C class에 속하는 IP address는?

〈정보처리기사 2024/3, 2023/5, 2021/8, 2019/8,
정보통신산업기사 2023/3, 2020/3, 2015/10〉

① 200.168.30.1 ② 10.3.2.1
③ 225.2.4.1 ④ 172.16.98.3

[12-2] 클래스 B 주소를 가지고 서브넷 마스크 '255.255.255.240'으로 서브넷을 만들었을 때 나오는 서브넷의 수와 호스트의 수가 맞게 짝지어진 것은?

〈정보통신기사 2024/3, 2023/6, 2019/6, 2018/6, 2016/5〉

① 서브넷 2,048, 호스트 14
② 서브넷 14, 호스트 2,048
③ 서브넷 4,096, 호스트 14
④ 서브넷 14, 호스트 4,094

[12-3] 'IPv4'에서 Class C의 경우 IP 주소 범위를 바르게 나타낸 것은? 〈정보통신기사 2023/10, 정보통신산업기사 2017/3〉

① 0.0.0.0 – 127.255.255.255
② 128.0.0.0 - 191.255.255.255
③ 192.0.0.0 – 223.255.255.255
④ 224.0.0.0 - 239.255.255.255

[12-4] 127대 단말의 사내 네트워크를 보유한 회사에서 NAT(Network Address Translation)을 이용하여 'IPv4' 사설 IP를 설정하여 운용하고자 한다. 다음 중 사설 IP 대역으로 설정하기에 적합한 IP 대역은?

〈정보통신기사 2023/10〉

① 1.10.0.0 ~ 1.10.0.255
② 172.32.1.0 ~ 172.32.1.255
③ 192.168.2.0 ~ 192.168.2.255
④ 192.168.3.0 ~ 192.168.3.127

[12-5] 네트워크의 폭발적 성장으로 인한 'IPv4' 주소 공간의 부족과 코어 인터넷 라우터들의 수용 용량 한계의 문제점을 줄이기 위해 CIDR(Clessless Inter-Domain Routing) 주소 방식이 개발되었다. 다음 중 CIDR 주소 표기 방법의 예로 옳은 것은?

〈정보통신산업기사 2023/10〉

① 192.168.50.0:24 ② 192.168.50.0/24
③ 192.168.50.0-24 ④ 192.168.50.0(24)

[12-6] 네트워크에서 IP 주소의 네트워크 주소와 호스트 주소를 구분해 주는 것은?

〈정보통신기사 2023/6, 정보처리기사 2016/8〉

① Subnet Mask
② ARP(Address Resolution Protocol)
③ DNS(Domain Name System)
④ RARP(Reverse Address Resolution Protocol)

[12-7] 인터넷사의 IP 주소 할당 방식인 CIDR(Classless Inter Domain Routing) 형태로 '192.168.128.0/20'으로 표기된 네트워크가 가질 수 있는 IP 주소의 수는?

〈정보통신기사 2023/6〉

① 512 ② 1,024
③ 2,048 ④ 4,096

[12-8] 다음 중 '210.200.220.78/26' 네트워크의 호스트로 할당할 수 있는 첫 번째 IP와 마지막 IP 주소는 무엇인가? 〈정보통신기사 2023/6〉

① 210.200.220.65, 210.200.220.126
② 210.200.220.64, 210.200.220.125
③ 210.200.220.64, 210.200.220.127
④ 210.200.220.65, 210.200.220.127

정답 12-1 ① 12-2 ③ 12-3 ③ 12-4 ③ 12-5 ② 12-6 ① 12-7 ④ 12-8 ①

[12-9] IP 주소는 네트워크의 크기별로 5개의 주소 클래스가 정의되어 있는데 다음 문장에서 설명하는 클래스는?

〈정보보안기사 2023/6〉

> 최상위 4비트는 언제나 이진수 '1110'으로 값이 지정된다. 나머지 비트는 관심 있는 호스트가 인식할 주솟값을 위해 사용된다.

① 클래스 A   ② 클래스 B
③ 클래스 C   ④ 클래스 D

[12-10] 다음과 같이 서브넷을 생성했을 경우 이에 대한 설명으로 틀린 것은?   〈정보보안기사 2023/6〉

> 어떤 기관에 네트워크 블록 '211.170.184.0/24'가 할당되었다. 네트워크 관리자는 이를 32개의 서브넷으로 나누고자 한다.

① 서브넷 마스크는 '255.255.255.31'이다.
② 각 서브넷의 호스트 개수는 6개이다.
③ 1번 서브넷의 주소 범위는 '211.170.184.0~ 211.170.184.7'이다.
④ 32번 서브넷의 주소 범위는 '211.170.184.248~ 211.170.184.255'이다.

[12-11] IP 주소 '203.10.24.27'이고 호스트의 마스크는 '255.255.255.240'이다. 이 서브넷에서 사용 가능한 주소는 몇 개인가? (네트워크 주소와 브로드캐스트 주소 포함)   〈정보통신산업기사 2023/6〉

① 64개   ② 32
③ 16개   ④ 8개

[12-12] 다음 중 '211.174.179.0/255.255.255.192'의 서브넷에서 네트워크의 범위가 <u>아닌</u> 것은?

〈정보통신산업기사 2023/6〉

① 211.174.179.64 ~ 211.174.179.127
② 211.174.179.128 ~ 211.174.179.191
③ 211.174.179.192 ~ 211.174.179.255
④ 211.174.179.256 ~ 211.174.179.319

[12-13] IP 주소 체계 중 C Class에서 네트워크 하나의 최대 호스트 ID 수는?

〈정보통신산업기사 2023/6, 2017/3, 2016/6, 2015/3,
정보통신기사 2023/3, 2018/3, 2017/3, 2016/10,
정보처리기사 2016/8〉

① 64개   ② 128개
④ 254개   ④ 510개

[12-14] 'IPv4'의 부족한 주소 문제를 해결하기 위해 개발된 기술로 사설 IP를 사용하여 인터넷에 접속할 때 공인 IP 주소와 상호변환하는 역할을 하는 것은?

〈정보통신산업기사 2023/6, 2016/10, 정보처리기사 2018/8〉

① NAT(Network Address Translation)
② ARP(Address Resolution Protocol)
③ DHCP(Dynamic Host Configuration Protocol)
④ RIP(Routing Information Protocol)

[12-15] '192.168.1.0/24' 네트워크를 FLSM 방식을 이용하여 4개의 'subnet'으로 나누고 'ip subnet-zero'를 적용했다. 이때 서브네팅 된 네트워크 중 4번째 네트워크의 4번째 사용 가능한 IP는 무엇인가?

〈정보처리기사 2023/5, 2023/2, 2021/8〉

① 192.168.1.192   ② 192.168.1.195
③ 192.168.1.196   ④ 192.168.1.198

정답 12-9 ④ 12-10 ① 12-11 ③ 12-12 ④ 12-13 ③ 12-14 ① 12-15 ③

[12-16] C calss의 네트워크 '200.13.95.0'의 서브넷 마스크가 '255.255.255.224'일 경우 사용 가능한 최대 가능한 호스트 수는?

〈정보통신기사 2023/3, 정보통신산업기사 2021/10, 2015/6〉

① 6　　　　　　　　② 14
③ 30　　　　　　　　④ 62

[12-17] 다음 보기의 IP 주소와 서브넷 마스크를 참조할 때 다음 중 가능한 네트워크 주소는?

〈정보통신기사 2023/3〉

> - IP 주소 : 192. 156. 100. 68
> - 서브넷 마스크 : 255. 255. 255. 224

① 192.156.100.0　　　　② 192.156.100.64
③ 192.156.100.128　　　④ 192.156.100.255

[12-18] IP 주소 체계의 A class에 할당된 네트워크 ID 비트 수는?

〈정보통신산업기사 2023/3〉

① 8비트　　　　　　② 16비트
③ 24비트　　　　　　④ 32비트

[12-19] 다음 보기의 IP 주소는 어느 클래스에 속하는가?

〈정보통신기사 2022/10, 정보통신산업기사 2019/6, 2017/9〉

> 128. 216. 198. 45

① A class　　　　　② B class
③ C class　　　　　④ D class

[12-20] 다음 중 네트워크 서브넷 마스크가 255.255.255.248 일 때 CIDR 표기법으로 표시하면 어떤 숫자인가?

〈정보통신기사 2022/10〉

① 32　　　　　　　　② 30
③ 29　　　　　　　　④ 28

[12-21] 다음 중 IP 주소와 서브넷 마스크로 표시된 1.1.1.1 255.255.0.0을 CIDR 표기법으로 표현한 것은 무엇인가?

〈정보통신기사 2022/6〉

① 1.1.1.1/4　　　　　② 1.1.1.1/8
③ 1.1.1.1/10　　　　④ 1.1.1.1/16

[12-22] IPv4의 C 클래스 네트워크를 26개의 서브넷으로 나누고, 각 서브넷에는 4~5개의 호스트를 연결하려고 한다. 이러한 서브넷을 구성하기 위한 서브넷 마스크 값은?

〈정보통신기사 2022/6, 2020/5〉

① 255.255.255.192　　② 255.255.255.224
③ 255.255.255.240　　④ 255.255.255.248

[12-23] 서브넷 사용의 이유로 틀린 것은?

〈정보통신산업기사 2022/6〉

① 도메인 크기를 증가시키기 위해
② 적절한 크기로 네트워크를 분할하기 위해
③ 한 회사나 조직에서 서로 다른 LAN 기술을 사용하기 위해
④ 트래픽의 혼잡을 줄여 네트워크 관리와 유지보수를 용이하게 하기 위해

정답 12-16 ③　12-17 ②　12-18 ①　12-19 ②　12-20 ③　12-21 ④　12-22 ④　12-23 ①

[12-24] 다음 중 IP 주소가 B Class이고 전체를 하나의 네트워크망으로 사용하고자 할 때 적절한 서브넷 마스크 값은? 〈정보통신기사 2021/10, 2017/9〉

① 255.0.0.0
② 255.255.0.0
③ 255.255.255.0
④ 255.255.255.255

[12-25] 다음 IP 주소가 어느 클래스에 속하는지를 알맞게 연결한 것은? 〈정보통신기사 2021/10, 2019/6, 2017/5, 2015/10〉

ⓐ 165. 132. 124. 65
ⓑ 210. 150. 165. 140
ⓒ 65. 80. 158. 57

① ⓐ C클래스, ⓑ E클래스, ⓒ D클래스
② ⓐ A클래스, ⓑ B클래스, ⓒ C클래스
③ ⓐ B클래스, ⓑ C클래스, ⓒ A클래스
④ ⓐ A클래스, ⓑ B클래스, ⓒ D클래스

[12-26] 다음 중 서브넷 마스크에 대한 설명으로 <u>틀린</u> 것은? 〈정보통신기사 2021/10〉

① IP 주소와 대응하는 비트 간에 AND 연산을 적용한다.
② 네트워크 ID를 서브넷 ID와 호스트 ID로 구분한다.
③ 호스트 ID에 해당하는 부분은 '0'으로 설정한다.
④ 서브넷 마스크는 32비트의 이진수로 구성된다.

[12-27] 다음 IP address 중 지정된 네트워크의 모든 호스트에 브로드캐스팅이 불가능한 IP address는 무엇인가? 〈정보통신산업기사 2021/10, 2016/6, 2015/3〉

① 77.255.255.255
② 154.3.255.255
③ 211.82.157.255
④ 80.222.230.255

[12-28] 외부망인 상대편 라우터의 시리얼 포트의 IP 주소와 서브넷 마스크가 보기와 같이 주어지면, 우리 측 라우터의 시리얼 포트의 IP 주소와 서브넷 마스크로 맞는 것은? 〈정보통신산업기사 2021/10〉

IP : 203. 150. 150. 5
서브넷 마스크 : 255. 255. 255. 252

① IP : 203.150.150.5, 서브넷 마스크 : 255.255.255.0
② IP : 203.150.150.5, 서브넷 마스크 : 255.255.255.252
③ IP : 203.150.150.6, 서브넷 마스크 : 255.255.255.0
④ IP : 203.150.150.6, 서브넷 마스크 : 255.255.255.252

[12-29] IP address 체계의 B class에서 하나의 네트워크에서 수용할 수 있는 최대 호스트 수는 몇 개인가? 〈정보통신산업기사 2021/6, 2017/9, 2016/3〉

① 128개
② 254개
③ 65,534개
④ 16,277,214개

[12-30] IP address 체계의 A class에서 사용 가능한 네트워크 비트 수는? 〈정보통신산업기사 2021/6, 2019/3, 2018/3〉

① 7비트
② 14비트
③ 21비트
④ 28비트

[12-31] IP address 체계에서 class A의 사설 주소 블록으로 예약되어 있는 것은? 〈정보통신산업기사 2021/6, 2016/10〉

① 10.x.x.x
② 127.x.x.x
③ 172.16.x.x
④ 192.168.0.x

정답 12-24 ② 12-25 ③ 12-26 ② 12-27 ④ 12-28 ④ 12-29 ③ 12-30 ① 12-31 ①

[12-32] CIDR(Classless Inter-Domain Routing) 표기로 203.241.132.82/27과 같이 사용되었다면, 해당 주소의 서브넷 마스크(Subnet Mask)는?

〈정보처리기사 2021/5〉

① 255.255.255.0
② 255.255.255.224
③ 255.255.255.240
④ 255.255.255.248

[12-33] '203.230.7.110/29'의 IP 주소 범위에 포함된 네트워크 및 브로드캐스트 주소는?

〈정보처리산업기사 2021/5, 2017/3, 정보처리기사 2017/8〉

① 203.230.7.102 / 203.230.7.111
② 203.230.7.103 / 203.230.7.254
③ 203.230.7.104 / 203.230.7.111
④ 203.230.7.105 / 203.230.7.254

[12-34] 다음 중 CIDR(Classless Inter-Domain Routing)에 대한 설명으로 틀린 것은?

〈정보통신기사 2021/3〉

① 인터넷을 단일 계층 구조로 만들어 효율적인 네트워킹을 지원한다.
② 별도 서브넷팅 없이 내부 네트워크를 임의로 분할할 수 있다.
③ 소수의 라우팅 항목으로 다수의 네트워크를 표현할 수 있다.
④ 네트워크 식별자 범위를 자유롭게 지정할 수 있다.

[12-35] IPv4 주소 A 클래스에 대한 표준 네트워크 서브넷 마스크로 옳은 것은? 〈정보통신산업기사 2021/3〉

① 255.0.0.0
② 255.255.0.0
③ 255.255.255.0
④ 255.255.255.255

[12-36] 다음 표에서 주어진 IP 주소의 클래스, 네트워크 부분, 호스트 부분이 맞게 짝지어진 것을 모두 선택한 것은?

〈정보통신기사 2020/9〉

구분	IP 주소	클래스	네트워크 부분	호스트 부분
예시	10.3.4.3	A	10.0.0.0	3.4.3
ㄱ	132.12.11.4	B	132.12.0.0	11.4
ㄴ	203.10.1.1	C	203.10.1.0	1
ㄷ	192.12.100.2	B	192.12.0.0	100.2
ㄹ	130.11.4.1	B	130.11.0.0	4.1

① ㄱ, ㄴ
② ㄱ, ㄷ
③ ㄱ, ㄴ, ㄹ
④ ㄱ, ㄷ, ㄹ

[12-37] 200.1.1.0/24 네트워크를 FLSM 방식을 이용하여 10개의 'subnet'으로 나누고 'ip subnet-zero'를 적용했다. 이때 서브네팅된 네트워크 중 10번째 네트워크의 broadcast IP 주소는? 〈정보처리기사 2020/8, 2017/5〉

① 200.1.1.159
② 2011.5.175
③ 202.1.11.191
④ 203.1.255.245

[12-38] 'IPv4'에서 B 클래스의 주소 범위를 바르게 나타낸 것은? 〈정보처리산업기사 2020/6, 정보통신기사 2015/3〉

① 0.0.0.0 ~ 127.255.255.255
② 128.0.0.0 ~ 191.255.255.255
③ 192.0.0.0 ~ 223.255.255.255
④ 224.0.0.0 ~ 239.255.255.255

[12-39] 'IPv4' 주소 클래스 중 연구를 위해 예약되어 있어 인터넷에서 사용할 수 없는 것은? 〈정보통신산업기사 2020/6, 정보처리기사 2018/8〉

① A 클래스
② B 클래스
③ C 클래스
④ E 클래스

정답 12-32 ② 12-33 ③ 12-34 ① 12-35 ① 12-36 ③ 12-37 ① 12-38 ② 12-39 ④

[12-40] 'IPv4' 주소에 대한 설명 중 <u>틀린</u> 것은?
〈정보통신산업기사 2020/6〉

① '1'과 '0'의 16비트 열로 저장된다.
② 마침표에 의해 구분되는 네 부분의 10진수로 나타낸다.
③ 주소의 각 부분은 8개의 2진수로 구성된다.
④ 네트워크와 호스트 부분으로 구성된다.

[12-41] 다음 중 서브넷팅(Subnetting)을 하는 이유로 <u>옳지 않은</u> 것은?
〈정보통신기사 2020/5, 2017/5〉

① IP 주소를 효율적으로 사용할 수 있다.
② 트래픽의 관리 및 제어가 가능하다.
③ 불필요한 브로드캐스팅 메시지를 제한할 수 있다.
④ 서브넷 분할을 하면 호스트 ID를 사용하지 않아도 된다.

[12-42] 'IPv4'의 IP 주소 고갈 및 라우팅 테이블 대형화에 대한 해소책으로 기존의 클래스 기반 IP 주소 체계를 벗어나 서브넷 마스크 정보를 IP 주소와 함께 라우팅 정보로 사용할 수 있게 만든 IP 주소 지정 방식은?
〈정보보안기사 2020/5〉

① FLSM
② CIDR
③ VLSM
④ Static Routing

[12-43] 다음 중 'IP(IPv4)'의 서브넷에 대한 설명으로 <u>틀린</u> 것은?
〈정보통신기사 2019/10, 2016/10〉

① IP 주소를 보다 효율적으로 낭비 없이 쓰기 위함과 적정한 주소 배정을 위함이 목적이다.
② 서브넷을 만들 때 사용하는 마스크를 서브넷 마스크라고 한다.
③ 모든 IP 주소에는 서브넷 마스크가 있는데 서브넷을 하지 않은 상태로, 즉 클래스의 기본 성질대로 쓰는 경우에는 디폴트 서브넷 마스크를 사용한다.
④ 서브넷을 한 후 IP 주소에서 호스트 부분을 전부 '1'로 한 것은 그 네트워크 자체 주소가 되고, 전부 '0'으로 한 것은 그 네트워크의 브로드캐스트 주소가 된다.

[12-44] 인터넷에서는 네트워크와 단말기들을 유일하게 식별하기 위해 고유한 주소 체계인 인터넷 주소 IP를 사용한다. 다음 중 인터넷 주소 IP(IPv4)에 대한 설명으로 <u>옳지 않은</u> 것은?
〈정보통신기사 2019/10, 2015/10〉

① 인터넷 IP 주소는 네트워크의 크기에 따라 5개의 클래스(A/B/C/D/E)로 구분되는데 그 중 클래스 A는 가장 많은 호스트를 가지고 있는 큰 네트워크를 위해 할당한다.
② 인터넷 IP 주소는 64[bit]로 이루어지며, 16[bit]씩 4부분으로 나누어 사용한다.
③ 인터넷 모든 IP 주소는 InterNIC에서 할당한다.
④ 인터넷 IP 주소는 네트워크 주소와 호스트 주소로 구성한다.

정답 12-40 ① 12-41 ④ 12-42 ② 12-43 ④ 12-44 ②

[12-45] 어떤 PC의 네트워크 정보 중 IP 주소와 마스크가 각각 다음과 같을 때, 이 PC가 연결된 서브 네트워크 주소는? (단, IP Address:45.23.21.8, Mask:255.255.0.0이다.)　〈정보통신산업기사 2019/6〉

① 45.23.0.0　　② 45.23.21.0
③ 45.23.21.8　　④ 255.255.21.8

[12-46] 다음 중 서브넷 주소지정의 장점이 <u>아닌</u> 것은?　〈정보통신산업기사 2019/6, 2015/10〉

① 기관의 실제 물리 네트워크 구조에 맞게 호스트를 서브넷으로 묶을 수 있다.
② 서브넷 수와 서브넷별 호스트의 수를 기관별 필요에 맞게 맞출 수 있다.
③ 서브넷 구조는 특정 네트워크의 내부 구분이 오직 기관 내에서만 보이도록 구현되어 있다.
④ 라우팅 테이블 항목을 많이 넣어야 한다.

[12-47] '128.107.176.0/22' 네트워크에서 호스트에 의해 사용될 수 있는 서브넷 마스크는?　〈정보처리기사 2019/4〉

① 255.0.0.0　　② 255.248.0.0
③ 255.255.252.0　　④ 255.255.255.255

[12-48] 사내 망에서 '192.168.1.64/26' 주소를 사용하고 있는 PC가 있다. 회사의 정책상 'Default-Gateway'는 해당 'Subnet'의 할당 가능한 영역 중에서 시작 IP Address를 사용하도록 되어 있다면, PC의 'Default-Gateway'는 어떠한 IP Address로 설정하여야 하는가?　〈정보처리기사 2018/8〉

① 192.168.9.64　　② 192.168.1.65
③ 192.168.1.66　　④ 192.168.1.67

[12-49] 다음 중 IP 주소의 Class에 대한 설명으로 <u>잘못</u>된 것은?　〈정보통신기사 2018/3〉

① Class A는 첫 번째 바이트의 첫 비트가 '0'으로 시작한다.
② Class B의 가용 호스트 수는 '65,534개'이다.
③ Class C는 가장 많은 네트워크를 수용할 수 있다.
④ Class D는 127로 시작하는 Loopback 주소로 사용된다.

[12-50] 다음 중 브로드캐스트 주소(Broadcast Address)에 대한 설명으로 알맞은 것은?　〈정보통신기사 2018/3, 2015/10〉

① 데이터를 보낼 때 특정 노드에만 데이터를 보낸다.
② 네트워크 주소에서 호스트의 비트가 모두 1인 주소이다.
③ 네트워크 검사용으로 예약된 주소이다.
④ 호스트 식별자에 127을 붙여서 사용한다.

[12-51] '192.168.1.0/24' 네트워크를 FLSM 방식을 이용하여 3개의 'subnet'으로 나누고 'ip subnet-zero'를 적용했다. 이때 서브네팅 된 네트워크 중 2번째 네트워크의 broadcast IP 주소는?　〈정보처리기사 2018/3〉

① 192.168.1.127
② 192.168.245.128
③ 192.168.1.191
④ 192.168.1.192

정답 12-45 ①　12-46 ④　12-47 ③　12-48 ②　12-49 ④　12-50 ②　12-51 ①

[12-52] 다음 중 서브넷 마스크(Subnet Mask)의 목적이 아닌 것은? 〈정보통신기사 2017/9〉

① 네트워크 ID 축소
② 네트워크의 부하 감소
③ 네트워크의 논리적인 분할
④ 네트워크 ID와 호스트 ID의 구분

[12-53] 다음 중 NAT에 대한 설명으로 가장 부적절한 것은? 〈정보보안기사 2017/9〉

① 인터넷으로 라우팅할 수 없는 사설 주소를 공인 인터넷 주소로 전환하여 라우팅이 가능하도록 한다.
② 호스트는 사설 IP를 사용하면서 인터넷 및 통신을 할 수 있으므로 공인 IP 주소의 낭비를 방지할 수 있다.
③ 주소 관련 디렉토리 데이터를 저장하고 로그온 프로세스, 인증 및 디렉토리 검색과 같은 사용자와 도메인 간의 통신을 관리한다.
④ 외부 컴퓨터에서 사설 IP를 사용하는 호스트에 대한 직접 접근이 어려워 보안 측면에서도 장점이 있다.

[12-54] '200.10.10.100/26'의 IP 주소를 가진 호스트와 같은 네트워크에 속하는 IP 주소는? 〈정보처리산업기사, 2017/8〉

① 200.10.10.1
② 200.10.10.66
③ 200.10.10.130
④ 200.10.10.200

[12-55] '192.168.1.0/24' 네트워크를 FLSM 방식을 이용하여 6개의 'subnet'으로 나누고 'ip subnet-zero'를 적용했다. 이때 'subnetting'된 네트워크 중 5번째 네트워크의 2번째 사용 가능한 IP 주소는? 〈정보처리기사 2017/3〉

① 192.168.1.255
② 192.168.0.129
③ 192.168.1.130
④ 192.168.1.64

[12-56] 네트워크 전문가로 어떤 사이트를 방문하여 네트워크 현황 파악을 해보니, PC의 수가 약 90대, 스위치가 2대, 라우터가 1대 운용 중이었다. 하지만, 이 사이트는 앞으로 계속 확장되어 1년 이내 PC가 약 250대로 늘어날 예정이다. 이 사이트에는 어떤 클래스의 IP 주소를 배정하는 것이 가장 효율적인가? 〈정보통신기사 2016/10〉

① 클래스 A   ② 클래스 B
③ 클래스 C   ④ 클래스 D

[12-57] 서브넷팅에 대한 설명 중 틀린 것은? 〈정보보안기사 2016/9〉

① 네트워크 세그먼트로 나눈 개별 네트워크를 말한다.
② 서브넷 마스크는 네트워크 ID와 호스트 ID를 구분 짓는 역할을 한다.
③ 서브넷 마스크는 32비트의 값을 가진다.
④ 각각의 서브넷들이 모여 물리적인 네트워크를 이루어 상호 접속을 수행한다.

정답 12-52 ①   12-53 ③   12-54 ②   12-55 ③   12-56 ③   12-57 ④

[12-58] IP 주소의 수는 한정되이 있으므로 어떤 기관에서 배정받은 하나의 네트워크 주소를 다시 여러 개의 작은 네트워크로 나누어 사용하는 것은?

〈정보처리산업기사 2016/8〉

① Subnetting　　② SLIP
③ MAC　　④ IP address

[12-59] 네트워크 전체에서 '255.255.255.128' 서브넷 마스크를 사용하는 '10.0.0.0' 네트워크에서 유효하지 않은 서브네트 ID는?　　〈정보처리기사 2016/5〉

① 10.0.0.0　　② 10.0.0.128
③ 10.1.1.192　　④ 10.255.255.0

[12-60] 다음 설명 중 옳지 않은 것은?

〈정보보안기사 2016/4〉

① 브로드캐스트는 하나의 송신자가 같은 서브 네트워크 상의 모든 수신자에게 데이터를 전송하는 방식이다.
② 브로드캐스트 IP 주소는 호스트 필드의 비트값이 모두 '1'인 주소를 말하며, 이러한 값을 갖는 IP 주소는 일반 호스트에 설정하여 널리 사용한다.
③ 멀티캐스트 전송이 지원되면 데이터의 중복 전송으로 인한 네트워크 자원 낭비를 최소화 할 수 있게 된다.
④ 유니캐스트는 네트워크 상에서 단일 송신자와 단일 수신자 간의 통신이다.

[12-61] 10.0.0.0 네트워크 전체에서 마스크 값으로 '255.240.0.0'를 사용할 경우 유효한 서브네트 ID는?

〈정보처리기사 2016/3〉

① 10.240.0.0
② 10.0.0.32
③ 10.1.16.3
④ 10.29.240.0

[12-62] 다음 중 IP 주소 체계에서 네트워크 주소 (Network Address)에 대한 설명으로 틀린 것은?

〈정보통신기사 2016/3〉

① 라우팅 프로토콜에서 네트워크를 지칭할 때 사용한다.
② IP 주소와 서브넷 마스크를 AND 연산한다.
③ 네트워크 자체를 의미한다.
④ 패킷의 송신 주소나 수신 주소로 사용이 가능하다.

[12-63] IP address에 대한 설명으로 틀린 것은?

〈정보처리기사 2015/3〉

① 5개의 클래스(A, B, C, D, E)로 분류되어 있다.
② A, B, C 클래스만이 네트워크 주소와 호스트 주소 체계의 구조를 가진다.
③ D 클래스 주소는 멀티캐스팅(Multicasting)을 위해 예약되어 있다.
④ E 클래스는 실험적 주소로 공용으로 사용된다.

정답 12-58 ①　12-59 ③　12-60 ②　12-61 ①　12-62 ④　12-63 ④

12.2 TCP/IP의 인터넷 계층 프로토콜

[12-64] 'IPv6'의 특징으로 틀린 것은?

〈정보처리기사 2024/9, 2024/3, 2023/2, 2020/6〉

① 128비트의 주소 공간을 제공한다.
② 인증 및 보안 기능을 포함하고 있다.
③ 패킷 크기가 64 Kbyte로 고정되어 있다.
④ IPv6 확장 헤더를 통해 네트워크 기능 확장이 용이하다.

[12-65] 다음 중 IP 버전에 대한 설명 중 틀린 것은?

〈정보처리기사 2024/9〉

① IPv4 주소는 각 부분을 옥텟으로 구성, 총 32비트로 구성된다.
② IPv6 주소는 각 부분을 콜론으로 구분한다.
③ IPv4 주소는 네트워크 부분의 길이에 따라 A 클래스에서 E 클래스까지 총 5단계로 구성되어 있다.
④ IPv6는 IPv4에 비해 자료 전송 속도가 느리다.

[12-66] TCP/IP에서 IP 주소를 MAC 주소로 변환하는 프로토콜은?

〈정보처리기사 2024/9, 2024/3, 2022/7, 2020/9, 2020/6, 2019/3,
2018/8, 2018/3, 2017/8, 정보통신산업기사 2023/10,
정보처리산업기사 2015/3〉

① UDP ② ARP ③ TCP ④ ICMP

[12-67] IP 헤더에 들어가는 정보와 그에 대한 설명으로 틀린 것은?

〈정보보안기사 2024/6〉

① 버전 : 현재 사용하는 IP 프로토콜의 버전을 의미한다.
② 플래그 : IP 헤더의 오류를 검사하기 위해 사용한다.
③ 서비스 유형 : 우선순위, 신뢰도, 전송 지연 시간 등의 파라미터 값이다.
④ 생존 시간 : 네트워크상에 존재할 수 있는 최대 시간을 의미한다.

[12-68] 'IPv6'의 주소 체계에 해당하지 <u>않는</u> 것은?

〈정보처리기사 2024/3, 2020/6, 2019/3, 2017/8,
정보통신기사 2022/10, 정보통신산업기사 2017/3〉

① Basiccast ② Unicast
③ Anicast ④ Multicast

[12-69] 다음 중 'IPv6' 주소 표기 설명으로 옳은 것은?

〈정보통신기사 2023/10〉

① 8비트씩 8개 부분으로 10진수 표기
② 8비트씩 8개 부분으로 16진수 표기
③ 16비트씩 8개 부분으로 10진수 표기
④ 16비트씩 8개 부분으로 16진수 표기

[12-70] 다음 중 IP(Internet Protocol) 데이터그램 구조에 포함되지 <u>않는</u> 항목은?

〈정보통신기사 2023/10, 2018/6, 2015/6〉

① 버전(Version)
② 헤더 길이(Header Length)
③ IP 주소
④ 긴급 포인터(Urgent Pointer)

[12-71] TTL 필드가 0이 되었거나, 정해진 시간 내 메시지의 모든 단편이 수신되지 않았을 때 발생하는 ICMP(Internet Control Message Protocol) 오류 메시지는?

〈정보보안기사 2023/9, 2019/9〉

① 목적지 도달 불가능(destination-unreachable)
② 시간 경과(time-exceeded)
③ 매개변수 문제(parameter-problem)
④ 발신지 억제(source-quench)

정답 12-64 ③ 12-65 ④ 12-66 ② 12-67 ② 12-68 ① 12-69 ④ 12-70 ④ 12-71 ②

[12-72] TCP/IP 계층 구조에서 IP의 동작 과정에서의 전송 오류가 발생하는 경우에 대비해 오류 정보를 전송하는 목적으로 사용하는 프로토콜은?

〈정보처리기사 2023/7, 2022/3, 2015/5, 정보보안기사 2016/9〉

① SMTP ② SSH ③ ICMP ④ IGMP

[12-73] IPv6에 대한 설명으로 틀린 것은?

〈정보처리산업기사 2023/7, 2023/5, 2023/3, 2022/3〉

① IPv6 주소는 128비트로 구성된다.
② 인증 및 보안 기능을 포함하고 있다.
③ 브로드캐스트, 유니캐스트, 멀티캐스트로 구성된다.
④ IPv6 확장 헤더를 통해 네트워크 기능 확장이 용이하다.

[12-74] 다음 보기의 문장 괄호( ) 안에 들어갈 적합한 용어는?

〈정보통신기사 2023/6, 2017/3〉

> 라우터를 구성한 후 사용하는 명령인 트레이스(Trace)는 목적지까지의 경로를 하나씩 분석해 주는 기능으로 (　　) 값을 하나씩 증가시키면서 목적지로 보내서 돌아오는 에러 메시지를 가지고 경로를 추적 및 확인해 준다.

① TTL(Time To Live) ② Metric
③ Hold time ④ Hop

[12-75] 'IPv4' 주소 체계에서, IP 헤더에는 1바이트의 '프로토콜 필드'가 정의되어 있다. 프로토콜 필드에 '6'이 표시되어 있는 경우에 해당되는 프로토콜은?

〈정보통신기사 2023/3〉

① ICMP(Internet Control Message Protocol)
② IGMP(Internet Group Message Protocol)
③ TCP(Transmisssion Control Protocol)
④ UDP(User Datagram Protocol)

[12-76] 'IPv4'와 'IPv6' 주소 체계는 몇 비트인가?

〈정보통신기사 2023/3, 정보통신산업기사 2022/6, 2018/3, 2015/6〉

① 8/16 [bit] ② 16/32 [bit]
③ 16/64 [bit] ④ 32/128 [bit]

[12-77] 다음 중 네트워크상에서 라우터가 멀티캐스트 통신 기능을 구비한 PC에 대하여 멀티캐스트 패킷을 분배하는 데 사용하는 프로토콜은 무엇인가?

〈정보통신기사 2022/10〉

① ICMP(Inter Control Message Protocol)
② IGMP(Internet Group Management Protocol)
③ Routing Protocol
④ Switching Protocol

[12-78] 다음 중 TCP/IP 프로토콜 스택(구조)의 Internet layer에서 사용되는 프로토콜이 아닌 것은?

〈정보처리산업기사 2022/7, 2021/3, 2020/10, 2017/3, 2016/8, 정보통신산업기사 2017/9, 정보처리기사 2017/3, 정보통신기사 2017/3〉

① IP ② ARP
③ ICMP ④ UDP

정답 12-72 ③ 12-73 ③ 12-74 ① 12-75 ③ 12-76 ④ 12-77 ② 12-78 ④

[12-79] IP 프로토콜의 주요 특징에 해당하지 <u>않는</u> 것은?

〈정보처리기사 2022/4, 2018/4〉

① 체크섬(Checksum) 기능으로 데이터 체크섬(Data Checksum)만 제공한다.

② IP 패킷이 다른 경로를 통해 전달될 수 있기 때문에 송신된 순서와 다르게 목적지에 도착할 수 있다.

③ 비연결형 서비스를 제공한다.

④ 최선의 노력(Best Effort) 원칙에 따른 전송 기능을 제공한다.

[12-80] IP 프로토콜에서 사용하는 필드와 해당 필드에 대한 설명으로 <u>틀린</u> 것은?   〈정보처리기사 2022/4〉

① Header Length는 IP 프로토콜의 헤더 길이를 32비트 워드 단위로 표시한다.

② Packet Length는 IP 헤더를 제외한 패킷 전체의 길이를 나타내며 최대 크기는 '$2^{32} - 1$' 비트이다.

③ Time To Live는 송신 호스트가 패킷을 전송하기 전 네트워크에서 생존할 수 있는 시간을 지정한 것이다.

④ Version Number는 IP 프로토콜의 버전번호를 나타낸다.

[12-81] IP 주소 체계와 관련한 설명으로 <u>틀린</u> 것은?

〈정보처리기사 2022/3〉

① IPv6의 패킷 헤더는 32 octet의 고정된 길이를 가진다.

② IPv6는 주소 자동 설정(Auto Configuration) 기능을 통해 손쉽게 이용자의 단말을 네트워크에 접속할 수 있다.

③ IPv6는 호스트 주소를 자동으로 설정하며 유니캐스트(Unicast)를 지원한다.

④ IPv4는 클래스별로 네트워크와 호스트 주소의 길이가 다르다.

[12-82] IPv6에 대한 특성으로 <u>틀린</u> 것은?

〈정보처리기사 2022/3〉

① 표시 방법은 8비트씩 4부분의 10진수로 표시한다.

② '2^{128}개'의 주소를 표현할 수 있다.

③ 등급별, 서비스별로 패킷을 구분할 수 있어 품질 보장이 용이하다.

④ 확장 기능을 통해 보안 기능을 제공한다.

[12-83] 인터넷상에서 주소 체계인 'IPv4'와 'IPv6'을 비교한 설명으로 옳지 <u>않은</u> 것은?   〈정보통신기사 2022/3〉

① IPv4는 32비트의 주소 체계를 가지고 있다.

② IPv4는 헤더 구조가 복잡하다.

③ IPv4는 네트워크 크기나 호스트의 수에 따라 A, B, C, D, E 클래스로 나누어진다.

④ IPv4는 확실한 QoS(Quality of Service)가 보장된다.

[12-84] 'IPv6'의 특징으로 <u>틀린</u> 것은?

〈정보통신산업기사 2022/3, 2019/9〉

① 헤더 정보가 IPv4보다 간단하다.

② IPv4보다 패킷 처리가 빨라졌다.

③ Mobility 기능은 IPv4가 더 좋다.

④ 멀티캐스트가 IPv4의 브로드캐스트 역할을 대신한다.

정답 12-79 ① 12-80 ② 12-81 ① 12-82 ① 12-83 ④ 12-84 ③

[12-85] 다음 지문에서 설명하는 ICMP 메시지 타입은?
〈정보보안기사 2021/9, 2016/9〉

> 네트워크상의 통신량이 폭주하여 목적지 또는 라우터 등의 메모리나 버퍼 용량이 초과되어 IP 데이터그램이 유실되는 상태가 되면, 해당 에러 메시지를 송신 측에 통보함으로써 일종의 흐름 제어 및 혼잡 제어 등의 역할을 한다.

① Source Quench
② Destination Unreachable
③ Time Exceeded
④ Parameter Problem

[12-86] IETF에서 고안한 IPv4에서 IPv6로 전환(천이)하는 데 사용되는 전략이 아닌 것은?
〈정보통신기사 2021/10, 2020/6, 2018/10,
정보처리기사 2019/4, 2015/3, 정보처리산업기사 2017/5〉

① Dual stack
② Tunneling
③ Header translation
④ Source routing

[12-87] TCP/IP 프로토콜에서 IP(Internet Protocol)에 대한 설명으로 거리가 먼 것은?
〈정보통신기사 2021/3, 2018/3, 2017/3, 2015/10, 정보처리기사 2017/5〉

① 비연결형 전송 서비스 제공
② 비신뢰성 전송 서비스 제공
③ 데이터그램 전송 서비스 제공
④ 스트림 전송계층 서비스 제공

[12-88] IPv6에 대한 설명으로 틀린 것은?
〈정보처리기사 2021/3〉

① 멀티캐스팅(Multicast) 대신 브로드캐스트(Broadcast)를 사용한다.
② 보안과 인증 확장 헤더를 사용함으로써 인터넷 계층의 보안 기능을 강화하였다.
③ 애니캐스트(Anycast)는 하나의 호스트에서 그룹 내의 가장 가까운 곳에 있는 수신자에게 전달하는 방식이다.
④ 128 비트 주소 체계를 사용한다.

[12-89] 'IPv6'에 대한 설명으로 틀린 것은?
〈정보처리기사 2020/8〉

① 32비트의 주소 체계를 사용한다.
② 멀티미디어의 실시간 처리가 가능하다.
③ IPv4보다 보안성이 강화되었다.
④ 자동으로 네트워크 환경 구성이 가능하다.

[12-90] 다음 중 'IPv4'에 비해 'IPv6'에서 보완된 기능이 아닌 것은?
〈정보통신기사 2020/6〉

① 패킷 크기 확장
② 특별한 처리를 위한 플로우 라벨링 능력 제공
③ 인증과 비밀성을 제공
④ 제한된 주소 할당

[12-91] 데이터를 전송하는 방법 중 한 장비에서 다른 한 장비로만 메시지를 전송하는 방식은?
〈정보처리산업기사 2020/6, 정보통신산업기사 2015/6〉

① 유니캐스트
② 브로드캐스트
③ 멀티캐스트
④ 애니캐스트

정답 12-85 ① 12-86 ④ 12-87 ④ 12-88 ① 12-89 ① 12-90 ④ 12-91 ①

[12-92] 인터넷 제어 메시지 프로토콜(ICMP)에 관한 설명으로 옳지 <u>않은</u> 것은?　〈정보처리기사 2019/8〉

① 에코 메시지는 호스트가 정상적으로 동작하는지를 결정하는 데 사용할 수 있다.
② 물리 계층 프로토콜이다.
③ 메시지 형식은 8바이트의 헤더와 가변 길이의 데이터 영역으로 분리된다.
④ 수신지 도달 불가 메시지는 수신지 또는 서비스에 도달할 수 없는 호스트를 통지하는 데 사용된다.

[12-93] 'IPv6'의 헤더 항목이 <u>아닌</u> 것은?　〈정보처리기사 2019/8〉

① Flow label　　② Payload length
③ Hop limit　　④ Section

[12-94] ARP(Address Resolution Protocol)에 대한 설명으로 <u>틀린</u> 것은?　〈정보처리기사 2019/8, 2015/3〉

① 네트워크에서 두 호스트가 성공적으로 통신하기 위하여 각 하드웨어의 물리적인 주소 문제를 해결해 줄 수 있다.
② 목적지 호스트의 IP 주소를 MAC 주소로 바꾸는 역할을 한다.
③ ARP 캐시를 사용하므로 캐시에서 대상이 되는 IP 주소의 MAC 주소를 발견하면 이 MAC 주소가 통신을 위해 사용된다.
④ ARP 캐시를 유지하기 위해서는 TTL 값이 0이 되면 이 주소는 ARP 캐시에서 영구히 보존된다.

[12-95] 'IPv6'의 특징으로 <u>틀린</u> 것은?　〈정보처리산업기사 2019/8, 2016/5〉

① IPv6의 주소의 길이는 256비트이다.
② 암호화와 인증 옵션 기능을 제공한다.
③ 프로토콜의 확장을 허용하도록 설계되었다.
④ 흐름 레이블(Flow Label)이라는 항목이 추가되었다.

[12-96] 'IPv4' 데이터그램 구조에 포함되지 <u>않는</u> 것은?　〈정보처리기사 2019/3〉

① Version
② Reserved Len
③ Protocol
④ Identification

[12-97] 물리 주소(MAC Address)에 해당하는 IP 주소를 얻는 데 사용하는 프로토콜은?　〈정보통신기사 2019/3, 정보처리산업기사 2018/4, 정보처리기사 2017/5, 2017/3〉

① RIP　　② ARP
③ RARP　　④ ICMP

[12-98] 'IPv6'에 대한 설명으로 <u>틀린</u> 것은?　〈정보처리산업기사 2018/8〉

① IPv6 주소는 128비트로 구성된다.
② 유니캐스트, 멀티캐스트 애니캐스트를 지원한다.
③ 주소를 32비트씩 나눠서 8진수로 쓰고 마침표로 구분한다.
④ 프로토콜의 확장을 허용하도록 설계되었다.

정답 12-92 ② 　12-93 ④ 　12-94 ④ 　12-95 ① 　12-96 ② 　12-97 ③ 　12-98 ③

[12-99] 'IPv6'에 대한 설명으로 틀린 것은?
⟨정보처리기사 2018/4⟩

① 더 많은 IP 주소를 지원할 수 있도록 주소의 크기는 64비트이다.
② 프로토콜의 확장을 허용하도록 설계되었다.
③ 확장 헤더로 이동성을 지원하고, 보안 및 서비스 품질 기능 등이 개선되었다.
④ 유니캐스트, 멀티캐스트, 애니캐스트를 지원한다.

[12-100] 'IPv6'의 개념 및 특징을 설명한 것으로 옳지 않은 것은?
⟨정보보안기사 2017/9⟩

① IPv6는 256비트 주소 체계를 사용하므로 기존의 IPv4에 비해 4배 이상 커졌다.
② 8개 필드로 구성된 헤더와 가변 길이 변수로 이루어진 확장 헤더 필드를 사용한다.
③ 규모 조정이 가능한 라우팅 방법이 가능하고 사용하지 않는 IP에 대하여 통제를 할 수 있다.
④ 보안과 인증 확장 헤더를 사용함으로써 인터넷 계층의 보안 기능을 강화한다.

[12-101] 다음이 설명하고 있는 것은?
⟨정보처리기사 2017/5, 2017/3, 2015/8⟩

> - 'IPv6'을 사용하는 두 컴퓨터가 서로 통신하기 위해 'IPv4'를 사용하는 네트워크 영역을 통과해야 할 때 사용되는 전략이다.
> - 이 영역을 통과하기 위해 패킷은 'IPv4' 주소를 가져야만 한다.
> - 'IPv6' 패킷은 그 영역에 들어갈 때 'IPv4' 패킷 내에 캡슐화되고, 그 영역을 나올 때 역 캡슐화된다.

① Footer Translation ② Tunneling
③ Packet Handling ④ Single Stack

[12-102] 데이터를 목적지까지 빠르게, 일정한 속도로, 신뢰성 있게 보내기 위해 대역폭, 우선순위 등 네트워크 자원을 할당해 주어진 네트워크 자원에 각종 응용 프로그램의 송신 수요를 지능적으로 맞춰주는 여러 가지 기술을 총칭하는 용어는?
⟨정보처리산업기사 2017/5⟩

① NTP ② QoS
③ RADIUS ④ SMTP

[12-103] 다음 중 네트워크 계층의 핵심적인 프로토콜로 상위 계층으로부터 메세지를 받아 이를 패킷형태로 전송하는 프로토콜은?
⟨정보통신기사 2017/3⟩

① IP(Internet Protocol)
② UDP(User Datagram Protocol)
③ ICMP(Internet Control Message Protocol)
④ ARP(Address Resolution Protocol)

[12-104] ㉠ ~ ㉢에 들어가야 할 단어로 적절한 것은?
⟨정보보안기사 2017/3⟩

> 'IPv6'는 (㉠) 비트 주소 체계를 사용하여, 'IPv4'의 문제점 중의 하나인 규모 조정이 불가능한 라우팅 방법을 획기적으로 개선한 것으로 사용하지 않은 IP에 대하여 통제를 할 수 있다. 'IPv6'는 (㉡) 개의 필드로 구성된 헤더와 가변 길이 변수로 이루어진 확장 헤더 필드를 사용한다. 보안과 (㉢) 확장 헤더를 사용함으로써 인터넷 계층의 보안 기능을 강화한다.

① ㉠ 128, ㉡ 8, ㉢ 인증
② ㉠ 128, ㉡ 4, ㉢ 인식
③ ㉠ 64, ㉡ 8, ㉢ 인식
④ ㉠ 64, ㉡ 4, ㉢ 인증

정답 12-99 ① 12-100 ① 12-101 ② 12-102 ② 12-103 ① 12-104 ①

[12-105] IPv6 해당 그룹 내에 가장 가까운 노드를 연결하는 네트워크 어드레싱 및 라우팅 방식은?

〈정보통신기사 2016/10〉

① 유니캐스트(Unicast)
② 멀티캐스트(Multicast)
③ 애니캐스트(Anycast)
④ 브로드캐스트(Broadcast)

[12-106] 다음 지문에 해당하는 ICMP 오류 메시지는?

〈정보보안기사 2016/9〉

> 데이터그램(Datagram)이 라우터를 방문할 때, 이 필드의 값은 '1'씩 감소 되며, 이 필드 값이 '0'이 되면 라우터는 데이터그램을 폐기한다.

① 목적지 도달 불가능　　② 시간 경과
③ 매개변수 문제　　　　④ 발신지 억제

[12-107] 인터넷 프로토콜 중 'IPv4'는 주소 부족, 보안성 취약, 실시간 전송 시의 문제점 등이 있어 'IPv4'의 주소 체계를 개선한 차세대 인터넷 프로토콜은?

〈정보통신기사 2015/10〉

① IPv5　　　　　　② IPv6
③ Subnetting　　　④ NAT

[12-108] 다음 중 ARP 프로토콜에 대한 설명으로 올바르지 <u>못한</u> 것은?

〈정보보안기사 2015/9〉

① IP 주소를 알고 있을 때 MAC 주소를 알고자 할 경우 사용된다.
② ARP 테이블에 매칭되는 주소가 있을 때 ARP 브로드캐스팅 한다.
③ MAC 주소는 48비트 주소 체계로 되어 있다.
④ Opcode 필드가 2일 경우는 ARP Rely이다.

[12-109] 다음 중 IP 프로토콜에 대한 설명으로 올바르지 <u>못한</u> 것은?

〈정보보안기사 2015/9〉

① 패킷 목적지 주소를 보고 최적의 경로를 찾아 패킷을 전송한다.
② 신뢰성보다는 효율성에 중점을 두고 있다.
③ 헤디에 VERS는 버전을 나타낸다.
④ TTL은 데이터 그램이 라우터를 지날 때마다 값이 +1씩 증가한다.

정답　12-105 ③　12-106 ②　12-107 ②　12-108 ②　12-109 ④

- TCP와 UDP에 대하여 설명할 수 있다.
- 실시간 전송 프로토콜인 RTP, RTCP에 대하여 설명할 수 있다.
- DNS, Telnet, FTP, SMTP, POP3, IMAP, SNMP, HTTP, HTTPS, BOOTP, DHCP에 대하여 설명할 수 있다.

정보처리기사 | 정보통신기사 | 정보보안기사 대비

한권으로 끝내는 데이터통신과 정보통신

TCP/IP : 2부

전통적으로 TCP/IP에서 전송 계층은 TCP와 UDP의 두 가지 프로토콜로 대표된다. TCP보다 UDP가 더 단순하다. 신뢰성이나 보안성보다 크기와 속도가 더 중요할 때 UDP를 사용한다. 종단 대 종단 전달에서 신뢰성이 요구되면 TCP를 사용한다.

IP가 발신지 호스트에서 목적지 호스트까지 패킷을 전송하는 책임을 진다면, UDP와 TCP는 각 호스트 내에서 동작 중인 프로세스에서 프로세스까지 메시지를 전달하는 것을 책임지는 전송 계층 프로토콜이다.

프로세스란 실행 프로그램을 말하는데, 데이터그램을 수신하는 호스트는 동시에 여러 개의 프로세스를 실행할 수도 있지만, 그 프로세스 중 하나가 전송에 대한 목적지일 수도 있다. 지금 우리는 네트워크에서 다른 호스트로 메시지를 보내는 호스트에 관하여 이야기하고 있지만, 실제로 이것은 목적지 프로세스로 메시지를 보내는 발신지 프로세스이다. TCP/IP의 전송 프로토콜은 포트(Port)라고 하는 개별 프로세스에 대한 개념적인 연결을 규정하고 있다. 포트는 특정 프로세스가 사용하는 데이터를 저장하기 위한 목적지 포인트(일반적으로 버퍼)이다. 호스트의 운영체제는 프로세스와 이에 대응하는 포트 간의 인터페이스를 제공한다.

IP는 호스트 대 호스트 프로토콜로서, 이것은 패킷이 하나의 물리 주소로부터 다른 물리 주소로 전송될 수 있음을 의미한다. TCP/IP의 전송 계층 프로토콜은 포트 대 포트 프로토콜로서, 패킷을 발신지 포트에서 전송을 시작하는 IP 서비스로 전송하고 IP 서비스에서 목적지 포트로 전송하기 위해 IP의 상위에서 동작한다.

13.1.1 포트 번호

여러 곳 중에서 하나의 특정 목적지로 무엇인가를 전달하려면 주소가 필요하다. 데이터링크 계층에서 점대점 연결이 아닌 경우, 여러 개의 노드 중에서 한 개의 노드를 선택하기 위해서는 MAC(Medium Access Control) 주소가 필요하다. 데이터 링크 계층에서 프레임을 전달하기 위해서는 목적지 MAC 주소가 필요하고 노드의 응답을 위해서는 발신지 MAC 주소가 필요하다.

네트워크 계층에서는 전 세계의 수많은 호스트 중에서 하나를 선택하기 위한 IP 주소가 필요하다. 네트워크 계층에서 데이터그램을 전달하기 위해서는 목적지 IP 주소가 필요하고 응답을 위해서는 발신지 IP 주소가 필요하다.

전송 계층에서는 목적지 호스트에서 동작 중인 여러 개의 프로세스 중에서 하나를 선택하기 위하여 포트 번호(Port Number)라고 하는 전송 계층 주소가 필요하다.

목적지 포트 번호는 전달을 위해서 필요하고 발신지 포트 번호는 응답을 위해서 필요하다.

TCP/IP에서 포트 번호는 16비트로 '0'부터 '65,535' 사이의 값을 가질 수 있다. 클라이언트 프로그램의 포트 번호는 클라이언트 호스트에서 동작 중인 전송 계층 소프트웨어에 의해 임의로 선택된다. 이것을 임시 포트 번호

(Ephemeral Port Number)라고 한다.

서버 프로세스도 포트 번호를 지정하여야 한다. 그러나 이 포트 번호는 임의로 선택할 수 없다. 서버 사이트에 있는 컴퓨터가 하나의 서버 프로세스를 운영 중이고 포트 번호를 임의로 할당한다면, 이 서버에 접속하여 서비스 사용을 원하는 클라이언트 사이트에 있는 프로세스는 그 포트 번호를 알 수가 없다. 이러한 문제점을 해결하기 위하여 인터넷에서는 서버를 위한 공통의 포트 번호를 미리 약속해 놓았다. 이러한 포트 번호를 지정 포트 번호, 즉 잘 알려진 포트 번호(Well-known Port Number)라고 한다.

모든 클라이언트 프로세스는 해당하는 서버 프로세스의 지정 포트 번호를 알고 있어야 한다. 예를 들어 (그림 13-1)과같이 Daytime 클라이언트 프로세스는 임시 포트 번호를 '52,000번'을 임의로 선택하여 사용하는 반면에, Daytime 서버 프로세스는 지정 포트 번호(영구적인 번호) '13번'을 사용하여야 한다.

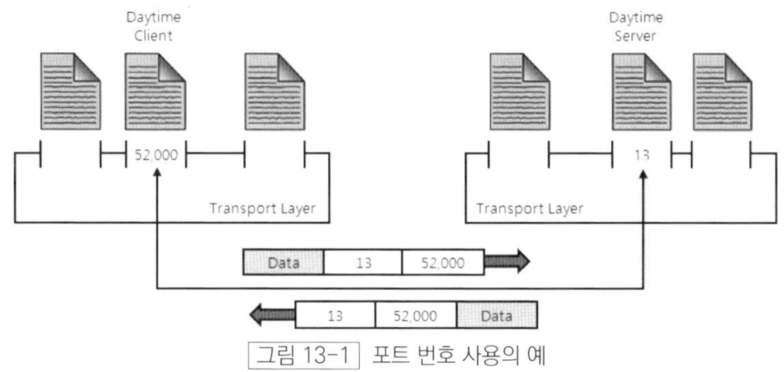

그림 13-1 포트 번호 사용의 예

IP 주소와 포트 번호가 데이터의 최종 목적지를 선택하는 데 있어서 서로 다른 역할을 한다. 목적지 IP 주소는 전 세계의 많은 호스트 중에서 특정한 하나의 호스트를 지정한다. 호스트가 선택된 후에는 포트 번호를 사용하여 이 선택된 호스트에 있는 여러 프로세스 중 하나를 지정한다. (그림 13-2)는 이러한 개념을 보여주고 있다.

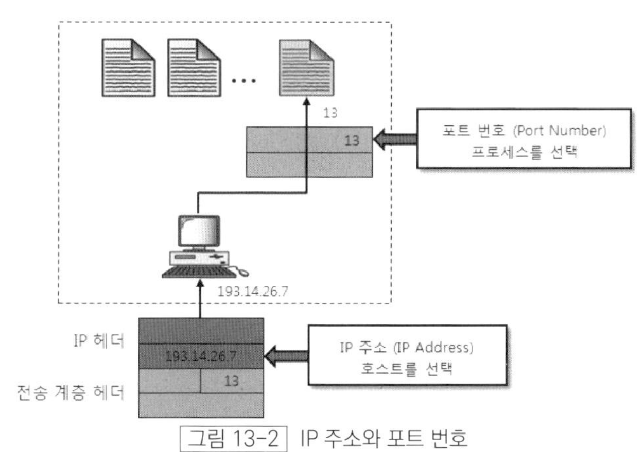

그림 13-2 IP 주소와 포트 번호

인터넷에서 사용하는 여러 가지 번호의 할당을 담당하는 기관인 IANA(Internet Assigned Numbers Authority)에서는 포트 번호를 (그림 13-3)과같이 3개의 범위로 나누고 있다.

- 지정 포트(Well-known Port) : '0~1,023' 사이의 번호로 IANA가 관리한다.
- 등록 포트(Registered Port) : '1,024~49,151' 사이의 번호로 중복 방지를 위해서 IANA에 등록만 되어 있다.
- 동적 포트(Dynamic Port) : '49,152~65,535' 사이의 번호로 모든 프로세스가 임의로 선택하여 사용하는 임시 포트 번호이다.

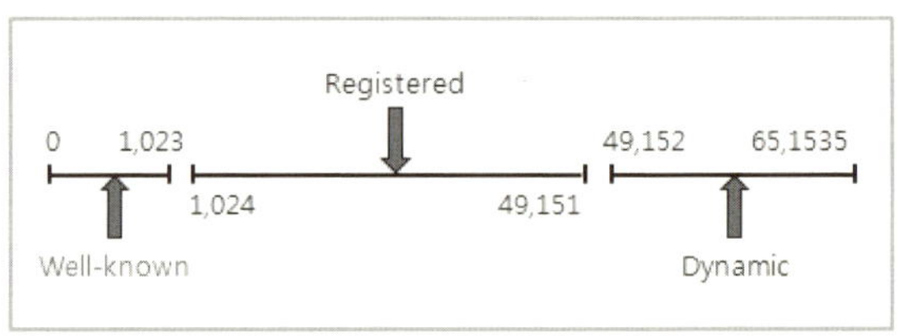

그림 13-3 포트 번호의 범위

프로세스 간 전달은 연결을 만들기 위해서 각 종단에서 IP 주소와 포트 번호 두 가지 식별자가 필요하다. (그림 13-4)와 같이 IP 주소와 포트 번호의 조합을 소켓 주소(Socket Address)라고 한다. 서버 소켓 주소가 유일하게 서버 프로세스를 지정하는 것처럼 클라이언트 소켓 주소는 유일하게 클라이언트 프로세스를 정의한다.

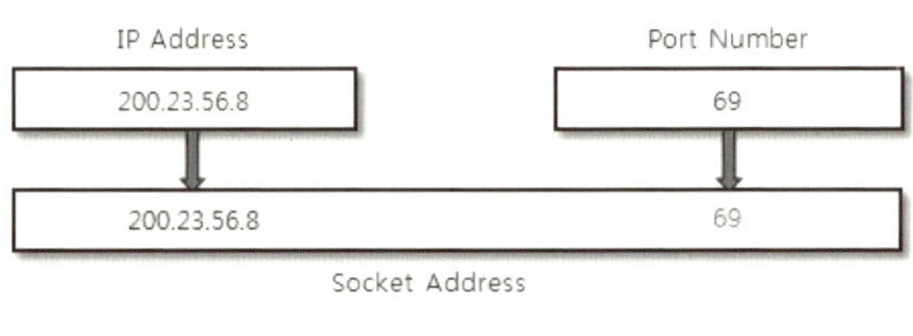

그림 13-4 소켓 주소의 예

13.1.2 TCP

TCP(Transmission Control Protocol)는 신뢰성(Reliability) 있는 연결지향(Connection-oriented) 프로토콜이다. '연결지향'이라는 용어는 송신기와 수신기가 데이터를 전송하기 전에 먼저 연결을 확립하고 데이터를 보낸다는 뜻이다. 전화가 그 좋은 예이다. 연결지향 프로토콜은 데이터가 손실될 위험은 적어지지만 연결을 확립하는데 시간과 비용이 소요되는 단점이 있다.

신뢰성이 있다는 의미는 확인응답(acknowledgement)을 사용하여 수신기가 데이터를 오류 없이 수신하였는 가를 검사한다는 뜻이다. 이것 역시 데이터를 전송하는 도중에 발생한 오류를 제어할 수 있는 장점이 있는 반면에 시간과 비용이 소요되는 단점이 있다.

TCP는 송신 측에서 메시지를 세그먼트라는 작은 단위로 나누고 각각에 순서번호를 부여한다. 세그먼트는 IP 데이터그램에 넣어서 네트워크 링크를 통하여 전송된다. 수신 측에서는 데이터그램이 들어오는 대로 모아서 세그먼트의 순서번호에 따라 재정렬하여 메시지를 복원한다. TCP는 파일 전송이나 원격 접속, E-mail과 같이 오류에 민감한 응용에 적합한 전송 프로토콜이다. TCP 세그먼트의 형식은 (그림 13-5)와 같다.

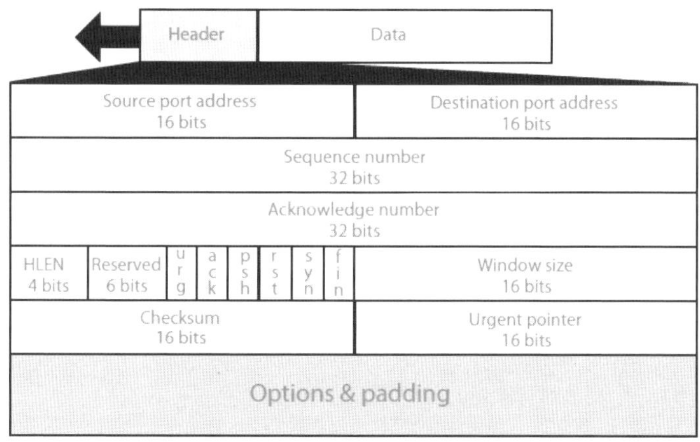

그림 13-5 | TCP 세그먼트 형식

- Source port address : 발신지 포트 주소는 메시지를 생성한 응용 프로그램의 주소이다.

- Destination port address : 목적지 포트 주소는 메시지를 수신하는 응용 프로그램의 주소이다.

- Sequence number : 응용 프로그램의 데이터 스트림은 2개 이상의 TCP 세그먼트로 나누어질 수 있다. 이 순서번호 필드는 원래의 데이터 스트림에서 데이터의 위치를 나타낸다.

- Acknowledge number : 32비트 확인응답 번호는 다른 통신장치의 데이터 수신에 대한 확인응답에 사용된다. 이 번호는 제어필드의 ACK 비트가 설정되어야만 유효하다. 이 경우 확인응답 번호는 다음에 기대되는 바이트의 번호를 나타낸다.

- HLEN(Header Length) : 4비트의 헤더 길이 필드는 TCP 헤더의 길이를 4바이트 단위로 나타낸다. 4비트는 '0에서 15까지의 수'를 나타낼 수 있으므로, 헤더의 최대 길이는 '4×15=60바이트'가 된다. 헤더의 최소 길이는 20바이트이므로 40바이트를 옵션으로 이용할 수 있다.

- Reserved : 6비트의 예약 필드는 나중에 사용하기 위하여 예약되어 있다.

- Control : 6비트 제어 필드의 각 비트는 (그림 13-6)과 같이 개별적으로 독립적인 기능을 수행한다. 각 비트는 세그먼트의 사용을 나타내거나 다른 필드의 유효성을 확인하는 역할을 한다. URG(Urgent) 비트가 설정되면 긴급 포인터(Urgent Pointer) 필드가 유효하게 된다. ACK 비트가 설정되면 확인응답 번호 필드가 유효하게 된다. PSH(Push) 비트는 수신 측에 데이터를 버퍼링하지 말고 즉시 상위 응용 프로그램으로 전달하도록 요청하기 위해 사용된다. 데이터는 가능한 한 높은 처리율을 지닌 경로를 통해 전달되어야 한다. RST(Reset) 비트는 순서번호에 혼동이 있을 때 연결을 재설정하기 위하여 사용된다. SYN 비트는 연결 과정의 첫 두 세그먼트(연결 요청, 연결 설정)에서 순서번호 동기화에 사용된다. FIN 비트는 종료 요구, 종료 확인, 확인응답의 세그먼트에서 연결 종료에 사용된다.

그림 13-6 | TCP의 제어 비트

- Window size : 윈도우 크기 필드는 슬라이딩 윈도우 크기를 지정하는 16비트 필드이다.

- Checksum : 검사합은 오류 검출에 사용되는 16비트 필드이다. 오류검사는 헤더와 데이터를 포함한 전체를 검사하며 필수사항이다.

- Urgent pointer : 이것은 헤더에서 마지막으로 요구되는 필드이다. 제어필드에서 URG 비트가 설정되면 이 값은 유효하다. 이 경우에 송신자는 수신자에게 세그먼트 데이터 부분에 긴급 데이터가 있다는 것을 알려준다. 이 포인터는 긴급 데이터의 끝과 일반 데이터의 시작을 나타낸다.

- Options & padding : 선택사항과 채우기 필드는 수신자에게 추가적인 정보를 전달하거나 정렬의 목적으로 사용된다.

TCP는 전송 계층의 주소로 포트 번호를 사용한다. 〈표 13-1〉은 TCP에 의해 사용되는 지정 포트 번호이다. 응용에서 UDP와 TCP를 둘 다 사용할 수 있다면 동일한 포트 번호가 이 응용에 할당된다.

표 13-1　TCP가 사용하는 지정 포트 번호

포트	프로토콜	설 명
7	Echo	Echoes a received datagram back to the sender
9	Discard	Discards any datagram that is received
11	Users	Active users
13	Daytime	Returns the date and the time
17	Quote	Returns a quote of the day
19	Chargen	Returns a string of characters
20	FTP, Data	File Transfer Protocol(Data Connection)
21	FTP, Control	File Transfer Protocol(Control Connection)
22	SSH	Secure Shell
23	TELNET	Terminal Network
25	SMTP	Simple Mail Transfer Protocol
53	DNS	Domain Name System
67	BOOTP	Bootstrap Protocol
79	Finger	Finger
80	HTTP	Hypertext Transfer Protocol
110	POP3	Post Office Protocol v3
111	RPC	Remote Procedure Call

13.1.3 UDP

UDP(User Datagram Protocol)는 비신뢰성이고, 비연결형 프로토콜이다. 즉 연결하지 않고 바로 데이터를 보내며 오류 검사도 수행하지 않는다. 편지를 보내는 우편 제도가 그 좋은 예이다. 만약 데이터가 전달되지 않거나, 오류가 발생한 경우에는 다른 수단(상위 프로토콜)을 사용하여 해결한다. UDP는 TCP에 비하여 속도나 비용 면에서 우수하다. 그러나 오류가 많이 발생되는 환경에는 적합하지 않다. UDP는 음성이나 영상 전송과 같이 속도가 중요하고 오류에는 덜 민감한 응용 등에 많이 사용되고 있다. UDP에 의해 생성된 패킷은 사용자 데이터그램이라고 하며. (그림 13-7)과같이 8바이트의 헤더와 가변 길이의 데이터로 구성된다.

- Source port address : 발신지 포트 주소는 메시지를 생성한 응용 프로그램의 주소이다.
- Destination port address : 목적지 포트 주소는 메시지를 수신하는 응용 프로그램의 주소이다.
- Total length : 전체 길이 필드는 사용자 데이터그램의 전체 길이를 바이트 단위로 나타낸다.
- Checksum : 검사합은 오류검출에 사용되는 16비트 필드이다. 오류검사는 헤더와 데이터를 포함한 전체를 검사하며 선택사항이다.

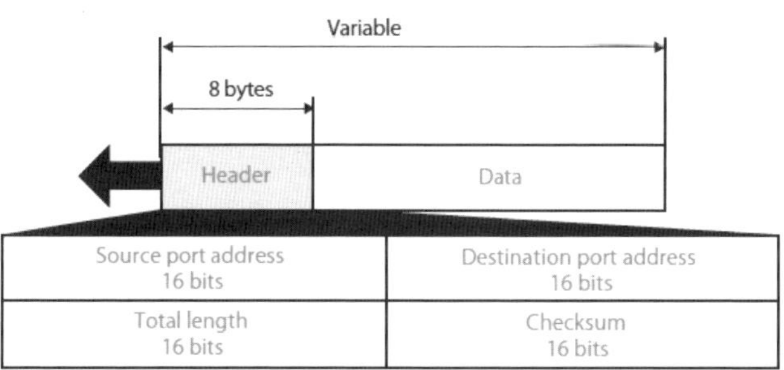

그림 13-7 UDP 데이터그램 형식

UDP는 종단 대 종단 전송에 필요한 기본적인 기능만 제공한다. 이것은 순서번호나 순서 정렬 기능은 제공하지 않고, 오류를 보고할 때 손상된 패킷을 지정할 수 없다(이 작업을 위해서는 ICMP가 필요하다). UDP는 오류가 발생한 것을 발견할 수 있다. 그러면 ICMP가 송신자에게 사용자 데이터그램이 손상되었고 폐기되었다는 것을 알린다. 그렇지만 어느 패킷이 손실되었다는 것을 나타낼 수 있는 기능은 둘 다 없다. UDP는 검사합만 가지고 있으며, 특정 데이터 세그먼트에 대한 ID나 순서번호는 포함되어 있지 않다.

UDP도 전송 계층의 주소로 포트 번호를 사용한다. 〈표 13-2〉는 UDP에서 사용하는 지정 포트 번호들을 정리한 것이다.

표 13-2 UDP가 사용하는 지정포트 번호

포트	프로토콜	설 명
7	Echo	Echoes a received datagram back to the sender
9	Discard	Discards any datagram that is received
11	Users	Active users
13	Daytime	Returns the date and the time
17	Quote	Returns a quote of the day
19	Chargen	Returns a string of characters
53	DNS	Domain Name Service
67	Bootps	Server port to download bootstrap information
68	Bootpc	Client port to download bootstrap information
69	TFTP	Trivial File Transfer Protocol
111	RPC	Remote Procedure Call
123	NTP	Network Time Protocol
161	SNMP	Simple Network Management Protocol
162	SNMP	Simple Network Management Protocol (trap)

13.1.4 실시간 전송 프로토콜 RTP와 RTCP

인터넷의 멀티미디어 서비스가 비디오, 오디오 파일 전체를 하나의 단위로 다운로드한 후에 재생하던 시대에서, 실시간으로 다운로드하며 재생하는 형태로 바뀌었다. 특히 TV나 라디오 같은 방송 서비스뿐만 아니라, 영화와 같은 동영상 서비스에도 이러한 경향이 일반화되었다. 멀티미디어 장비를 부착한 개인용 컴퓨터의 인터넷 접속이 늘면서 인터넷으로 음성 전화 서비스를 보급하려는 노력이 활발히 진행되고, 기존 전화망과 연동하는 서비스도 일부 이루어졌다.

음성, 영상정보를 인터넷에서 실시간으로 서비스하면 데이터그램 변형이나 분실 오류를 복구하는 기능이 상대적으로 덜 중요해진다. 대신 데이터그램 도착 순서, 수신한 패킷의 지연 간격(지터) 분포의 균일성과 데이터 압축에 의한 전송 정보량의 최소화가 중요하다.

인터넷에서 사용하는 기존의 TCP와 UDP는 실시간 서비스에서 요구하는 전송 특성을 충분히 지원하지 못한다. TCP는 패킷의 순서와 신뢰성이 지나치게 강조되어, 패킷의 재전송 기능과 복잡한 흐름 제어 기능으로 인해 실시간 환경에는 부적합하다. UDP는 기능이 단순하여 빠른 데이터 전송을 지원하지만, 데이터그램의 순서를 보장하지 못한다는 문제가 있다. 따라서 실시간 데이터 전송 서비스의 특성을 지원할 수 있는 새로운 형태의 프로토콜이 필요하게 되었다.

TCP와 UDP를 근간으로 인터넷 환경에서 실시간 서비스를 제공하는 가장 현실적인 방법 중 하나는 UDP에 데이터그램 순서번호 기능을 추가하는 것이다. 이러한 프로토콜의 대표적인 예가 실시간 멀티미디어 데이터의 전송을 지원하는 RTP(Real-time Transport Protocol)이다. RTP는 유니캐스팅뿐만 아니라 멀티캐스팅도 지원한다.

(1) RTP

실시간 전송 프로토콜 RTP는 여러 명이 참여하는 영상 회의와 같은 인터넷상의 실시간 트래픽을 처리하기 위하여 설계되었다. RTP는 종단 간에 전달성이나 영상 또는 모의실험 데이터 등 실시간 특성을 가지는 데이터의 전달이 필요한 응용에서 사용하는 프로토콜이다.

TCP가 신뢰성을 강조한 나머지 데이터의 실시간 전달이 어려운 반면, UDP는 신뢰성은 낮지만 TCP에 비해 빠르게 데이터를 전달할 수 있는 특징을 가지고 있다. 이러한 UDP의 특성을 기반으로 하여, 실시간 특성을 가진 데이터의 전송 프로토콜인 RTP가 등장하게 되었다. RTP도 그 자체로는 품질 보장이나 신뢰성을 제공하지는 못하지만, 거의 모든 실시간 응용에서 필요로 하는 시간 정보와 정보매체의 동기화 기능을 제공하기 때문에 인터넷상에서 실시간성 정보를 사용하는 거의 대부분의 응용들이 RTP 위에서 동작한다.

UDP와 RTP 두 프로토콜 모두 전송 프로토콜 기능의 일부를 제공하지만, RTP는 다른 네트워크 계층이나 전송 계층 프로토콜과 함께 사용될 수도 있으며, 하위의 프로토콜에 별로 의존하지 않는다. RTP는 UDP와 응용 프로그램 사이에 위치한다. RTP가 갖는 중요 기능은 타임스탬프, 순서 제어 및 혼합 기능이다. (그림 13-8)은 TCP/IP 프로토콜 스택에서 RTP의 위치를 나타낸다.

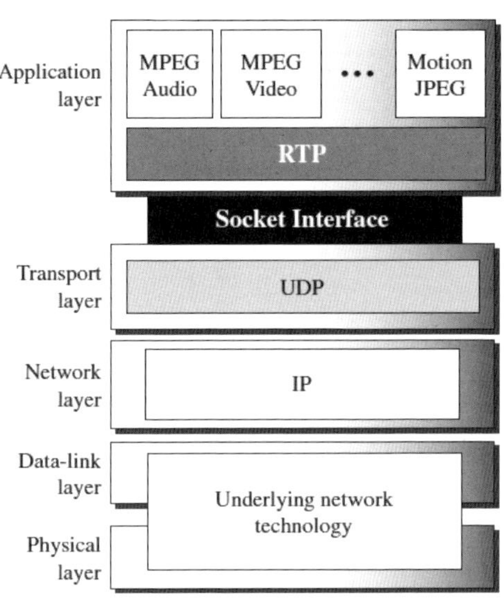

그림 13-8 │ TCP/IP에서 RTP의 위치

RTP의 특징은 불규칙하게 수신되는 데이터 순서를 정렬하기 위하여 타임스탬프 방식을 사용하는 것이다. 또한 프로토콜 동작이 응용 프로그램의 라이브러리 형태로 구현되는 ALF(Application Level Framing) 방식을 사용하기 때문에, 프로토콜 내부에 위치하는 버퍼의 크기를 각 응용 프로그램마다 별도로 관리하기가 용이하다. 따라서 응용 환경이 요구하는 알고리즘에 따라 버퍼 크기를 개별적으로 조절할 수 있다.

RTP 패킷은 모든 메시지에 대해 같은 형태를 사용한다. 그것은 응용 계층 프레임을 지원하기 때문에 이 메시지 형태는 다양한 해석기와 특정한 응용이 요구하는 대로 알맞게 한다. RTP 헤더는 오디오와 비디오 데이터를 동기화하여 화면에 출력할 수 있게 해주고 잃어버린 패킷이나 순서가 틀리게 도착하는 패킷을 검사하는 데 필요한 시간 정보를 제공한다. RTP 패킷은 12바이트의 헤더와 다음에 오는 페이로드로 구성된다. (그림 13-9)는 RTP 패킷의 헤더의 형식을 보인 것이다.

<table>
<tr><td>Ver</td><td>P</td><td>X</td><td>Contr. count</td><td>M</td><td>Payload type</td><td colspan="2">Sequence number</td></tr>
<tr><td colspan="8">Time stamp</td></tr>
<tr><td colspan="8">Synchronization source identifier</td></tr>
<tr><td colspan="8">Contributor identifier</td></tr>
<tr><td colspan="8">⋮</td></tr>
<tr><td colspan="8">Contributor identifier</td></tr>
</table>

그림 13-9 RTP 패킷 헤더의 형식

- V(Version) : 2비트 필드로 RTP의 버전을 표시한다. 현재의 버전은 2이다.

- P(Padding) : 1비트 필드로 '1'로 설정되어 있으면, 패킷의 끝에 패딩이 있음을 나타낸다. '0'으로 설정되어 있으면 패딩이 존재하지 않는다는 것을 표시한다.

- X(Extension) : 1비트 필드이며, '1'로 설정되면 기본 헤더와 데이터 사이에, 즉 CSRC 바로 다음에 확장 헤더가 있음을 나타낸다. '0'으로 설정되면 확장 헤더가 없다는 것을 나타낸다.

- Contributor Count : 4비트 필드로, 공헌자(Contributor)의 수를 표시한다. 4비트이므로 '0~15' 사이의 값을 가질 수 있으므로 최대 15개의 공헌자를 가질 수 있다.

- M(Marker) : 1비트 필드로, 이 비트는 RTP를 이용하는 애플리케이션이 데이터 경계를 파악하기 위하여 사용한다. 예를 들어 영상 데이터를 전송하는 애플리케이션 등에서는 프레임 사이의 경계를 표시하기 위하여 프레임의 마지막 정보를 운반하는 패킷의 마커 비트를 1로 설정하여 전송한다.

- PT(Payload Type) : 7비트 필드로, 이 필드에는 이 RTP가 운반하고 있는 데이터 타입을 '0~127'의 수로 표시한다.

- Sequence Number : 16비트의 필드로, RTP 패킷의 시퀀스 번호를 나타낸다. 이 시퀀스 번호는 RTP의 패킷마다 부여된 고유 번호이다. 첫 번째 패킷의 순서번호는 무작위로 선택되며 그다음 패킷들은 1씩 증가한다. 수신자는 순서번호를 이용하여 손실 패킷이나 순서가 틀린 패킷들을 탐지한다.

- Timestamp : 32비트 필드로, RTP 패킷이 운반한 데이터의 시간 정보를 나타낸다. 이 동기 정보를 근거로 수신 측은 수신한 데이터의 시간적인 관계를 파악할 수 있다.

- SSRC(Synchronization Source) Identifier : 32비트 필드로, 동기 소스의 식별자이다. 발신자가 하나이면 SSRC는 발신자가 된다. 발신자가 여럿이라면 혼합기(Mixer)가 SSRC가 되고 다른 발신자들은 공헌자(Contributor)가 된다.

- CSRC(Contributing Source) Identifier : 32비트 필드로, 각각의 발신자를 나타낸다. 최대 15개까지 있을

수 있다. 한 세션에 하나 이상의 발신자가 있으면 혼합기가 SSRC이고 다른 발신자들은 공헌자이다.

RTP 자체는 전송 계층 프로토콜이지만, RTP 패킷은 직접 IP 패킷에 캡슐화되어 전송될 수는 없다. 대신에, RTP는 응용 프로그램처럼 다루어져서 UDP 데이터그램에 캡슐화되어야 한다. 그러나 다른 응용 프로그램과는 달리 RTP에는 'Well- known' 포트가 할당되지 않는다. 포트는 단지 짝수이기만 하면 되며, 요구에 따라 선택될 수 있다. 그다음 홀수 번호는 RTP와 함께 짝으로 사용되는 실시간 전송 제어 프로토콜 RTCP(Real-time Transport Control Protocol)에서 사용된다.

(2) RTCP

RTP는 송신자로부터 목적지까지 한 가지 유형의 메시지 전달만을 허용한다. 그러나 많은 경우에 한 세션 동안에 이와는 다른 메시지들이 필요하게 된다. 이 메시지들은 데이터의 흐름과 품질을 제어하며 수신자로 하여금 송신자에게 피드백을 보낼 수 있게 한다. 실시간 전송 제어 프로토콜 RTCP가 바로 이러한 목적을 위하여 설계된 프로토콜이다.

RTCP는 제어 프로토콜로써 세션에 참가한 모든 참가자에게 피드백을 주기적으로 전송한다. 하위의 프로토콜들은 반드시 데이터와 제어 패킷에 대한 멀티플렉싱 기능을 제공해 주어야 한다.

RTCP의 주된 기능으로는 데이터 전송 상태에 대해 피드백을 받는 것이다. 이것은 전송 프로토콜로써의 RTP의 역할에 없어서는 안 될 아주 중요한 역할이며, 흐름과 충돌에 대한 제어 기능과 관련된 부분이다. 피드백 정보는 송신자가 인코딩 방법을 변화시키기 위하여 직접적으로 사용할 수 있고, 수신자는 전송 실패에 대해 지역적인 것인지 전역적인 것인지를 진단할 수 있다.

TCP/IP에서 응용 계층은 OSI 모델의 세션, 표현, 응용 계층을 모두 합한 것과 같다. 응용 계층의 특정 프로토콜을 설명하기 전에, 이 계층의 클라이언트-서버 개념을 이해할 필요가 있다. 네트워크의 장점 중 하나가 분산처리 능력을 들 수 있다. 한 프로그램이 다른 장소에서 실행 중인 프로그램의 서비스를 요청할 때, 이 시스템을 클라이언트-서버 시스템이라고 한다. 클라이언트 응용 프로그램은 서비스 요구를 서버 응용 프로그램으로 보내고, 서버 응용 프로그램은 요구된 서비스를 제공한다. TCP/IP 프로토콜의 모든 응용 프로그램은 (그림 13-10)과 같은 클라이언트-서버 모델을 사용한다.

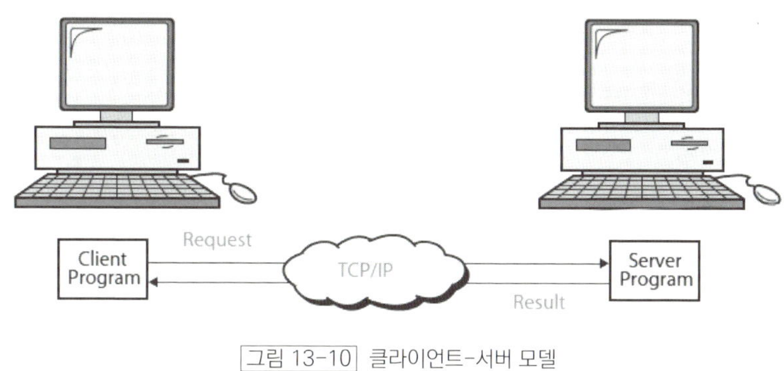

그림 13-10 클라이언트-서버 모델

13.2.1 DNS

TCP/IP 클라이언트-서버 응용의 좋은 예가 DNS(Domain Name System)이다. TCP/IP 프로토콜은 개체를 구분하기 위해서 인터넷에서 호스트 연결을 위하여 유일하게 식별되는 IP 주소를 사용한다. 그러나 사람들은 2진수로 된 IP 주소보다는 이름을 사용하는 것이 훨씬 용이하다. 그러므로 이름을 IP 주소로 바꾸어주는 시스템이 필요하다. DNS는 2진수로 되어 있는 IP 주소를 사람이 식별하기 쉽도록 문자로 된 도메인 이름으로 바꾸어 주는 프로토콜이다. DNS는 인터넷에서 각 호스트를 유일한 이름을 사용하여 구분한다. 도메인 이름이 주어지면, 프로그램은 클라이언트-서버 세션에서 이름 서버의 서비스를 이용하여 도메인 이름과 연관된 IP 주소를 얻을 수 있다. DNS는 TCP와 UDP 53번 포트를 사용한다.

DNS는 인터넷의 도메인 이름을 계층적 구조를 가진 분산 데이터베이스 체계로 관리한다. 즉 인터넷상에 존재하는 모든 도메인 이름을 하나의 데이터베이스에서 총괄하지 않고, 도메인의 계층 구조에 따라 적절한 규모의 데이터베이스로 분할하여 관리하는 방식을 채택하고 있다.

예를 들어 IP 주소 '211.233.32.11'에 대응하는 도메인 이름이 'www.kbs.co.kr'이라고 하자. 이 경우 www 는 호스트 컴퓨터의 이름이고, 'kbs.co.kr'은 네트워크 부분을 지정하는 도메인이다. kbs는 이 네트워크의 루트 서버 겸 소유한 기관을 아울러 지정하고, 여기에 소속 호스트의 IP 주소가 저장된 데이터베이스를 두고 관리한다.

인터넷상에서 모든 도메인은 트리 형태의 계층 구조를 갖는데, (그림 13-11)과같이 루트 노드 아래에 최상위 도메인인 TLD(Top Level Domain)가 존재하고 다음 단계는 2단계 도메인인 SLD(Second Level Domain)가 존재한다.

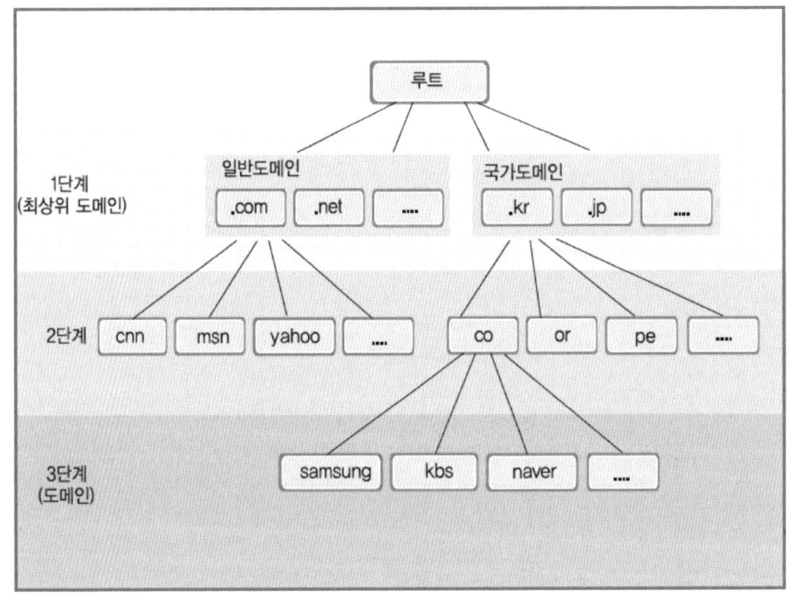

그림 13-11 도메인 구성 체계

TLD는 일반 최상위 도메인인 gTLD(generic TLD)와 각 국가를 나타내는 국가 최상위 도메인 ccTLD(country code TLD)의 두 종류가 있다. gTLD에는 초기부터 사용되던 7개의 도메인에 계속 도메인이 추가되고 있으며, ccTLD에는 국가별로 두 자리의 영문 약자를 대응하여 약 190개 국가가 지정되어 있다.

gTLD는 (그림 13-12)와 같이 기관 유형 및 기관명을 나타내는 2단계로 구성되며 맨 앞에 호스트 명이 붙는다. gTLD는 초기 7개의 도메인으로 시작하였지만, 인터넷 이용의 확산으로 세부적인 분류가 필요하게 되었다. 즉 인터넷을 통한 다양한 상거래 활동이 활발해지고, 또 각종 동호회 모임 등을 'com'과 'org'만으로는 조직의 성격 을 제대로 보이기 어렵게 되었다. 따라서 ICANN은 gTLD 도메인을 계속 추가하여 20여 개로 확대하였다.

www. amazon. com
호스트컴퓨터 이름　　　기관명　　　기관유형

그림 13-12 gTLD의 구성

gTLD는 초기에는 미국 소재 기관에 제한되어 있었지만 '.mil', '.gov', '.edu'를 제외한 나머지 gTLD는 다른 국가에서도 등록할 수 있도록 개방되었다. gTLD의 도메인 등록 및 관리는 ICANN(Internet Corporation for Assigned Names and Numbers)에서 위임받은 gTLD별 등록 관리기관에서 하게 되어 있으나, 실제로는 등록 관리기관으로부터 승인받은 등록 대행업체에서 ICANN의 통제하에 수행해 왔다. ICANN은 2008년 6월부터 이런 통제를 풀고 단체, 개인 등 누구든지 원하는 gTLD를 자유롭게 등록할 수 있도록 허용하였고, 또한 도메인 이름으로 영어 이외의 언어도 사용할 수 있도록 개방하였다.

국가 최상위 도메인인 ccTLD는 (그림 13-13)과같이 국가명, 기관 유형, 기관명을 나타내는 3단계로 표현하고 맨 앞에 호스트 컴퓨터 이름을 붙인다.

www. kbs. co. kr
호스트컴퓨터 이름　　기관명　　기관유형　　국가명

그림 13-13 ccTLD의 구성

특정 ccTLD에서의 도메인 이름 등록과 관리는 해당 국가의 NIC에서 관리하고 있다. 우리나라는 KRNIC에서 국내 도메인을 관리하며, 일본의 경우는 JPNIC에서 관리한다.

2단계 도메인 SLD는 gTLD와 ccTLD에서 다르게 사용된다. gTLD의 2단계는 기관 이름이 사용되지만, ccTLD에서는 그 국가 내의 기관의 성격을 나타내는 도메인이 사용된다. 이 경우에 SLD는 해당 국가에서 자율적으로 결정하여 사용할 수 있고, 이에 대한 모든 관리는 해당 국가의 NIC에서 담당한다. 우리나라에서는 KRNIC에서 담당한다.

기관의 이름이 gTLD에서 두 번째 단계인 반면, ccTLD인 경우에는 세 번째 단계에 해당된다. 'kbs.co.kr', 'sbs.co.kr' 등이 이 같은 예이다. 일반적으로 인터넷에서 웹서버를 지칭하는 이름으로 'www'를 사용하기 때문에, 많은 경우에 도메인 이름이 'www.kbs.co.kr', 'www.sbs.co.kr' 등으로 나타난다.

13.2.2 Telnet

또 하나의 중요하고 많이 사용되는 TCP/IP 응용은 원격 로그인을 위한 TCP/IP의 클라이언트-서버 프로세스인 텔넷(Telnet)이다. 원격 로그인은 (그림 13-14)와 같이, 한 사이트에 있는 사용자에게 원격에 있는 컴퓨터에 대한 접근을 허용한다. Telnet은 사용자에게 ID와 패스워드 확인을 요구함으로써 불법적인 접근으로부터 서버를 보호한다. Telnet은 TCP 23번 포트를 사용한다.

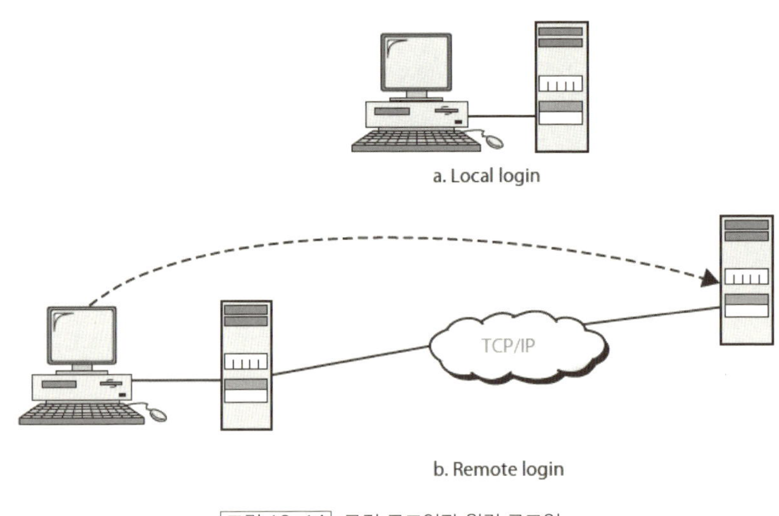

그림 13-14 | 로컬 로그인과 원격 로그인

13.2.3 FTP와 TFTP

FTP(File Transfer Protocol)는 한 호스트에서 다른 호스트로 파일을 복사하기 위한 프로토콜이다. FTP는 전송 프로토콜로 TCP를 사용하여 신뢰성 있는 전송을 수행한다. FTP는 Telnet 프로토콜을 사용하여 파일을 전송하기 전에 사용자에게 ID와 패스워드 확인을 요구한다. FTP는 (그림 13-15)와 같이, 호스트 간에 두 개의 연결을 설정한다는 점에서 다른 클라이언트-서버 응용과 다르다. 두 연결 중 하나는 데이터 전송을 위한 것이고, 다른 하나는 제어 정보를 위한 것이다. FTP는 데이터 전송에는 TCP 20번 포트를 사용하고, 제어 정보 전송에는 TCP 21번 포트를 사용한다.

TFTP(Trivial FTP)는 FTP 보다 더 간단하고, 전송 프로토콜로 UDP를 사용하기 때문에 클라이언트와 서버 간에 복잡한 대화가 필요 없는 응용이다. TFTP는 로컬 호스트가 원격 호스트로부터 파일을 받는 것을 허용하지만 보안과 신뢰성을 제공하지 않는다. TFTP는 단순성과 작은 크기 때문에 간단한 파일 전송 시에 유용하다. TFTP

는 UDP 69번 포트를 사용한다.

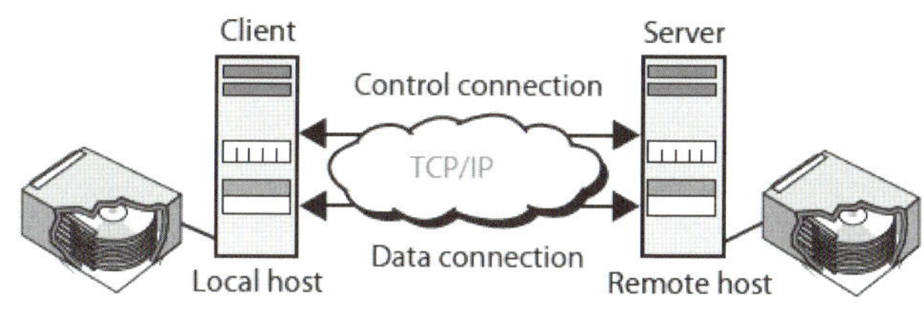

그림 13-15 │ FTP의 두 가지 연결

13.2.4 SMTP, POP3, IMAP

전자우편(Electronic Mail)은 광범위하게 사용되는 네트워크 서비스이다. 이것은 호스트 간의 직접 교환보다는 우편함 주소를 기반으로 다른 컴퓨터에 메시지나 파일을 전달하는 시스템으로, 같거나 다른 컴퓨터 사용자 간에 서신 교환을 지원한다. 다른 클라이언트-서버 응용과는 달리, 전자우편은 수신 호스트의 현재 이용 가능성의 여부에 상관없이 짧은 메모 정보에서 크기가 큰 대용량 파일까지 보낼 수 있다.

전자우편은 기존의 우편 시스템을 구현한 것이다. 주소는 메시지의 송신자와 수신자를 확인한다. 지정된 시간 내에 전달되지 못한 메시지는 송신자에게 돌아온다. 네트워크상의 모든 사용자는 개인 우편함을 가지고 있다. 수신된 우편은 수신자가 삭제하거나 버리기 전까지 우편함에 보관된다.

전자우편이 인터넷에서 제공되는 다른 메시지 전송 서비스와 다른 점은 스풀링(Spooling) 메커니즘이라는 것이다. 이것은 현재 네트워크가 연결되지 않았거나 수신 시스템이 동작하지 않더라도 메시지를 보낼 수 있게 해준다. 메시지가 전송되면 그 복사본이 스풀이라는 디렉토리에 저장된다.

스풀과 큐(Queue)는 비슷하면서도 약간의 차이점이 있다. 큐 안의 메시지는 먼저 도착하면 먼저 처리되는 데 반해, 스풀에 있는 메시지는 먼저 도착하면 먼저 검색되는 원칙에 따라 처리된다. 메시지는 일단 스풀되면 백그라운드로 동작하는 클라이언트 프로세스에 의해 30초마다 검색된다. 백그라운드 클라이언트는 새로운 메시지와 아직 전송되지 않은 메시지를 검색해서 전송을 시도한다.

만약 클라이언트 프로세스가 메시지를 전송할 수 없다면, 메시지에 시도된 전송시간을 표시해서 스풀에 남겨 놓고는 다음에 다시 시도한다. 며칠 후에도 메시지를 전송할 수 없다면 송신자의 우편함으로 되돌려진다. 메시지는 수신자가 그것을 읽고 처리했다고 클라이언트와 서버가 서로 합의할 때만 그것이 전송된 것으로 간주한다. 그때까지 복사본은 송신자의 스풀과 수신자의 우편함에 보관된다.

전자우편의 주소는 (그림 13 16)과같이 두 부분으로 구성된다. 첫 번째 부분은 우편함을 식별하는 이름으로 @ 심벌로 구분되며, 두 번째 부분은 목적지의 도메인 이름이다.

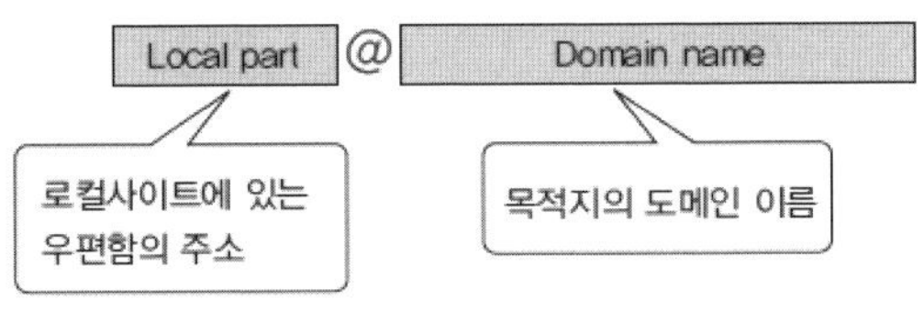

그림 13-16 전자우편 주소의 형식

SMTP(Simple Mail Transfer Protocol)는 전자우편(Electronic mail) 메시지를 보내는 역할을 수행하는 발신 프로토콜(Outgoing Protocol)이다. SMTP는 서버에서 서버로 또는 메일 클라이언트에서 서버로 메시지를 전송할 때 사용한다. SMTP는 TCP 25번 포트를 사용한다.

기본적으로 SMTP는 7비트 ASCII 문자만을 지원한다. 이것은 7비트 ASCII 문자로 표현할 수 없는 영어 이외의 언어로 쓰인 전자우편은 제대로 전송될 수 없다는 것을 의미한다.

MIME(Multipurpose Internet Mail Extensions)은 ASCII가 아닌 문자 인코딩을 이용해 영어가 아닌 다른 언어로 된 전자우편을 보낼 수 있는 방식을 정의한다. 또한 그림, 음악, 영화, 컴퓨터 프로그램과 같은 8비트짜리 2진 파일을 전자우편으로 보낼 수 있도록 한다. MIME은 또한 전자우편과 비슷한 형식의 메시지를 사용하는 HTTP와 같은 통신 프로토콜의 기본 구성 요소이다. 메시지를 MIME 형식으로 변환하는 것은 전자우편 프로그램이나 서버상에서 자동으로 이루어진다.

POP3(Post Office Protocol version 3)와 IMAP(Internet Message Access Protocol)은 메일 접근 프로토콜로 분류된다. POP3와 IMAP은 수신 이메일을 처리하며, 이메일 메시지를 검색하거나 액세스하기 위해 서로 다른 방식으로 작동한다. 대부분의 최신 서버는 이 두 프로토콜을 모두 지원한다. (그림 13-17)에 이 프로토콜들이 사용되는 구간을 보였다.

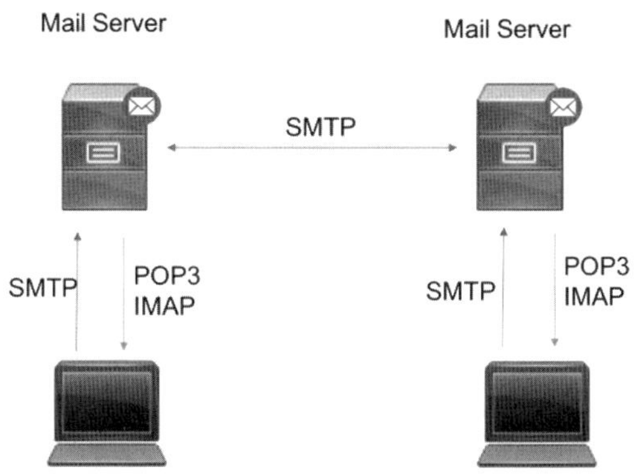

그림 13-17 이메일에서 사용하는 프로토콜

POP3 프로토콜은 이메일이 하나의 응용 프로그램에서만 액세스된다고 가정하고, IMAP은 여러 클라이언트에서 동시 액세스를 허용한다. 따라서 여러 위치에서 이메일에 액세스하거나 여러 사용자가 메시지를 관리하는 경우에는 IMAP이 더 적합하다. 반면에 POP3는 이메일을 로컬 컴퓨터에 다운로드한 다음 서버에서 삭제한다. POP3를 사용하면 이메일 계정이 웹서버에서 사용하는 메모리 공간이 절약된다.

POP3는 이메일 서버의 받은 편지함에 접속할 때 사용하는 프로토콜이다. POP3는 클라이언트가 메일 서버에 접속할 때 사서함에서 모든 메시지를 검색하고, 로컬 컴퓨터에 메시지를 저장한 다음 원격 서버에서 삭제한다. 최신 POP3 클라이언트를 사용하면 서버에 메시지 복사본을 보관하도록 옵션을 변경할 수 있다. POP3를 사용하면 인터넷으로 서버에 접속하지 않고도 오프라인 모드에서 로컬 컴퓨터에 있는 이메일 메시지에 액세스할 수 있다. POP3는 TCP 110번 포트를 사용한다.

IMAP을 사용하면 이메일 서버에서 메시지에 액세스하고 관리할 수 있다. 이메일 서버에서 폴더를 수정하고, 영구적으로 삭제하고, 메시지를 효율적으로 검색할 수 있다. 또한 이메일 플래그를 설정하거나 제거할 수도 있고 이메일 속성을 선택적으로 가져오는 옵션도 제공한다. 기본적으로 모든 메시지는 사용자가 완전히 삭제할 때까지 서버에 보관된다. IMAP은 단일 메일 서버에 여러 사용자의 연결을 지원한다. IMAP은 TCP 143번 포트를 사용한다.

13.2.5 SNMP

SNMP(Simple Network Management Protocol)는 인터넷에서 다양한 네트워크 장치들의 정보를 수집하고 관리하기 위해 사용되는 표준 프로토콜이다. 네트워크 관리자들은 SNMP를 통해 라우터, 스위치, 서버, 컴퓨터들의 성능과 상태 정보를 모니터링하고 구성을 변경할 수 있다.

SNMP는 (그림 13-18)과같이 관리자(Manager)와 대행자(Agent), 즉 관리 대상 장치의 개념을 사용한다. 모든 호스트와 라우터는 관리 대상 장치가 될 수 있고, 특정 호스트가 관리자가 된다. 관리자는 SNMP 클라이언트 프로그램을 실행하는 호스트이고, 대행자는 SNMP 프로그램을 실행하는 라우터나 호스트이다.

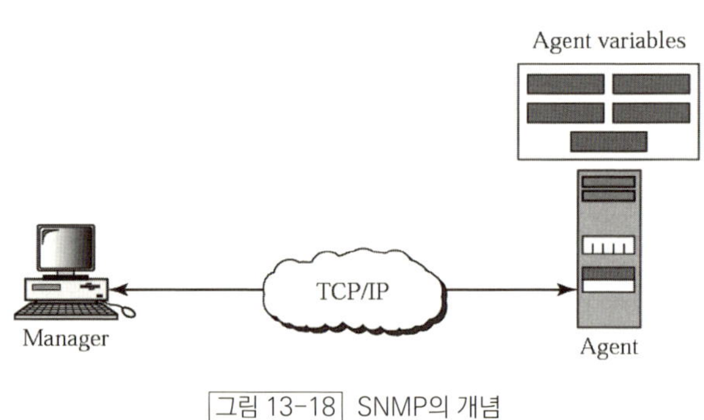

그림 13-18 | SNMP의 개념

SNMP는 일부 관리자가 다수의 대행자를 제어하는 응용 레벨 프로토콜이다. 프로토콜은 서로 다른 제조업자들에 의해 만들어진 장치를 모니터하기 위해 응용 레벨로 설계되었고, 서로 다른 물리적인 네트워크에서 설치된다. 다시 말하면, SNMP는 관리되는 장비들의 물리적인 특성과 기존 네트워킹 기술들에 구애받지 않고 자유롭게 관리 작업을 할 수 있다. 이것은 서로 다른 제조업자들에 의해 만들어진 라우터와 게이트웨이에 연결된 서로 다른 LAN과 WAN으로 구성된 네트워크 간 연결에서 사용될 수 있다.

관리는 관리자와 대행자의 간단한 상호 대화를 통해 이루어진다. 대행자가 데이터베이스에 자신의 성능 정보를 저장하면, 관리자는 그 데이터베이스에서 값들을 읽어간다. 즉 관리자는 대행자의 동작을 반영하는 정보를 요청함으로써 대행자를 검사한다. 관리자는 대행자 데이터베이스에 들어 있는 값을 재설정함으로써 대행자가 작업을 수행하도록 강요할 수 있다. 또한 대행자는 비정상적인 상황을 관리자에게 경고함으로써 관리 작업에 도움을 줄 수 있다. 이러한 경고 메시지를 트랩(Trap)이라고 한다.

SNMP는 관리 작업을 수행하기 위해 다른 두 가지 프로토콜, 즉 SMI(Structure of Management Information)와 MIB(Management Information Base)를 사용한다. 다시 말하면, 인터넷에서의 관리는 (그림 13-19)와 같이 SMI, MIB, 그리고 SNMP의 협동 작업이다.

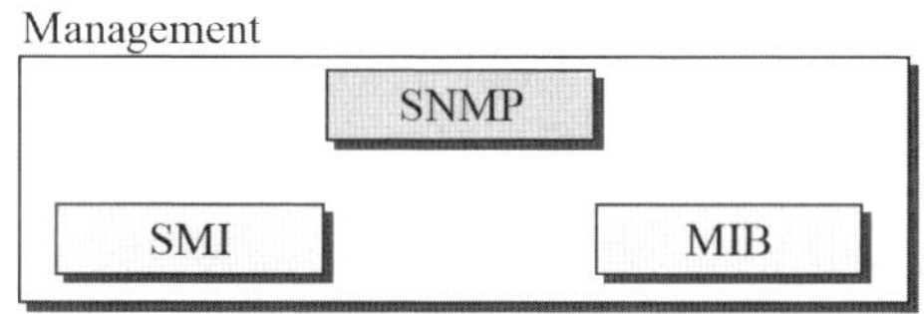

그림 13-19   네트워크 관리의 구성 요소

SNMP는 관리자와 대행자 사이에 교환되는 패킷의 형식을 정의한다. SNMP는 SNMP 패킷에서 객체(변수)의 상태 (값)을 읽고 변경한다. SMI는 객체의 이름을 붙이고 객체 유형을 정의하며, 객체와 값들을 부호화하는 방법을 나타내기 위한 일반적인 규칙들을 정의한다. MIB는 관리될 객체에서 이름이 지어진 객체와 그들의 유형, 그리고 서로에 대한 관계 등의 모음을 생성한다.

이해를 쉽게 하기 위하여 (그림 13-20)과같이, 이 3개의 네트워크 관리 요소들을 컴퓨터 언어로 프로그래밍하는 작업과 비교해 볼 수 있다. 즉 SMI는 컴퓨터 언어의 문법과 유사하며, MIB는 객체의 선언과 정의로 볼 수 있고, SNMP는 이들을 사용하여 프로그램을 코딩하는 것으로 비유할 수 있다.

SNMP는 UDP로 만든 간단한 요구/응답 프로토콜이다. 이것은 UDP처럼 신뢰성이나 보안을 제공하지 않는다. 대부분의 감시와 유지보수가 하나의 데이터그램을 사용하여 이루어지기 때문에 UDP를 통한 신뢰성 수준은 충분하다. 그러나 기밀 시스템의 관리에서 보안상의 문제가 생길 수도 있다. 그래서 2002년에 보안 기능이 크게 강화된 SNMPv3가 제안되었다.

SNMP는 UDP 161번과 162번 포트를 사용한다. 161번은 서버 (대행자)가 사용하고, 162번은 클라이언트 (관리자)가 사용한다. 대행자는 전송할 트랩 메시지가 있으면 관리자의 162번 포트로 전송한다.

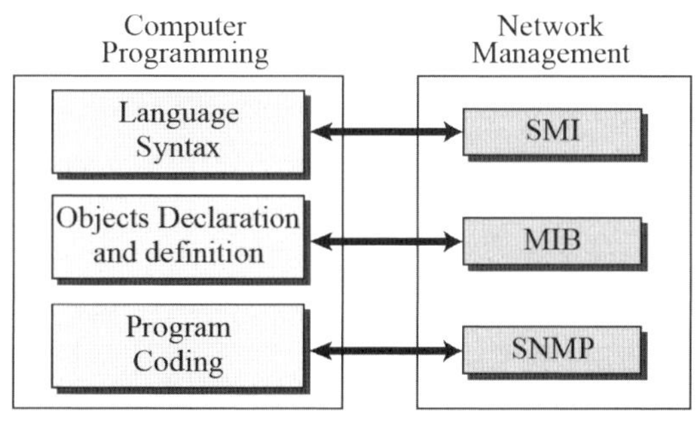

그림 13-20   컴퓨터 프로그래밍과 네트워크 관리의 비교

13.2.6 HTTP와 HTTPS

HTTP(Hyper Text Transfer Protocol)는 WWW(World Wide Web)에서 분산되어 연결된 문서에 접근할 수 있는 파일 검색 응용 프로그램으로, 하이퍼텍스트(Hypertext)라고 부르는 연결된 문서나 하이퍼미디어(Hypermedia)라고 부르는 그림, 그래픽, 사운드를 포함한 문서에 접근할 수 있는 프로토콜이다. HTTP는 TCP 80번 포트를 사용한다.

HTTP의 기능은 FTP와 SMTP의 조합과 비슷하다. 이는 파일을 전송하고 TCP의 서비스를 사용한다는 점에서 FTP와 유사하다. 그러나 이 프로토콜은 단지 하나의 TCP 연결만을(well-known 포트 80) 사용하기 때문에 FTP보다 훨씬 간단하다. 별도의 제어 연결 없이, 단지 데이터만 클라이언트와 서버 사이에 전송된다.

HTTP는 SMTP와도 유사한데 그 이유는 클라이언트와 서버 사이에 전송되는 데이터가 SMTP와 비슷하게 보이기 때문이다. 하지만 HTTP는 메시지가 클라이언트와 서버 사이에 양방향으로 전송된다는 점에서 SMTP와 다르다. 또 다른 점은 SMTP 메시지는 결국 사람이 읽게 되지만, HTTP 메시지는 HTTP 서버와 HTTP 클라이언트(브라우저)가 읽고 해석한다는 점이다. SMTP 메시지는 저장된 후 전달되지만, HTTP 메시지는 즉시 전달된다는 것도 또 하나의 차이이다.

HTTP의 아이디어는 매우 간단하다. 클라이언트는 전자우편과 비슷하게 보이는 요청을 서버에게 보낸다. 서버는 전자우편 응답과 비슷하게 보이는 응답을 클라이언트에게 보낸다. 클라이언트에서 서버로 보내는 명령은 편지 형태의 요청 메시지에 포함된다. 요청된 파일의 내용이나 다른 정보도 또한 편지 형태의 응답 메시지에 포함된다.

HTTP는 1996년 'RFC 1945'로 버전 1.0이 표준화되었으며, 1999년에 'RFC 2616'으로 버전 1.1이 제정되었다. 현재 대부분의 HTTP는 버전 1.1이 사용되고 있다. HTTP는 지속(persistent) 연결과 비지속(nonpersistent) 연결 두 가지를 모두 허용한다. 버전 1.0에서는 비지속 연결을 사용하였으나, 버전 1.1에서는 지속 연결을 기본적으로 사용한다.

비지속 연결에서는 각각의 요청/응답에 대해서 각각 별도의 TCP를 연결한다. 따라서 서버에 큰 오버헤드가 생긴다. 지속 연결에서는 서버가 응답을 전송한 후에 다음의 요청을 위해 연결을 그대로 유지한다. 서버는 타임아웃이 되거나, 클라이언트가 요청할 때 연결을 끊는다.

HTTPS(HTTP Secure)는 HTTP의 확장 프로토콜이다. 이는 컴퓨터 네트워크에서 안전한 통신을 위해 암호화를 사용하며 인터넷에서 널리 사용된다. HTTPS에서 통신 프로토콜은 TLS(Transport Layer Security) 또는 이전에는 SSL(Secure Sockets Layer)을 사용하여 암호화된다. 따라서 이 프로토콜을 HTTP over TLS, 또는 HTTP over SSL이라고도 한다. HTTPS URL은 'https://'로 시작하고 기본적으로 포트 443을 사용하는 반면,

HTTP URL은 'http://'로 시작하고 기본적으로 포트 80을 사용한다.

SSL/TLS는 인터넷상에서 웹사이트와 사용자 간의 통신을 암호화하고 보호하는 전송 계층의 보안 프로토콜이다. SSL은 1995년 넷스케이프 사에서 개발한 프로토콜로, 현재는 보안상의 이유로 사용되지 않는다. 1999년 IETF가 개발한 TLS가 이를 대체한 표준 프로토콜이다. SSL/TLS는 HTTP와 같이 응용 계층에서 동작하지만, (그림 13-21)과같이 HTTP 바로 아래에서 HTTP 메시지를 전송하기 전에 암호화하고 전송 계층에서 메시지가 도착하면 복호화하여 HTTP에 전달한다. 엄밀히 말하면 HTTPS는 별도의 프로토콜이 아니라 암호화된 SSL/TLS 연결을 통해 일반 HTTP를 사용하는 것을 의미한다.

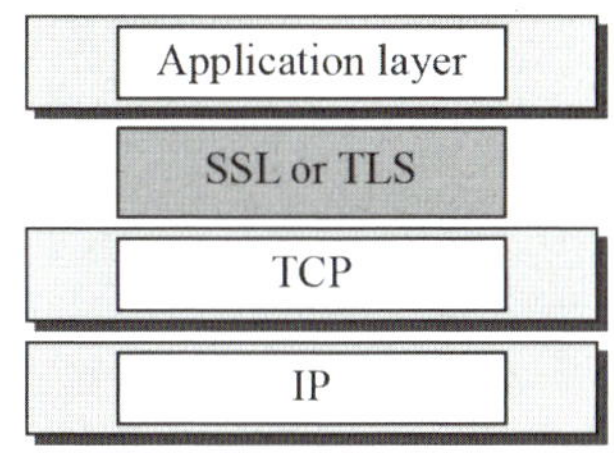

그림 13-21 TCP/IP에서 SSL/TLS의 위치

13.2.7 BOOTP와 DHCP

TCP/IP 인터넷에 연결된 각 컴퓨터는 자신의 IP 주소, 서브넷 마스크, 디폴트 게이트웨이 주소, DNS 서버 주소를 알고 있어야 한다. 이 정보는 일반적으로 구성 파일에 저장되고 부트스트랩 과정 동안 컴퓨터에 의해 액세스된다. 그러나 디스크가 없는 컴퓨터라면 어떻게 할까? 또는 처음으로 부팅된 디스크를 가진 컴퓨터라면 어떻게 할까?

디스크가 없는 컴퓨터의 경우, 운영체제와 네트워크 소프트웨어는 ROM에 저장될 수 있다. 그러나 위의 정보는 제조업자가 알려줄 수 없으므로 ROM에 기록할 수 없다. 정보는 개별 시스템의 환경설정에 의존하고, 시스템과 연결된 네트워크와 관련이 있다.

BOOTP(Bootstrap protocol)는 디스크가 없는 컴퓨터나 처음으로 부팅된 컴퓨터를 위해, 앞에서 언급된 4가지 정보를 제공하기 위하여 설계된 클라이언트-서버 프로토콜이다. RARP는 앞에서 살펴보았듯이 디스크가 없는 컴퓨터를 위해 IP 주소를 제공한다. RARP는 단지 IP 주소만 제공하고 다른 정보는 제공하지 않는다. 만약 BOOTP를 사용하면 RARP는 필요가 없다.

BOOTP는 동적 구성 프로토콜이 아니다. 클라이언트가 자신의 IP 주소를 요구할 때, BOOTP 서버는 자신의 IP 주소를 이용하여 클라이언트의 물리 주소와 일치하는 표를 검색한다. 이것은 클라이언트의 물리 주소와 IP 주소의 결합이 이미 있음을 암시한다. 이 결합은 미리 결정된다.

그러나 만약에 호스트가 하나의 물리 네트워크에서 다른 물리 네트워크로 이동하면 어떻게 될까? 호스트가 임시 IP 주소를 원한다면 어떻게 될까? BOOTP는 이들 문제를 다룰 수 없다. 왜냐하면 물리 주소와 IP 주소 사이의 결합은 정적이고 관리자에 의해 변경될 때까지 고정되어 있기 때문이다. 즉 BOOTP는 정적 구성 프로토콜이다.

반면 DHCP(Dynamic Host Configuration Protocol)는 동적 구성을 제공하기 위해 개발되었다. DHCP는 BOOTP의 확장이다. 이것은 BOOTP를 향상한 것으로 BOOTP와 함께 호환될 수 있다. 이것은 BOOTP 클라이언트를 운영하는 호스트가 DHCP 서버로부터 정적 구성을 요청할 수 있음을 의미한다.

DHCP는 호스트가 한 네트워크에서 다른 네트워크로 이동할 때 네트워크에 연결하고 연결을 해제할 때도 필요하다. DHCP는 제한된 시간 동안 임시 IP 주소를 제공한다. DHCP는 UDP 67번과 68번 포트를 사용한다.

SUMMARY

- TCP/IP의 전송 계층 프로토콜로는 TCP와 UDP가 있다.

- UDP는 비신뢰성의 비연결형 프로토콜이다.

- TCP는 신뢰성 있는 연결형 프로토콜이다.

- RTP는 비디오와 오디오 스트림 또는 시뮬레이션과 같은 실시간 특성을 가지는 데이터의 종단 간 전송을 제공하는 UDP 기반의 프로토콜이다.

- RTCP는 RTP와 함께 사용하여 데이터의 흐름과 품질을 제어하며, 수신자로 하여금 송신자에게 피드백을 보낼 수 있게 해주는 제어 프로토콜이다.

- DNS는 2진수로 된 IP 주소를 사람이 식별하기 쉽도록 문자로 된 도메인 이름으로 변환하는 프로토콜이다.

- Telnet은 사용자기 원격 시스템에 '로그온'할 수 있도록 하는 응용 프로토콜이다.

- FTP는 하나의 호스트에서 다른 호스트로 파일을 복사하기 위한 TCP/IP의 응용 계층 프로토콜이다.

- TFTP는 FTP의 복잡함과 정교함을 생략한 간단한 파일 전송 프로토콜이다.

- SMTP, POP3, IMAP은 인터넷에서 전자우편을 지원하는 프로토콜이다.

- SNMP는 TCP/IP 프로토콜을 사용하는 인터넷에서 장치들을 관리하기 위한 기반 구조이다.

- HTTP는 WWW에서 데이터에 접근하기 위한 주요 프로토콜이다.

- HTTPS는 데이터를 주고받는 과정에서 SSL/TLS를 사용하여 데이터를 암호화한다.

- BOOTP는 디스크가 없는 컴퓨터나 처음으로 부팅된 컴퓨터에 IP 주소, Subnet mask, Default gateway, DNS 주소를 제공하는 정적 구성 프로토콜이다.

- DHCP는 인터넷에서 호스트를 자동 설정하는 동적 구성 프로토콜이다.

13.1 TCP/IP의 전송 계층 프로토콜

[13-1] TCP/IP 프로토콜에서 TCP가 해당하는 계층은?

〈정보처리기사 2023/7, 2021/3, 2019/3, 2018/4,
정보처리산업기사 2021/3, 2017/8, 2015/3〉

① 데이터 링크 계층
② 네트워크 계층
③ 트랜스포트 계층
④ 세션 계층

[13-2] 데이터 통신 프로토콜인 UDP(User Datagram Protocol)와 비교할 때 TCP(Transmisson Control Protocol)의 장점이 <u>아닌</u> 것은? 〈정보통신기사 2023/6〉

① 전송 전 연결 설정
② 흐름 제어
③ 혼잡 제어
④ 멀티캐스팅 가능

[13-3] 다음 보기에서 실행하는 프로토콜로 적합한 것은?

〈정보통신기사 2023/6〉

> - 헤더 정보는 단순하고 속도가 빠르지만, 신뢰성이 보장되지 않는다.
> - 데이터 전송 중, 일부 데이터가 손상되더라도 큰 영향을 받지 않는 서비스에 활용된다.
> - 실시간 인터넷 방송 또는 인터넷 전화 등에 사용된다.

① IP(Internet Protocol)
② TCP(Transmission Control Protocol)
③ UDP(User Datagram Protocol)
④ ICMP(Internet Control Message Protocol)

[13-4] TCP 헤더와 관련한 설명으로 <u>틀린</u> 것은?

〈정보처리기사 2023/5, 2021/8〉

① 순서번호(Sequence Number)는 전달하는 바이트마다 번호가 부여된다.
② 수신 확인 번호(Acknowledgment Number)는 상대편 호스트에서 받으려는 바이트의 번호를 정의한다.
③ 체크섬(Checksum)은 데이터를 포함한 세그먼트의 오류를 검사한다.
④ 윈도우 크기는 송수신 측의 버퍼 크기로 최대 크기는 32767비트이다.

[13-5] 다음 중 포트(Port) 주소에 대한 설명으로 <u>틀린</u> 것은? 〈정보통신기사 2023/3〉

① TCP와 UDP가 상위 계층에 제공하는 주소 표현이다.
② TCP 헤더에서 각각의 포트 주소는 32bit로 표현한다.
③ 0~1023까지의 포트 번호를 Well-Known Port라고 한다.
④ Source Port Address와 Destination Port Address로 구분한다.

[13-6] 다음 중 비연결형 전달 계층 프로토콜은?

〈정보통신산업기사 2023/3〉

① UDP(User Datagram Protocol)
② TCP(Transmission Control Protocol)
③ FTP(File Transfer Protocol)
④ HTTP(Hyper Text Transfer Protocol)

[13-7] UDP 프로토콜의 특징이 <u>아닌</u> 것은?

〈정보처리기사 2022/4〉

① 비연결형 서비스를 제공한다.
② 단순한 헤더 구조로 오버헤드가 적다.
③ 주로 주소를 지정하고, 경로를 설정하는 기능을 한다.
④ TCP와 같이 트랜스포트 계층에 존재한다.

정답 13-1 ③　13-2 ④　13-3 ③　13-4 ④　13-5 ②　13-6 ①　13-7 ③

[13-8] 다음 중 TCP 프레임의 헤더 구조에 대한 설명으로 틀린 것은? 〈정보통신기사 2022/3, 2018/6, 2016/3〉

① 순차 번호(Sequence Number) 필드는 송신 TCP로부터 수신 TCP로 송신되는 데이터 스트림 중 마지막 바이트를 지정한다.
② 응답 번호(Acknowledgement Number)는 응답 제어 비트가 설정되어 있을 때만 제공된다.
③ 헤더 길이(HLEN)는 TCP Segment에 있는 헤더의 길이를 4바이트 워드 단위로 나타낸다.
④ Window Size는 수신부가 응답 필드에서 지정한 번호부터 수신할 수 있는 바이트의 수를 표시한다.

[13-9] 다음 중 TCP/IP 프로토콜에 관한 설명으로 거리가 먼 것은?

〈정보통신기사 2021/6, 2018/10, 2017/3, 정보처리산업기사 2015/3〉

① TCP/IP는 De jure(법률) 표준이다.
② IP는 ARP, RARP, ICMP, IGMP를 포함한다.
③ 인터넷에서 사용하는 프로토콜이다.
④ TCP는 신뢰성 있는 스트림 전송 포트 대 포트 프로토콜이다.

[13-10] 다음 중 UDP에 대한 설명으로 옳지 <u>않은</u> 것은? 〈정보통신기사 2021/3, 2015/6〉

① 신뢰성을 제공하지 않는다.
② 연결 설정 없이 데이터를 전송한다.
③ 연결 등에 대한 상태 정보를 저장하지 않는다.
④ TCP에 비해 오버헤드의 크기가 크다.

[13-11] UDP 프로토콜에 대한 설명으로 <u>틀린</u> 것은? 〈정보처리산업기사 2021/5, 2019/4〉

① 비연결형 전송
② 적은 오버헤드
③ 빠른 전송
④ 신뢰성 있는 데이터 전송 보장

[13-12] UDP 특성에 해당되는 것은? 〈정보처리기사 2021/3, 2020/9〉

① 양방향 연결형 서비스를 제공한다.
② 송신 중에 링크를 유지 관리하므로 신뢰성이 높다.
③ 순서 제어, 오류 제어, 흐름 제어 기능을 한다.
④ 흐름 제어나 순서 제어가 없어 전송 속도가 빠르다.

[13-13] TCP 프로토콜과 관련한 설명으로 <u>틀린</u> 것은? 〈정보처리기사 2021/5〉

① 인접한 노드 사이의 프레임 전송 및 오류를 제어한다.
② 흐름 제어(Flow Control)의 기능을 수행한다.
③ 전이중(Full Duplex) 방식의 양방향 가상 회선을 제공한다.
④ 전송 데이터와 응답 데이터를 함께 전송할 수 있다.

[13-14] TCP/IP 프로토콜 중 전송 계층 프로토콜은? 〈정보처리기사 2020/6〉

① HTTP
② SMTP
③ FTP
④ TCP

정답 13-8 ① 13-9 ① 13-10 ④ 13-11 ④ 13-12 ④ 13-13 ① 13-14 ④

[13-15] TCP 프로토콜에 대한 설명으로 거리가 먼 것은?
〈정보처리기사 2020/8〉

① 신뢰성이 있는 연결 지향형 전달 서비스이다.
② 기본 헤더 크기는 100byte이고 160byte까지 확장 가능하다.
③ 스트림 전송 기능을 제공한다.
④ 순서 제어, 오류 제어, 흐름 제어 기능을 제공한다.

[13-16] TCP 헤더의 플래그 비트에 해당되지 않는 것은?
〈정보처리산업기사 2020/8〉

① URG
② ENG
③ SYN
④ FIN

[13-17] 다음 중 UDP의 특징으로 틀린 것은?
〈정보통신기사 2019/10〉

① 비상태정보(Non-state)
② 비연결형(Connectionless)
③ 최선형 서비스(Best Effort Sevice)
④ 정규적인 송신률(Regulated Send Rate)

[13-18] 다음 중 TCP의 특징이 아닌 것은?
〈정보통신기사 2019/6〉

① 접속형 프로토콜
② 신뢰성 서비스
③ 데이터그램 서비스
④ 혼잡 제어

[13-19] TCP(Transmisson Control Protocol)의 설명으로 틀린 것은?
〈정보통신산업기사 2019/6〉

① 연결형, 양방향성 프로토콜을 사용한다.
② 메시지 전송을 신뢰할 수 있고, 모든 데이터에 승인이 있다.
③ 모든 데이터 전송을 관리하며, 손실된 데이터는 자동으로 재전송한다.
④ 애플리케이션이 네트워크 계층에 접근할 수 있도록 하는 인터페이스만 제공한다.

[13-20] 다음 내용이 설명하고 있는 프로토콜은?
〈정보처리기사 2019/4〉

> 멀티캐스트나 유니캐스트 통신 서비스를 통하여 비디오와 오디오 스트림 또는 시뮬레이션과 같은 실시간 특성을 가지는 데이터의 종단 간 전송을 제공해 주는 UDP 기반의 프로토콜이다.

① IP
② TCP
③ RTP
④ FTP

[13-21] 다음 중 TCP(Transmission Control Protocol)의 주요 서비스 기능이 아닌 것은?
〈정보통신기사 2019/3〉

① 두 프로세스 간의 연결을 설정, 유지, 종료시키는 기능
② 에러 제어를 위한 메커니즘 제공
③ 포트 번호를 사용하여 송수신 간 다중연결 허용
④ 데이터 표현 방식, 상이한 부호 체계 간의 변화에 대하여 규정

정답 13-15 ② 13-16 ② 13-17 ④ 13-18 ③ 13-19 ④ 13-20 ③ 13-21 ④

[13-22] 다음 중 TCP와 UDP 헤더의 구조에 대한 설명으로 틀린 것은? 〈정보통신기사 2018/10, 2015/3〉

① TCP 세그먼트의 헤더는 8바이트인 반면, UDP는 20바이트의 크기를 갖는다.
② TCP 포트 번호는 UDP 포트 번호와 서로 독립적이다.
③ TCP에서는 강제적으로 검사합(Checksum)을 수행하는 반면, UDP는 검사합을 선택적으로 수행한다.
④ UDP는 비연결형 방식이고, TCP는 연결형 방식이다.

[13-23] UDP 특성에 해당되는 것은? 〈정보처리기사 2018/8〉

① 데이터 전송 후, ACK를 받는다.
② 송신 중에 링크를 유지 관리하므로 신뢰성이 높다.
③ 흐름 제어나 순서 제어가 없어 전송 속도가 빠르다.
④ 제어를 위한 오버헤드가 크다.

[13-24] 다음 중 TCP에 대한 설명으로 틀린 것은? 〈정보통신기사 2018/6〉

① TCP는 트랜스포트 계층의 프로토콜이다.
② TCP에서는 혼잡을 회피하기 위한 방법으로 Slow-Start 알고리즘을 사용한다.
③ TCP는 UDP와 같이 데이터의 전송 전에 연결을 설정하지 않고 상태 정보를 유지한다.
④ 각 TCP 접속의 종단에 일정 크기의 버퍼를 가지고 있어서 흐름 제어와 혼잡 제어를 수행한다.

[13-25] TCP 프로토콜의 기능으로 틀린 것은? 〈정보처리산업기사 2018/4〉

① 어플리케이션 제어
② 연결 수립, 종료
③ 데이터 전송
④ 흐름 제어

[13-26] 다음 설명 중 옳지 <u>않은</u> 것은? 〈정보보안기사 2017/9〉

① 인터넷에 연결된 2대의 컴퓨터에서 동작하는 응용 간의 연결을 유일하게 식별하기 위한 출발지/목적지 IP 주소, 출발지/목적지 포트 번호, TCP 또는 UDP 등과 같은 프로토콜 종류 등의 정보가 이용된다.
② 포트 번호 중 '0번~1023번'은 잘 알려진 포트(well-known port)로 불리며 이 포트 번호들은 클라이언트 기능을 수행하는 응용 쪽에 배정된다.
③ 포트 번호의 범위는 0번에서 65535번이며 이 포트 번호는 TCP와 UDP 프로토콜에 각각 부여된다.
④ 자주 이용되는 서비스에 대한 포트 번호로는 SSH(22번), SMTP(25번), FTP(20, 21번), DNS(53번) 등이 있다.

[13-27] 전송 제어 프로토콜(TCP)에서 오류 제어를 위해 사용하는 방식은? 〈정보통신산업기사 2017/6〉

① 패리티(Parity)
② CRC
③ Checksum
④ Blocksum

[13-28] TCP 프로토콜에 대한 설명으로 틀린 것은? 〈정보처리산업기사 2017/5〉

① 신뢰성 있는 전송 프로토콜이다.
② 전이중 서비스를 제공한다.
③ 비연결형 프로토콜이다.
④ 스트림 데이터 서비스를 제공한다.

정답 13-22 ① 13-23 ③ 13-24 ③ 13-25 ① 13-26 ② 13-27 ③ 13-28 ③

[13-29] UDP 헤더에 포함되지 <u>않는</u> 것은?

〈정보처리기사 2016/8〉

① checksum
② UDP total length
③ sequence number
④ source port address

[13-30] UDP(User Datagram Protocol)에 대한 설명으로 거리가 먼 것은?　〈정보처리기사 2016/5〉

① 데이터 전달의 신뢰성을 확보한다.
② 비연결형 프로토콜이다.
③ 복구 기능을 제공하지 않는다.
④ 수신된 데이터의 순서 재조정 기능을 지원하지 않는다.

[2-31] 근거리 통신망에 접속된 PC를 통해 인터넷 접속을 하기 위해서 PC에 구성되어야 할 프로토콜 구조는 무엇인가?　〈정보통신기사 2015/10〉

①
IP
TCP
MAC
PHYSICAL

②
TCP
IP
MAC
PHYSICAL

③
TCP
IP
PHYSICAL
MAC

④
IP
TCP
PHYSICAL
MAC

[13-32] TCP와 UDP에 대한 설명으로 <u>틀린</u> 것은?

〈정보처리기사 2015/8〉

① TCP는 전이중 서비스를 제공한다.
② UDP는 연결형 서비스이다.
③ TCP는 신뢰성 있는 전송 계층 프로토콜이다.
④ UDP는 검사 합을 제외하고 오류 제어 메커니즘이 없다.

[13-33] RTP(Real-time Transport Protocol) 헤더의 각 필드에 대한 설명으로 <u>틀린</u> 것은?　〈정보처리기사 2015/8〉

① Padding(P) 필드가 세팅되어 있는 경우는 그 패킷의 끝에 전송하려는 데이터 외에 추가적인 데이터들이 포함되어 있다.
② Marker(M) 필드는 패킷 스트림에서 프레임 간의 경계에 존재하는 특별한 경우를 표시한다.
③ Extension(X) 필드가 세팅되어 있는 경우는 RTP 헤더 앞에 확장 헤더가 있음을 의미한다.
④ Payload Type(PT) 필드는 데이터가 어떤 형식인지를 지정한다.

[13-34] TCP/IP 프로토콜에 대한 설명으로 <u>틀린</u> 것은?

〈정보처리기사 2015/8〉

① TCP/IP 프로토콜은 인터넷에서 기본 프로토콜로 사용한다.
② IP는 데이터의 전달을 위해 연결성 방식을 사용한다.
③ TCP/IP 모델은 OSI 모델과는 달리 엄격한 계층적인 구조를 요구하지 않는다.
④ TCP는 OSI 7계층 중 전송 계층에 해당한다.

정답 13-29 ③　13-30 ①　13-31 ②　13-32 ②　13-33 ③　13-34 ②

[13-35] 다음과 같은 기능을 가지고 있는 프로토콜은?

〈정보처리기사 2015/5〉

- 메시지를 encapsulation과 decapsulation 한다.
- 서비스 처리를 위해 multiplexing과 demultiplexing 을 이용한다.
- 전이중 서비스와 스트림 데이터 서비스를 제공한다.

① RTCP   ② RTP
③ UDP   ④ TCP

[13-36] 인터넷 프로토콜로 사용되는 TCP/IP의 계층화 모델 중 Transport 계층에서 사용되는 프로토콜은?

〈정보처리기사 2015/5〉

① FTP   ② IP
③ ICMP   ④ UDP

[13-37] 다음의 TCP Flag 중에서 연결 시작을 나타내기 위해 사용하는 Flag는 무엇인가? 〈정보보안기사 2015/3〉

① FIN   ② SYN
③ ACK   ④ RST

13.2 TCP/IP의 응용 계층 프로토콜

[13-38] 다음은 DNS에 대한 설명이다. 괄호에 공통으로 들어갈 용어는? 〈정보보안기사 2024/6〉

네트워크상에서 컴퓨터들은 (　　)을/를 이용해 서로를 구별하고 통신을 한다. 사람들이 네트워크를 통해 원격 컴퓨터에 접속하기 위해서는 (　　)을/를 이용해야 하지만 숫자의 연속인 (　　)을(를) 일일이 외울 수 없기 때문에 쉽게 기억할 수 있는 도메인 주소 체계가 만들어졌다.

① Routing 주소   ② DNS 주소
③ IP 주소   ④ Domain 주소

[13-39] 다음 중 HTTPS의 특징으로 옳지 <u>않은</u> 것은?

〈정보통신기사 2023/10〉

① HTTP에 Secure Socket이 추가된 형태이다.
② HTTP 통신에 SSL 혹은 TLS 프로토콜을 조합한다.
③ HTTP → SSL → TCP의 순서로 통신한다.
④ HTTPS는 디폴트로 8080 포트를 사용한다.

[13-40] 다음 중 클라이언트-서버 모델의 장점으로 옳지 <u>않은</u> 것은? 〈정보통신산업기사 2023/10〉

① 클라이언트와 서버의 용량은 별도로 변경할 수 있다.
② 데이터 패킷은 전송 중에 스푸핑되거나 수정될 수 있다.
③ 모든 데이터를 한 곳에서 관리하는 중앙 집중식 시스템이다.
④ 유지 관리 비용이 적게 들고 데이터 복구가 가능하다.

정답 13-35 ④   13-36 ④   13-37 ②   13-38 ③   13-39 ④   13-40 ②

[13-41] 다음 중 네트워크 통신망 관리 프로토콜 중 하나인 SNMP에 관한 설명으로 옳지 <u>않은</u> 것은?

〈정보통신산업기사 2023/10〉

① 네트워크 장비를 관리 및 감시하기 위한 목적으로 사용하는 응용 프로토콜이다.
② UDP를 사용하는 프로토콜이다.
③ 관리자(매니저) 및 관리 대상 장치(에이전트) 개념을 사용한다.
④ 관리자는 에이전트에게 Port 번호 162번으로 Trap (이벤트) 신호를 보낸다.

[13-42] 다음 중 HTTPS(Hyper Text Transfer Protocol Secure)의 특징으로 <u>틀린</u> 것은?

〈정보보안기사 2023/9〉

① 데이터를 주고받는 과정에서 SSL/TLS 암호화를 사용하여 데이터를 암호화한다.
② HTTPS는 공격자가 중간에 스니핑을 하기 어렵다.
③ HTTPS는 HTTP의 처리 속도를 빠르게 향상시켰다.
④ 무결성을 사용하여 데이터가 전송 중에 변경되지 않았는지 확인할 수 있다.

[13-43] IP 기반 네트워크 상의 관리 프로토콜인 SNMP(Simple Network Management Procotol)의 데이터 수집 방식에 대한 설명으로 <u>틀린</u> 것은?

〈정보통신기사 2023/6〉

① 관리자는 에이전트에게 Request 메시지를 보낸다.
② 에이전트는 관리자에게 Response 메시지를 보낸다.
③ 이벤트가 발생하면 에이전트는 관리자에게 Trap 메시지를 보낸다.
④ 이벤트가 발생하면 관리자나 에이전트 중 먼저 인지한 곳에서 Trap 메시지를 보낸다.

[13-44] 인터넷의 웹서버와 사용자 인터넷 브라우저 사이에 문서를 전송하기 위해 사용되는 통신규약과 웹 문서를 작성하기 위해 사용하는 언어를 순서대로 바르게 나열한 것은?

〈정보통신산업기사 2023/6〉

① URI(Uniform Resource Identifier), URL(Uniform Resource Locator)
② HTTP(Hyper Text Transfer Protocol), MHS(Message Handling System)
③ HTTP(Hyper Text Transfer Protocol), HTML(Hyper Text Markup Language)
④ WWW(World Wide Web), HTTP(Hyper Text Transfer Protocol)

[13-45] 다음 중 UDP의 프로토콜 이름과 일반 사용 (Well-Known) 포트 연결로 <u>틀린</u> 것은?

〈정보통신산업기사 2023/6〉

① SNMP(Simple Network Management Protocol) : 22
② DNS(Domain Name System) : 53
③ IPX(Internet Packet Exchange) : 213
④ TFTP(Trivial File Transfer Protocol) : 69

[13-46] 네트워크의 호스트를 감시하고 유지 관리하는 데 사용되는 TCP/IP 상의 프로토콜은?

〈정보통신기사 2023/3〉

① SNMP　　② FTP
③ VT　　④ SMTP

정답 13-41 ④　13-42 ③　13-43 ④　13-44 ③　13-45 ①　13-46 ①

[13-47] SNMP(Simple Network Management Protocol)에서 매니저와 에이전트가 주고받는 광범위한 관리 매개변수 모음을 무엇이라 하는가?

〈정보통신산업기사 2023/3〉

① Netstat(Network Statistics)
② MIB(Management Information Base)
③ TTL(Time To Live)
④ PPP(Point to Point Protocol)

[13-48] 통신망(Network) 관리 중 아래 내용에 해당되는 것은?　〈정보통신기사 2022/10, 2019/3, 2016/10〉

> a. 네트워크 장비를 관리 감시하기 위한 목적
> b. 관리시스템, 관리대상에이전트, MIB(Management Information Base)등으로 구성
> c. 원격 장치 구성, 네트워크 성능 모니터링, 네트워크 사용 감시의 역할

① SNMP(Simple Network Management Protocol)
② TMN(Telecommunications Management Network)
③ SMAP(Smart Management Application Protocol)
④ TINA-C(Telecommunication Information Network Architecture Consortoum)

[13-49] TCP/IP 관련 프로토콜 중 응용 계층이 <u>아닌</u> 것은?　〈정보통신기사 2022/10〉

① SMTP
② ICMP
③ FTP
④ SNMP

[13-50] SNMP에서 이벤트를 보고하는 TRAP 메시지가 사용하는 포트 번호는?　〈정보통신기사 2022/10〉

① 160
② 161
③ 162
④ 163

[13-51] SNMP(Simple Network Management Protocol)에서 네트워크 장치의 상태를 감시하는 요소는?

〈정보통신기사 2022/6〉

① NetBEUI
② 에이전트(Agent)
③ 병목
④ 로그

[13-52] 다음 중 일반적으로 사용되는 서비스와 해당 서비스의 기본 설정 포트연결이 <u>틀린</u> 것은?

〈정보보안기사 2022/6〉

① SSH(Secure Shell) - 22
② SMTP(Simple Mail Transfer Protocol) - 25
③ FTP(File Transfer Protocol) - 28
④ HTTPS(Hyper-Text Transfer Protocol over Secure layer) - 443

[13-53] UDP(User Datagram Protocol)를 사용하는 애플리케이션은 무엇인가?　〈정보통신산업기사 2022/6〉

① DHCP
② FTP
③ HTTP
④ Telnet

[13-54] 다음 중 HTTP의 TCP 포트 번호는?

〈정보통신산업기사 2022/3〉

① 25
② 53
③ 80
④ 21

정답　13-47 ②　3-48 ①　13-49 ②　13-50 ③　13-51 ②　13-52 ③　13-53 ①　13-54 ③

[13-55] 네트워크 관리 및 네트워크의 장치와 그들의 동작을 감시, 관리하는 프로토콜은? 〈정보통신기사 2022/3〉

① SMTP
② SNMP
③ SIP
④ SDP

[13-56] 다음 중 클라이언트/서버 네트워킹에 대한 설명으로 틀린 것은? 〈정보통신기사 2022/3〉

① 보안 유지가 필요한 저비용, 소규모 네트워크에 사용된다.
② 네트워킹을 구성하는 각 장비에 특수한 역할이 부여된다.
③ 대부분의 통신은 클라이언트와 서버 사이에서 이루어진다.
④ 피어투피어 네트워킹에 비해 성능, 확장성 측면에서 장점이 있다.

[13-57] 메일 수신 서버 또는 웹 메일 서버로부터 전자우편 메시지를 자신의 컴퓨터 단말 장치로 전송받는 데 사용되는 프로토콜이 아닌 것은? 〈정보보안기사 2021/9〉

① IMAP(Internet Mail Access Protocol)
② RTP(Realtime Transport Protocol)
③ POP(Post Office Protocol)
④ HTTP(Hyper Text Transfer Protocol)

[13-58] 다음 문장이 설명하는 것은 무엇인가? 〈정보통신기사 2021/3〉

데이터베이스 검색 프로그램과 유사한 프로토콜이다. 관리 대상 장치의 데이터베이스에는 CPU, 네트워크 인터페이스, 버퍼와 같은 구성 요소가 제대로 기능하는 지와 인터페이스를 통과하는 트래픽의 양으로 표시되는 처리량이 얼마인지에 대한 정보가 들어있다.

① DNS
② SNMP
③ OSPS
④ TCP/IP

[13-59] 다음 괄호에 들어갈 내용으로 올바르게 순서대로 나열한 것은? 〈정보보안기사 2021/3〉

DHCP에서는 전송 계층으로 (㉠) 프로토콜을 사용하는데, 서버는 잘 알려진 (㉡) 포트를 사용하고, 클라이언트는 잘 알려진 (㉢) 포트를 사용한다.

① ㉠ UDP ㉡ 67 ㉢ 68
② ㉠ TCP ㉡ 67 ㉢ 68
③ ㉠ TCP ㉡ 68 ㉢ 67
④ ㉠ UDP ㉡ 68 ㉢ 67

[13-60] 다음 응용 프로그램(응용 계층 서비스) 중 전송 계층(Transport Layer) 프로토콜로 TCP를 사용하지 않는 것은? 〈정보통신산업기사 2021/3, 2019/6, 2016/3〉

① TFTP
② SMTP
③ HTTP
④ Telnet

정답 13-55 ② 13-56 ① 13-57 ② 13-58 ② 13-59 ① 13-60 ①

[13-61] DNS 서버가 사용되는 TCP 포트 번호는?

〈정보처리산업기사 2020/8〉

① 11 ② 26
③ 53 ④ 104

[13-62] 인터넷에서 국제 표준방식 또는 국가 표준방식에 의하여 일정한 통신규약에 따라 인터넷 프로토콜 주소를 사람이 기억하기 쉽도록 하기 위하여 만들어진 것을 무엇이라 하는가?

〈정보통신산업기사 2019/9〉

① 이더넷 네이밍(Naming)
② 트위터(Twitter)
③ 도메인(Domain)
④ 블로그(Blog)

[13-63] TCP/IP 관련 프로토콜 중 응용 계층에 해당하지 않는 것은?

〈정보처리기사 2019/8〉

① ARP ② DNS
③ SMTP ④ HTTP

[13-64] 다음 보기 중 서비스 이름과 잘 알려진 포트 (well-known port) 번호가 잘못된 것은?

〈정보보안기사 2019/3, 2015/9〉

① IMAP - 134 ② HTTPS - 443
③ SMTP - 25 ④ FTP - 20, 21

[13-65] OSI 참조모델의 응용 계층에 해당하는 프로토콜이 아닌 것은?

〈정보처리산업기사 2019/3〉

① HTTP ② SMTP
③ FTP ④ ICMP

[13-66] TCP/IP 프로토콜의 계층 구조 중 응용 계층에 해당하는 프로토콜로 옳지 않은 것은? 〈정보처리기사 2018/3〉

① UDP ② Telnet
③ FTP ④ SMPT

[13-67] 다음 중 제시된 Well Known Port 번호에 해당하는 프로토 콜을 순서대로 가장 적합하게 제시한 것은?

〈정보보안기사 2018/3〉

(가) 22번 포트

(나) 53번 포트

(다) 161번 포트

---

① (가) SSH, (나) Gopher, (다) NetBIOS
② (가) SSH, (나) DNS, (다) SNMP
③ (가) FTP, (나) Gopher, (다) SNMP
④ (가) FTP, (나) DNS, (다) NetBIOS

[13-68] 이메일과 관련된 프로토콜이 아닌 것은?

〈정보보안기사 2018/3〉

① SMTP ② SNMP
③ POP3 ④ IMAP

[13-69] 다음 중 HTTP에 대한 설명으로 옳지 않은 것은?

〈정보보안기사 2017/9〉

① TCP 프로토콜을 이용하여 HTML 문서를 전송하는 프로토콜이다.
② 웹 브라우저에서 URL을 입력하여 접속한다.
③ 기본 포트는 433번 포트를 이용한다.
④ 클라이언트와 서버 간에 연결 상태를 유지하지 않는 프로토콜이다.

정답 13-61 ③ 13-62 ③ 13-63 ① 3-64 ① 13-65 ④ 13-66 ① 3-67 ② 13-68 ② 13-69 ③

[13-70] UDP(User Datagram Protocol)를 사용하는 애플리케이션은 무엇인가?　〈정보통신산업기사 2017/9〉

① DHCP　　　② FTP
③ HTTP　　　④ Telnt

[13-71] TCP/IP 관련 프로토콜 중 응용 계층에서 동작하는 프로토콜은?　〈정보처리기사 2017/5〉

① ARP　　　② ICMP
③ UDP　　　④ HTTP

[13-72] IMAP에 대한 설명으로 틀린 것은?　〈정보보안기사 2017/3〉

① IMAP은 사용자에게 원격지 서버에 있는 e-mail을 제공해 주는 프로토콜 중의 하나이다.
② IMAP으로 접속하여 메일을 읽으면 메일 서버에는 메일이 계속 존재한다.
③ IMAP의 경우 110번 포트 사용, IMAP3의 경우 220번 포트를 사용한다.
④ 프로토콜에서 지원하는 단순한 암호 인증 이외에 암호화된 채널을 SSH 클라이언트를 통해 구현할 수 있다.

[13-73] SSL(Secure Socket Layer)은 사이버 공간에서 전달되는 정보의 안전한 거래를 보장하기 위해 넷스케이프사가 정한 인터넷 통신규약 프로토콜을 말한다. 다음 중 OSI 7계층 중 SSL이 동작하는 계층은?　〈정보통신기사 2016/10〉

① 물리 계층　　　② 데이터링크 계층
③ 네트워크 계층　　　④ 전송 계층

[13-74] 다음 중 프로토콜과 포트 번호의 연결이 옳지 않은 것은 무엇인가?　〈정보보안기사 2016/9〉

① HTTP - 80　　　② SMTP - 25
③ DNS - 53　　　④ TELNET - 20

[13-75] 다음 중 웹 브라우저와 웹 서버 간에 안전한 정보 전송을 위해 사용되는 암호화 방법으로 가장 적절한 것은?　〈정보보안기사 2016/9〉

① SSH(Secure Shell)
② PGP(Pretty Good Privacy)
③ SSL(Secure Socket Layer)
④ S/MIME(Secure Multipurpose Internet Mail Extension)

[13-76] TCP 프로토콜을 사용하는 응용 계층의 서비스가 아닌 것은?　〈정보처리기사 2015/5〉

① SNMP　　　② FTP
③ Telnet　　　④ HTTP

[13-77] 다음의 보기에서 설명하고 있는 프로토콜은?　〈정보보안기사 2015/3〉

- 1994년 네스케이프사의 웹 브라우저를 위한 보안 프로토콜이다.
- 1999년 TLS(Transport Layer Security)라는 이름으로 표준화되었다.
- TCP 계층과 응용 계층 사이에서 동작한다.

① HTTP　　　② SSL
③ HTTPS　　　④ SET

정답 13-70 ①　13-71 ④　13-72 ③　13-73 ④　3-74 ④　13-75 ③　13-76 ①　13-77 ②

참고문헌

[1] 강문식, 초연결 사회의 데이터통신과 네트워킹, 한빛아카데미, 2021.

[2] 강유, 김진혁, 민병호, 박선재 번역, TCP/IP 완벽 가이드, 에이콘출판, 2007.

[3] 고응남, AI 리터러시 시대의 정보통신개론, 한빛아카데미, 2024.

[4] 김남선, 양윤석, 2025 정보통신기사 필기, 세화, 2025.

[5] 김병철, 박찬영, 심영철, 이재광, 이재훈, 홍충선 번역, TCP/IP 프로토콜 4판, 한티에듀, 2022.

[6] 김정섭, 이호상, 양인창, 4차 산업혁명과 정보통신의 이해, 한빛아카데미, 2021.

[7] 김중규, 이광수, 이재광, 홍충선 번역 · 이정문 감수, TCP/IP Illustrated 1 Second Edition, 에이콘출판, 2021.

[8] 길벗 R&D, 김정준, (2025 시나공) 정보처리기사 : 필기 : 기본서, 도서출판 길벗, 2024

[9] 박기현, 쉽게 배우는 데이터 통신과 컴퓨터 네트워크 3판, 한빛아카데미, 2022

[10] 박용완, 홍인기, 최정희, 유희정, 이동통신공학 5판, 생능출판사, 2021.

[11] 신면철, 강희영, (이기적)정보처리기사 : 필기 : 기본서. 1권-2권, 영진닷컴, 2024.

[12] 양순옥, 김성석, 정광식, 사물인터넷으로 발전하는 유비쿼터스 개론, 생능출판사, 2015.

[13] 이재광, 김중규, 이경현, 홍충선 번역, 데이터통신과 네트워킹 6판, 퍼스트북, 2022.

[14] 이재광, 신상욱, 임종인, 전태일 번역, 암호학과 네트워크 보안, 한티에듀, 2024.

[15] 이재광, 전태일, 조재신 번역, 알기 쉬운 정보보호개론, 인피니티북스, 2017.

[16] 임석구, 손에 잡히는 데이터 통신, 한빛아카데미, 2021.

[17] 정우기, 6세대 이동통신 첫걸음, 복두출판사, 2022.

[18] 정진욱, 안성진, 김현철, 조강홍, 유수현, 컴퓨터 네트워크 개정 3판, 생능출판사, 2018.

[19] 정진욱, 한정수, 데이터통신 3판, 생능출판사, 2017.

[20] 조봉열 번역, 4G LTE/LTE-A 이동통신시스템, 홍릉과학출판사, 2013.

[21] 조용석, 임동균, CCNA 라우팅과 스위칭의 기초, 한티미디어, 2023.

[22] 조용석, 임동균, 정보통신과 데이터통신 개론, 한티미디어, 2020.

[23] 조현준, 2025 알기사 정보보안기사 산업기사 필기+핵심기출 1200제, 지안에듀, 2024.

[24] 진해진, 네트워크 개론 3판, 한빛아카데미, 2019.

[25] 최윤철, 한탁돈, 임순범, 컴퓨터와 IT 기술의 이해, 생능출판사, 2016.

[26] 최종원, 강현국, 김기천, 신용태, 안상현, 유영환, 이원준, 황호영 번역,
   컴퓨터 네트워킹 하향식 접근 8판, 퍼스트북, 2022.

[27] Behrouz A. Forouzan, Data Communications and Networking with TCP/IP Protocol Suite 6th
   Edition, McGraw Hill, 2021.

[28] Behrouz A. Forouzan, TCP/IP Protocol Suite 4th Edition, McGraw Hill, 2012.

[29] Behrouz A. Forouzan, Cryptography and Network Security, McGraw Hill, 2007.

[30] Bernard Sklar, Digital Communications Fundamentals and Applications, Prentice Hall 2002.

[31] James F. Kurose, Keith W. Ross, Computer Networking 8th Edition, Pearson, 2021.

[32] Jochen Schiller, Mobile Communications, Addison-Wesley, 2000

[33] 위키피디아, www.wikipedia.org

[34] 전자신문, www.etnews.com

[35] 정보통신산업진흥원, www.nipa.kr

[36] 한국전자통신연구원, www.etri.re.kr

[37] 한국정보통신기술협회, www.tta.or.kr